Erich Christian Wittmann

Elementargeometrie und Wirklichkeit

Aus dem Programm Didaktik der Mathematik

Mathematik und Subjekt,
von L. Bauer
(Deutscher Universitätsverlag)

Anwendungsprobleme im Mathematikunterricht der Sekundarstufe I, von M. Glatfeld (Hrsg.)

Der Mathematikunterricht in der Primarstufe,
von G. Müller und E. Ch. Wittmann

Fehleranalysen im Mathematikunterricht,
von H. Radatz

Didaktik des Mathematikunterrichts in der Sekundarstufe II,
von U.-P. Tietze, M. Klika, H. Wolpers

Entdeckendes Lernen im Mathematikunterricht,
von H. Winter

Elementargeometrie und Wirklichkeit,
von E. Ch. Wittmann

Grundfragen des Mathematikunterrichts,
von E. Ch. Wittmann

Vieweg

Erich Christian Wittmann

Elementargeometrie und Wirklichkeit

Einführung in geometrisches Denken

Mit zahlreichen Abbildungen

vieweg

CIP-Kurztitelaufnahme der Deutschen Bibliothek

Wittmann, Erich:
Elementargeometrie und Wirklichkeit: Einf. in geometr. Denken / Erich Christian Wittmann. – Braunschweig; Wiesbaden: Vieweg, 1987.

ISBN 978-3-663-00082-2 ISBN 978-3-663-00233-8 (eBook)
DOI 10.1007/978-3-663-00233-8

Umschlagbild links unten:
METEOSAT-Aufnahme der Erde mit freundlicher Erlaubnis der European Space Agency
Umschlagbild rechts unten:
100 m-Radioteleskop in Effelsberg/Eifel mit freundlicher Erlaubnis von Herrn Dr. R. Wohlleben, MPI für Radioastronomie Bonn

1987

Vorwort

"Du kommst nicht ins Ideenland!"
So bin ich doch am Ufer bekannt.
Wer die Inseln nicht zu erobern glaubt,
Dem ist Ankerwerfen doch wohl erlaubt.

J.W. v. Goethe, Sprichwörtlich

Das vorliegende Buch bietet eine inhaltlich-anschauliche Einführung in die Elementargeometrie. Es wendet sich hauptsächlich an Mathematiklehrer und Lehrerstudenten der ersten und zweiten Ausbildungsphase. Da es von Raumerfahrungen des täglichen Lebens ausgeht und im zweiten Kapitel die grundlegenden Tatsachen der Mittelstufengeometrie auffrischt, hoffe ich, daß es auch mathematisch interessierte Erwachsene anspricht, die Phänomene wie Spiegelbilder, Perspektivität und Sehvorgang, Bewegungen der Himmelskörper, geometrische Schmuckformen, die unterschiedliche Größe der Lebewesen, die Platonischen Körper usw. tiefer verstehen wollen.

Ich verfolge mit dem Buch drei Absichten.

Erstens möchte ich zu einer Wiederbelebung des Geometrieunterrichts an allgemeinbildenden und beruflichen Schulen beitragen. Ich glaube, daß die Elementargeometrie, wenn sie geeignet unterrichtet wird, die Ausbildung der menschlichen Wahrnehmungs- und Gestaltungsfähigkeit entscheidend fördern kann. Wie R. Thom überzeugend dargelegt hat, ist die geometrische Begriffssprache auch als Bindeglied zwischen der Umgangssprache und der mathematischen Formelsprache unentbehrlich. Nicht zuletzt setzt der Einsatz von CAD-Programmen geometrische Grundkenntnisse voraus - im Gegensatz zu der Behauptung von Ignoranten, der Geometrieunterricht werde dadurch noch überflüssiger.

Da die Elementargeometrie in der Lehrerbildung der letzten zwanzig Jahre leider immer mehr an den Rand gedrängt worden ist, haben viele Lehrer in ihrem Studium keine hinreichenden elementargeometrischen Kenntnisse erwerben können. Ich habe mich daher bemüht, die Schulgeometrie von den Grundkonstruktionen und der Figurenlehre über die grundlegenden Abbildungen, die Inhaltsberechnung und die Trigonometrie bis hin zur elementaren analytischen Geometrie abzudecken.

Zweitens verfolge ich mit dem Buch eine pädagogische Absicht: Ich bin der Überzeugung , daß die Wissenschaft Mathematik nur als integraler Teil der menschlichen Kultur einen Sinn hat und daß ihr Bildungswert nicht in ihr selbst, sondern in ihren Bezügen zu unserer Welt liegt. Wer also durch Mathematik Allgemeinbildung gewinnen oder vermitteln will, darf sich nicht auf rein innermathematische Theorien und Strukturprinzipien beschränken, sondern muß auch die Beziehungen der Mathematik zum Leben entwickeln. H. von Hentig hat in seinem Buch "Magier oder Magister?" (Stuttgart, 1972) auf die Gefahr der Entfremdung von Wissenschaft und Leben aufmerksam gemacht. Über die Mathematik äußert er sich folgendermaßen (S. 80/81):

> "Mathematik wird entweder nur die Sprache einiger Wissenschaften bleiben und die anderen um so endgültiger von diesen trennen, oder Mathematik müßte so allgemein gemacht werden wie die Muttersprache: Wir müßten lernen, in ihr zu leben, wahrzunehmen, zu denken, zu kommunizieren. Ich glaube nicht, daß das geht. Die vieldeutige schmuddelige Welt, mit der wir es im Alltag zu tun haben, wäre mit dem eindeutigen Instrument der Mathematik nicht zu handhaben. Aber ich glaube, daß das systematische Lernen, das wir der Schule vorbehalten haben, mathematische Denk- und Wahrnehmungsformen in stärkerem Maße aufnehmen kann - vorausgesetzt, wir lernen Mathematik in der Tat als Sprache, nämlich als ein Verständigungsmittel, und wie eine Sprache, nämlich sprechend, und über Dinge und Sachverhalte und nicht als stummes, gegenstands- und partnerloses Glasperlenspiel. Ja, wir müßten die Mathematik mehr noch als andere Wissenschaften entzaubern. Ihr Zauber und ihre Zauberei liegen in dem eigentümlichen Verhältnis zwischen der äußersten Exaktheit des geistigen Instruments und der Inexaktheit der realen Tatbestände, auf die es angewendet wird. Die wissenschaftspropädeutische Chance der Mathematik scheint demnach gerade in dem zu bestehen, was die Mathematiker - bisher - scheuen, wenn nicht verachten: In der Übersetzung von realen Beziehungen in mathematische Sprache und umgekehrt. Sie besteht, wie alle wirklichen didaktischen Chancen, in einer prinzipiellen Schwierigkeit. Lehrte man in der

> allgemeinbildenden (also u.a. allgemein auf Wissenschaft vorbereitenden) Schule die Mathematik derart als eine "gemischte" und nicht als eine "reine" Wissenschaft, sie hätte Aussicht, eine Gemeinsprache der Erkenntnis zu werden und nicht ein zusätzliches Mittel der Entfremdung."

Das vorliegende Buch macht den Versuch, für die Elementargeometrie eine solche "gemischte" Form wenigstens ein Stück weit zu realisieren (wobei mir einige Kritiker sicher vorhalten werden, daß ich nicht weit genug, und andere, daß ich zu weit gegangen bin). Ich möchte diesen Ansatz als *inhaltlich-anschaulich* bezeichnen, weil als tragendes Fundament sinnvolle Kontexte und Sachzusammenhänge dienen und so auf einen axiomatischen Rahmen verzichtet werden kann. Über den allgemeinbildenden Wert hinaus bietet das inhaltlich-anschauliche Vorgehen folgende Vorteile: Einmal kann man im Wechselspiel von Geometrie und Wirklichkeit auf genetischem Weg relativ schnell eine große Vielfalt beziehungsreicher (und überdies schulrelevanter) Themen entwickeln (s. Inhaltsverzeichnis). Zum anderen kann man dabei Aspekte in den Vordergrund rücken, die für das Fortschreiten der mathematischen Erkenntnis und daher auch für das Lernen von zentraler Bedeutung sind: Motivationen, heuristische Strategien, konkrete Modelle, zeichnerische Darstellungen und vor allem *inhaltliche* Beweise. Auch heute noch ist die Auffassung weit verbreitet, "richtige" mathematische Beweise könnten nur innerhalb deduktiv durchorganisierter Systeme geführt werden, und dogmatische Vertreter dieser Auffassung sind mit Kritik an "unstrengen" Beweisen sehr schnell bei der Hand. Die wissenschaftssoziologische Diskussion über Mathematik, wie sie in den letzten Jahren z.B. in der Zeitschrift "Mathematical Intelligencer" geführt worden ist und wie sie sich in dem Buch "Erfahrung Mathematik" von Davis und Hersh widerspiegelt, entzieht dieser formalistischen Doktrin die Grundlage. Ein Beweis wird ein Beweis, indem er durch einen sozialen Prozeß als solcher akzeptiert wird (J.I. Manin), und dabei spielt das *inhaltliche* Verständnis eine ebenso große Rolle wie *formale* Kriterien. Inhaltliche Beweise sind somit in der Mathematik durchaus legitim und bieten sich insbesondere für den Unterricht an. Daher ist es gerade für Lehrer sehr wichtig, zu ihnen ein ungebrochenes Verhältnis zu entwickeln. Durch eine Reihe von Zitaten prominenter Mathematiker habe ich die Bedeutung inhaltlicher Beweise zu untermauern versucht. Ich behaupte nicht, daß die im Buch geführten inhaltlichen Beweise über jede Kritik erhaben sind, bin allerdings der

Überzeugung, daß man zu ihrer Verbesserung nicht den inhaltlich-anschaulichen Rahmen des Buches verlassen muß.

Im unmittelbaren Anschluß an die pädagogische Absicht ging es mir drittens darum, eine auch in didaktischer Hinsicht möglichst ergiebige Darstellung der Elementargeometrie vorzulegen. Wie insbesondere die Arbeitsgruppe von M. Otte in Bielefeld herausgearbeitet hat, ergibt sich gute Schulmathematik nicht einfach dadurch, daß man von mathematischen Darstellungen ausgeht, die den heutigen Standards der Fachdisziplin entsprechend auf die blanke logisch-begriffliche Struktur reduziert sind, und diese dann nachträglich geschickt didaktisch-methodisch verpackt - auch wenn sich das viele Mathematiker aus mangelndem Verständnis für die Aufgaben der Fachdidaktik gar nicht anders vorstellen können. Benötigt werden vielmehr Darstellungen, in die allgemeinbildende Bezüge der Mathematik, verschiedene Mittel der Präsentation, Formen des Arbeitens in und mit der Mathematik, verschiedene Aspekte von Mathematik, unterschiedliche Niveaus von Strenge, didaktische Prinzipien, Übungsformen mit wechselnder Zielsetzung usw. von vorneherein integriert sind. Ich glaube, daß die im vorliegenden Buch gewählte inhaltlich-anschauliche Konzeption für die Entwicklung eines entsprechenden didaktischen "Meta-Wissens" von Lehrern sehr geeignet ist und vielfältige didaktische Anregungen für den Geometrieunterricht enthält. Besonders erwähnen möchte ich den konsequent operativen Aufbau des grundlegenden Kap. 2 sowie des Kap. 8 über Länge, Inhalt und Volumen, weiter die bewußte Verwendung von Folien bei der Behandlung von Kongruenzabbildungen in Kap. 5, die spiralige Entfaltung der Ellipsenbewegung in Kap. 6 und Abschnitt 10.8..5. sowie die Einführung in die analytische Geometrie in Kap. 10 anhand der Leitlinie "Algebraisierung".

Das Buch hat sich seit Mitte der siebziger Jahre allmählich aus Vorlesungen entwickelt, die ich in Dortmund für Lehrerstudenten gehalten habe, wobei mich vor allem H. Freudenthals Aufsätze aus den sechziger und siebziger Jahren und der Bericht der Carbondale-Konferenz über Geometrieunterricht 1969 sehr angeregt haben. Der gebotene Stoff überschreitet den Umfang einer vierstündigen Vorlesung bei weitem. Dadurch, daß die einzelnen Themen nur locker verbunden sind, kann der Dozent aber relativ frei auswählen und seine eigenen Lieblingsthemen mit einbeziehen - was bei einer axiomatischen Darstellung unmöglich wäre. Viele Themen eignen sich auch gut für Seminare und lassen sich in schriftlichen Hausarbeiten weiter verfolgen, wobei auf eine sehr reichhaltige elementargeometrische Literatur zurückgegriffen werden kann.

Bei der Abfassung des Buches bin ich vielfältig unterstützt worden. Mein Dank gilt in erster Linie meiner ehemaligen Studentin Gudrun Steinecke und meinem Mitarbeiter Dr. H.-J. Sander, die das gesamte Manuskript gelesen und wesentliche Verbesserungsvorschläge gemacht haben. Herr Sander hat mir auch einige Fotos zur Verfügung gestellt. Danken möchte ich weiter den Herren K. Heidenreich (Reutlingen), Dr. H. Dirnböck (Klagenfurt) und Dr. Chr. Schulz (Hagen), die kritische Anmerkungen zu den Kapiteln 1 bzw. 6 bzw. 7 geliefert haben, sowie den Dortmunder Kollegen G. Müller und B.Schuppar (für Nachhilfe in Himmelsgeometrie) und M. Neubrand (für kritische Anmerkungen zu Kap. 10).

Für die mühevolle Arbeit am Textsystem schulde ich Annette Pelka, Sybille Bösel und Petra Scherer besonderen Dank, ebenso Thomas Schulte für die Anfertigung der Zeichnungen und Romy-Simone Klemme für das Sachverzeichnis.

Zum Schluß möchte ich nicht versäumen, dem Pressechef der Bayerischen Staatsoper, Herrn Dr. G. Heldt, für das eigens für mich angefertigte Foto auf S. 1 und Herrn Kollegen W. Zawadowski (Warschau) für das Stereofoto von H. Freudenthal auf S. 44 meinen herzlichen Dank auszusprechen.

Dortmund, im Herbst 1986 E.Ch. Wittmann

Bildnachweis

Die folgenden Bilder wurden mit freundlicher Erlaubnis der Urheber abgedruckt:

S. 1	(Rosenkavalier):	Anne Kirchbach, Starnberg
S. 26	(Stickmuster):	Association of Teachers of Mathematics
S. 33	(Röhren):	Hoesch-Röhrenwerke Hamm/Westf.
S. 154	(Aphrodite):	Bertelsmann Lexikon in vier Bänden, Bd. II, Sp. 193,Gütersloh: Bertelsmann 1954
S. 154	(Kasseler Apollo):	Hess. Kunstsammlung, Abt. Antiken, Kassel
S. 186	(Polarstern):	Widmann/Schütte, Welcher Stern ist das? Stuttgart: Franckh'sche Verlagshandlung Kosmos Verlag 1981, S. 11
S. 189	(Sonnenbahn):	Reinhardt/Zeisberg, Geometrie, Frankfurt a.M.: Diesterweg 1954, S. 141
S. 190	(Erdbahn): und S. 197 (Mondphasen):	Diercke Weltatlas. Braunschweig: Westermann
S. 225	(Bandornamente):	Claudia Zaslavsky, New York
S. 251	(Ringspannkupplung):	Ringspann Albrecht Maurer KG, 6380 Bad Homburg 1
S. 262	(Alge):	S.A. Jafar: Calcareous nannoplankton from the miocene of Rotti, Indonesia. Verhandelingen der Koninklijke nederlandse akademie van wetenschapen, afd. natuurkunde. Eerste Reeks, Deel 28 (1975) (North Holland Publishing Co.)
S. 282	(Geodätische Kuppel):	Hans Löschper, Düsseldorf
S. 367	(Laserreflektor):	U.S. Information Service, Bonn

Inhaltsverzeichnis

Seite

1 **Geometrische Problemsituationen** 1

1.1. Spiegel 2
1.2. Reguläre Parkettierungen der Ebene 10
1.3. Das Reuleauxsche Dreieck 14
1.4. Taximetrie 19
1.5. Eine Flächenzerlegungsaufgabe 21
1.6. Afrikanische Stickmuster 25
1.7. Geometrische Perspektive 33

2 **Anschauliche Grundlagen: Geometrische „Objekte“ und „Operationen“** 46

2.1. Inhaltlich-anschauliches versus axiomatisches Vorgehen 47
2.2. Grundlegende geometrische Objekte und ihre Verkörperungen 53
2.3. Grundlegende Abbildungen einer Ebene auf sich 61
2.4. Lagebeziehungen zwischen Punkten, Geraden und Ebenen 64
2.5. Operative Eigenschaften von Spiegelungen, Verschiebungen und Drehungen 77
2.6. Charakterisierung symmetrischer Drei- und Vierecke 91
2.7. Längen- und Winkelmaß 98
2.8. Vergrößern und Verkleinern 102
2.9. Vorwärtsarbeiten und Rückwärtsarbeiten 110
2.10. Der operative Standpunkt 113

3 **Euklidische Geometrie der Ebene** 118

3.1. Das Problem von SYLVESTER 119
3.2. Gekrümmte Spiegel 122
3.3. Merkwürdige Punkte im Dreieck 132
3.4. Winkel am Kreis 138

3.5. Der Satz des Pythagoras 147
3.6. Der goldene Schnitt 153
3.7. Der Peaucelliersche Inversor 171

4 Erde und Himmel 178

4.1. Die Erdkugel 181
4.2. Die Erde von außen betrachtet 182
4.3. Erde und Fixsternhimmel (ohne Sonne) 185
4.4. Erde und Sonne von der Erde aus betrachtet 188
4.5. Erde und Sonne von der Sonne aus betrachtet 190
4.6. Sterntag und Sonnentag 193
4.7. Mond, Erde, Sonne 196
4.8. Erdumfangsbestimmung nach Eratosthenes 198

5 Symmetrie ebener Figuren 203

5.1. Die Beschreibung des "Symmetriegehaltes" einer Figur durch Abbildungen 204
5.2. Kongruenzabbildungen der Ebene 205
5.3. Der Klassifikationssatz 209
5.4. Die Gruppe der Kongruenzabbildungen der Ebene 213
5.5. Streifenornamente 224

6 Ellipsenkonstruktionen 236

6.1. Die Papierstreifenkonstruktion der Ellipse 239
6.2. Die Spirographenkonstruktion der Ellipse 241
6.3. Kinematische Äquivalenz der Papierstreifen- und der Spirographenkonstruktion 243
6.4. Die umgekehrte Ellipsenbewegung 251
6.5. Eine Bemerkung zur Terminologie 252

7 **Die Platonischen Körper** 258

7.1. Konstruktion der Platonischen Körper 262
7.2. Der Eulersche Polyedersatz 270
7.3. Die Symmetrie der Platonischen Körper 274
7.4. Abwandlungen regulärer Polyeder 281
7.5. Abschließende Bemerkungen 282

8 **Länge, Inhalt, Volumen** 286

8.1. Operative Eigenschaften der Maße 287
8.2. Längenvergleich und Längenberechnung 290
8.2.1. Die Streckenzug-Ungleichung 290
8.2.2. Umfang konvexer Vielecke 292
8.2.3. Die Bogenlänge 294
8.2.4. Operatives Verhalten der Bogenlänge 295
8.2.5. Der Kreisumfang 295
8.2.6. Das Bogenmaß von Winkeln 304
8.3. Flächeninhalt 304
8.3.1. Inhaltsformeln 306
8.3.2. Der Flächeninhalt krummlinig begrenzter Figuren 310
8.3.3. Das isoperimetrische Problem 321
8.3.4. Zerlegungsgleichheit 325
8.4. Volumen 329
8.4.1. Die Volumformel $G \cdot h$ für Prismen und Zylinder 329
8.4.2. Die Nichtäquivalenz von Zerlegungsgleichheit und Volumgleichheit im Raum 334
8.4.3. Die Volumformel $\frac{1}{3} G \cdot h$ für Pyramiden und Kegel 335
8.4.4. Das Cavalierische Prinzip im Raum 338
8.4.5. Das Volumen der Kugel 339
8.4.6. Das Verhalten des Volumens bei zentrischen Streckungen 343
8.5. Die Oberfläche des geraden Kreiszylinders, des geraden Kreiskegels und der Kugel 344
8.6. Groß und Klein in der Natur 347

9 Ebene Trigonometrie 355

9.1. Die Trigonometrie als Algebraisierung der Kongruenzsätze 356
9.2. Die Winkelfunktionen als "Wickelfunktionen" 357
9.3. Numerische Berechnung der Sinus- und Kosinusfunktion 361
9.4. Polarkoordinaten 363
9.5. Trigonometrie des rechtwinkligen Dreiecks und Anwendungen auf die Himmelsgeometrie 364
9.6. Der Sinussatz 369
9.7. Der Kosinussatz 372
9.8. Die trigonometrischen Grundaufgaben 375
9.9. Trigonometrische Formeln 378
9.10. Vorwärts- und Rückwärtseinschneiden 382

10 Elementare analytische Geometrie 387

10.1. Koordinatensysteme 391
10.2. Vektoren 394
10.3. Geradengleichungen 399
10.4. Teilverhältnis und Anwendungen 407
10.5. Längenmaß 418
10.6. Winkelmaß 426
10.7. Der Flächeninhalt von Polygonen 435
10.8. Analytische Darstellung von Kongruenzabbildungen 442
10.9. Abriß der elementaren analytischen Geometrie des Raumes 450
10.10. Flächenwinkel bei den Platonischen Körpern 454

Sachwortverzeichnis 463

1 Geometrische Problemsituationen

Die Geometrie ist durch dogmatische Auffassungen von mathematischer Strenge gefährdet. Sie zeigen sich auf zweierlei Weise: Einerseits wird die Geometrie in ein mathematisches System wie z.B. die Lineare Algebra gepreßt, andererseits wird sie durch eine starre Axiomatik stranguliert. So ist es nicht nur ein einziger Teufel, der die Geometrie bedroht... Es sind zwei. Der Fluchtweg, der bleibt, ist die freie See. Sie ist ein sicherer Weg, wenn man schwimmen kann. In der Tat: Geometrie sollte genauso gelehrt werden wie Schwimmen.

H. FREUDENTHAL, Geometry between the Devil and the Deep Sea (1971)

Man müßte mehr an Hand von Problemen als an Hand von Theorien unterrichten; eine Theorie sollte nur in dem Maß gelehrt werden, daß sie weit genug reicht, um eine gewisse Gruppe von Problemen einzurahmen.

G. PRODI (1980)

Geometrische Sätze und Konstruktionsverfahren haben ihren Ursprung und finden ihre Anwendung in der Auseinandersetzung mit geometrischen und mit geometrisch faßbaren Problemen. In der Forschung und in der Praxis treten solche Probleme niemals isoliert, sondern immer in Problemkontexten ("Situationen") auf. Es ist daher natürlich, auch den Geometrieunterricht an Schule und Hochschule auf Problemkontexte zu beziehen.

Der Vorteil eines Problemkontextes liegt nicht nur darin, daß er einen Sinnzusammenhang stiftet, eine Verständnisgrundlage schafft und die Mobilisierung verfügbarer Kenntnisse und Fertigkeiten erleichtert, sondern vor allem auch darin, daß er ein heuristisches Vorgehen ermöglicht. Innerhalb eines Problemkontextes kann man nämlich eine Vielfalt verschiedener Aufgaben, Probleme und Fragestellungen formulieren und sie ihrem Schwierigkeitsgrad nach in Angriff nehmen, wobei die jeweils gelösten Probleme als

Schrittmacher für die noch zu lösenden Probleme dienen können.

Die folgenden Beispielsituationen wurden so ausgewählt, daß deutlich wird, wie man Situationen mit geometrischen Mitteln mathematisieren kann und wie heuristische Strategien die Lösung von Problemen und die "Erzeugung" neuer weiterführender Probleme fördern.

1.1. Spiegel

Marschallin (in ihren Handspiegel blickend):

"Aber wie kann das wirklich sein, daß ich die kleine Resi war,
und daß ich auch einmal die alte Frau sein werd!
Wie macht denn das der liebe Gott? Wo ich doch immer die gleiche bin.
Und wenn er's schon so machen muß, warum läßt er mich denn zuschaun dabei,
mit gar so klarem Sinn? Warum versteckt er's nicht vor mir?
Das alles ist geheim, so viel geheim..."

H. von HOFMANNSTHAL, Der Rosenkavalier, 1. Akt

Im täglichen Leben treffen wir auf eine große Vielfalt natürlicher und künstlicher Spiegel. Wir sehen, wie sich eine Landschaft in einem ruhigen Gewässer spiegelt, wir betrachten uns selbst in Spiegeln, setzen Spiegel zur Raumgestaltung ein und wenden sie als Scheinwerfer, Rückspiegel, Sonnenkollektoren, Radioteleskope usw. in mannigfacher Weise technisch an. Spiegel dienen dazu, unser Sehfeld zu erweitern, Lichtstrahlen in bestimmter Weise umzulenken oder Realitäten vorzutäuschen. Sie stellen dabei nicht nur Naturphänomene oder Gebrauchsgegenstände dar, sondern sie sind existentiell mit unserer Gefühlswelt verbunden. Der Mensch vor dem Spiegel, in seinen Lüsten und Ängsten, in der Wahrnehmung gespiegelter Real- und Traumwelten, ist daher ein höchst vielseitiges Thema in Kunst und Literatur[1)].

Der Gebrauch von Spiegeln ist uns durch ständige Praxis von Jugend an so selbstverständlich geworden, daß wir Spiegelphänomene für nichts Besonderes mehr halten. Wenn man aber bewußter beobachtet, stößt man auf interessante Fragen, z.B.

- Wie groß muß ein Spiegel sein, in dem man sich selber sehen kann?
- Warum "vertauscht" der Spiegel (angeblich) rechts und links, aber nicht oben und unten?
- Wie kommt der "tote Winkel" beim Autorückspiegel zustande?
- Warum erscheint unser Kopf umgekehrt, wenn wir in die Höhlung eines blanken Löffels blicken, aber aufrecht, wenn wir auf die gewölbte Seite schauen?

Wir wollen uns im folgenden mit den mathematischen und physikalischen Grundlagen von ebenen Spiegeln befassen, die eine Antwort auf Fragen dieser Art zulassen.

In geometrischer Betrachtungsweise versteht man unter dem Spiegelbild P' eines Punktes P bez. einer (Spiegel-)Ebene Σ denjenigen Punkt, für den die Verbindungsstrecke PP' von Σ senkrecht halbiert wird. Speziell sind Punkte auf Σ identisch mit ihrem Spiegelbild. Die Spiegelung an der Ebene Σ ist

[1)] G.F. Hartlaub, Zauber des Spiegels. Geschichte und Bedeutung des Spiegels in der Kunst, München 1951

diejenige Abbildung des Raumes in sich, welche jedem Punkt P das Spiegelbild P' zuordnet. Diese Abbildung ist geraden-, längen- sowie winkeltreu, und sie hat die besondere Eigenschaft, daß jeder Punkt P Spiegelbild seines Spiegelbildes P' ist.
Die hier eingeführten geometrischen Begriffe werden benutzt, um eine reale Spiegelung an einem ebenen Spiegel schematisierend und idealisierend zu beschreiben. In Wirklichkeit wird ja nicht der ganze Raum, sondern es werden nur Gegenstände abgebildet, die sich in einem begrenzten Raumausschnitt vor dem Spiegel befinden. Der geometrische Begriff "Spiegelung" ist m.a.W. ein gedankliches Modell einer physikalischen (realen) Spiegelung.

Bei Gegenständen und Raumausschnitten, die im Vergleich zum Spiegel relativ groß sind, ist das Spiegelbild nicht auf einen Blick zu übersehen, sondern der Betrachter muß sich vor dem Spiegel bewegen, um das Spiegelbild abschnittsweise durchmustern zu können. Der Grund dafür liegt in der physikalischen Erzeugung von Spiegelbildern, die wir etwas genauer studieren wollen.

Seit dem Altertum ist in der geometrischen Optik folgende Modellvorstellung für die Wirkungsweise eines Spiegels bekannt: Jeder leuchtende oder beleuchtete Punkt P sendet nach allen Seiten geradlinige Lichtstrahlen aus. Die auf den Spiegel treffenden Strahlen werden vom Spiegel so reflektiert ("zurückgebeugt"), daß sie für den Betrachter von dem scheinbar hinter dem Spiegel liegenden Spiegelbild P' herzukommen scheinen (Bild 1). P' hat keine physikalische Realität. Die Physiker nennen solche Bildpunkte daher "virtuell".

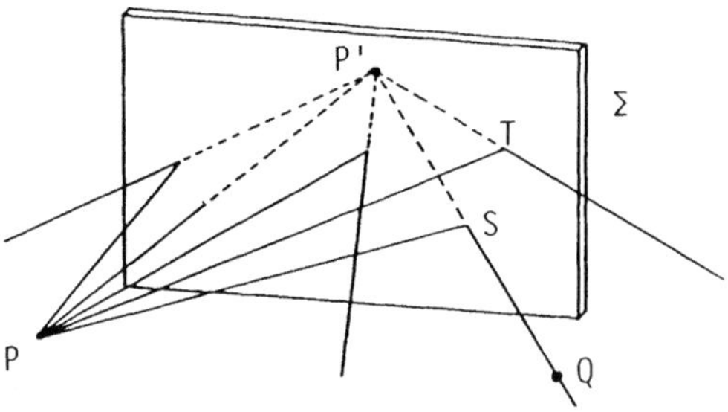

Bild 1

Geometrisch gesehen ist der reflektierte (der "ausfallende") Strahl jeweils die Verlängerung des Spiegelbilds des auf den Spiegel treffenden (des "einfallenden") Strahles. Anders ausgedrückt: Der ausfallende Strahl ist das Spiegelbild der Verlängerung des einfallenden Strahles (Bild 2a) *(Reflexionsprinzip)*.

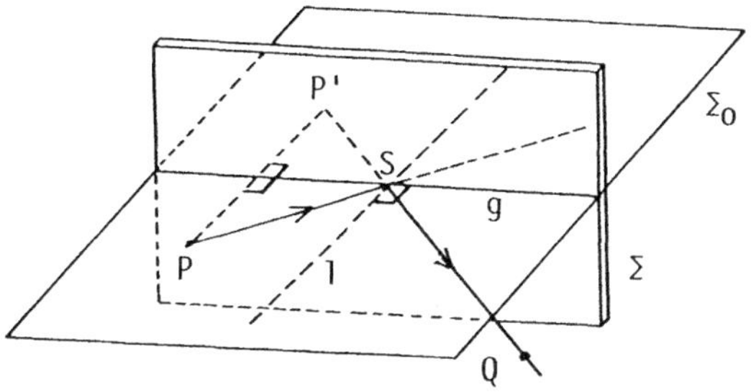

Bild 2a

Beachten Sie, daß der geometrische Begriff "Spiegelung" hier in einer doppelten Funktion auftritt. Er beschreibt nämlich sowohl die Beziehung zwischen sichtbaren Objekten und deren Spiegelbildern als auch die Beziehung zwischen den hypothetisch eingeführten einfallenden und ausfallenden Strahlen. Die für die physikalische Bilderzeugung verantwortlich gemachten Strahlen unterliegen also selbst den Gesetzen der von ihnen bewirkten Abbildung.

Der ein- und der ausfallende Strahl verlaufen ganz in einer Ebene Σ_0, zu der auch der Punkt P' gehört. Σ_0 steht auf Σ senkrecht, da PP' auf Σ senkrecht steht. Daher liegt auch das auf Σ im Auftreffpunkt S errichtete Lot l in Σ_0. Man nennt Σ_0 die Einfallsebene, l das Einfallslot (Bild 2a).

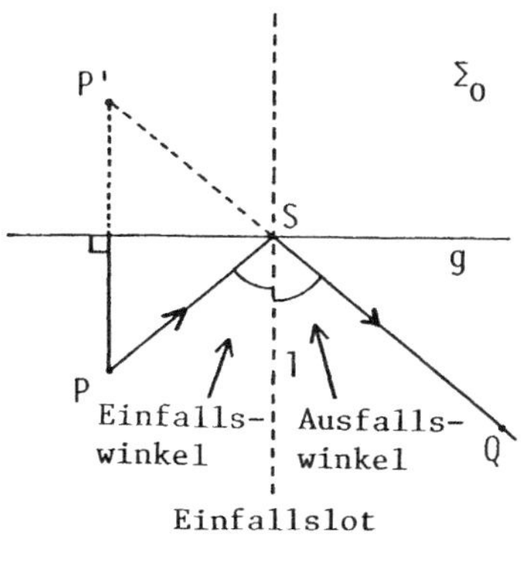

Bild 2b

Für die genauere Untersuchung des Strahlenganges genügt es, sich auf die Einfallsebene zu beschränken (Bild 2b). An die Stelle der Spiegelebene tritt dann als Spiegelachse (Spiegelgerade) die Schnittgerade g von Spiegelebene und Einfallsebene. Die räumliche Situation ist damit auf eine ebene Situation zurückgeführt. Die räumliche Spiegelung an der Ebene Σ wirkt innerhalb von Σ_0 wie eine Geradenspiegelung an der Achse g. Anschaulich wird dies deutlich, wenn man in Bild 2a den über Σ_0 liegenden Teil von Σ als Taschenspiegel deutet, der auf die Zeichenebene Σ_0 senkrecht aufgesetzt ist.

Der Winkel zwischen dem einfallenden bzw. ausfallenden Strahl und dem Einfallslot heißt Einfallswinkel bzw. Ausfallswinkel. Aus der Winkeltreue der Spiegelung und dem Scheitelwinkelsatz folgt sofort, daß Ein- und Ausfallswinkel gleich groß sind (Reflexionsgesetz). Aus der symmetrischen Beziehung zwischen einfallendem und ausfallendem Strahl (oder dem Reflexionsgesetz) folgt das Prinzip der "Umkehrbarkeit des Lichtweges": *Fällt ein Strahl umgekehrt von* Q *auf* S *ein, so wird er nach* P *reflektiert.*

Betrachten wir in Bild 1 und in Bild 2b den Lichtstrahl PSQ. Er ist der einzige Lichtstrahl, der von P aus über den Spiegel nach Q gelangt. Denn ein von P ausgehender Strahl, der auf den Spiegel in einem von S verschiedenen Punkt T auftrifft, wird reflektiert, als ginge er von P' aus. Er kann also Q nicht erreichen.

Zu Beginn der Neuzeit gab es zahlreiche experimentelle Befunde, die klar aufzeigten, daß Lichtstrahlen bei der Reflexion, bei der Brechung und beim Durchgang durch ein inhomogenes Medium genau bestimmte Wege wählen, und es erhob sich die Frage, wodurch denn der Lichtweg bestimmt sei, m.a.W., was den tatsächlichen Lichtweg vor möglichen anderen Wegen auszeichne. In unserem Beispiel bedeutet dies: Was zeichnet den tatsächlichen Lichtweg von P nach Q über S von dem zunächst möglichen über einen anderen Punkt T der Spiegelebene Σ aus? Die Antwort auf diese Frage fand P. FERMAT (1601-1665) in einem nach ihm benannten Extremalprinzip, das vereinfacht so lautet: *Das Licht nimmt unter allen möglichen Wegen den schnellsten, d.h. hier den kürzesten Weg.*

Im Spezialfall des ebenen Spiegels war das Prinzip schon HERON von Alexandria (um 100 n.Chr.) bekannt.

Wir wollen nun geometrisch beweisen, daß dem Fermatschen Prinzip entsprechend in der Tat der Streckenzug PSQ kürzer ist als alle anderen möglichen

Streckenzüge PTQ, wobei T auf Σ, T≠S , ist.

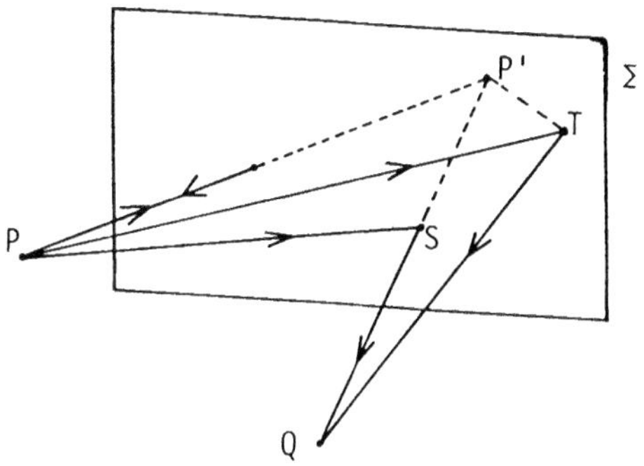

Bild 3

Der Beweis (Bild 3) nutzt die symmetrische Lage von P und P' bezüglich Σ folgendermaßen aus: Jeder Punkt der Spiegelebene Σ ist von P ebenso weit entfernt wie von P'. Speziell sind also die Strecken PS und P'S, ebenso die Strecken PT und P'T gleich lang. Der Streckenzug PSQ ist also ebenso lang wie der Streckenzug P'SQ, der mit der Strecke P'Q zusammenfällt. Und PTQ ist ebenso lang wie P'TQ. Nun setzt sich der Streckenzug P'TQ aus zwei Seiten des Dreiecks P'TQ zusammen; die Strecke P'Q ist die dritte Seite in diesem Dreieck. Auf dieses Dreieck wenden wir nun die Dreiecksungleichung an, die besagt, daß die Summe der Längen zweier beliebiger Seiten eines Dreiecks immer größer ist als die Länge der dritten Seite. Der Streckenzug P'TQ ist damit länger als die Strecke P'Q und somit PTQ länger als PSQ.

Wir wollen die soeben bewiesene Beziehung noch einmal zusammenhängend formulieren, den Beweis in anderer Form ein zweites Mal aufschreiben und dabei zeigen, daß er sich mit Symbolen übersichtlicher gestalten läßt. Wir bezeichnen die Länge der Strecke AB mit $\overline{AB}$, die Länge des Streckenzugs von A nach C über B mit $\overline{ABC}$. Außerdem wollen wir diejenigen Zwischenergebnisse, auf die bei der Begründung späterer Beweisschritte zurückgegriffen wird, zur Erleichterung des Rückgriffs numerieren.

Heronsche Ungleichung

Gegeben seien eine Ebene Σ *und zwei Punkte* P *und* Q, *deren Verbindungsstrecke mit* Σ *keinen Punkt gemeinsam hat. Der Spiegelpunkt* P' *von* P *bzgl.* Σ *werde mit* Q *verbunden und* P'Q *schneide* Σ *in* S.

Dann gilt: $\overline{PSQ} < \overline{PTQ}$ *für alle* T *auf* Σ , T≠S.

Beweis: Sei T auf Σ, $T \neq S$. Dann gilt

(1) $\overline{PS} = \overline{P'S}$ (Symmetrie)

(2) $\overline{PT} = \overline{P'T}$ (Symmetrie)

(3) $\overline{PSQ} = \overline{PS} + \overline{SQ}$ (Additivität des Längenmaßes)

(4) $\overline{PTQ} = \overline{PT} + \overline{TQ}$ (Additivität des Längenmaßes)

(1) in (3) eingesetzt führt zu

(5) $\overline{PSQ} = \overline{P'S} + \overline{SQ}$.

Da S auf der Strecke P'Q liegt, hat man $\overline{P'S} + \overline{SQ} = \overline{P'Q}$, was in (5) eingesetzt

(6) $\overline{PSQ} = \overline{P'Q}$

ergibt. Analog führt (2) in (4) eingesetzt zu

(7) $\overline{PTQ} = \overline{P'T} + \overline{TQ}$.

Der Punkt $T \neq S$ liegt nicht auf der Geraden P'Q. Daher bilden die Punkte P',T,Q ein Dreieck. Aus der Dreiecksungleichung angewandt auf P'TQ folgt $\overline{P'Q} < \overline{P'T} + \overline{TQ}$, woraus man durch Einsetzen von (6) und (7) $\overline{PSQ} < \overline{PTQ}$ erhält, was zu beweisen war. #

Beachten Sie, daß die Heronsche Ungleichung eine rein geometrische Aussage über Streckenzüge ist, die ganz unabhängig von ihrer physikalischen Interpretation gilt. Im Beweis wurde auch keinerlei Bezug auf physikalische Phänomene genommen.

Wir unterbrechen hier unsere Überlegungen über Spiegel und nehmen sie in 3.2. wieder auf.

Literatur

Wittmann, E.Ch., Spiegel: Geometrische Grundlagen und Anwendungen. mathematik lehren 3/1984, 4-11

Aufgaben

1. Heronsche Ungleichung in der Ebene

   Gegeben seien in einer Ebene Punkte P, Q und eine Gerade g, so daß die Strecke PQ mit g keinen Punkt gemeinsam hat. Der Spiegelpunkt P' von P bzgl. g werde mit Q verbunden, und P'Q schneide g in S. Dann gilt: $\overline{PSQ} < \overline{PTQ}$ für alle T auf g, $T \neq S$.

   Beweisen Sie dies unter Beschränkung auf die Begriffe der ebenen Geometrie.

2. Abstandsungleichung (Ein Spezialfall der Heronschen Ungleichung)

   Gegeben sei eine Ebene Σ und ein Punkt P außerhalb. Vergleichen Sie die Verbindungsstrecken von P mit den Punkten T auf Σ der Länge nach. Kürzeste Verbindung? Beweis!

   (Hinweis: Setzen Sie in der Heronschen Ungleichung Q = P)

   Bemerkung: Die Länge der kürzesten Verbindungsstrecke heißt der Abstand des Punktes P von Σ und wird mit $\overline{P\Sigma}$ bezeichnet.

3. Abstandsungleichung in der Ebene

   In Aufgabe 1 wurde die Heronsche Ungleichung in die Ebene übertragen. Übertragen Sie analog dazu die Abstandsungleichung aus Aufgabe 2 in die Ebene und beweisen Sie diese. Definieren Sie den Abstand $\overline{Pg}$ eines Punktes P von einer Geraden g.

4. (Mehrfache Reflexion in der Ebene)

   Die von einem Punkt P ausgehenden Strahlen werden zuerst an einer Geraden g_1, anschließend an einer Geraden g_2 reflektiert. Welcher Strahl gelangt von P ausgehend zu einem vorgegebenen Punkt Q? Betrachten Sie verschiedene Lagen von g_1 und g_2.

   Zeigen Sie, daß ein Strahl nach Reflexion an g_1 und g_2 stets parallel zum ursprünglichen Strahl austritt, wenn g_1 auf g_2 senkrecht steht.

5. Wie groß muß ein Spiegel sein, in dem man sich ganz sehen kann?

   (Vgl. hierzu G. Schoemaker, Sieh dich ganz im Spiegel! mathematik lehren 3/1984, 18-24)

1.2. Reguläre Parkettierungen der Ebene

Der Pädagoge O.F. BOLLNOW berichtet aus seinen frühen Kindheitserinnerungen über seine ersten Aktivitäten mit einem Zirkel:

> "Wahrscheinlich wird es in meinem siebten Lebensjahr (oder etwas früher) gewesen sein ... Durch Zufall war mir ein Zirkel in die Hände gefallen, der sonst, seiner gefürchteten Spitzen wegen, sorgfältig vor mir gehütet wurde, und ich merkte staunend, wie leicht und schöner sich hiermit die Kreise ziehen ließen als bisher mit dem Notbehelf, wo ich den Bleistift um Deckel und Dosen oder andere runde Dinge herumführte. Die Vollkommenheit der so entstandenen Kreise versetzte mich in eine ungekannte Begeisterung. Wenn man einen Punkt der Peripherie des einen Kreises zum Mittelpunkt eines zweiten, gleich großen machte und die entstehenden Schnittpunkte jedesmal wieder zu Mittelpunkten neuer Kreise wählte, bildeten in dem so entstandenen System regelmäßiger Sechsecke die von je zwei Kreisen ausgeschnittenen Flächen Blütenmuster, die in geheimnisvoller Weise miteinander verbunden waren. Ich ahnte dabei eine tiefe symbolische Bedeutung meiner Figuren. Dem Weltengeheimnis selber schien ich in der Harmonie dieser Figuren auf die Spur gekommen, ja selber durch die eigene Tätigkeit schaffend dahinein verwoben zu sein. Ich fühlte mich seltsam mächtig in meinem Tun und hatte das Bewußtsein, durch das Zeichnen dieser regelmäßigen Figuren irgendwie darüber hinaus Wirkungen zu erzielen, deren Tragweite ich nicht absah... Das magische Weltbild früherer Menschheitsstufen kehrt mit unwiderstehlicher Gewalt in der einsamen Seele des einzelnen Kindes wieder".[1)]

Die in diesem Zitat beschriebene Konstruktion zeigt Bild 4.

Wenn man die benachbarten Mittelpunkte verbindet, erhält man eine lückenlose Parkettierung der Ebene mit gleichseitigen Dreiecken. Faßt man jeweils sechs um einen Mittelpunkt liegende Dreiecke zusammen, so ergibt

1) Zit. nach M. Wagenschein, Ursprüngliches Verstehen und exaktes Denken II, Stuttgart 1970, S. 135-136

sich eine Parkettierung der Ebene mit regelmäßigen (regulären) Sechsecken, also das Baumuster von Bienenwaben.
Man entnimmt der Konstruktion, daß die Seiten eines regelmäßigen Sechsecks ebenso lang sind wie der Radius des Umkreises.

Bild 4

An einem Karopapier sieht man, daß man die Ebene auch mit Quadraten (d.h. regulären Vierecken) parkettieren kann. Es erhebt sich die Frage, ob dies auch z.B. mit regulären Fünfecken möglich ist. Ein reguläres Fünfeck kann man konstruieren, wenn man einen Punkt M vorgibt, den Vollwinkel um M in fünf gleiche Teilwinkel von je 72° teilt und um M einen Kreis zieht. Die Schnittpunkte der Winkelschenkel mit der Kreislinie sind die Ecken eines regelmäßigen Fünfecks. Man kann die Parkettierbarkeit der Ebene mit regulären Fünfecken experimentell testen, indem man aus Pappe gleichgroße reguläre Fünfecke herstellt und versucht, diese lückenlos zusammenzusetzen. Man sieht, daß bei Aneinanderlegen von drei Fünfecken eine Lücke bleibt, in die kein weiteres Fünfeck mehr paßt (Bild 5). Diese Tatsache läßt sich von den Winkelmaßen her begründen. Da sich nämlich ein Fünfeck durch zwei Diagonalen in drei Dreiecke zerlegen läßt, ist die Summe der Innenwinkel des Fünfecks gleich der Winkelsumme aller drei Dreiecke zusammen, also $3 \cdot 180^\circ = 540^\circ$. Jeder der fünf Innenwinkel des regulären Fünfecks mißt daher $540^\circ : 5 = 108^\circ$. Bei Zusammenfügung von drei Fünfecken an einer Ecke bleibt daher eine Lücke von $360^\circ - 3 \cdot 108^\circ = 36^\circ$, die für ein weiteres Fünfeck zu klein ist.

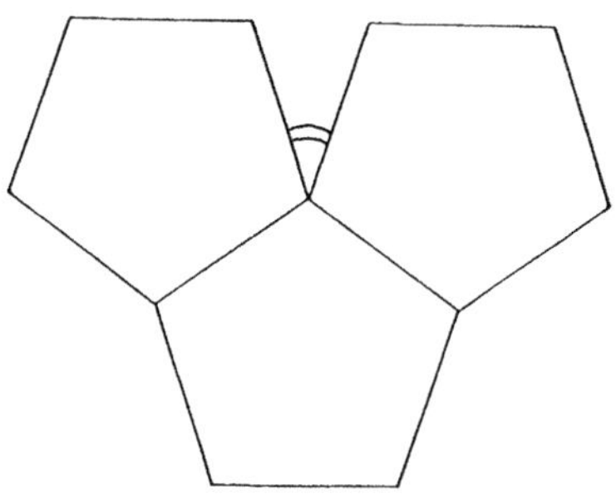

Bild 5

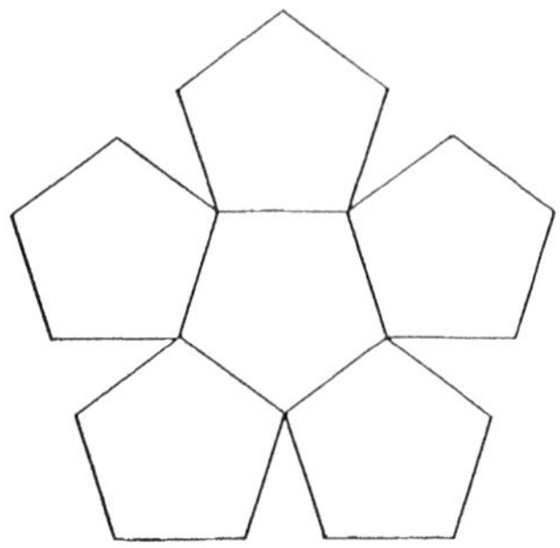

Bild 6

Untersuchen wir nun allgemein das Problem, mit welchen <u>regulären</u> n-Ecken (Vielecken mit gleichgroßen Seiten und Innenwinkeln) eine Parkettierung der Ebene möglich ist. Notwendige Bedingung dafür ist, daß eine gewisse Zahl k von n-Ecken sich an einem Punkt lückenlos zu einem Vollwinkel zusammensetzen läßt. Diese Bedingung läßt sich <u>quantifizieren</u>, wenn man weiß, wie groß ein Innenwinkel des n-Ecks ist. Wie beim Fünfeck ergibt sich für die Summe aller n Innenwinkel der Betrag $(n-2) \cdot 180°$, da sich das n-Eck durch Diagonalen in (n-2) Dreiecke zerlegen läßt. Der einzelne Innenwinkel berechnet sich daraus zu

$$\frac{(n-2) \cdot 180°}{n}$$

Die oben genannte Passbedingung lautet nunmehr

$$k \cdot \frac{(n-2) \cdot 180°}{n} = 360°$$

Diese Gleichung mit den beiden ganzzahligen Unbekannten n und k läßt sich durch geeignete Multiplikationen bzw. Divisionen beider Seiten und Seitenvertauschung schrittweise umformen:

$$k \cdot \frac{(n-2)}{n} = 2$$

$$k \cdot (n-2) = 2n$$

$$kn - 2k = 2n$$

$$2k + 2n = kn$$

(*) $$\frac{1}{n} + \frac{1}{k} = \frac{1}{2}$$

Die am Schluß gewonnene übersichtliche Gleichung (*) zeigt, daß wir zwei Stammbrüche zu finden haben, deren Summe $\frac{1}{2}$ ist. Da aus der Bruchrechnung $\frac{1}{4} + \frac{1}{4} = \frac{1}{2}$ und $\frac{1}{3} + \frac{1}{6} = \frac{1}{2} = \frac{1}{6} + \frac{1}{3}$ bekannt ist, findet man für (n,k) sofort drei Lösungspaare: (4,4), (3,6) und (6,3). Weitere Lösungen besitzt die Gleichung (*) nicht, da n und k nicht beide gleichzeitig größer als 4 sein können. Es wäre ja sonst $\frac{1}{n} + \frac{1}{k} < \frac{1}{4} + \frac{1}{4} = \frac{1}{2}$. #

Das erste Lösungspaar bedeutet geometrisch, daß 4 Quadrate, das zweite, daß 6 Dreiecke, das dritte, daß 3 Sechsecke zu einem Vollwinkel zusammenpassen. Die drei Lösungen stellen somit genau die uns schon bekannten Parkettierungen dar. Wir haben somit gezeigt:

Es gibt genau drei Typen regulärer Parkettierungen der Ebene, nämlich mit gleichseitigen Dreiecken, mit Quadraten und mit regulären Sechsecken.

Aufgaben

1. (Verallgemeinerung der Überlegungen zur Winkelsumme)
   Führen Sie die Herleitung der Formel für die Winkelsumme in einem beliebigen n-Eck genauer aus. Betrachten Sie zunächst n-Ecke ohne einspringende Ecken. Wenn Sie die Ecken durchnumerieren, können Sie die Zerlegung in (n-2) Dreiecke genau angeben. Wie steht es bei n-Ecken mit einspringenden Ecken? (vgl. hierzu S. 309)

2. Was geschieht mit dem Innenwinkel eines regulären n-Ecks, wenn n wächst?

3. Untersuchen Sie die ganzzahligen Lösungen der mit (*) verwandten Gleichungen

   (a) $$\frac{1}{n} + \frac{1}{k} + \frac{1}{m} = \frac{1}{2}$$

   und

   (b) $$\frac{1}{n} + \frac{1}{k} = \frac{1}{2} + \frac{1}{m} \quad .$$

4. Die Bedingungen für reguläre Parkettierungen lassen sich in verschiedenster Weise abschwächen. Zum Beispiel kann man mehr als einen Typ regulärer Vielecke zulassen.

Finden Sie Parkettierungen (a) mit regulären Achtecken und Quadraten, (b) mit regulären Sechsecken und Dreiecken, (c) mit regulären Dreiecken, Quadraten und Sechsecken.

5. Analog zur Zusammensetzung regulärer Vielecke zu ebenen Gebilden kann man die Zusammensetzung zu räumlichen Gebilden , z.B. zu Vielflachen (Polyedern), untersuchen. Der Würfel etwa ist eine Zusammensetzung von 6 kongruenten Quadraten. Nach folgender Vorschrift kann man ein von 12 regelmäßigen Fünfecken begrenztes Polyeder, ein Dodekaeder, herstellen: Aus einem Karton werden zwei sternartige Netze von je 6 zusammenhängenden regulären Fünfecken ausgeschnitten (Bild 6). Die Kanten des inneren Fünfecks werden mit einem Messer eingeritzt, damit die äußeren Fünfecke gegenüber dem inneren Fünfeck beweglich werden. Die beiden Netze werden nun "über Kreuz" aufeinandergelegt, und ein geschlossenes Gummiband wird abwechselnd unter die Zacken des unteren und über die Zacken des oberen Netzes geführt. Da sich das Gummiband bei dieser Prozedur spannt, muß man die Netze mit der einen Hand festhalten. Am Schluß läßt man los, das Band zieht sich zusammen, und die beiden Netze richten sich zu einem Dodekaeder auf.

1.3. Das Reuleauxsche Dreieck

> Abschließend möchte ich meine Auffassung wiederholen, daß das, was wir in der Mathematik einen "Beweis" nennen, nichts anderes als ein Test der Produkte unserer Intuition ist. Offenbar besitzen wir keinen Standard für Beweise, der vom Zeitgeschmack, vom Gegenstand oder von Personen bzw. wissenschaftlichen Schulen unabhängig ist - und wir werden ihn wahrscheinlich nie besitzen. Unter diesen Gegebenheiten sollte man vernünftigerweise zugeben, daß es in der Mathematik so etwas wie absolute Wahrheit nicht gibt, wie immer die Öffentlichkeit darüber denkt.
>
> R.L. WILDER, The Nature of Mathematical Proof, 1944.

BENDER (1978, S. 56)[1] erwähnt einen in den USA gebräuchlichen bemerkens-

[1] Bender, P., Umwelterschließung im Geometrieunterricht durch operative Begriffsbildung . Der Mathematikunterricht 24(1978), H. 5, 25 - 87

werten Verschluß eines Ventils, mit dem eine mißbräuchliche Öffnung von Hydranten verhindert werden soll. Der Querschnitt dieses Verschlusses ist als Kreisbogendreieck ausgebildet. Man erhält es aus einem gewöhnlichen gleichseitigen Dreieck der Seitenlänge r, indem man jede Seite durch einen Kreisbogen vom Radius r ersetzt, dessen Mittelpunkt der gegenüberliegende Eckpunkt ist (Reuleauxsches Dreieck) (Bild 7).

Der Verschluß läßt sich nicht mit einem gewöhnlichen Schraubenschlüssel drehen (Bild 8a), sondern nur mit einem Spezialschlüssel (Bild 8b).

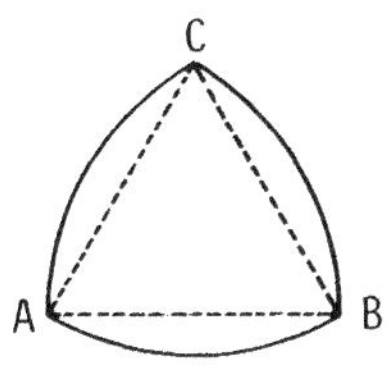

Bild 7

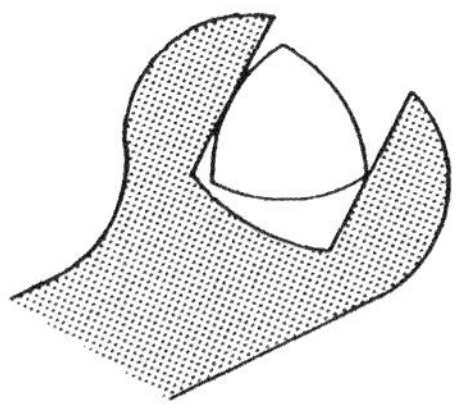
Bild 8a

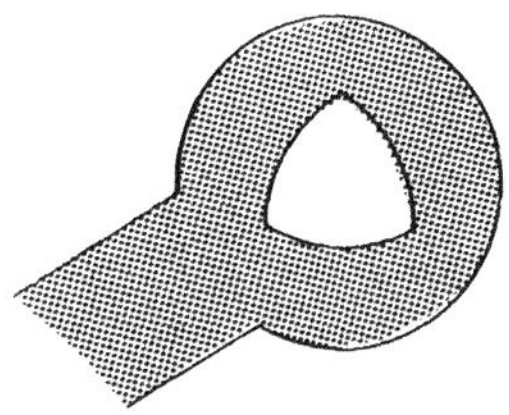
Bild 8b

Eine Vierkant- oder Sechskantschraube dagegen wird mit einem passenden gewöhnlichen Schraubenschlüssel mühelos gedreht.

Wir wollen genauer untersuchen, warum ein gewöhnlicher Schraubenschlüssel am Reuleauxschen Verschluß abrutscht, selbst wenn er die passende Weite hat. Um diese Situation geometrisch erfassen zu können, muß man beachten, daß die Backen des Schraubenschlüssels ein Paar paralleler Ebenen mit festem Abstand realisieren. In Aufsicht erscheint das Ebenenpaar als Geradenpaar und die Schraube bzw. der Verschluß als ebene Figur.

Die Frage lautet in dieser Übersetzung:
Warum kann ein Geradenpaar mit festem Abstand zwar ein Quadrat, aber kein Reuleauxsches Dreieck "angreifen"?

Betrachten wir zunächst ein Quadrat. Wir ermitteln zwei parallele Geraden g_1 und g_2 ("Stützgeraden"), die das Quadrat "einklemmen". Man sieht sofort, daß der Abstand der parallelen Stützgeraden von der Richtung des gemeinsamen Lotes g abhängt (Bild 9).

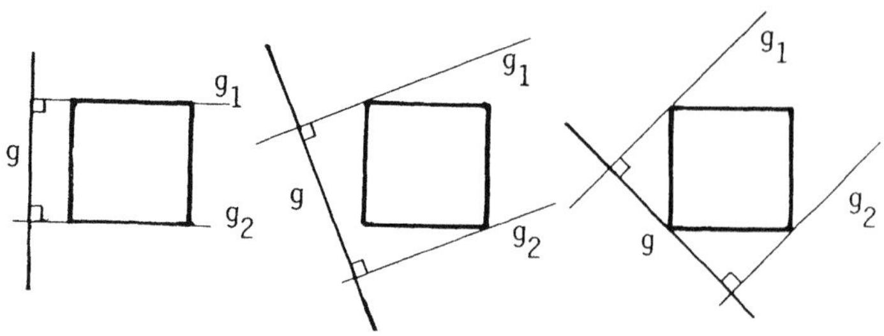

Bild 9

Dabei versteht man unter der Breite des Quadrats in Richtung g den Abstand der parallelen Stützgeraden, die g als gemeinsames Lot haben.
Die Breite ist dann maximal, wenn g parallel zu einer Diagonalen, minimal, wenn g parallel zu einer Quadratseite ist (vgl. Bild 9).
Ist nun eine Vierkantschraube vorgegeben, so braucht man nur einen Schraubenschlüssel passender Weite wählen, der die Schraube bündig einklemmt, und kann damit die Schraube drehen.
Während beim Quadrat verschiedene Breiten ermittelt werden konnten, ist die Breite eines Kreises in jeder Richtung gleich dem Durchmesser. Daher ist der Kreis eine Kurve konstanter Breite.
Wenn man einen Schraubenschlüssel der Breite des Durchmessers wählt, kann man einen kreisförmigen Stift damit nicht drehen, da der Schlüssel abrutscht.

Wir behaupten nun:
Auch das Reuleauxsche Dreieck ist eine Kurve konstanter Breite, und ein Reuleaux-Verschluß läßt sich daher mit einem gewöhnlichen Schraubenschlüssel nicht öffnen.

Wir untersuchen diese Behauptung operativ, indem wir den Schraubenschlüssel (dargestellt durch ein Paar paralleler Stützgeraden) kontinuierlich nach rechts drehen (Bild 10).

In der Ausgangsposition ist die eine Stützgerade Tangente an den Kreisbogen AC in A, die andere ist Tangente an den Kreisbogen BC in B. Die Breite ist also der Abstand r von A und B. Drehen wir nun den Schraubenschlüssel ein wenig im Uhrzeigersinn, so ist die Stützgerade g_1 weiterhin Tangente an

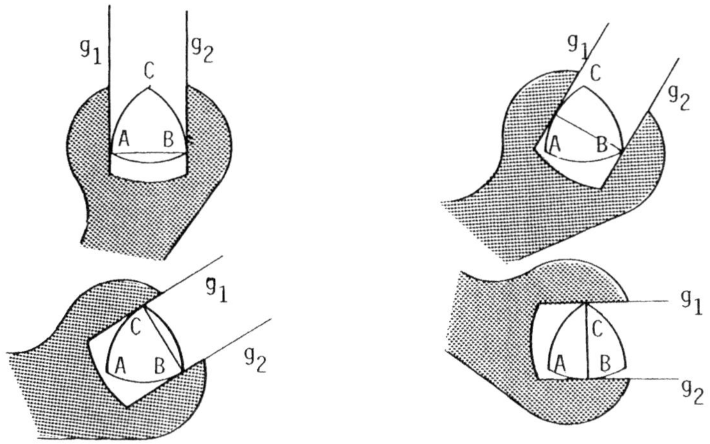

Bild 10

den Kreisbogen AC (mit Mittelpunkt B). Außerdem stellen wir fest, daß die zugehörige parallele Stützgerade g_2 durch B verläuft. Die Breite ist also der Abstand r des Berührpunktes von B. Sie ist somit konstant geblieben. Dieser Fall bleibt bei weiterer Drehung des Schraubenschlüssels solange erhalten, bis g_1 zur Tangente an den Kreisbogen AC im Punkt C wird. g_2 ist dann Tangente an den Kreisbogen AB in B. Zu beachten ist dabei, daß jede Tangente, die einen Kreis in einem Punkt P berührt, auf der Verbindungsstrecke von P zum Mittelpunkt des Kreises (dem "Berührungsradius") senkrecht steht. Die Tangenten zum Bogen AC im Punkt C und zum Bogen AB in B stehen in der Tat auf dem gemeinsamen Berührungsradius BC senkrecht. Mit anderen Worten: Auch noch in Richtung CB ist die Breite gleich r. Im weiteren Verlauf der Bewegung des Schraubenschlüssels kehren nur Fälle wieder, die analog zu schon betrachteten Fällen sind. Stets geht also eine der parallelen Stützgeraden durch eine Ecke und die andere ist Tangente an den gegenüberliegenden Kreisbogen, oder beide Stützgeraden gehen durch Ecken, sind also Tangenten von Kreisbögen. Die Breite bleibt während des gesamten Vorgangs invariant, nämlich gleich dem festen Abstand r.

Ein Schraubenschlüssel mit einer Weite, die größer bzw. kleiner als r ist, ist daher zu weit bzw. zu eng. Ein Schraubenschlüssel der Weite r kann den Querschnitt des Ventils zwar in jeder Stellung umschließen, ihn aber nie fest einklemmen. Der Schlüssel rutscht also ab.

Literatur

Rademacher, H./ Toeplitz, O., Von Zahlen und Figuren. Berlin-Heidelberg-New York 1968, Abschnitt 20 b.

Zeitler, H., Über Gleichdicks. Didaktik der Mathematik 9 (1981), 250-275

Aufgaben

1. Zum tieferen Verständnis des Begriffes "Breite einer Figur in einer Richtung" empfehle ich Ihnen, weitere Spezialfälle von Figuren zu betrachten.

2. Die Feuerwehr schützt Hydranten durch ein Ventil vor Mißbrauch, das einen Querschnitt von der Form eines gleichseitigen Dreiecks besitzt. Vergleichen Sie dieses Profil bez. seiner Schutzwirkung mit anderen Profilen.

3. (Versuch einer Verallgemeinerung der Konstruktion des Reuleauxschen Dreiecks)
Betrachten Sie ein Quadrat und ein reguläres Fünfeck. Warum läßt sich die obige Konstruktion des Reuleauxschen Dreiecks auf das Fünfeck übertragen, jedoch nicht auf das Quadrat?
Zeigen Sie, daß im Falle des Fünfecks wieder eine Kurve konstanter Breite entsteht. Für allgemeinere Konstruktionen von Kurven konstanter Breite vgl. RADEMACHER/TOEPLITZ (1968, 131).

4. (Analoge Fragestellung im Raum)
Wie ist die Breite eines Körpers in einer Richtung im Raum naheliegenderweise zu definieren? Kann analog zum ebenen Fall aus einem regulären Tetraeder ein Körper mit konstanter Breite (ein Gleichdick) konstruiert werden? Zeigen Sie, daß durch Rotation eines Reuleauxschen Dreiecks um eine Symmetrieachse ein Gleichdick entsteht.

1.4. Taximetrie

> Ein Beweis wird zu einem Beweis durch den sozialen Akt der "Akzeptierung" als Beweis. Dies gilt für die Mathematik genauso wie für die Physik, die Linguistik oder die Biologie.
>
> J.I. MANIN, A Course in Mathematical Logic, 1977

Von F. und G. PAPY stammt eine hübsche Idee, das gewöhnliche Längenmaß in der Ebene mit einem anderen Längenmaß zu kontrastieren. Betrachtet wird folgende künstliche Situation: In der Stadt "Orthopolis" gibt es nur zwei Scharen von Straßen. Die einen führen von Nord nach Süd, die anderen von Ost nach West. Der Einfachheit halber nehmen wir an, daß benachbarte Straßen jeder Schar ein und denselben Abstand haben. Als Straßenplan von Orthopolis kann daher ein rechtwinkliges Koordinatengitter (Karopapier) verwendet werden. Für die Beförderung von Personen mit dem Taxi von einem Punkt A zu einem Punkt B spielt nicht die Luftlinie eine Rolle, sondern der kürzeste mit dem Taxi zurücklegbare Weg, der sich aus einem horizontalen und einem vertikalen Stück zusammensetzt. Man kann die Gesamtstrecke auch zickzackweise durchfahren, was aber an der Länge des Gesamtwegs nichts ändert. Wenn (x_A,y_A) die Koordinaten von A und (x_B,y_B) die Koordinaten von B sind, kann man die effektive Taxientfernung von A nach B durch

$$t(A,B) = |x_A - x_B| + |y_A - y_B|$$

ausdrücken. Die Absolutstriche sorgen hier dafür, daß man nicht auf die Größenbeziehungen zwischen den Koordinaten zu achten braucht.
Die Taxientfernung ist zunächst für Punkte motiviert, die auf den Straßen liegen. Man kann sie aber auch auf beliebige Punkte übertragen, was wir wiederum der Bequemlichkeit halber tun wollen.

Zur Vermeidung von Verwechselungen wird die gewöhnliche Entfernung als euklidisch bezeichnet.
Mit der neuen Taxientfernung (Taximetrik) kann man dieselben Fragen aufwerfen wie mit der euklidischen Entfernung. Als Beispiel betrachten wir die Frage nach "Taxikreisen", d.h. wir fragen bei festem Punkt M nach allen Punkten P mit $t(M,P) = r$. Die Antwort auf die Frage ist überraschend:

Der Taxikreis ist der Rand eines auf der Spitze stehenden Quadrates mit M *als Mittelpunkt und der Diagonalenlänge* 2r (Bild 11).

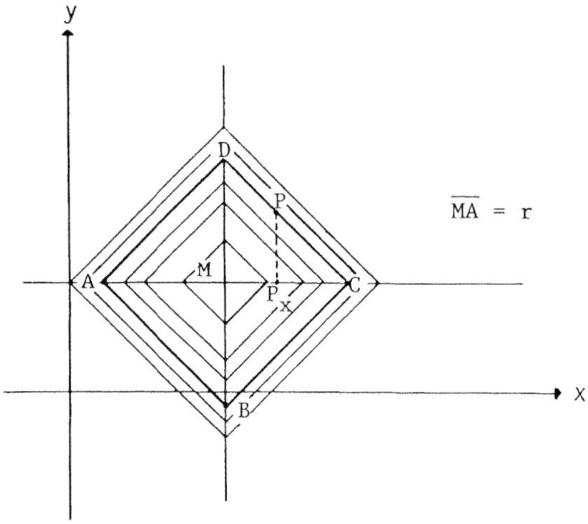

Bild 11

Beweis: Die Ecken ABCD des Quadrates haben offensichtlich die Taxientfernung r von M. Sei P ein beliebiger weiterer Punkt auf dem Rand des Quadrates, o.B.d.A. auf der Strecke DC, und P_x seine Projektion auf die Parallele zur x-Achse durch M. Die Taxientfernung von M nach P ist die euklidische Länge des Streckenzuges MP_xP.
Das Dreieck PP_xC ist gleichschenklig, also gilt $\overline{PP_x}=\overline{P_xC}$. Insgesamt folgt

$$t(M,P) = \overline{MP_xP} = \overline{MP_x} + \overline{P_xP} = \overline{MP_x} + \overline{P_xC} = \overline{MC} = r.$$

Ist Q ein Punkt, der nicht auf dem Rand des Quadrates ABCD liegt, so gehört er einem anderen Taxikreis an, hat also von M nicht die Entfernung r. Wie man sieht, füllen die konzentrischen "Taxikreise" um A die Ebene ebenso aus wie die gewöhnlichen Kreise.

Literatur

Papy, F.u.G., Taximetry.
Int. J. Math. Educ. Sci. Technol. 1 (1970), 339-352

Aufgaben

Durch Analogisierung ergeben sich von der euklidischen Metrik aus folgende Fragen:

1. Konstruieren Sie im Sinne der Taximetrik verschiedene gleichseitige Dreiecke. Wie geht man im euklidischen Fall bei der Konstruktion gleichseitiger Dreiecke vor?

2. Wählen Sie zwei Punkte A,B und bestimmen Sie alle Punkte P mit t(A,P) = t(B,P) (Taxi-Mittelsenkrechte).

3. Betrachten Sie Dreiecke ABC und untersuchen Sie, ob für die Taximetrik die Dreiecksungleichung gilt.

4. Untersuchen Sie die Taxiabstände eines festen Punktes P von den Punkten Q einer Geraden g. Gibt es stets einen Punkt Q, so daß t(P,Q) minimal ist?

1.5. Eine Flächenzerlegungsaufgabe

> Wenn wir die Methoden der Lösung von Aufgaben studieren, nehmen wir ein anderes Gesicht der Mathematik wahr. In der Tat hat die Mathematik zwei Aspekte; sie ist die strenge Wissenschaft Euklids, aber sie ist auch etwas anderes. Nach Euklid dargestellt erscheint die Mathematik als eine systematische, deduktive Wissenschaft; aber die Mathematik im Entstehen erscheint als experimentelle, induktive Wissenschaft. Beide Aspekte sind so alt wie die Mathematik selbst.
>
> G. POLYA (1889-1985)

Wir betrachten die folgende Aufgabe P:
Ein Parallelogramm soll durch zwei Geraden, die durch eine Ecke gehen, in drei flächengleiche Teile zerlegt werden.

Sie sollten versuchen, diese Aufgabe selbst zu lösen, ehe Sie weiterlesen,

damit Sie Ihre eigenen Ansätze mit den im folgenden angewandten heuristischen Strategien vergleichen können.
Grundidee der Heuristik ist es, ein Problem niemals isoliert für sich zu betrachten, sondern es in Beziehung zu setzen zu bereits bekannten oder selbst erzeugten Problemen. Diese Bezugsprobleme sind gewöhnlich unterschiedlich schwierig. Man kann mit den leichter erscheinenden Problemen beginnen und versuchen, die dabei gewonnenen Erkenntnisse auszunutzen für schwierigere Probleme. Wie hier deutlich wird, ist das Problem<u>lösen</u> sehr eng mit dem Problem<u>stellen</u> (Problem<u>erzeugen</u>) verbunden.

Von obigem Problem P ausgehend gelangt man leicht zu Bezugsproblemen:

P_1: <u>Ein Parallelogramm soll durch eine durch eine Ecke verlaufende Gerade in 2 flächengleiche Teile zerlegt werden.</u>

P_2: <u>Ein Parallelogramm soll durch Geraden, die durch eine Ecke verlaufen, in 4 flächengleiche Teile zerlegt werden.</u>

P_3: <u>Ein Dreieck ist durch Geraden, die durch eine Ecke laufen, in 3 (oder 2 oder 4) flächengleiche Teile zu zerlegen.</u>

P_1, P_2, P_3 lassen sich recht einfach lösen und aus ihren Lösungen läßt sich eine Lösung von P gewinnen (Bild 12): Man zerlegt zunächst das Parallelogramm durch eine Diagonale in jeweils halb so große Dreiecke. Jedes der beiden Dreiecke wird gedrittelt. Es entsteht eine Sechsteilung des Parallelogramms, aus der man durch Zusammenfassung je zweier Teildreiecke eine Drittelung erhält.

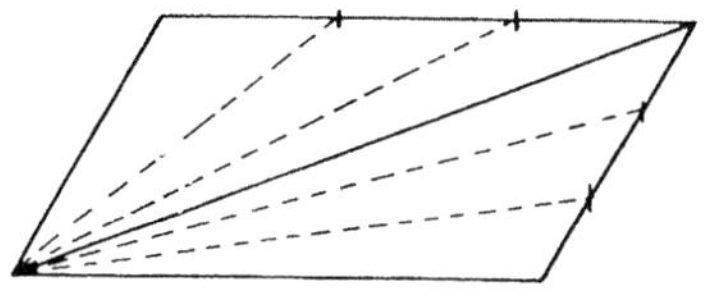

Bild 12

Ein anderer Zugang geht von dem <u>abgeschwächten</u> Problem P_4 aus.

P_4: <u>Ein Parallelogramm ist durch Geraden in 3 flächengleiche Teile zu zerlegen.</u>

P_4 besitzt zwei triviale Lösungen, die mit P_1 kombiniert wiederum eine Lösung von P ergeben (Bild 13).

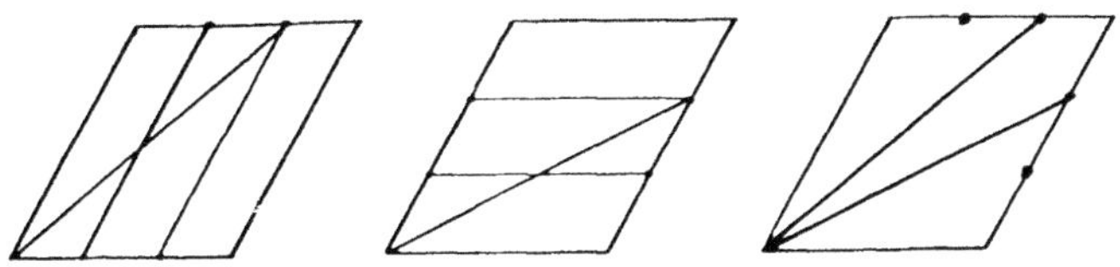

Bild 13

Ein weiterer Zugang kann über Spezialisierung versucht werden.

P_5: Ein Quadrat soll durch Geraden, die durch eine Ecke laufen, in 3 flächengleiche Teile zerlegt werden.

P_6: Ein Quadrat ist in 3,4,... flächengleiche Teile zu zerlegen.

Die Synthese der Lösungen von P_1 und P_3 zu einer Lösung von P_5 ist etwas naheliegender als die Synthese der Lösungen von P_4 und P_1 zu einer Lösung von P.

Eine Anwendung der Lösungen von P_1 und P_3 auf P könnte auch zu dem zunächst ungeschickt erscheinenden Ansatz von Bild 14 führen.

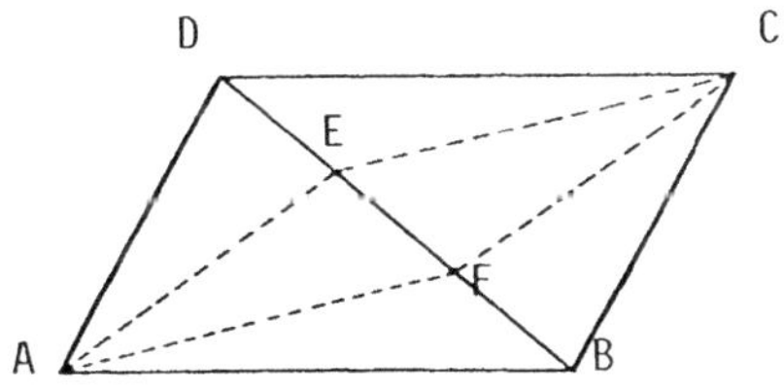

Bild 14

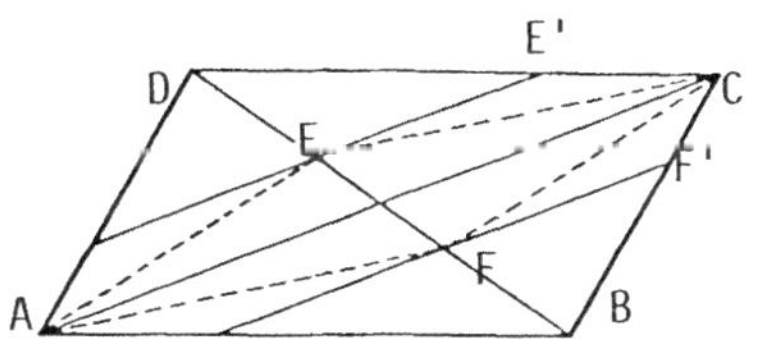

Bild 15

Das Parallelogramm ist dann zwar in 3 flächengleiche Teile zerlegt, aber durch geknickte Streckenzüge. In einem solchen Fall muß man versuchen, die vorliegende "halbe" Lösung anzupassen. Dies erfordert eine Operation, bei der die noch fehlende Bedingung der Geradlinigkeit hergestellt, aber die schon erreichte Flächengleichheit nicht wieder zerstört wird. Die rettende Idee besteht darin, Parallelen zu AC durch E und F zu zeichnen, und dadurch anstelle der Knickpunkte E und F die Randpunkte E' und F' zu erhalten (Bild 15). Die gesuchten Geraden durch A sind dann AE' und AF', wie folgendermaßen einzusehen ist:

Da die Dreiecke AEC und AE'C gleiche Grundseite und gleiche Höhe haben, sind sie inhaltsgleich. Das Viereck AECD entsteht aber aus ACD durch Wegnahme von AEC, das Dreieck AE'D ebenfalls aus ACD, indem man AE'C entfernt. AECD und AE'D sind daher flächengleich und AE'D hat ein Drittel des Inhalts von ABCD. Analog schließt man für die Punkte F und F'.

Diese zunächst umständlich erscheinende Lösung ist hilfreich für die folgende Verallgemeinerung von P.

P_7: Ein beliebiges Viereck (ohne einspringende Ecke) ist durch Geraden von einer Ecke aus in 3 flächengleiche Teile zu zerlegen.

Ein beliebiges Viereck wird durch eine Diagonale im allgemeinen nicht halbiert, weshalb man nicht durch Sechsteilung ans Ziel kommt. Jedoch kann man durch Streckenzüge dritteln und die Knickpunkte wie oben auf den Rand verlegen (Bild 16).

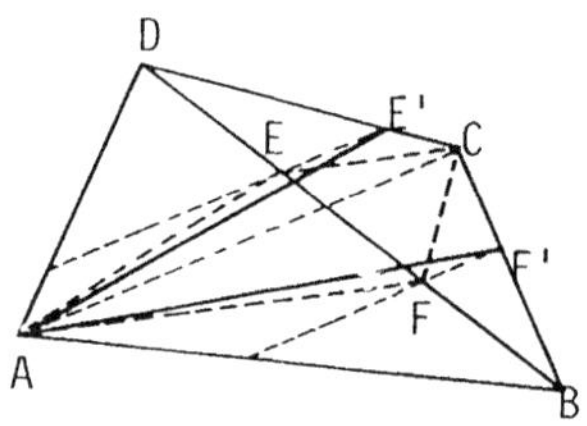

Bild 16

Literatur

Polya, G., Vom Lösen mathematischer Aufgaben I,II. Basel-Stuttgart 1966

Aufgaben

1. Ein Viereck ist in n flächengleiche Teile zu zerlegen (Verallgemeinerung von P_7).

2. Ein Dreieck ist durch 2 Geraden, die durch einen Punkt auf dem Rand gehen, in 3 flächengleiche Teile zu zerlegen (Variante von P_3).

3. Ein Quader ist durch Ebenen von einer Ecke aus in 3 inhaltsgleiche Teile zu zerlegen (Analoge Fragestellung im Raum).

1.6. Afrikanische Stickmuster

Die Bakubas, ein Bantustamm im südlichen Kongogebiet, sind berühmt durch ornamentreiche Kunstgewerbearbeiten, z.B. Masken, Statuen und bestickte Raphiagewebe (Kassaivelours). Unter den linienförmigen Stickmustern der Bakubas gibt es auch solche, die sich mit einem einzigen Faden sticken lassen, ohne daß der Faden stellenweise auf der Unterseite des Gewebes verdeckt geführt werden muß (Bild 17a).
Schon die Bakuba-Kinder üben sich auf ihre Weise in Stickmustern, worüber der belgische Anthropologe E. TORDAY berichtet, der diesen Stamm Anfang des Jahrhunderts studiert hat:

> "Wir sahen oft, wie kleine Kinder in einem Kreis saßen und mit Sand spielten. Da einige meiner intimsten Freunde unter ihnen waren, wurde ich eingeladen, mich zu ihnen zu setzen. Einer von ihnen, Minge Bengela, nahm seinen Lendenschurz ab und bot ihn mir als Sitzunterlage an. Damit übertraf mein junger Ritter noch Sir Walter Raleigh, denn der Schurz war sein einziges Kleidungsstück. Die Kinder zeichneten im Sand und ich wurde sofort aufgefordert, gewisse unmögliche Aufgaben auszuführen. Ihre Freude war groß, wenn es dem weißen Mann nicht gelang, sie erfolgreich abzuschließen. Zum Beispiel verlangten sie, mit dem Finger das folgende Muster zu zeichnen, ohne dabei den Finger zu heben."
> (vgl. Bild 17b)

Bild 17a

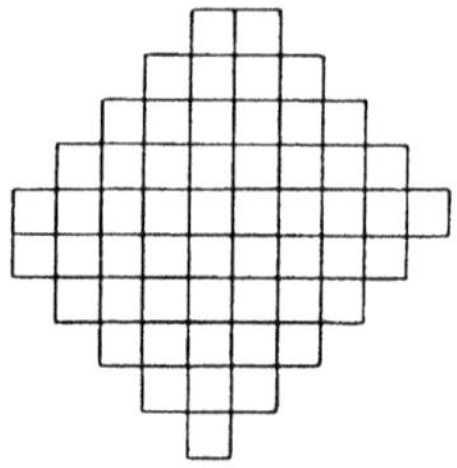

Bild 17b

Eine mathematische Analyse der Aufgabe, die wir im folgenden vornehmen wollen, zeigt, daß TORDAY die Freude der Kinder über seine vergeblichen Versuche falsch interpretiert hat. Die Aufgabe ist nämlich lösbar und die Freude der Kinder rührte daher, daß der weiße Mann die Lösung nicht gefunden hatte, die sie natürlich kannten und in ihren Spielen immer wieder reproduzierten.

Für eine mathematische Modellierung der vorliegenden Situation erweist sich ein mathematischer Strukturbegriff als geeignet, der erst in den letzten zwanzig Jahren in verschiedensten Gebieten außerhalb und innerhalb der Mathematik in vielfältiger Weise entwickelt und angewandt worden ist: der Begriff des Graphen. Dieser Begriff und die Terminologie der Graphentheorie stützen sich sehr stark auf einen wichtigen Spezialfall geometrischer Graphen, nämlich Kantenmodelle von Polyedern. Bei diesen Modellen sind gewisse Paare von Ecken durch Kanten verbunden (beim Tetraeder jede Ecke mit jeder, beim Würfel jede Ecke mit nur drei der sieben anderen Ecken), m.a.W., jeder Kante ist ein (ungeordnetes) Paar von Ecken zugeordnet.

Unter einem *Graphen* versteht man demgemäß eine Struktur mit drei Daten: einer nichtleeren Menge E, deren Elemente "*Ecken*" genannt werden, einer zur Menge E disjunkten Menge K, deren Elemente "*Kanten*" heißen, und einer Vorschrift (Abbildung) v, welche jeder Kante genau zwei verschiedene[1] Ekken, genannt die *Eckpunkte* der Kante, zuordnet. Man benutzt die Sprech-

1) Man kann auch zulassen, daß die Eckpunkte einer Kante gleich sind. Eine solche Kante nennt man Schleife. Wir lassen diesen Fall außer acht.

weisen, daß jede Kante die ihr zugeordneten Ecken *"verbindet"*, und daß sie diese Ecken *trifft*.
Der Sandfigur der Bakuba-Kinder in Bild 17b liegt folgender Graph zugrunde: "Ecken" sind die Eckpunkte der einzelnen Quadrate, "Kanten" sind die Seiten der Quadrate. Jeder Seite werden die Eckpunkte zugeordnet, die sie als Strecke verbindet. Wenn die Figur mit dem Finger in den Sand gezeichnet ist, sind die Kanten natürlich nicht mehr exakt geradlinig. Aber darauf kommt es bei der Frage nach der Durchlaufbarkeit gerade nicht an, und der Begriff des Graphen abstrahiert auch davon.

Eine abwechselnde Folge von Ecken und Kanten eines Graphen, beginnend mit einer Ecke (Anfangspunkt) und endend mit einer Ecke (Endpunkt), heißt ein *Kantenzug*, wenn jede Kante der Folge die jeweils vor und hinter ihr stehende Ecke verbindet. Ein Kantenzug heißt *geschlossen*, wenn der Anfangspunkt gleich dem Endpunkt ist, und offen, wenn der Anfangspunkt ungleich dem Endpunkt ist. Ein Kantenzug heißt *einfach*, wenn in der Folge keine Kante mehr als einmal auftritt.
Die Durchlaufbarkeit einer Sandfigur "ohne Abheben des Fingers" ist offenbar ein Spezialfall der folgenden allgemeinen Fragestellung:

Gegeben ist ein Graph mit endlich vielen Ecken und Kanten (endlicher Graph). Unter welchen Bedingungen gibt es einen einfachen Kantenzug, der alle Kanten des Graphen enthält?

Man nennt einen solchen Kantenzug eine *Eulersche Linie* nach L. EULER (1707-1783). EULER wurde zur Untersuchung dieser Frage durch das Königsberger Brückenproblem angeregt, einem Freizeitspaß der Königsberger Bevölkerung, und fand eine genial-einfache Lösung.

In der Abhandlung, die er 1735 der Russischen Akademie der Wissenschaften in St. Petersburg vorlegte, schreibt er:

> "Das Problem, das, wie ich glaube, wohlbekannt ist, lautet so: In der Stadt Königsberg in Preußen gibt es eine Insel A, genannt "Kneiphof", die von zwei Armen des Flusses Pregel umgeben ist (vgl. Bild 18). Es gibt sieben Brücken a,b,c,d,e,f und g, die den Fluß an verschiedenen Stellen überqueren. Die Frage ist, ob man einen Spaziergang so planen kann, daß man jede dieser Brücken genau einmal passiert. Wie man mir erzählte, behaupten

einige, daß dies unmöglich sei; andere seien in Zweifel, und es gäbe niemanden, der von der Lösbarkeit überzeugt sei. Ausgehend von dieser Situation stellte ich mir das folgende sehr allgemeine Problem: Gegeben sei irgendeine Konfiguration des Flusses und der Gebiete, in die er das Land aufteilen möge sowie irgendeine Anordnung von Brücken. Man entscheide, ob es möglich ist, jede Brücke genau einmal zu überschreiten, oder nicht."

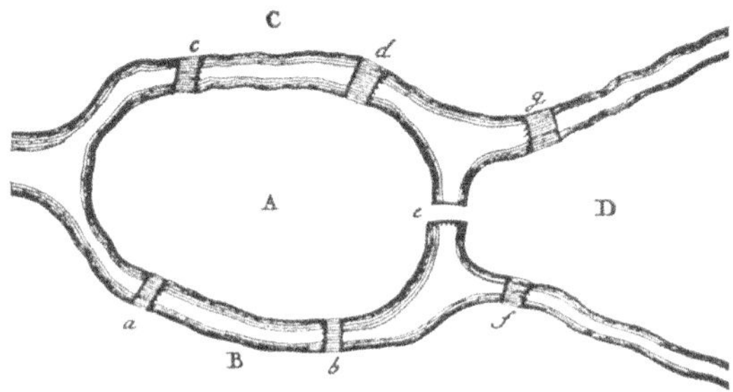

Bild 18

Offensichtlich liegt hier ein Graph mit den Ecken A,B,C,D und den Kanten a,b,c,d,e,f,g vor, nach dessen Durchlaufbarkeit gefragt wird. Wie man sieht, verwandelt EULER mit dem sicheren Instinkt eines großen Mathematikers eine Rätselaufgabe in eine mathematische Fragestellung, indem er eine zunächst isoliert erscheinende Situation in eine Klasse von Situationen einbettet. Der Vorteil der allgemeinen Betrachtungsweise liegt heuristisch gesehen darin, daß man bei der Untersuchung bei einfachsten Beispielen beginnen und die dabei gewonnenen Einsichten für kompliziertere Fälle ausnützen kann. Anstelle isolierter Erkenntnisse über die Durchlaufbarkeit von speziellen Graphen eröffnet sich damit die Möglichkeit einer allgemeinen Theorie der Durchlaufbarkeit.

Bei der Untersuchung von Beispielen empfiehlt sich ein operatives Vorgehen: Man beginnt bei einfachen Graphen, fügt Kanten und Ecken hinzu, löscht andere wieder usw. und untersucht, was mit der Durchlaufbarkeit des Graphen bei diesen Erweiterungs- bzw. Reduktionsoperationen geschieht. Man erkennt dabei: Die Durchlaufbarkeit ist sicherlich dann nicht möglich, wenn der Graph in isolierte Stücke zerfällt, und Schwierigkeiten für die Durchlaufung ergeben sich allenfalls an Ecken, von denen eine ungerade Anzahl Kanten ausgeht.

Zur Gewinnung einer eigenen Anschauung sollten Sie die Graphen von Bild 19 und weitere selbst gezeichnete Graphen einmal auf Durchlaufbarkeit prüfen.

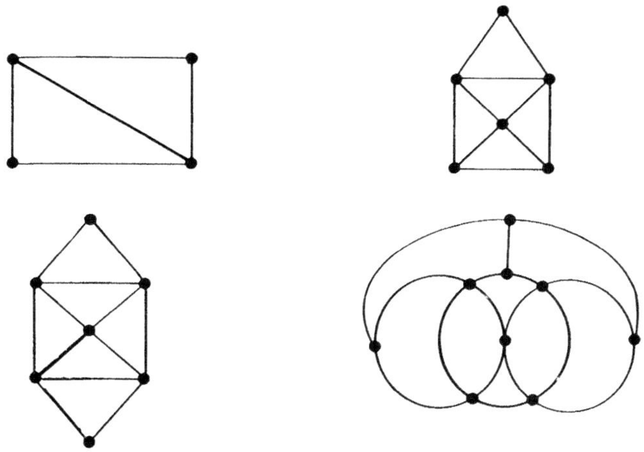

Bild 19

Wir erfassen diese Erfahrungen in folgenden Definitionen:

Ein Graph heißt zusammenhängend, wenn es zu je zwei verschiedenen Ecken einen Kantenzug mit der einen Ecke als Anfangspunkt und der anderen als Endpunkt gibt.

Für eine Ecke eines Graphen heißt die Anzahl der Kanten, welche diese Ecke treffen, der Grad der Ecke.

Es gilt der folgende Satz:

Wenn die Grade der Ecken eines zusammenhängenden endlichen Graphen sämtlich geradzahlig sind, besitzt der Graph eine geschlossene Eulersche Linie. Wenn die Grade genau zweier Ecken ungeradzahlig sind, besitzt der Graph eine offene Eulersche Linie mit den beiden Ecken ungeraden Grades als Anfangs- bzw. Endpunkt.

Anwendung: Aus diesem Satz geht hervor, daß die oben vorgestellte Sandfigur tatsächlich in einem Zuge gezeichnet werden kann, weil mit Ausnahme zweier Ecken vom Grade 3 alle Ecken geraden Grad haben. Der Zeichenvorgang muß bei einer der beiden Ecken ungeraden Grades ansetzen.

Beweis des Satzes: Wir betrachten zunächst den ersten Teil des Satzes, in dem ein zusammenhängender endlicher Graph mit Ecken vorausgesetzt wird, deren Grade sämtlich gerade sind. Der Beweis wird dadurch geführt, daß wir eine Eulersche Linie induktiv Kante um Kante konstruieren. Wir müssen dazu den Konstruktionsbeginn und die jeweilige Fortsetzung der Konstruktion beschreiben, uns von der Zulässigkeit der einzelnen Schritte überzeugen und nachweisen, daß die Konstruktion nach endlich vielen Schritten zu einer Eulerschen Linie führt. Sie sollten für sich selbst ein nicht zu einfaches Beispiel aufzeichnen und an ihm die folgende Konstruktion nachvollziehen.

Wir starten bei einer Ecke, die wir mit e_1 bezeichnen. Es gibt eine Kante k_1, die e_1 mit einer zweiten Ecke e_2 verbindet (warum existiert k_1?). $e_1k_1e_2$ bilden einen einfachen Kantenzug, den wir als Induktionsanfang nehmen. k_1 denken wir uns rot gefärbt.

Wir nehmen nun an, daß wir bei unserer Konstruktion bereits zu einem einfachen Kantenzug $e_1k_1e_2k_2\dots e_nk_ne_{n+1}$ mit $n \geq 1$ rotgefärbten Kanten gelangt sind. Falls $\{k_1,\dots,k_n\}$ die Menge <u>aller</u> Kanten des Graphen ist, ist der Kantenzug bereits eine Eulersche Linie und wir sind fertig. Anderenfalls gibt es Kanten, die noch nicht gefärbt sind. Wir unterscheiden dann zwei Fälle:

a) Der Kantenzug $e_1\dots e_{n+1}$ ist offen, d.h. $e_1 \neq e_{n+1}$.

b) Der Kantenzug $e_1\dots e_{n+1}$ ist geschlossen, d.h. $e_1 = e_{n+1}$.

Fall a): Der Grad einer Ecke wurde definiert als Anzahl der Kanten, welche die Ecke treffen. Zählt man für jede Ecke des Graphen die von ihr ausgehenden <u>gefärbten</u> Kanten, so ergibt sich für e_1 und e_{n+1} eine ungerade, für die übrigen Ecken eine gerade Anzahl, wie man sofort sieht, wenn man die Konstruktion des Kantenzuges nachvollzieht. Da der Eckengrad von e_{n+1} aber eine gerade Zahl ist, gibt es notwendigerweise mindestens eine noch nicht gefärbte Kante k_{n+1}, die e_{n+1} mit einer Ecke e_{n+2} verbindet, so daß man durch Färbung von k_{n+1} den einfachen Kantenzug $e_1k_1e_2\dots e_{n+1}k_{n+1}e_{n+2}$ mit n+1 Kanten bilden kann.

Fall b): Der Gedanke von Fall a) kann hier nicht ausgenützt werden, da bei e_1 als Anfangs- und gleichzeitig Endpunkt ebenfalls eine gerade Anzahl von Kanten eingefärbt ist und wir daher nicht davon ausgehen können, daß bei $e_1 = e_{n+1}$ noch eine ungefärbte Kante übrig ist. Wir nützen deshalb hier die Tatsache aus, daß der Kantenzug nach Induktionsannahme nicht alle Kanten enthält. Da der Graph zusammenhängend ist, gibt es eine noch nicht gefärbte Kante k_{n+1}, die sogar eine Ecke e_j des Kantenzuges ($1 \leq j \leq n+1$) mit einer Ecke e_{n+2} verbindet (genauere Begründung?). Ordnen und numerieren wir die Ecken und Kanten des geschlossenen Kantenzuges $e_1 \ldots e_j \ldots e_{n+1}$ zyklisch so um, daß e_j Anfangs- und Endpunkt wird und fügen am Schluß $k_{n+1}e_{n+2}$ dazu, so erhalten wir wiederum einen einfachen Kantenzug mit n+1 Kanten.

Wir haben damit wiederum gezeigt, wie sich ein einfacher Kantenzug verlängern läßt, wenn er noch nicht alle Kanten enthält. Da jedoch die Anzahl der Kanten nach Voraussetzung endlich ist, führt das Verfahren nach endlich vielen Schritten zu einer Eulerschen Linie. Diese Linie ist sogar geschlossen. Wären Anfangs- und Endpunkt nämlich nicht gleich, so wäre die Anzahl der vom Endpunkt ausgehenden Kanten ungerade, was zu einer Verlängerung der Linie, wie in Fall a) beschrieben, Anlaß gäbe. Dies widerspräche der Tatsache, daß eine Eulersche Linie bereits alle Kanten umfaßt.

Durch das in Fall b) beschriebene Verfahren der zyklischen Umordnung läßt sich auch noch erreichen, daß <u>jede</u> Kante der geschlossenen Eulerschen Linie an den Anfang gerückt wird.

Der Beweis des zweiten Teils des Satzes läßt sich leicht auf den soeben bewiesenen ersten Teil zurückführen. Einen gegebenen zusammenhängenden endlichen Graphen mit genau zwei Ecken e' und e" ungeraden Grades können wir nämlich durch eine zusätzliche Hilfskante k', die e' und e" verbindet, zu einem zusammenhängenden endlichen Graphen erweitern, dessen Eckengrade sämtlich gerade sind. Anwendung des ersten Teils liefert für den erweiterten Graphen eine geschlossene Eulersche Linie, als deren Anfang wir e'k'e" bzw. e"k'e' wählen können. Wir brauchen nun nurmehr die Hilfskante k' wieder herauszunehmen, d.h. am Anfang e' und k' bzw. e" und k' zu streichen, und haben dann für den ursprünglichen Graphen sofort eine offene Eulersche Linie, die in e" (bzw. in e') beginnt und in e' (bzw. in e") endet.

<u>Bemerkung</u>: Offensichtlich bleibt ein durchlaufbarer Graph durchlaufbar, und ein nichtdurchlaufbarer Graph bleibt nichtdurchlaufbar , wenn wir Schleifen hinzufügen. Damit die Aussage des Satzes erhalten bleibt, muß aber eine Schleife bei der Bestimmung des Eckengrades doppelt gezählt werden.

Literatur

Bodendiek, R., Über Methoden der Graphentheorie und ihre Anwendung in der Mathematikdidaktik. Mitteilungen der Mathematischen Gesellschaft in Hamburg X(1974), H. 3, 139 - 154.

Zaslavsky, C., Africa Counts: Number and Pattern in African Culture. Boston 1973.

Aufgaben

1. Zeigen Sie, daß in einer Eulerschen Linie auch alle Ecken (evtl. mehrfach) auftreten.

2. (Spezialisierung) Läßt sich ein Kantenmodell eines Würfels aus einem einzigen Stück Draht biegen?

3. Zeigen Sie operativ, daß in jedem endlichen Graphen die Anzahl der Ecken mit ungeradem Grad eine gerade Zahl ist. (Z.B. kann es Graphen mit einer einzigen Ecke ungeraden Grades danach nicht geben.) "Operativ" bedeutet: Bauen Sie einen gegebenen Graphen ausgehend von der "nackten" Eckenmenge durch schrittweise Hinzufügung je einer Kante auf und verfolgen Sie, was dabei mit der Anzahl der Ecken ungeraden Grades geschieht. Diese Anzahl ist am Anfang 0, also gerade, weil alle "nackten" Ecken den geraden Eckengrad 0 haben.

4. Zeigen Sie, daß die Umkehrung des obigen Satzes gilt:
   a) In einem Graphen mit einer geschlossenen Eulerschen Linie besitzt jede Ecke gerade Ordnung.
   b) In einem Graphen mit einer offenen Eulerschen Linie haben genau der Anfangs- und der Endpunkt der Linie ungeraden Grad, alle anderen Ecken besitzen geraden Grad.

   Was folgt daraus für das Königsberger Brückenproblem?

1.7. Geometrische Perspektive

Bild 1a

Großrohrproduktion im Hoesch-Röhrenwerk Dortmund-Barop

Bild 1b

Altes Firmenzeichen der Hoesch-Röhrenwerke

Die modellhafte Erfassung einer räumlichen Situation erfolgt sehr oft in Form einer zeichnerischen Abbildung auf eine ebene Bildfläche. Zum Beispiel sind Photographien, technische Zeichnungen und Stadtpläne Zeichnungen dieser Art. In der Darstellenden Geometrie kennt man eine Vielfalt von Abbildungsverfahren, die verschiedensten Zwecken angepaßt sind. Im folgenden sollen einige Elemente der Darstellenden Geometrie benutzt werden, um die Grundidee der Zentralperspektive herauszuarbeiten.

Im 15. Jhdt. vollzog sich in der abendländischen Malerei eine bedeutsame Wandlung, ausgelöst durch die Erkenntnis der Gesetze des einäugigen Sehens. Dadurch wurde es möglich, Personen und Gegenstände zusammen mit ihrer Umgebung naturgetreu darzustellen, während vorher der Hintergrund von Gemälden vielfach ungestaltet blieb (vgl. z.B. die Ikonenmalerei, bei der übrigens die Einführung der Perspektive bei Todesstrafe verboten wurde).

Zur Erklärung des einäugigen Sehens knüpfen wir an die idealisierende Betrachtungsweise der geometrischen Optik von Abschnitt 1.1. an. Jeder Punkt eines räumlichen Objekts sendet geradlinige Strahlen aus, von denen einer in das punktförmig gedachte Auge des Betrachters gelangt (Sehstrahl). Bringt man zwischen Objekt und Betrachter eine Ebene (z.B. die Leinwand des Künstlers), so durchstößt jeder Sehstrahl diese "Bildebene" in einem Punkt, den man als Bildpunkt des Originalpunktes bezeichnet. Die Gesamtheit der Bildpunkte ergibt das perspektive Bild des betrachteten Objekts auf der Bildebene. Geometrisch hat man sich jeden Originalpunkt mit dem Augenpunkt verbunden zu denken. Die Bildpunkte sind die Durchstoßpunkte dieser Strecken durch die Bildebene.

Für das Auge kommt es nicht darauf an, ob die Sehstrahlen im Original- oder im Bildpunkt beginnen. *Daher hat beim einäugigen Sehen ein perspektives Bild die gleiche optische Wirkung wie das Original.*

Bei LEONARDO DA VINCI (1452-1519) liest sich diese Erkenntnis so:

> "Perspektive ist nichts anderes, als etwas zu sehen, was sich hinter einem flachen und gut durchsichtigen Glas befindet, auf dessen Oberfläche all jene Dinge gezeichnet sind, die sich hinter besagter Glasscheibe befinden, und die man pyramidenförmig zum Augenpunkt führen kann, wobei diese Pyramiden sich auf besagtem Glase schneiden." (LAMBERT 1943, 455).

LEONARDO baute danach folgenden Apparat zur Herstellung perspektiver Bilder:

> "Wie man einen Gegenstand mittels eines Glases abbildet. Nimm ein Glas, so groß wie ein halber Bogen Papier, und befestige es gut vor deinen Augen, d.h. zwischen deinen Augen und dem, was du malen willst. Dann begebe dich mit dem Auge in eine Entfernung von etwa 2/3 Arm von besagtem Glase und stütze den Kopf mittels eines Instruments in der Weise, daß du ihn nicht bewegen kannst. Sodann schließe oder verbinde ein Auge und mit dem Pinsel oder dem Bleistift zeichne auf das Glas, was dir darauf erscheint,

pausiere diese Zeichnung auf ein Papier und stäube es auf gutes Papier ab, übermale es, wenn du willst, indem du die Luftperspektive gut benützest" (LAMBERT 1943, 456).

Diese Methode (Bild 2) hat den Nachteil, daß es unmöglich ist, den Kopf unbeweglich zu halten und die Durchstoßpunkte der Sehstrahlen auf dem Glas genau zu treffen.

Bild 2

ALBRECHT DÜRER gab in seinem berühmten Lehrbuch "Unterweysung der messung, mit dem zirckel und richtscheyt in linien ebnen und gantzen corporen", Nürnberg 1525, einen anderen Apparat an, der diesen Nachteil vermeidet (Bild 3).

"Durch drei Fäden magst du ein jedes Ding, das du damit erreichen kannst, in ein Gemälde bringen, auf eine Tafel zu verzeichnen. Dem tue also. Bist du in einem Saal, so schlage eine große Nadel mit weitem Öhr, die dazu gemacht ist, in die Wand, vor ein Auge. Ziehe dadurch einen starken Faden und hänge unten ein Bleigewicht daran. Danach setze einen Tisch oder eine Tafel so weit von dem Nadelöhr, darin der Faden ist, als du willst. Darauf stelle einen aufrechten Rahmen fest, zwerchs gegen das Nadelöhr, hoch oder nieder, auf welcher Seite du willst. Der Rahmen habe ein Thürlein, das man auf und zu tun kann. Dieses Thürlein sei deine Tafel, darauf du malen willst. Dann nagele zwei Fäden, die ebenso lang sind als der aufrechte Rahmen lang und breit ist, oben und mitten in den Rahmen und den anderen auf einer Seite auch mitten in den Rahmen, und lasse sie hängen. Danach mache einen eisernen langen Stift, der zuforderst der Spitze ein Nadelöhr habe. Darin fädele den langen Faden, der durch das Nadelöhr an der Wand gezogen ist, und fahre mit der Nadel und dem langen Faden durch den Rahmen hinaus, und gib sie einem anderen in die Hand. Du aber warte der beiden anderen Fäden, die am Rahmen hängen. Nun gebrauche dies also. Lege eine Laute, oder was dir sonst gefällt, so fern von dem Rahmen als du willst, nur daß sie unverrückt bleibe, solange du ihrer bedarfst. Lasse deinen Gesellen die Nadel mit dem Faden herausstrecken auf die nötigsten Punkte der Laute. Und sooft er auf einem still hält und den langen Faden streckt, so schlage allweg die Fäden am Rahmen kreuzweis gestreckt an den langen Faden, klebe sie an beiden Seiten mit Wachs an den Rahmen und heiße deinen Gesellen, den Faden nachzulassen. Danach schlage das Thürlein zu und zeichne denselben Punkt, wo die Fäden kreuzweise übereinandergehen, auf die Tafel..."

Bild 3

Gemäß dieser Beschreibung wird also ein Bildpunkt auf der Bildebene in der Tat so konstruiert, daß der durch Verbindung von Originalpunkt und dem festen Augenpunkt (= Nadelöhr) entstandene Sehstrahl mit der Bildebene geschnitten wird.

Wir wollen dieses apparative Verfahren an einem Rohr zeichnerisch nachvollziehen, indem wir uns den Augenpunkt und die Bildebene in Grund- und Aufriß vorgeben und dann konstruktiv die Bildpunkte ausreichend vieler Punkte auf der Bildebene konstruieren. Dazu zunächst einige Grundbegriffe der Zweitafelprojektion (vgl. Bild 4).

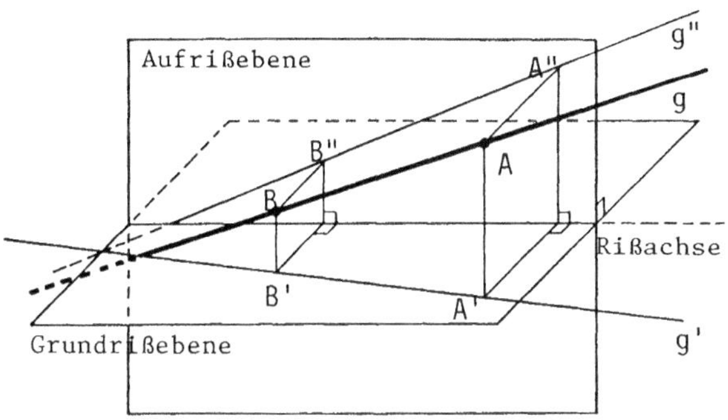

Bild 4

Die Zweitafelprojektion benutzt zwei aufeinander senkrecht stehende Ebenen, die (vertikal angenommene) Aufrißebene und die (horizontal gedachte) Grundrißebene, die sich in der Rißachse schneiden. Der Betrachter bezieht sich so ein, daß ihm eine der beiden Halbebenen, durch welche die Grundrißebene durch die Rißachse zerlegt wird, als "vorne", und eine der beiden Halbebenen, durch welche die Aufrißebene durch die Rißachse zerlegt wird, als "oben" erscheint. Jedem Punkt A des Raumes werden nun zwei Bildpunkte zugeordnet. Der Bildpunkt A' ist der Fußpunkt des Lotes von A auf die Grundrißebene, der Bildpunkt A" der Fußpunkt des Lotes von A auf die Aufrißebene. Da alle Lote auf die Grundrißebene bzw. die Aufrißebene untereinander parallel sind und auf der Bildebene senkrecht stehen, nennt man die Grundriß- und die Aufrißabbildung eine senkrechte Parallelprojektion.

Von einem gegebenen Objekt entsteht durch die beiden Parallelprojektionen auf der Grundrißebene der Grundriß und auf der Aufrißebene der Aufriß des Objektes. Um das räumliche Gebilde aus Grund- und Aufrißebene einer zeichnerischen Konstruktion zugänglich zu machen, denken wir uns die Grundrißebene mit unserer Zeichenebene identifiziert und klappen die Aufrißebene um 90° nach hinten, so daß sie ebenfalls auf die Zeichenebene zu liegen kommt. Die Bildpunkte A' und A" liegen dann beide in der Zeichenebene. Aus der Lage von A' und A" relativ zur Grund- und Aufrißebene ist die Lage von A bestimmbar: Liegt A' unterhalb, auf oder oberhalb der Rißachse, so A vor, auf oder hinter der Aufrißebene; liegt A" unterhalb, auf oder oberhalb der Rißachse, so A unter, auf bzw. über der Grundrißebene.
Die Lagen von A' und A" sind nicht unabhängig voneinander: Die Verbindungsstrecke A'A" steht senkrecht auf der Rißachse, da Grund- und Aufrißebene zueinander senkrecht sind und wir senkrecht projiziert haben. Die in Bild 4 gezeichnete Verbindungsgerade g der Punkte A,B ist in Bild 5 in der Zweitafelprojektion dargestellt.

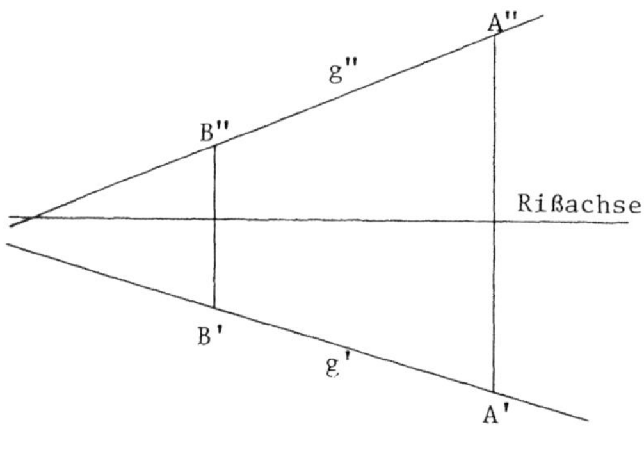

Bild 5

Wir wollen diese Überlegungen nun auf die Konstruktion des perspektiven Bildes eines (zylindrischen) Rohrs anwenden und dadurch das Firmenzeichen der Hoesch-Röhrenwerke in Bild 1b erklären.
Wir denken uns das Rohr so auf die Grundrißebene gelegt, daß die hintere Öffnung in die Aufrißebene fällt (Bild 6). Einige bestimmende Punkte des Rohres sind eingezeichnet. Im Aufriß erscheint das Rohr dann als Kreis, im Grundriß als Rechteck (Bild 7).
Zur Konstruktion eines perspektiven Bildes, das dem natürlichen Eindruck

noch besser entspricht als das Schrägbild in Bild 6, wird dieses Rohr nun vom Augenpunkt O (gegeben durch den Grundriß O' und den Aufriß O") aus betrachtet (Bild 8).
Als Bildebene wird der Einfachheit halber eine Ebene π gewählt, welche parallel zur Aufrißebene liegt und die Grundrißebene in der Geraden p schneidet. π klappen wir wie die Aufrißebene um p nach hinten auf die Zeichenebene.

Bild 6

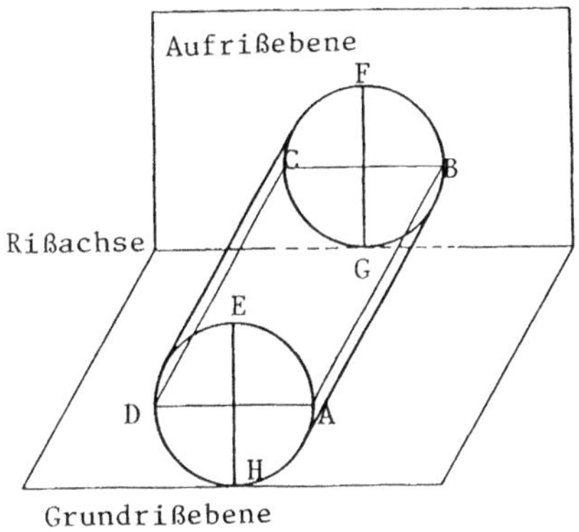

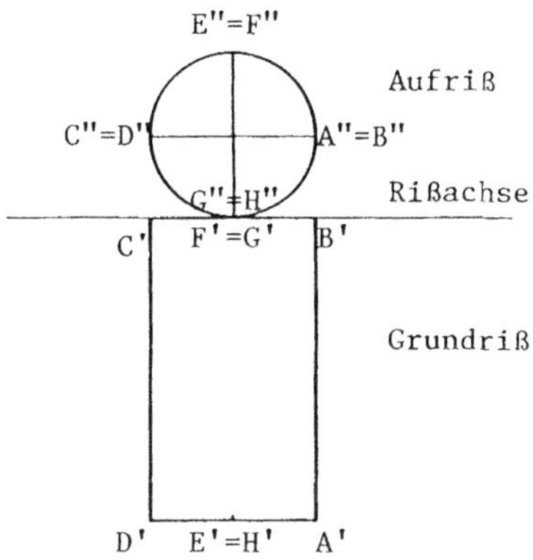

Bild 7

Damit die Zeichnung nicht überladen wird, zeichnen wir das perspektive Bild auf π etwas nach rechts verschoben.

Die nun mehrfach durchzuführende Konstruktion des Sehstrahles und des Durchstoßpunktes durch die Ebene beruht auf folgenden anschaulich klaren Prinzipien.

a) Der Grundriß (bzw. Aufriß) einer durch zwei Punkte A,B verlaufenden Geraden g ist die Verbindungsgerade A'B' (bzw. A"B") (Bild 5).
Ist g senkrecht zur Grundrißebene (bzw. Aufrißebene), so entartet g' (bzw. g") zu einem Punkt.

b) Ist P' der Grundriß eines Punktes P auf der Geraden AB, so erhält man aus P' den Aufriß P", indem man von P' aus das Lot auf die Rißachse fällt und dieses mit der Geraden A"B" schneidet, denn die Gerade P'P" steht senkrecht zur Rißachse und P" liegt auf A"B".

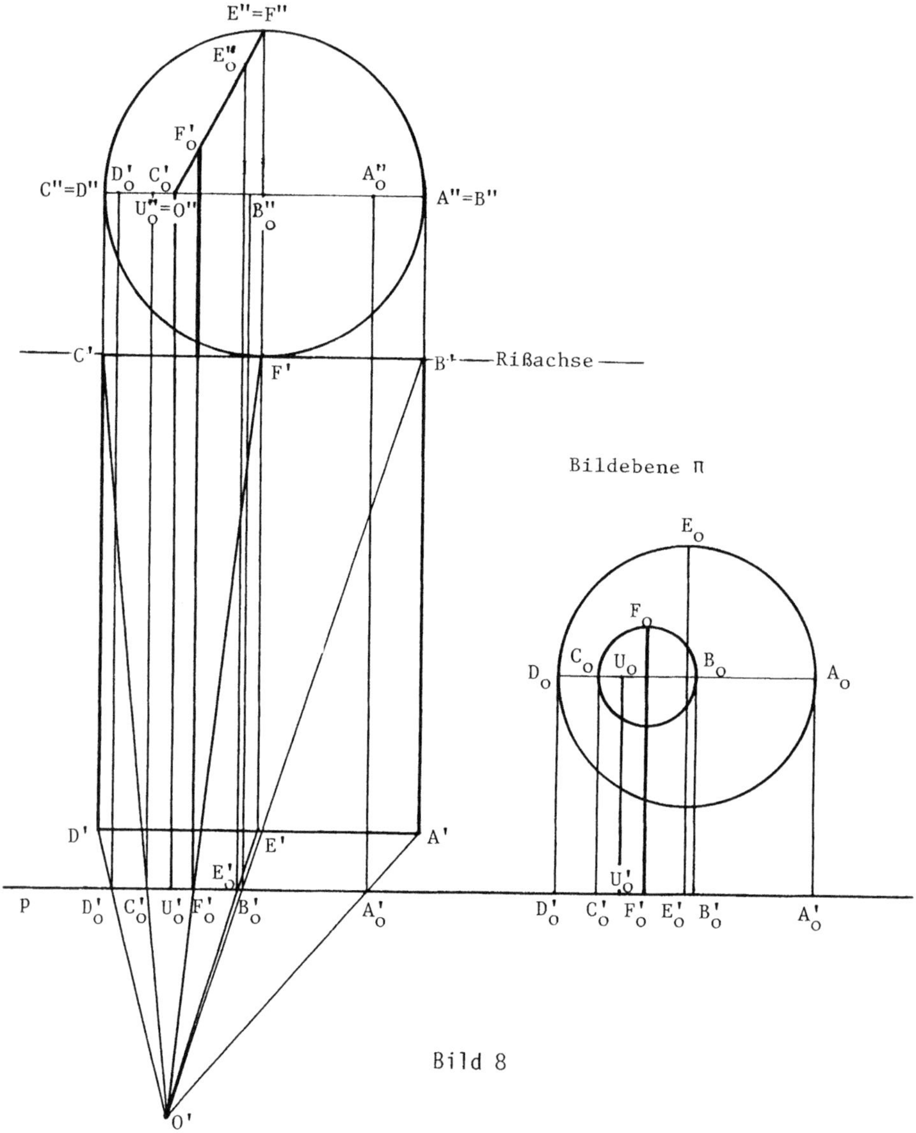

Bild 8

Bild 9

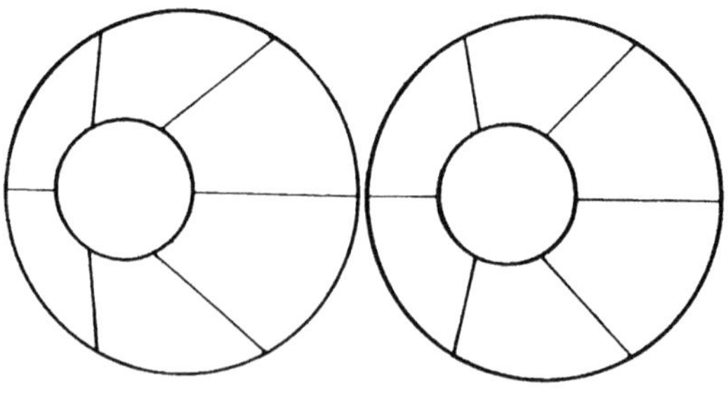

c) Da alle Punkte von π bei der Grundrißprojektion senkrecht auf Punkte von p projiziert werden, erhält man den Grundriß P' des Durchstoßpunktes P eines Sehstrahls h durch π, indem man den Grundriß h' des Sehstrahls mit p schneidet. P liegt ja auf π und auf h, daher muß P' auf der Projektion von π, das ist p, und auf der Projektion von h, das ist h', liegen.

Wir sind nun in der Lage, die Konstruktion des perspektiven Bildes durchzuführen und wollen am Beispiel des Punktes E erläutern, wie man das perspektive Bild E_0 findet (Bild 8).

Wir verbinden O' mit E' und erhalten in O'E' nach (a) den Grundriß des Sehstrahles OE. Ebenso verbinden wir O" und E" und erhalten so den Aufriß des Sehstrahles. Der Grundriß O'E' schneidet p im Punkt E_0', welcher gemäß (c) der Grundriß des perspektiven Bildes E_0 von E auf π ist. Damit E_0 auf π konstruiert werden kann, muß noch herausgefunden werden, wie hoch E_0 über seinem Grundriß E_0' liegt. Da E_0 ebenso hoch über E_0' liegt wie E_0'' über der Rißachse, genügt es, E_0'' zu konstruieren. Dazu zeichnen wir gemäß (b) durch E_0' das Lot zur Rißachse und schneiden es mit dem Aufriß O"E". Schließlich verschieben wir, wie vereinbart, E_0' genügend weit nach rechts und tragen von E_0' aus den Abstand zwischen E_0'' und der Rißachse nach oben ab. Damit haben wir E_0 dargestellt.
Damit man die Übersicht nicht verliert, sollte man den Punkt E, seinen Grundriß E', seinen Aufriß E" und das perspektive Bild E_0 mit Grundriß E_0' und Aufriß E_0'' genau auseinanderhalten.
Sie sollten nun die Konstuktion in Bild 8 noch an den Punkten A,B,C,F verfolgen und für die Punkte D,G,H selbst durchführen.
Die weitere Konstruktion des perspektiven Bildes läßt sich in dem gewählten einfachen Fall abkürzen. Sämtliche Sehstrahlen zu jedem der beiden kreisförmigen Ränder des Rohres bilden je einen Kegel (schiefer Kreiskegel). Jeder dieser Kegel wird von der zu den Rändern parallelen Ebene π in einem Kreis geschnitten. Die perspektiven Bilder der Ränder sind also (exzentrische) Kreise, wobei aus Symmetriegründen A_0D_0 und B_0C_0 Durchmesser sind. Auch das perspektive Bild einer Mantellinie des Rohres läßt sich leicht einzeichnen, wenn man die perspektiven Bilder der Randpunkte der Mantellinie kennt. Die Sehstrahlen zu den Punkten einer Geraden spannen nämlich eine Ebene auf, deren Schnitt mit π als perspektives Bild der Geraden selbst wieder eine Gerade ist. Zum Beispiel wird die Mantellinie

AB auf die Strecke A_0B_0 abgebildet usw.

Im Zusammenhang mit den perspektiven Bildern der Mantellinien spielt der Durchstoßpunkt U_0 des von O auf π gefällten Lotes l durch π eine besondere Rolle. U_0 heißt in der Zentralperspektive Hauptpunkt. Verfolgen wir nämlich das perspektive Bild eines Punktes, der auf einer Mantellinie und ihrer Verlängerung wandert und sich dabei vom Augenpunkt O immer weiter entfernt. Die betreffenden Sehstrahlen nähern sich dabei immer mehr dem Lot l unabhängig von der betrachteten Mantellinie. Das perspektive Bild des wandernden Punktes nähert sich, auf dem perspektiven Bild der Mantellinie laufend, entsprechend immer mehr dem Punkt U_0, und die perspektiven Bilder aller Mantellinien schneiden sich somit in U_0. Man drückt diesen Sachverhalt auch so aus: U_0 ist der gemeinsame Fluchtpunkt der untereinander parallelen Mantellinien. Aus der Kenntnis von U_0 lassen sich also ohne Mühe die Bilder der Mantellinien konstruieren: Man verbindet einen beliebigen Punkt P_0 auf dem perspektiven Bild des vorderen Randes mit U_0. Die zwischen dem inneren und äußeren Kreis liegende Strecke ist das perspektive Bild der Mantellinie. Durch die Einzeichnung einer Reihe von Mantellinien läßt sich die räumliche Wirkung des perspektiven Bildes, das man ebenso wie die Bilder am Anfang des Abschnitts am besten einäugig betrachtet, verbessern.

Der Fluchtpunkt U_0 ist zunächst nicht das perspektive Bild eines Punktes U auf dem Rohr oder seiner Verlängerung. Es liegt jedoch nahe, U_0 als Bild eines "unendlich fernen Punktes" U zu deuten, in dem sich alle zueinander parallelen Mantellinien schneiden.

Die Erweiterung des gewöhnlichen Raumes durch derartige künstliche Gebilde (Fernpunkte, Ferngeraden, Fernebene) wird in der sogenannten "projektiven Geometrie" vorgenommen und erweist sich dort als sehr fruchtbar.

Die technisch verbreitetste Methode zur Erzeugung zentralperspektivischer Bilder ist die Photographie. Der Mittelpunkt des Objektivs eines Photoapparates nimmt die Stelle des Augenpunktes ein und fungiert als Zentrum der perspektiven Abbildung. Der Film als Bildebene liegt in diesem Fall allerdings hinter dem Zentrum. Ohne näheres Eingehen auf die Optik sei darauf hingewiesen, daß die Abbildung (ebenso wie beim Auge) physikalisch durch schmale Lichtbündel bewirkt wird, die vom Rand des Objektivs (bzw. der Pupille) begrenzt werden. Die geometrisch wichtigen "Sehstrahlen" sind die Achsen dieser Lichtbündel.

Beim zweiäugigen Sehen entsteht auf der Bildebene je ein perspektives Bild für jedes Auge. Dies kann man mit einer sogenannten Stereokamera nachahmen, die zwei Objektive im Augenabstand besitzt und jedesmal zwei Bilder schießt. Es gibt optische Apparaturen (Stereoskope), in denen man die von einer Stereokamera photographierten Bilderpaare so betrachten kann, daß jedes Auge nur das entsprechende Bild sieht. Bei normaler Funktion der Augen ergibt sich insgesamt ein räumlich wirkendes Bild des Originals. Als Ersatz für eine Stereokamera kann man eine normale Kamera mit einem Stereoadapter versehen, der dafür sorgt, daß auf dem Filmausschnitt nebeneinander zwei Bilder aus verschiedener Perspektive entstehen.

Bei perspektiven Zeichnungen läßt sich der räumliche Effekt dadurch hervorrufen, daß man das für das linke Auge bestimmte Bild rot, das für das rechte Auge bestimmte grün zeichnet und zur Betrachtung eine Rot-Grün-Brille benutzt. Solche Raumbilder heißen Anaglyphen.

Bei etwas Training gelingt es den Augen auch, zwei relativ weit auseinanderliegende perspektive Bilder eines Gegenstands zu einem räumlichen Bild zu koordinieren. Betrachten Sie Bild 9, indem sie mit Hilfe einer Postkarte o.ä. dafür sorgen, daß das linke Auge das linke Bild und das rechte Auge das rechte Bild sieht. Stellen Sie die Augen so ein, als wollten Sie ins "Unendliche" blicken. Nach einiger Zeit fließen die Einzelbilder zu einem räumlichen Bild zusammen.

Eine andere Möglichkeit der Betrachtung besteht darin, das linke und rechte Bild zu vertauschen und die Augen auf die Spitze eines ca. 20 cm entfernten Bleistifts zu richten, den man ca. 20 cm vor die Bildfläche hält. Durch das so erzwungene Schielen wird jedes Auge wieder auf das richtige Bild ausgerichtet. Bild 10 zeigt eine Aufnahme mit einem Stereoadapter, die in dieser Weise bearbeitet worden ist. Das ursprüngliche Photo wurde in der Mitte durchschnitten, und die beiden Hälften wurden vertauscht. Nehmen Sie einen Bleistift zur Hand und versuchen Sie, einen räumlichen Eindruck zu erzeugen. Geben Sie nicht zu früh auf, es dauert einige Zeit, bis sich in der Mitte ein über dem Blatt schwebendes räumliches Bild herausbildet. Am Anfang sieht man hinter dem Bleistift zwei neue Bilder, die sich von dem linken und rechten Bild abgespaltet haben. Durch Heranziehen des Bleistifts an das Gesicht kann man diese Bilder einander nähern, bis sie schließlich zu einem einzigen räumlichen Bild verschmelzen. Durch Veränderung des Blattabstandes läßt sich eine für die Augen einigermaßen angenehme "scharfe" Einstellung erzielen.

Bild 10 Hans Freudenthal in 3D

(im Gespräch mit A. Sierpińska; fotografiert von W. Zawadowski mit einem Stereo-Adapter)
Betrachten Sie die beiden Bilder mit überkreuzten Augen.

Literatur

Lambert, J.H., Schriften zur Perspektive. Berlin 1943

Rehbock, F., Geometrische Perspektive. Berlin-Heidelberg-New York 1979

Stoller, D., Die mathematische Erfassung der Wirklichkeit am Beispiel der Zentralperspektive. Der Mathematiklehrer 2/1982, 32-38, 3/1982, 40-47, 1/1983, 15-22

Wolff, G., Mathematik und Malerei. Leipzig und Berlin 1916

Aufgaben

1. (Operative Variation zur Schulung der Raumvorstellung)
   Wie ändert sich das perspektive Bild des Rohres, wenn die Bildebene parallel zu sich verschoben wird? Wie ändert sich das perspektive Bild, wenn der Augenpunkt (bei fester Bildebene) wandert?
   In welchem Fall sind die perspektiven Bilder der Ränder konzentrische Kreise?
   Sind die Bilder der Ränder immer Kreise ?

2. (Weiteres Konstruktionsbeispiel)
   In Bild 11 sind in Grund- und Aufriß ein in der Grundrißebene hinter der Aufrißebene liegendes quadratisches Fußbodenmuster und ein Augenpunkt O gegeben. Übertragen Sie die Figur vergrößert auf ein Zeichenblatt und konstruieren Sie das auf der Aufrißebene als Bildebene entstehende perspektive Bild. Nutzen Sie dabei den Hauptpunkt und die leicht konstruierbaren Bilder der Diagonalen AC und BD aus.

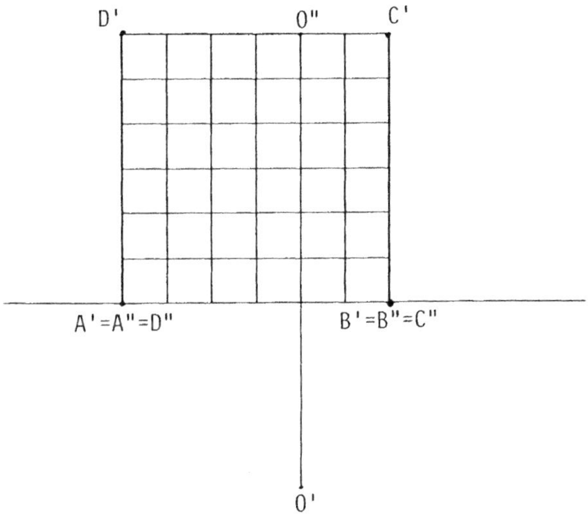

Bild 11

2 Anschauliche Grundlagen: Geometrische „Objekte" und „Operationen"

In der Mathematik wie in aller wissenschaftlichen Forschung treffen wir zweierlei Tendenzen an: die Tendenz zur Abstraktion - sie sucht die logischen Gesichtspunkte aus dem vielfältigen Material herauszuarbeiten und dieses in systematischen Zusammenhang zu bringen - und die andere Tendenz, die der Anschaulichkeit, die vielmehr auf ein lebendiges Erfassen der Gegenstände und ihrer inhaltlichen Beziehungen ausgeht.
Was insbesondere die Geometrie betrifft, so hat bei ihr die abstrakte Tendenz zu den großartigen systematischen Lehrgebäuden der algebraischen Geometrie, der Riemannschen Geometrie und der Topologie geführt, in denen Methoden der begrifflichen Überlegung, der Symbolik und des Kalküls in ausgiebigem Maße zur Verwendung gelangen. Dennoch kommt auch heute dem anschaulichen Erfassen in der Geometrie eine hervorragende Rolle zu, und zwar nicht nur als einer überlegenen Kraft des Forschens, sondern auch für die Auffassung und Würdigung der Forschungsergebnisse.

D. HILBERT/ST. COHN-VOSSEN, Anschauliche Geometrie, 1932

Das eigentliche Problem, dem sich der Mathematikunterricht gegenübersieht, besteht nicht darin, mathematisch streng zu sein, sondern darin, den behandelten Gegenständen eine inhaltliche Bedeutung zu geben.

R. THOM, 2nd Intern. Congress on Mathematical Education 1972

Es hat nicht den Anschein, daß die Logik die Mathematik besser erfassen kann als die Biologie das Leben.

J.I. MANIN, A Course in Mathematical Logic, 1977

Zielsetzung des Buches ist es, die für die Schule wichtigen Gebiete der Elementargeometrie in Form von Themenkreisen zu entwickeln, und zwar auf inhaltlich-anschauliche Weise. Im ersten Kapitel haben wir den Reigen der Themenkreise eröffnet und wir werden ihn in den Kapiteln 3 ff. fortsetzen. Im vorliegenden zweiten Kapitel beziehen wir demgegenüber einen anderen Standpunkt: Erstens wollen wir rückblickend auf Kapitel 1 versuchen, uns die Eigenart des inhaltlich-anschaulichen Vorgehens klar zu machen, und uns zweitens vorausschauend auf die folgenden Kapitel eine geordnete Basis von Anschauungen und Sprechweisen verschaffen. Wer schon über eine solche Basis verfügt, kann dieses Kapitel überfliegen oder überschlagen.

2.1. Inhaltlich-anschauliches versus axiomatisches Vorgehen

Bereits die wenigen in Abschnitt 1 betrachteten Beispiele zeigen deutlich zwei Aspekte auf, die für ein Verständnis des Arbeitens in und mit der Geometrie wichtig sind: Einerseits liefert und entwickelt die Geometrie begriffliche Werkzeuge zur Konstruktion geometrischer Modelle räumlicher Situationen und zur Lösung praktischer Probleme (Praxisaspekt). Andererseits entwickelt sie Theorien möglicher Modelle, in denen begriffliche Zusammenhänge ("Sätze") und Verfahren ("Konstruktionen") erforscht und begründet werden (Theorieaspekt).

Wichtig für den Praxisaspekt ist die Tatsache, daß ein Modell die jeweilige Situation nicht vollkommen wiedergeben muß und es in der Regel auch gar nicht kann. Es genügt vielmehr, wenn es die als wesentlich angesehenen Züge der Situation für den jeweiligen Zweck brauchbar darstellt. Daher darf es z.B. Unwesentliches weglassen, Einzelheiten vergröbern, Eigenschaften idealisieren, aber auch detaillierter oder umfassender sein, sofern nur die Brauchbarkeit gewährleistet ist (Beispiele: Erde als Kugel, Sterne als Punkte, Wasserfläche als Ebene, Bienenwabe als Sechseck, Stickmuster als Graph). Der Modellkonstrukteur hat also erhebliche Freiheiten, die er zu seinen Gunsten ausnutzen kann.
Was den Theorieaspekt angeht, ist zu sagen, daß die Entwicklung einer Theorie auch losgelöst von realen Situationen erfolgen kann. Mit Hilfe heuristischer Strategien können nämlich aus bereits vorliegenden Problemen und Theorien neue Probleme und Theorieansätze erzeugt werden. So haben

Analogien, Verallgemeinerungen, Spezialisierungen, Modifikationen usw. im Laufe der Zeit tatsächlich zu einer Reichhaltigkeit von Ergebnissen geführt, die weit über die Geometrie unseres Erfahrungsraumes hinausführen und die besser mit dem Plural "Geometrien" umschrieben werden.

Die Entwicklung der Geometrie ist fortwährend durch eine Wechselwirkung zwischen beiden Aspekten befruchtet worden. Zum einen wurde die Konstruktion neuer geometrischer Modelle immer wieder durch praktische Probleme ausgelöst. Zum anderen wurden über die Lösung der ursprünglichen Probleme hinaus Theorien entwickelt, von denen viele - oft erst nach geraumer Zeit - wieder für die Lösung praktischer Probleme nutzbar gemacht werden konnten.

Der Doppelaspekt der Geometrie erhellt auch das subtile und didaktisch schwierige Problem der Begründung geometrischer Sachverhalte, indem er zwei natürliche Arten des Begründens nahelegt. Dadurch, daß die Geometrie durch vielfältige Modelle mit der Realität verbunden ist, hat sie einerseits eine empirische Grundlage. Viele geometrische Sachverhalte sind für uns durch die Anschauung begründet oder können empirisch leicht getestet werden. Andererseits kann man aus geometrischen Sachverhalten auch neue Sachverhalte durch logische Schlüsse herleiten.
Betrachten wir zur Illustration der beiden Weisen des Begründens etwa den Sachverhalt, daß sich die Mittelsenkrechten eines Dreiecks in einem Punkt schneiden. Die empirische Prüfung besteht darin, bei einer Reihe von Dreiecken verschiedenster Größe und Form die Lote in den Mittelpunkten der drei Seiten zu konstruieren und sich zu überzeugen, daß diese drei Geraden sich mit "hinreichender" Genauigkeit stets in einem "Punkt" schneiden. Solche Messungen würden bei größeren Dreiecken einen ziemlichen Aufwand verursachen und könnten bei Dreiecken astronomischer Größe überhaupt nicht mehr durchgeführt werden. Ein zwingender Nachweis, daß das "Mittelsenkrechtengesetz" gilt, ist also empirisch nicht zu erbringen. Was leistet aber dann eine empirische "Begründung"? Nun, sie zeigt, daß die Annahme über den Schnitt der Mittelsenkrechten innerhalb der Unschärfe, die zwischen Realität und Modell unvermeidlich und auch zulässig ist, unserer Erfahrung nicht widerspricht. Der empirischen Begründung liegt also ein pragmatisches Wahrheitskriterium zugrunde: Alles, was der Erfahrung nicht widerspricht, was mit ihr verträglich ist, was sich bewährt, sehen wir als "wahr" an. Wir müssen dann aber darauf gefaßt sein, daß unsere Modelle bei

der Ausdehnung unseres Erfahrungsbereiches ihre Brauchbarkeit verlieren können und modifiziert, vielleicht sogar aufgegeben werden müssen.

An die Mittelsenkrechtenbeziehung kann man aber auch logisch herangehen: Man kann sie aus anderen, einfacheren Sachverhalten mit Hilfe logischer Schlüsse herleiten. Damit erhält sie den Status eines mathematischen Satzes, der relativ zu den Voraussetzungen als wahr anzusehen ist und allenfalls noch einer innermathematischen Bearbeitung offensteht (z.B. einer präziseren Fassung der verwendeten Begriffe, einer genaueren Formulierung der Voraussetzungen, einer formaleren Darstellung des Beweises, einer Einbettung in ein axiomatisches System usw.).
Verglichen mit der empirischen Begründung erfordert die logische Begründung von Sätzen keinen apparativen Aufwand. Sie setzt allerdings voraus, daß man schon grundlegende Sachverhalte zur Verfügung hat, von denen aus man weiterschließen kann.

Die Mathematiker haben zur Lösung dieser Begründungsproblematik im Verlauf der Geschichte verschiedene Wege beschritten. In der "klassischen" Axiomatik (EUKLID um 300 v.Chr.) wurden bestimmte anschaulich klare Sachverhalte als "Postulate" und "Axiome" explizit vorausgesetzt, andere wurden unausgesprochen und vermutlich unbewußt verwendet. Auf dieser Basis wurde ein logisches System von "Lehrsätzen" errichtet. Die moderne Axiomatik hat in einem ersten Schritt (Ende 19. Jhdt.) die stillschweigend benutzten anschaulichen Voraussetzungen EUKLIDS explizit formuliert und axiomatische Systeme entwickelt, in denen von genau aufgeführten, aber immer noch anschaulich verankerten Grundbegriffen und Axiomen aus weitere Begriffe durch Definitionen und weitere Aussagen durch logische Schlüsse hergeleitet werden. Dabei wurde angestrebt, daß die Axiomensysteme in dem Sinn minimal sind, daß kein Axiom aus den übrigen zu folgern ist. In einem zweiten Schritt wurde im 20. Jhdt. übergreifend über die gesamte Mathematik die axiomatische Methode geschaffen: Axiomensysteme wurden von ihrer ontologischen Verankerung gelöst und empirische Begründungen der Axiome aus der Mathematik verbannt. Neue Axiomensysteme konnten aufgrund innermathematischer Kriterien aufgestellt werden, sie bedurften nicht mehr der Rechtfertigung durch außermathematische Interpretation. Zugelassen war im Prinzip jedes widerspruchsfreie System. Erwünscht waren insbesondere Systeme, deren Grundbegriffe sich inhaltlich ganz verschiedenartig interpretieren und deren Sätze sich daher vielfältig anwenden lassen (Beispiel:

Gruppenbegriff).

Trotz ihrer unbestrittenen Leistungen ist jedoch die axiomatische Darstellung einer Theorie lediglich ein matter Abglanz des "Lebens" eines mathematischen Gebietes. Sie täuscht auch darüber hinweg, daß der arbeitende Mathematiker für die Formulierung und Lösung von Problemen eine Fülle anschaulicher Vorstellungen einsetzt. Diese Fülle ist durch logische Beziehungen überhaupt nicht erfaßbar, ähnlich wie sich die gewachsene und immer noch in Veränderung befindliche Umgangssprache logisch nicht rekonstruieren läßt. Weiter ist, namentlich in der Geometrie, das Zurückgehen auf die Axiome eines minimalen Systems außerordentlich umständlich. Bis man zu interessanten Aussagen gelangt, muß erst ein überaus schwerfälliger formaler Apparat überwunden werden. Da die Wahl der Axiome auch mit einer ziemlichen Willkür behaftet ist, kommt es häufig vor, daß aus den Axiomen auf künstlich erscheinende Weise Aussagen abgeleitet werden, die anschaulich ebenso klar sind wie die "Axiome" selbst.

Im folgenden wird unter bewußter Absetzung von der axiomatischen Methode eine anschauliche Grundlage für die Geometrie unseres Erfahrungsraumes beschrieben, indem die für die geometrische Modellbildung fundamentalen Begriffe Ebene, Gerade, Punkt, Strecke, Winkel usw. anhand der Herstellung von Geräten, die sie verkörpern, vorgestellt werden. M.a.W. geht es hier um eine <u>psychologische</u> Auffrischung und Ausformung grundlegender Raumvorstellungen, wie sie jeder normale Mensch von Kindheit an über seine Handlungen an räumlichen Gebilden aufbaut und im Lauf seiner geistigen Entwicklung immer klarer prägt, ausdifferenziert und miteinander verzahnt. Die Betonung anschaulicher Vorstellungen bedeutet nicht, daß logische Überlegungen hier ausgeschlossen werden. Im Gegenteil, wir werden auch schon Beweise führen. Diese Beweise haben aber mehr den Zweck, klar zu machen, warum ein Sachverhalt besteht und wie er mit anderen zusammenhängt, als zu zeigen, <u>daß</u> er gilt. Ein Beweis wird daher in diesem Buch oft als "Begründung" bezeichnet und im Sinne von WITTGENSTEIN als "Analyse eines Satzes" verstanden.
Die inhaltlich-anschaulichen Beweise, die wir in Kapitel 1 geführt haben und in den Kapiteln 3 ff. führen werden, kann man folgendermaßen beschreiben: Wir nehmen gewisse geometrische Beziehungen innerhalb bestimmter inhaltlicher Zusammenhänge (<u>Kontexte</u>) als anschaulich gegeben hin und leiten aus ihnen durch logische Schlüsse Sachverhalte ab, die uns als

nicht evident erscheinen.
Die inhaltlich-anschauliche Vorgehensweise ist auch in der heutigen Mathematik völlig legitim. Die arbeitenden Mathematiker benutzen sie mit offensichtlichem Erfolg in der Forschung und bei der informellen Kommunikation mit Kollegen. Zugegeben, wesentliche Fortschritte der Mathematik beruhen auf weitergehenden logischen Analysen anschaulicher Beweise und auf der axiomatischen Formulierung inhaltlicher Theorien. Beweisanalyse und Axiomatik sind jedoch eigene mathematische Methoden, die das inhaltlich-anschauliche Vorgehen wohl fortsetzen, aber nicht ersetzen können. Es ist hier nicht der Ort, um in eine wissenschaftstheoretische Diskussion über Mathematik einzutreten. Zur Verteidigung der inhaltlich-anschaulichen Konzeption des Buches möchte ich aber wenigstens eine maßgebliche Stimme zitieren. Der große englische Zahlentheoretiker G.H. HARDY hat in seinem Aufsatz "Mathematical Proof" das Beweisen in der Mathematik folgendermaßen charakterisiert (HARDY 1929, 18-19):

> "Ich bin immer der Meinung gewesen, ein Mathematiker sei in erster Linie ein Beobachter, jemand, der auf eine ferne Bergkette blickt und seine Beobachtungen aufschreibt. Seine Aufgabe ist einfach, so viele Gipfel wie möglich klar zu unterscheiden, während andere weniger klar sind. Er sieht A scharf, während er von B nur flüchtige Blicke erhascht. Schließlich macht er eine Kammlinie aus, die bei A beginnt, folgt ihr und entdeckt schließlich, daß sie in B gipfelt. Nun ist B in seinem Blick fixiert ,und er kann von da aus weitere Entdeckungen versuchen. In anderen Fällen kann er vielleicht eine Kammlinie unterscheiden, die in der Ferne verschwindet, und er vermutet, daß sie zu einem Gipfel hinter den Wolken oder unterhalb des Horizontes führt. Aber wenn er einen Gipfel sieht, glaubt er an dessen Existenz, einfach weil er ihn sieht. Wenn er will, daß jemand anderes ihn sieht, zeigt er auf ihn, entweder direkt oder durch die Kette der Gipfel, die ihn selbst zur Entdeckung geführt hat. Wenn sein Schüler ihn auch sieht, ist die Forschung, die Begründung, der Beweis beendet.
> Die Analogie ist grob, aber ich bin sicher, daß sie nicht völlig in die Irre führt. Wenn wir sie bis zum äußersten treiben, würden wir zu einer ziemlich paradoxen Schlußfolgerung geführt, nämlich, daß es streng genommen so etwas wie einen mathema-

tischen Beweis nicht gibt; daß wir letzten Endes nichts anderes tun können als zeigen; daß Beweise das sind, was Littlewood und ich Gas nennen, rhetorische Floskeln, bestimmt dazu, psychologisch zu wirken, Bilder an der Tafel bei einer Vorlesung, Kunstgriffe, um die Vorstellung der Schüler anzuregen. Dies ist freilich nicht die ganze Wahrheit, aber es steckt ein gutes Stück Wahrheit darin. Der Vergleich gibt uns eine genuine Annäherung an die Prozesse des Lehrens von Mathematik und die Prozesse der mathematischen Entdeckung; nur wer nicht genügend Einblick hat, stellt sich vor, Mathematiker würden Entdeckungen machen, indem sie die Kurbel einer Wundermaschine bedienen. ...
Andererseits ist nicht zu bestreiten, daß die Mathematik voll von Beweisen unleugbarer Bedeutung und Wichtigkeit ist, deren Zweck nicht im geringsten darin liegt, Überzeugung zu sichern. Unser Interesse an diesen Beweisen hängt von ihren formalen und ästhetischen Eigenschaften ab. ... Hier sind wir nur an der Beweisstruktur interessiert. In unserer Praxis als Mathematiker können wir natürlich nicht so scharf unterscheiden, und unsere Beweise sind weder das eine noch das andere, sondern ein mehr oder weniger rationaler Kompromiß zwischen beiden. Wir können die Struktur nicht völlig klarlegen, da dies viel zu aufwendig wäre, und wir können uns nicht damit zufrieden geben, daß ein Hörer nur die Richtigkeit des Beweises sieht, aber blind gegenüber der Schönheit seiner Struktur ist."

Der ursprüngliche Plan des Buches bestand darin, einen zweiten Teil anzufügen, in dem einige inhaltlich-anschauliche Beweise durch Beweisanalysen in kleine axiomatische Theorien eingebettet werden sollten (lokales Ordnen im Sinne H. FREUDENTHALS). Dieser Plan mußte aus Raumgründen aufgegeben werden. Als einen gewissen Ersatz hierfür habe ich erstens in Beweise "Warum?"-Fragen eingeschoben, die den Leser zu einer logischen Verfeinerung der Argumentation anregen sollen. Zweitens wurden unter die Aufgaben am Ende eines jeden Abschnitts auch Übungen zur Beweisanalyse aufgenommen.

2.2. Grundlegende geometrische Objekte und ihre Verkörperungen

Das inhaltlich-anschauliche Vorgehen paßt gut zu dem operativen Standpunkt, der im vorliegenden Buch eingenommen wird. Kurz gesagt ist damit folgendes gemeint: Geometrische "Objekte" sollen nicht statisch und nicht isoliert voneinander studiert werden, sondern im Zusammenhang mit Verfahren zu ihrer Konstruktion und mit "Operationen", die man an ihnen vornehmen kann. Indem man untersucht, welche Eigenschaften Objekten durch Konstruktion aufgeprägt werden und wie sie sich "verhalten", wenn man sie operativ verändert, erhält man nämlich die beste Einsicht in sie.

2.2.1. Ebene, Gerade, Punkt

In Lexika finden wir z.B. folgende Beschreibungen der grundlegenden Objektbegriffe "Ebene", "Gerade", "Punkt":

Ebene, unbegrenzte, in keinem ihrer Punkte gekrümmte Fläche. Sie ist bestimmt a) durch drei nicht in einer Geraden liegende Punkte, b) durch eine Gerade und einen außerhalb von ihr liegenden Punkt, c) durch zwei einander schneidende Geraden, d) durch zwei parallele Geraden.

Gerade, Grundbegriff der Geometrie; entsteht durch unbegrenzte Verlängerung der Verbindungsstrecke zweier Punkte nach beiden Seiten; Linie ohne Krümmung.

Punkt, 1) ganz kleiner Fleck, winziger Kreis, Tupfen,2) ausdehnungsloses Gebilde; Grundbegiff der Geometrie, Schnittstelle zweier Linien; unteilbare Größe.

EUKLID gibt in den "Elementen" folgende Beschreibungen:

"Ein Punkt ist, was keine Teile hat.
Eine Linie ist eine breitenlose Länge. Eine gerade Linie ist eine solche, die zu den Punkten auf ihr gleichmäßig liegt.
Eine ebene Fläche ist eine solche, die zu den geraden Linien auf ihr gleichmäßig liegt."

Zu einem tieferen Verständnis dieser Begriffe betrachten wir im Sinne des "operativen Programms" Herstellungsverfahren für Verkörperungen von Ebenen, Geraden und Punkten. Aus der optischen Industrie ist folgendes Verfahren zur Herstellung von Präzisionsebenen bekannt. Das Verfahren ist grundlegend für den Aufbau der Geometrie nach H. DINGLER. (vgl. BENDER/SCHREIBER 1985)
Drei grob vorgeebnete Platten aus geeignetem festem Material[1)] werden mit möglichst unregelmäßigen Bewegungen abwechselnd paarweise aufeinander abgeschliffen. Während des Schleifprozesses werden die Unebenheiten mehr und mehr beseitigt. Es entstehen immer glattere, in sich homogene Flächen, die aufeinander passen und sich dabei gegeneinander verdrehen und verschieben lassen. Durch Wiederholung des Schleifprozesses mit anderen Rohformen kann man sich mehrere Exemplare verschaffen, die alle paarweise aufeinander passen. Daß das gegenseitige *Aufeinanderpassen* und die *freie Beweglichkeit ebener* Flächen gegeneinander eine besondere Eigenschaft ist, erkennt man deutlich, wenn man sie mit nichtebenen Flächen (z.B. Wellblech, Zylinderfläche usw.) vergleicht.

Bemerkenswert am Schleifverfahren ist zweierlei. Erstens werden keine Schleifwerkzeuge und auch keine Musterebenen benötigt. Die Ebenheit entsteht gewissermaßen aus dem Chaos. Die zweite Besonderheit ist, daß man drei Platten benötigt. Würde man nämlich nur zwei Platten gegeneinander schleifen, so wäre nicht zu vermeiden, daß sich die Flächen kugelförmig abschleifen, denn auch Kugelflächen lassen sich gegeneinander verdrehen und verschieben. Jedoch passen niemals drei Kugelflächen paarweise aufeinander, weil von zwei aufeinanderpassenden Kugelflächen die eine immer nach innen, die andere nach außen gewölbt ist.

Mit drei Platten kann man folgende Konstruktion vornehmen: Man fixiert mit Platte 1 im Raum eine Ebene und legt Platte 2 an Platte 1 an. Die fixierte Ebene liegt nun gewissermaßen "zwischen" den beiden Platten. Man entfernt Platte 1 und bringt an deren Stelle Platte 3. Die Ebene liegt jetzt zwischen den Platten 3 und 2. Schließlich ersetzt man Platte 2 durch Platte 1. Insgesamt ist damit Platte 1 von der einen Seite der Ebene auf

1) Die optische Industrie verwendete Spezialglas. Für Anschauungszwecke eignen sich selbsthergestellte und aufgerauhte Platten aus Modellgips.

die andere gewandert. Man sieht daran, daß sich die beiden Seiten einer Ebene geometrisch nicht unterscheiden lassen und daß eine Ebene den Raum in zwei ebenfalls geometrisch ununterscheidbare *Halbräume* zerlegt.

Die im Schleifprozeß hergestellten Flächen beschreiben wir in unserem geometrischen Modell als *Ebenen*. Genau genommen verkörpern die starren Platten allerdings nur Ausschnitte von Ebenen. In der Geometrie nimmt man nämlich Ebenen als nach allen Seiten unbegrenzt an und hat damit Bereiche, in denen sich Konstruktionen unbeschränkt entfalten können. Von der Endlichkeit der Platten zur Unendlichkeit der idealen Ebene wird insofern eine Brücke geschlagen, als eine ebene Platte durch Ansetzen weiterer Platten erweitert werden kann und dieser Erweiterungsprozeß nach allen Seiten als beliebig fortsetzbar anzunehmen ist.
Als praktischer Ersatz von drei durch einen Schleifprozeß erzeugten ebenen Platten können ein auf einer ebenen Fläche (Zeichentisch) ausgebreitetes Zeichenblatt (Platte 1) sowie die Vorderseite (Platte 2) und die Rückseite (Platte 3) einer dünnen, durchsichtigen, in sich formstabilen Folie dienen. Darauf werden wir extensiv zurückgreifen.

Wenn man einen starren Körper, der bereits einen ebenen Anschliff besitzt, in einer geeigneten Richtung ein zweites Mal eben anschleift, bilden die beiden ebenen Flächen einen Keil, dessen Kante ein Stück einer *Geraden* verkörpert und der als "Lineal" zum Zeichnen von Geraden geeignet ist. Ein solches Lineal kann auf einer ebenen Platte beliebig verschoben und gedreht werden. Die Kanten zweier Lineale passen genau aufeinander und sie lassen sich gegeneinander verschieben. Die Erfahrung spricht also nicht gegen die Annahme einer beliebigen Verlängerbarkeit eines Geradenstücks nach beiden Seiten, d.h. die Annahme der Unendlichkeit von Geraden.

Wenn wir mit einem Keil ein Stück einer Geraden zeichnen, können wir den Keil auch auf der anderen Seite der gezeichneten Geraden anlegen. Wir dürfen also annehmen, daß eine Ebene durch eine Gerade in zwei *Halbebenen* zerlegt wird, die sich geometrisch nicht unterscheiden.

Die Herstellung eines Keils führt auch auf die Vorstellung, daß zwei Ebenen sich in einer Geraden schneiden, wenn sie sich überhaupt treffen.

Angemerkt sei noch, daß sich die Konstruktion eines Keiles durch das Falten eines Blattes Papier imitieren läßt. Die Faltkante verkörpert ein Stück einer Geraden. Die beiden Halbebenen kommen hierbei sogar zur Deckung, eine besonders eindrucksvolle Unterstreichung ihrer geometrischen Ununterscheidbarkeit.
Wenn man einen Keil quer zur Kante ein drittes Mal anschleift, ergibt sich eine Spitze als Verkörperung eines *Punktes* (vgl. das Anspitzen eines Bleistifts durch wenigstens drei ebene Messerschnitte).

Auf Geraden , Ebenen und im Raum kann man Punkte beliebig markieren, wobei wir folgende *Homogenitätseigenschaften* unterstellen dürfen: Die Punkte im Raum, die Punkte auf jeder Ebene, die Punkte auf jeder Geraden sind jeweils untereinander geometrisch nicht unterscheidbar. Ebenso wie die beiden *Halbräume*, in die der Raum von einer Ebene zerlegt wird, und wie die beiden *Halbebenen*, in die eine Ebene von einer Geraden zerlegt wird, sind auch die beiden *Halbgeraden*, in die eine Gerade von einem Punkt zerlegt wird, geometrisch nicht unterscheidbar.

2.2.2. *Schneiden, Verbinden und Aufspannen*

Zwei verschiedene Punkte P, Q des Raumes kann man durch ein (hinreichend langes) Lineal verbinden. Führt man dies praktisch durch, so ist die Lage des Lineals nicht restlos festgelegt, insbesondere wenn die Punkte "groß" markiert sind. Man kann den "Spielraum" verringern, wenn man die Punkte immer schärfer zeichnet. Natürlich stößt dies auf praktische Grenzen. Es wäre nun nicht abwegig, mehrere Verbindungsgeraden zwischen zwei Punkten zuzulassen. Diese Modellannahme wird in der Geometrie von HJELMSLEV tatsächlich gemacht. Dem Erfahrungsraum läßt sich aber auch die einfachere und theoretisch leichter handhabbare Annahme aufprägen, daß es genau eine Verbindungsgerade (*die Verbindungsgerade* PQ) gibt, die sich in praxi nur innerhalb einer gewissen Ungenauigkeit realisieren läßt. Demgemäß stellt man sich im geometrischen Modell Punkte "unteilbar" und Geraden "ohne Breite" vor.

Die Konstruktion von Geraden mit dem Lineal zeigt, daß die Verbindungsgerade PQ zweier Punkte P, Q in jeder Ebene verläuft, in der auch P und Q liegen. Der Einfachheit halber nimmt man auch an, daß durch eine Gerade g und einen außerhalb von ihr gelegenen Punkt P genau eine Ebene verläuft, die von g und P *aufgespannte Ebene*. Für den Sachverhalt, daß drei Punkte P_1, P_2 und P_3, die nicht auf einer Geraden liegen, genau eine Ebene aufspannen, brauchte man nicht auf die Anschauung zurückgreifen, man könnte ihn aus den bisherigen Annahmen auch logisch herleiten: Da P_1,P_2,P_3 nicht auf einer Geraden liegen, gilt $P_1 \neq P_2$. Daher gibt es genau eine Gerade g, auf der P_1 und P_2 liegen. Jede P_1 und P_2 enthaltende Ebene enthält auch g. P_3 liegt nach Voraussetzung nicht auf g. Also gibt es genau eine Ebene π, die durch g und P_3 geht. π enthält P_1, P_2, P_3 und ist durch diese drei Punkte eindeutig bestimmt.

Dieser Beweis ist ein typisches Beispiel für eine Begründung eines anschaulich klaren Sachverhaltes durch Sachverhalte, die selbst keineswegs klarer sind.

Auf der Zeichenebene kann man leicht zwei sich überkreuzende Geraden g, h zeichnen. Es liegt nahe, die Überkreuzung als Vorliegen gemeinsamer Punkte zu beschreiben. Wieder stellt sich die Frage, ob man nur einen einzigen gemeinsamen Punkt oder mehr als einen annehmen soll. Beide Annahmen scheinen vertretbar. Anders als vorher ist es aber nicht nur theoretisch bequem, einen eindeutig bestimmten Punkt (*den Schnittpunkt* gh) zu postulieren, sondern zur Vermeidung von Widersprüchen sogar notwendig. Würde man nämlich für g und h verschiedene gemeinsame Punkte P_1 und P_2 zulassen, so wären g und h zwei verschiedene Verbindungsgeraden von P_1 und P_2, was der oben gemachten Modellannahme widerspräche.

Damit sind wir erstmalig auf ein zweites Kriterium für die Wahl von Modellannahmen gestoßen: Unsere Annahmen dürfen nicht nur der Erfahrung nicht zuwiderlaufen, sondern sie dürfen auch einander nicht widersprechen.

Ähnlich überlegt man sich, daß eine nicht in einer Ebene liegende Gerade diese Ebene in höchstens einem Punkt schneidet und daß zwei sich schneidende Geraden im Raum eindeutig eine Ebene bestimmen (die von ihnen *aufgespannte Ebene*).

2.2.3. Strecken und Winkel

Es ist anschaulich klar, daß sich jede Gerade g in zwei Richtungen durchlaufen läßt. Wählt man auf g zwei Punkte A, B, so erhält man die Strecke AB mit den Endpunkten A, B, wenn man von A nach B (oder von B nach A) wandert. Die *Strecke* AB besteht aus allen Punkten, die *zwischen* A und B liegen und den Endpunkten A, B. Es ist theoretisch bequem, auch im Fall A=B von einer Strecke sprechen zu können, auch wenn in diesem Fall die Strecke nur aus einem einzigen Punkt besteht.

Im Fall A≠B kann man eine Strecke AB den beiden Durchlaufungsmöglichkeiten der Geraden AB entsprechend auf zwei Weisen *orientieren*, von A nach B, bezeichnet durch den Pfeil $\overrightarrow{AB}$, und von B nach A, bezeichnet durch $\overrightarrow{BA}$. Auch hier sind "Pfeile" $\overrightarrow{AA}$ zugelassen.

Logisch geschulte Leser werden bemerkt haben, daß ich sowohl die Verbindungsgerade von A und B als auch die Strecke zwischen A und B mit demselben Symbol AB bezeichnet habe. Ich bin mir der logischen Inkonsequenz wohl bewußt, nehme sie aber in Kauf. Da meist aus dem Zusammenhang hervorgeht, was gemeint ist, und man die Wörter "Strecke" bzw. "Gerade" notfalls hinzufügen kann, sind Mißverständnisse so gut wie ausgeschlossen. Generell bin ich der Meinung, daß Bezeichnungen nicht unnötig differenziert sein sollen. Insbesondere halte ich eigene Zeichen für offene bzw. abgeschlossene Strecken, für Halbgeraden mit und ohne Anfangspunkt etc. im Rahmen einer anschaulich-inhaltlichen Geometrie für überflüssig (vgl. die eingangs zitierte Bemerkung von R. THOM).

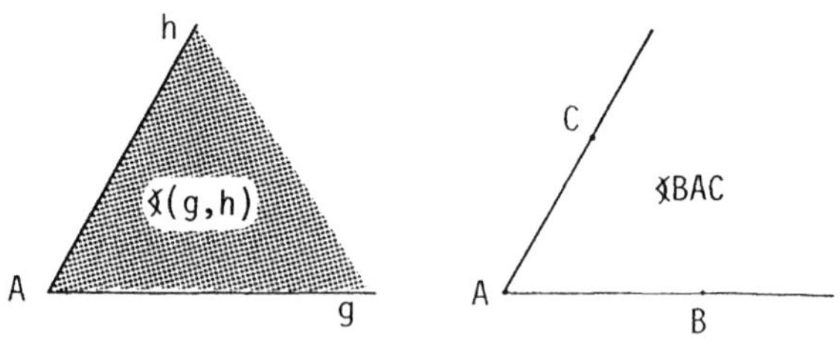

Bild 1

Die delikatesten Gebilde der elementaren Geometrie sind *Winkel*. Man kann einen Winkel festlegen durch: den *Scheitel* A, zwei von A ausgehende Halbgeraden g,h (die *Schenkel*) und die Auszeichnung eines der beiden von g und h begrenzten Gebiete als *Winkelfeld* (Bild 1).

Oft geht aus dem Zusammenhang hervor, welches der beiden Winkelfelder gemeint ist. Dann genügt es, den Winkel durch das Paar g, h oder durch drei Punkte BAC zu bezeichnen, wobei A der Scheitel, $B \neq A$ ein Punkt auf g und $C \neq A$ ein Punkt auf h ist. Man schreibt entsprechend $\sphericalangle(g,h)$ bzw. $\sphericalangle BAC$.

Wie Strecken kann man auch Winkel auf zwei Weisen *orientieren: gegen den Uhrzeiger* (mathematisch positiv) und *im Uhrzeiger* (negativ). Wenn die Orientierung festliegt, kann man das Winkelfeld durch die Reihenfolge der Schenkel bzw. der Punkte auf den Schenkeln ausdrücken: nämlich als Winkelfeld, das überstrichen wird, wenn der erstgenannte Schenkel der angegebenen Orientierung folgend bis zum zweiten Schenkel gedreht wird.

Die Starrheit (Formstabilität) ebener Platten wird ausgenützt, um die *Kongruenz* (Deckungsgleichheit) ebener Figuren zu definieren. Mit Hilfe von Platten (einfacher mit Folien) kann jede Figur (eventuell in mehreren Schritten) an eine andere Stelle übertragen werden: Man nimmt von der Figur mit einer Platte (Folie) einen Abdruck und bringt diesen an der gewünschten Stelle wieder auf. Original und Kopie heißen *kongruent* (deckungsgleich).
Bei Strecken und Winkeln werden synonym zu "kongruent" die Termini *"gleichlang"* bzw. *"gleichgroß"* benutzt.

Die Übertragung von Strecken und Winkeln mit Hilfe starrer ebener Platten oder Folien erlaubt einen Längenvergleich von Strecken und einen Größenvergleich von Winkeln. Sind AB und CD der Länge nach zu vergleichen, so wird AB so auf die Gerade CD übertragen, daß A auf C und B entweder zwischen C und D oder auf D oder über D hinaus fällt. Im ersten Fall heißt AB kürzer als CD, im zweiten Fall (wie bereits diskutiert) ebenso lang wie CD, im dritten Fall länger als CD. Beim Größenvergleich von $\sphericalangle(g,h)$ und $\sphericalangle(l,m)$ überträgt man $\sphericalangle(g,h)$ so, daß Scheitel auf Scheitel, g auf l oder m und das Winkelfeld des ersten Winkels entweder in oder genau auf das Winkelfeld des zweiten Winkels oder darüber hinaus fällt. $\sphericalangle(g,h)$ heißt entsprechend kleiner als, ebenso groß wie bzw. größer als $\sphericalangle(l,m)$.

Auf die kongruente Übertragung von Strecken stützt sich auch die Addition und Subtraktion von Strecken. CD wird zu AB addiert, indem man CD so überträgt, daß C auf B und D auf einen Punkt E auf der Geraden AB außerhalb der Strecke AB zu liegen kommt. Bei der Subtraktion einer Strecke CD von der längeren Strecke AB wird CD so übertragen, daß D auf B und C zwischen A und B auf E fällt.

Analog zur Addition von Strecken kann man orientierte Strecken (Pfeile) zusammensetzen, wobei jeweils der Anfangspunkt des zweiten Pfeils an die Spitze des ersten anzusetzen ist.

In naheliegender Weise kann man auch Winkel addieren und subtrahieren. Dies geht solange problemlos, wie dabei nicht das volle Winkelfeld um den Scheitel überschritten wird.

2.2.4. Kreise

Anstelle von Platten (Folien) kann man zur Übertragung einer Strecke auch ein anderes Instrument, nämlich einen Stechzirkel benutzen, zwischen dessen Metallspitzen sich die Strecke fest "einspannen" läßt. Mit einem normalen Zirkel kann man auf einer Ebene *Kreise* (Kreislinien) zeichnen. Man nimmt eine bestimmte Strecke AB (den *"Radius"*) in den Zirkel, sticht die Metallspitze im Mittelpunkt M ein und erzeugt durch eine Drehbewegung der Bleistiftspitze um die fixierte Metallspitze einen Kreis. Alle Verbindungsstrecken von den Punkten des Kreises zum Mittelpunkt (*Radien* des Kreises) sind untereinander nach Konstruktion kongruent.

Das *Außengebiet* (bzw. das *Innengebiet*) eines Kreises besteht aus denjenigen Punkten, deren Verbindungsstrecken mit dem Mittelpunkt länger (bzw. kürzer) als der Radius sind.

Anschaulich klar ist:

Eine Gerade und ein Kreis sowie zwei Kreise haben höchstens zwei Punkte gemein.

Die Erfahrung im Umgang mit dem Zirkel führt auch zur *Dreiecksungleichung* (Bild 2):

Je zwei Seiten eines Dreiecks sind zusammen länger als die dritte Seite.

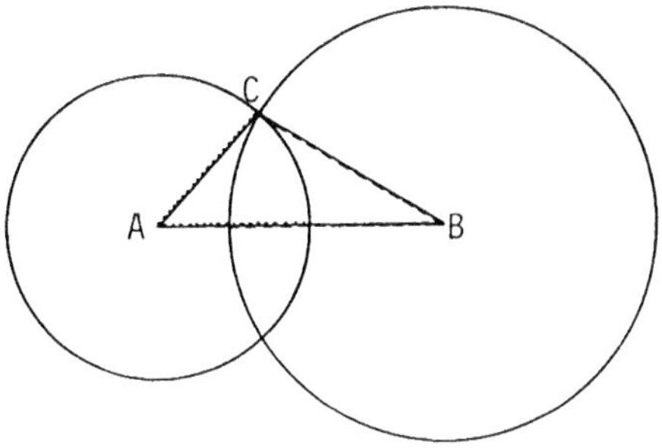

Bild 2

2.3. Grundlegende Abbildungen einer Ebene auf sich: Drehungen, Verschiebungen, Spiegelungen

Aus dem Dreiplattenverfahren zur Herstellung von ebenen Flächen lassen sich drei Typen von Abbildungen einer Ebene π auf sich entnehmen. Hierzu wählen wir Verkörperungen von π durch ein Zeichenblatt π_1 und die beiden Seiten π_2, π_3 einer Folie.

2.3.1. Drehungen

Wir zeichnen auf π_1 einen festen orientierten Winkel $\sphericalangle(g,h)$ mit Scheitel D. Die Folie wird mit der Seite π_2 auf π_1 gelegt. Im Prinzip kann nun jede Figur von π_1 auf π_2 übertragen werden. Wir sagen: π_1 wird auf π_2 kopiert. Insbesondere markieren wir den Abdruck von $\sphericalangle(g,h)$ auf π_2. Nun wird die Folie der angegebenen Orientierung folgend so um D gedreht, daß der Abdruck von g auf π_2 genau über h zu liegen kommt. Abschließend wird π_2 auf π_1 zurückkopiert. Verfolgen wir den Weg eines beliebigen Punktes P bei diesem Verfahren: P wird kopiert nach P* auf π_2, P* wird mit π_2 gedreht und nach P' zurückkopiert. Insgesamt ist der Punkt P von π_1 übergegangen in den Punkt P' von π_1.

2.3.2. Verschiebungen

Auf π_1 wählen wir zwei verschiedene Punkte A,B, die den Pfeil $\overrightarrow{AB}$ und die Gerade AB bestimmen. Wir legen wieder die Folie mit der Seite π_2 auf π_1, übertragen π_1 nach π_2, insbesondere markieren wir die Abdrücke von A, B und AB. Nun verschieben wir die Folie so, daß der Abdruck von AB auf π_2 längs AB gleitet, bis der Abdruck von A auf π_2 genau über B auf π_1 zu liegen kommt. Schließlich wird π_2 auf π_1 zurückkopiert.

Insgesamt wird auch hierbei jedem Punkt P von π_1 ein Punkt P' von π_1 zugeordnet, dem Punkt A speziell der Punkt B. Jeder Punkt der Geraden AB landet auf einem Punkt von AB.

2.3.3. Spiegelungen

Bisher sind wir mit der Seite π_2 der Folie ausgekommen. Nun benötigen wir auch noch die Seite π_3. Wir wählen auf π_1 eine Gerade g und auf dieser zwei verschiedene Punkte A und B. π_2 wird wieder auf π_1 gelegt und π_1 mit g,A,B auf π_2 abgedruckt (Abdrucke g*,A*,B*). Nun wird die Folie abgehoben, umgekehrt und mit der Seite π_3 so auf π_1 gelegt, daß der Abdruck A* über A und der Abdruck B* über B zu liegen kommt. Wir stechen nun den auf π_2 befindlichen Abdruck durch die Folie hindurch nach π_1 zurück. Insgesamt wird wiederum jedem Punkt P von π_1 ein Punkt P' von π_1 zugeordnet, wobei A,B und die anderen Punkte von g Fixpunkte sind. Die beiden Halbebenen, in welche π_1 von g zerlegt wird, vertauschen dabei ihre Lage. Offenbar hängt das ganze Verfahren nur von g, nicht von den speziell gewählten Hilfspunkten A, B ab.

Wenden wir dasselbe Verfahren ein zweites Mal an, so wird der Bildpunkt P' eines beliebigen Punktes P auf P abgebildet, da bei einem zweimaligen Umkehren der Folie offenbar die ursprüngliche Lage wiederhergestellt wird.

2.3.4. Mathematisierung der drei Verfahren

Wenn man von der Begrenztheit des Zeichenblattes und der verwendeten Folie abstrahiert und entsprechend unserer Modellannahme zu einer unendlichen

Ebene π übergeht, gelangt man in jedem der drei Fälle zu einer Abbildung der Menge der Punkte von π (verkörpert durch π_1) auf sich: zu einer *Drehung* um einen vorgegebenen Winkel und einen vorgegebenen Drehpunkt, zu einer *Verschiebung* um einen vorgegebenen Pfeil sowie zu einer *Spiegelung* an einer vorgegebenen Achse.
Diese Abbildungen sind nach Konstruktion injektiv und, da sich durch Umkehrung der Abbildungen (Zurückdrehen, Zurückverschieben, nochmals Spiegeln) zu jedem Punkt ein Urbild finden läßt, auch surjektiv, insgesamt also bijektiv.
Da Geraden und Strecken bei der Übertragung stets wieder in Geraden bzw. Strecken übergehen, sind Drehungen, Verschiebungen und Spiegelungen *strecken- und geradentreu*.

Weiter ist klar, daß das Bild (AB)' der Verbindungsgeraden AB zweier Punkte A, B gleich der Verbindungsgeraden der Bildpunkte von A und B und das Bild (gh)' des Schnittpunkts gh zweier Geraden g,h gleich dem Schnittpunkt der Bilder von g und h ist. Dies läßt sich formal sehr schön aufschreiben:

$$(AB)' = A'B' \quad , \quad (gh)' = g'h'.$$

Damit kann man, wenn man die Bilder einiger Punkte bzw. Geraden bei einer Drehung, Verschiebung oder Spiegelung kennt, schrittweise die Bilder weiterer Punkte bzw. Geraden konstruieren. Diese schrittweise Bildbestimmung ist das A und O bei abbildungsgeometrischen Beweisen.

Drehungen, Verschiebungen und Spiegelungen haben eine noch weitergehende Eigenschaft gemein. Da zu ihrer Definition Übertragungen mit Platten (bzw. Folien) verwendet werden, führen Abbildungen aller drei Typen Figuren stets in kongruente Bildfiguren über. Speziell wird jede Strecke in eine gleichlange Strecke, jeder Winkel in einen gleichgroßen Winkel und jeder Kreis in einen Kreis mit gleichem Radius abgebildet. Das Bild des Mittelpunkts ist dabei Mittelpunkt des Bildkreises. Diese Abbildungen sind also auch längen- und winkeltreu und gehören zur Klasse der *Kongruenzabbildungen*. Natürlich werden auch Schnittpunkte von Kreisen bzw. von Kreisen und Geraden in die entsprechenden Schnittpunkte der Bildfiguren überführt.

2.4. Lagebeziehungen zwischen Punkten, Geraden und Ebenen

Neben der Kongruenz sind die Beziehungen "senkrecht" und "parallel" bei Geraden und Ebenen für die Elementargeometrie grundlegend. Darauf gehen wir nun ausführlich ein.

2.4.1. Die Orthogonalität von Geraden

Wir gehen von der Konstruktion der Vierkreisefigur in Bild 3 aus. Auf der Geraden g werden zwei Punkte A und B gewählt. Um A und B werden zwei Kreise mit kongruenten Radien gezeichnet, die sich in zwei Punkten C und D schneiden. C und D liegen auf verschiedenen Seiten von g. Die Verbindungsgerade h=CD schneidet g daher in einem Punkt M. Wir zeichnen weiter die Kreise um C durch A und um D durch A, die sich wegen der Kongruenz der Radien aller vier Kreise auch in B schneiden. ADBC ist nach Konstruktion ein Viereck mit gleichlangen Seiten. Ein solches Viereck heißt Raute.

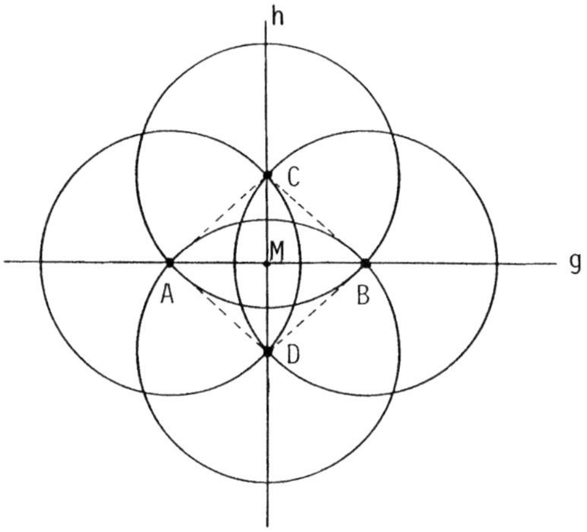

Bild 3

Bei der Spiegelung an g werden die beiden Kreise um die Fixpunkte A und B jeweils auf sich abgebildet. Der eine Schnittpunkt C der beiden Kreise fällt dabei auf den anderen Schnittpunkt D und umgekehrt. Die Verbindungsgerade h=CD geht in die Verbindungsgerade der Bilder von C und D, also in sich selbst über.

Mit Hilfe der Kreise um C und D, die sich in A und B schneiden, kann man analog zeigen, daß g bei der Spiegelung an h in sich übergeht (g ist eine *Fixgerade*). Dies führt zu folgender *Definition:*

Zwei sich schneidende Geraden g, h *heißen senkrecht (oder orthogonal) zueinander (in Zeichen* g ⊥ h*), wenn* h *Fixgerade bei der Spiegelung an* g *ist.*

Wie mit Hilfe der Vierkreisefigur gezeigt, folgt aus g ⊥ h die Beziehung h ⊥ g . Die Orthogonalität ist also eine symmetrische Relation zwischen Geraden, und die Sprechweise "senkrecht zueinander" ist gerechtfertigt. Man sagt im Fall g ⊥ h auch, daß g *Lot* auf h (und h Lot auf g) ist.

Der Winkel ∢AMC wird bei der Spiegelung an g in ∢AMD und bei der Spiegelung an h in ∢BMC abgebildet, der seinerseits bei Spiegelung an g in ∢BMD übergeht. Da spiegelsymmetrische Winkel kongruent sind, sind alle vier Winkel bei M untereinander kongruent. Jeder der vier Winkel ergibt mit einem kongruenten Nachbarwinkel zusammen einen *gestreckten* Winkel, d.h. einen Winkel, dessen Schenkel die beiden Halbgeraden sind, in die eine Gerade durch den Scheitel zerlegt wird. Ein Winkel, der sich beim Antragen eines kongruenten Winkels zu einem gestreckten Winkel ergänzen läßt, heißt selbst ein *rechter Winkel* (markiert durch das Zeichen ⌝). Rechte Winkel sind ebenso wie gestreckte Winkel stets untereinander kongruent (wie man der freien Verschieblichkeit eines Lineals in der Ebene entnimmt). *Die Orthogonalität zweier Geraden kann man somit äquivalent auch dadurch ausdrücken, daß die vier Schnittwinkel der beiden Geraden sämtlich rechte Winkel sind.*

2.4.2. Geometrische Grundkonstruktionen

Die Überlegungen zur Addition und Subtraktion von Strecken und Winkeln in den Abschnitten 2.2.3. und 2.2.4. und die Vierkreisefigur in 2.4.1. liefern uns die Begründung für die sog. Grundkonstruktionen mit Zirkel und Lineal:

1. Abtragen einer Strecke (Bild 4a)

Man nimmt die Strecke AB in den Zirkel, sticht in P ein und zeichnet einen Kreisbogen, der die Halbgerade p im Punkt Q schneidet. PQ ist dann genauso lang wie AB.

2. Antragen eines Winkels (Bild 4b)

Der gegebene Winkel $\sphericalangle(g,h)$ mit Scheitel O ist an die Halbgerade p mit Endpunkt P kongruent zu übertragen (anzutragen). Man zeichnet einen Kreisbogen um O, der g in A und h in B schneidet, und einen Kreisbogen mit demselben Radius um P, der p in Q schneidet. Nun wird die Strecke AB in den Zirkel genommen und mit diesem Radius ein Kreisbogen um Q gezeichnet.

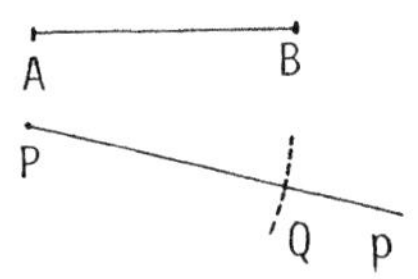

Bild 4a

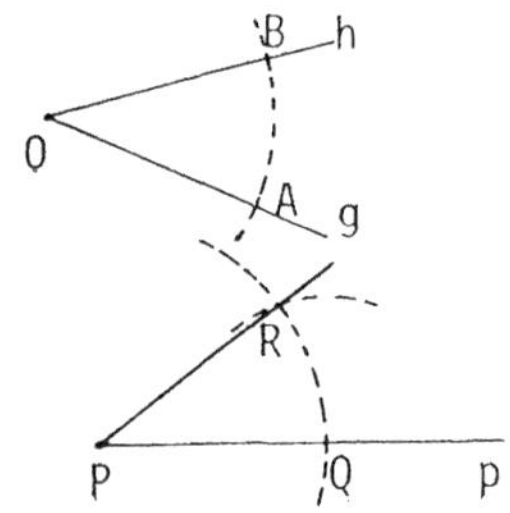

Bild 4b

Der Schnittpunkt R dieses Kreisbogens um Q mit dem Kreisbogen um P wird mit P verbunden. $\sphericalangle AOB$ ist zu $\sphericalangle QPR$ kongruent.

3. Halbieren einer Strecke (Bild 4c)

Es ist der Mittelpunkt M der Strecke AB gesucht. Man zeichnet um A und B je einen Kreisbogen mit gleichem (hinreichend großem) Radius. Die Verbindungsgerade der Schnittpunkte schneidet AB im Mittelpunkt M.

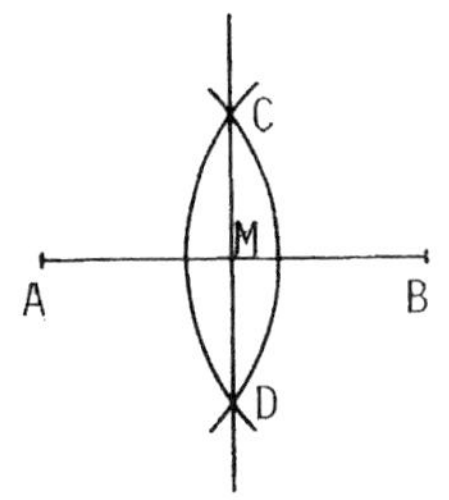

Bild 4c

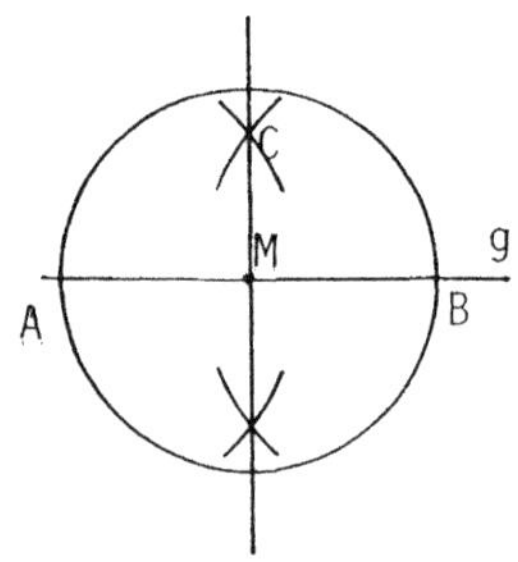

Bild 4d

4. Errichten eines Lotes auf einer Geraden in einem Geradenpunkt (Bild 4d)
Im Punkt M der Geraden g soll das Lot gezeichnet ("errichtet") werden. Man zeichnet einen Kreis um M, der g in A und B schneidet und Kreisbögen um A und B mit gleichem, aber größerem Radius. Einen der Schnittpunkte (C) verbindet man mit M. CM ist das gesuchte Lot.

5. Fällen eines Lotes auf eine Gerade durch einen Punkt außerhalb der Geraden (Bild 4e)
Es soll eine zu g senkrechte Gerade durch C gezeichnet werden. Man zeichnet einen Kreis um C, welcher g in A und B schneidet. Um A und B zeichnet man zwei Kreisbögen mit demselben Radius, die sich in D schneiden. CD ist das gesuchte Lot.

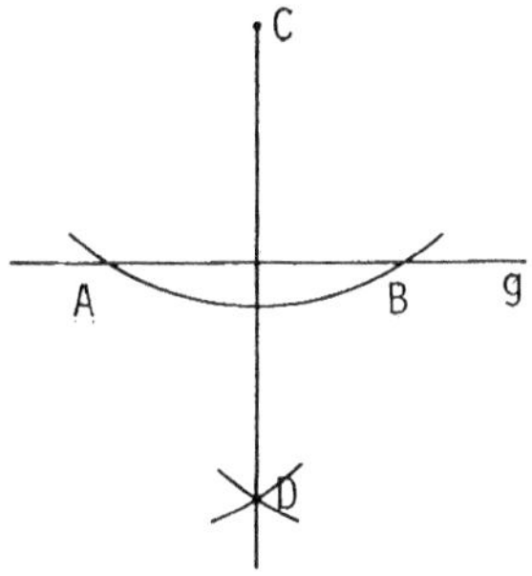

Bild 4e

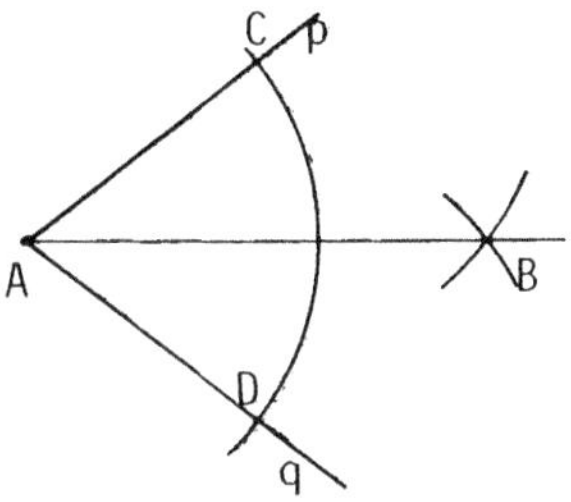

Bild 4f

6. Halbieren eines Winkels (Bild 4f)
Gegeben sei ein Winkel mit dem Scheitel A und den Schenkeln p, q. Man zeichnet einen Kreisbogen um A, der p in C und q in D schneidet. Weiter zeichnet man (am einfachsten mit der gleichen Zirkelöffnung) Kreisbögen mit gleichem Radius um C und D, die sich in B schneiden. AB ist die gesuchte Winkelhalbierende.

Die weiteren Grundkonstruktionen

7. Zeichnen einer Parallelen zu einer Geraden durch einen Punkt

8. Zeichnen einer Parallelen zu einer Geraden in gegebenem Abstand

lassen sich auf die obigen Konstruktionen zurückführen, da wir in 2.4.4.

die Parallelität mit Hilfe der Orthogonalität definieren werden (Bilder 7, 8).
Die Grundkonstruktion 3 liefert auch die Konstruktion der *Mittelsenkrechten (Symmetrieachse)* zweier Punkte A und B.
Aus der Vierkreisefigur kann man die Konstruktion eines Bildpunktes bei der Spiegelung an einer Achse entnehmen (vgl. auch Grundkonstruktion 5).

Einfacher als mit Zirkel und Lineal lassen sich Lote mit dem Geodreieck zeichnen, in dem die Symmetrieachse zu zwei Ecken des Dreiecks eingefärbt ist.

2.4.3. Der Trichotomiesatz

Wir kommen nun zu einem außerordentlich wichtigen elementargeometrischen Satz, von dem wir in Zukunft ständig Gebrauch machen werden.

Wir gehen aus von einem Paar fester Punkte A, B einer Ebene und zeichnen die Mittelsenkrechte m. Die gesamte Ebene zerfällt nun in drei Teilgebiete:

(1) die Halbebene, zu der A gehört, bezeichnet mit (m,A),
(2) die Halbebene (m,B), zu der B gehört,
(3) die Gerade m, welche die beiden Halbebenen trennt.

Aus der Konstruktion von m folgt unmittelbar, daß jeder Punkt P auf m von A und B den gleichen Abstand hat, denn bei der Spiegelung an m wird AP auf BP abgebildet und ist daher ebenso lang wie BP (Bild 5a). Anschaulich ist auch klar, daß jeder Punkt der Halbebene (m,A) näher an A als an B und jeder Punkt von (m,B) näher an B als an A liegt (Bild 5b, 5c). Man kann dies durch folgende Überlegung noch stärker untermauern.

Wenn C in der Halbebene (m,B) liegt, schneidet die Strecke AC die Gerade m im Punkt S. Dieser Punkt ist von A und B gleichweit entfernt. AC ist genauso lang wie AS und SC zusammen, also auch genauso lang wie die Strecken BS und SC zusammen, welche aber nach der Dreiecksungleichung zusammen länger sind als BC. Der Punkt C liegt also tatsächlich näher an B als an A.

Eine analoge Überlegung kann durchgeführt werden, wenn C in (m,A) liegt.

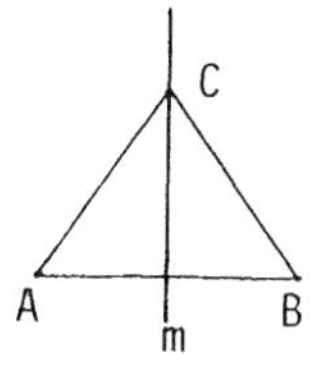

Bild 5a

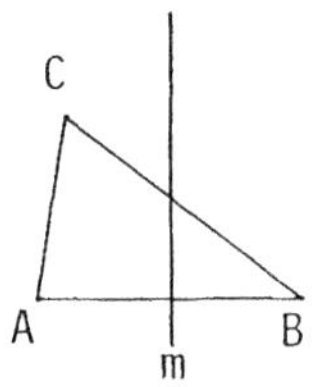

Bild 5b

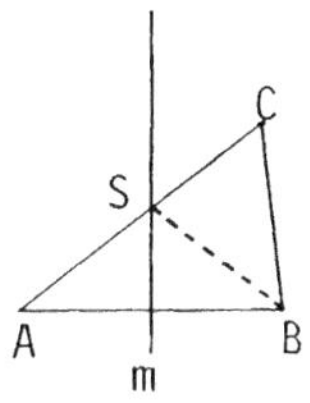

Bild 5c

Wir sehen also, daß man aus der Lage eines Punktes bez. der Mittelsenkrechten einer Strecke AB auf die Größenbeziehung seiner Abstände von A und B schließen kann. Umgekehrt ist es auch möglich, aus der Größenbeziehung der Abstände auf die Lage des Punktes bez. der Mittelsenkrechten zu schließen. Liegt nämlich z.B. ein Punkt C näher an B als an A, so muß er in der Halbebene (m,B) liegen. Er kann nämlich weder auf der Mittelsenkrechten m noch in der Halbebene (m,A) liegen, denn für diese Punkte gelten andere Abstandsbeziehungen.

Insgesamt haben wir damit gezeigt, daß sich die Lage eines Punktes bez. der Mittelsenkrechten eines Punktepaares AB in der Größenbeziehung der Abstände des Punktes von A und B widerspiegelt. Da hierbei drei Fälle zu unterscheiden sind, nennen wir diesen Sachverhalt *Trichotomiesatz*[1].

Aus unseren Überlegungen ergibt sich ein unscheinbar erscheinender Satz, der aber wichtig ist, weil er eine Wechselbeziehung zwischen den Längen zweier Seiten eines Dreiecks und dem Maß der ihnen gegenüberliegenden Winkel ausdrückt:

(1) Gleichlangen Seiten im Dreieck liegen gleichgroße Winkel gegenüber und umgekehrt.

(2) Der größeren von zwei Seiten im Dreieck liegt der größere Winkel gegenüber und umgekehrt.

1) vgl. das Trichotomiegesetz bei Zahlen: Für beliebige reelle Zahlen x, y gilt entweder $x>y$ oder $x=y$ oder $x<y$.

Bemerkung:

Die Beziehung (1) gibt man meist in der folgenden Form wieder:
Ein Dreieck ist genau dann gleichschenklig (d.h. besitzt zwei gleichlange Seiten), wenn die an der dritten Seite (der "Basis") anliegenden Winkel (die "Basiswinkel") gleichgroß sind.
(1) heißt daher auch *Basiswinkelsatz*.

Beweis von (1) und (2):
Sei m die Mittelsenkrechte der Seite AB des Dreiecks ABC. Der Eckpunkt C liegt entweder in der Halbebene (m,B) oder auf m oder in der Halbebene (m,A). Im ersten Fall gilt nach dem Trichotomiesatz $\overline{BC} < \overline{AC}$ und wie aus Bild 5c hervorgeht auch $\sphericalangle ABC > \sphericalangle BAC$. Im zweiten Fall (Bild 5a) gilt $\overline{AC} = \overline{BC}$ und $\sphericalangle ABC = \sphericalangle BAC$. Im dritten Fall (Bild 5b) gilt $\overline{AC} < \overline{BC}$ und $\sphericalangle ABC < \sphericalangle BAC$. Logisch gesehen haben wir somit für die möglichen Eckpunkte C drei verschiedene Klasseneinteilungen:

a) nach der Lage von C bez. m:
C in (m,B) oder C auf m oder C in (m,A) ,
b) nach der Abstandsbeziehung von C bez. A und B:
$\overline{AC} > \overline{BC}$ oder $\overline{AC} = \overline{BC}$ oder $\overline{AC} < \overline{BC}$,
c) nach der Winkelbeziehung von C bez. AB:
$\sphericalangle ABC > \sphericalangle BAC$, $\sphericalangle ABC = \sphericalangle BAC$ oder $\sphericalangle ABC < \sphericalangle BAC$.

Der Trichotomiesatz besagt, daß die Klasseneinteilungen unter (a) und (b) zusammenfallen. Aus unseren weiteren Überlegungen schließen wir, daß (c) dieselbe Klasseneinteilung definiert. Damit sind (1) und (2) (einschließlich des Zusatzes "und umgekehrt") bewiesen und gleichzeitig in einen größeren logischen Zusammenhang eingeordnet.

Als Folgerung von (1) ergibt sich noch, daß alle Winkel in einem gleichseitigen Dreieck gleich groß sind.

2.4.4. Parallelität von Geraden

Die Parallelität von Geraden läßt sich auf die Orthogonalität zurückführen:
g *und* h *heißen parallel (*g||h*), wenn sie ein gemeinsames Lot* l *besitzen.*

Es erhebt sich die Frage, ob jedes Lot auf eine von zwei parallelen Geraden ein gemeinsames Lot ist. Bild 6 zeigt eine solche Situation. Wenn man die Figur mit dem Geodreieck konstruiert (in der Reihenfolge g, l, h, k), kann man bei A, B und C rechte Winkel konstruktiv erzwingen. Der Winkel bei D jedoch ergibt sich von selbst. Ist er ein rechter Winkel? Für eine Antwort auf diese Frage stehen prinzipiell zwei Wege offen. Erstens kann man versuchen, die Rechtwinkligkeit aus den bisherigen Annahmen unserer geometrischen Modellvorstellung logisch abzuleiten. Zweitens kann man die Hypothese des rechten Winkels empirisch prüfen.

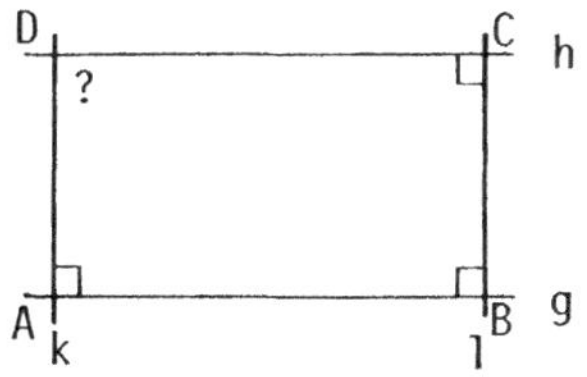

Bild 6

Nach zahlreichen vergeblichen Versuchen im 17. und 18. Jhdt. gelang GAUSS, BOLYAI und LOBATSCHEWSKIJ um 1830 unabhängig voneinander der Nachweis, daß die Frage logisch nicht entschieden werden kann. Sie entwickelten nämlich ein geometrisches System (die nichteuklidische Geometrie), in dem Vierecke mit vier rechten Winkeln (Rechtecke) nicht existieren.[1)]
Was den zweiten Weg anbelangt, so zeigt sich, daß die Erfahrung, insbesondere auch mit Präzisionsgeräten, der Annahme des vierten rechten Winkels nicht widerspricht. Wir nehmen daher diese Annahme aus Einfachheitsgründen in das theoretische Modell unseres Erfahrungsraumes auf und können uns damit auf folgenden Sachverhalt stützen:

1) vgl. O. Becker, Grundlagen der Mathematik in geschichtlicher Entwicklung. Freiburg/München 1954, Kap. 4, Abschnitt 1

Jedes Lot auf eine von zwei parallelen Geraden ist ein gemeinsames Lot; jedes Viereck, das drei rechte Winkel besitzt, ist ein Rechteck.

Unmittelbare Folge ist die *Transitivität der Parallelität*:
Wenn $f \parallel g$ und $g \parallel h$ gilt, ist jedes Lot auf g auch Lot auf f und h, also gemeinsames Lot von f und h. Also gilt auch $f \parallel h$.
Die Menge aller Geraden einer Ebene zerfällt damit in Klassen untereinander paralleler Geraden (mit jeweils gemeinsamen Loten).

Zwei verschiedene parallele Geraden schneiden aus gemeinsamen Loten Strecken aus, die untereinander kongruent sind. Zum Beweis betrachten wir Bild 7.

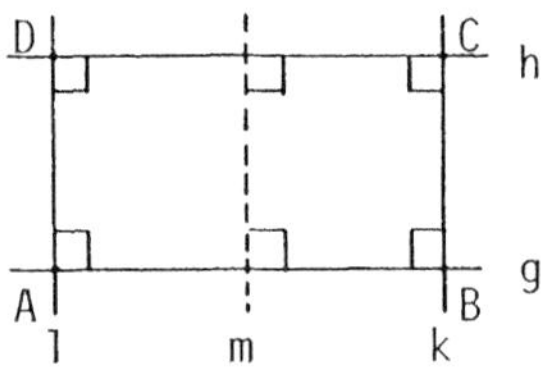

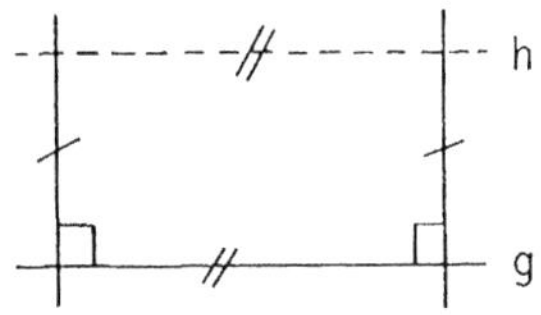

Bild 7 Bild 8

Die Mittelsenkrechte (Symmetrieachse) m zu AB steht auf g und h senkrecht (warum?). Bei der Spiegelung an m sind also g und h jeweils Fixgerade. Wegen der rechten Winkel bei A und B wird l in k überführt und umgekehrt. Der Schnittpunkt C von h und k geht daher in den Schnittpunkt von h (= Bild von h) und l (= Bild von k), d.h. in D, über. BC wird somit bei der Spiegelung an m in AD überführt, woraus sich die Kongruenz von AD und BC ergibt.

Unmittelbare Folge davon ist, daß in jedem Rechteck Gegenseiten gleich lang sind und daß verschiedene parallele Geraden keinen Schnittpunkt haben können (Bild 8).

Wie steht es mit einem Schnittpunkt bei zwei nichtparallelen Geraden? Solange die Geraden so liegen, daß der Schnittpunkt auf dem Zeichenblatt vorgezeigt werden kann, besteht an einem Schnittpunkt kein Zweifel. Betrachten wir aber folgendes Experiment: In Bild 9 wird das Lot l auf g, das g in Q schneidet, um den Punkt P gedreht. Dabei wandert der Schnittpunkt Q auf g immer weiter nach rechts. Die Parallele h durch P zu g schneidet g aber nicht. Der Übergang vom Schneiden zum Nichtschneiden ist anschaulich nicht zu verfolgen. Vielfach wird die Existenz eines Schnittpunktes zweier nichtparalleler Geraden damit begründet, daß die beiden Geraden immer aufeinander zulaufen, auch wenn sie nur wenig zueinander geneigt sind.

Wen dieses Argument nicht überzeugt, der betrachte folgende Überlegung, die sich auf die Konstruktion einer Parallelenschar stützt (Bild 10). g und f seien zwei nichtparallele Geraden. Wir wählen P auf f, fällen das Lot l auf g (Fußpunkt Q) und ziehen die Parallele h durch P zu g.

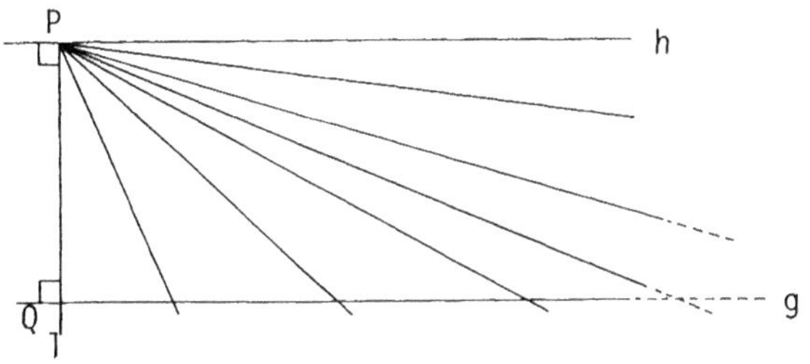

Bild 9

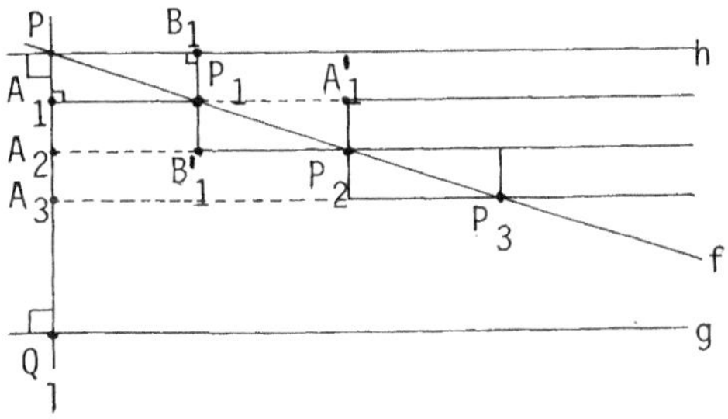

Bild 10

Auf derjenigen Halbgeraden von f, die mit PQ einen spitzen Winkel einschließt, wählen wir einen Punkt P_1, der dann in der Halbebene (h,Q) liegt. Falls P_1 und P auf verschiedenen Halbebenen bez. g liegen, schneidet die Gerade PP_1 = f die Gerade g, und wir sind fertig. Andernfalls liegt P_1 zwischen g und h. Von P_1 werden die Lote auf l und h gefällt (Fußpunkte A_1, B_1). Nun drehen wir das Rechteck $A_1P_1B_1P$ um P_1 um einen gestreckten Winkel und erhalten das Rechteck $A_1'P_1B_1'P_2$. Dabei fällt der Bildpunkt P_2 von P auf f. Die Gerade $B_1'P_2$ ist parallel zu h (warum?) und schneidet l in A_2. Die Strecke PA_1 ist kongruent zu P_1B_1, und A_1A_2 ist kongruent zu P_1B_1' (Lotabschnitte zwischen parallelen Geraden). Als Bild von P_1B_1 bei einer Drehung um P_1 ist P_1B_1' kongruent zu P_1B_1. Insgesamt ist damit PA_1 kongruent zu A_1A_2. Im nächsten Schritt wird das Rechteck $A_1'P_1B_1'P_2$ um P_2 um einen gestreckten Winkel gedreht, und wir erhalten einen Punkt P_3 auf f und einen Punkt A_3 auf l, so daß A_2A_3 kongruent zu PA_1 ist usw. Nach endlich vielen Schritten gelangt man zu einem Punkt A_n auf l, der auf der anderen Seite von g als P liegt und zu einem Punkt P_n auf f, der auf der Parallelen durch A_n zu g und daher ebenfalls auf der anderen Seite bez. g als P liegt. Damit sind zwei Punkte P und P_n von f gefunden, die auf verschiedenen Seiten von g liegen. Die Verbindungsgerade $PP_n = f$ schneidet g.

Dieser Beweis ist in dem Sinne konstruktiv, als er eine Abschätzung darüber erlaubt, wie weit der Schnittpunkt der beiden nichtparallelen Geraden von Q entfernt ist, und der Beweis bestärkt auch die anschauliche Überzeugung, daß die beiden Geraden aufeinander zulaufen.

Fassen wir zusammen:
Zwei verschiedene Geraden haben genau dann einen Schnittpunkt, wenn sie nicht parallel sind.

Abschließend bemerken wir noch, daß die Bilder paralleler Geraden bei einer Kongruenzabbildung natürlich wieder parallel sind.

2.4.5. Die Beziehungen "senkrecht" und "parallel" im Raum

Zur operativen Erfahrung der Relationen "senkrecht" und "parallel" zwischen Ebenen bzw. zwischen Ebenen und Geraden knüpfen wir an den in 2.2.1. besprochenen ebenen Platten und Keilen an. Wir errichten in einem Punkt S der Kante g eines Keiles innerhalb jeder der beiden Halbebenen des Keiles die Lote l_1 und l_2 auf g, ritzen sie ein und schleifen eine durch l_1 und l_2 verlaufende ebene Fläche π (Bild 11a). Wir erhalten einen Orthokeil mit der Grundfläche π, den Flächen des ursprünglichen Keiles als Seitenflächen und g als Lotkante.

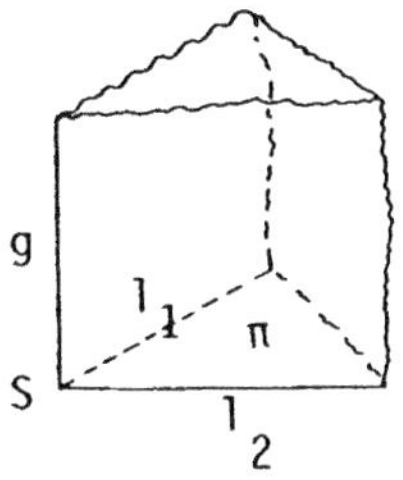

Bild 11a

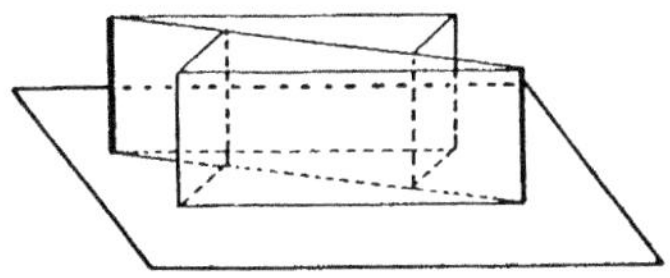

Bild 11b

Dieser Orthokeil verkörpert die Relation "senkrecht" zwischen Ebenen und Geraden:

Eine Gerade g *heißt* <u>*senkrecht*</u> *zu einer Ebene* π, *wenn sie* π *schneidet und auf zwei durch den Schnittpunkt verlaufenden Geraden von* π *senkrecht steht.*

Mit einem Orthokeil kann man an verschiedenen Punkten ("Fußpunkten") einer Ebene Lote anbringen. Dazu muß der Orthokeil mit der Grundfläche auf die Ebene gestellt werden, so daß seine Lotkante auf den Fußpunkt trifft. Erfahrungsgemäß fallen die Lotkanten zweier verschiedener Orthokeile, die auf ein und denselben Fußpunkt einer Ebene aufgesetzt sind, zusammen. Dies bedeutet, daß wir ein Lot auf eine Ebene als senkrecht auf <u>allen</u> Geraden dieser Ebene durch den Fußpunkt ansehen können. Weiter stellt man empirisch fest, daß sich die Seitenflächen von zwei Orthokeilen, deren Grundflächen auf einer Ebene liegen, lückenlos aneinanderschieben lassen. Daraus ergibt sich, daß je zwei Lote auf einer Ebene stets parallel sind. Man kann ja die beiden Lote durch Kanten zweier Orthokeile mit einer gemeinsamen Seitenfläche realisieren, in der beide Lote liegen. Die Verbindungsgerade der beiden Lotfußpunkte liegt ebenfalls in dieser (ebenen) Seitenfläche und steht, wie schon festgestellt, auf beiden Loten senkrecht. Durch das Aufzeigen eines gemeinsamen Lotes sind die beiden Lotkanten als parallel nachgewiesen (Bild 11b).

Die Orthogonalität und Parallelität zweier Ebenen läßt sich auf die Orthogonalität zwischen Geraden und Ebenen zurückführen:

π_1 *heißt* <u>*orthogonal*</u> *zu* π_2, *wenn sich* π_1 *und* π_2 *schneiden und es eine auf der Schnittgeraden orthogonale Ebene* π_3 *gibt, die* π_1 *und* π_2 *in zwei orthogonalen Geraden schneidet.*
(vgl. die in der Ecke eines Würfels zusammenstoßenden Ebenen)

Zwei Ebenen (bzw. eine Ebene und eine Gerade) heißen <u>*parallel*</u>*, wenn es eine Gerade gibt, die gemeinsames Lot ist.*

Wie in der Ebene so gehen wir auch im Raum von folgenden Tatsachen aus:

Jedes Lot auf eine von zwei parallelen Ebenen ist gemeinsames Lot.
Zwei verschiedene Ebenen (bzw. eine Ebene und eine Gerade) schneiden sich genau dann nicht, wenn sie parallel sind.

Zur Gewinnung einer anschaulichen Vorstellung dieser Begriffe empfehle ich Ihnen, die oben beschriebenen Konstruktionen an geeignetem Material selbst nachzuvollziehen bzw. an den Seitenflächen und Kanten geeigneter Körper (z.B. von Ziegelsteinen und Ziegelsteinmauern) zu verfolgen. Eine genaue <u>logische</u> Analyse raumgeometrischer Beziehungen ist ziemlich mühsam und im Rahmen einer inhaltlich-anschaulichen Geometrie nicht nötig.

Im Hinblick auf Kapitel 4 sollten Sie sich noch folgender Tatsache vergewissern: Wir betrachten eine Halbgerade g, die eine Ebene π in einem Punkt P trifft. Wenn g auf π senkrecht steht, schließt g mit den durch P verlaufenden Geraden von π gleichgroße, nämlich rechte, Winkel ein. Steht g nicht senkrecht auf π, dann spannt g mit dem Lot l auf π in P eine von l begrenzte Halbebene Σ auf (Bild 12), die π in der Halbgeraden h schneidet. Wir lassen nun eine Halbgerade k von der Anfangslage h aus in π um P langsam rotieren und verfolgen den Winkel $\measuredangle(g,k)$. Sehen Sie, daß dieser Winkel anfänglich den minimalen Wert α hat, dann zunimmt (wo genau ist er ein rechter Winkel?), seinen maximalen Wert $180°-\alpha$ erreicht, wenn k in der Verlängerung von h liegt, und nach einem vollen Umlauf wieder bei dem Minimum α angelangt ist? In Kapitel 10 werden wir dies mit Mitteln der analytischen Geometrie quantitativ sehr einfach kontrollieren können.

Schließlich sei noch erwähnt, wie man die Schnittwinkel zwischen zwei sich schneidenden Ebenen definieren kann: Wir legen eine Ebene senkrecht zur Schnittgeraden. Diese Ebene schneidet aus den beiden Ebenen ein Paar sich schneidender Geraden aus. Die Winkel zwischen diesen Geraden bezeichnet man als *Schnittwinkel der Ebenen*. Eine anschauliche Vorstellung liefert Bild 11a: Der von l_1 und l_2 in der Ebene π eingeschlossene Winkel ist Schnittwinkel der an der Keilkante g zusammenstoßenden Seitenflächen des Keiles.

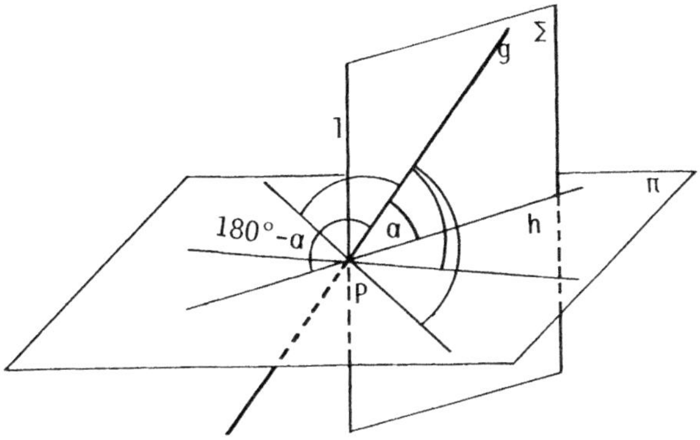

Bild 12

2.5. Operative Eigenschaften von Spiegelungen, Verschiebungen und Drehungen

Wir wissen bereits, daß Kongruenzabbildungen trivialerweise geraden-, strecken-, längen- und winkeltreu sind und daß die Bilder paralleler Geraden zueinander parallel sind.

Für ein operatives Studium ebener Figuren, die sich aus Punkten, Geraden, Strecken, Kreisen, Winkeln usw. zusammensetzen, werden genauere Informationen über die in 2.3. eingeführten Kongruenzabbildungen benötigt, und zwar insbesondere über die Beziehungen zwischen Punkten und Bildpunkten sowie zwischen Geraden und Bildgeraden. Diese Informationen sollen im vorliegenden Abschnitt zusammengetragen werden. Wir werden Abbildungen mit kleinen griechischen Buchstaben bezeichnen und stets links von den Punkten schreiben, auf die wir sie anwenden. φ(P) ist also das Bild des Punktes P bei der Abbildung φ. Für φ(P) verwendet man oft Abkürzungen, z.B. P', $\overline{P}$, P* usw. Die Verkettung (Hintereinanderausführung) von Abbildungen wird in der folgenden Reihenfolge geschrieben: $\tau\varphi$ ist die Abbildung "τ hinter φ", also $\tau\varphi(P) = \tau(\varphi(P))$. Das Bild einer Geraden g bei einer Abbildung wird ebenfalls als $\varphi(g)$ notiert. Die identische Abbildung bezeichnen wir mit ι.

Ein Punkt heißt *Fixpunkt* einer Abbildung φ, wenn $\varphi(P) = P$. Entsprechend heißt eine Gerade g *Fixgerade*, wenn $\varphi(g) = g$. Dies bedeutet nur, daß die Menge der Punkte von g bei φ auf sich abgebildet wird. Nicht notwendig muß jeder Punkt auf einer Fixgeraden Fixpunkt sein. Ist dies jedoch der Fall, so heißt die Gerade eine *Fixpunktgerade*.

2.5.1. Geradenspiegelungen

Einziges Bestimmungsstück einer Geradenspiegelung (Achsenspiegelung) ist eine Gerade g (Spiegelachse). Die Spiegelung an g wird daher mit σ_g bezeichnet.

Verhalten von Punkten und Geraden bei einer Geradenspiegelung

(a) *Genau die Punkte auf der Achse* g *sind Fixpunkte.*
(b) *Spiegelt man das Spiegelbild* P' *eines Punktes* P, *so erhält man wieder* P *(d.h.* $\sigma_g\sigma_g = \iota$*).*
(c) *Für jeden außerhalb von* g *gelegenen Punkt wird die Strecke Punkt-Bildpunkt von der Achse* g *senkrecht halbiert.*
(d) g *ist die einzige Fixpunktgerade.*
Für $h \neq g$ *gilt:* h *ist Fixgerade genau dann, wenn* $h \perp g$.
(e) *Eine Gerade* h, *die parallel zu* g *ist, wird auf eine zu* g *parallele Gerade* $\sigma_g(h)$ *abgebildet.*
Ist h *zu* g *nicht parallel, so schneiden sich* h *und* $\sigma_g(h)$ *auf der Achse und schließen mit ihr kongruente Winkel ein.*

Diese Aussagen sind anschließend an die operative Definition der Geradenspiegelung in 2.3. leicht einzusehen. Betrachten wir etwa (c). Die Punkte P und $\sigma_g(P) =: P'$ liegen auf verschiedenen Seiten von g. Die Strecke PP' schneidet g also in einem Punkt M, der Fixpunkt von σ_g ist. Die Strecke PM geht bei σ_g über in die Strecke P'M, die daher zu PM kongruent ist. Die Gerade PM (= PP' = P'M) geht daher über in $\sigma_g(P)\,\sigma_g(M) = P'M$, ist also

Fixgerade. Unmittelbar aus der Definition der Orthogonalität ergibt sich $PP' \perp g$.

Anwendungsbeispiele

(1) Symmetrieachsen eines Paares sich schneidender Geraden

Gegeben seien zwei Geraden g, h, die sich im Punkt P schneiden. Wir interessieren uns für die Symmetrieachsen dieser Geradenkreuzung, d.h. diejenigen Geraden, an denen man die Geradenkreuzung so spiegeln kann, daß sie als Ganzes in sich übergeht. Bei jeder Spiegelung an einer Symmetrieachse sind g und h entweder beide Fixgeraden (1. Fall) oder g ist Spiegelbild von h und umgekehrt (2. Fall). Der Schnittpunkt P ist in beiden Fällen Fixpunkt.

1. Fall. g und h können nicht beide von der Spiegelachse verschieden sein, da sie nach (d) sonst parallel sein müßten. Also ist entweder g Fixpunktgerade bei der Spiegelung oder h. Diese beiden Möglichkeiten treten genau dann ein, wenn $g \perp h$ (Bild 13).

2. Fall. g wird auf h abgebildet und umgekehrt. Nach (e) kommt als Achse nur eine Winkelhalbierende von g und h in Frage. Wenn wir die beiden Winkelhalbierenden w_1, w_2 der Geradenkreuzung nach Grundkonstruktion 6 konstruieren (Bild 14), sehen wir, daß w_1 und w_2 tatsächlich Symmetrieachsen sind.

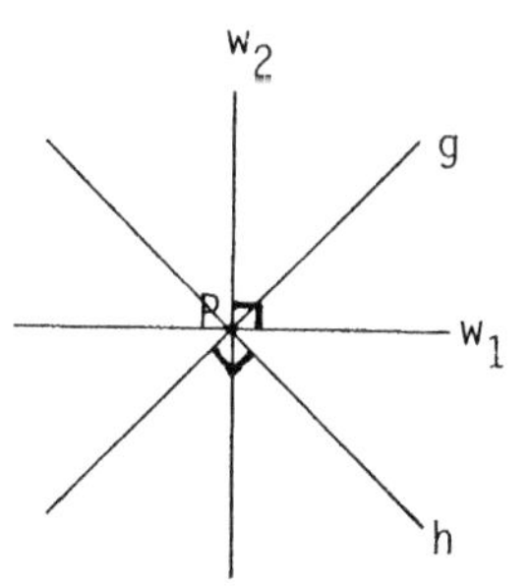

Bild 13

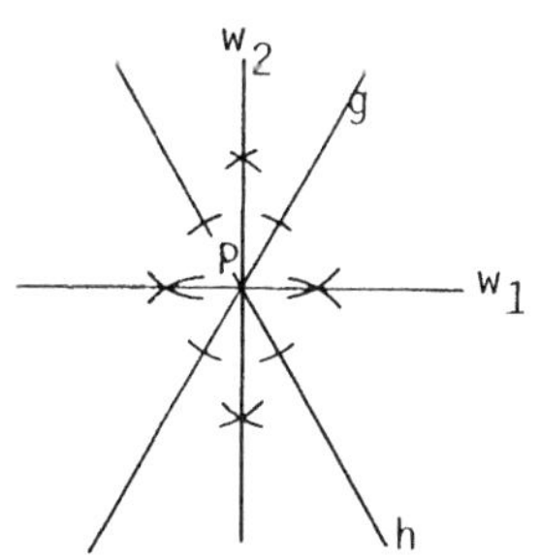

Bild 14

Zusammenfassung: *Wenn* g *auf* h *nicht senkrecht steht, sind die Winkelhalbierenden der Geradenkreuzung die einzigen Symmetrieachsen.*

Wenn g *auf* h *senkrecht steht, sind außer den Winkelhalbierenden der Geradenkreuzung die beiden Geraden selbst zwei weitere Symmetrieachsen.*

(2) Symmetrieachsen eines Paares paralleler Geraden

Sei g, h ein Paar paralleler Geraden. Bei jeder Spiegelung an einer Symmetrieachse sind g und h entweder beide Fixgeraden oder g ist Spiegelbild von h und umgekehrt. Weder g noch h kann Symmetrieachse sein. Daher kommen als Symmetrieachsen, bei denen g und h Fixgeraden sind, genau die gemeinsamen Lote zu g, h in Frage. Man nennt sie *Querspiegelachsen* (Bild 15).

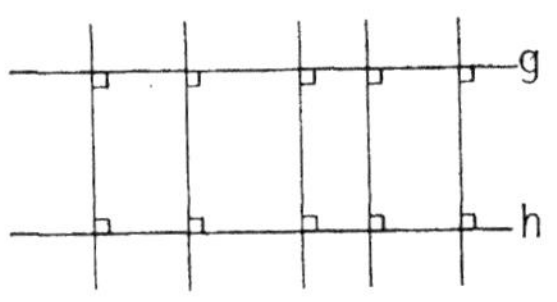

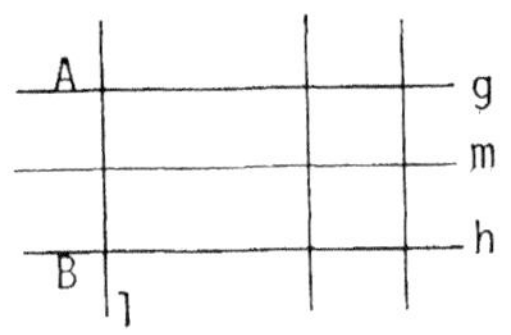

Bild 15

Bild 16

Gibt es eine Symmetrieachse, bei der g spiegelsymmetrisch zu h liegt? Nach 2.5.1. (e) kommt nur eine Achse in Frage, die parallel zu g und h ist. Wir wählen ein beliebiges gemeinsames Lot l, aus dem g und h den Lotabschnitt AB ausschneiden. Bei der gesuchten Spiegelung muß g in h, h in g und l in sich abgebildet werden. Also müssen die Schnittpunkte A, B spiegelsymmetrisch liegen. Als Symmetrieachse des Geradenpaares kommt somit nur die Symmetrieachse m von AB in Betracht. m bildet aber nach 2.5.1. (e) tatsächlich g auf h und umgekehrt ab und ist daher Symmetrieachse des Geradenpaares. Jeder andere Lotabschnitt wird aber bei der Spiegelung an m ebenfalls auf sich abgebildet. m ist also gemeinsame Symmetrieachse der Lotabschnitte und halbiert insbesondere jeden Lotabschnitt senkrecht.

Die durch g und h eindeutig bestimmte Gerade m heißt *Mittellinie* des Geradenpaares und ist die einzige *Längsspiegelachse* des Geradenpaares (Bild 16).

Zusammenfassung: Bei einem Paar g, h paralleler Geraden sind genau die gemeinsamen Lote und die Mittellinie Symmetrieachsen.

2.5.2. Punktspiegelungen

Unter den Drehungen haben die Drehungen um einen gestreckten Winkel besonders schöne Eigenschaften. Man nennt sie auch *Punktspiegelungen.* Da es auf dasselbe hinausläuft, ob man im positiven oder im negativen Sinn um gestreckte Winkel dreht, ist jede Punktspiegelung schon durch den Drehpunkt D (das *Zentrum* der Punktspiegelung) eindeutig bestimmt und wird mit σ_D bezeichnet.

Verhalten von Punkten und Geraden bei einer Punktspiegelung σ_D

(a) Genau das Zentrum D *ist Fixpunkt.*

(b) Wendet man auf das Bild eines Punktes P *die Punktspiegelung an, so erhält man wieder* P *(d.h.* $\sigma_D \sigma_D = \iota$*).*

(c) Für Punkte $P \neq D$ *wird die Strecke Punkt-Bildpunkt vom Zentrum* D *halbiert.*

(d) Genau die Geraden durch D *sind Fixgeraden.*

(e) Jede Gerade und ihre Bildgerade sind parallel.

Begründung: (a) - (d) sind unmittelbar klar. Um (e) einzusehen, betrachte man das Lot l von D auf eine Gerade g. Da σ_D winkeltreu ist, steht die Bildgerade $\sigma_D(l)$ auf der Bildgeraden $\sigma_D(g)$ senkrecht. l ist aber nach (d) Fixgerade, d.h. $\sigma_D(l) = l$. Also ist l gemeinsames Lot von g und $\sigma_D(g)$, mithin $g \parallel \sigma_D(g)$.

Anwendungsbeispiele

(1) Scheitelwinkelsatz: Bei einer Geradenkreuzung sind gegenüberliegende Winkel (Scheitelwinkel) gleichgroß.

Begründung: Bei der Punktspiegelung am Scheitel werden gegenüberliegende Winkel jeweils auf sich abgebildet, sind also gleichgroß.

(2) *Wechselwinkelsatz: Zwei verschiedene Geraden g, h sind genau dann parallel, wenn Wechselwinkel mit einer Geraden f gleichgroß sind.*

Begründung: (Bild 17 a)

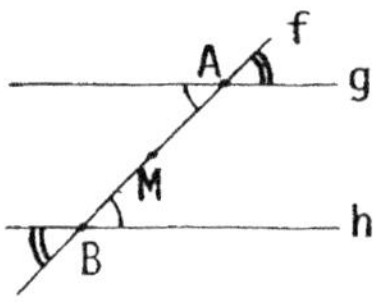

Wechselwinkel

Bild 17a

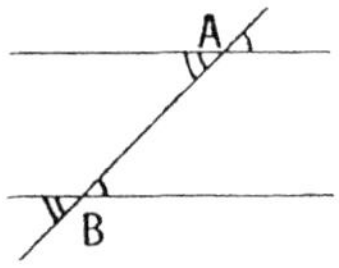

Stufenwinkel

Bild 17b

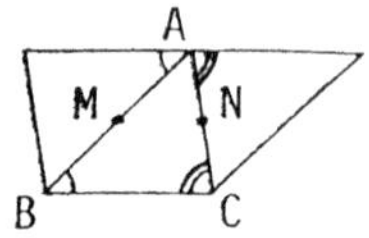

Winkelsumme im Dreieck

Bild 17c

Sei $A = gf$, $B = hf$ und M der Mittelpunkt von AB. Die Punktspiegelung σ_M bildet A auf B ab und umgekehrt B auf A. f ist folglich Fixgerade. Sind nun g und h parallel, dann wird g als Gerade durch A auf die Gerade durch B parallel zu g, d.h. auf h, und jeder der vier Winkel zwischen g und f auf den zugehörigen Wechselwinkel zwischen h und f abgebildet. Die beiden Winkel sind also jeweils gleichgroß.

Ist umgekehrt wenigstens ein Paar von Wechselwinkeln kongruent, z.B. die in Bild 17 a markierten Winkel, dann muß wegen der Winkeltreue von σ_M und der Tatsache, daß f Fixgerade bei σ_M ist, die Gerade g auf h abgebildet werden. Als Bild von g bei einer Punktspiegelung ist dann h parallel zu g (und nach dem ersten Teil der Begründung sind alle Paare zugehöriger Wechselwinkel gleichgroß).

(3) *Stufenwinkelsatz*

Ersetzt man in einem Paar von Wechselwinkeln einen Winkel durch seinen Scheitelwinkel, so erhält man ein Paar von Winkeln, die man *Stufenwinkel* nennt (Bild 17 b zeigt zwei Paare von Stufenwinkeln). Aus (1) und (2) folgt:

Zwei verschiedene Geraden sind genau dann parallel, wenn Stufenwinkel mit einer dritten Geraden gleichgroß sind.

(4) *Winkelsumme im Dreieck und Viereck*

Betrachten wir Bild 17 c. Bei den Punktspiegelungen σ_M und σ_N an den Mittelpunkten M, N zweier Seiten des Dreiecks ABC kommen die Bilder

der dritten Seite BC beidemal auf die Parallele durch A zu BC, d.h. auf ein und dieselbe Gerade zu liegen. Da außerdem bei Punktspiegelungen Winkel kongruent übertragen werden, sieht man nun unmittelbar, daß die drei Innenwinkel des Dreiecks zu einem *gestreckten Winkel* mit Scheitel A zusammensetzbar sind.

Da sich jedes Viereck durch eine Diagonale in zwei Dreiecke zerlegen läßt, folgt weiter, daß die Summe der Innenwinkel des Vierecks ein *Vollwinkel* ist.

(5) *Punktspiegelzentren bei Geradenpaaren*

Der Schnittpunkt P eines Paares sich schneidender Geraden ist offenbar (?) das einzige Punktspiegelzentrum des Paares.

Bei einer Punktspiegelung, die ein Paar paralleler Geraden g, h als Ganzes in sich überführt, kann weder g noch h Fixgerade sein, sonst müßten beide Fixgeraden sein und sich im Zentrum der Punktspiegelung schneiden, was der Parallelität widerspräche. Es bleibt also nur die Möglichkeit, daß g Bild von h und umgekehrt h Bild von g ist. Die eindeutig bestimmte Mittellinie muß bei der Punktspiegelung Fixgerade sein, d.h. jedes Punktspiegelzentrum (kurz Punktzentrum) muß notwendig auf m liegen. Ein beliebiger Punkt M von m ist Mittelpunkt eines Lotabschnittes AB zwischen g und h (Bild 18).

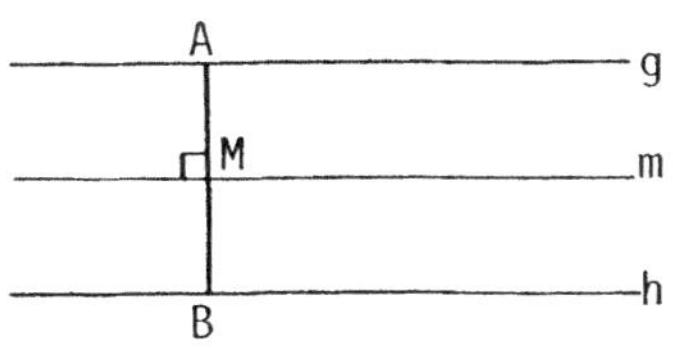

Bild 18

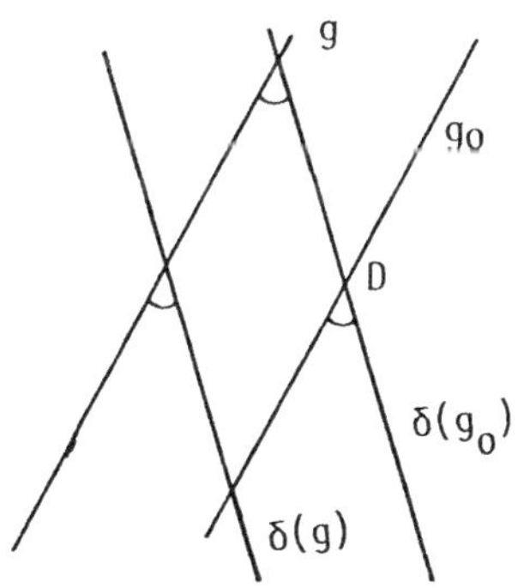

Bild 19

Es gilt $\sigma_M(A) = B$, $\sigma_M(B) = A$, die Gerade g durch A geht in die Parallele zu g durch das Bild $\sigma_M(A) = B$, also in h über, und analog h in g.

Ergebnis: *Genau die Punkte der Mittellinie sind Punktspiegelzentren eines Paares paralleler Geraden.*

2.5.3. Drehungen

Bestimmungsstücke einer Drehung sind das Drehzentrum D und ein orientierter Drehwinkel $\sphericalangle(g,h)$ mit Scheitel D. Man kann die identische Abbildung zu den Drehungen rechnen (Drehwinkel $\sphericalangle(g,g) = 0°$, Drehzentrum nicht eindeutig bestimmt). Diesen Grenzfall lassen wir im folgenden aber beiseite.

Bei einer Drehung δ wird das Bild eines Punktes P konstruiert, indem man den Kreis um D durch P zeichnet, an DP als erstem Schenkel einen zum Drehwinkel kongruenten, gleichorientierten Winkel anträgt und dessen zweiten Schenkel mit dem Kreis schneidet. Der Schnittpunkt ist der Bildpunkt $\delta(P)$.

Bei festem Drehpunkt gibt es zu jedem positiv orientierten Drehwinkel einen negativ orientierten derart, daß beide Winkel dieselbe Abbildung realisieren. Die Drehbewegung als Vorgang ist zwar in beiden Fällen unterschiedlich, die Zuordnung Punkt-Bildpunkt ist aber die gleiche. Und nur darauf kommt es bei einer Abbildung an.

Verhalten von Punkten und Geraden bei einer Drehung $\delta \neq \iota$

(a) *Genau das Drehzentrum* D *ist Fixpunkt.*

(b) *Die Verbindungsstrecken eines Punktes* $P \neq D$ *mit dem Drehzentrum und seines Bildpunktes* $\delta(P)$ *mit dem Drehzentrum sind stets gleichlang und schließen einen zum Drehwinkel kongruenten Winkel ein.*

(c) *Eine Gerade* g *und ihr Bild* $\delta(g)$ *schließen, falls der Drehwinkel kleiner als ein gestreckter Winkel ist, stets einen zum Drehwinkel kongruenten Winkel ein. Falls der Drehwinkel größer ist, braucht man ihn nur durch den umgekehrt orientierten zu ersetzen, der zu derselben Drehung führt. Dieser ist dann kleiner als ein gestreckter Winkel.*

Begründung: (a) und (b) sind anschaulich klar. (c) kann man sich operativ folgendermaßen klar machen: Für Geraden, die durch das Drehzentrum verlaufen, ergibt sich die Behauptung unmittelbar aus der Definition der Drehung. Geht g nicht durch das Zentrum D, so ziehen wir die Parallele g_0 zu g durch D heran (Bild 19). Da g und g_0 parallel sind, sind auch $\delta(g)$ und $\delta(g_0)$ parallel, d.h. $\delta(g_0)$ ist die Parallele zu $\delta(g)$ durch D. Wegen der Kongruenz von Stufenwinkeln bei parallelen Geraden schließen g und $\delta(g)$ einen ebenso großen Winkel wie g_0 und $\delta(g_0)$ ein. Also ist auch der Winkel zwischen g und $\delta(g)$ kongruent zum Drehwinkel. Überzeugen Sie sich davon, indem Sie mit Hilfe einer Folie g und g_0 aus ihrer Ausgangslage kontinuierlich in ihre Endlage drehen.

Anwendungsbeispiel

Kreistangenten

Gegeben sei ein Kreis mit Mittelpunkt M und Radius r. Wenn der Abstand $\overline{Mg}$ einer Geraden g von M größer ist als r, so ist nach der Abstandsungleichung (vgl. 1.1., Aufg. 3) der Abstand aller Punkte der Geraden g von M ebenfalls größer als r. Die Gerade liegt daher ganz außerhalb des Kreises. Wenn $\overline{Mg} = r$, so liegt der Fußpunkt F des von M auf g gefällten Lotes auf dem Kreis. Alle von F verschiedenen Punkte der Geraden g sind nach der Abstandsungleichung von M weiter entfernt als F, liegen also außerhalb des Kreises. g heißt in diesem Fall *Tangente*, F der *Berührpunkt* von Gerade und Kreis, $\overline{MF}$ der *Berührradius*. Da Tangente und Berührradius aufeinander senkrecht stehen, läßt sich die Tangente in einem Punkt F des Kreises mit Hilfe des Geodreiecks leicht konstruieren (Bild 20 a).

Schwieriger ist die Aufgabe, eine Tangente zu zeichnen, die durch einen außerhalb des Kreises gegebenen Punkt P geht (Tangente von P an den Kreis). Eine besonders einfache Lösung gibt G. STEINECKE an[1]:
Wir wählen F_0 auf dem Kreis beliebig und konstruieren in F_0 die Tangente t_0 an den gegebenen Kreis (Bild 20 b). Nun überlegen wir, wie wir t_0 um M drehen müssen, damit sich eine Tangente durch den Punkt P ergibt. Welcher

[1] G. Steinecke, Kreistangenten. mathematik lehren 11/1985,50-53

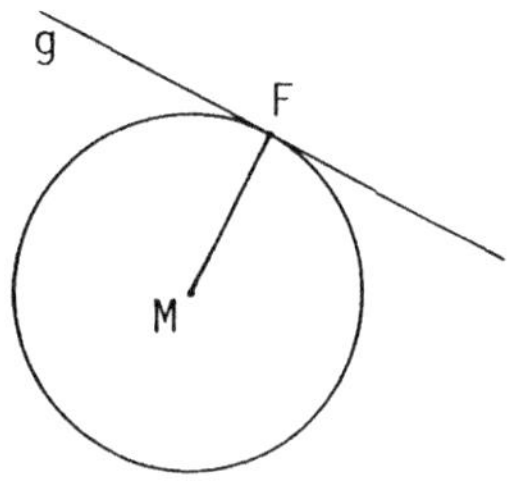

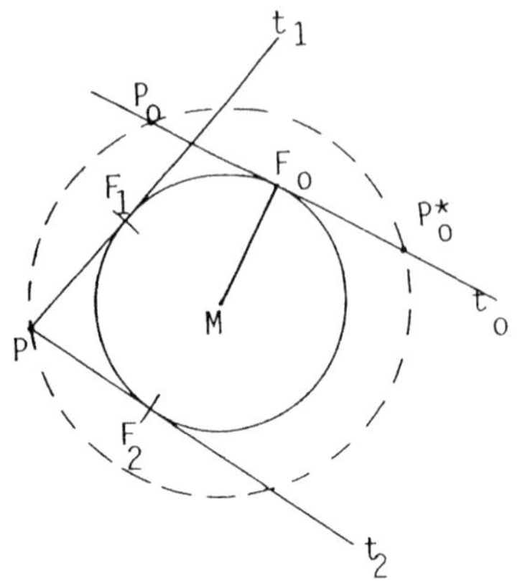

Bild 20a

Bild 20b

Punkt auf t_o geht bei der Drehung in P über? Da bei Drehungen die Entfernung eines jeden Punktes zum Drehpunkt invariant ist, muß das Urbild von P auf dem Kreis um M durch P liegen. Dieser Kreis schneidet t_o in den Punkten P_o und P_o^*. Entsprechend gibt es zwei Lösungen. Einmal dreht man t_o um M so, daß P_o in P übergeht. Dann wird F_o in den Berührpunkt F_1 von t_1 überführt. Das zweite Mal dreht man t_o um M so, daß P_o^* in P übergeht. Dann wandert F_o zu dem Berührpunkt F_2 von t_2. Da bei Drehungen Längen invariant bleiben, gilt $\overline{P_oF_o} = \overline{PF_1}$ und $\overline{P_o^*F_o} = \overline{PF_2}$. Aus Symmetriegründen ist $\overline{P_oF_o} = \overline{P_o^*F_o}$. Man findet die Berührpunkte der Tangenten t_1 und t_2 also am einfachsten dadurch, daß man $\overline{P_oF_o}$ in den Zirkel nimmt und um P zwei Kreisbögen zeichnet. Die Schnittpunkte der Bögen mit dem gegebenen Kreis sind die gesuchten Punkte F_1, F_2.

2.5.4. Verschiebungen

Einziges Bestimmungsstück einer Verschiebung (Parallelverschiebung, Translation) ist ein Pfeil, der einen beliebigen Punkt mit seinem Bildpunkt verbindet. Wir bezeichnen die Translation, die A in B überführt, mit τ_{AB}. Wenn A und B verschieden sind, ist die Verbindungsgerade AB definiert, welche Verschiebungsachse heißt und nach Definition Fixgerade ist.

Man rechnet auch die identische Abbildung der Ebene zu den Verschiebungen entsprechend der "entarteten" Situation A=B . Eine Verschiebungsachse ist in diesem trivialen Fall nicht definiert.

Verhalten von Punkten und Geraden bei einer Verschiebung $\tau \neq \iota$

(a) Es gibt keine Fixpunkte.
(b) Alle Strecken Punkt-Bildpunkt sind gleichlang und parallel zur Verschiebungsachse.
(c) Genau die Geraden parallel zur Verschiebungsachse sind Fixgeraden.
(d) Geraden und Bildgeraden sind stets parallel.

Diese Aussagen dürften einleuchtend erscheinen, wenn man sich die Verkörperung einer Verschiebung durch ein Zeichenblatt und eine Folie vor Augen hält. Man könnte sie mit Hilfe unserer Kenntnisse über Orthogonalität und Parallelität noch weiter analysieren, wie für (b) wenigstens angedeutet werden soll: Für Punkte auf der Verbindungsachse t sind natürlich die Verbindungsstrecken mit den ebenfalls auf t gelegenen Bildpunkten untereinander kongruent und trivialerweise parallel. Sei P ein Punkt außerhalb von t und P_0 der Fußpunkt des Lotes von P auf t. Bei der Verschiebung wird die Strecke PP_0 in eine kongruente Strecke $P'P_0'$ überführt, die auf t senkrecht steht. Nach 2.4.4. ist dann PP' parallel zu t, das Viereck $P_0P_0'P'P$ ist ein Rechteck und dessen Gegenseiten PP' und P_0P_0' sind kongruent. Jede Strecke Punkt-Bildpunkt ist damit zu einer der Strecken Punkt-Bildpunkt auf t kongruent, die wir schon als untereinander kongruent erkannt hatten. Somit sind alle Verbindungsstrecken Punkt-Bildpunkt gleichlang.

Beachten Sie, daß man bei einer Verschiebung jede Fixgerade als Verschiebungsachse wählen kann. Die Verschiebungsachse ist also nicht eindeutig bestimmt.

2.5.5. Die Kongruenzsätze

Kongruenzabbildungen lassen sich auch zu einer Begründung der Kongruenzsätze benützen, die in der Geometrie EUKLIDs (und dem traditionellen Geometrieunterricht) eine fundamentale Rolle gespielt haben. Darauf wollen wir noch kurz eingehen.

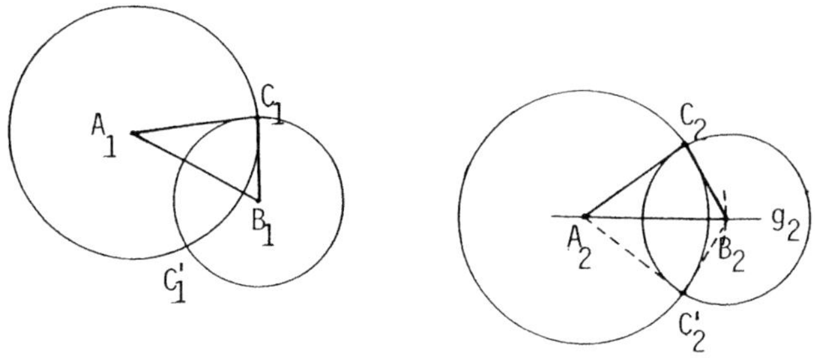

Bild 21

Gegeben sei ein Dreieck $A_1B_1C_1$. Aufgabe ist es, ein zweites Dreieck $A_2B_2C_2$ zu konstruieren, dessen Seiten kongruent zu den entsprechenden Seiten von $A_1B_1C_1$ sind. Die Lösung ist einfach (Bild 21): Wähle A_2 und eine Halbgerade g_2 durch A_2 beliebig. Trage mit dem Zirkel A_1B_1 von A_2 aus auf g_2 ab (Endpunkt B_2). Zeichne den Kreis um A_1 durch C_1 und den kongruenten Kreis um A_2. Zeichne den Kreis um B_1 durch C_1 und den kongruenten Kreis um B_2. Die Schnittpunkte der Kreise um A_2 und B_2 seien C_2 und C_2'. Es entstehen zwei Dreiecke $A_2B_2C_2$ und $A_2B_2C_2'$, die offensichtlich spiegelsymmetrisch und daher kongruent sind, ebenso wie $A_1B_1C_1$ und $A_1B_1C_1'$ spiegelsymmetrisch und kongruent sind. Nach Konstruktion sind die Seiten von $A_2B_2C_2$ und von $A_2B_2C_2'$ kongruent zu den entsprechenden Seiten von $A_1B_1C_1$. Es besteht aber eine viel weitergehende Beziehung: Wenn man (etwa mit einer Folie) das Dreieck $A_1B_1C_1$ mit den eingezeichneten Kreisen so überträgt, daß A_1B_1 auf die kongruente Strecke A_2B_2 fällt, dann fällt der Kreis um A_1 auf den kongruenten Kreis um A_2, der Kreis um B_1 auf den kongruenten Kreis um B_2 und die Kreisschnittpunkte C_1 und C_1' fallen auf die Schnittpunkte C_2 und C_2' bzw. in umgekehrter Reihenfolge auf C_2' und C_2. Im zweiten Fall kann man durch Anwendung einer zusätzlichen Spiegelung an A_2B_2 (Umdrehen der Folie) erreichen, daß C_1 auf C_2 fällt. Insgesamt ist damit gezeigt worden, daß das Dreieck $A_1B_1C_1$ kongruent zum Dreieck $A_2B_2C_2$ ist. Als Folgerung ergibt sich, daß entsprechende Winkel der beiden Dreiecke kongruent sind.

Wenn man von zwei Dreiecken $A_1B_1C_1$ und $A_2B_2C_2$ ausgeht, deren Seiten (den Bezeichnungen entsprechend) paarweise kongruent sind, dann kann man wie in

Bild 21 zwei Paare jeweils kongruenter Kreise ergänzen. Aus der obigen Überlegung ergibt sich dann der folgende

Seiten-Seiten-Seiten-Kongruenzsatz (kurz SSS-Kongruenzsatz):
Sind die drei Seiten eines Dreiecks zu entsprechenden Seiten eines zweiten Dreiecks kongruent, so sind die beiden Dreiecke kongruent und insbesondere auch entsprechende Winkel.

Man kann nun in analoger Weise systematisch untersuchen, welche Kombinationen von Seiten und Winkeln ein Dreieck bis auf Kongruenz eindeutig bestimmen. Man findet:

Zwei Dreiecke sind kongruent, wenn drei Seiten (SSS) oder zwei Seiten und der von ihnen eingeschlossene Winkel (SWS) oder eine Seite und die beiden anliegenden Winkel (WSW) oder zwei Seiten und der der größeren Seite gegenüberliegende Winkel (SSW) des einen Dreiecks zu entsprechenden Stücken des zweiten Dreiecks kongruent sind.

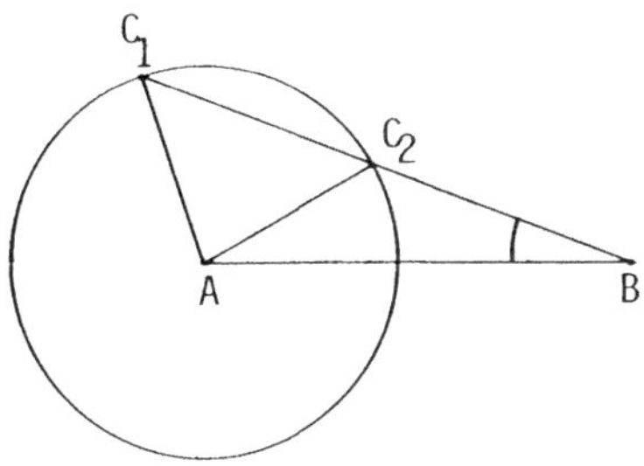

Bild 22

Bild 22 zeigt, daß der SSW-Satz nicht mehr gilt, wenn man die Kongruenz von Winkeln fordert, die der <u>kleineren</u> Seite gegenüberliegen, da sich bei der Konstruktion zwei Schnittpunkte C_1, C_2 ergeben können. Die Dreiecke ABC_1 und ABC_2 sind nicht kongruent, obwohl die gemeinsame Seite AB und der gemeinsame $\sphericalangle ABC_1 = \sphericalangle ABC_2$ zu sich selbst kongruent und AC_1 zu AC_2 kongruent sind.

Obwohl die Kongruenzsätze in systematischen Darstellungen der Geometrie heute keine Rolle mehr spielen, sind sie für das Lösen elementargeometrischer Probleme wichtige und auch natürliche Werkzeuge. Sehr oft sind bei geometrischen Situationen gewisse Strecken oder Winkel als kongruent vorgegeben und andere als kongruent nachzuweisen. Genau auf diesen Fall sind aber die Kongruenzsätze zugeschnitten.

Anwendungsbeispiel

Basiswinkelsatz

In einem gleichschenkligen Dreieck sind die Basiswinkel gleichgroß und umgekehrt ist ein Dreieck mit gleichgroßen Basiswinkeln gleichschenklig.

Kongruenzbeweis: Es seien AC und BC gleichlang (Bild 23 a). Wir zeichnen den Mittelpunkt M von AB und verbinden ihn mit C. Dann haben wir:

$\overline{AC} = \overline{BC}$ (nach Voraussetzung),

$\overline{AM} = \overline{BM}$ (M Mittelpunkt von AB),

$\overline{MC} = \overline{MC}$.

Nach dem SSS-Satz folgt, daß das Dreieck AMC kongruent zu BMC ist, und daraus folgt $\sphericalangle MAC = \sphericalangle MBC$ (und $\sphericalangle AMC = \sphericalangle BMC$, woraus sich die Orthogonalität von MC und AB ergibt). Damit ist die eine Richtung bewiesen.

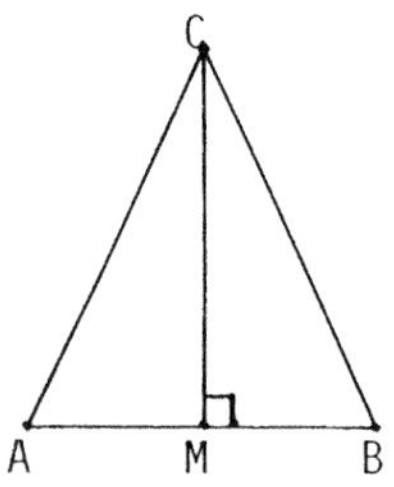

Bild 23a

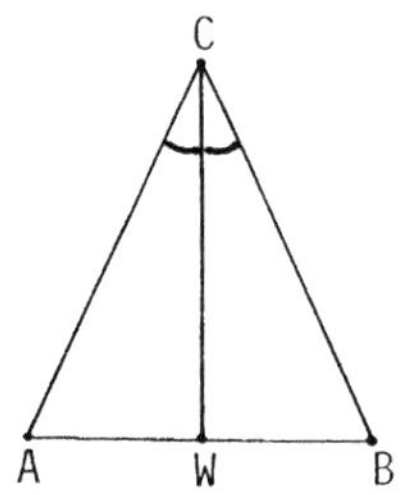

Bild 23b

Gilt umgekehrt $\sphericalangle BAC = \sphericalangle ABC$, so hilft uns der Mittelpunkt M nicht weiter, weil der SSW-Satz nur unter besonderen Bedingungen angewandt werden kann, die in unserem Fall nicht zu gelten brauchen. SWS und SSS nützen ebenfalls nichts, weil wir nicht genügend Informationen über Strecken haben. Es bleibt als einziges Instrument der WSW-Satz. Um ihn anwenden zu können, zeichnen wir die Winkelhalbierende von $\sphericalangle ACB$, die AB in W schneidet

(Bild 23b). Die Dreiecke ACW und BCW haben die gemeinsame Seite CW. Aber ∢ BAC = ∢ WAC und ∢ ABC = ∢ WBC liegen nicht an CW an! Glücklicherweise müssen wegen der Winkelsumme im Dreieck auch die dritten Winkel ∢ CWA und ∢ CWB kongruent sein, so daß aus WSW die Kongruenz der Dreiecke ACW und BCW und damit die Kongruenz von AC und BC folgt.

2.6. Charakterisierung symmetrischer Drei- und Vierecke

Die im vorangehenden Abschnitt zusammengestellten operativen Eigenschaften von Geraden- und Punktspiegelungen wollen wir nun für das Studium symmetrischer Drei- und Vierecke heranziehen. Dabei werden sich elementargeometrische Sätze ergeben, die sowohl für das weitere Eindringen in die Theorie als auch für praktische Anwendungen der Geometrie außerordentlich nützlich sind.

2.6.1. Symmetrische Dreiecke

Dreiecke können offenbar niemals punktsymmetrisch sein.
Bei einer Spiegelung eines Dreiecks an einer Symmetrieachse muß ein Eckpunkt fix bleiben, und die beiden anderen müssen spiegelsymmetrisch zueinander liegen, d.h. die Symmetrieachse muß Mittelsenkrechte einer Seite sein. Nach dem Trichotomiesatz ist die Mittelsenkrechte einer der drei Seiten genau dann Symmetrieachse des Dreiecks, wenn die beiden anderen Seiten gleich lang sind.

Somit gilt:

Ein nicht gleichschenkliges Dreieck besitzt keine Symmetrieachse, ein gleichschenkliges, aber nicht gleichseitiges Dreieck genau eine, und ein gleichseitiges Dreieck besitzt drei Symmetrieachsen.
Ein Dreieck mit mehr als einer Symmetrieachse ist notwendig gleichseitig.

2.6.2. Punktsymmetrische Vierecke: Parallelogramme

Definition: Ein Viereck heißt ein Parallelogramm, wenn Paare von Gegenseiten jeweils parallel sind.

Zur Konstruktion eines Parallelogramms braucht man also nur zwei Paare jeweils paralleler Geraden zum Schnitt zu bringen (Bild 24). Der Schnittpunkt M der beiden Mittellinien der Geradenpaare ist nach 2.5.2. (5) Punktzentrum beider Paare und daher auch des Parallelogramms.

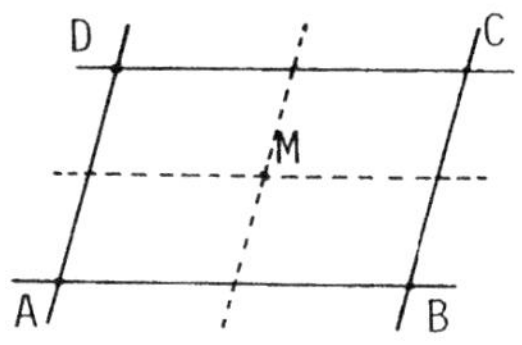

Bild 24

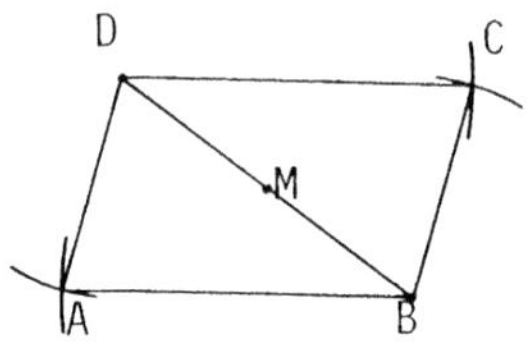

Bild 25

Gehen wir umgekehrt von einem Viereck ABCD mit Punktzentrum M aus; wir nennen ein solches Viereck auch <u>punktsymmetrisch</u>. Da $\sigma_M(A) = C$, $\sigma_M(B) = D$, $\sigma_M(C) = A$, $\sigma_M(D) = B$, ist CD das Bild von AB und AD das Bild von BC. Nach 2.5.2. (e) sind somit Gegenseiten jeweils parallel. ABCD ist ein Parallelogramm.

Für ein Viereck ABCD ist also die Punktsymmetrie <u>notwendig und hinreichend</u> dafür, daß es ein Parallelogramm ist. Man drückt diesen Sachverhalt auch so aus: Die Punktsymmetrie ist für ein Parallelogramm <u>charakteristisch</u>.

Wir wollen uns nun überlegen, wie wir Parallelogramme noch auf andere Weise charakterisieren können. Die Stücke, die uns in diesem Zusammenhang interessieren, sind außer den Seiten auch die Innenwinkel und die Diagonalen.

Aus der Punktsymmetrie ergibt sich wegen der Längen- und Winkeltreue einer Punktspiegelung, daß die folgenden Eigenschaften für ein Parallelogramm <u>notwendig</u> sind:

(1) <u>Die Diagonalen halbieren sich.</u>
(2) <u>Gegenüberliegende Seiten sind jeweils gleichlang.</u>
(3) <u>Gegenüberliegende Innenwinkel sind jeweils gleichgroß.</u>

Es ist leicht zu sehen, daß jede dieser Eigenschaften für sich auch hinreichend (insgesamt also charakteristisch) für ein Parallelogramm ist:

(1) Wenn sich die Diagonalen halbieren, ist der Schnittpunkt der Diagonalen offenbar Punktzentrum.

(2) Wenn gegenüberliegende Seiten von ABCD jeweils gleich groß sind, führen wir am Mittelpunkt M von BD die Punktspiegelung aus (Bild 25). A ist der Schnittpunkt zweier Kreisbögen um B mit Radius $\overline{AB} = \overline{DC}$ und um D mit Radius $\overline{AD} = \overline{BC}$. Daher geht A bei σ_M in den Schnittpunkt der Bildkreisbögen um D mit Radius $\overline{DC}$ und um B mit Radius $\overline{BC}$, also in C über. Wieder ist ABCD also punktsymmetrisch und damit als Parallelogramm nachgewiesen.

(3) Wenn schließlich gegenüberliegende Winkel jeweils gleich groß sind, ergeben je zwei benachbarte Innenwinkel nach der Winkelsumme im Viereck einen halben Voll-, also einen gestreckten Winkel. Aus dem Stufenwinkelsatz folgt nun die Parallelität je zweier Gegenseiten (Bild 26).

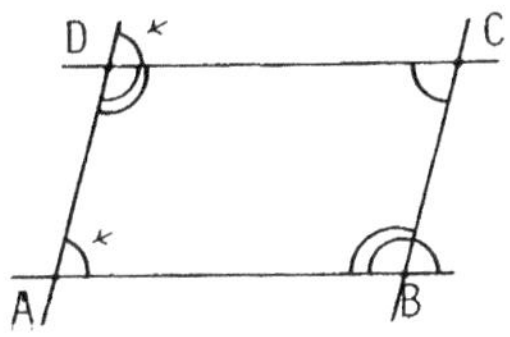

Bild 26

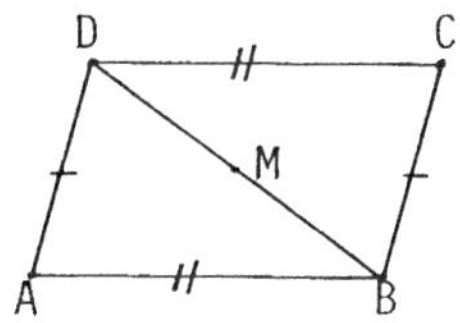

Bild 27

Eine weitere Charakterisierung des Parallelogramms erhalten wir durch folgende Eigenschaft:

(4) <u>Ein Paar von Gegenseiten ist parallel und gleichlang.</u>

(4) ist natürlich notwendig für ein Parallelogramm. Um zu zeigen, daß (4) auch hinreichend ist, setzen wir etwa $AB \parallel CD$ und $\overline{AB} = \overline{CD}$ voraus und betrachten wieder die Punktspiegelung am Mittelpunkt M von BD (Bild 27). Diese Abbildung führt B in D über und umgekehrt und bildet die Strecke DC in eine parallele gleichlange Strecke mit Anfangspunkt B und umgekehrter Richtung ab, d.h. genau auf BA. Daher ist A das Bild von C, womit ABCD als punktsymmetrisch nachgewiesen ist.

Die Charakterisierung (2) ist für technische Anwendungen besonders wichtig, weil sie es ermöglicht, zwei gleichlange Stäbe dadurch parallel zu führen, daß man sie mit zwei anderen gleichlangen Stäben (die aber eine andere Länge haben können als das erste Paar) gelenkig zu einem Viereck verbindet: Gelenkparallelogramm (vgl. den Storchschnabel in 2.8.1.).

Abschließend sei noch auf einen Zusammenhang zwischen Dreiecken und Parallelogrammen hingewiesen, dem wir oben mehrfach begegnet sind: Jede Diagonale zerlegt ein Parallelogramm in zwei Dreiecke, die punktsymmetrisch zueinander liegen. Ein Dreieck kann zu einem Parallelogramm ergänzt werden, indem man am Mittelpunkt einer seiner Seiten eine Punktspiegelung ausführt.

2.6.3. Vierecke mit wenigstens einer Symmetrieachse: Drachen und gleichschenklige Trapeze

Bei einer Spiegelung an einer Symmetrieachse werden die Ecken eines Vierecks ABCD irgendwie permutiert. Jedoch sind nicht beliebige Permutationen möglich.

1. Fall. Eine Ecke wird auf die diagonal gegenüberliegende Ecke abgebildet. Die Verbindungsgerade der beiden restlichen Ecken, die zweite Diagonale, schneidet die erste Diagonale. Daher können diese beiden Ecken nicht Spiegelbilder voneinander sein. Jede dieser Ecken ist somit Fixpunkt und die sie verbindende Diagonale Fixpunktgerade und damit Symmetrieachse. Ein Viereck mit einer Diagonalen als Symmetrieachse heißt *Drachenviereck* oder kurz *Drachen* (Bild 28).

2. Fall. Eine Ecke wird auf eine benachbarte Ecke abgebildet. Dann ist die Mittelsenkrechte der die beiden Ecken verbindenden Seite Symmetrieachse, und die beiden restlichen Ecken liegen spiegelsymmetrisch zu dieser Achse.

Ein solches Viereck heißt *gleichschenkliges Trapez* (Bild 29).

Aus der Symmetrie eines Drachenvierecks entnimmt man folgende notwendigen Eigenschaften eines Drachen:

(1) Eine der Diagonalen halbiert die andere senkrecht.
(2) Es gibt zwei gegenüberliegende Eckpunkte, an denen jeweils gleich lange Seiten zusammentreffen.

(1) ist offensichtlich auch hinreichend für ein Drachenviereck,
(2) aber auch, wie man mit Hilfe des Trichotomiesatzes sofort einsieht.

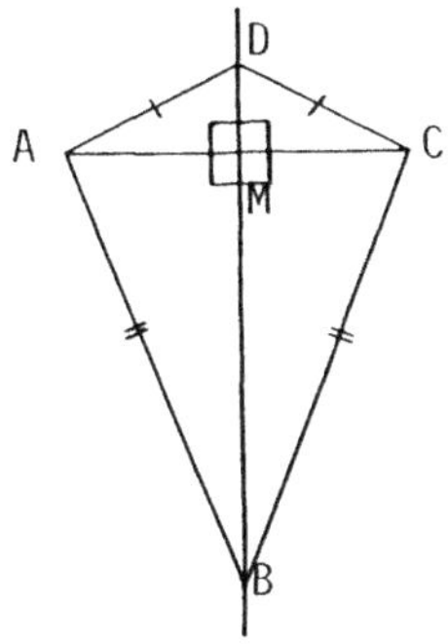

Bild 28

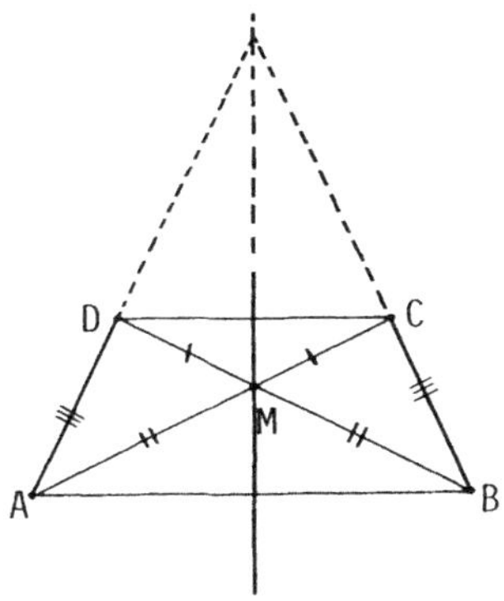

Bild 29

Aus der Symmetrie eines gleichschenkligen Trapezes entnimmt man folgende Eigenschaften, von denen sich wiederum jede für sich als charakteristisch für gleichschenklige Trapeze erweist:

(1) Die Diagonalen sind gleich lang. Die Abschnitte auf der einen Diagonalen sind kongruent zu denen auf der anderen.
(2) Es gibt zwei gegenüberliegende Seiten, an denen jeweils gleich große Winkel anliegen.

Für den Nachweis, auf den wir hier verzichten, kann man wieder den Trichotomiesatz heranziehen, was insofern kein Wunder ist, als in einem Drachen und einem gleichschenkligen Trapez gleichschenklige Dreiecke auftauchen (Betrachten Sie Bild 28, 29).

2.6.4. Vierecke mit mehr als einer Symmetrieachse: Rauten und Rechtecke

Ein Viereck heißt Raute, wenn alle vier Seiten gleichlang sind, und Rechteck, wenn alle vier Winkel gleichgroß (also rechte Winkel) sind.

Aus 2.6.3. erhält man sofort die folgenden charakteristischen Eigenschaften:

Raute (Bild 30)

(1) Die Diagonalen halbieren sich senkrecht.
(2) Beide Diagonalen sind Symmetrieachsen.

Rechteck (Bild 31)

(1) Die Diagonalen sind gleich lang und halbieren sich.
(2) Die Verbindungsgeraden gegenüberliegender Seitenmitten sind Symmetrieachsen.

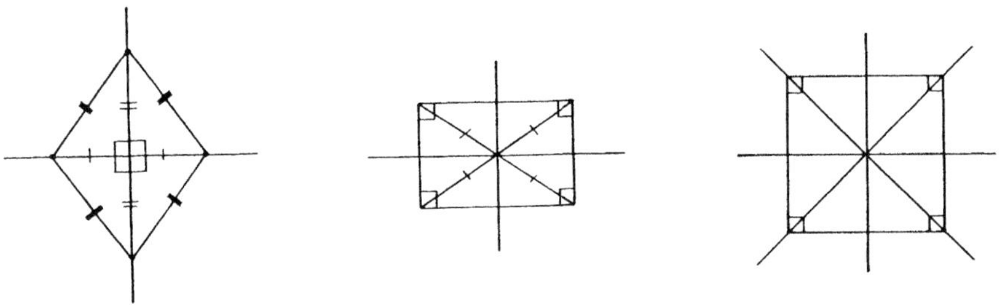

Bilder 30, 31, 32

Da bei Rauten trivialerweise gegenüberliegende Seiten gleich lang und bei Rechtecken gegenüberliegende Winkel gleich groß sind, gehören Rauten und Rechtecke zur Klasse der Parallelogramme. Die Rauten gehören auch zur Klasse der Drachen, die Rechtecke zur Klasse der gleichschenkligen Trapeze.

Gibt es auch Vierecke, bei denen eine Diagonale und die Mittelsenkrechte einer Seite Symmetrieachsen sind? In diesem Fall kann es sich nur um einen

Drachen handeln, der gleichzeitig ein gleichschenkliges Trapez ist. Dann muß einerseits eine Diagonale die andere senkrecht halbieren. Andererseits müssen die Abschnitte auf der einen Diagonalen kongruent zu denen auf der anderen sein. Dies ist nur möglich, wenn die beiden Diagonalen gleich lang sind, sich halbieren und aufeinander senkrecht stehen. Das Viereck ist dann gleichzeitig eine Raute und ein Rechteck, also ein Viereck mit gleichlangen Seiten und gleichgroßen Winkeln: ein Quadrat. Es besitzt vier Symmetrieachsen, nämlich die beiden Diagonalen und die Verbindungsgeraden der Mittelpunkte gegenüberliegender Seiten (Bild 32).

Zusammenfassend sei die auf der Symmetrie beruhende Hierarchie der Vierecke im sogenannten "Haus der Vierecke" dargestellt (Bild 33). Die Pfeile sind zu lesen als "... gehören zur Klasse der ...".

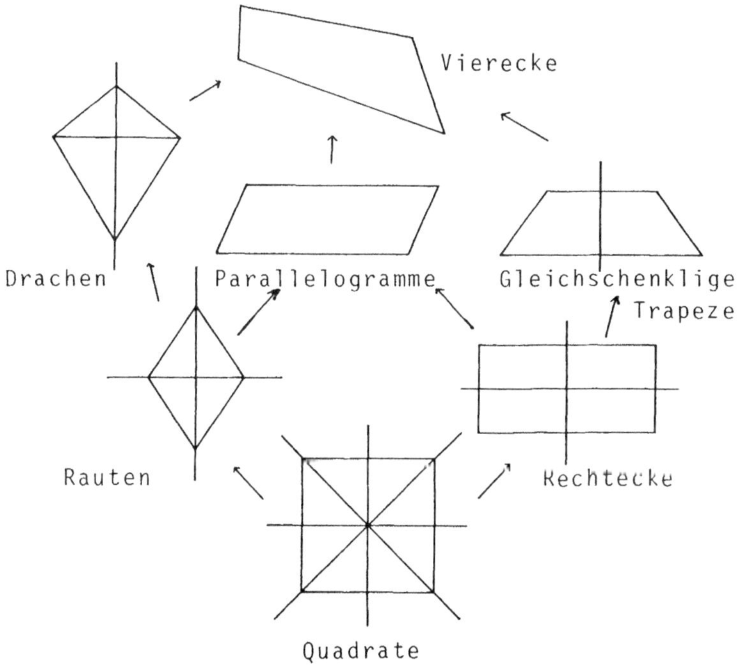

Bild 33

2.7. Längen- und Winkelmaß

Ausgehend von der Idee des starren Körpers wurde in 2.2. die Kongruenz von Figuren anschaulich begründet. Für Strecken und Winkel führte die kongruente Übertragung zu einem Längen- und Größenvergleich und zur Addition von Strecken und Winkeln. Wir wollen nun daran anschließend das Längen- und Winkelmaß behandeln. Unserem operativen Ansatz entsprechend greifen wir nicht einfach auf Erfahrungen im Gebrauch von Maßstäben und Winkelmessern zurück, sondern setzen wieder an der Herstellung solcher Geräte an.

2.7.1. Herstellung eines Meßlineals

Auf einer Geraden g entsteht durch fortgesetzte Abtragung einer festen Strecke (Einheit) eine abstandsgleiche Punktreihe. Ein Lineal, auf dem von einem Nullpunkt aus eine abstandsgleiche Punktreihe eingeritzt ist, läßt sich nur zum Messen von Strecken verwenden, die Vielfache der gewählten Einheit sind. Um das Lineal feiner unterteilen zu können, brauchen wir ein Verfahren zur Teilung einer Strecke in gleichlange Teile. Wir gehen dazu von einer abstandsgleichen Punktreihe aus. In jedem Punkt der Reihe wird das Lot auf g gezeichnet (Bild 34). Die Lote sind untereinander parallel. Sie schneiden aus g und jedem anderen gemeinsamen Lot kongruente Strecken aus. Wir sprechen daher von einer abstandsgleichen Parallelenreihe.

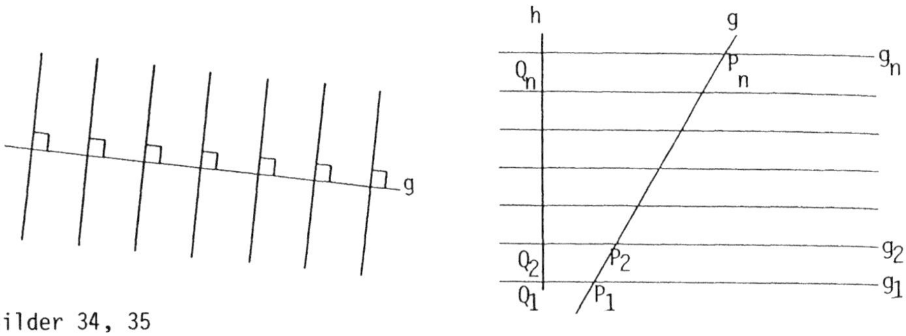

Bilder 34, 35

Die weiteren Überlegungen beruhen auf folgender wichtigen Wechselbeziehung.

Satz über abstandsgleiche Reihen: *Zieht man durch die Punkte einer abstandsgleichen Punktreihe Parallelen in einer beliebigen Richtung, so erhält man eine abstandsgleiche Parallelenreihe. Umgekehrt schneidet eine nichtparallele Gerade aus einer abstandsgleichen Parallelenreihe eine abstandsgleiche Punktreihe aus.*

Beweis: Betrachten Sie Bild 35. Die Geraden $g_1,\dots,g_n$ bilden eine Parallelenreihe. $P_1,\dots,P_n$ und $Q_1,\dots,Q_n$ sind Punktreihen auf den Geraden g bzw. h. Die Gerade h ist Lot zu $g_1,\dots,g_n$. Wir müssen zeigen, daß aus der Abstandsgleichheit von $Q_1,\dots,Q_n$ die Abstandsgleichheit von $P_1,\dots,P_n$ folgt und umgekehrt.

Die Behauptung ergibt sich durch mehrfache Anwendung des folgenden *Hilfssatzes (Bild 36): Seien* g_1, g_2, g_3 *drei parallele Geraden, die von den Geraden* g *und* h *in den Punkten* A_1, A_2, A_3 *bzw.* B_1, B_2, B_3 *geschnitten werden. Dann gilt: Wenn* A_1, A_2, A_3 *eine abstandsgleiche Reihe bilden, dann auch* B_1, B_2, B_3.

Beweis des Hilfssatzes (Bild 36): Ist A_1, A_2, A_3 eine abstandsgleiche Punktreihe, dann ist A_2 der Mittelpunkt von A_1A_3. Bei der Punktspiegelung an A_2 geht A_1 in A_3 über und die Gerade g_1 wird auf die parallele Gerade durch A_3, d.h. auf g_3, abgebildet. Der Punkt A_2 ist daher Punktspiegelzentrum des Parallelenpaares g_1, g_3. Nach 2.5.2. ist folglich g_2 Mittellinie des Paares g_1,g_3, und der Punkt B_2 auf g_2 ist ebenfalls Punktspiegelzentrum. Da bei der Punktspiegelung an B_2 die Gerade h Fixgerade ist, wird der Schnittpunkt B_1 von h und g_1 auf den Schnittpunkt B_3 von h und g_3 abgebildet, d.h. B_2 ist Mittelpunkt von B_1B_3.

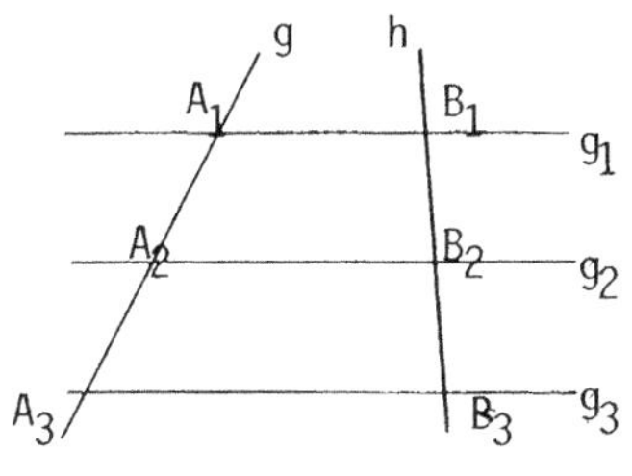

Bild 36

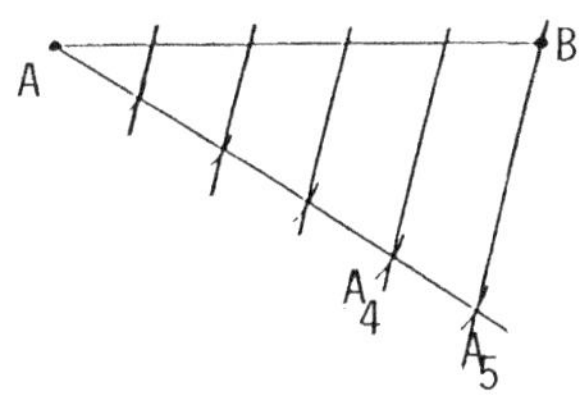

Bild 37

Beachten Sie, daß wir aus dem Hilfssatz auch folgern können, daß aus der Abstandsgleichheit von B_1, B_2, B_3 die Abstandsgleichheit von A_1, A_2, A_3 folgt, denn wir können die Rollen der A_i und B_j vertauschen.

Der Beweis unseres Satzes über abstandsgleiche Reihen folgt nun leicht: Wenn wir wissen, daß die $P_1,\ldots,P_n$ abstandsgleich sind, können wir aus dem Hilfssatz schließen, daß je drei benachbarte Q_i abstandsgleich sind, was die Abstandsgleichheit der gesamten Reihe nach sich zieht. Genau so schließt man in der umgekehrten Beweisrichtung. #

Nun sind wir in der Lage, eine gegebene Strecke in eine beliebige Zahl gleichlanger Strecken zu teilen. In Bild 37 wird AB folgendermaßen in fünf gleiche Teile geteilt: Wir zeichnen durch A eine Halbgerade und tragen eine Hilfsstrecke fünfmal ab. Es entsteht die abstandsgleiche Punktreihe $A = A_0, A_1, \ldots, A_5$. Der Punkt A_5 wird mit B verbunden und durch $A_0,\ldots,A_4$ werden Parallelen gezogen. Die entstehende abstandsgleiche Parallelenreihe schneidet aus AB eine abstandsgleiche Punktreihe aus, die AB wie gefordert in fünf gleichlange Teilstrecken zerlegt.

Dieses Konstruktionsprinzip läßt sich ausnützen, um auf dem Meßlineal rationale Zahlen als Maßzahlen einzuritzen und um eine Halbgerade mit rationalen Koordinaten zu versehen (<u>Zahlenstrahl</u>). Um die Stelle zu finden, wo $\frac{n}{m}$ einzutragen ist, bestimmt man zuerst $\frac{1}{m}$ der Einheit und ver-n-facht dann. Die praktische Ausführung stößt natürlich auf Grenzen, wodurch wieder deutlich wird, daß der <u>Zahlenstrahl</u> ein mathematisches Modell ist, das in der Realität keine genaue Entsprechung hat. Trotz der viel höheren Feinheit ist das Modell jedoch brauchbar.

Die algebraische Struktur der positiven rationalen Zahlen ist so definiert, daß die Addition und Subtraktion rationaler Zahlen, aufgefaßt als Maßzahlen von Strecken, die Addition und Subtraktion der entsprechenden Strecken beschreiben und die multiplikativen Operationen von Bruchzahlen die Vervielfachung und Teilung von Strecken wiedergeben.

Die rationalen Zahlen reichen jedoch nicht aus, um jeder Strecke bez. einer Einheit eine Maßzahl zuordnen zu können, wie bereits die Griechen durch die Entdeckung <u>inkommensurabler</u> Strecken gezeigt haben. Man schließt die von den rationalen Zahlen zurückgelassenen Lücken durch Erweiterung des Zahlbereichs zu den reellen Zahlen, die durch endliche und unendliche Dezimalbrüche dargestellt werden. Das Rechnen mit reellen Zahlen korrespondiert in derselben Weise wie das Rechnen mit rationalen Zahlen mit dem Operieren von Strecken.

Insgesamt kann davon ausgegangen werden, daß jeder Strecke AB bez. einer fest gewählten Einheit eine positive reelle Zahl, bezeichnet mit $\overline{AB}$ als Längenmaßzahl zugeordnet ist. "Strecken" AA erhalten die Null als Maßzahl.

Die Kongruenz von Strecken steht zum Längenmaß in einer einfachen Beziehung: Strecken sind genau dann kongruent, wenn sie dieselbe Maßzahl haben. Insbesondere ist daher das Längenmaß invariant gegenüber Kongruenzabbildungen.

Das Längenmaß gestattet, Abstände zwischen Punkten quantitativ auszudrücken, und prägt der Ebene eine metrische Struktur auf.

Durch Aufrollen des Zahlenstrahls auf einen Kreis gelangt man zum Modell eines Winkelmessers und zum Winkelmaß, das ebenfalls gegenüber Kongruenzabbildungen invariant ist. Als Maßeinheit benutzt man seit den Babyloniern den Grad, den 360sten Teil des Vollwinkels. Das Maß eines Winkels $\sphericalangle ABC$ wird ebenfalls mit $\sphericalangle ABC$ bezeichnet. Wir nehmen also bei Winkeln dieselbe Inkonsequenz in der Bezeichnung in Kauf wie bei Strecken und Geraden.

Jeder Zahlenstrahl läßt sich durch Hinzunahme der negativen Zahlen zu einer Zahlengeraden erweitern. Das Rechnen mit beliebigen Zahlen ist geometrisch wieder in einfacher Weise zu deuten.

2.7.2. Mittellinien im Dreieck

In dem Hilfssatz von 2.7.1. ist ein sehr wichtiger Spezialfall enthalten:

Mittelliniensatz: Wird durch den Mittelpunkt einer Dreieckseite die Parallele zu einer anderen Seite gezeichnet, so verläuft diese durch den Mittelpunkt der dritten Seite. Jede Verbindungsstrecke zweier Seitenmittelpunkte (Mittellinie des Dreiecks) ist parallel zur dritten Seite und halb so lang wie diese.

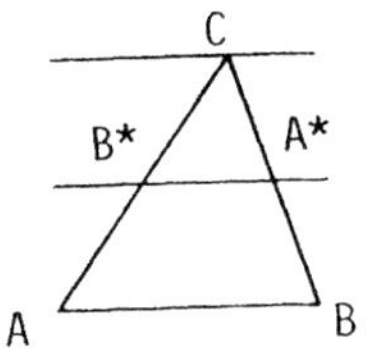

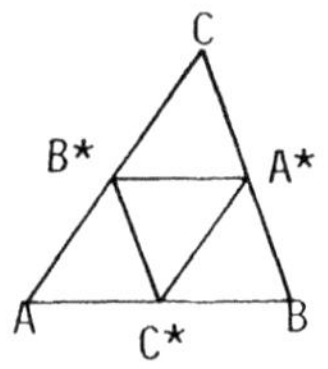

Bild 38a Bild 38b

Beweis: O.B.d.A. wählen wir den Seitenmittelpunkt B* und zeichnen Parallelen durch B* und durch C zu AB. Da A, B*, C eine abstandsgleiche Reihe bilden, schneiden die drei Parallelen aus BC eine abstandsgleiche Reihe aus, d.h. die mittlere Parallele trifft BC im Mittelpunkt A*. Die Parallele durch B* zu AB ist also gleich der Verbindungsgeraden der Mittelpunkte A*, B*. Wenn wir noch den Mittelpunkt C* von AB einzeichnen (Bild 38 b), sehen wir, daß AB*A*C*, BC*B*A* und CA*C*B* Parallelogramme sind. Aus 2.6.3. folgt $\overline{A^*B^*} = \overline{AC^*} = \frac{1}{2}\overline{AB}$, $\overline{A^*C^*} = \frac{1}{2}\overline{AC}$, $\overline{B^*C^*} = \frac{1}{2}\overline{BC}$.

2.8. Vergrößern und Verkleinern

Zu den grundlegenden Operationen, die man auf geometrische Gebilde anwenden kann, gehört auch noch das Vergrößern und Verkleinern. Wir wollen das Verhalten von Punkten und Geraden bei diesen Operationen studieren, weil es ebenfalls eine wichtige Rolle bei Konstruktionen und Beweisen spielt.

2.8.1. Der Storchschnabel

Der Storchschnabel (Pantograph) ist ein Stabgelenkmechanismus zur Vergrößerung bzw. Verkleinerung ebener Figuren. In einer einfachen Plastikausführung ist er als Kinderspielzeug im Handel erhältlich. Präzisionsstorchschnäbel aus Stahl werden in der Gravurtechnik verwendet, um ein sehr kleines Motiv von einer vergrößerten Vorlage aus in Metall einzugravieren. Bild 39 zeigt eine Holzausführung, wie sie in der Zeichenpraxis benutzt wird.

Bild 39

Die Funktionsweise eines Storchschnabels geht aus Bild 40 hervor. Vier starre Stäbe sind in den Punkten A,A',Q,P gelenkig verbunden, so daß $\overline{AA'} = \overline{PQ}$ und $\overline{AP} = \overline{A'Q}$ ist. Der Mechanismus ist im Punkt Z drehbar befestigt. In P befindet sich ein Führ-, in P' ein Schreibstift. AA'QP ist nach 2.6.2.(2) ein Gelenkparallelogramm. Die Gelenke erlauben es, den Führstift des Storchschnabels an einer Originalfigur entlangzuführen. Der zwangsweise mitbewegte Schreibstift zeichnet ein vergrößertes Bild der Figur. Die Punkte Z, P und P' liegen dabei stets auf einer Geraden. Der Vergrößerungsfaktor ist gleich dem Verhältnis $\overline{ZA'} : \overline{ZA}$ und läßt sich durch passende Variation der Längen $\overline{AP}$ und $\overline{PQ}$ verschieden wählen.

Wenn man P und P' vertauscht, realisiert der Storchschnabel eine Verkleinerung mit dem inversen Faktor.

In einer anderen Version (Bild 41) läßt sich erreichen, daß Z <u>zwischen</u> P und P' liegt und ebenfalls eine Vergrößerung bzw. Verkleinerung mit dem Faktor $\overline{ZA'} : \overline{ZA}$ bewirkt wird.

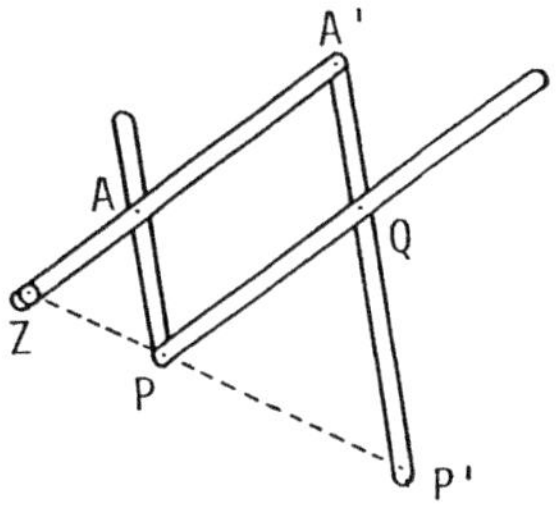

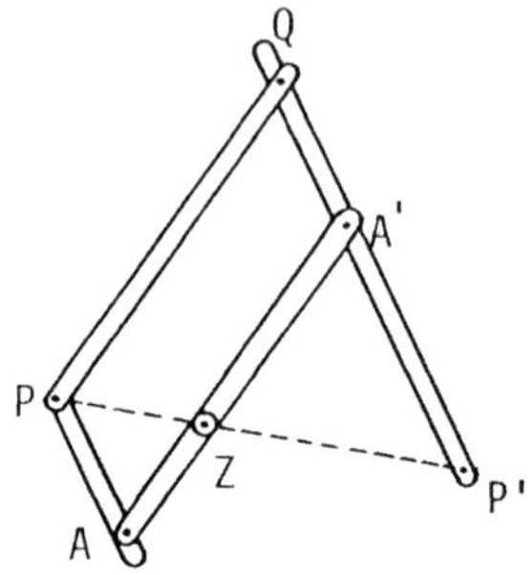

Bild 40 Bild 41

2.8.2. Zentrische Streckung

Der Storchschnabel realisiert ausschnittsweise eine Abbildung $P \mapsto P'$ der Ebene auf sich. Uns interessiert zunächst nur diese Abbildung, die wir mathematisch beschreiben wollen.

Wir knüpfen daher an unsere Beobachtungen an, daß Z, P und P' auf einer Geraden liegen und daß der Vergrößerungs- bzw. Verkleinerungsfaktor $\overline{ZP'} : \overline{ZP}$ stets gleich dem Verhältnis $\overline{ZA'} : \overline{ZA}$ ist.

Definition der zentrischen Streckung mit Zentrum Z und Faktor $k \neq 0$:

Vorgegeben sei ein Punkt Z *und eine reelle Zahl* $k \neq 0$. *Die zentrische Streckung an* Z *mit Faktor* k *ist die folgendermaßen definierte Abbildung:* Z *ist Fixpunkt. Für* $P \neq Z$ *ist der Bildpunkt* P' *derjenige Punkt auf der Geraden* PZ, *der durch* $\overrightarrow{ZP'} = k \cdot \overrightarrow{ZP}$ *definiert ist.*

Jede zentrische Streckung ist injektiv, da aus $k \cdot \overrightarrow{ZP_1} = \overrightarrow{ZP_1'} = \overrightarrow{ZP_2'} = k \cdot \overrightarrow{ZP_2}$ wegen $k \neq 0$ sofort auf $\overrightarrow{ZP_1} = \overrightarrow{ZP_2}$ geschlossen werden kann, was $P_1 = P_2$ besagt. Die Abbildung ist auch surjektiv, da sich, wieder wegen $k \neq 0$, die Gleichung $\overrightarrow{ZQ} = k \cdot \overrightarrow{ZP}$ für beliebiges Q nach P auflösen läßt. Dann ist $Q = P'$. Zentrische Streckungen sind somit bijektive Abbildungen der Ebene auf sich.

Für $k>0$ liegt Z auf der Geraden PP' außerhalb der Strecke PP',
für $k<0$ liegt Z auf der Strecke PP'.
Für $k=1$ ist die zentrische Streckung an Z gleich der identischen Abbildung, für $k=-1$ gleich der Punktspiegelung σ_Z.

Beachten Sie, daß sich der Faktor k allein aus der Kenntnis von Z und einem Paar A, A' von Punkt und Bildpunkt bestimmen läßt ($A \neq Z$). Der Absolutbetrag $|k|$ (man nennt ihn auch den Vergrößerungs- bzw. Verkleinerungsfaktor) ist durch $|k| = \overline{AZ'} : \overline{AZ}$ gegeben, das Vorzeichen entnimmt man der Lage von Z bez. AA'.

Verhalten von Punkten und Geraden bei einer von der Identität verschiedenen zentrischen Streckung

(a) *Z ist der einzige Fixpunkt.*
(b) *Z, P und P' liegen stets auf einer Geraden.*
(c) *Die Bilder von Strecken sind Strecken, die Bilder von Geraden sind Geraden. Die Längen von Bildstrecken stehen zu den Längen der Urbildstrecken in einem konstanten Verhältnis, das gleich dem Vergrößerungs- bzw. Verkleinerungsmaßstab ist. Jede Bildgerade ist zur Urbildgeraden parallel.*
(d) *Genau die Geraden durch Z sind Fixgeraden.*
(e) *Das Winkelmaß ist invariant.*
(f) *Das Teilverhältnis von Strecken ist invariant.*

Die Eigenschaften (a) und (b) sind unmittelbar klar, (f) folgt sofort aus (c).

Die Beweisidee für (c) und (e) soll exemplarisch angedeutet werden. Und zwar betrachten wir eine zentrische Streckung an einem Punkt Z mit Faktor 3 (Bild 42).

Wir konstruieren zuerst das Bild A' von A und erhalten nach Einführung des Hilfspunktes A_1 die abstandsgleiche Punktreihe Z, A, A_1, A'. Ziehen wir durch diese vier Punkte Parallelen zu AB, so erhalten wir eine abstandsgleiche Parallelenreihe, die aus ZB die abstandsgleiche Punktreihe Z, B, B_1, B' ausschneidet. Daraus ersieht man, daß B' der Bildpunkt von B ist. Mit Hilfe derselben Parallelenreihe sieht man, daß jeder Punkt D der

Strecke AB auf einen Punkt D' der Strecke A'B' und jeder Punkt der Geraden AB auf einen Punkt der Geraden A'B' abgebildet wird. A'B' ist also Bildgerade von AB und nach Konstruktion zu AB parallel. Mit Hilfe einer abstandsgleichen Parallelenschar durch Z, A, A_1, A' parallel zu ZD erkennt man $\overline{A'D'} : \overline{AD} = 3 : 1$. Nimmt man einen dritten Punkt C und sein Bild C' hinzu, so zeigen Wechselwinkel an parallelen Geraden, daß $\sphericalangle CBA = \sphericalangle C'B'A'$ ist (Invarianz des Winkelmaßes).

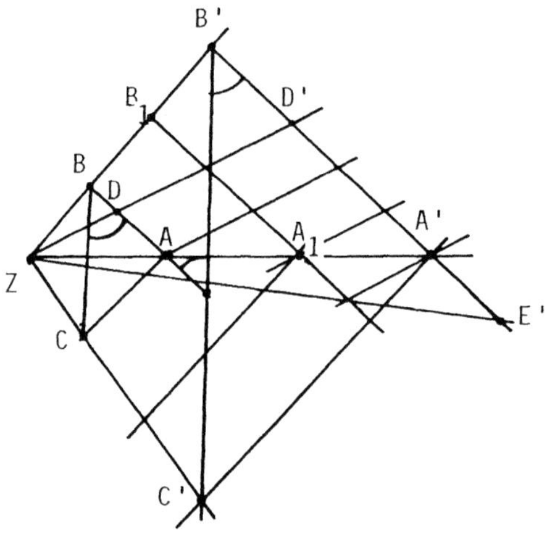

Bild 42

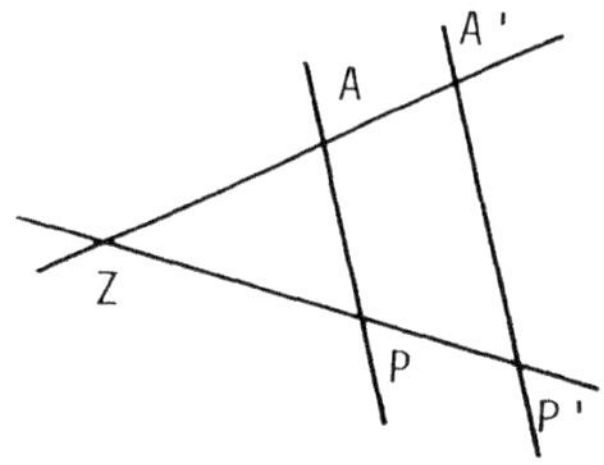

Bild 43

2.8.3. *Erklärung des Storchschnabels*

Aus dem Verhalten von Punkten und Geraden bei einer zentrischen Streckung ergibt sich eine einfache Konstruktion des Bildpunktes P' eines Punktes P, die voraussetzt, daß das Zentrum der zentrischen Streckung und ein Paar A, A' von Punkt und Bildpunkt gegeben sind: Man verbindet P mit Z und mit A. Das Bild P' ist dann der Schnittpunkt von PZ mit der Parallelen zu PA durch A' (Bild 43).

Begründung: Der Schnittpunkt P von PA und PZ wird abgebildet auf den Schnittpunkt des Bildes von PA (das ist die Parallele zu PA durch A') und des Bildes von PZ (das ist PZ selbst).

Erklärung des Storchschnabels:

P' kann nach 2.8.2. auch noch etwas anders als derjenige Punkt charakterisiert werden, der auf der Parallelen durch A' zu AP liegt, der Verhältnisgleichung $\overline{AP} : \overline{A'P'} = \overline{ZA} : \overline{ZA'}$ genügt und in der Halbebene (ZA,P) liegt, falls der Streckfaktor positiv, bzw. in der gegenüberliegenden Halbebene, falls der Streckfaktor negativ ist. Gerade diese Bedingungen werden aber durch den Storchschnabel sichergestellt, und folglich stehen P' und P bei festem Z in jeder Position des Storchschnabels in der Beziehung Bild-Urbild ein und derselben zentrischen Streckung. Denn: Das Parallelogramm AA'QP hält A'P' parallel zu AP. Die Längen der Stäbe sind so bemessen, daß die betreffenden Längenverhältnisse gleich sind. P' wird schließlich auch stets in der richtigen Halbebene geführt (vgl. Bilder 40 und 41).

2.8.4. Die Strahlensätze

Mit zentrischen Streckungen kann man die Strahlensätze begründen, die in der Euklidischen Geometrie neben den Kongruenzsätzen wichtige Beweiswerkzeuge sind.

Bei den Strahlensätzen ist folgende Situation gegeben: Zwei Geraden g und h schneiden sich in Z und werden von parallelen Geraden m und m' in den Punkten A, B bzw. A', B' geschnitten (Bild 44).

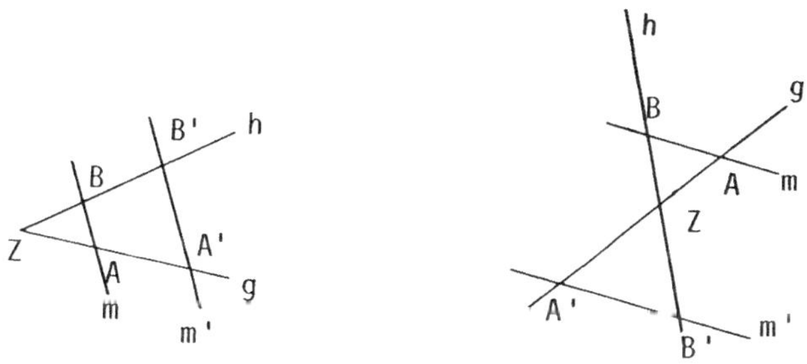

Bild 44

Es wird behauptet, daß "entsprechende" Strecken im gleichen Verhältnis stehen, z.B.

$$\overline{ZB} : \overline{ZB'} = \overline{ZA} : \overline{ZA'}$$

$$\overline{ZB} : \overline{AB} = \overline{ZB'} : \overline{A'B'}.$$

Die Behauptung ergibt sich unmittelbar, wenn man die zentrische Streckung an Z anwendet, die A in A' und dann notwendig m in m' und B in B' überführt, und die Konstanz des Verhältnisses von Urbild- zu Bildstreckenlänge heranzieht.

Andere Verhältnisgleichheiten kann man aus obigen durch Rechnung gewinnen.

2.8.5. *Ähnlichkeit*

Mit Hilfe zentrischer Streckungen kann man von einer Figur F beliebige Vergrößerungen und Verkleinerungen herstellen, welche die Originalfigur maßstabgetreu darstellen.
Eine Figur G *heißt nun zu einer Figur* F *ähnlich, wenn* G *zu einem dieser Bilder von* F *kongruent ist.*
Es folgt, daß G ebenfalls ein winkeltreues und maßstabtreues Bild (d.h. eine verkleinerte oder vergrößerte Kopie) von F ist.

Natürlich kann man auch G so vergrößern bzw. verkleinern, daß F zu dem betreffenden Bild kongruent ist. F ist also auch ähnlich zu G, weshalb man auch sagen kann, daß F und G zueinander ähnlich sind.

Beispiele ähnlicher Figuren lassen sich leicht finden: Alle Kreise sind untereinander ähnlich, ebenso alle Strecken, alle gleichseitigen Dreiecke, alle Quadrate. Nicht aber alle Rechtecke und auch nicht alle Dreiecke.

Wann genau sind zwei Dreiecke ähnlich? Da zentrische Streckungen winkeltreu und entsprechende Winkel kongruenter Dreiecke kongruent sind, ist eine notwendige Bedingung für die Ähnlichkeit, daß in beiden Dreiecken dieselben Winkelmaße auftreten.

Diese Bedingung ist aber auch hinreichend für die Ähnlichkeit. Denn seien $A_1B_1C_1$ und $A_2B_2C_2$ zwei Dreiecke mit $\alpha_1 = \alpha_2$, $\beta_1 = \beta_2$, $\gamma_1 = \gamma_2$ (Bild 45). Dann können wir an A_1 eine zentrische Streckung mit dem Faktor $k = \overline{A_2B_2} : \overline{A_1B_1}$ vornehmen. B_1 wird dabei abgebildet auf einen Punkt B_1', für den $\overline{A_1B_1'} = k \cdot \overline{A_1B_1} = (\overline{A_2B_2} : \overline{A_1B_1}) \cdot \overline{A_1B_1} = \overline{A_2B_2}$ gilt. $A_1B_1'C_1'$ ist winkelgleich zu $A_1B_1C_1$. Nach dem WSW-Kongruenzsatz sind $A_1B_1'C_1'$ und $A_2B_2C_2$ kongruent und folglich $A_1B_1C_1$ und $A_2B_2C_2$ ähnlich. Da die Winkelsumme in jedem Dreieck 180° beträgt, haben wir sogar folgendes Kriterium:

Zwei Dreiecke sind genau dann ähnlich, wenn sie im Maß zweier Winkel übereinstimmen.

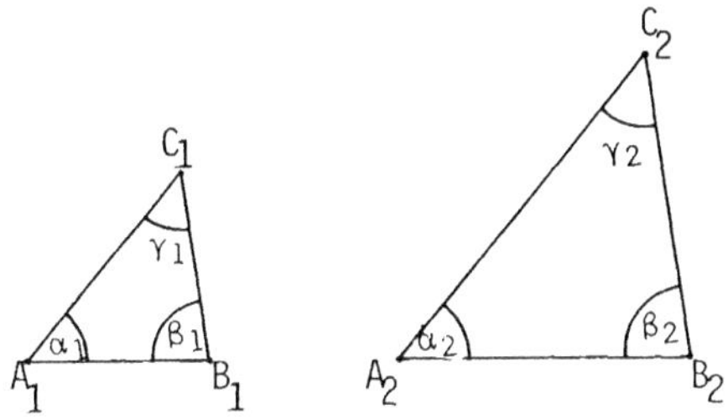

Bild 45

Durch die Zuordnung gleicher Winkel wird definiert, was bei ähnlichen Dreiecken "entsprechende" Seiten sind. Aus der Definition der Ähnlichkeit und der Eigenschaft 2.8.2. (c) zentrischer Streckungen folgt der

Ähnlichkeitssatz: In ähnlichen Dreiecken stehen entsprechende Seiten im gleichen Verhältnis.

Für die Dreiecke in Bild 45 heißt das:

$$\overline{A_1B_1} : \overline{A_2B_2} = \overline{A_1C_1} : \overline{A_2C_2} = \overline{B_1C_1} : \overline{B_2C_2}.$$

Man kann jede dieser Proportionen auch umformen:

$$\overline{A_1B_1} : \overline{A_1C_1} = \overline{A_2B_2} : \overline{A_2C_2}$$
$$\overline{A_1B_1} : \overline{B_1C_1} = \overline{A_2B_2} : \overline{B_2C_2}$$
$$\overline{A_1C_1} : \overline{B_1C_1} = \overline{A_2C_2} : \overline{B_2C_2}$$

Diese Beziehungen drückt man so aus:

Ähnliche Dreiecke stimmen im Verhältnis der Seitenlängen überein.

Vergleichen Sie diese Aussage und den Ähnlichkeitssatz mit den Eigenschaften 2.8.2. (c) und (f).

2.9. Vorwärtsarbeiten und Rückwärtsarbeiten

Ziel dieses Kapitels war es, "eine geordnete Basis von Anschauungen und Sprechweisen" zu schaffen, mit der in den folgenden Kapiteln weitere geometrische Erkenntnisse gewonnen werden sollen. Es lohnt sich gegen Ende dieses Kapitels, noch auf die Frage einzugehen, wie man denn mit den bisherigen Kenntnissen heuristisch geschickt umgeht.

In Abschnitt 1.5. sind an einem Beispiel bereits wichtige heuristische Strategien vorgestellt worden. Hier möchte ich an einem Beispiel nun noch zwei weitere Strategien erläutern: Vorwärtsarbeiten und Rückwärtsarbeiten.

Nehmen wir an, unser Augenmerk fällt eines Tages auf den Schnittpunkt der Winkelhalbierenden eines Dreiecks mit der gegenüberliegenden Seite. Es fällt uns vielleicht auf, daß bei gleichschenkligen Dreiecken die Winkelhalbierende des Winkels an der Spitze durch den Mittelpunkt der Basis geht (Bild 46) und daß, wenn die Spitze immer mehr nach rechts wandert, die rechte Teilstrecke p im Verhältnis zur linken Teilstrecke q immer kürzer wird. Analog beobachten wir auch, daß das Verhältnis a:b immer kleiner wird. Gibt es einen Zusammenhang? Wir konstruieren genauer: a = 1 Einheit, b=2 Einheiten; a=1 Einheit und b=3 Einheiten usw. und messen. Überrascht stellen wir fest, daß p:q jeweils im selben Verhältnis stehen wie a und b. Nach weiterer empirischer Erprobung wird es uns zur Gewißheit und wir versuchen, den Satz zu beweisen:

Jede Winkelhalbierende eines Dreiecks teilt die gegenüberliegende Seite im Verhältnis der anliegenden Seiten.

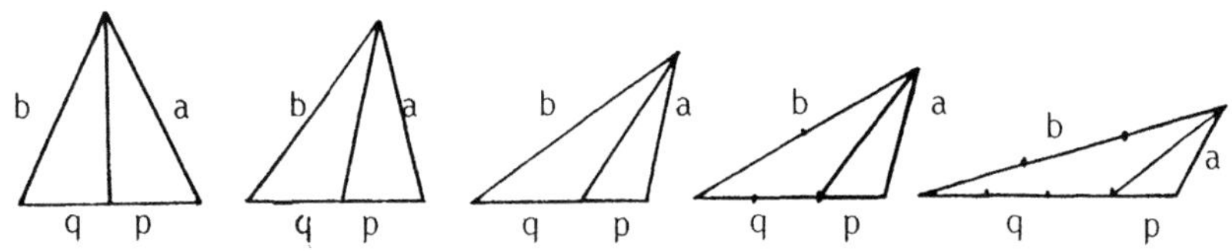

Bild 46

Wie können wir einen Beweis finden? Natürlich werden wir alle Sätze und Konstruktionen mobilisieren, die in der gegebenen Situation brauchbar erscheinen. Eine gezielte Methode des Vorgehens ist dabei das Vorwärtsarbeiten (VA): Wir suchen nach Sätzen und Konstruktionen, deren Bedingungen durch die gegebenen Voraussetzungen gesichert sind. Wir können diese Sätze und diese Konstruktionen durchführen und erhalten damit neue Informationen, auf die wir uns im weiteren stützen können.
Eine andere Methode ist das Rückwärtsarbeiten (RA). Hierbei sucht man nach Sätzen und Konstruktionen, aus denen die Behauptung folgen würde, wenn es gelänge, die Bedingungen der Sätze und Konstruktionen zu begründen.
Beim Vorwärtsarbeiten entwickelt man also von den gegebenen Voraussetzungen aus Folgerungen, auf die man sich im weiteren stützen kann, beim Rückwärtsarbeiten entwickelt man Bedingungen, aus denen zusammen mit den schon gewonnenen Erkenntnissen, die Behauptung folgen würde (DAS IST EIN KONJUNKTIV!), wenn sich diese Bedingungen herstellen ließen. Durch aufeinander abgestimmtes Vorwärts- und Rückwärtsarbeiten hofft man, eine lückenlose Kette von den gegebenen Voraussetzungen bis zur Behauptung zu finden. Wenden wir diese Strategie nun auf unser Beispiel an.

1. Weg

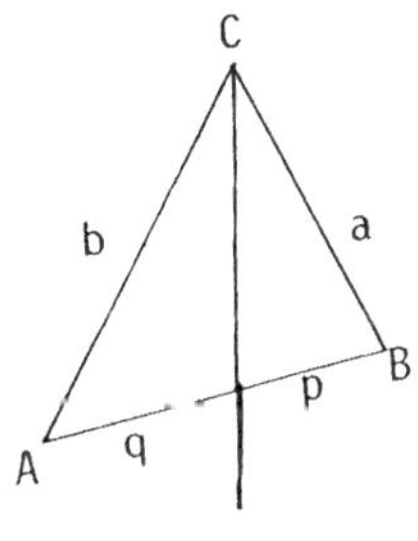

(1) Die Winkelhalbierende ist Symmetrieachse des Winkels bei C. Wir können spiegeln (VA).

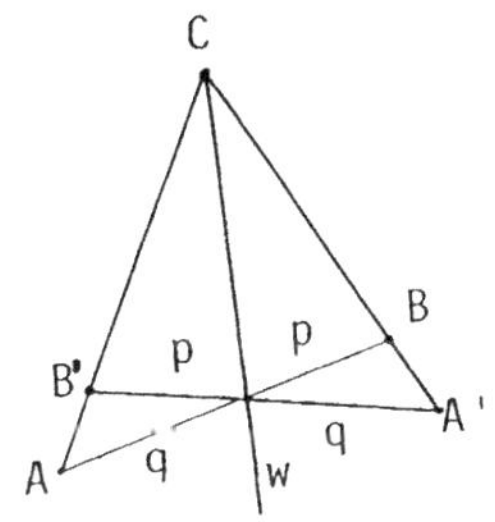

(2) Wir verbinden die Spiegelpunkte mit den Urbildern und erhalten parallele Strecken (VA).

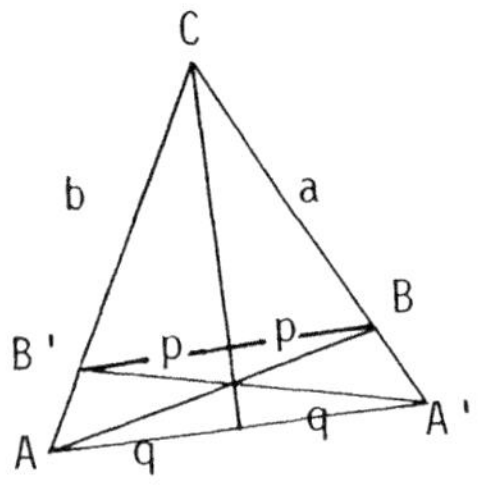

(3) Wir erinnern uns an den Strahlensatz (VA). Seine Anwendung führt auf
$p:q = \overline{BB'}:\overline{AA'}$.
Unser Ziel ist $a:b = p:q$.

(4) (RA) Wenn wir beweisen könnten, daß $a:b = \overline{BB'}:\overline{AA'}$ ist, wären wir fertig.

Liebe Leserin, lieber Leser, schließen nun Sie die Lücke! Schauen Sie sich die Figur genau an!

2. Weg

(1) (RA) Ziel ist $p:q = a:b$.
Folgerungen dieser Art erlaubt der Strahlensatz. Wir sollten also versuchen, Bedingungen herzustellen, unter denen er anwendbar wird. Vergegenwärtigen wir uns die Strahlensatzfigur und versuchen wir, sie in die gegebene Figur "hineinzulesen" (Bild 47).

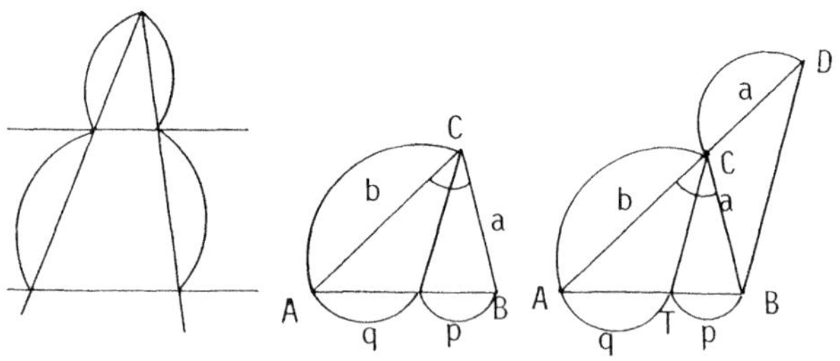

Bild 47

(2) (RA) Wenn TC||BD , dann p:q = a:b .

(RA) Welche Sätze gibt es, aus denen wir die Parallelität TC || BD folgern könnten? Es fallen uns (hoffentlich) ein: Stufenwinkelsatz! Wechselwinkelsatz! Bei Punktspiegelungen und zentrischen Streckungen sind Bildgeraden zum Urbild parallel! Mittellinien im Dreieck! Parallelogramm! usw. usw.

Welcher dieser Spuren sollen wir nun nachgehen? Wir vergleichen einmal mit den Voraussetzungen, die wir haben, und sehen, daß wir etwas über Winkel wissen. Also versuchen wir es mit den Winkelsätzen. Z.B. genügt es zu zeigen, daß ∢ACT = ∢ADB .

(3) (VA) Was wissen wir über Winkel noch? Z.B.: CBD ist gleichschenklig, also ∢CBD = ∢CDB . Wie hängen diese Winkel mit denen bei C zusammen?

Mit dieser heißen Spur lasse ich Sie nun wieder allein!

Abschließend möchte ich darauf hinweisen, daß dieses Beispiel nicht nur die heuristischen Strategien Vorwärts- und Rückwärtsarbeiten erläutert, sondern auch zeigt, daß die schönsten heuristischen Strategien nichts helfen, wenn man kein sicher verfügbares und einigermaßen breites inhaltliches Wissen hat. Kapitel 2 lege ich Ihnen also wärmstens ans Herz.

2.10. Der operative Standpunkt

Zum Abschluß dieses Kapitels möchte ich den zugrundeliegenden operativen Standpunkt genauer explizieren, damit die Struktur des Ganzen deutlicher wird.

In die Konstruktion und Untersuchung geometrischer Modelle räumlicher Situationen gehen ein

1) geometrische Objektbegriffe (z.B. Punkt, Gerade, Ebene, Strecke, Kreis, Kugel, Winkel, Viereck,...)

2) Eigenschaften von Objekten und Beziehungen zwischen Objekten (z.B. Lagebeziehungen, Schnittbeziehungen, Orthogonalität, Parallelität, Kongruenz, Länge, Winkelmaß, usw.)

3) Konstruktionen zur Erzeugung von Objekten aus primitiveren Teilen und "Operationen" zur Veränderung von Objekten (z.B. schneiden, verbinden, zusammensetzen, zerlegen, erweitern, aussondern von Teilen, projizieren, drehen, spiegeln, verschieben, vergrößern, verkleinern usw.)

Charakteristisch für die operative Methode ist es, die Objekte zusammen mit den sie erzeugenden Konstruktionen und den auf sie anwendbaren "Operationen" zu studieren, d.h. zu untersuchen, welche Eigenschaften und Beziehungen den Objekten durch Konstruktion aufgeprägt werden und wie sich Eigenschaften und Beziehungen verhalten, wenn man "Operationen" anwendet. (Was geschieht mit dem Punkt P, wenn die Spiegelung σ_g angewandt wird? Wie ändert sich die Schnittfigur einer Ebene und eines Quaders, wenn die Ebene bewegt wird? usw.).
Die operative Methode ist naturgemäß für forschend-entwickelndes Arbeiten und für Problemlösen besonders förderlich. Untermauern kann man sie von der Mathematik und von der Erkenntnistheorie her, wie hier kurz angedeutet sei.
Im Jahre 1872 formulierte der Mathematiker F. KLEIN sein berühmtes Erlanger Programm, dessen Kern folgendermaßen lautet: Gegeben ist ein Raum und eine Transformationsgruppe, die auf dem Raum operiert. Die Gebilde des Raumes sollen dann hinsichtlich solcher Eigenschaften untersucht werden, die durch die Transformationen der Gruppe nicht geändert werden.
Wie man sieht, beschränkt sich KLEIN auf Abbildungen (Transformationen) und auf die Untersuchung von Eigenschaften, die sich invariant verhalten, während die operative Methode auch andere "Operationen" zuläßt und nicht nur auf Invarianten achtet.
Etwa von 1925 an entwickelte der Schweizer Erkenntnistheoretiker und Psychologe JEAN PIAGET seine genetische Erkenntnistheorie, in deren Zentrum er das aktiv auf die Umwelt einwirkende Individuum stellte. In dieser Sicht ist das "Bild", das sich ein Individuum von einem "Objekt" macht, von den ausgeübten "Operationen" und den beobachteten Resultaten geprägt. Dieses Bild verfeinert sich in dem Maße, als immer umfassendere Operationssysteme eingesetzt und in ihren Auswirkungen auf die Objekte erkannt werden. PIAGET formulierte zur Beschreibung solcher Operationssysteme den Begriff "Gruppierung", dessen moderne Fassung "Objekte" und "Operationen" explizit aufeinander bezieht.
Auf der Grundlage der Piagetschen Theorie entwickelte sich seit den fünfziger Jahren die operative Didaktik, die in gesteuerten Lernprozessen das

Hauptgewicht auf "Operationen" legt.

Literatur

Bender, P./ Schreiber, A., Operative Genese der Geometrie. Wien 1985

Freudenthal, H., Was ist Axiomatik und welchen Bildungswert kann sie haben? Der Mathematikunterricht, H. 4, 1963, 5-29

Freudenthal, H., Geometry between the Devil and the Deep Sea, Educational Studies in Mathematics 3 (1971), 413-435

Hardy, G.H., Mathematical Proof, Mind XXXVIII, No. 149 (1929), 1-25

Wittmann, E.Ch., Objekte - Operationen - Wirkungen: Das operative Prinzip in der Mathematikdidaktik.
mathematik lehren, 11/1985, 7-11

Aufgaben

1. Zeigen Sie, daß die in 2.6.3. angegebenen Eigenschaften eines gleichschenkligen Trapezes wirklich charakteristisch sind.

2. Eine reale Situation
   Auf Kinderspielplätzen sieht man häufig für Kleinkinder geeignete Schaukeln, bei denen an zwei gleichlangen Ketten ein langer Holzbalken schwingen kann. In einer kleineren Ausführung schwingt eine Stange mit zwei gegenüberliegenden Sitzen an zwei gleich langen Eisenrohren.
   Mathematisieren Sie diese Situation und begründen Sie, weshalb der Holzbalken bzw. die Stange mit den Sitzen beim Schaukeln stets in horizontaler Lage verbleiben.
   Bei einer einfachen Schaukel bewegt sich das Kind (schematisiert als "Punkt" aufgefaßt) auf einem Kreisbogen. Welches ist die Bahn eines Kindes, das auf dem Holzbalken mitschwingt oder auf einem der beiden Sitze der komplizierten Schaukel sitzt?

3. Rheinisches Rautendach

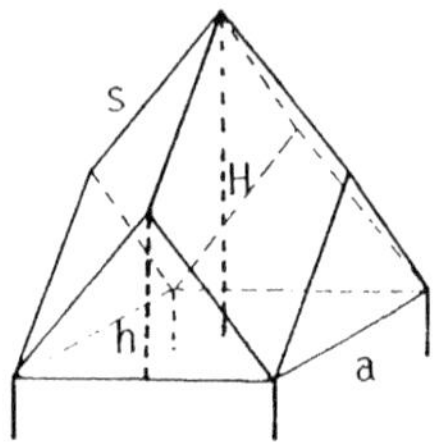

Bild 48 Rautendach von St. Peter in Dortmund - Hohensyburg

Auf Kirchtürmen von quadratischem Querschnitt findet man im norddeutschen Raum vielfach Rautendächer. Wie Bild 48 zeigt, sind sie aus vier Rauten zusammengesetzt, die auf den vier Seiten gleichschenklige Giebel frei lassen.

Beweisen Sie, daß die gesamte Höhe des Daches (vom Dachboden bis zur Spitze) doppelt so groß ist wie die Höhe eines Giebels.
Tip: Wenden Sie Ihre Kenntnisse über Rauten und gleichschenklige Dreiecke an.

4. Ein handelsübliches Lineal besitzt gewöhnlich parallele Kanten, so daß man damit Parallelenpaare mit festem Abstand zeichnen kann.
Konstruieren Sie unter alleiniger Verwendung eines solchen Lineals den Mittelpunkt zweier gegebener Punkte. Ziehen Sie auch eng beieinander und weit auseinander liegende Punkte in Betracht.
Heuristischer Tip: Welche Information über Parallelität und Halbieren steht zur Verfügung?

5. Versuchen Sie die Überlegungen zur Konstruktion der Kreistangenten in 2.5.3. auf die Konstruktion der gemeinsamen Tangenten an zwei gegebene Kreise zu übertragen.

6. (Beweisanalyse)
Arbeiten Sie die Beweisidee in 2.8.2. zu einem Beweis aus, indem Sie zuerst auf einen beliebigen natürlichen Streckfaktor n verallgemeinern,

dann die Umkehrabbildung (mit Streckfaktor $\frac{1}{n}$) betrachten und in einem dritten Schritt die Verkettung einer Streckung mit Faktor n und einer Streckung mit Faktor $\frac{1}{m}$ untersuchen. Wie kann man die Überlegung auf irrationale und auf negative Streckfaktoren ausdehnen?

7. Üben Sie sich an folgender Aufgabe im Gebrauch heuristischer Strategien:
   Die Mittelpunkte der Seiten eines Vierecks bilden das Seitenmittenviereck.
   Welche Eigenschaften hat das Seitenmittenviereck im allgemeinen und bei speziellen Vierecken? Welche Vierecke sind Seitenmittenvierecke anderer Vierecke?

8. Warum schneiden sich die Raumdiagonalen eines Quaders in einem Punkt? Überlegen Sie auf heuristisch begründete Weise, welche Sätze der ebenen Geometrie man hier heranziehen kann.

9. Im Innern des Winkelfeldes eines Winkels ∢ (g,h) liegt ein Punkt P. Konstruieren Sie eine Gerade f durch P, die g in A und h in B so schneidet, daß P der Mittelpunkt von AB ist.
   Tip: Welche Sätze kennen Sie, in denen Informationen über Mittelpunkte enthalten sind? Überlegen Sie, wie Sie die Figur erweitern könnten, so daß einer dieser Sätze anwendbar wird.

10. Sei P ein beliebiger Punkt auf dem Rand oder im Innern eines gleichseitigen Dreiecks. Wir fällen die Lote von P auf die Seiten. Zeigen Sie, daß die Summe der Längen der Lote einen festen Wert hat (welchen?), unabhängig von der Lage des Punktes P.
    Tip: Wählen Sie P zuerst speziell und verallgemeinern Sie dann.

3 Euklidische Geometrie der Ebene

Man wird mir vielleicht vorwerfen, daß ich mich an einigen Stellen dieser "Elemente" zu sehr auf die Anschauung beziehe und nicht genug auf die strenge Exaktheit der Beweise bedacht sei. Ich bitte jene, die mir solch einen Vorwurf machen möchten, zu beachten, daß ich nur über diejenigen Sätze oberflächlich hinweggehe, deren Wahrheit offenbar wird, wenn man auch nur ein bißchen genau hinschaut. Vor allem am Anfang, wo oft Grundsätze dieses Types auftreten, gehe ich so vor, weil ich beobachtet habe, daß jene, die Neigung zur Geometrie hatten, hernach Gefallen daran fanden, ein bißchen ihren Verstand zu üben; und daß sie auf der anderen Seite abgestoßen wurden, wenn man sie mit sozusagen nutzlosen Beweisen überhäufte.

A.C. CLAIRAUT, Eléments de Géométrie, 1741

Ich glaube, es ist eine Tatsache, daß die große Mehrheit der Lehrer fest überzeugt ist, daß sich die Mathematik von allen anderen Wissenschaften nicht so sehr durch das Maß an Strenge unterscheide, als vielmehr dadurch, daß der mathematische Beweis <u>absolut</u> streng, dagegen ein anderer Beweis nur <u>angenähert</u> streng sei. Das Unheil, welches dieser Glaube auf allen Stufen des mathematischen Unterrichts angerichtet hat, ist, glaube ich, ganz unberechenbar... Die der Mathematik und Logik zugeschriebene Vollendung hinsichtlich ihrer Klarheit ist ein auf Einbildung beruhender Schein, keine Wirklichkeit.

B. BRANFORD, Betrachtungen über mathematische Erziehung vom Kindergarten bis zur Universität, 1913

Ein strenger Beweis ist nicht annähernd so wichtig wie der Nachweis, daß das, was wir unterrichten, einen Sinn hat; und die meisten Lehrer sollten sich weniger den Kopf zerbrechen, wie sie hinreichend streng vorgehen können, sondern sich lieber Gedanken über wahrhaft intuitive Zugänge machen.

M. KLINE, Mathematics - a cultural approach, 1963

Wir wollen im folgenden einige Sätze der ebenen euklidischen Geometrie behandeln. Dieses klassische Gebiet der Mathematik ist von den Griechen begründet und bis Anfang des 20. Jahrhunderts intensiv, im wesentlichen restlos, erforscht worden. Forschung und Unterricht bewegten sich in dieser Zeit so ausschließlich in dem axiomatischen Rahmen, den EUKLID (um 300 v.Chr.) durch sein Lehrbuch "Die Elemente" vorgegeben hatte, daß die geometrischen Inhalte mit der axiomatischen Form gleichsam verschmolzen schienen.

Wie schon die Beispiele im ersten Kapitel gezeigt haben und wie im zweiten Kapitel erläutert wurde, läßt sich Geometrie aber auch außerhalb eines deduktiven Systems betreiben, indem man ihre Anschaulichkeit und ihre Bezüge zur realen Welt ausnützt. In dieser inhaltlichen Weise fahren wir hier fort.

3.1. Das Problem von SYLVESTER

> Die Mathematik ist nicht ein zwischen zwei Deckel gebundenes und mit bronzenen Spangen verschlossenes Buch... es ist unmöglich, sie in zugewiesenen Grenzen oder dauernd gültigen Definitionen einzuengen - wie das Bewußtsein, das Leben, das in jeder Monade, in jedem Atom der Materie, in jedem Blatt, jeder Knospe und Zelle zu schlummern scheint, und stets bereit ist, zu neuen Formen pflanzlichen und tierischen Lebens aufzubrechen.
>
> J.J. SYLVESTER (1814-1897)

Der englische Mathematiker SYLVESTER veröffentlichte 1893 folgendes Problem:

Ist es möglich, endlich viele Punkte so zu zeichnen, daß auf jeder Verbindungsgeraden je zweier Punkte mindestens ein weiterer Punkt der Menge liegt, ohne daß alle Punkte auf einer Geraden liegen?

Machen Sie sich mit dem Problem vertraut, indem Sie auf einem Blatt Papier Punkte markieren und deren Verbindungsgeraden zeichnen. Versuchen Sie, es dabei so einzurichten, daß auf jeder Verbindungsgeraden drei markierte Punkte zu liegen kommen. Falls Sie nicht alle Ihre Punkte von vorneherein auf einer einzigen Geraden gewählt haben, werden Sie feststellen, daß Sie zur Erfüllung der in der Aufgabe gestellten Bedingung stets neue Punkte zeichnen müssen, die wieder zu neuen Verbindungsgeraden Anlaß geben usw. . Anders ausgedrückt: Wie immer Sie es einrichten, die Konstruktion "schließt" sich nicht.

Die Sylvestersche Frage konnte erst 40 Jahre später von GALLAI negativ beantwortet werden. Ich möchte hier einen sehr eleganten Beweis wiedergeben, den KELLY und MOSER (1948) gefunden haben. P. ERDÖS nannte ihn einen "Beweis aus dem Buch" (d.h. aus dem Buch, in dem Gott alle wahrhaft einfach-schönen Beweise aufgezeichnet hat). Der Beweis stützt sich auf den Begriff "Abstand eines Punktes von einer Geraden" und verläuft indirekt: Angenommen, es gäbe eine endliche Menge M von n Punkten der Ebene, die nicht auf einer Geraden, jedoch so liegen, daß auf der Verbindungsgeraden je zweier Punkte von M stets mindestens ein weiterer Punkt von M läge. n verschiedene Punkte besitzen höchstens $\binom{n}{2} = \frac{n(n-1)}{2}$, also endlich viele Verbindungsgeraden (warum?). Wir betrachten die ebenfalls endliche Menge der Paare (P,g), wobei g Verbindungsgerade zweier Punkte von M und P ein Punkt von M außerhalb von g sei. Da die Punkte von M nicht alle auf einer Geraden liegen, muß es Paare der verlangten Art geben. Jedem solchen Paar (P,g) ordnen wir den Abstand $\overline{Pg}$ zu, der stets positiv ist, denn P ist ja außerhalb von g gewählt worden. Unter diesen endlich vielen Abständen gibt es einen minimalen Wert, den etwa das Paar (P_0,g_0) besitzen möge (Bild 1).

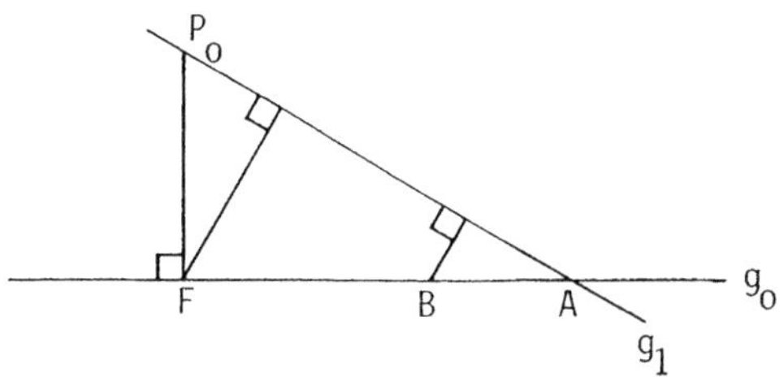

Bild 1

Der Fußpunkt F des Lotes von P_0 auf g_0, der im allgemeinen kein Punkt von M sein wird, zerlegt g_0 in zwei Halbgeraden. g_0 ist Verbindungsgerade zweier Punkte von M und enthält nach Voraussetzung mindestens einen dritten Punkt von M. Wie auch immer diese drei Punkte auf g_0 verteilt sein mögen, man kann stets zwei von ihnen - wir nennen sie A,B - so auswählen, daß die Strecke FA den Punkt B enthält (warum?). Dabei ist der Fall B = F zugelassen. Nun verbinden wir P_0 mit A und erhalten die Verbindungsgerade g_1, die B nicht enthält, sonst wäre ja $g_0 = AB = g_1$ und P_0 würde auf g_0 liegen. Mit Hilfe des Paares (B,g_1) leiten wir nun einen Widerspruch her: Da sich die verschiedenen Geraden g_0 und g_1 schneiden, sind sie nicht parallel. Daher ist das Lot P_0F auf g_0 nicht gleichzeitig Lot auf g_1, P_0 also nicht Fußpunkt des Lotes von F auf g_1. Es folgt nach der Abstandsungleichung

(1) $\overline{P_0g_0} = \overline{P_0F} > \overline{Fg_1}$.

Da B zwischen A und F liegt oder B = F ist, gilt auch

(2) $\overline{Fg_1} \geqq \overline{Bg_1}$ (Genaue Begründung?).

(1) und (2) zusammen ergeben $\overline{P_0g_0} > \overline{Bg_1}$ im Widerspuch zur Minimalität von $\overline{P_0g_0}$. Die ursprüngliche Annahme ist damit widerlegt. #

Logisch äquivalent kann man das Ergebnis auch so formulieren: Wenn endlich viele Punkte der Ebene ausgewählt werden, die nicht alle auf einer Geraden liegen, so gibt es mindestens eine Verbindungsgerade, auf der nur zwei der ausgewählten Punkte liegen.

Literatur

COXETER, H.S.M., A problem of collinear points. Amer. Math. Monthly 55 (1948), 26-28

Aufgaben

1. In der Ebene sind n Punkte gegeben, die nicht alle auf einer Geraden liegen. Es gibt, wie im obigen Beweis angemerkt, höchstens $\frac{n(n-1)}{2}$ Verbindungsgeraden. Zeigen Sie, daß es mindestens n Verbindungsgeraden geben muß (Hinweis: Induktion). Welche Werte zwischen dem Maximum und Minimum sind möglich? Betrachten Sie zuerst Spezialfälle.

2. In wie viele Teile zerlegen n Geraden die Ebene höchstens und mindestens? (Vgl. G. Polya, Mathematik und plausibles Schließen, Bd. 1, Basel-Stuttgart 1962, S. 77-89 und G. Walther, Zerlegungen der Ebene und des Raumes, MNU 37(1984), H. 3, 137-142).

3. Wählen Sie in Aufgabe 2 anstelle von Geraden Kreise.

3.2. Gekrümmte Spiegel

> Die Optik ist im Grunde nichts anderes als ein Kapitel Geometrie, besser gesagt, eine Anwendung der Geometrie zur Untersuchung der Lichtstrahlen.
>
> A. RENYI, Dialoge über Mathematik, 1967

Unsere Überlegungen zu ebenen Spiegeln aus 1.1. können auf gekrümmte Spiegelflächen ausgedehnt werden, weil ein gekrümmter Spiegel lokal wie ein ebener Spiegel wirkt. Damit ist folgendes gemeint: Wenn wir um einen beliebigen Punkt S eines gekrümmten Spiegels immer kleinere Stücke ausgrenzen, so werden diese immer ebener. Mathematisch erfaßt man diese Idee durch den Begriff der *Tangentialebene* im Punkt S. Darunter versteht man diejenige Ebene, die sich der Spiegelfläche "in der Umgebung" von S am besten anschmiegt. Trifft nun ein Lichtstrahl auf S, so wird er an der Spiegelfläche ebenso reflektiert, als träfe er auf die verspiegelte Tangentialebene. Die Lage der Tangentialebene ändert sich von Punkt zu Punkt, so daß ein gekrümmter Spiegel wie ein Mosaik winziger ebener Spiegelchen wirkt.

Im folgenden wollen wir einige für praktische Anwendungen wichtige Spiegelflächen betrachten, bei denen die Lage der Tangentialebenen anschaulich einigermaßen einsichtig ist.

3.2.1. Kugelspiegel

Eine Kugelfläche mit Mittelpunkt M und Radius r entsteht durch Rotation eines Kreises mit Mittelpunkt M und Radius r um eine Symmetrieachse des Kreises (d.h. um einen Durchmesser). Zu einem beliebigen Punkt S der

Kugelfläche zeichnen wir die Strecke SM und ziehen durch S die Ebene Σ, die senkrecht auf SM steht. Σ hat mit der Kugelfläche nur den Punkt S gemein, denn nach der Abstandsungleichung sind alle von S verschiedenen Punkte auf Σ von M weiter entfernt als S, liegen also außerhalb der Kugel. Aus demselben Grund schneiden alle von Σ verschiedenen Ebenen durch S die Kugel. Σ ist also die Tangentialebene an die Kugel im Punkt S. Offensichtlich ist SM Einfallslot für jeden in S auftreffenden Strahl. In jedem Fall verläuft die Einfallsebene also durch M und schneidet aus der Kugel einen Kreis vom Radius r und aus der Tangentialebene eine Gerade, nämlich genau die Tangente an diesen Kreis im Punkt S,aus. Die Reflexion am Kugelspiegel läßt sich also auf ein ebenes Problem zurückführen, nämlich die Reflexion an einer Kreislinie, ähnlich wie wir in 1.1. die Reflexion an einer Ebene auf die Reflexion an einer Geraden zurückgeführt haben.

Bei Kugelspiegeln unterscheidet man zwei Arten: Hohlspiegel (innen verspiegelte Kugelflächen) und Wölbspiegel (außen verspiegelt). Die geometrischen Überlegungen zum Strahlenverlauf sind in beiden Fällen gleich, so daß es genügt, den Hohlspiegel zu betrachten (Bild 1).

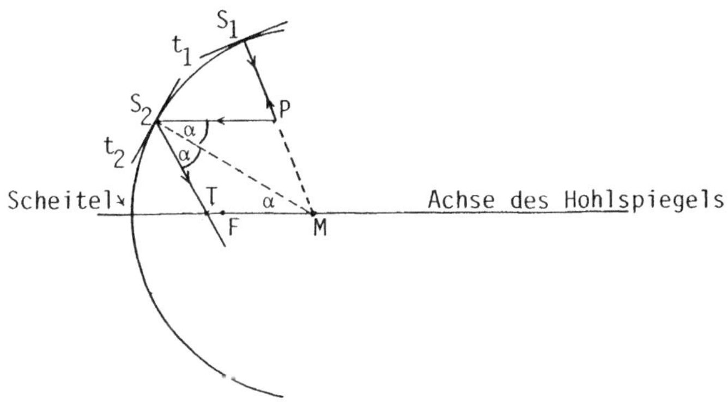

Bild 1

Wir untersuchen den Verlauf einiger spezieller Strahlen, die von einem Punkt P ("Kerzenflamme") ausgehen.

(1) Mittelpunktsstrahl. Der von P in Richtung des Radius MS_1 senkrecht auf den Kreis und die Tangente t_1 auftreffende Strahl PS_1 (Mittelpunktsstrahl) wird "in sich" reflektiert.

(2) Der parallel zur Achse einfallende Strahl PS_2 wird an der Tangente t_2 in S_2 so reflektiert, daß Ein- und Ausfallswinkel gleich groß (= α) sind. Wenn α klein ist, kann man den ausfallenden Strahl praktisch nicht durch Winkelübertragung konstruieren. Ein Ausweg besteht darin, das Spiegelbild von P an t_2 zu Hilfe zu nehmen. Noch besser ist ein anderes Vorgehen, das die Konstruktion des Schnittpunkts T des ausfallenden Strahls mit der Achse zum Ziel hat: Da PS_2 parallel zur Achse ist, hat $\sphericalangle S_2MT$ als Wechselwinkel zu $\sphericalangle PS_2M$ ebenfalls das Maß α. Das Dreieck S_2TM ist somit gleichschenklig und folglich ist T Schnittpunkt der Mittelsenkrechten zu MS_2 mit der Achse. Man stellt fest, daß T um so näher an den Mittelpunkt F der Strecke Kugelmittelpunkt - Scheitel des Spiegels heranrückt, je mehr sich P der Achse nähert. Bei achsennahen achsenparallelen Strahlen findet man den ausfallenden Strahl also näherungsweise dadurch, daß man S_2 mit F verbindet. Die achsennahen achsenparallelen Strahlen treffen sich somit nach der Reflexion näherungsweise im Punkt F, den man aus diesem Grund den *Brennpunkt* des Hohlspiegels nennt.

(3) Brennpunktsstrahl. Da der Lichtweg umkehrbar ist, wird der in Richtung PF auf den Spiegel auftreffende Strahl (Brennpunktsstrahl) näherungsweise achsenparallel reflektiert.

Diese drei und die weiteren von P ausgehenden Lichtstrahlen schneiden sich nach Reflexion am Hohlspiegel näherungsweise in einem Punkt P', dem physikalischen Bild von P. Die Näherung ist umso besser, je kleiner der Hohlspiegel im Verhältnis zu $\overline{PM} = \frac{r}{2}$, seiner *Brennweite*, ist, denn dann werden nur relativ achsennahe Strahlen reflektiert. Wenn man die oben beschriebene Konstruktion von P' für verschiedene Positionen von P durchführt, findet man (Bild 2):

P' liegt vor dem Spiegel und kann auf einem Schirm aufgefangen werden (reelles Bild), falls der Punkt P vom Scheitel weiter als $\frac{r}{2}$ entfernt ist. P' ist ein hinter dem Spiegel erscheinendes (virtuelles) Bild (wie beim ebenen Spiegel), falls P vom Scheitel weniger als $\frac{r}{2}$ entfernt ist. Die reflektierten Strahlen scheinen dann von P' herzukommen (wie beim ebenen Spiegel). Weitere Einzelheiten (Gegenstandsweite, Bildweite, Gegenstandsgröße, Bildgröße, Hohlspiegelgleichung) können der physikalischen Literatur (z.B. auch Physikbüchern der Mittelstufe) entnommen werden.

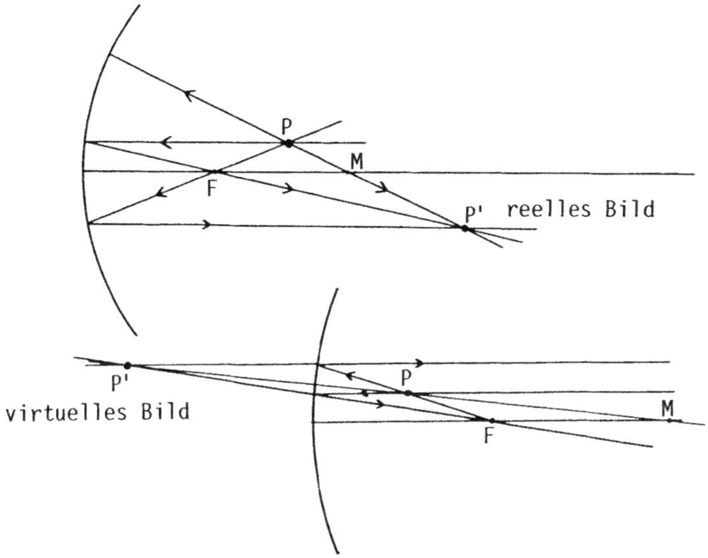

Bild 2

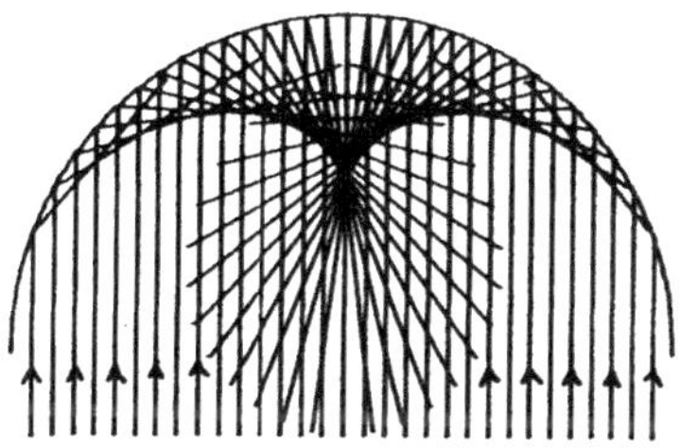

Bild 3

Interessant ist die Reflexion eines auf einen Halbkreis achsenparallel einfallenden Lichtbündels. Da in diesem Fall die äußeren Strahlen nicht achsennah verlaufen, muß man gemäß (2) genau konstruieren. Man findet, daß die reflektierten Strahlen eine hübsche Kurve mit einer Spitze in F einhüllen, die als *Brennlinie* (Katakaustik) des Kreises bezeichnet wird (Bild 3). Eine Realisierung dieser Kurve läßt sich leicht beobachten, wenn Licht auf eine mit Milch oder Milchkaffee gefüllte Tasse flach einfällt und am Tassenrand reflektiert wird. In Abschnitt 5 werden wir die Brennlinie genauer untersuchen.

3.2.2. Parabolspiegel

Die Wirkungsweise parabolischer Spiegel besteht darin, daß sie ein Bündel paralleler Lichtstrahlen in ein Bündel kopunktaler (d.h. durch einen Punkt, den Brennpunkt, verlaufender) Strahlen verwandeln können und umgekehrt. Die Energie des Parallelbündels wird dabei in einem "Punkt" konzentriert bzw. die in einem "Punkt" gesammelte oder erzeugte Energie in einem Parallelbündel über weite Strecken bis zu einem Empfänger übertragen. Parabolspiegel werden heute in verschiedener Größe als Autoscheinwerfer, als Funkantennen, als Radarschirme, als Radioteleskope, als Kollektoren für Sonnenenergie, als "Sonnengrill" für die saubere Erzeugung hoher Temperaturen usw. praktisch angewandt.

Im folgenden soll die Wirkungsweise parabolischer Spiegel geometrisch erklärt werden.

Wie beim ebenen Spiegel und beim Kugelspiegel läßt sich die Reflexion am Parabolspiegel auf ein ebenes Problem zurückführen, nämlich die Reflexion an einer Parabel. Wir beschäftigen uns daher zunächst mit Parabeln und der Reflexion an ihnen und übertragen die Erkenntnisse dann auf die räumliche Situation.

Die auf der Symmetrieachse (Mittelsenkrechten) einer Strecke AB liegenden Punkte sind nach dem Trichotomiesatz gerade diejenigen Punkte, welche von A und B jeweils den gleichen Abstand haben. Geht man stattdessen von zwei verschiedenen Geraden g, h aus, so sind die Punkte, die von g und h jeweils gleichweit entfernt sind, ebenfalls leicht zu bestimmen: Ist g parallel zu h, so sind es die Punkte auf der Symmetrieachse (Mittellinie) von g, h. Schneiden sich g und h, sind es die Punkte auf den beiden Symmetrieachsen (Winkelhalbierenden) des Geradenpaares.

Es liegt nun heuristisch gesehen nahe, den Mischfall zu betrachten, wo eine Gerade d und ein Punkt F außerhalb von d gegeben sind, und wiederum nach allen Punkten zu fragen, die von d und F gleichweit entfernt sind.

Die Menge dieser Punkte heißt *Parabel mit dem Brennpunkt (Fokus)* F *und der Leitgeraden (Direktrix)* d.

Konstruktiv ist die Parabel ausgehend von F und d folgendermaßen zu gewinnen (Bild 4). Man läßt einen Punkt Q auf d wandern und zeichnet jeweils die Mittelsenkrechte m_Q zu FQ und das Lot l_Q in Q auf d. Der Schnittpunkt von m_Q und l_Q sei mit S_Q bezeichnet.

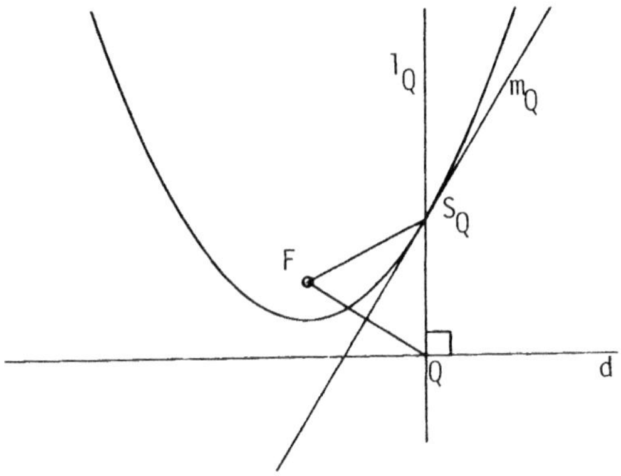

Bild 4

Zur Analyse dieser Konstruktion nutzen wir mehrfach den Trichotomiesatz aus.
Zunächst gilt

$$\overline{FS_Q} = \overline{QS_Q} = \overline{S_Q d} ,$$

d.h. S_Q ist ein Punkt der Parabel.
Jeder Punkt auf l_Q, der in der Halbebene (F,m_Q) liegt, hat von F einen kleineren Abstand als von d, jeder Punkt auf l_Q, der in der Halbebene (Q,m_Q) liegt, hat von F einen größeren Abstand als von d. S_Q ist somit der einzige Parabelpunkt auf l_Q. Wenn Q die Gerade d durchläuft, dann durchläuft S_Q sämtliche Punkte der Parabel. Die Parabel grenzt also die Menge der Punkte, die näher an F liegen als an d ("innere" Punkte), von den Punkten ab, die näher an d liegen als an F ("äußere" Punkte).

Bild 5 zeigt, daß die Schar der Mittelsenkrechten die Parabel "einhüllt". Diesen Sachverhalt wollen wir nun genauer beleuchten.

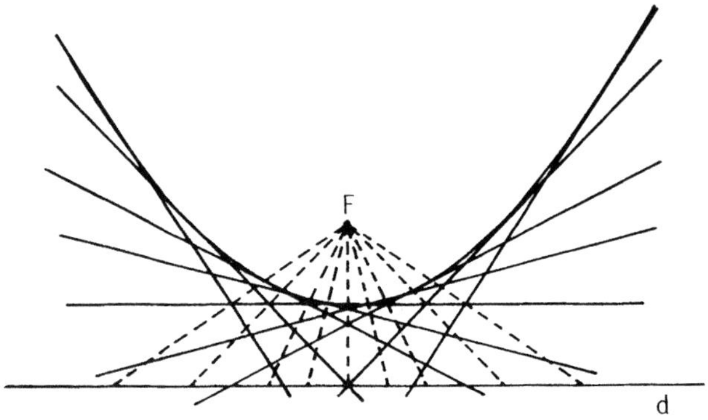

Bild 5

m_Q und die Parabel haben, wie wir oben gesehen haben, den Punkt S_Q gemein. Sei nun R ein beliebiger von S_Q verschiedener Punkt auf m_Q (Bild 6). Einerseits gilt dann wegen der Symmetrie an m_Q die Gleichung $\overline{FR} = \overline{QR}$, andererseits aber $\overline{QR} > \overline{dR}$, da Q nicht Fußpunkt des Lotes von R auf d ist.

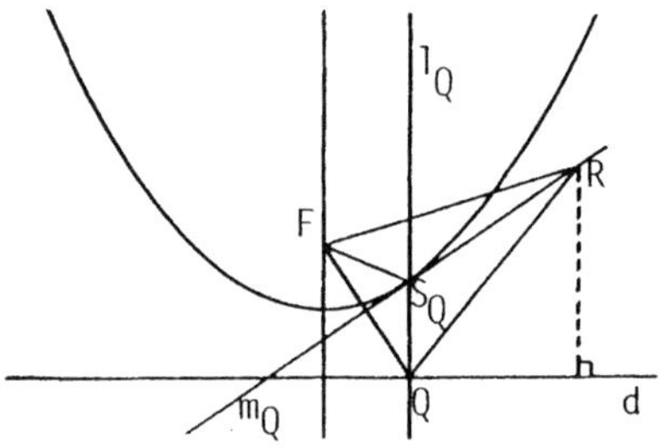

Bild 6

Beide Beziehungen zusammen zeigen, daß R außerhalb der Parabel liegt, S_Q mithin der einzige Parabelpunkt auf m_Q ist. Durch Vergleich der betreffenden Abstände zeigt man analog, daß auch jeder Punkt der Halbebene (Q,m_Q) außerhalb der Parabel liegt.

In der Sprache von 1.3. ist m_Q eine Stützgerade an die Parabel, welche die Parabel im Punkt S_Q berührt. Die Situation ist also genau so wie bei den Tangenten an einen Kreis. Wir können somit m_Q als Tangente an die Parabel im Punkt S_Q betrachten. Nun folgt mühelos die Brennpunktseigenschaft der Parabel: Ein Lichtstrahl, der von F ausgehend die Parabel in S_Q trifft, wird dort so reflektiert, als träfe er auf die Tangente m_Q. Der reflektierte Strahl scheint nach 1.1. vom Spiegelpunkt des Punktes F an m_Q

auszugehen, d.h. von Q, und fällt daher mit dem Lot l_Q zusammen. l_Q steht für beliebiges Q auf d senkrecht.

Somit sind alle von F *ausgehenden Lichtstrahlen nach Reflexion parallel zum Lot von* F *auf* d, *das* *Achse* *der Parabel heißt. Gemäß dem Prinzip der Umkehrbarkeit des Lichtwegs werden achsenparallele Strahlen nach Reflexion an der Parabel im Brennpunkt vereinigt.*

Aus der Parabel ergibt sich durch Rotation um die Achse ein Rotationsparaboloid und durch Translation senkrecht zur Parabelebene ein parabolischer Zylinder (Bild 7). Aus der Drehsymmetrie ist ersichtlich, daß für jeden achsenparallel einfallenden Strahl die Einfallsebene durch die Achse geht und aus dem Paraboloid eine zur Ausgangsparabel kongruente Parabel mit dem Brennpunkt F ausschneidet. Der Translationssymmetrie des parabolischen Zylinders entnimmt man, daß die Einfallsebene für jeden parallel zur Achse der verschobenen Parabel einfallenden Strahl senkrecht zur Translationsrichtung liegt und aus dem Zylinder ebenfalls eine kongruente Parabel ausschneidet, deren Brennpunkt auf der Brenngeraden, d.h. derjenigen Geraden liegt, auf der sich der Brennpunkt der verschobenen Parabel bei der Translation bewegt. In beiden Fällen können wir auf die Überlegungen bei der Reflexion an einer Parabel zurückgreifen und finden, daß ein Rotationsparaboloid achsenparallel einfallende Strahlen im Brennpunkt und daß ein parabolischer Zylinder entsprechend einfallende Strahlen in einer Brenngeraden sammelt.

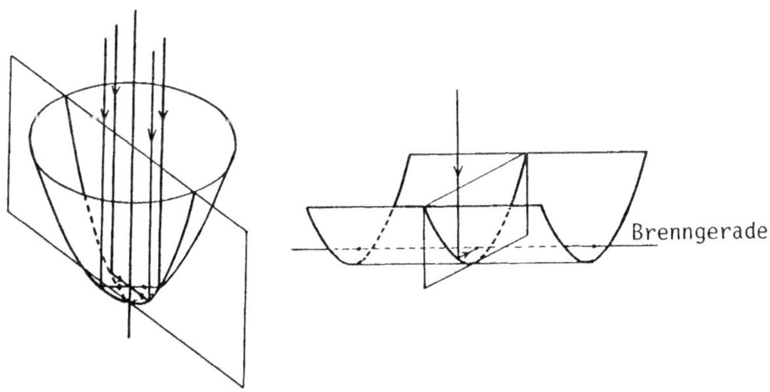

Bild 7

Wir haben damit die Funktionsweise von Parabolspiegeln geometrisch begründet. Mit demselben Recht kann man natürlich umgekehrt sagen, daß die praktischen Erfolge mit Parabolspiegeln unsere anschaulichen Überlegungen, insbesondere über Tangentialebenen und Tangenten, untermauern. Die mathematische Erkenntnis schreitet ja nicht losgelöst von der Wirklichkeit, sondern in wechselseitiger Anpassung an sie fort.

Literatur

Gardner, M., Die Parabel: Faszination für Ästheten und Praktiker. Spektrum der Wissenschaft, Oktober 1981, 11-17

Wittmann, E.Ch., Spiegel: Geometrische Grundlagen und Anwendungen. mathematik lehren 3/84, 4-11

Aufgaben

1. Konstruieren Sie gemäß 3.2.1.(2) die Brennlinie des (Halb)-Kreises. Die benötigten Mittelsenkrechten brauchen Sie nicht mit Zirkel und Lineal zu zeichnen. Es genügt das Geodreieck, da Sie sich die Mittelpunkte der Strecken leicht verschaffen können (Wie liegen sie nämlich?).
   Hinweis: Wählen Sie die Zeichnung genügend groß und spiegeln Sie ein auf einen Halbkreis parallel zur Symmetrieachse des Halbkreises einfallendes Lichtbündel (mindestens 30 Strahlen zeichnen).

2. Übertragen Sie die Behandlung des Hohlspiegels in 3.2.1. auf den Wölbspiegel (außen verspiegelte Kugelfläche).

3. Wie wird ein Strahlenbündel reflektiert, das auf eine außen verspiegelte Parabel achsenparallel auftritt? Wie kann man eine außen und eine innen verspiegelte Parabel so zusammenbauen, daß ein schmales Parallelbündel in ein breites verwandelt wird?

4. Parabeln (einschließlich Brennpunkt) kann man auch mit handelsüblichen Schablonen zeichnen. Wie läßt sich dann die Tangente in einem Parabelpunkt S konstruieren?

5. Reflexion an einer Ellipse

Die Ellipse ist der geometrische Ort derjenigen Punkte, deren Entfernungen von zwei festen Punkten, den Brennpunkten, eine konstante Summe haben. Sie läßt sich als Hüllkurve analog zur Parabel folgendermaßen erzeugen. An die Stelle einer Leitgeraden tritt ein Leitkreis mit Radius r und für F wird im Innern des Kreises ein vom Mittelpunkt M verschiedener Punkt gewählt. Man läßt Q auf dem Kreis laufen, verbindet jeweils mit F und zeichnet die Mittelsenkrechte m_Q zu FQ. Der Punkt S_Q ist der Schnittpunkt von m_Q mit QM (Bild 8).

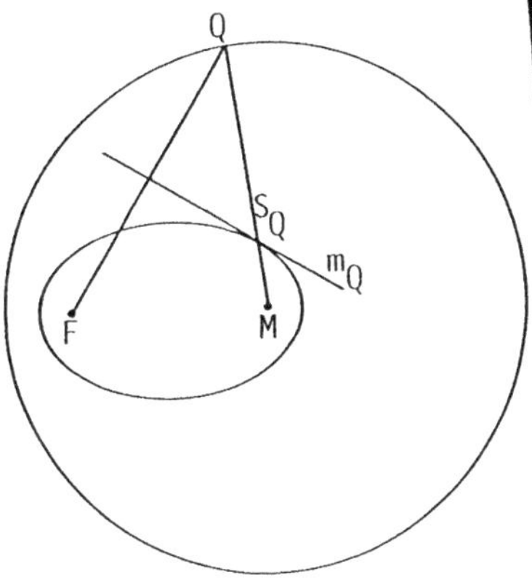

Bild 8

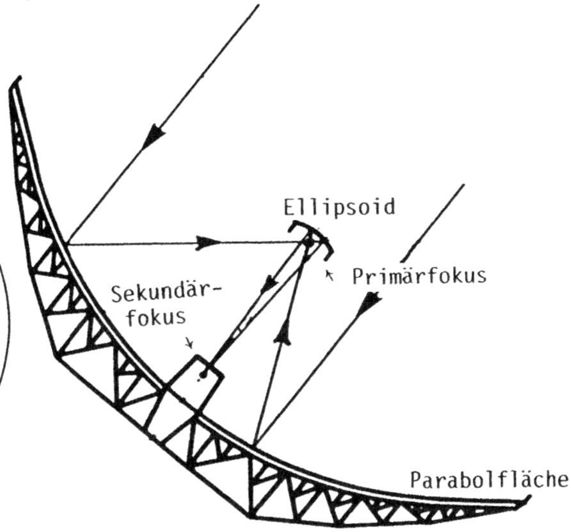

Bild 9

(1) Zeigen Sie, daß $\overline{FS_Q} + \overline{S_QM}$ einen festen Wert hat (Welchen?).

(2) Aus (1) folgt, daß S_Q auf einer Ellipse mit den Brennpunkten F, M liegt. Zeigen Sie analog zur Parabel, daß m_Q Tangente an die Ellipse im Punkt S_Q ist. Tip: Heronsche Ungleichung.

(3) Wie wird ein von F ausgehender Strahl in S_Q an der Ellipse reflektiert?

Bemerkung: Ellipsoidförmige Reflektoren finden ebenfalls vielfache Anwendung, z.B. beim Nierenlithotripter, einem neuen Gerät zur Zertrümmerung von Nierensteinen ohne Operation.

6. Erklären Sie den in Bild 9 dargestellten Strahlengang des Radioteleskops in Effelsberg/Eifel, das zusätzlich zu der riesigen Parabolfläche (von über 100 m Durchmesser!) einen ellipsoidförmigen Nebenreflektor (Gregory-Spiegel) aufweist. Wie müssen die beiden Spiegel aufeinander abgestimmt sein?

7. Reflexion an der Hyperbel
Übertragen Sie die Überlegungen in Aufgabe 5 auf den Fall, wo F außerhalb des Kreises liegt. Überlegen Sie, daß man in Bild 9 an die Stelle des ellipsoidförmigen Nebenreflektors einen hyperbolischen setzen könnte (Cassegrain-Spiegel). Wie müssen die Spiegel aufeinander abgestimmt sein?

8. (Eine Beweisanalyse). Verbessern Sie die Überlegungen in 3.2.2., indem Sie zeigen, daß m_Q die einzige Stützgerade im Punkt S_Q ist. Tip: Nutzen Sie aus, daß es zu jeder Geraden durch S_Q, die nicht auf d senkrecht steht, eine parallele Parabeltangente gibt.

3.3 Merkwürdige Punkte im Dreieck

"Und wenn ich das ganze Programm, das mir vorschwebt, in einem Satz zusammenfassen müßte, würde ich sagen: Euklid muß weg!... Alles über Dreiecke, fast alles über Kreisspiegelungen, über Systeme von Kreisen, Kegelschnitte usw. ist für das, was Mathematiker (reine und angewandte) heute tun, gerade so relevant wie magische Quadrate und Schachprobleme!"

J. DIEUDONNE, Royaumont-Konferenz 1959

"Ohne das Dreieck, das einzige starre Vieleck, würde Ihr schöner Eiffelturm gar nicht existieren!"

EMMA CASTELNUOVO (Kritische Erwiderung auf Dieudonnes Vortrag)

Gibt man sich in der Ebene mehr als zwei Punkte beliebig vor, so kann man folgendes feststellen: Im allgemeinen liegen sie nicht auf einer Geraden und mehr als drei von ihnen nicht auf einem Kreis. Auch schneiden sich mehr als zwei Geraden im allgemeinen nicht in einem Punkt. Es ist also etwas Besonderes, wenn drei Punkte auf einer Geraden oder vier Punkte auf einem Kreis liegen und wenn drei Geraden durch einen Punkt gehen. Mit den einfachsten solcher Situationen, wie sie bei Dreiecken auftreten, wollen wir uns im folgenden beschäftigen.

Gegeben sei also ein beliebiges Dreieck ABC. Die Mittelsenkrechten m_a, m_b, m_c der drei Seiten und die Winkelhalbierenden w_α, w_β, w_γ der drei Innenwinkel heißen *Mittelsenkrechte* bzw. *Winkelhalbierende* des Dreiecks. Die Lote h_a, h_b, h_c von jedem Eckpunkt auf die gegenüberliegende Seite nennt man *Höhen*, die Verbindungsstrecken s_a, s_b, s_c der Ecken mit den Mittelpunkten der gegenüberliegenden Seiten *Seitenhalbierende* (oder *Schwerlinien*) des Dreiecks (Bild 1).

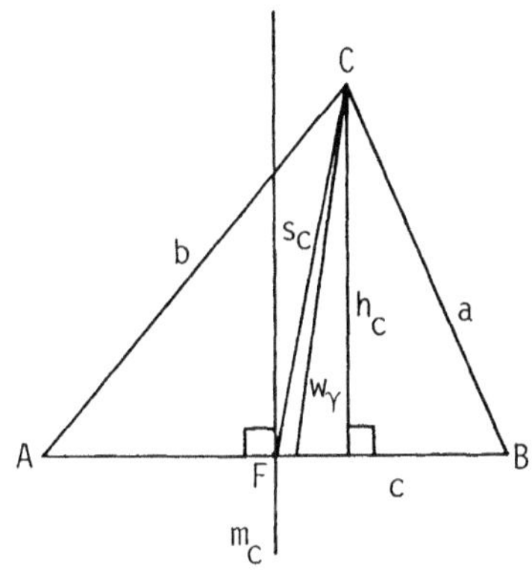

Bild 1

Wir wollen zeigen:
Die Mittelsenkrechten, die Winkelhalbierenden, die Höhen und die Seitenhalbierenden eines Dreiecks schneiden sich jeweils in einem Punkt.

Beweis: Der gesuchte Schnittpunkt der Mittelsenkrechten muß von A,B,C gleichweit entfernt sein. Alle Punkte, die von A und B gleichweit entfernt sind, liegen nach dem Trichotomiesatz auf m_c. Alle Punkte, die von B und C gleichweit entfernt sind, liegen auf m_a. Die Geraden m_c und m_a sind nicht parallel (warum nicht?) und schneiden sich daher in einem Punkt M. Für M gilt

$$(1) \quad \overline{MA} = \overline{MB} \, ,$$
$$(2) \quad \overline{MB} = \overline{MC} \, .$$

Aus (1) und (2) folgt sofort

$$(3) \quad \overline{MA} = \overline{MC} \, ,$$

woraus wir wieder mit Hilfe des Trichtomiesatzes, diesmal in der umgekehrten Schlußrichtung, schließen, daß M auch auf m_b liegt. In M schneiden sich somit alle drei Mittelsenkrechten. M ist nach (1), (2), (3) von A,B,C gleich weit entfernt und Mittelpunkt des einzigen Kreises, der durch A,B,C verläuft (*Umkreis des Dreiecks* ABC). #

Durch das gleiche Argumentationsmuster - man braucht nur an die Stelle des Begriffs "Abstand von den Ecken" den Begriff "Abstand von den Seiten" zu setzen - findet man den eindeutig bestimmten Punkt I im Innern des Dreiecks, der von den drei Seiten gleichen Abstand hat. I ist der Schnittpunkt der Winkelhalbierenden w_α, w_β, w_γ und Mittelpunkt des Kreises, der die drei Seiten berührt (*Inkreis des Dreiecks*). Überzeugen Sie sich davon, daß die Schnittpunkte der Winkelhalbierenden mit den Gegenseiten im allgemeinen nicht die Berührpunkte des Inkreises mit den Seiten sind. #

Die Idee für den Nachweis der Existenz des Höhenschnittpunktes H entnimmt man der Tatsache, daß die Mittelsenkrechten eines Dreiecks die Höhen desjenigen Dreiecks sind, dessen Ecken die Mittelpunkte der drei Seiten sind (Seitenmittendreieck). Aus 2.8.2. wissen wir nämlich, daß jede Mittellinie eines Dreiecks parallel zur dritten Seite ist. Ein Lot auf eine Seite ist daher auch Lot auf die zugehörige Mittellinie. Aus dem bisher Bewiesenen folgt somit, daß sich die Höhen in jedem Seitenmittendreieck in einem Punkt schneiden. Die Existenz eines Höhenschnittpunktes für beliebige Dreiecke folgt daraus aber nicht unmittelbar, sondern nur, wenn gezeigt werden kann, daß jedes beliebige Dreieck ABC als Seitenmittendreieck eines Dreiecks A'B'C' aufgefaßt werden kann. Dazu zeichnen wir durch die Eckpunkte des Dreiecks ABC Parallelen zu den gegenüberliegenden Seiten (Bild 2). Es ergibt sich das Dreieck A'B'C'. Mit Hilfe der entstehenden Parallelogramme kann man A, B und C leicht als Seitenmitten identifizieren.

Beispiel: Aus $\overline{BC} = \overline{AB'}$ und $\overline{BC} = \overline{AC'}$ folgt $\overline{AB'} = \overline{AC'}$, d.h. A ist Mittelpunkt von B'C'. #

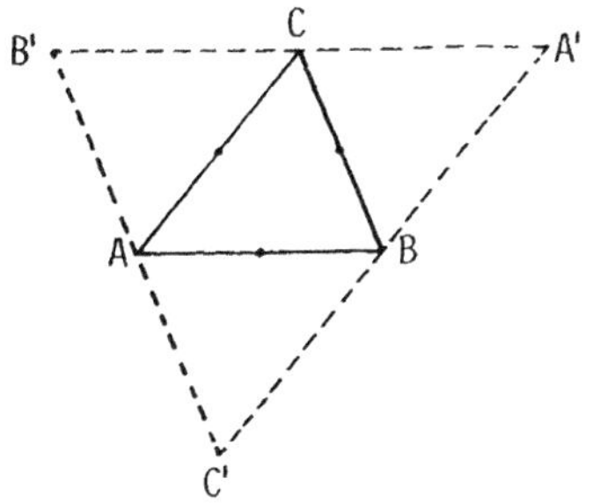

Bild 2

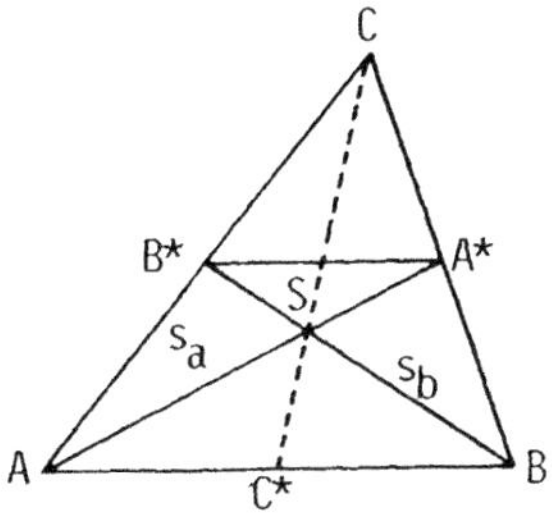

Bild 3

Ein wirklich prägnanter Beweis für die Existenz eines gemeinsamen Schnittpunktes der Seitenhalbierenden gelingt, wenn man Seitenhalbierende physikalisch als Schwerlinien deutet (vgl. hierzu Abschnitt 10.4.3.). An dieser Stelle müssen wir uns auf rein geometrische Mittel beschränken.

Wir zeichnen die Mittellinie A*B* und die Seitenhalbierenden s_a und s_b, deren Schnittpunkt mit S bezeichnet sei. Anwendung des Mittellinien- und des Strahlensatzes auf die Konfiguration in Bild 3 liefert

$$\overline{AS} : \overline{SA^*} = \overline{AB} : \overline{A^*B^*} = 2 : 1 \quad \text{und} \quad \overline{BS} : \overline{SB^*} = \overline{AB} : \overline{A^*B^*} = 2 : 1 \ .$$

BB* schneidet also AA* in demjenigen Punkt, der AA* im Verhältnis 2:1 teilt.
Analog folgt, daß auch CC* die Seitenhalbierende AA* im Verhältnis 2:1 teilt, also AA* ebenfalls im Punkt S trifft. Alle drei Seitenhalbierenden schneiden sich somit in einem Punkt, der jede Seitenhalbierende im Verhältnis 2:1 teilt. #

Führen wir eine zentrische Streckung mit dem Zentrum S und dem Faktor $-\frac{1}{2}$ aus, so wird ABC auf das Seitenmittendreieck A*B*C* abgebildet. Die Höhen in ABC werden, da zentrische Streckungen das Winkelmaß invariant lassen, in die Höhen von A*B*C* überführt, der Höhenschnittpunkt H von ABC somit in den Höhenschnittpunkt von A*B*C*. Wir haben oben gesehen, daß die Höhen des Seitenmittendreiecks die Mittelsenkrechten des großen Dreiecks sind. Die zentrische Streckung an S führt also H in M über. Aus den Eigenschaften einer zentrischen Streckung ergibt sich nun der folgende Satz:

Der Schnittpunkt S *der Seitenhalbierenden, der Schnittpunkt* H *der Höhen und der Schnittpunkt* M *der Mittelsenkrechten liegen auf einer Geraden (Eulersche Gerade).* S *teilt* HM *im Verhältnis* 2:1 .

Die Eulersche Gerade ist eindeutig bestimmt, wenn S, H und M nicht zusammenfallen. Fallen sie zusammen, dann sind die Seitenhalbierenden gleichzeitig Höhen und Mittelsenkrechte, was zur Folge hat, daß das Dreieck gleichseitig ist.

Aufgaben

1. Zeigen Sie, daß sich im Dreieck die Halbierende eines Innenwinkels und die beiden Halbierenden der nicht anliegenden Außenwinkel in einem Punkt schneiden und daß dieser Punkt Mittelpunkt eines Kreises ist, der eine Seite und die Verlängerung zweier Seiten berührt (*Ankreis*) (Bild 4). Es gibt drei Ankreise.

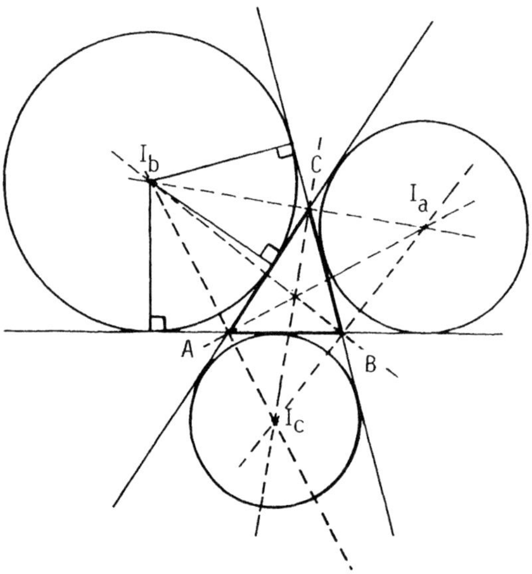

Bild 4

2. Zu konstruieren ist ein Dreieck ABC aus
   (a) den Seiten $a = \overline{BC}$, $b = \overline{AC}$ und $c = \overline{AB}$
   (b) a,b und der Seitenhalbierenden s_a

(c) a, b, s_c
(d) a, s_b, s_c
(e) a, s_a, s_c
(f) s_a, s_b, s_c

Hinweis: Gehen Sie bei der Lösung der einzelnen Aufgaben von den einfacheren zu den schweren Fällen vor.

3. In jedem gleichschenkligen Dreieck sind zwei Seitenhalbierende gleich lang. Gilt auch die Umkehrung?
Dieselbe Frage für die Höhen.

Bemerkung: Ein Dreieck, in dem zwei Winkelhalbierende gleich lang sind, ist gleichschenklig (Satz von STEINER-LEHMUS). Der Beweis ist nicht einfach zu führen. Versuchen Sie es trotzdem!
(Vgl. z.B. COXETER/GREITZER, Zeitlose Geometrie, Stuttgart 1983, S. 19-21)

4. Der Mittelpunkt des Umkreises des Seitenmittendreiecks liegt auf der Eulerschen Geraden. Begründung?
Wie liegt er zu den Punkten S, H, M?

5. Merkwürdige Punkte im Tetraeder (Analoges Problem im Raum)
Einem Dreieck in der Ebene entspricht im Raum ein Körper mit vier Ecken, ein Tetraeder, das nicht notwendig regelmäßig sein muß. Analogon der Mittelsenkrechten (Symmetrieachse) einer Strecke ist im Raum die Symmetrieebene einer Strecke (Wie lautet der Trichotomiesatz im Raum?). Zeigen Sie, daß sich die sechs Symmetrieebenen der Kanten eines beliebigen Tetraeders in einem Punkt schneiden, der Mittelpunkt der Umkugel des Tetraeders ist.
Wie sind Winkelhalbierende, Höhen und Seitenhalbierende analog zu übertragen? Schneiden sich die analogen Gebilde immer in einem Punkt?

3.4. Winkel am Kreis

Überall,wo eine Idee vorbildlich gestaltet werden sollte, hat es die mittelalterliche Dichtung in Form des Kreises getan, mit einem ruhenden Mittelpunkt und einem bewegten Umkreis, dessen Beweglichkeit dennoch von einem ruhenden Mittelpunkt bestimmt wird.

H. DE BOOR/R. NEWALD, Geschichte der deutschen Literatur von den Anfängen bis zur Gegenwart, 1966

3.4.1. Winkelbeziehungen im Gelände

Von meinem Dienstzimmer in Dortmund aus sehe ich drei markante Landzeichen: den Fernsehturm im Westfalenpark, den Richtfunkturm im Schwerter Wald und den Wasserturm auf dem Kermelberg. Bei Spaziergängen durch die freien Felder im Dortmunder Süden sind alle drei Türme ständig sichtbar, und es fällt mir deutlich auf, daß sich meine Winkelbeziehungen zu ihnen im Verlauf eines Spazierganges stetig verändern. In Ihrer eigenen Umgebung werden Sie sicherlich ähnliche Beobachtungen gemacht haben, so daß Sie auf eigene Erfahrungen zurückgreifen können, wenn nun das folgende alte Feldmesserproblem untersucht wird:

Wie kann ein unbekannter Punkt P *im Gelände bestimmt werden, wenn man die Winkel messen kann, unter denen die Strecken zwischen bekannten Punkten* A, B, C,... *von* P *aus erscheinen (Bild 1)? Wie viele Bezugspunkte braucht man dazu?*

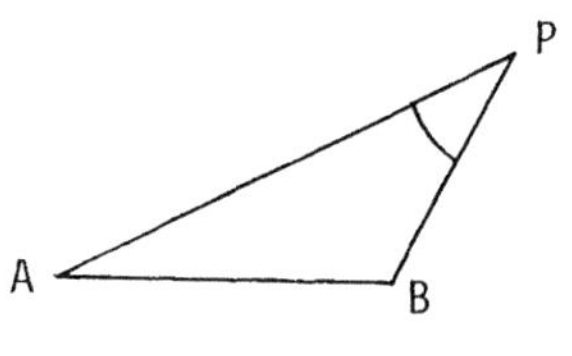

Bild 1 AB erscheint von P aus unter dem eingezeichneten Winkel ∢ APB.

Die Berechnung der Koordinaten des Punktes P in bezug auf die Koordinaten von A, B, C,... ist als *Problem von SNELLIUS-POTHENOT* bekannt (vgl. H. DÖRRIE, Triumph der Mathematik, Würzburg 1958, Problem 40, S. 197-201).

Hier betrachten wir nur eine zeichnerische Version des Problems:

Vorgegeben ist eine Landkarte. Man befindet sich mit einem Theodoliten (Präzisionsgerät zur Messung von Winkeln zwischen Richtungen) an einer unbekannten Stelle, von der aus man herausragende Landzeichen sieht, die auch in der Karte zu finden sind. Wie ermittelt man auf der Karte den eigenen Standort?

Wir simulieren das Problem auf der Zeichenebene, indem wir Punkte A, B, C,... annehmen und einen Punkt P wandern lassen. Mit der Lage von P bzgl. A, B, C,... verändern sich im allgemeinen auch ∢APB, ∢BPC, ∢APC,... Heuristisch gesehen empfiehlt es sich, zunächst nur einen dieser Winkel, etwa ∢APB, genauer zu studieren. Wir nehmen einmal an, für ihn seien 30° gemessen worden. Läßt sich daraus P bestimmen? Nein, denn man kann viele Dreiecke APB konstruieren, die bei P einen 30°-Winkel aufweisen. Man braucht dazu nur von A aus einen beliebigen Strahl s zu zeichnen, der nicht auf AB fällt, auf s einen beliebigen Punkt Q zu wählen, von Q aus unter 30° zu s einen Strahl t in die Halbebene (B,AQ) zu zeichnen und schließlich durch B eine Parallele zu t zu ziehen. Diese Parallele schneidet s in einem Punkt P so, daß ∢APB = 30°.
Sie sollten diese Konstruktion für etwa fünf verschiedene Strahlen s durchführen. Konstruktionen dieser Art, auch für andere Winkel, lassen vermuten, daß die Punkte, von denen aus AB unter einem festen Winkel erscheint, auf einem Kreisbogenpaar liegen.
Dies ergibt sich in der Tat aus dem

Umfangswinkelsatz. Seien A, B *zwei feste Punkte in der Ebene. Durch jeden Punkt* P *außerhalb* AB *kann der in der Halbebene* (P,AB) *verlaufende Bogen des Umkreises des Dreiecks* ABP *gezeichnet werden (Faßkreisbogen). Der Mittelpunkt des Umkreises sei* M. *Dann gilt: Der Winkel* APB *(Umfangswinkel von* P *bez.* AB*) ist gleich dem halben Mittelpunktswinkel, d.h. dem Winkel, den die Radien* AM *und* MB *auf der dem Kreisbogen abgewandten Seite einschließen. Die Umfangswinkel aller Punkte auf dem gleichen Faßkreisbogen über* AB *sind daher insbesondere untereinander gleich.*

Bevor wir diesen Satz beweisen, betrachten wir zum genaueren Verständnis einige Beispiele und ziehen bereits einige Folgerungen. Bild 2 zeigt die Umfangs- und Mittelpunktswinkel in drei verschiedenen Fällen. Wenn P auf dem Faßkreisbogen wandert, ist ∢APB jeweils invariant.

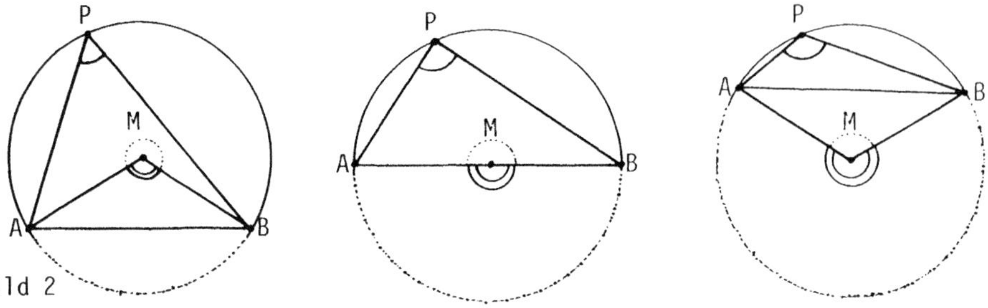

Bild 2

(a) M liegt in Halbebene (P,AB)
Umfangswinkel spitz
Mittelpunktsw. <180°

(b) M liegt auf AB
Umfangswinkel 90°
Mittelpunktsw. 180°

(c) P und M liegen auf verschiedenen Seiten von AB
Umfangswinkel stumpf
Mittelpunktsw. >180°

Beachten Sie, daß ein Kreis durch A und B von der Strecke AB (einer *Sehne* des Kreises) in zwei Bögen zerlegt wird, zu denen verschiedene Mittelpunktswinkel gehören, die zusammen 360° ergeben. Der zweite Bogen und der zu ihm gehörende Mittelpunktswinkel sind in Bild 2 punktiert eingezeichnet.

Damit Sie ein Gefühl für die Beziehungen zwischen Faßkreisbogen und Umfangswinkel bekommen, sollten Sie bei festem AB verschiedene durch A und B verlaufende Faßkreisbögen konstruieren und sich vorstellen, wie sich die Kreisbögen verändern, wenn der Mittelpunkt auf der Mittelsenkrechten von AB läuft.

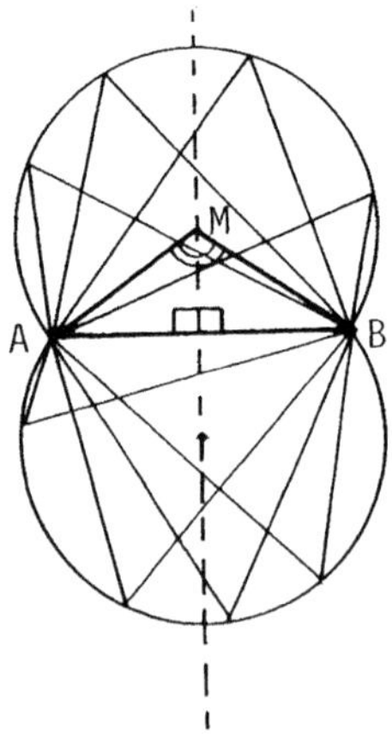

Bild 3

Jeder Punkt der oberen Halbebene liegt auf genau einem Faßkreisbogen über AB. Zu verschiedenen Faßkreisbögen gehören verschiedene Mittelpunkte und verschiedene Mittelpunktswinkel. Durch Spiegelung an AB wird jeder Faßkreisbogen auf einen zweiten abgebildet, zu dem gleichgroße Umfangswinkel gehören. Es ergibt sich daher (Bild 3):

Folgerung 1. Sei $0° < \alpha < 180°$. *Von genau den Punkten des zum Mittelpunktswinkel* 2α *gehörenden Faßkreisbogenpaares über der Sehne* AB *aus erscheint* AB *unter dem Winkel* α.

Wie kann bei vorgegebenen A, B und α das zugehörige Faßkreisbogenpaar konstruiert werden? Es genügt dazu, den Mittelpunkt M eines der beiden Bögen zu konstruieren. Dieser liegt auf der Mittelsenkrechten zu AB und ist durch den Mittelpunktswinkel 2α festgelegt. Aus 2α läßt sich $\sphericalangle$ MAB berechnen und konstruieren, dessen Schenkel MA die Mittelsenkrechte von AB gerade in M trifft. Bei der Konstruktion ist darauf zu achten, welcher der drei Fälle von Bild 1 vorliegt.

Folgerung 2. (Satz von THALES). Genau von den Punkten auf dem Kreis mit Durchmesser AB *aus (ausgenommen die Punkte* A, B*) wird* AB *unter einem rechten Winkel gesehen.*

Beweis: Zu $\alpha = 90°$ gehört ein Faßkreisbogenpaar mit dem Mittelpunktswinkel 180°. Die Mittelpunkte beider Bögen fallen daher in den Mittelpunkt von AB und sind Hälften eines einzigen Kreises, der *Thaleskreis* über AB heißt.

Folgerung 3. Ein Viereck hat genau dann einen Umkreis (m.a.W. ist ein Sehnenviereck), wenn sich je zwei gegenüberliegende Innenwinkel zu 180° *ergänzen.*

Beweis: ABCD sei ein Viereck mit Umkreis. Die Diagonale AC zerlegt den Umkreis in zwei Kreisbögen, deren Mittelpunktswinkel bez. AC sich zu 360° ergänzen. Dann ergänzen sich nach dem Umfangswinkelsatz die Innenwinkel bei D und B als zugehörige Umfangswinkel über AC zu 180°. Daß sich auch die Innenwinkel bei A und C zu 180° ergänzen, folgt aus dem Satz über die Winkelsumme im Viereck. Damit ist die eine Richtung von Folgerung 3 bewiesen.

Zum Beweis der anderen Richtung gehen wir umgekehrt von einem Viereck ABCD aus, bei dem sich gegenüberliegende Innenwinkel zu 180° ergänzen. Die Innenwinkel bei D und B fassen wir als Umfangswinkel über AC auf. Einer von ihnen ist spitz, der andere dann stumpf oder beide Winkel sind rechte Winkel. Die zugehörigen Mittelpunkte M_1 und M_2 liegen daher beide auf der gleichen Seite von AC oder fallen mit dem Mittelpunkt von AC zusammen. Nach dem Umfangswinkelsatz schließen wir, daß sich die Mittelpunktswinkel zu 360° ergänzen. Dann gilt aber $\sphericalangle AM_1C = \sphericalangle AM_2C$, und es folgt sofort $M_1 = M_2$. Die Kreisbögen durch ACD und ABD haben daher den gleichen Mittelpunkt und bilden somit einen Kreis, auf dem alle vier Ecken des Vierecks liegen. ABCD ist also ein Sehnenviereck.

Nun wenden wir uns dem Beweis des Umfangswinkelsatzes selbst zu. Wir gehen nach der heuristischen Strategie "Spezialisieren" vor (POLYA 1966): Zuerst wird ein besonders einfacher Spezialfall gelöst und dann wird die Lösung auf den allgemeinen Fall passend übertragen.

Spezialfall: M liegt auf PB (oder PA) (Bild 4a). Das Dreieck AMP ist gleichschenklig ($\overline{PM} = \overline{AM}$ = Radius des Kreises). Daher $\sphericalangle MAP = \sphericalangle MPA = \varphi$. Der Mittelpunktswinkel ist Außenwinkel des Dreiecks AMP. Wir erhalten $2\varphi+\nu = 180°$, $\nu+\mu = 180°$ und daraus sofort $\mu = 2\varphi$ (warum?).
Versuchen Sie, diese Winkelbeziehungen in Figur 4a ganzheitlich zu erfassen.

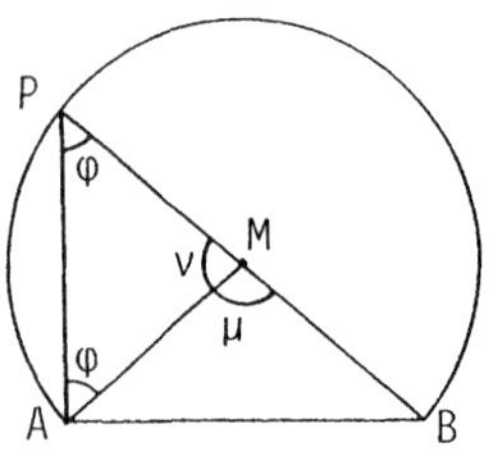

Bild 4a

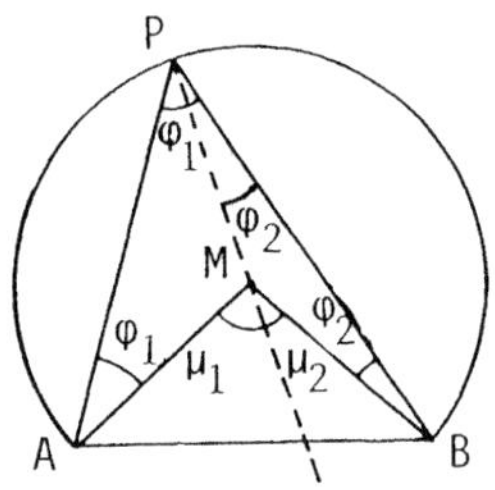

Bild 4b

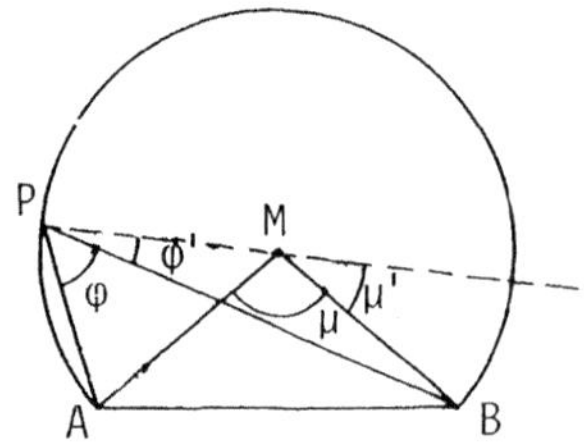

Bild 4c

Wenn M im Innern des Winkelfeldes des Umfangswinkels liegt (b) oder außerhalb (c), tritt die Situation des Falles (a) in den betreffenden Figuren zweimal auf, einmal für das gleichschenklige Dreieck AMP, das andere Mal für das gleichschenklige Dreieck BMP. Wir erhalten im Falle (b)
$\mu_1 = 2\varphi_1$, $\mu_2 = 2\varphi_2$, also $\mu = \mu_1+\mu_2 = 2(\varphi_1+\varphi_2) = 2\varphi$, im Falle (c)

$\mu+\mu' = 2(\varphi+\varphi')$, $\mu' = 2\varphi'$, also ebenfalls $\mu = 2\varphi$. #

Nach diesen theoretischen Studien zum Umfangswinkelsatz kehren wir nun wieder zu unserem Feldmesserproblem zurück: Wenn ∢ APB zu α bestimmt ist, liegt P auf der Landkarte auf dem zu α gehörenden Faßkreisbogenpaar über AB. Zur Bestimmung von P auf der Karte muß daher mindestens ein weiterer Winkel, etwa APC, gemessen und das zugehörige Faßkreisbogenpaar gezeichnet werden. Wenn die beiden Faßkreisbogenpaare mehr als einen Schnittpunkt besitzen, müssen zur Entscheidung, welcher Schnittpunkt das Bild von P auf der Karte ist, noch Informationen über die Lagebeziehung von A, B, C bez. P herangezogen werden (z.B. daß B von P aus gesehen etwa zwischen A und C liegt).

3.4.2. Die Wallace-Gerade

Als Anwendung des Umfangswinkelsatzes und seiner Folgerungen betrachten wir nun eine weitere merkwürdige Gerade. Ausgangspunkte sind ein Dreieck ABC mit Umkreis und ein Punkt P auf dem Umkreis. Wir zeichnen von P aus die Lote auf die Seiten des Dreiecks und erhalten die Fußpunkte A_0, B_0 und C_0. J. WALLACE hat 1797 entdeckt, daß A_0, B_0 und C_0 auf einer Geraden liegen, die nach ihm als *Wallace-Gerade* (von P bez. ABC) benannt ist.

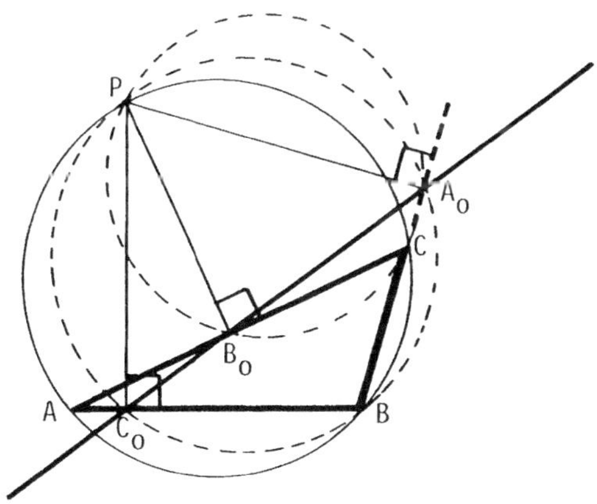

Bild 5

Beweis (Bild 5): Damit wir die vorliegenden Informationen über Winkel anwenden können, übersetzen wir die Behauptung, daß A_0, B_0, C_0 auf einer Geraden liegen, in eine Behauptung über Winkel. Wenn o.B.d.A. die Punkte P und B wie in Bild 1 auf verschiedenen Seiten von AC liegen, ist die Kollinearität von A_0, B_0 und C_0 äquivalent zu $\sphericalangle PA_0B_0 = \sphericalangle PA_0C_0$ (warum?). Wir zeigen diese Winkelbeziehung auf operativem Weg, d.h. wir transformieren $\sphericalangle PA_0B_0$ unter Beibehaltung des Maßes so, daß er schließlich in $\sphericalangle PA_0C_0$ übergeht. Hierzu ergänzen wir unsere Figur durch die Umkreise der Sehnenvierecke PB_0CA_0 und PC_0BA_0 (warum Sehnenvierecke?). Ausgehend von $\sphericalangle PA_0B_0$ lassen wir A_0 auf dem Kreis um PA_0CB_0 bis C wandern. Nach dem Umfangswinkelsatz folgt $\sphericalangle PA_0B_0 = \sphericalangle PCB_0$. Da A auf B_0C, gilt $\sphericalangle PCB_0 = \sphericalangle PCA$. Nun lassen wir C auf dem Umkreis von ABC nach B wandern: $\sphericalangle PCA = \sphericalangle PBA$. Da C_0 auf AB, erhalten wir weiter $\sphericalangle PBA = \sphericalangle PBC_0$. Schließlich lassen wir B auf dem dritten Kreis um PC_0BA_0 bis A_0 wandern und erhalten $\sphericalangle PBC_0 = \sphericalangle PA_0C_0$. Insgesamt folgt $\sphericalangle PA_0B_0 = \sphericalangle PA_0C_0$, wie behauptet.

Literatur

Polya, G., Vom Lösen mathematischer Aufgaben. Bd. 1, Basel-Stuttgart 1966, S. 157-160

Aufgaben

1. Bild 6 zeigt maßstabstreu die gegenseitige Lage des Dortmunder Fernsehturms, des Richtfunkturms im Schwerter Wald und des Wasserturms auf dem Kermelberg. Die Strecke Fernsehturm-Richtfunkturm sehe ich von meinem Dienstzimmer aus unter 27,7°, die Strecke Richtfunkturm-Wasserturm unter 78,7°. Konstruieren Sie im Lageplan den Punkt, an dem sich unser Mathematikgebäude befindet. Wie viele Schnittpunkte ergeben Ihre Kreisbogenpaare? Weitere Information: Den Richtfunkturm sehe ich zwischen den beiden anderen Türmen liegen, der Fernsehturm liegt links.

Bild 6

2. Zeichnen Sie einen Kreis, eine Sehne AB und halbieren Sie die Umfangswinkel, deren Scheitel auf einem der beiden Faßkreisbögen liegen, in die der Kreis durch AB zerlegt wird. Zeigen Sie mit Hilfe des Umfangswinkelsatzes, daß alle Winkelhalbierenden durch einen festen Punkt gehen (welchen?).

Bemerkung. Dieser Sachverhalt kann für die knifflige Aufgabe ausgenützt werden, ein Dreieck aus s_c, w_γ und h_c zu konstruieren.

3. (Beweisanalyse) Der Beweis über die Wallace-Gerade stützt sich auf Lagebeziehungen zwischen A_o, B_o und C_o, die sich aus Bild 5 anschaulich ergeben. Analysieren Sie genauer, wie A_o, B_o und C_o in Abhängigkeit von P liegen.

4. Auf den Seiten AB, BC und AC eines Dreiecks ABC wird je ein Punkt gewählt (der Reihe nach mit D, E, F bezeichnet), und es werden die Umkreise der Dreiecke DAF, EBD und FCE gezeichnet. Beweisen Sie, daß sich die Kreise in einem Punkt schneiden (Miquelscher Punkt).

5. Ausgehend von Bild 5 drehen wir die von P auf die Seiten gefällten Lote im negativen Sinn jeweils so weit, daß sie mit den Seiten einen Winkel von 30° (oder einen anderen festen Winkel) einschließen (Bild 7).

Vermutung? Beweis?

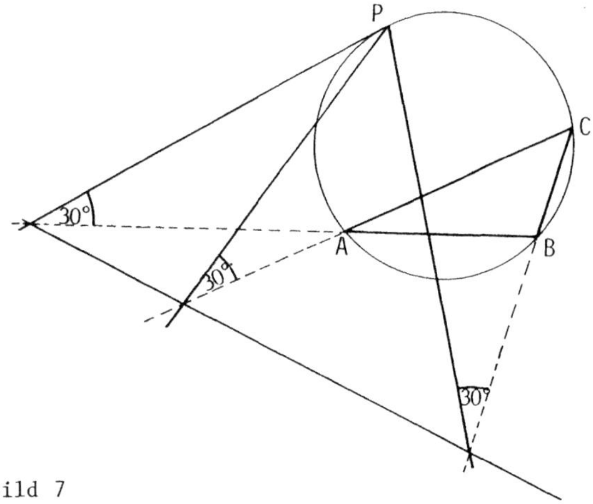

Bild 7

6. F. Wille erwähnt in seinem Buch "Humor in der Mathematik" (S. 18) folgende Aufgabe, die der Mathematiker Rellich in seiner Analysis-Vorlesung gestellt haben soll: "Trost und Moral in der Mathematik. Ein Student geht auf der Weender Straße in Göttingen hinter einem Mädchen mit auffallend schönen Beinen her. Frage: In welcher Entfernung muß der Student hinter dem Mädchen hergehen, um die Beine, soweit sie unter dem Rock hervorschauen, unter dem größtmöglichen Blickwinkel zu sehen? Die Höhe des Rocksaumes über dem Erdboden sei dabei 60 cm und die Augenhöhe des Studenten 178 cm.
Rellich pflegte hinzuzufügen: 'Der Trost dabei ist, daß die gesuchte Entfernung nicht Unendlich ist und die Moral, daß sie nicht Null ist.'"
Zeigen Sie, daß man die Aufgabe auch mit elementarer Geometrie lösen kann.

7. Beweisen Sie mit Hilfe des Umfangswinkelsatzes und des Ähnlichkeitssatzes aus 2.8.5. die folgenden Sätze:
<u>Sehnensatz</u>: Ist P ein Punkt im Innern eines Kreises und sind AB, CD zwei Sehnen, die sich in P schneiden, dann gilt
$$\overline{PA}\cdot\overline{PB} = \overline{PC}\cdot\overline{PD} .$$
<u>Sekantensatz</u>: Ist P ein Punkt im Äußeren eines Kreises, sind ferner AB und CD die von zwei Geraden (Sekanten) durch P ausgeschnittenen Sehnen des Kreises, dann gilt
$$\overline{PA}\cdot\overline{PB} = \overline{PC}\cdot\overline{PD} .$$

3.5. Der Satz des Pythagoras

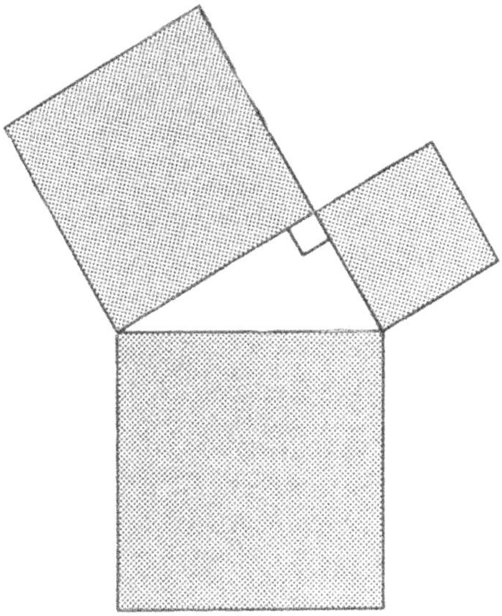

Die Geometrie besitzt zwei große Schätze: einer ist der Satz von Pythagoras, der andere die Teilung einer Strecke nach dem äußeren und mittleren Verhältnis. Den ersten dürfen wir mit einem Scheffel Gold vergleichen; den zweiten nennen wir ein kostbares Juwel.

JOHANNES KEPLER (1571-1630)

In jedem rechtwinkligen Dreieck ist der Inhalt des Quadrats über der längsten Seite (der Hypotenuse) gleich der Summe der Inhalte der Quadrate über den beiden anderen Seiten (den Katheten) (Satz des PYTHAGORAS).

Mit Hilfe dieses Satzes kann man stets die Länge der dritten Seite eines rechtwinkligen Dreiecks bestimmen, wenn die Längen der beiden anderen Seiten bekannt sind. Diese Situation tritt in der elementaren Geometrie und ihren Anwendungen sehr oft auf, weil vielfach Informationen über Längen von Strecken gegeben sind und sich häufig rechtwinklige Dreiecke ausfindig machen oder einführen lassen.

Wegen seines Reichtums an innermathematischen Bezügen und Anwendungen stellt der Satz zweifellos den Höhepunkt des Geometrieunterrichts der Mittelstufe dar. Generationen von Schülern haben sich volens nolens mit ihm beschäftigt, und vielen ist "der Pythagoras" ihr ganzes Leben lang als Inbegriff eines mathematischen Satzes im Gedächtnis geblieben.

Der Satz trägt seinen Namen nach dem griechischen Naturphilosophen PYTHAGORAS, der um 500 v.Chr. lebte und geistiger Führer einer Art philosophisch-religiöser Sekte (der "Pythagoreer") war (vgl. VAN DER WAERDEN, 1978). PYTHAGORAS hat den Satz aber nicht entdeckt, sondern allenfalls einen der ersten Beweise geliefert. Die Aussage des Satzes war schon den alten Babyloniern, Ägyptern, Indern und Chinesen bekannt.

Der "Pythagoras" und die mit ihm zusammenhängenden Sätze sind Jahrhunderte lang auch Gegenstand didaktischer Bemühungen gewesen. Insbesondere wurde eine Vielzahl von Beweisen entwickelt. LOOMIS (1968) gibt mehr als 200 Beweise an. Einer der einfachsten Beweise, ein auf indische Quellen zurückgehender Zerlegungsbeweis, soll im folgenden ausgearbeitet werden. Wir folgen dabei dem heuristischen Zugang A.C. CLAIRAUTs in dessen berühmtem Lehrbuch "Eléments de Géometrie" von 1743 und einer Idee von H.-J. Sander.

Die Aufgabe, zwei Quadrate in ein einziges flächengleiches Quadrat zu verwandeln, läßt sich leicht lösen, wenn die beiden Quadrate kongruent sind (Bild 1).

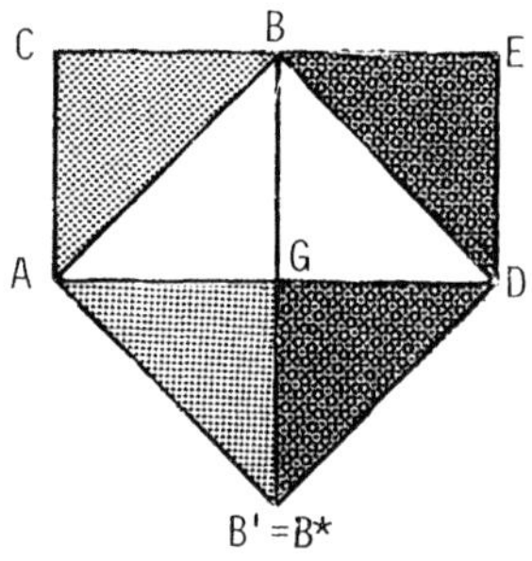

Bild 1

Man zeichnet die Diagonalen AB und DB. Auf das Dreieck ABC wendet man die 270°-Drehung um A entgegen dem Uhrzeiger an. Wegen $\overline{AC} = \overline{AG}$ und $\measuredangle$ GAC = 90° geht C in G über. Sei B' das Bild von B. Dann ist $\measuredangle$ AGB' = $\measuredangle$ ACB = 90° . B' liegt also auf der Senkrechten zu AD durch G,

und es gilt $\overline{GB}' = \overline{CB} = \overline{BG}$.
Auf das Dreieck DBE wird nun analog eine 270°-Drehung um D im Uhrzeigersinn angewendet, die dann E in G überführt. Das Bild B* von B genügt wegen $\sphericalangle DEB = 90° = \sphericalangle DGB^*$ und $\overline{EB} = \overline{GB^*} = \overline{GB}$ den gleichen Bestimmungen wie B', d.h. B geht auch bei dieser Drehung um D in B' über: Die Figur "schließt sich" in B' = B* .
Die Seiten des Vierecks AB'DB sind gleichlang und alle Innenwinkel betragen 90° (warum?). Also ist AB'DB ein Quadrat. Offenbar (?) besitzt es denselben Flächeninhalt wie die ursprünglichen Quadrate zusammen.
Gehen wir nun von Quadraten mit den Seitenlängen a, b aus, wobei $a > b$ sei. Eine strikte Übertragung des Verfahrens von Bild 1 führt zu einer Figur, die sich nicht schließt (Bild 2):

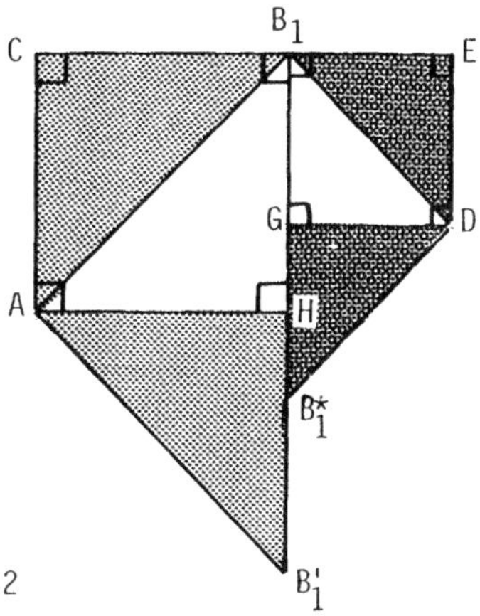

Bild 2

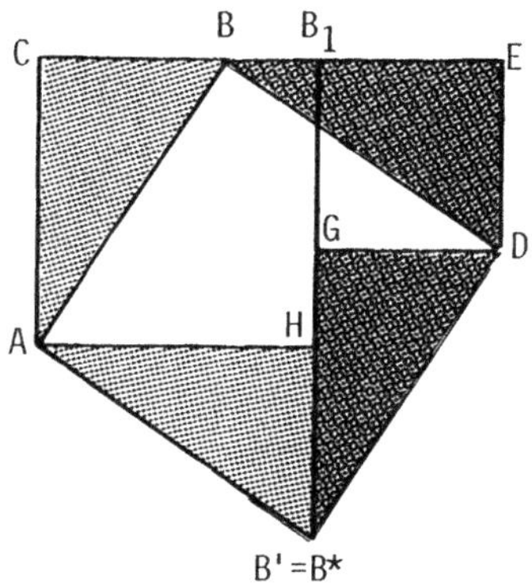

Bild 3

HB_1', das Bild von CB_1 bei der Drehung um A, ist gegenüber GB_1^*, dem Bild von EB_1 bei der Drehung um D , zu lang. Daher liegt es nahe, die Abspaltung zweier Dreiecke anstatt von B_1 aus, von einem anderen Punkt B auf CB_1 aus zu versuchen. Untersuchen Sie die Figur bei verschiedenen Lagen von B. Was ist zu tun, damit sich die Figur schließt? Antwort: Man muß B so wählen, daß $\overline{GB^*} = \overline{GH} + \overline{HB'}$ ist, woraus man wegen der Längeninvarianz bei Drehungen auf

$$(*) \quad \overline{EB} = (a - b) + \overline{CB}$$

schließt.
Die gesuchten Längen $\overline{EB}$ und $\overline{CB}$ genügen trivialerweise auch der Beziehung

$$(**) \quad \overline{EB} + \overline{CB} = a + b$$

Aus (*) und (**) berechnet sich $\overline{EB}$ zu a und $\overline{CB}$ zu b. B ergibt sich also, wenn man die kürzere Quadratseite von C aus auf der längeren Quadratseite CB_1 abträgt.
Überzeugen Sie sich genau davon, daß sich die Figur bei dieser Wahl von B schließt (Bild 3), und auch davon, daß AB'DB wirklich ein Quadrat ist. Es genügt (?) nachzuweisen, daß $\sphericalangle$ BAB' = 90° = $\sphericalangle$ BDB' und $\overline{AB} = \overline{AB'}$, $\overline{DB} = \overline{DB'}$ ist.
Wir haben die beiden Quadrate durch Drehungen in ein einziges Quadrat verwandelt. Was ist dabei mit dem Flächeninhalt geschehen? An Hand von Bild 3 sieht man, daß das große Quadrat sich puzzleartig aus den gleichen Teilfiguren zusammensetzt wie die beiden kleinen Quadrate zusammen, nämlich aus zwei Dreiecken und einem Fünfeck. Das große Quadrat ist <u>zerlegungsgleich</u> zu den beiden kleinen Quadraten und hat daher den gleichen Flächeninhalt.
Um zum Satz des Pythagoras zu gelangen, braucht man nur zu beachten, daß a, b die Katheten und $\overline{AB} = c$ die Hypotenuse des rechtwinkligen Dreiecks ABC sind und daß sich die Figur in Bild 3 ausgehend von ABC rekonstruieren läßt: Für ABC darf ein beliebiges rechtwinkliges Dreieck mit $\overline{AC} \geqq \overline{BC}$ gewählt werden. #

Bild 3 läßt sich noch weiter ausbeuten. Bei der Translation, die B in D überführt, gehen A in B' und C in G über (warum?). Daher ist CG parallel zu BD und CG steht auf AB und B'D senkrecht (?). Es folgt, daß K (= Schnittpunkt von CG mit AB) bei dieser Translation in L (= Schnittpunkt von CG mit B'D) übergeht. Die Dreiecke AKC und B'LG sind als Original und Bild bei der Translation kongruent (Bild 4).

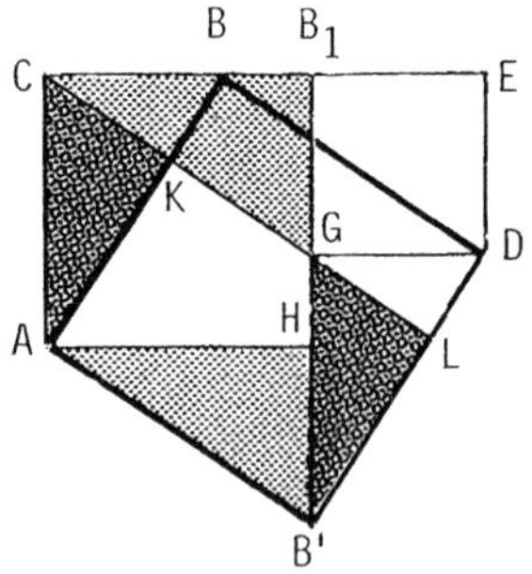

Bild 4

Auch die Dreiecke CB_1G und AHB' sind kongruent (warum?). Das Quadrat AHB_1C setzt sich aus den Dreiecken AKC und GCB_1 sowie dem Viereck AHGK, das Rechteck AB'LK aus den Dreiecken B'LG und AHB' sowie ebenfalls aus dem Viereck AHGK zusammen. Wegen der Kongruenz entsprechender Teile der Zerlegungen sind also das Kathetenquadrat AHB_1C und das Rechteck AB'LK zerlegungs- und damit inhaltsgleich.
Aus dem soeben gewonnenen Ergebnis und dem Satz des Pythagoras folgt auch noch, daß das kleine Kathetenquadrat inhaltsgleich zu dem Rechteck KLDB ist.
CK ist die Höhe im rechtwinkligen Dreieck ABC. Man nennt AK den zur Kathete AC gehörenden *Hypotenusenabschnitt*. BK ist der zur Kathete BC gehörende Hypotenusenabschnitt. Damit können wir unsere Ergebnisse in der üblichen Weise formulieren als

Kathetensatz von EUKLID. Das Quadrat über einer Kathete eines rechtwinkligen Dreiecks ist inhaltsgleich dem Rechteck aus der Hypotenuse und dem zugehörigen Hypotenusenabschnitt.

Wir haben den Satz des Pythagoras aus der Lösung der Aufgabe entwickelt, zwei Quadrate in ein einziges Quadrat zu verwandeln. In diesem Sinn können wir den Kathetensatz zur konstruktiven Lösung der Aufgabe verwenden, ein Rechteck in ein inhaltsgleiches Quadrat zu verwandeln oder umgekehrt ein Quadrat in ein inhaltsgleiches Rechteck, von dem eine Seite vorgegeben ist. In Kapitel 8 werden wir auf solche Fragen zurückkommen.

Literatur

Lietzmann, W., Der Pythagoräische Lehrsatz. Leipzig und Berlin 1912

Loomis, E.S., The Pythagorean Proposition. Washington, D. C. 1968

van der Waerden, B.L., Die Pythagoreer. Zürich 1978

Aufgaben

1. (Verallgemeinerung). Versuchen Sie ein beliebiges Vieleck in ein doppelt (halb) so großes ähnliches zu verwandeln. Betrachten Sie ggf. Spezialfälle.

2. Wo liegt in Bild 3 der Mittelpunkt des Quadrates AB'DB?

3. (Umkehrung des Satzes von Pythagoras). Zeigen Sie: Wenn in einem Dreieck die Seiten a, b, c der Gleichung $a^2+b^2 = c^2$ genügen, ist das Dreieck rechtwinklig. (Vorsicht vor Zirkelschlüssen!)

4. (Beweisanalyse). Bei den Beweisen dieses Abschnitts wurden mehrfach Schlüsse derart gezogen, daß zwei Strecken gleich lang sind. Worauf beruhten diese Schlüsse jeweils?

5. (Vertiefung des hier geführten Beweises). Wir setzen zwei Quadrate wie in Bild 2 aneinander. Zeigen Sie, daß sich die Ebene mit dieser zusammengesetzten Figur parkettieren läßt (Bild 5).

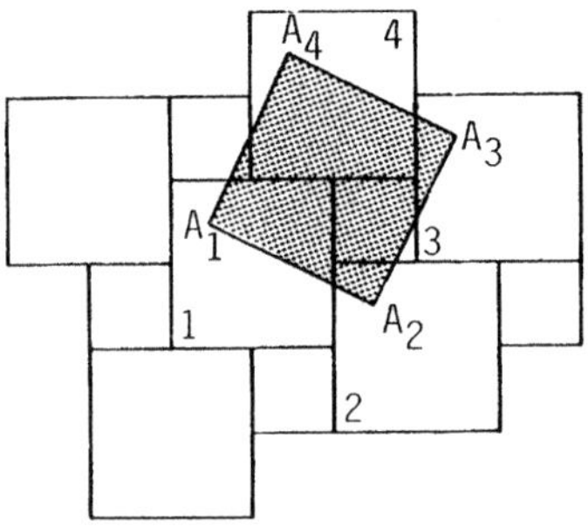

Bild 5

Wir wählen nun ein kleines Quadrat aus und betrachten die vier benachbarten großen Quadrate 1, 2, 3, 4. In 1 wählen wir einen beliebigen Punkt A_1. Bei der Verschiebung, die 1 in 2 überführt, geht A_1 in A_2 über. 2 verschieben wir nun in 3 ($A_2 \to A_3$), anschließend 3 in 4 ($A_3 \to A_4$). Zeigen Sie, daß $A_1A_2A_3A_4$ ein Quadrat und daß sein Inhalt gleich der Summe der Inhalte der beiden ursprünglichen Quadrate ist.
Wählen Sie speziell für A_1 den Mittelpunkt von Quadrat 1.
Wie muß man A_1 wählen, damit die Situation von Bild 3 entsteht?

6. Beweisen Sie den Tangentensatz: Ist P ein Punkt im Äußern eines Kreises, ferner CD die von einer Sekante durch P ausgeschnittene Kreissehne und B der Berührpunkt einer Tangente durch P an den Kreis, dann gilt

$$\overline{PB}^2 = \overline{PC} \cdot \overline{PD} \ .$$

Tip: Wählen Sie speziell die Sekante durch den Mittelpunkt M des Kreises, und ziehen Sie den Satz von Pythagoras sowie den Sekantensatz (3.4., Aufg. 7) heran.

3.6. Der goldene Schnitt

> "Unmöglich bedunkt mich, so Einer spricht, er wisse die beste Mass in menschlicher Gestalt anzuzeigen. Denn die Lügen ist in unsrer Erkenntnus, und steckt die Finsternuss so hart in uns, daß auch unser Nachtappen fehlgeht. Welches aber durch die Geometrie sein Ding beweist und die gründliche Wahrheit anzeigt, dem soll alle Welt glauben. Dann da ist man gefangen, und ist billig ein Solicher als von Gott begabt für ein Meister in Solchem zu halten. Und derselben Ursachen ihrer Beweisung sind mit Begierden zu hören, und noch fröhlicher ihre Werk zu sehen."
>
> A. DÜRER, Proportionslehre, 1528

Das künstlerische und technische Schaffen der Menschen ist von Alters her durchdrungen gewesen von der Suche nach dem rechten Maß; dem rechten Maß als Grund für die Zweckmäßigkeit eines Werkzeugs, als Quelle der ästhetischen Schönheit eines Kunstwerks oder einfach als Ausdruck der Harmonie zwischen Mensch und Kosmos. Bis zu den Anfängen des menschlichen Denkens geht der Glaube zurück, daß sich das jeweils rechte Maß mathematisch ausdrücken lassen müßte. Tiefstes Zeugnis hierfür ist wohl JOHANNES KEPLERs Buch "Weltharmonie" von 1619.

Die Übereinstimmung zwischen Realität und Mathematik zeigt sich freilich meist nicht so klar wie in der frühen abendländischen Musik, wo man entdeckte, daß wohlklingenden Akkorden einfache Teilverhältnisse schwingender

Seiten entsprechen. Aber es gibt in den verschiedensten Bereichen viele Beispiele für erstaunlich gute näherungsweise Verkörperungen einfacher mathematischer Maßbeziehungen.

Das vielleicht legendärste Maßprinzip ist der goldene Schnitt. Man bezeichnet damit die Teilung einer Strecke derart, daß sich die längere Teilstrecke zur kürzeren so verhält wie die Gesamtstrecke zur längeren Teilstrecke. Wie wir zeigen werden, ist der numerische Wert dieses Teilverhältnisses $\frac{1}{2}(\sqrt{5} + 1) = 1{,}618\ldots$. Als mathematisches Maßprinzip war der goldene Schnitt schon den Griechen bekannt. EUKLID gibt in den Büchern II und IV der "Elemente" eine eingehende Darstellung der "stetigen Teilung" (vgl. auch ARTMANN 1982). Als künstlerisches Prinzip wurde dieses Teilverhältnis erst in der Renaissance richtig entdeckt. KEPLER bezeichnete die "Teilung nach dem mittleren und äußeren Verhältnis" als "sectio divina" (göttlicher Schnitt) und verherrlichte sie als ewige Idee des Schöpfers. Erst später setzte sich der Name "goldener Schnitt" allgemein durch.

Bild 1 Knidische Aphrodite von Praxiteles

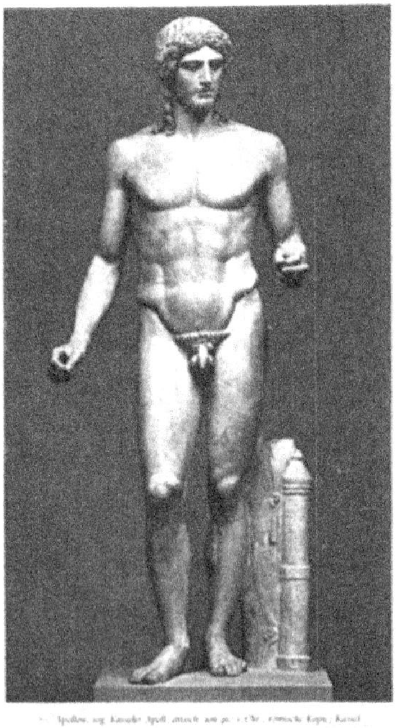

Bild 2 Apoll von Phidias (Kasseler Apoll)

Proportionen, die dem goldenen Schnitt entsprechen, gibt es in Natur, Kunst und Technik in großer Zahl. Beispielsweise wird beim menschlichen Körper die Gesamtlänge vom Scheitel bis zur Sohle durch den Nabel (als Grenze von Ober- und Unterkörper) in etwa im goldenen Schnitt geteilt. Bei griechischen Statuen (Bilder 1, 2) ist dieses Verhältnis recht genau realisiert.

Auch bei der weiteren Untergliederung des Körpers stößt man auf "goldene" Verhältnisse. Z.B. wird die Strecke Nabel-Sohle durch die Fingerspitzen der herabhängenden Hände entsprechend geteilt. An der Hand findet man den goldenen Schnitt bei je zwei aufeinanderfolgenden Gliedern eines Fingers. Der berühmte Architekt LE CORBUSIER hat um 1920 aus diesen menschlichen Proportionen ein eigenes Maßsystem, den Modulor, entwickelt. Aus der Fülle weiterer Beispiele erwähnen wir nur noch ein besonders überraschendes: die Verwendung des goldenen Schnittes als Formprinzip in der Musik BELA BARTOKS (vgl. SZABOLCI 1972, S. 117-123).

Bei der nun folgenden mathematischen Analyse betrachten wir der Reihe nach die Berechnung und die konstruktive Behandlung des goldenen Schnitts, die Irrationalität des goldenen Teilverhältnisses sowie die Realisierung des goldenen Schnitts beim Pentagramm.

3.6.1. Berechnung des goldenen Teilverhältnisses

Für den Mittelpunkt M einer Strecke AB gilt $\overline{AM}:\overline{MB} = 1:1 = 1$ und $\overline{AB}:\overline{AM} = 2:1 = 2$. Wenn wir einen Punkt P von M aus nach B wandern lassen, wird das Verhältnis $\overline{AP}:\overline{PB}$ stetig größer und erreicht beliebig große Werte. Das Verhältnis $\overline{AB}:\overline{AP}$ nimmt stetig ab und erreicht im Grenzfall P = B den Wert 1. Es muß daher auf AB genau einen Punkt G geben, für den die beiden Verhältnisse gleich werden,

$$\overline{AG} : \overline{GB} = \overline{AB} : \overline{AG}.$$

Die längere Teilstrecke verhält sich dann zur kürzeren wie die Gesamtstrecke zur längeren Teilstrecke. Man sagt: G *teilt* AB *im goldenen Schnitt* (Bild 3).

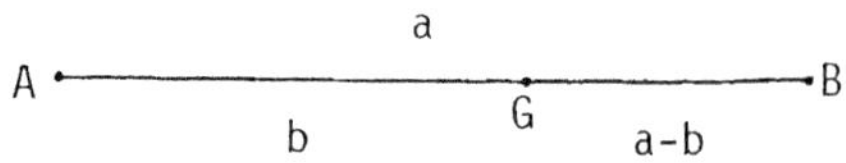

Bild 3

Wir setzen $a = \overline{AB}$, $b = \overline{AG}$ und können daher die Teilung im goldenen Schnitt durch

(1) $$\frac{b}{a-b} = \frac{a}{b} \quad \text{oder} \quad b : (a-b) = a : b$$

ausdrücken. Das goldene Teilverhältnis bezeichnet man in Verweis auf den griechischen Bildhauer Phidias, der den goldenen Schnitt als Maßprinzip verwendet haben soll, mit dem griechischen Buchstaben ϕ.
Zur Berechnung von ϕ kürzen wir den Bruch auf der linken Seite von (1) mit b und erhalten

$$\frac{1}{\frac{a}{b} - 1} = \frac{a}{b} .$$

Wenn wir noch die Seiten vertauschen und $\phi = \frac{a}{b}$ einsetzen, ergibt sich

(2) $$\phi = \frac{1}{\phi - 1} .$$

Multiplikation beider Seiten von (2) mit $\phi-1$ führt auf die quadratische Gleichung

(2') $$\phi^2 - \phi = 1$$

die wir durch quadratische Ergänzung lösen:

$$\phi^2 - \phi + (\tfrac{1}{2})^2 = 1 + (\tfrac{1}{2})^2$$

$$(\phi - \tfrac{1}{2})^2 = \frac{5}{4}$$

Wegen $\phi > 1$ ist $\phi - \frac{1}{2}$ positiv und wir erhalten aus der quadratischen Gleichung als einzige sinnvolle Lösung $\phi = \frac{1}{2}(\sqrt{5}+1)$.
Mit Hilfe des Taschenrechners findet man für ϕ den approximativen Wert 1,618033... .

Der Kehrwert $\frac{1}{\phi}$ drückt das Verhältnis der kürzeren zur längeren Teilstrecke aus. Der Gleichung (2) entnehmen wir $\frac{1}{\phi} = \phi-1 = 0,618033...$. ϕ und $\frac{1}{\phi}$ stimmen also in der Dezimalbruchentwicklung nach dem Komma überein. Algebraisch berechnet sich $\frac{1}{\phi}$ zu

$$\frac{1}{\phi} = \frac{1}{\frac{1}{2}(\sqrt{5}+1)} = \frac{2}{\sqrt{5}+1} = \frac{2(\sqrt{5}-1)}{4} = \frac{1}{2}(\sqrt{5}-1)$$

3.6.2. Konstruktive Behandlung des goldenen Schnitts

Wir multiplizieren nun beide Seiten von (1) mit b (a-b) und erhalten

$$b^2 = a^2 - ab .$$

Durch einfache Umformungen, ähnlich wie oben, gelangen wir zu

$$a^2 + (\frac{a}{2})^2 = (b+\frac{a}{2})^2 .$$

Der Satz des Pythagoras erlaubt uns, diese Gleichung geometrisch zu interpretieren: Wenn wir ein rechtwinkliges Dreieck ABC mit den Katheten a und $\frac{a}{2}$ zeichnen, hat die Hypotenuse AC die Länge $b+\frac{a}{2}$. Wir brauchen also AC nur um $\frac{a}{2}$ zu verkürzen, um b und damit den goldenen Teilpunkt G zu erhalten.

Die entsprechende Konstruktion zur Teilung einer Strecke a im goldenen Schnitt (Bild 4) geht bereits auf HERON von Alexandria (um 100 v.Chr.) zurück (vgl. auch Bild 1).

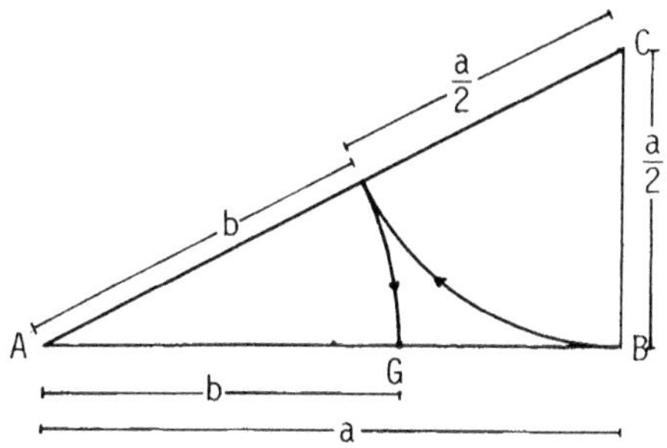

Bild 4

3.6.3. Das Pentagramm

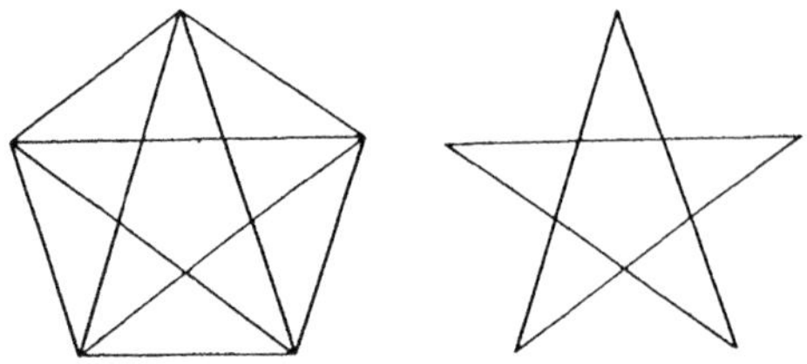

Bild 5

Die Diagonalen eines regelmäßigen Fünfecks bilden ein regelmäßiges Sternfünfeck, das *Pentagramm*. Dieser Figur wird von Alters her große Symbolkraft zugeschrieben. Unter den geheimnisvollen Zeichen der Pythagoreer erscheint sie als Zeichen der Gesundheit. Als Drudenfuß diente sie im Mittelalter zur Abwehr böser Geister (vgl. z.B. Goethe, Faust, 1. Teil, Studierzimmer-Szene). Heute wird der Fünfstern vielfach als Staatssymbol verwendet und erscheint dementsprechend auf vielen Flaggen. Die Flagge Marokkos zeigt ein grünes Pentagramm auf rotem Grund. Der rote Stern taucht in den Flaggen der kommunistischen Staaten auf, der weiße in der Flagge der USA. Ein Kreis mit 12 gelben Fünfsternen auf blauem Grund ziert die Flagge der Europäischen Gemeinschaft.

Das reguläre Fünfeck hat folgende bemerkenswerte Eigenschaft:

Seite und Diagonale stehen im Verhältnis des goldenen Schnitts.

Dies wollen wir als nächstes beweisen. Wir konstruieren ein reguläres Fünfeck ausgehend von einem Kreis mit Mittelpunkt M, indem wir fünf Radien MA,...,ME so einzeichnen, daß sie den Vollwinkel von 360° bei M in fünf gleiche Teilwinkel von je 72° teilen (Bild 6).

Durch Anwendung des Satzes von der Winkelsumme im Dreieck und des Basiswinkelsatzes sowie unter Ausnützung der Symmetrie der Figur berechnet man von 72° aus der Reihe ①,②,③,④ nach die in Bild 6 eingezeichneten Winkelmaße 54°, 108°, 36°.

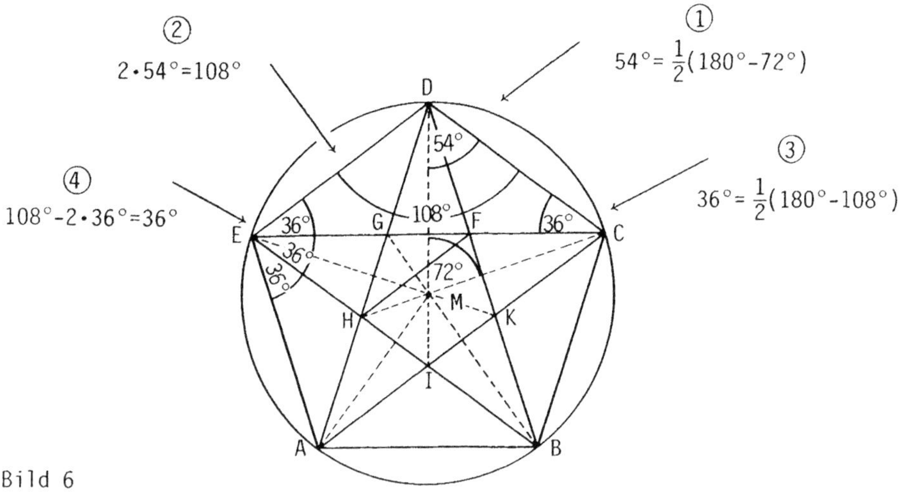

Bild 6

Aus Symmetriegründen betragen natürlich alle Innenwinkel des Fünfecks 108°, und die von einer Ecke ausgehenden Diagonalen zerlegen den betreffenden Innenwinkel in gleich große Teilwinkel von je 36°. Außerdem haben alle Seiten des Fünfecks die gleiche Länge s_5, alle Diagonalen die gleiche Länge d_5.

Ebenfalls aus Symmetriegründen ist das "kleine" Fünfeck FGHIK regulär, M ist sein Mittelpunkt und die Verbindungsstrecken AF, BG, CH, DI, EK schneiden sich in M. Wir finden also in FGHIK dieselben Winkelgrößen wieder, die wir bei ABCDE berechnet haben.

Aus den hergeleiteten Winkelbeziehungen ergeben sich nun Folgerungen für Strecken.

Im Dreieck DEH ist $\sphericalangle$ DEH = 2 · 36° = 72° und $\sphericalangle$ DHE = 180° - 108° = 72°. Also folgt nach dem Basiswinkelsatz $\overline{DH} = \overline{DE} = s_5$ und weiter aus Symmetriegründen $\overline{DK} = s_5$ und $\overline{GA} = s_5$. Für $\overline{DG}$ erhalten wir $\overline{DG} = \overline{DA}-\overline{GA} = d_5-s_5$ und wieder wegen der Symmetrie auch $\overline{DF} = d_5 - s_5$. Die gewünschte Gleichung

$$s_5 : (d_5 - s_5) = d_5 : s_5$$

würde sich nun aus dem Strahlensatz, angewandt auf die Figur DAHKF ergeben (Bild 7), wenn wir wüßten, daß HF parallel zu AK wäre.

Dies ist aber der Fall, denn $\sphericalangle$ DHF = 36° = $\sphericalangle$ DAK, was nach dem Stufenwinkelsatz in der Tat die Parallelität von HF und AK nach sich zieht.

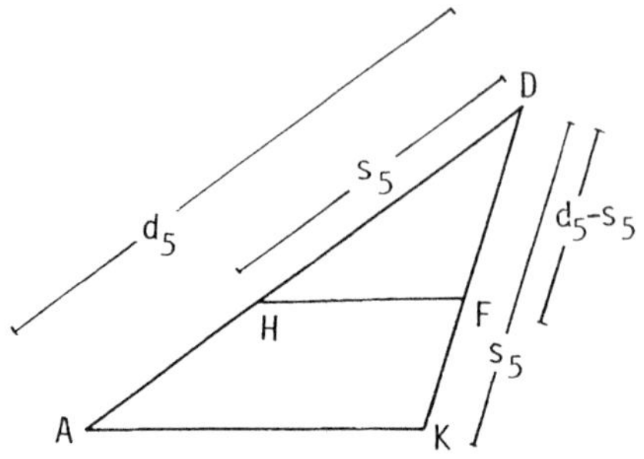

Bild 7

Wir haben damit bewiesen

(3) $d_5 : s_5 = \phi$, $d_5 = \phi \cdot s_5$

d.h. Diagonale und Seite des regelmäßigen Fünfecks stehen im Verhältnis des goldenen Schnitts.

Mit Hilfe dieses schönen Ergebnisses wollen wir nun einen Satz beweisen, der auf EUDOXOS (4. Jhdt. v.Chr.) zurückgeht und eine klassische Konstruktion mit Zirkel und Lineal zur Einbeschreibung eines regelmäßigen Fünfecks und eines regelmäßigen Zehnecks in einen gegebenen Kreis begründet: *Die Seiten s_5, s_6 und s_{10} des einem Kreis einbeschriebenen regulären Fünfecks, Sechsecks und Zehnecks stehen in der Pythagoras-Beziehung*

$$s_5^2 = s_6^2 + s_{10}^2 .$$

Beweis:

In Fortsetzung von Bild 6 betrachten wir Bild 8. Wir wissen schon (vgl. 1.2.), daß s_6 gleich dem Radius r des Umkreises von ABCDE ist.
Wenn wir AF,BG,...,EK verlängern, erhalten wir auf dem Kreis die Punkte S, T, U, V, W, welche ABCDE aus Symmetriegründen zu einem regulären Zehneck ergänzen.

Der Beweis des Satzes von EUDOXOS beruht nun darauf, daß wir in Bild 8 drei Paare ähnlicher Figuren ausfindig machen.
Erstens ist $\measuredangle DMS = \frac{1}{2}\measuredangle DMC = 36°$, so daß das gleichschenklige Dreieck DMS zu dem gleichschenkligen Dreieck DAC ähnlich ist. Wir erhalten

$$\overline{DA}:\overline{DC} = \overline{DM}:\overline{DS} \text{ , d.h. } \frac{d_5}{s_5} = \frac{r}{s_{10}} .$$

Mit Hilfe von (3) ergibt sich daraus

(4) $$s_{10} = \frac{1}{\phi}r \ (= \frac{1}{\phi}s_6) \ .$$

In Worten: s_6 *und* s_{10} *stehen ebenfalls im Verhältnis des goldenen Schnitts.*

Zweitens geht das kleine Fünfeck FGHIK aus dem großen Fünfeck ABCDE durch eine zentrische Streckung mit Zentrum M hervor und ist damit ähnlich zu ihm.

Da B in G und C in H überführt wird, berechnet sich der Verkleinerungsfaktor unter Beachtung von Bild 7 und (3) zu

$$\overline{GH}:\overline{BC} = (\overline{DA}-2\overline{DG}):\overline{BC} = (d_5-2(d_5-s_5)):s_5 = (2s_5-d_5):s_5 = 2 - \frac{d_5}{s_5} = 2 - \phi \ .$$

MA geht bei dieser zentrischen Streckung in MF über. Daher gilt auch

(5) $$r' : r = \overline{MF} : \overline{MA} = 2 - \phi$$

r' ist dabei der Radius des Umkreises von FGHIK.

Das dritte Paar ähnlicher Figuren ist nicht so augenfällig wie die beiden vorhergehenden. Es handelt sich um die beiden Dreiecke DIA und DGM. In der Tat gilt $\sphericalangle$ ADI = $\sphericalangle$ GDM (= 18°) und $\sphericalangle$ DAI = 36° = $\sphericalangle$ DMG .

Wir erhalten somit die Proportion

$$\overline{AD} : \overline{DI} = \overline{MD} : \overline{DG}$$

(6) $$d_5 : (r+r') = r : (d_5-s_5) \ .$$

Aus den drei Gleichungen (3), (5) und (6) können wir nun d_5 und r' eliminieren.

Wir formen (6) um

$$d_5 \cdot (d_5-s_5) = r \cdot (r+r') \ ,$$

$$d_5^2-d_5 \cdot s_5 = r^2 + r \cdot r' \ ,$$

setzen (3) ein

$$\phi^2 s_5^2 - \phi s_5^2 = r^2 + r \cdot r' ,$$

$$(\phi^2 - \phi)\, s_5^2 = r^2 + r \cdot r' ,$$

beachten (2')

$$s_5^2 = r^2 + r \cdot r'$$

$$s_5^2 = r^2 + r^2 \cdot \frac{r'}{r} ,$$

setzen (5) ein und erhalten zunächst

(*) $$s_5^2 = r^2 + r^2 \cdot (2 - \phi) .$$

Ein Blick auf (4) und das gewünschte Ergebnis regt nun an, $(\frac{1}{\phi})^2$ und $2-\phi$ zu vergleichen. (2) und (2') liefern hierfür wie gewünscht

$$(\frac{1}{\phi})^2 = (\phi - 1)^2 = \phi^2 - 2\phi + 1 = \phi^2 - \phi - \phi + 1 = 2 - \phi .$$

Einsetzen in (*) führt uns nun auf

$$s_5^2 = r^2 + r^2 \cdot (\frac{1}{\phi})^2$$

woraus sich mit $r = s_6$ und (4) schließlich der Satz von EUDOXOS

$$s_5^2 = s_6^2 + s_{10}^2$$

ergibt.

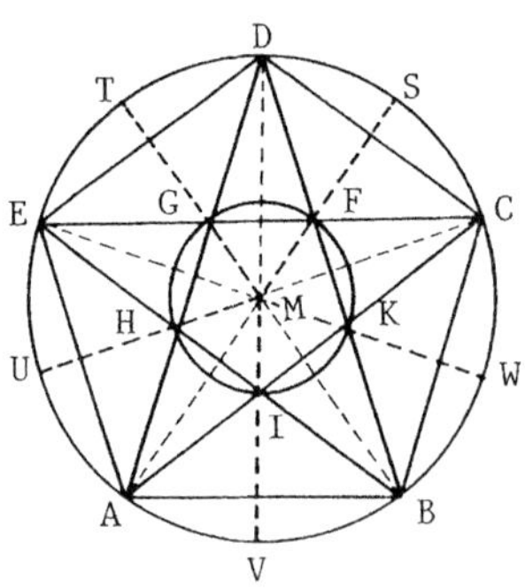

Bild 8

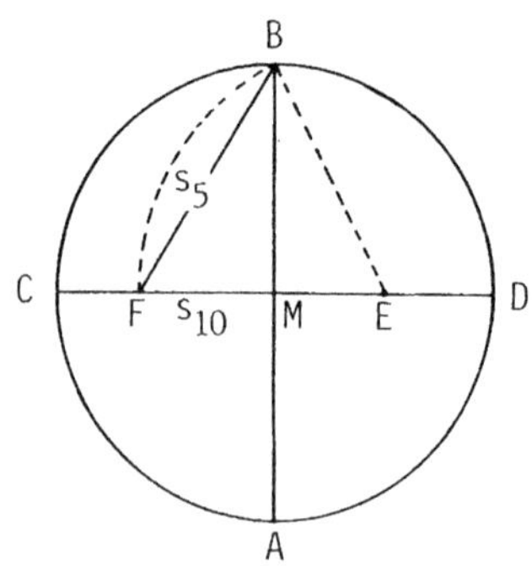

Bild 9

Bild 9 zeigt, wie man unter Anwendung von Zirkel und Lineal, ausgehend von einem Kreis mit Radius $r = s_6$, die Seiten s_5 und s_{10} des dem Kreis einbeschriebenen regulären Fünf- und Zehnecks konstruiert. Die Konstruktion beruht auf der Konstruktion in 3.6.2., der Beziehung (4) und dem Satz von EUDOXOS.

Konstruktionsbeschreibung:

Zeichne Kreis mit Mittelpunkt M und zwei zueinander senkrechte Durchmesser AB und CD. Konstruiere Mittelpunkt E von MD. Verbinde E mit B. Schlage Kreisbogen um E durch B und bestimme Schnittpunkt F mit MC. Dann ist $s_{10} = \overline{MF}$ und $s_5 = \overline{BF}$ (warum?). #

Heuristik der obigen Überlegungen

In diesem Abschnitt wurde verhältnismäßig zielstrebig auf die Ableitung gewisser von außen gesetzter Erkenntnisse hingearbeitet. Sie haben vielleicht Mühe gehabt, den einzelnen Schritten zu folgen und fragen sich möglicherweise, wie man denn auf diese Dinge überhaupt kommen kann. Der Philosoph A. SCHOPENHAUER hat in diesem Sinne die Beweise Euklids als "Mausefallenbeweise" bezeichnet, weil man nach seiner Auffassung wie ein Blinder den Beweisgang entlang geführt werde, bis die Beweisfalle zuschnappe. In seiner Schrift "Über die vierfache Wurzel des Satzes von zureichendem Grunde" schreibt er z.B.:

> "Alle übrigen Lehrsätze werden demonstriert, d.h. man gibt einen Erkenntnisgrund des Lehrsatzes an, welcher jeden zwingt, denselben als wahr anzunehmen: also man weist die logische, nicht die tranzendentale Wahrheit des Lehrsatzes nach.... Daher kommt es, daß man nach so einer geometrischen Demonstration zwar die Überzeugung hat, daß der demonstrierte Satz wahr sei, aber keineswegs einsieht, warum, was er behauptet, so ist, wie es ist... Daher kommt es, daß (der Beweis) gewöhnlich ein unangenehmes Gefühl hinterläßt, wie es der bemerkte Mangel an Einsicht überall gibt... Die Empfindung dabei hat Ähnlichkeit mit der, die es uns gibt, wenn man uns etwas aus der Tasche oder in die Tasche gespielt hat, und wir nicht begreifen wie."

Um zu einer richtigen Einschätzung der obigen Beweisführung zu kommen, genügt die logische Analyse freilich nicht, man muß auch die heuristische

Seite betrachten. In dieser Hinsicht gibt der Text durchaus Anhaltspunkte dafür, wie der forschende Geist bei der Untersuchung des Pentagramms vorgegangen sein könnte: Das Naheliegendste ist für ihn natürlich die Berechnung aller möglichen Winkel des Pentagramms, und hieraus ergibt sich die Herausarbeitung von Längen- und Parallelenbeziehungen. Dies legt den Grund für allerlei Proportionen. Da klar ist, daß s_5 durch s_6 (= r) eindeutig bestimmt ist, wird man nach einer Formel suchen, die s_5 durch r ausdrückt. Es ist wiederum naheliegend, dazu Proportionen heranzuziehen. Bei diesen Untersuchungen wird der forschende Geist alle möglichen Wege beschreiten, ergiebige und unergiebige, auf viele Ergebnisse stoßen, bedeutend und unbedeutend erscheinende, er wird Fehler machen, sie wieder korrigieren, wenn er sie bemerkt, das Gefundene überarbeiten, Lösungen vereinfachen usw. Die interessanten Dinge wird er schließlich von dem übrigen Wust an Material absondern und aus der Retrospektive möglichst übersichtlich darstellen. Natürlich ist es möglich, heuristische Informationen über die Lösungsfindung in den Text einfließen zu lassen - wie oben auch versucht wurde. Das "Flair" der Forschung können aber nur Sie als Leser selbst erzeugen, indem Sie den Text als Anregung zu eigenen Überlegungen benutzen:

> "Zum eigenen, in uns aufsteigenden Gedanken verhält der fremde, gelesene sich wie der Abdruck einer Pflanze der Vorwelt im Stein zur blühenden Pflanze des Frühlings... Wenn man auch bisweilen eine Wahrheit, eine Einsicht, die man mit vieler Mühe und langsam durch eigenes Denken und Kombinieren herausgebracht hat, hätte mit Bequemlichkeit in einem Buche ganz fertig vorfinden können; so ist sie doch hundertmal mehr wert, wenn man sie durch eigenes Denken erlangt hat. Denn nur alsdann tritt sie als integrierender Teil, als lebendiges Glied ein in das ganze System unserer Gedanken, steht mit demselben in vollkommenem und festem Zusammenhange, wird mit allen ihren Gründen und Folgen verstanden, trägt die Farbe, den Farbenton, das Gepräge unserer ganzen Denkweise, ist eben zur rechten Zeit, als das Bedürfnis derselben rege war, gekommen, sitzt daher fest und kann nicht wieder verschwinden. Demnach findet hier Goethes Vers:
>
> "Was du ererbt von deinen Vätern hast,
> Erwirb es, um es zu besitzen!"
>
> seine vollkommene Anwendung, ja Erklärung...
>
> Die bloß erlernte Wahrheit klebt uns nur an, wie ein angesetztes

Glied, ein falscher Zahn, eine wächserne Nase, die durch eigenes Denken erworbene aber gleicht dem natürlichen Gliede: sie allein gehört uns wirklich an."
(A. SCHOPENHAUER, Über Philosophie und ihre Methode)

3.6.4. Beweis der Irrationalität von ϕ

Unter den Pythagoreern bestand ursprünglich der Glaube, daß "alles (ganze) Zahl" sei, d.h. insbesondere, daß auch Verhältnisse von Strecken Verhältnissen natürlicher Zahlen gleich seien. In einem der uns überlieferten Fragmente heißt es z.B. (BECKER 1954, 106):

> "Und in der Tat hat alles, was man erkennen kann, Zahl. Denn es ist nicht möglich, irgend etwas mit dem Gedanken zu erfassen oder zu erkennen ohne diese... Man muß die Werke und das Wesen der Zahl nach der Kraft beurteilen, die in der Zehnzahl liegt. Denn groß, allvollendend, allwirkend und göttlichen und himmlischen sowohl wie menschlichen Lebens Anfang und Führerin, teilnehmend an allem, ist die Kraft der Zahl und besonders der Zehnzahl. Ohne diese ist aber alles grenzenlos und undenklich und unklar. Denn erkenntnisspendend ist die Natur der Zahl und führend und lehrend für jeglichen in jeglichem, das ihm zweifelhaft oder unbekannt ist. Denn nichts von den Dingen wäre irgendeinem klar, weder in ihrem Verhältnis zu sich noch zueinander, wenn die Zahl nicht wäre und ihr Wesen. Nun bringt aber diese innerhalb der Sache alle Dinge mit der Wahrnehmung in Einklang und macht sie dadurch erkennbar und einander entsprechend..., indem sie ihnen Leiblichkeit verleiht und die Verhältnisse der Dinge, jegliches für sich, scheidet...".

Angesichts der Weltanschauung der Pythagoreer muß es eine geistige Revolution bedeutet haben, als im 5. Jhdt. v.Chr. entdeckt wurde, daß es Teilverhältnisse gibt, die sich nicht durch natürliche Zahlen ausdrücken lassen. Es ist nicht mit Sicherheit bekannt, bei welcher Figur diese Entdeckung zuerst gemacht wurde. Vieles spricht jedoch für die These von K. v. FRITZ (1945), daß es das Pentagramm war und daß die Überlegung ungefähr folgendermaßen verlief.

Bild 6 zeigt, daß die Diagonalen eines regulären Fünfecks $F = F_0$ ein kleineres reguläres Fünfeck F_1 definieren. Dessen Seite $s_5^{(1)}$ und dessen Diagonale $d_5^{(1)}$ berechnen sich nach 3.6.3. aus $s_5 = s_5^{(0)}$ und $d_5 = d_5^{(0)}$ zu

$$s_5^{(1)} = 2s_5^{(0)} - d_5^{(0)} \,, \quad d_5^{(1)} = d_5^{(0)} - s_5^{(0)} \,.$$

Wenn man diese Konstruktion fortsetzt, gelangt man zu einer unendlichen Folge F_0, F_1, F_2, F_3,... regulärer Fünfecke (Bild 10).

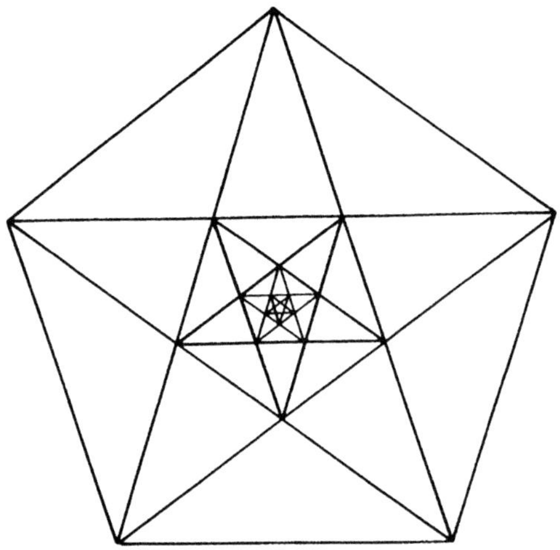

Bild 10

Die Seite $s_5^{(n+1)}$ und die Diagonale $d_5^{(n+1)}$ von F_{n+1} berechnen sich aus der Seite $s_5^{(n)}$ und der Diagonalen $d_5^{(n)}$ von F_n nach den gleichen Rekursionsformeln wie $s_5^{(1)}$, $d_5^{(1)}$ aus $s_5^{(0)}$ und $d_5^{(0)}$, also gemäß

(7) $$s_5^{(n+1)} = 2s_5^{(n)} - d_5^{(n)}, \quad d_5^{(n+1)} = d_5^{(n)} - s_5^{(n)} \,.$$

Angenommen nun, das goldene Verhältnis $\phi = d_5 : s_5$ sei gleich dem Verhältnis natürlicher Zahlen p, q, d.h. $\phi = q:p = \frac{q}{p}$. M.a.W. hieße das, ϕ wäre eine rationale Zahl. Wir setzen $e = \frac{1}{q} \cdot d_5^{(0)}$ und hätten in e ein gemeinsames Maß von $d_5^{(0)}$ und $s_5^{(0)}$, denn es wären ja

$$s_5^{(0)} = \frac{p}{q} \cdot d_5^{(0)} = p \cdot e \quad \text{und} \quad d_5^{(0)} = q \cdot e$$

ganzzahlige Vielfache von e.

Wir zeigen mit Hilfe vollständiger Induktion, daß dann auch $s_5^{(n)}$ und $d_5^{(n)}$ für alle n ganzzahlige Vielfache von e wären. Für n=0 haben wir es schon gezeigt. Sei n eine natürliche Zahl mit

$$s_5^{(n)} = p'\cdot e \quad \text{und} \quad d_5^{(n)} = q'\cdot e \ .$$

Aus (7) folgern wir

$$s_5^{(n+1)} = 2p'e - q'\cdot e = (2p'-q')\cdot e = p''\cdot e \ ,$$

$$d_5^{(n+1)} = q'\cdot e - p'\cdot e = (q'-p')\cdot e = q''\cdot e$$

mit natürlichen Zahlen p", q". Damit ist der Induktionsbeweis abgeschlossen.

Nun sehen wir, daß unsere Annahme nicht mit der Unendlichkeit der Folge $F_0, F_1, F_2, \ldots$ vereinbar ist: Die Folge $d_5^{(0)}, d_5^{(1)}, d_5^{(2)}, \ldots$ ist eine streng monton fallende unendliche Folge von ganzzahligen Vielfachen von e. Es gibt aber von $d_5^{(0)} = q\cdot e$ abwärts nur q, also endlich viele ganzzahlige Vielfache von e. Dieser Widerspruch zeigt, daß ϕ entgegen der obigen Annahme keine rationale Zahl sein kann.

Die durch die Entdeckung irrationaler Verhältnisse ausgelöste Grundlagenkrise konnte im 4. Jhdt. v.Chr. von EUDOXOS durch seine Theorie der allgemeinen Proportionen bereinigt werden (EUKLID, Elemente, Buch V), die einen wichtigen Schritt zur Begründung des Systems der reellen Zahlen darstellt, auch wenn bis dahin noch ein weiter Weg zurückzulegen war.

Literatur

Artmann, B. (Hrsg.), Aktivitäten mit dem regelmäßigen Fünfeck. Der Mathematikunterricht 28 (1982), H. 4

Becker, O., Grundlagen der Mathematik in geschichtlicher Entwicklung. Freiburg, München 1954

von Fritz, K., The Discovery of Incommensurability by Hippasos of Metapontum. Annals of Math. 46 (1945), 242-264

Szabolci, B. (Hrsg.), Béla Bartók, Weg und Werk. München 1972

Timerding, H., Der goldene Schnitt. Leipzig 1937

Van der Waerden, B.L., Die Pythagoreer. Zürich 1978

Einen ausgezeichneten Überblick über das Vorkommen des goldenen Schnitts in Natur und Kunst liefert der Film "The Golden Section", Mc Graw-Hill-Co.

Aufgaben

1. Berechnen Sie in Bild 6 ausgehend von den 72°-Winkeln um den Mittelpunkt alle weiteren Winkel mit Hilfe des Umfangswinkelsatzes.

2. Begründen Sie die Konstruktion in Bild 9.

3. Einem Quadrat ABCD wird gemäß Bild 11 ein Halbkreis umschrieben. Zeigen Sie, daß B die Strecke AF im goldenen Schnitt teilt.

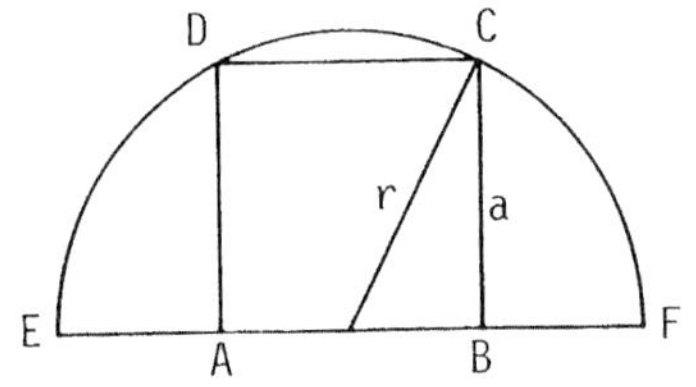

Bild 11

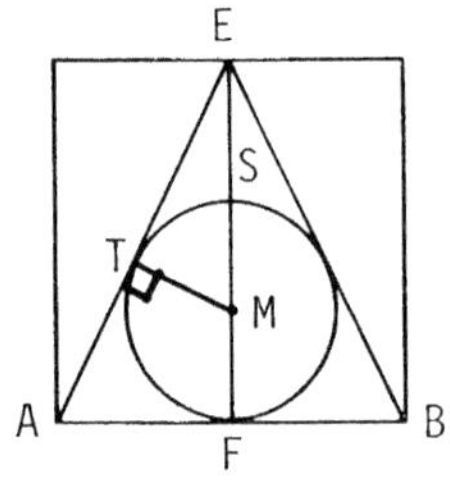

Bild 12

4. Der Mittelpunkt E einer Quadratseite wird mit den Ecken und dem Mittelpunkt F der gegenüberliegenden Quadratseite verbunden (Bild 12). In das entstandene Dreieck wird der Inkreis mit Mittelpunkt M eingezeichnet. S ist der Schnittpunkt von ME mit dem Kreis. Zeigen Sie, daß S die Strecke EF nach dem goldenen Schnitt teilt.
   Tip: Vergleichen Sie mit Bild 4 und zeigen Sie, daß MTE und AFE ähnlich sind.

5. Begründen Sie die Konstruktion in Bild 13 zur Einbeschreibung eines regulären Fünfecks in einen Kreis: Zeichne die orthogonalen Durchmesser AP und QR. Halbiere QM und MR (Mittelpunkte M_1, M_2) und schlage Kreise um M_1 und um M_2 durch M. Bestimme die Schnittpunkte F und G des ersten Kreises mit PM_1.
Zeichne einen Kreis um P durch F (Schnittpunkte mit dem gegebenem Kreis B, E) und einen Kreis um P durch G (Schnittpunkte mit dem gegebenem Kreis C, D). Zeigen Sie: ABCDE ist ein reguläres Fünfeck.
Tip: Vergleichen Sie mit Bild 4 und nützen Sie die Resultate von 3.6.3. aus.

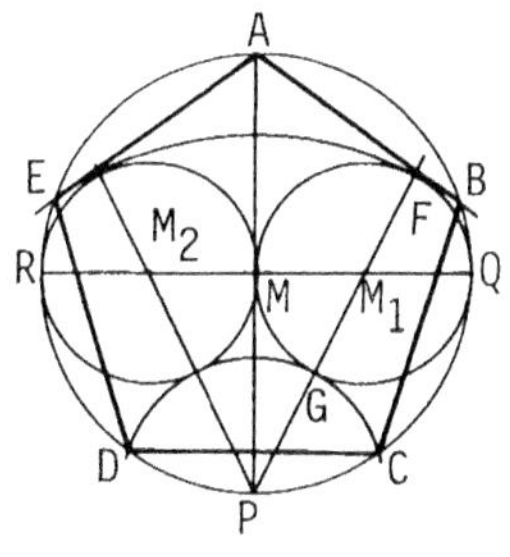

Bild 13

6. Ergänzen Sie Bild 3 durch den Punkt G_1 auf AG mit $\overline{AG_1} = a-b$ (d.h. die kürzere Teilstrecke wird auf der längeren abgetragen). Zeigen Sie, daß G_1 die Strecke AG im goldenen Schnitt teilt.
Auch dieses Verfahren läßt sich unendlich fortsetzen. Übertragen Sie die Überlegungen von 3.6.4. auf diese Situation und beweisen Sie auf diesem Wege, daß ϕ irrational ist.

3.7. Der Peaucelliersche Inversor

In Kapitel 2 sind wir bereits zwei Stabgelenkmechanismen begegnet: dem Gelenkparallelogramm (2.6.3.), das eine Parallelführung von Stäben bewirkt, und dem Storchschnabel (2.8.1), der zum Vergrößern und Verkleinern dient. Im folgenden soll ein historisch bedeutsamer Gelenkmechanismus vorgestellt und elementargeometrisch analysiert werden, der es erlaubt, einen Punkt auf einer Geraden zu führen.

3.7.1. Das Wattsche Parallelogramm

Die Erfindung der Dampfmaschine im Jahre 1769 ist zweifellos eine der technischen Pionierleistungen der Neuzeit. Um so kurioser mutet es an, daß der Erfinder JAMES WATT (1736-1819) weniger auf seine technische Leistung als auf ein mathematisches Detail seiner Konstruktion stolz war, nämlich die angenäherte Geradführung des Endpunkts der Kolbenstange durch den folgenden nach ihm benannten Gelenkmechanismus (Bild 1):

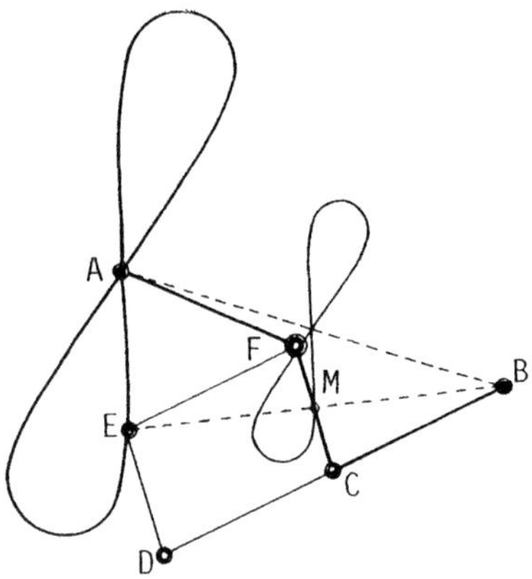

Bild 1

Die Stange AF und die doppelt so lange Stange BD (Mittelpunkt C) sind in A bzw. B drehbar gelagert, und die Stangen DE, EF und FC, die das Teilstück CD der Stange BD zu einem Parallelogramm ergänzen, sind in C,D,E,F gelenkig verbunden. Ein Modell dieses Mechanismus läßt sich mit einem Metallbaukasten leicht nachbauen, und man kann daran die Funktionsweise studieren. Wenn man das Parallelogramm bewegt, werden die Gelenke F, C und D zwangsweise auf Kreisen geführt, da ja die Gelenke A und B ortsfest sind. Der Mittelpunkt M von CF läuft auf einer Schleife, deren Mittelstücke in guter Näherung geradlinig sind. Wenn man sich auf ein solches Mittelstück beschränkt, kann man den Punkt M angenähert geradlinig hin- und herbewegen. Das eigentliche Parallelogramm CDEF dient nur dazu, die Hin- und Herbewegung zu vergrößern. Die Bahnkurve des Punktes E ist nämlich das Bild der Bahn von M unter der zentrischen Streckung an B mit dem Faktor 2, da das Parallelogramm zusammen mit dem Stab BD einen Storchschnabel mit dem Vergrößerungsverhältnis $\overline{BD}:\overline{BC} = 2:1$ darstellt (vgl. 2.8.1.). Die doppelt so große Hin- und Herbewegung von E reichte bei der

Wattschen Dampfmaschine aus, um die Kolbenstange so gut gerade zu führen, daß der Kolben im Zylinder nicht klemmte.

3.7.2. Der Peaucelliersche Inversor

Obwohl die Wattsche Konstruktion durch die Einführung von Kreuzkopf und Pleuelstange technisch bald überholt wurde, blieb die Geradführung als theoretisches Problem bestehen, wobei vor allem die Frage interessierte, ob es Gelenkmechanismen gibt, die nicht nur eine angenäherte, sondern eine exakte Geradführung realisieren. Nach vielen vergeblichen Lösungsversuchen verstärkten sich Mitte des 19. Jhdts. die Zweifel, daß es überhaupt eine Lösung gäbe. Die freien Gelenke derjenigen Stangen, deren anderes Gelenk fest gelagert ist, müssen sich ja auf Kreisen bewegen, und man kann sich in der Tat schlecht vorstellen, wie durch die Zwischenschaltung weiterer Stäbe eine exakte Geradführung zustande kommen soll.

Zur Verblüffung der Fachwelt stellte jedoch 1864 der französische General PEAUCELLIER einen Gelenkmechanismus, den nach ihm benannten Inversor, (Bild 2) vor, der nicht nur eine exakte Geradführung leistet, sondern dazu noch auf sehr einfachen geometrischen Sachverhalten beruht.

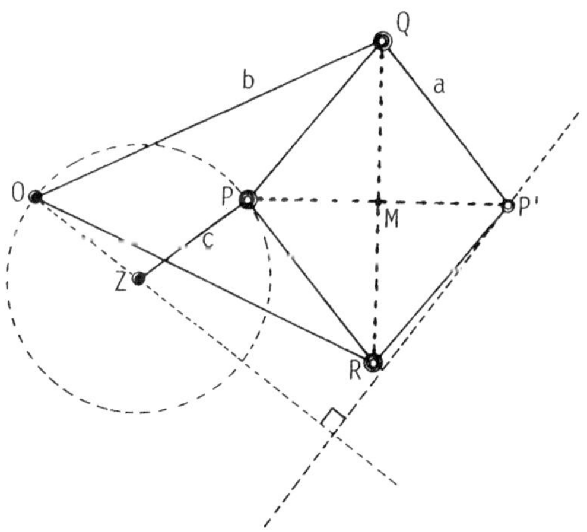

Bild 2

Der Inversor besteht aus einer Gelenkraute PRP'Q (Seitenlänge a), an deren gegenüberliegenden Ecken R, Q zwei Stangen der Länge b (b>a) gelenkig befestigt sind, die sich im ortsfesten Gelenk O treffen. Die siebte Stange ZP ist im ortsfesten Punkt Z und in P gelenkig montiert, und es gilt $\overline{OZ} = \overline{ZP} = c$.

Auch der Peaucelliersche Inversor läßt sich mit einem Metallbaukasten leicht nachbauen (Bild 3), und man kann experimentell zeigen, daß sich der Punkt P' auf einer Geraden bewegt, wenn der Punkt P mit der Stange ZP auf einem Kreis geführt wird.

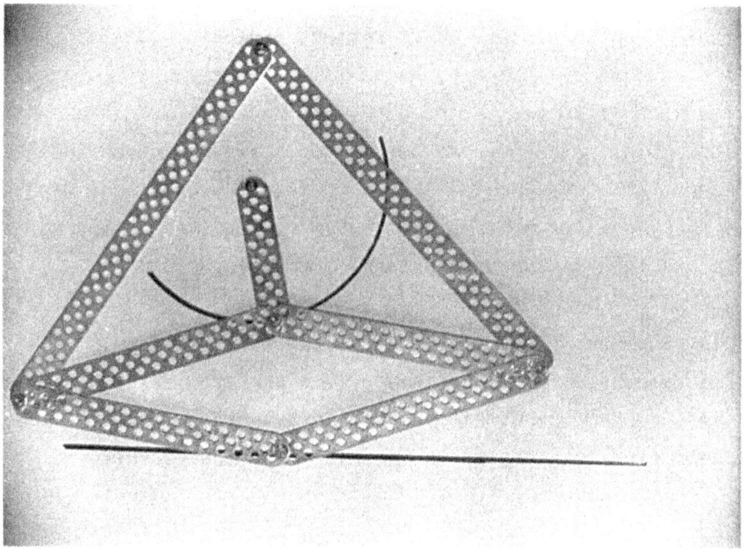

Bild 3

Die mathematische Begründung dieser Tatsache ergibt sich aus einem neuen Typ von geometrischer Abbildung, der Inversion am Kreis. Als Vorbereitung hierzu untersuchen wir, welche geometrische Beziehung zwischen den Punkten P und P' besteht.

Nach dem Trichotomiesatz liegen die Punkte O, P und P' auf der Mittelsenkrechten zu QR. Die Diagonalen QR und PP' der Raute QPRP' stehen aufeinander senkrecht und halbieren einander. Wir wenden auf die rechtwinkligen Dreiecke OMQ und PMQ den Satz des Pythagoras an:

$$(\overline{OP} + \overline{PM})^2 + \overline{MQ}^2 = b^2 ,$$

$$\overline{MQ}^2 + \overline{MP}^2 = a^2 .$$

Wir quadrieren in der ersten Gleichung aus und setzen aus der zweiten ein. Dies führt zu

$$\begin{aligned} \overline{OP}^2 + 2\overline{OP}\cdot\overline{PM} &= b^2 - a^2 , \\ \overline{OP}\cdot(\overline{OP} + 2\overline{PM}) &= b^2 - a^2 \\ \overline{OP}\cdot\overline{OP}' &= b^2 - a^2 . \end{aligned}$$

Das Produkt der Abstände der Punkte P und P' vom festen Punkt O hat also einen festen Wert.

3.7.3. Die Inversion (Spiegelung) am Kreis

Wir betrachten einen Kreis k um O mit Radius r und ordnen jedem Punkt $P \neq O$ denjenigen Punkt P' auf der Halbgeraden OP zu, für den gilt

$$\overline{OP}\cdot\overline{OP}' = r^2 .$$

Die so definierte Abbildung heißt Inversion am Kreis k. Der Name erklärt sich daher, daß aus $\overline{OP}>r$ die Beziehung $\overline{OP}'<r$, aus $\overline{OP}<r$ die Beziehung $\overline{OP}'>r$ und aus $\overline{OP}=r$ die Beziehung $\overline{OP}'=r$ folgt. Die Inversion läßt also die Punkte auf der Kreislinie fix und kehrt das Innengebiet des Kreises nach außen sowie das Außengebiet nach innen.
Der Vergleich mit der Spiegelung an einer Geraden, die ja die beiden Halbebenen links und rechts der Geraden austauscht, liegt nahe, und daher nennt man die Inversion am Kreis auch Spiegelung am Kreis.

Die geometrische Lagebeziehung von P und P' geht aus Bild 4 hervor. Liegt P im Innern von k (Bild 4a), dann errichtet man in P das Lot auf OP, bestimmt einen Schnittpunkt T des Lotes mit k und zeichnet die Tangente t an k in T. Der Bildpunkt P' ist der Schnittpunkt von t mit OP, da nach dem Kathetensatz von EUKLID, angewandt auf das Dreieck OTP', die Beziehung $r^2 = \overline{OP}\cdot\overline{OP}'$ gilt. Liegt P außerhalb von k (Bild 4b), so zeichnet man den Thaleskreis über OP und bestimmt seine Schnittpunkte T_1, T_2 mit k. Der Bildpunkt P' ist dann wiederum nach dem Kathetensatz der Schnittpunkt von T_1T_2 mit OP.

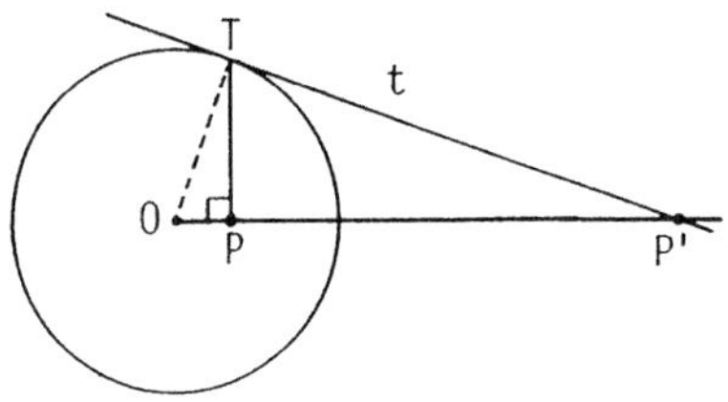

Bild 4a

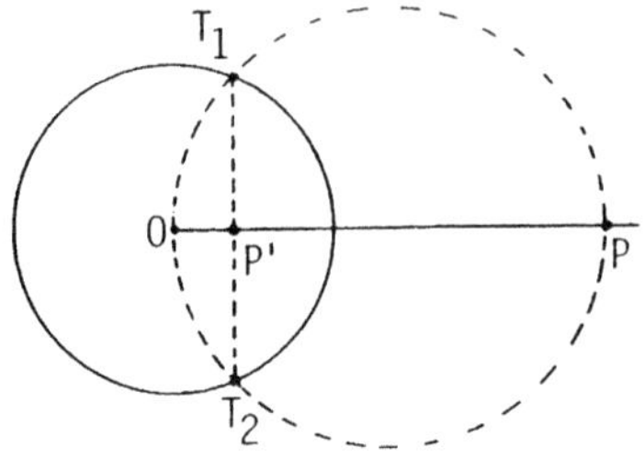

Bild 4b

Beachten Sie, daß die Inversion am Kreis nur für $P \neq 0$ definiert ist. Auf der "gelochten" Ebene ist sie bijektiv.

Im Vergleich mit 3.7.2. können wir nun feststellen, daß der Peaucelliersche Inversor eine Inversion an einem Kreis um 0 mit Radius $r = \sqrt{b^2 - a^2}$ realisiert - aber natürlich nur innerhalb der Reichweite der Stäbe.

Die durch den Inversor bewirkte Geradführung folgt aus dem folgenden Satz:

Die Inversion an einem Kreis k *bildet jeden Kreis* k^* *durch den Mittelpunkt* 0 *von* k *auf eine nicht durch* 0 *verlaufende Gerade* g^* *ab.*

Beweis: Wir betrachten zuerst den Spezialfall, wo k_0^* den Inversionskreis k in einem Punkt T berührt (Bild 5a). Sei g_0^* die Tangente an k im Punkt T.

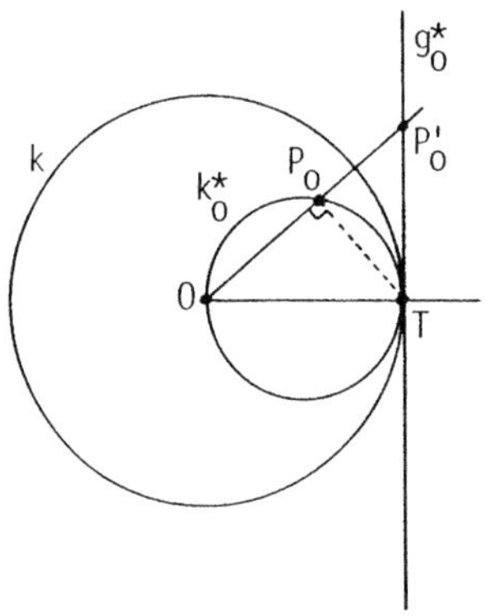

Bild 5a

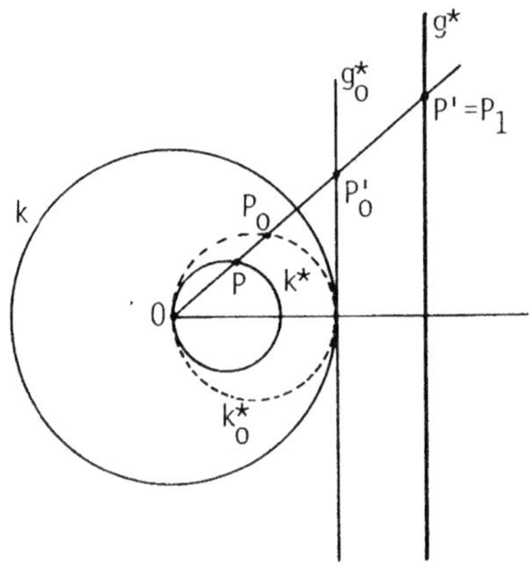

Bild 5b

Wir wählen einen beliebigen Punkt P_0 auf k_0^* , $P_0 \neq 0$. Nach dem Satz von THALES ist $\sphericalangle\, OP_0T = 90°$, und im Vergleich mit Bild 4a sieht man, daß der Bildpunkt P_0' der Schnittpunkt von OP_0 mit g_0^* ist. Wenn P_0 den Kreis k^* durchläuft, wandert P_0' auf g_0^* . Je mehr P sich 0 nähert, desto mehr entfernt sich P_0' von T. Der Kreis k_0^* (ohne 0) wird offenbar bijektiv auf g_0^* abgebildet.

Sei nun k^* ein von k_0^* verschiedener Kreis durch 0 (Bild 5b) und P ein beliebiger Punkt von k^*, $P \neq 0$. k^* geht aus k_0^* durch eine zentrische Streckung an 0 mit einem Faktor $u>0$ hervor, welche P_0 auf P abbildet. Sei g^* das Bild von g_0^* bei der zentrischen Streckung an 0 mit dem <u>inversen</u> Faktor $\frac{1}{u}>0$ und P_1 das Bild von P_0'. Aus

$$u \cdot \overline{OP}_0 = \overline{OP} \ , \ \frac{1}{u} \cdot \overline{OP}_0' = \overline{OP}_1$$

folgt

$$\overline{OP} \cdot \overline{OP}_1 = u \cdot \frac{1}{u} \cdot \overline{OP}_0 \cdot \overline{OP}_0' = 1 \cdot r^2 = r^2 \ ,$$

d.h. P_1 ist das Bild P' von P bei der Inversion an k. Offensichtlich durchläuft P' die Gerade g^*, wenn P den Kreis k^* (ohne 0) durchläuft.

Mit den Mitteln von Abschn. 2.8. und 3.4. (Ähnlichkeitssatz, Sekantensatz) kann man zeigen, daß die Inversion am Kreis noch folgende interessante Eigenschaften hat:

(1) *Kreise, die nicht durch* 0 *verlaufen, werden wieder auf Kreise abgebildet.*

(2) *Die Winkel, unter denen sich zwei Kreise schneiden, bleiben bei der Inversion invariant.*

Dabei werden unter den Schnittwinkeln zweier Kreise die Winkel zwischen den Tangenten an die beiden Kreise in deren Schnittpunkten verstanden (Bild 6). Wegen (2) heißt die Inversion am Kreis eine <u>konforme</u> (winkeltreue) Abbildung.

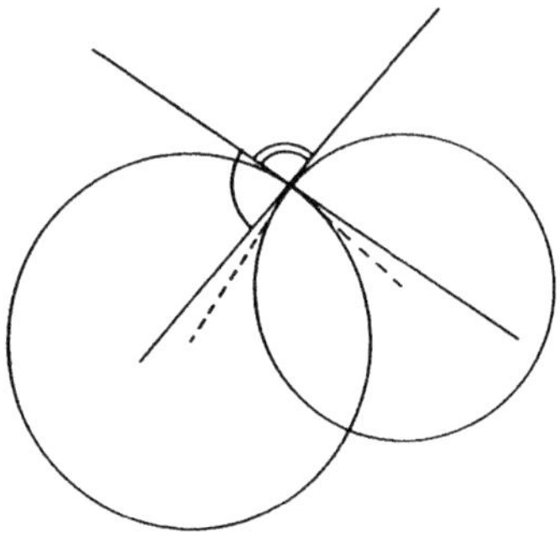

Bild 6

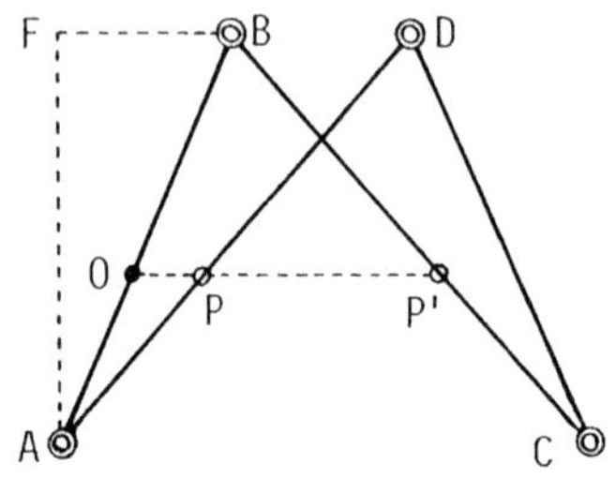

Bild 7

Für eine Begründung von (1) und (2) sei auf COXETER (1963, Abschn. 6, 104-127) verwiesen. Dort findet man auch eine einheitliche Betrachtung von (1) und dem obigen Satz, die auf folgendem Grundgedanken beruht: Wenn P sich O nähert, wandert P' ins "Unendliche". Man fügt daher zur Ebene gedanklich einen "unendlich fernen" Punkt P_∞ hinzu, den man als Bildpunkt von O bei der Inversion am Kreis definiert. Umgekehrt ist O Bild von P_∞. Wenn man in Bild 5a das Büschel aller Kreise betrachtet, die g_0^* in T berühren, so sieht man, daß sich diese Kreise mit wachsendem Radius immer besser an g_0^* anschmiegen. Man kann daher die Gerade als Grenzfall von Kreisen betrachten, genauer als "Kreis" durch den Punkt P_∞. Die Inversion am Kreis ist also eine bijektive, kreistreue und konforme Abbildung der durch P_∞ abgeschlossenen Ebene.

Ich möchte abschließend erwähnen, daß das räumliche Analogon zur Inversion am Kreis, nämlich die Inversion an einer Kugel, eine der zahlreichen mathematischen Methoden liefert, einen Löwen in der Wüste zu fangen: Man stellt einen kugelförmigen Käfig auf und wendet auf den Löwen die Inversion an der Käfigkugel an. Diese transportiert den Löwen von außen nach innen, und damit ist er gefangen.

Literatur

Coxeter, H.S.M., Unvergängliche Geometrie. Basel 1963

Aufgaben

1. Zeigen Sie, daß der in Bild 7 dargestellte Gelenkmechanismus eine Inversion am festen Punkt 0 realisiert (Hartscher Inversor). Wenn P auf einem Kreis durch 0 geführt wird, läuft P' also auf einer Geraden. Der Hartsche Inversor benötigt somit nur 5 Stäbe. Das Viereck ABCD ist ein "überschlagenes" Gelenkparallelogramm ($\overline{AB} = \overline{CD} =: a$, $\overline{BC} = \overline{AD} =: b$). Die Punkte 0, P, P' auf den Stäben $\overline{AB}$, $\overline{AD}$ und $\overline{BC}$ sind so gewählt, daß $\overline{BO}:\overline{OA} = \overline{DP}:\overline{PA} = \overline{BP'}:\overline{P'C}$.

   Anleitung: Warum liegen 0,P,P' stets auf einer Geraden parallel zu AC und BD? Führen Sie ähnlich wie beim Peaucellierschen Inversor rechtwinklige Dreiecke ein (F = Fußpunkt des Lotes von A auf BD), und berechnen Sie das Produkt $\overline{BD}\cdot\overline{AC}$. Wie hängt $\overline{OP}\cdot\overline{OP'}$ mit $\overline{BD}\cdot\overline{AC}$ zusammen?

2. Beweisen Sie, daß das Bild eines Kreises, der den Inversionskreis k in T innen berührt, ein Kreis ist, der k in T außen berührt (Bild 8).

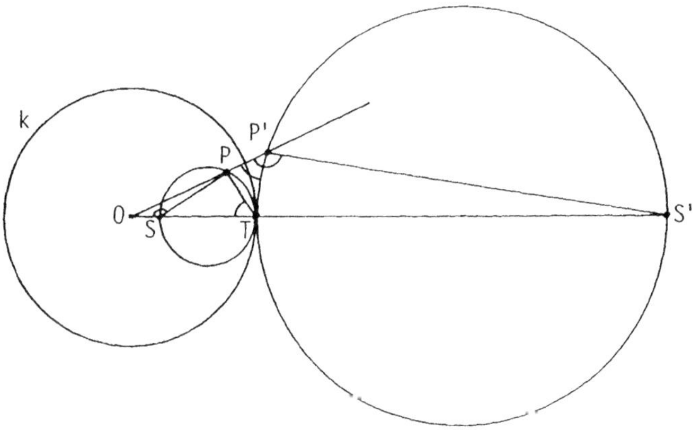

Bild 8

Anleitung: Sei S der Kreispunkt auf OT und P ein beliebiger Kreispunkt. Wegen $\overline{OS}\cdot\overline{OS'} = \overline{OP}\cdot\overline{OP'} = \overline{OT}^2 = r^2$ sind die Dreiecke OSP und OP'S' sowie OTP und OP'T ähnlich (?).
Folgern Sie daraus, daß $\sphericalangle TP'S' = \sphericalangle TPS$ ist. Warum liegt dann P' auf dem Thaleskreis über TS'? Blasen Sie den inneren Kreis auf, so daß S gegen 0 geht. Was geschieht dann mit dem Bildkreis?

3. Folgern Sie den allgemeinen Fall aus dem Spezialfall in Aufgabe 2 ähnlich wie bei dem Beweis in 3.7.3.

4 Erde und Himmel

Solange die Erde steht, soll nicht aufhören Saat und Ernte, Frost und Hitze, Sommer und Winter, Tag und Nacht.

GENESIS 1,8 Vers 21-22

In allem, was ein Indianer tut, findet ihr die Form des Kreises wieder, denn die Kraft der Welt wirkt immer in Kreisen, und alles strebt danach, rund zu sein. Einst, als wir ein starkes und glückliches Volk waren, kam unsere ganze Kraft aus dem heiligen Ring unseres Volkes, und solange dieser Ring nicht zerbrochen war, ging es den Menschen gut. Der blühende Baum war der lebendige Mittelpunkt des Ringes, und der Kreis der vier Himmelsrichtungen nährte ihn. Der Osten gab Frieden und Licht, der Süden gab Wärme, der Westen gab Regen, und der Norden mit seinen eisigen Stürmen verlieh Kraft und Ausdauer.
Alles, was die Kraft der Welt bewirkt, vollzieht sich in einem Kreis. Der Himmel ist rund, und ich habe gehört, daß die Erde rund wie ein Ball ist, so wie alle Sterne auch. Der Wind in seiner größten Stärke bildet Wirbel. Vögel bauen ihre Nester rund, denn sie haben die gleiche Religion wie wir. Die Sonne steigt empor und neigt sich in einem Kreis. Das gleiche tut der Mond, und beide sind rund.
Auch die Jahreszeiten in ihrem Wechsel bilden einen großen Kreis und kehren immer wieder. Das Leben des Menschen beschreibt einen Kreis von Kindheit zu Kindheit, und so ist es mit allem, was eine Kraft bewegt. Unsere Zelte waren rund wie Vogelnester und immer im Kreis aufgestellt, dem Ring unserer Volkes - ein Nest aus vielen Nestern, in dem wir nach dem Willen des Großen Geistes unsere Kinder hegten und großzogen.

Schwarzer Elch, Häuptling der Oglala-Sioux

Zwei Dinge erfüllen das Gemüt mit immer neuer und zunehmender Bewunderung, je öfter und anhaltender sich das Nachdenken damit beschäftigt: der bestirnte Himmel über mir und das moralische Gesetz in mir.

IMMANUEL KANT (1724-1804)

Der amerikanische Mathematikhistoriker A. SEIDENBERG hat die Hypothese aufgestellt (SEIDENBERG 1981), daß der Kreis (sowie andere mathematische Urbegriffe) rituellen Ursprungs sei. Er begründet dies auf vielfältige Weise, u.a. durch heute noch nachweisbare rituelle Tänze von Naturvölkern, bei denen der Umlauf der Sonne und des Mondes um die Erde und vor allem die Kreisbewegung der Fixsterne um den Polarstern dargestellt wird. SEIDENBERGs Auffassung befindet sich im Einklang mit der modernen Kulturanthropologie[1)], nach der die Wurzel der Kultur im Bedürfnis des Menschen lag, sein Dasein zu stabilisieren, was ihm einerseits durch die Schaffung von Institutionen ("Innenstabilisierung" des Menschen) und andererseits durch die Darstellung seiner Umwelt in Bildern, Tänzen und Symbolen ("Außenwelt-Stabilisierung") gelang. Es ist überhaupt keine Frage, daß dem Naturmenschen die periodischen Vorgänge in der Natur als die vollendetste Form der Stabilität erschienen sein müssen, und daß das Streben nach Übereinstimmung mit den unabhängig von den Wechselfällen des menschlichen Lebens ewig waltenden kosmischen Kräften Grundpfeiler seiner Existenz wurde. So erklärt sich auch ganz natürlich, daß die Kreisbewegung in die Naturphilosophie der frühen Hochkulturen als vollkommenste Bewegung einging und diesen Platz über die griechische Philosophie hinaus bis ins Mittelalter beibehalten hat.

Das umfassendste astronomische System der Antike, der Almagest des Alexandriners CLAUDIUS PTOLEMÄUS (um 150 n.Chr.) erklärt die Bewegung der Himmelskörper um die Erde (geozentrisches Weltbild) ausschließlich mit Hilfe von Kreisbewegungen und deren Überlagerungen. Die Bahn eines Planeten wird z.B. so beschrieben: Der Planet läuft auf einem Kreis, dessen Mittelpunkt sich selbst auf einem Kreis um die Erde bewegt (Epizyklenbewegung, Bild 1).

Durch geeignete Wahl der Kreisradien und der Umlaufgeschwindigkeiten konnte den damals bekannten astronomischen Daten gut entsprochen werden. Im Ptolemäischen System werden für die Beschreibung der Bahnen der Sonne, des Mondes und der fünf damals bekannten Planeten insgesamt 77 Kreise benötigt.

1) vgl. z.B. A.Gehlen, Urmensch und Spätkultur. Frankfurt am Main 1978

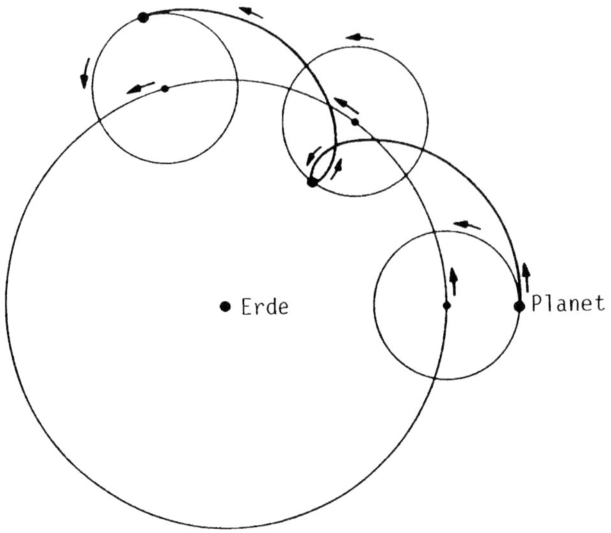

Bild 1 Epizyklenbewegung

Das von NIKOLAUS KOPERNIKUS (1473-1543) in seinem epochalen Werk "De revolutionibus orbium caelestium" entwickelte "Kopernikanische" Weltsystem benutzte ebenso wie das Ptolemäische System Epizyklenbewegungen. Dadurch, daß KOPERNIKUS aber die Bewegung der Planeten von der Sonne aus betrachtete (heliozentrisches Weltbild), gelang es ihm, mit nur 34 Kreisen auszukommen (was übrigens zunächst der einzige Vorteil seines System gegenüber dem Ptolemäischen war). Als JOHANNES KEPLER (1571-1630) schließlich auf der Suche nach einer besseren Übereinstimmung mit den von TYCHO BRAHE ermittelten Daten die elliptische Form der Planetenbahnen postulierte, widersprach dies seiner innersten Überzeugung von der Regelmäßigkeit des Kosmos (vgl. Kapitel 7).

Im folgenden möchte ich geometrische Modelle für die relative Bewegung von Sonne, Erde, Mond und Fixsternhimmel entwickeln, die zwar nicht die Feinheiten der Himmelsmechanik beinhalten, aber doch für eine Erklärung der wichtigsten periodischen Erscheinungen am Himmel ausreichen. Alles, was an Voraussetzungen benötigt wird, sind elementare Eigenschaften von Kreis und Kugel. Ich hoffe, daß Sie damit in die Lage versetzt werden, die Aufgaben über Erde und Himmel am Ende des Abschnitts zu lösen.

4.1. Die Erdkugel

Die Erde betrachten wir als Kugel mit einem Radius R von ungefähr 6370 km. Diese Modellvorstellung berücksichtigt weder die Abplattung der Erde an den Polen noch die landschaftlich wechselnde Oberflächenform (Berge, Täler, Meer). Aber darauf kommt es bei den uns hier interessierenden Fragen ja, wie gesagt, nicht an.

Die Erdkugel dreht sich in 24 Stunden gegenüber dem Sternhimmel und der Sonne einmal um ihre Achse und ruft so den Wechsel von Tag und Nacht hervor. Man nennt die Durchstoßpunkte der Erdachse durch die Erdoberfläche Pole (Nordpol N, Südpol S). Die senkrecht zur Erdachse durch den Erdmittelpunkt gelegte Ebene schneidet die Erdkugel in einem Kreis mit demselben Radius wie die Kugel, dem Äquator, dessen Länge sich zu $2\pi R \approx 40\,000$ km berechnet und Erdumfang genannt wird. Nach der internationalen Meterkonvention von 1875 sollte 1 m gerade der 40 Millionste Teil des Erdumfangs sein.

Ebenen durch die Erdkugel senkrecht zur Erdachse schneiden die Erdoberfläche in den Breitenkreisen. Der Äquator ist also ein spezieller Breitenkreis. Der Radius r eines Breitenkreises läßt sich mit Hilfe des Satzes von Pythagoras leicht aus dem Erdradius und dem Abstand d der Breitenkreisebene vom Erdmittelpunkt berechnen (Bild 2): $r = \sqrt{R^2 - d^2}$. Daraus ersieht man, daß r mit wachsendem d abnimmt und daß der Äquator der größte Breitenkreis ist.

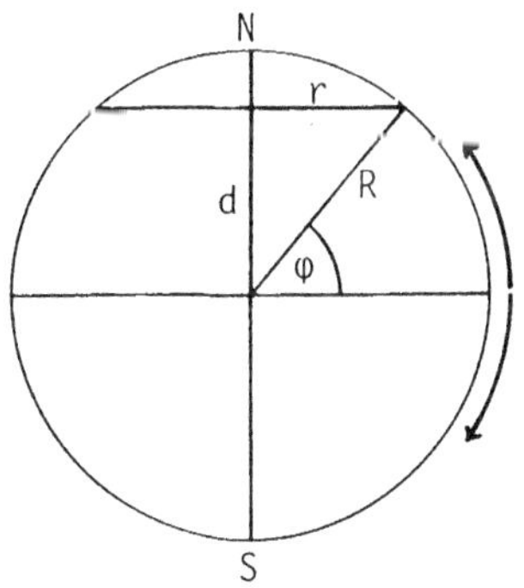

Bild 2

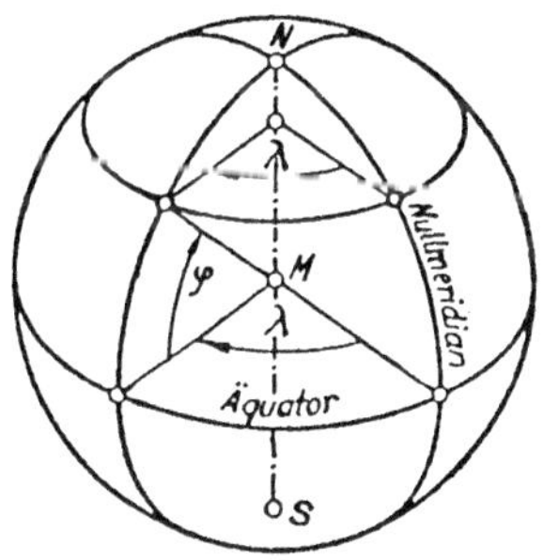

Bild 3

Modell 1: Koordinatennetze auf der Erde

Bild 2 zeigt weiter, wie man Breitenkreise durch eine Winkelkoordinate, die geographische Breite φ, unterscheidet. Man mißt jeweils vom Äquator aus nach Norden bzw. nach Süden. Der Äquator hat die geographische Breite 0° (wobei der Zusatz "nördlich" oder "südlich" irrelevant ist), der Nordpol die Breite "90° nördlich". Deutschland liegt zwischen 47° und 55° nördlicher Breite.

Zur Positionsbestimmung auf der Erde benötigt man eine zweite Koordinate. Man legt zu diesem Zweck Ebenen durch den Nord- und Südpol. Diese schneiden die Erdoberfläche in Kreisen, den Längenkreisen. Die vom Nordpol zum Südpol verlaufenden Hälften dieser Kreise heißen Meridiane (vielfach ebenfalls Längenkreise). Der Meridian, der genau durch die Sternwarte in Greenwich, einem kleinen Ort nahe London, verläuft, wurde 1883 international als Nullmeridian anerkannt. Von ihm aus werden die Meridiane in westlicher und östlicher Richtung durch die geographische Länge λ bezeichnet. Am einfachsten denkt man sich den Äquator als Winkelmesser, dessen Nullmarkierung am Nullmeridian liegt und der in beiden Richtungen eine Einteilung von 0° bis 180° besitzt. Deutschland liegt danach in einem Bereich von 6° bis 11° östlicher Länge. Geographische Breite und Länge legen einen Ort auf der Erde eindeutig fest. Zur größeren Genauigkeit verwendet man feinere Unterteilungen eines Winkelgrades: 1° = 60' (60 Minuten), 1' = 60" (60 Sekunden). Die Position von St. Reinoldi in Dortmund z.B. läßt sich damit durch 51°30'58" nördlich und 7°28'06" östlich angeben.

Auf jedem Meridian entspricht eine Breitendifferenz von 1' einer Entfernung von 1852 m = 1 Seemeile. Leicht zu merken ist die folgende Beziehung:
1° Breitendifferenz entspricht etwa 111,1 km (≈ 40000 km : 360)

Wir fassen unsere bisherigen Bestimmungen zusammen in Modell 1 (Bild 3).

4.2. Die Erde von außen betrachtet

Eine (unendliche) Ebene kann man von einem Punkt außerhalb dieser Ebene vollständig überblicken. Bei einer Kugelfläche ist das anders. Betrachten wir etwa einen Beobachter, der sich an einem Punkt S in einer Höhe h über der Erde befindet. Welchen Teil der Erde überblickt er von S aus?

Wir legen durch den Erdmittelpunkt M und S einen ebenen Schnitt (Bild 4a). Die Berührpunkte H_1 und H_2 der Tangenten von S an den Kreis markieren die äußersten Punkte, die von S aus zu sehen sind. Aus Bild 4a ergibt sich die räumliche Situation von Bild 4b, wenn man 4a um die Gerade SM rotieren läßt. Der Kreis überstreicht dann die Erdoberfläche, H_1 und H_2 laufen auf einem Kreis (Horizontkreis) und die Tangenten SH_1 und SH_2 beschreiben dabei den Kegel der Tangenten von S an die Kugel (Tangentialkegel). Die vom Horizontkreis eingegrenzte Erdkugelkappe ist von S aus sichtbar, der restliche Teil der Erdoberfläche nicht.

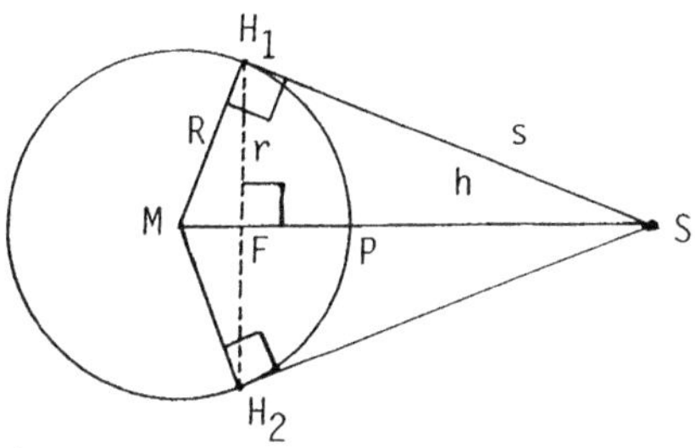

Bild 4a

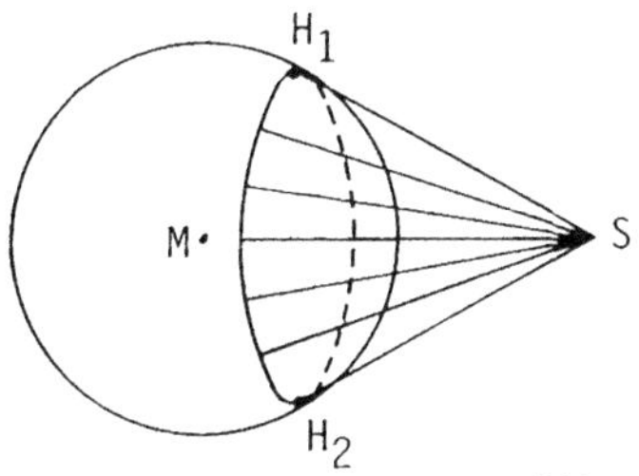

Bild 4b

Wir wollen die Sichtweite s und den Radius r des Horizontkreises mit Hilfe von h und R berechnen. Der Satz von Pythagoras liefert für das rechtwinklige Dreieck MSH_1

$$(h+R)^2 = R^2 + s^2 ,$$
$$s^2 = h^2 + 2hR + R^2 - R^2 ,$$
$$s^2 = 2hR + h^2 ,$$
$$(1) \qquad s = \sqrt{2hR + h^2} .$$

Weiter sind die Dreiecke MSH_1 und MH_1F ähnlich, da sie beide einen rechten Winkel und den $\sphericalangle\, SMH_1$ gemeinsam haben. Somit folgt nach dem Ähnlichkeitssatz

$$\frac{r}{R} = \frac{s}{R+h}$$

und damit

$$(2) \qquad r = R\cdot\frac{s}{R+h} = R\cdot\frac{\sqrt{2hR+h^2}}{R+h} .$$

Ist h klein gegen R, so kann man in (1) den Term h^2 gegen 2hR vernachlässigen und erhält die Näherungsformel

$$s \approx \sqrt{2hR}\ .$$

Wenn man hier $R = 6370$ km und h mit der Einheit km einsetzt und umformt, gelangt man zu

$$s \approx \sqrt{2\cdot 6{,}37}\cdot\sqrt{h\cdot 1000}\ \text{km} \quad (h = \text{Maßzahl der Höhe bez. der Einheit km}),$$

$$s \approx 3{,}57\cdot\sqrt{h\cdot 1000}\ \text{km} \quad (h\cdot 1000 = \text{Maßzahl der Höhe bez. der Einheit m}).$$

Dies ist die in Bergwanderbüchern angegebene Faustformel "Wurzel aus Höhe in Metern mal 3,57 = Sichtweite in Kilometern".

Wenn h klein gegen R ist, liefert (2) die Näherung $r \approx s$.

Für $h \to 0$ wird der Tangentialkegel von S an die Kugel immer stumpfer und geht im Fall $h=0$ in die Tangentialebene im Punkt P über. (Stellen Sie sich diesen Grenzübergang an den Bildern 4 vor!) Für Beobachter auf der Erde begrenzt somit die Tangentialebene in P an die Erdkugel praktisch den Bereich, den man von P aus sehen kann oder von dem aus man P sehen kann (Bild 5). Die Tangentialebene heißt daher auch Horizontebene. Sie ist um $90° - \varphi$ gegen die Äquatorebene geneigt, wenn φ die geographische Breite von P ist. In einem ebenen Schnitt durch den Kugelmittelpunkt und durch P erscheint die Tangentialebene als Tangente an den die Erdkugel darstellenden Kreis.

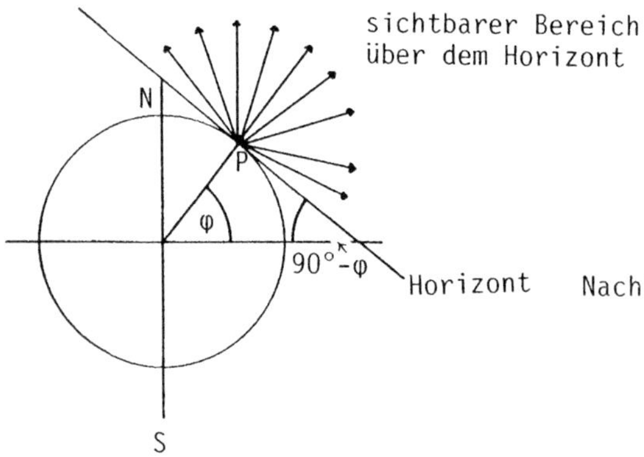

Bild 5

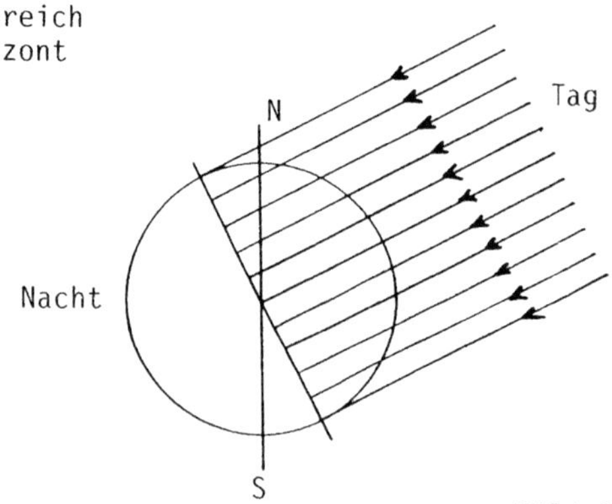

Bild 6

Modell 2: Beleuchtungshalbkugel

Sehr wichtig ist auch noch der Fall, daß h groß gegen R ist (Beispiel S = Sonne). In diesem Fall kann man R gegen h und 2hR gegen h^2 vernachlässigen und erhält aus (2) die Näherung $r \approx R$. Dies bedeutet, daß die Sonne stets ungefähr eine Halbkugel bescheint. Die Sonnenstrahlen fallen praktisch parallel unter sich auf die Erde ein (Bild 6).

4.3. Erde und Fixsternhimmel (ohne Sonne)

Dem Betrachter auf der kleinen Erde erscheint der Himmel als ein riesiges Gewölbe ("Himmelszelt"), an dem die Sterne befestigt sind (Fixsterne) und das sich geschlossen um ihn dreht. In Wirklichkeit aber sind die Sterne sehr unterschiedlich weit von uns entfernt. Die Distanz der Sonne beträgt etwa 150 Mill. Kilometer. Der nächste Fixstern α-Centauri im Sternbild Centaurus hat schon eine wahrhaft "astronomische" Entfernung von 4 Lichtjahren, d.h. das von ihm ausgehende Licht trifft erst nach 4 Jahren bei uns ein. Eine grobe Abschätzung zeigt:

$$\begin{aligned}1 \text{ Lichtjahr} &= 300\,000 \text{ km} \cdot 60\cdot 60\cdot 24\cdot 360 \approx 3\cdot 36\cdot 25\cdot 4\cdot 90\cdot 10^7 \text{ km} \approx \\ &\quad 3\cdot 36\cdot 25\cdot 4\cdot 100\cdot 10^7 \text{ km} \approx 100\cdot 100\cdot 10^9 \text{ km} = \\ &= 10^{13} \text{ km} = 10 \text{ Billionen km} .\end{aligned}$$

Da es uns nur auf die Richtungen ankommt, unter denen wir die Gestirne von der Erde aus sehen, vernachlässigen wir die unterschiedlichen Entfernungen der Fixsterne. Wir erhalten eine brauchbare Modellvorstellung, wenn wir uns um den Erdmittelpunkt eine Kugel mit einem relativ zum Erdradius riesigen Radius (wie riesig, ist unerheblich) denken (Himmelskugel) und die Durchstoßpunkte der Verbindungsstrecken Erde-Gestirne an der Himmelskugel markieren. Für unsere Zwecke genügt es, wenn wir uns vorstellen, jedes Gestirn stünde am entsprechenden Durchstoßpunkt an der Himmelskugel. Die Verlängerung der Erdachse trifft die Himmelskugel im Himmelsnordpol und Himmelssüdpol. Die Äquatorebene durch den Erdmittelpunkt schneidet die Himmelskugel im Himmelsäquator. Für die Relativbewegung von Erde und Fixsternhimmel ergeben sich rein geometrisch gesehen zwei gleichwertige Beschreibungsmöglichkeiten. Erstens können wir uns vorstellen, daß sich bei fester Himmelskugel die Erde um ihre Achse von West nach Ost dreht, zweitens, daß sich bei festgehaltener Erde das Himmelsgewölbe um die Verbindungsstrecke Himmelsnordpol-Himmelssüdpol (um die Himmelsachse) von

Ost nach West dreht. Wir entscheiden uns für die zweite (geozentrische) Betrachtungsweise, weil sie mit unserem Augenschein leichter in Einklang zu bringen ist.

Am Himmelsgewölbe erleichtern uns Sternbilder die Orientierung (vgl. z.B. WIDMANN/SCHÜTTE 1981). Durch eine internationale Vereinbarung wurden 1928 am ganzen Himmel 89 Sternbilder festgelegt, von denen 54 bei uns zu sehen sind (unter ihnen die 12 Sternbilder des Tierkreises). Das wichtigste Sternbild für uns ist der Große Bär (Großer Wagen), der in unseren Breiten das ganze Jahr über sichtbar ist und nachts nie untergeht.

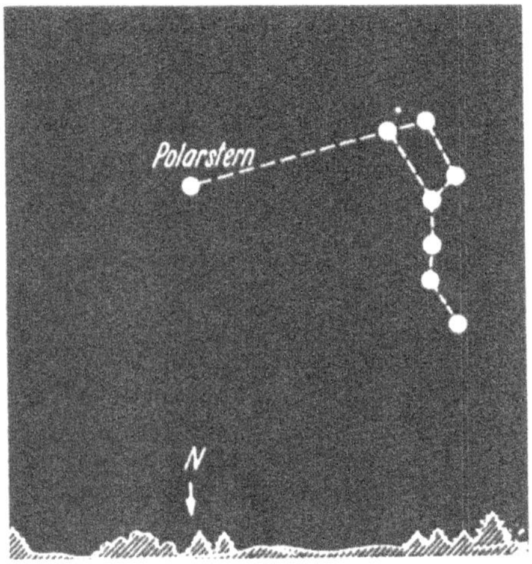

Bild 7

Wenn man die Verbindungsstrecke der beiden letzten Sterne des Wagens etwa fünfmal um sich nach "oben" verlängert, so stößt man auf einen nicht besonders hellen, aber an dieser Stelle doch auffälligen Stern. Das ist der Polarstern, der in unmittelbarer Nähe des Himmelsnordpols liegt (Bild 7).

Welcher Bereich der Himmelskugel ist für uns einsehbar? Aus Bild 5 ergibt sich, daß zu einem bestimmten Zeitpunkt der Bereich sichtbar ist, der über der Tangentialebene (Horizont) am Standort des Betrachters liegt. Die Tangentialebene am Beobachtungsstandort schneidet die Himmelskugel im (Himmels)horizont und zerlegt sie in zwei Halbkugeln. Um den einsehbaren Bereich der Himmelskugel zu bestimmen, müssen wir uns überlegen, welche Sterne bei der Drehung der Himmelskugel irgendwann über die Horizontebene am Ort des Betrachters gelangen.

Wenn man senkrecht zur Horizontebene genau nach oben blickt, trifft man auf den höchsten Punkt des sichtbaren Himmelsgewölbes, den Zenit. Der Zenit wechselt natürlich mit der Horizontebene von Standort zu Standort. Den Kreisbogen vom Himmelsnordpol über den Zenit zum Himmelssüdpol nennt man Himmelsmeridian oder, da er sich mit der geographischen Länge ändert, auch Ortsmeridian. Wenn wir noch beachten, daß die Erde im Verhältnis zur Himmelskugel wie ein Punkt wirkt, gelangen wir insgesamt zu Modell 3 für die geometrische Beziehung zwischen Erde und Himmelskugel, wie sie sich für unsere Breiten darstellt (Bild 8). Zwischen Zenit und Horizont breitet sich die sichtbare Himmelshalbkugel aus.

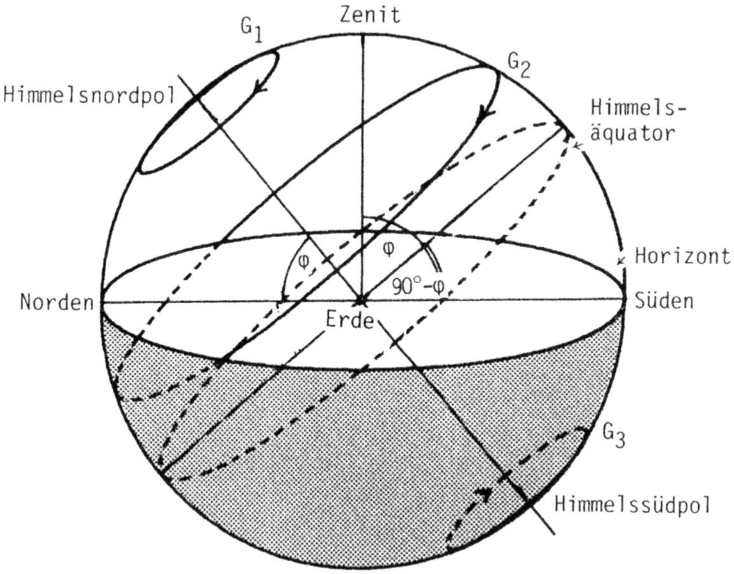

Bild 8

Modell 3: Himmelskugel von φ ≈ 50° nördlich aus betrachtet

Bei festgehaltener Erde rotiert die Himmelskugel gleichförmig innerhalb von knapp 24 Stunden einmal um die Himmelsachse. Alle Gestirne bewegen sich dabei auf Kreisen. Der Kreis eines Gestirns vom Typ G_1 (nahe am Polarstern) liegt dabei stets über dem Horizont. Das Gestirn geht im Verlauf der Nacht nie unter und ist das ganze Jahr über zu sehen (Zirkumpolarstern). Ein Gestirn von Typ G_2 bewegt sich nur zum Teil über dem Horizont. Es geht daher auf und unter. Ob es allerdings sichtbar ist, hängt davon ab, wann die Sonne über dem Horizont liegt. Wir werden im nächsten Abschnitt sehen, daß sich die Sonne (von der Erde aus betrachtet) im Verlauf eines Jahres durch den Tierkreis bewegt. Zu einem Gestirn vom Typ G_2 gehört daher eine bestimmte Jahreszeit, in der es am Nachthimmel zu

sehen ist. Zum Beispiel ist für unsere Breiten der Orion ein typisches Wintersternbild und der Schwan ein typisches Sommersternbild. Gestirne vom Typ G_3 bewegen sich ständig unterhalb des Horizontes, sind also für uns niemals sichtbar. Ein Beispiel ist das berühmte Kreuz des Südens.
Für Orte gleicher geographischer Breite ist offenbar der gleiche Bereich des Himmels einsehbar. Mehr noch: Beobachter gleicher Breite erleben im Verlauf einer Nacht die gleichen Sternbewegungen, nur beginnt für einen weiter westlich gelegenen Beobachter die Nacht entsprechend später.
Wenn man sich in Bild 8 die geographische Breite φ variiert denkt, wird deutlich, wie sich mit φ der einsehbare Bereich der Himmelskugel verändert (vgl. Aufg. 6).

In Modell 3 sieht man auch, daß alle Gestirne ihren höchsten Stand (Kulmination) im Laufe eines Tages gerade im Himmelsmeridian erreichen.

Ähnlich wie auf der Erdkugel kann man auch auf der Himmelskugel Winkelkoordinaten einführen. Je nachdem, ob man vom Himmelsäquator und dem Himmelsnordpol oder vom Horizont und dem Zenit ausgeht, erhält man das Äquatorsystem mit den Winkelkoordinaten Stundenwinkel und Deklination oder das Horizontsystem mit den Winkelkoordinaten Azimut und Höhe.

4.4. Erde und Sonne von der Erde aus betrachtet

Die Sonne nimmt unter den Fixsternen insofern eine Sonderstellung ein, als sie sich am Himmelsgewölbe nicht synchron mit den anderen Fixsternen bewegt (vgl. 4.5.). Ihrem täglichen Umlauf um die Erde ist der sogenannte Jahreslauf durch den Tierkreis überlagert, d.h. die Sonne nimmt nicht nur an der täglichen Drehung der Himmelskugel um die Himmelsachse teil, sondern sie durchläuft zusätzlich relativ zur Himmelskugel einmal im Jahr die Ekliptik, einen Kreis am Himmelsgewölbe, in dessen Mittelpunkt die Erde steht.

Die Ekliptik ist gegen den Himmelsäquator um rund $23\frac{1}{2}^\circ$ und gegen die Himmels- (oder Erd-)achse entsprechend um $90 - 23\frac{1}{2}^\circ = 66\frac{1}{2}^\circ$ geneigt (vgl. hierzu 2.4.5.). Der schmale Streifen um die Ekliptik, in dem auch die Bahnen aller Planeten mit Ausnahme des Pluto verlaufen, heißt Tierkreis und wird durch die bekannten Sternbilder markiert: Steinbock, Wassermann,

Fische, Widder, Stier, Zwillinge, Krebs, Löwe, Jungfrau, Waage, Skorpion, Schütze. Die Schnittpunkte der Ekliptik und des Himmelsäquators heißen Frühlings- und Herbstpunkt.

Modell 4 ist zu entnehmen, daß der Winkel zwischen Himmelsachse und der Verbindungsstrecke Erde-Sonne (Richtung der Sonnenstrahlen) im Laufe eines Jahres zwischen $66\frac{1}{2}^\circ$ (Sommersonnenwende) und $113\frac{1}{2}^\circ$ (Wintersonnenwende) hin- und herpendelt. Zum besseren Verständnis können Sie Bild 12 in Abschnitt 2.4.5. heranziehen.

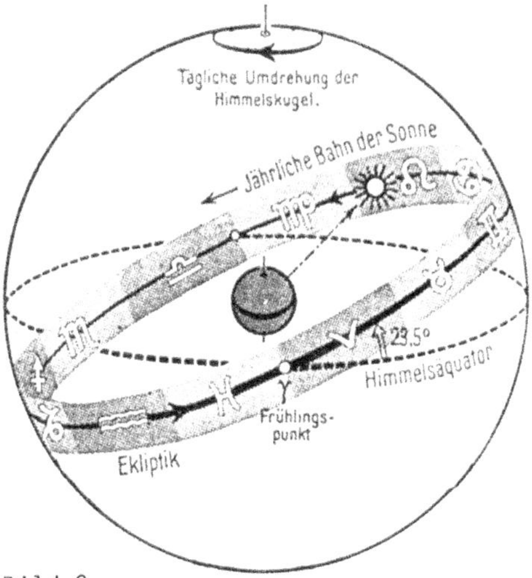

Bild 9

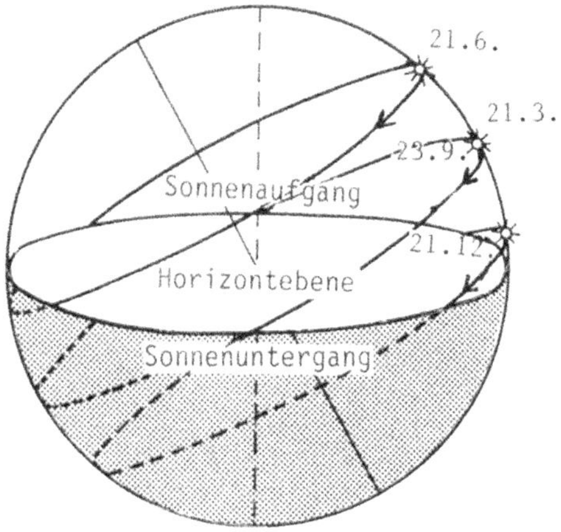

Modell 4: Sonne von der Erde aus

Bild 10

Die Tagesbögen der Sonne bez. eines bestimmten Standortes im Verlauf des Jahres erhält man, wenn man Modell 4 zu Modell 3 in Beziehung setzt. Bild 10 zeigt diesen Sachverhalt.

Zum Abschluß dieses Abschnitts eine Warnung: Die Sonne darf mit Fernrohren nicht direkt anvisiert werden, da die konzentrierte Helligkeit das Augenlicht zerstören würde. Man benützt spezielle Sonnenfilter oder hilft sich damit, daß man ihr Spiegelbild z.B. in einem Wasserspiegel anpeilt. Die Verbindungsstrecke Fernrohr-Spiegelbild schließt mit dem horizontalen Wasserspiegel denselben Winkel ein wie die Strecke Fernrohr-Sonne mit der Horizontalen (warum?).

4.5. Erde und Sonne von der Sonne aus betrachtet

Von der Sonne aus gesehen bewegt sich die Erde im Verlaufe eines Jahres auf einer Ellipse, in deren einem Brennpunkt die Sonne (Radius ≈1,4 Mio. km) steht (Bild 11). Der größte Abstand von der Sonne wird am 4. Juli erreicht (152 Mio. km), der kleinste am 3. Januar (147 Mio. km)[1]. Weiter dreht sich die Erde im Verlauf eines Tages einmal um ihre Achse. Bezogen auf die vom Südpol zum Nordpol gerichtete Erdachse verläuft sowohl die Bewegung um die Sonne als auch die Drehung um die Achse dem Uhrzeigersinn entgegen.

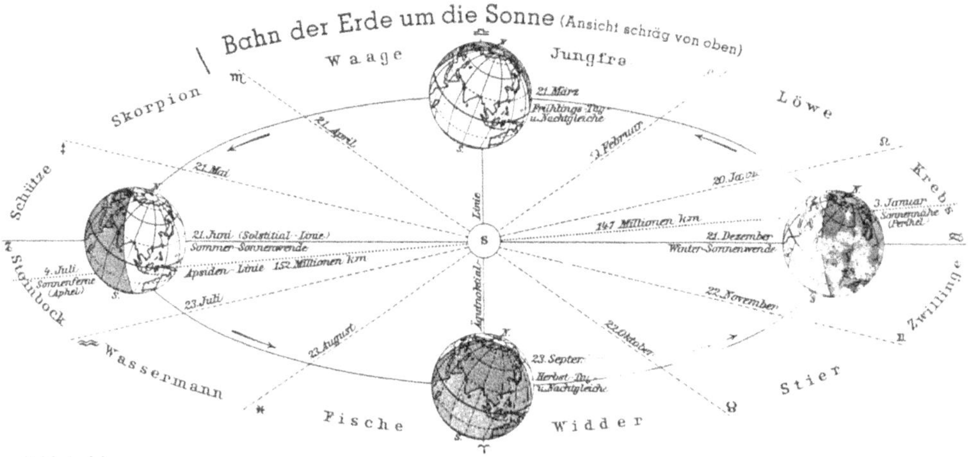

Bild 11

Modell 5: Erde und Sonne von der Sonne aus betrachtet. (Die Größenbeziehungen sind natürlich völlig wirklichkeitsfremd.)

Die Ellipse, auf der sich die Erde um die Sonne bewegt, liegt in einer Ebene, in der sich bei der Betrachtung von der Erde aus (vgl. 4.4) die Sonne während ihres Jahreslaufes auf der Himmelskugel bewegt. Diese Ebene schneidet daher die Himmelskugel in der Ekliptik und heißt daher ebenfalls Ekliptik oder zur Unterscheidung Ekliptikebene. Die Erdachse schließt mit der Ekliptikebene natürlich auch den Winkel $66\frac{1}{2}^\circ$ ein. Da die Achse während des Umlaufs der Erde um die Sonne zu sich selbst parallel bleibt, verändert sich der Winkel zwischen der Erdachse und der Richtung Erde-Sonne

[1] Der mittlere Sonnenabstand beträgt 149,6 Mio. km und wird für die Längenmessung im Weltall als Astronomische Einheit (AE) verwendet.

(Sonnenstrahlen) im Laufe eines Jahres kontinuierlich. Er erreicht ein Minimum $66\frac{1}{2}^\circ$ zur Zeit der Sommersonnenwende (21. Juni), wächst über 90° (Herbstanfang 23. September) hinaus bis zu einem Maximum $113\frac{1}{2}^\circ$ (Wintersonnenwende am 21. Dezember) allmählich an und nimmt über 90° abwärts (Frühlingsanfang 21. März) wieder allmählich bis zu dem Minimum $66\frac{1}{2}^\circ$ ab.

Diese Winkelveränderung ist die Ursache für die periodische Folge der Jahreszeiten. Um dies einzusehen, setzen wir Modell 5 in Beziehung zu Modell 2 und Modell 1: In Abhängigkeit von dem jahreszeitlich veränderlichen Winkel zwischen der Erdachse und der Richtung Erde-Sonne verändert sich die Lage der jeweils von der Sonne beschienenen Beleuchtungshalbkugel relativ zur Erdachse und zu den Breitenkreisen. Bild 12 zeigt die beiden Extremfälle und die Mittellagen. Um einschätzen zu können, wie lange die Sonne zu der betreffenden Jahreszeit auf einer bestimmten geographischen Breite scheint, braucht man nur einen Punkt auf dem entsprechenden Breitenkreis zu fixieren und ihn während einer 24-stündigen Rotation der Erde um ihre Achse zu verfolgen. Der Bruchteil des Breitenkreisbogens, der in der Beleuchtungshalbkugel liegt, entspricht der Sonnenscheindauer.

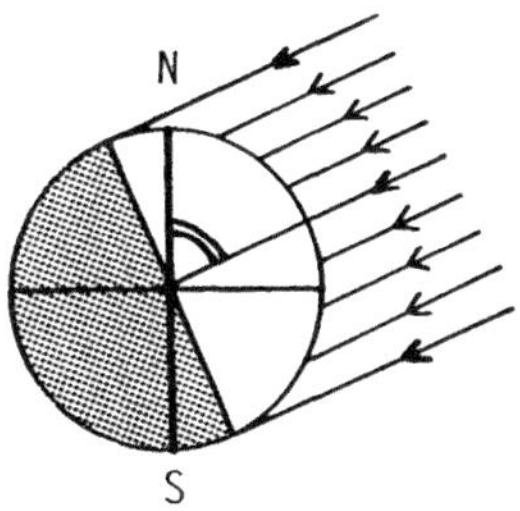

Bild 12 a

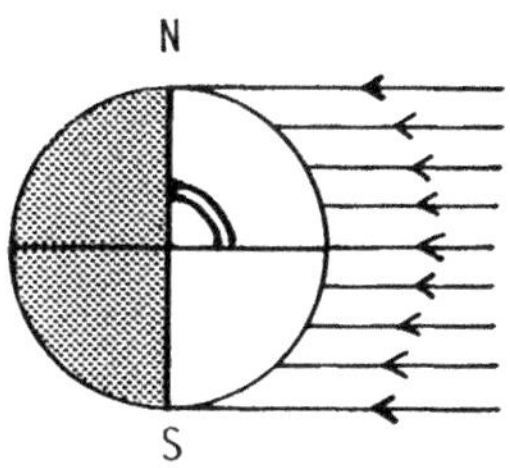

Bild 12b

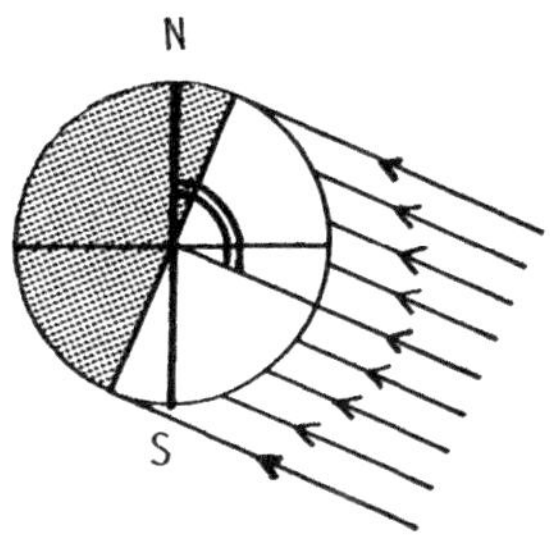

Bild 12c

Im Fall (a) (Sommersonnenwende) ist die Nordhalbkugel von der Sonne bevorzugt. Der Bereich um den Nordpol oberhalb des Breitenkreises mit $66\frac{1}{2}^\circ$ nördlicher Breite (nördlicher Polarkreis) ist ganztägig von der Sonne beschienen (Polarsommer). Der Anteil der Breitenkreise an der Beleuchtungshalbkugel nimmt vom Polarkreis nach Süden allmählich ab. Der Äquator liegt halb auf der beschienenen und halb auf der nicht beschienenen Seite: Tag und Nacht sind hier gleich lang. Auf der Südhalbkugel sind die Nächte jetzt länger als die Tage. Um den Südpol herrscht der Polarwinter, südlich des südlichen Polarkreises geht die Sonne nicht auf.

Dem Bild entnimmt man auch, daß die Sonne jetzt über den Orten von $23\frac{1}{2}^\circ$ nördlicher Breite (nördlicher Wendekreis oder Wendekreis des Krebses) am Mittag senkrecht steht.

Im Fall (b) (Frühlings- und Herbstanfang) sind Tag und Nacht auf der ganzen Erde gleich lang (Tag- und Nachtgleiche). Die Sonne steht senkrecht über dem Äquator.

Im Fall (c) sind die Verhältnisse auf der Nord- und Südhalbkugel gegenüber (a) vertauscht. Die Sonne steht über dem südlichen Wendekreis (Wendekreis des Steinbocks) senkrecht. Am Nordpol herrscht Polarwinter, am Südpol Polarsommer.

Wenn Sie eine Folie zur Hand nehmen und die Sonnenstrahlen bis zum Rand der Beleuchtungshalbkugel übertragen, können Sie durch Drehung der Folie um den Mittelpunkt des "Erdkreises" alle Jahreszeiten zwischen (a) und (b) kontinuierlich verfolgen: Insbesondere können Sie erkennen, daß am Äquator das ganze Jahr über Tag und Nacht gleich lang sind, und daß der mittägige senkrechte Sonnenstand zwischen dem nördlichen und südlichen Wendekreis hin- und herpendelt (daher der Name Wendekreis).

Wie wechselt der Sonnenstand zur Mittagszeit in unseren Breiten?
Bild 13 zeigt die Situation für $\varphi = 51^\circ$ zur Sommer- und Wintersonnenwende. Die Sonne steht also maximal $62\frac{1}{2}^\circ$ und minimal $15\frac{1}{2}^\circ$ über dem Horizont.

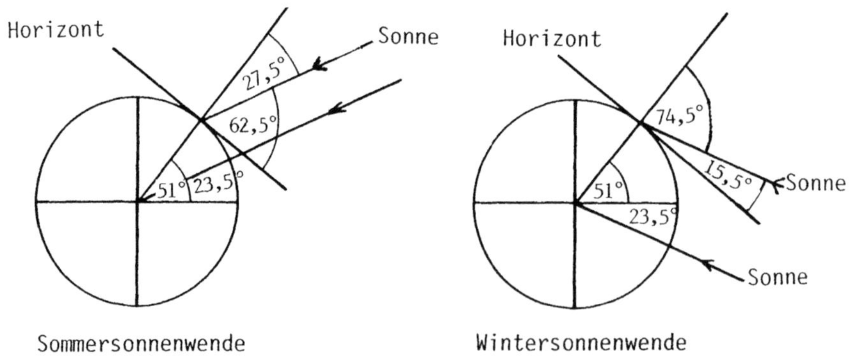

Bild 13

4.6. Sterntag und Sonnentag

Es fehlt noch eine Erklärung dafür, daß sich der Wintersternhimmel vom Sommersternhimmel unterscheidet. Modell 4 drückt die Tatsache aus, daß sich die Sonne im Verlauf eines Jahres einmal durch den Tierkreis bewegt. Daraus folgt, daß das Sternbild, in dem die Sonne gerade steht, nicht sichtbar ist, denn es geht mit der Sonne auf und kann wegen der Tageshelle nicht mehr gesehen werden. Das bezüglich des Erdmittelpunktes an der Himmelskugel diametral gegenüberliegende Sternbild kulminiert an diesem Tag um Mitternacht und ist dann (klarer Himmel vorausgesetzt!) sichtbar.

Eine bessere Einsicht liefert die folgende Überlegung. Die Zeit zwischen zwei Kulminationen ein und desselben Sterns heißt ein Sterntag. Er entspricht genau einer vollen Drehung der Erde um ihre Achse. Dagegen heißt die Zeit zwischen zwei Kulminationen der Sonne Sonnentag. Infolge des Umlaufs der Erde um die Sonne ist ein Sonnentag länger als ein Sterntag. Dies scheint zunächst paradox, ist aber ganz natürlich, wie wir uns im folgenden überlegen wollen.

Wir beobachten den Himmel durch einen sogenannten Meridiankreis. Dies ist ein speziell montiertes Fernrohr[1)], das sich nur in der vom Himmelsnordpol über den Zenit zum Himmelssüdpol verlaufenden Meridianebene schwenken läßt. Der Meridiankreis gibt nur den Blick auf den Himmelsmeridian (Ortsmeridian) frei, in dem die Gestirne kulminieren. Unser "Fenster zum Himmel" nimmt an der täglichen Drehung und dem jährlichen Umlauf der Erde teil.

Nehmen wir nun an, wir sähen im Meridiankreis einen Stern zu einer bestimmten Nachtzeit kulminieren. Wir sehen in der nächsten Nacht den Stern genau dann wieder, wenn die Erde genau eine volle Umdrehung um ihre Achse vollzogen hat. Die vorige Position der Erde und unseres Fernrohrs ist ja genau nach einem Sterntag wiederhergestellt. Wie steht es aber mit der Sonne? In Bild 14 zeigt I die Erde in einer Position, wo die Sonne gerade in unserem Fernrohr erscheint. IIa zeigt die Erde in einer Position, wo sie sich nach einem vollen Sterntag um 360° um ihre Achse gedreht hat. Die Blickrichtung durch das Fernrohr in IIa ist dementsprechend parallel zu

[1)] Erfunden von Olaf Römer (1644-1710)

der in I. Da sich nun aber die Erde auf ihrer Bahn weiterbewegt hat, ist die Sonne im Fernrohr noch nicht zu sehen. Die Erde muß sich also noch ein Stückchen bis in die Position IIb weiterdrehen und weiterbewegen, bis wir die Sonne wieder im Blick haben und auch ein voller Sonnentag um ist.

Bild 14 kann man aber auch quantitativ ausnützen. Wir bezeichnen mit T ein Jahr, d.h. die Zeit, bis sich die Erde wieder in Position I befindet, mit $t_\star$ einen Sterntag und mit t_0 einen Sonnentag. Aus Bild 14 folgt: In der Zeit t_0 überstreicht die Strecke Sonne-Erde gerade den Winkel α, in der Zeit T den Vollwinkel. Wenn wir mit einem gleichmäßigen Umlauf rechnen, ist α gerade der Anteil von 360°, der auf einen Sonnentag entfällt.
Somit gilt

$$(1) \qquad \frac{\alpha}{360^\circ} = \frac{t_0}{T} .$$

Für eine volle Umdrehung der Erde um ihre Achse entsprechend dem Winkel 360° wird die Zeit $t_\star$ benötigt. Die Zeitdifferenz zwischen den Positionen IIa und IIb ist $t_0 - t_\star$. Dies entspricht einer Rotation der Erde um den Winkel α (Bild 14). Daher gilt

$$(2) \qquad \frac{\alpha}{360^\circ} = \frac{t_0 - t_\star}{t_\star} .$$

Einsetzen von (1) in (2) führt auf

$$\frac{t_0 - t_\star}{t_\star} = \frac{t_0}{T} ,$$

$$\frac{t_0}{t_\star} - 1 = \frac{t_0}{T} ,$$

woraus nach Division beider Seiten durch t_0 die Gleichung

$$\frac{1}{t_\star} - \frac{1}{t_0} = \frac{1}{T}$$

folgt. Multiplikation mit T liefert schließlich

$$\frac{T}{t_\star} - \frac{T}{t_0} = 1 .$$

Die Anzahl $\frac{T}{t_\star}$ der Sterntage ist also tatsächlich um 1 größer als die Anzahl $\frac{T}{t_0}$ der Sonnentage.

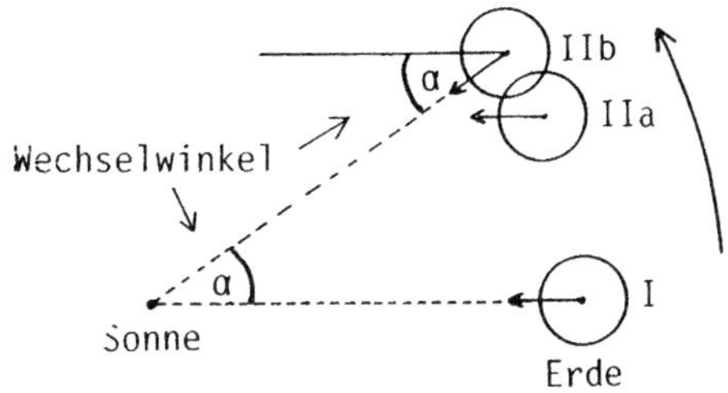

Bild 14

Dieses Ergebnis kann man noch durch folgende Überlegungen im Anschluß an Bild 14 untermauern: Wir denken uns zwei Geräte, die je ein Signal geben, wenn ein Sterntag um ist (d.h. wenn unser Fernrohr wieder parallel zu seiner Ausgangsposition steht) und wenn ein Sonnentag um ist (d.h. wenn das Fernrohr wieder auf die Sonne zeigt). Im Verlauf des Umlaufs der Erde um die Sonne bleibt das zweite Signal hinter dem ersten immer weiter zurück, bis schließlich nach dem vollen Erdumlauf nach einem Jahr das n-te Sonnentagsignal mit dem (n+1)-ten Sterntagsignal zusammenfällt.
Nun ist die Sternzeit maßgeblich für die Bewegung der Himmelskugel, die Sonnenzeit maßgeblich für die Tageszeiten. Da erstere letzterer jährlich um einen Sterntag vorausläuft, läuft sie pro Sonnentag ungefähr

$$\frac{1 \text{ Sterntag}}{360} \approx \frac{1 \text{ Sonnentag}}{360} = \frac{24 \text{ h}}{360} = \frac{1 \text{ h}}{15} = 4 \text{ min}$$

voraus. Im Verlauf einer Woche ist das fast eine halbe Stunde. Damit verändert sich der Bereich des Himmelsgewölbes, der zu einer bestimmten Nachtzeit sichtbar ist, im Verlaufe eines Jahres. Die Sternbücher kommen daher nicht mit einer einzigen Sternkarte aus, sondern bieten gewöhnlich 12 Karten an, die mit genauen Angaben versehen sind, zu welcher Jahreszeit und Beobachtungszeit sie jeweils gültig sind (vgl. WIDMANN/SCHÜTTE 1981).

Die Dauer eines Jahres ist kein ganzzahliges Vielfaches der Dauer t_0 eines Sonnentages. Es gilt vielmehr T = 365,256... Sonnentage. Aus diesem Grunde muß zur Aufrechterhaltung der Synchronisation des Kalenders mit den Jahreszeiten allen durch 4 teilbaren Jahren (mit Ausnahme der nicht durch 400 teilbaren vollen Jahrhunderte) ein Schalttag eingeschoben werden (Gregorianischer Kalender).
Da die Bahn der Erde um die Sonne nicht so gleichmäßig ist, wie in unserem Modell angenommen, kommt es im Verlauf eines Jahres zu merklich unter-

schiedlichen Längen des Sonnentages. Die Astronomen beziehen sich auf den mittleren Sonnentag und beschreiben die Abweichung davon durch die sog. Zeitgleichung (vgl. FREUDENTHAL 1985).

4.7. Mond, Erde, Sonne

Der kugelförmige Mond (Radius ca. 1 740 km) bewegt sich auf einer Ellipse um die Erde, die fast kreisförmig ist (Entfernung Mond-Erde ca. 385 000 km). Außerdem dreht er sich um seine eigene Achse. Die Bahn des Mondes ist leicht gegen die Ekliptikebene geneigt (ca. 5°). Für einen Umlauf um die Erde benötigt unser Trabant die gleiche Zeit wie für eine volle Umdrehung um seine Achse (27,32 Tage). Daher wendet er uns immer die gleiche Seite zu.
Die Bewegung des Mondes um die Sonne ist näherungsweise eine Epizyklenbewegung (vgl. die Einleitung zu diesem Kapitel): Der Mond kreist um die Erde, die ihrerseits um die Sonne kreist.
Der Mond erhält sein Licht wie die Erde und die anderen Planeten von der Sonne. Die jeweils von der Sonne beschienene Mondhalbkugel sehen wir von der Erde aus unterschiedlich, je nach der Konstellation Mond-Erde-Sonne. Wenn sich Mond und Sonne bez. der Erde in etwa gegenüberstehen (Opposition), sehen wir die beschienene Halbkugel als Vollmond ganz. Wenn die Richtungen Sonne-Mond und Mond-Erde einen rechten Winkel bilden, sehen wir die Halbkugel genau von der Seite als Halbmond, und wenn sich der Mond im Bereich zwischen Erde und Sonne aufhält, sehen wir die beleuchtete Halbkugel nicht, weil sie uns abgewandt ist (und auch nicht, weil uns die Sonne blenden würde). Die Mondphasen wechseln periodisch. Eine Lunation (das ist eine volle Periode) dauert aber nicht 27,32 Tage, sondern länger, und zwar aus demselben Grund, aus dem ein Sonnentag länger ist als ein Sterntag. Wenn nämlich der Mond einmal um die Erde gewandert ist (in 27,32 Tagen), ist die Erde bez. der Sonne weitergewandert. Bis aber die gleiche Konstellation Mond-Erde-Sonne wiederkehrt, muß sich der Mond noch ein Stückchen weiterbewegen.

Bei einem Vergleich der Mondpositionen I und IIb (Vollmondkonstellationen!) in Bild 15 erkennt man, daß sich der Mond um denselben Winkel α über die einem vollen Mondumlauf entsprechende Position IIa hinaus weiterdrehen muß, den auch die Strecke Sonne-Erde überstreicht.

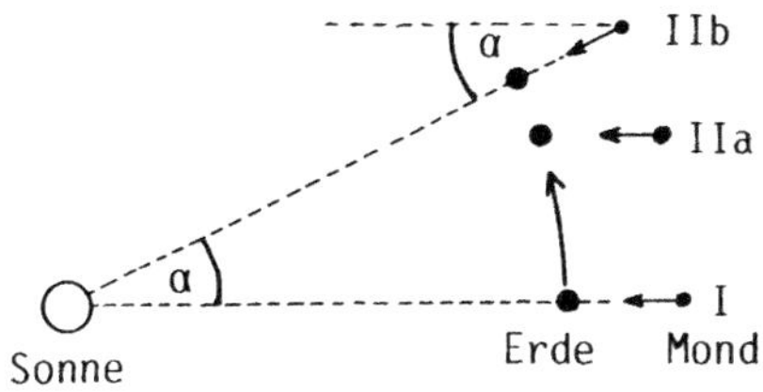

Bild 15

Wenn wir mit t' die Zeit zwischen den Positionen I und IIa (siderische Umlaufzeit = 27,32 Tage) und mit t" die Zeit zwischen den Positionen I und IIb (synodische Umlaufzeit) bezeichnen, erhalten wir völlig analog zu 4.6. die Beziehung

$$\frac{1}{t'} - \frac{1}{t''} = \frac{1}{T} .$$

Einsetzen von t' = 27,32 Tage, T = 365,25 Tage liefert schließlich als synodische Umlaufzeit t" des Mondes 29,53 Tage. Eine schematische Darstellung und Erklärung der Mondphasen zeigt Bild 16.

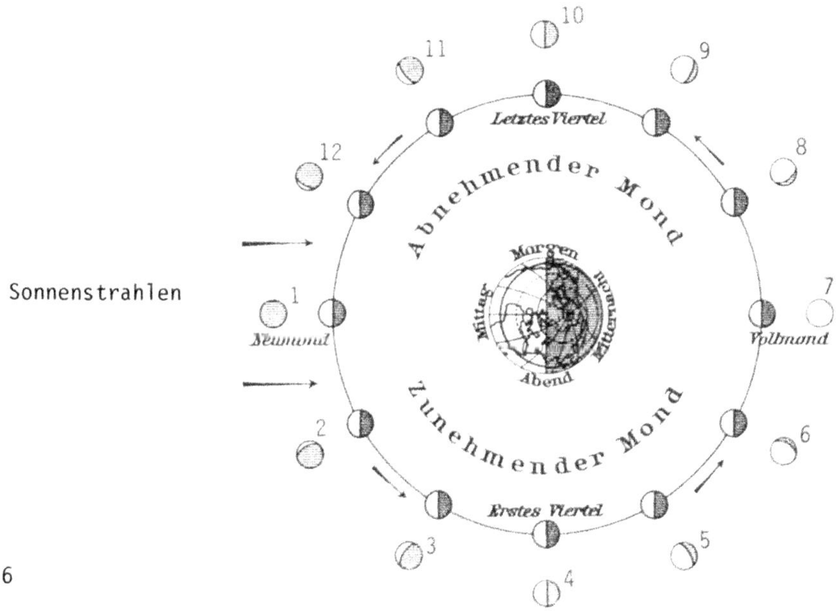

Bild 16

Modell 6: Mondphasen

Phase 1 (Neumond): Der Erde ist die nicht beschienene "Rückseite" des Mondes zugewandt.
Phasen 3,11 (Sichel): In unserem Blickfeld liegt ein größerer Teil der unbeleuchteten als der beleuchteten Halbkugel.
Phasen 4,10 (Halbmond): Wir sehen die Beleuchtungshalbkugel des Mondes von der Seite.
Phase 7 (Vollmond): Wir blicken auf den Mond annähernd in Richtung der Sonnenstrahlen und sehen daher praktisch die volle Beleuchtungshalbkugel.

Im Verlauf einer Nacht bleibt die Konstellation Sonne-Erde-Mond annähernd konstant. Daher ändern sich Mondphasen während einer Nacht nicht. Der Mond nimmt aber wie alle Gestirne an der Drehung des Himmelsgewölbes teil, geht also auf und unter.
Im Gegensatz zu den Sternen ist der aufgegangene Mond bei geeigneten Wetterbedingungen auch tagsüber sichtbar.
Mond- und Sonnenfinsternisse treten ein, wenn Erde, Mond und Sonne auf einer Geraden liegen. Der verfinsterte Mond steht daher in der Ekliptik (= Finsternislinie, nach griech. eclipsis, Finsternis). Wegen der Neigung der Mondbahn gegen die Ekliptik sind solche Konstellationen verhältnismäßig selten. Für Einzelheiten sei auf die astronomische Fachliteratur verwiesen, in der auch die zahlreichen Abweichungen von den hier behandelten "idealen" Bewegungen behandelt werden.

4.8. Erdumfangsbestimmung nach Eratosthenes

Im vorliegenden Abschnitt haben wir die wichtigsten heute bekannten geometrischen Tatsachen über Erde und Himmel einfach nur mitgeteilt. Es würde den Rahmen dieses Buches bei weitem sprengen, die Argumente nachzuzeichnen, die in historischer Genese zur Ausformung dieses "Weltbildes" geführt haben (vgl. hierzu z.B. WAGENSCHEIN 1967). Wir wollen aber wenigstens abschließend auf eine historisch interessante Bestimmung des Erdumfangs eingehen, bei der die Beziehung zwischen Sonne und Erdkugel gemäß Bild 12 systematisch ausgenutzt wurde. Dem griechischen Naturphilosophen und Mathematiker ERATOSTHENES (um 275-214 v.Chr.) war berichtet worden, daß sich zur Sommersonnenwende in Syene, dem heutigen Assuan, die Sonne mittags in einem tiefen Brunnen spiegele. Dies konnte nur möglich sein, wenn die Sonne genau im Zenit stand (Assuan liegt in der Tat nahe am nördlichen Wendekreis). ERATOSTHENES stellte fest, daß zur gleichen Zeit in seiner Heimatstadt Alexandria ein senkrecht aufgestellter Stab einen kurzen Schatten warf. Der Winkel α zwischen den Sonnenstrahlen und dem Stab erwies sich als $\frac{1}{50}$ des Vollwinkels. Wegen des Wechselwinkelsatzes ist α auch der Winkel zwischen den vom Erdmittelpunkt nach Alexandria und Syene gezogenen Radien (Bild 17).

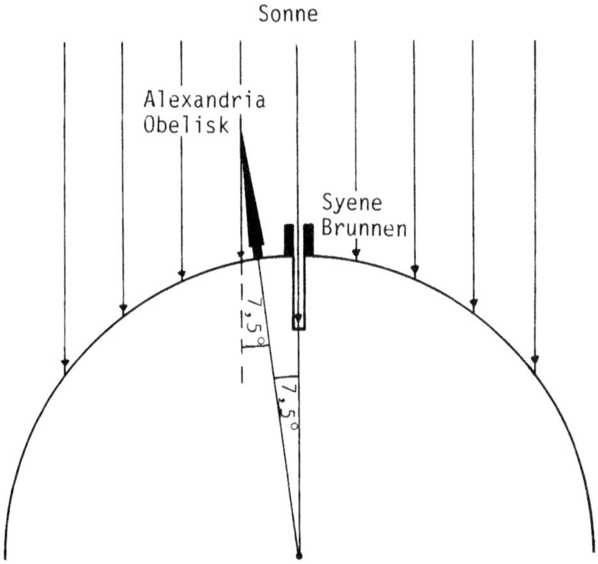

Bild 17

ERATOSTHENES war die Entfernung Syene-Alexandria aufgrund einer in Ägypten schon damals durchgeführten Vermessung zu 50 000 Stadien bekannt. Dadurch ergab sich der Erdumfang zu $50 \cdot 50\,000 = 250\,000$ Stadien. Es läßt sich heute nicht mehr genau rekonstruieren, wie lang die Einheit 1 Stadion verglichen mit 1 Meter war. Die Vermutungen für das Verhältnis schwanken zwischen 1:159 und 1:185. Das würde einen Wert zwischen 39 500 km und 46 250 km ergeben, der vom wahren Wert 40 000 km nicht allzuweit entfernt ist.

Eine moderne Version des Verfahrens von ERATOSTHENES, die einfache Hilfsmittel (z.B. eine Kamera mit Teleobjektiv) benützt und bei der an Stelle der Sonne Fixsterne beobachtet werden, finden Sie in SCHLOSSER, W./

SCHMIDT-KALER,TH., Astronomische Modellversuche Sekundarstufe II, Frankfurt a. M. 1982, S. 14-18.

Literatur

Freudenthal, H., Greenwich Mean Time - die mittlere Sonne. mathematik lehren H. 8/1985, S. 15

Goethe, J.W., Wilhelm Meisters Wanderjahre. Erstes Buch, 10. Kapitel (Episode auf der Sternwarte)

Jensch, G., Die Erde und ihre Darstellung im Kartenbild. Braunschweig: Westermann 1970

Müller, G./ Schuppar, B. Vom Schattenstab zur Sonnenuhr. Math. Sem. Ber. 30 (1983), 267-287 und 31 (1984), 120-133

Schäfers, K./ Traving, G., Meyers Handbuch für das Weltall. Mannheim: B. I. 1973

Schulz, J., Rhythmen der Sterne. Erscheinungen und Bewegungen von Sonne, Mond und Planeten. Dornach/Schweiz 1963

Seidenberg, A., The Ritual Origin of the Circle and Square. Arch. Hist. Exact Sciences 25/1981, 169-327

Seitz, H., Methodik und Praxis des Unterrichts in der Himmelskunde. Heidelberg 1957

Wagenschein, M., Die Erfahrungen des Erdballs. Der Physikunterricht 1 (1967), H.1

Widmann, W./ Schütte, K., Welcher Stern ist das? 60 Sternkarten mit einer Tabelle zum Bestimmen der Sternbilder in allen Jahreszeiten, 10 Farbbildern und einer kurzen Einführung in unser Wissen von den Sternen sowie einer ausklappbaren Mondkarte. Stuttgart 1981

Aufgaben

1. Wie weit kann man bei klarer Sicht vom Finsteraarhorn (4274 m) in den Berner Alpen aus sehen?

2. Dem Flugplan der Lufthansa ist zu entnehmen: "Ab Frankfurt 21^{30}, an Sydney 6^{50}+2" . "+2" bedeutet "2 Tage später". Die Angaben beziehen sich auf die jeweilige Ortszeit. Wie lange dauert der Flug?

3. Phileas Fogg, der Held des Romans "In 80 Tagen um die Welt" von Jules Verne, irrte sich bei der Rückkehr von seiner Weltreise. Obwohl sein Tagebuch genau 81 Tage seit seiner Abreise auswies, waren in London erst 80 Tage vergangen. Wie ist diese scheinbare Unstimmigkeit zu erklären?

4. Begründen Sie, weshalb der Winkel , unter dem der Himmelsnordpol über dem Horizont erscheint, gleich der geographischen Breite des Beobachters ist.

5. Aus welcher Beobachtung kann man schließen, daß die Erdachse $66\frac{1}{2}^\circ$ gegen die Ekliptik geneigt sein muß? Wie können Sie mit Hilfe der Rechnungen in 4.5. an Ihrem Wohnort die Neigung der Erdachse gegen die Ekliptik bestimmen? Welche Messungen sind dazu notwendig?

6. Warum gibt es am Äquator keine Zirkumpolarsterne? Wie ist die Situation am Nordpol (Südpol)? Welche Sterne sind jeweils sichtbar?

7. Weshalb treten Sonnenfinsternisse nur bei Neumond, Mondfinsternisse nur bei Vollmond auf?

8. Sie beobachten, daß der Mond bei Sonnenuntergang im Himmelsmeridian steht. Warum muß der Mond dann im Zunehmen begriffen sein?

9. Eine Beweisanalyse: Der gemeinsame abstrakte Kern der Bilder 13 und 14 kann folgendermaßen formuliert werden: Um einen festen Punkt A der Ebene dreht sich mit gleichförmiger Geschwindigkeit ein Zeiger, der zu einem vollen Umlauf die Zeit T benötigt. Um die (veränderliche!) Spitze

B des ersten Zeigers rotiert mit ebenfalls gleichförmiger Geschwindigkeit ein zweiter Zeiger, dessen Umlaufzeit t ist. Gestartet wird in einer Position, in der beide Zeiger in die gleiche Richtung weisen. Berechnen Sie die Zeit s, die vergeht, bis die Zeiger wieder in die gleiche Richtung weisen.
Unterscheiden Sie danach, ob $t<T$, $t=T$ oder $t>T$ ist und ob die Drehungen gleichsinnig oder gegensinnig verlaufen. Bezüglich der zu erwartenden Ergebnisse können Sie sich an 4.6. und 4.7. orientieren.
Verallgemeinerung: Der zweite Zeiger rotiere um irgendeinen Punkt der Ebene. Ändern sich dadurch diese Resultate? Spezialisierung: Versuchen Sie die Aufgabe 3 einzuordnen.

10. Sonnenuhr

Ein Stab sei an einer der Sonne zugewandten ebenen Fläche mit dem einen Ende befestigt. Das zweite Ende rage frei heraus. Während des Tageslaufs der Sonne wandert der Schatten des (Schatten-)Stabes über die Fläche. Die Kombination Stab - Ebene kann als Sonnenuhr verwendet werden, wenn man auf der Ebene ein passendes "Zifferblatt" anbringt. Je nach Neigung des Stabes benötigt man für verschiedene Monate verschiedene Zifferblätter.
Überlegen Sie, daß man mit einem einzigen Zifferblatt auskommt, wenn der Schattenstab parallel zur Erdachse ausgerichtet ist (vgl. MÜLLER/SCHUPPAR 1983/84).

5 Symmetrie ebener Figuren

Wir behaupten, daß die Dinge in dieser Welt schön sind, indem sie an der Form teilhaben; denn jedes formlose Ding, das von Natur aus fähig ist, Gestalt und Form zu erhalten, ist häßlich und vom göttlichen Logos ausgeschlossen, solange es keinen Anteil an Gestalt und Form hat. Das ist absolute Häßlichkeit.

PLOTIN (204-270 n.Chr.), Enneaden

Ich halte an der Vorstellung fest, daß unser Verlust des Sinnes für ästhetische Einheit ganz einfach ein erkenntnistheoretischer Fehler war.

GREGORY BATESON, Mind and Nature, 1979

Dem kulturellen Streben nach dem rechten Maß (vgl. 3.5.) kann man das Streben nach der rechten Form an die Seite stellen, wobei das Spektrum der Anwendungen wiederum durch alle Bereiche der menschlichen Wahrnehmung und Gestaltungsfähigkeit reicht. Unter den Formprinzipien spielt zweifellos die Symmetrie die alles überragende Rolle. HERMANN WEYL hat in seinem berühmten Buch "Symmetrie" eindrucksvoll aufgezeigt, wie dieses Prinzip ausgehend von seiner schlichtesten Ausprägung, der Spiegelsymmetrie, immer kompliziertere Formen realer und abstrakter Objekte ordnend durchdringt und dabei immer verborgenere Bereiche erfaßt.

Die mathematische Fassung der Symmetrie durch den Gruppenbegriff ist in der Geschichte der Mathematik erst verhältnismäßig spät erfolgt. Sie begann im 19. Jahrhundert im Zusammenhang mit der Untersuchung spezieller Symmetrien in der Algebra und der Geometrie und führte erst im 20. Jahrhundert zum Begriff der abstrakten Gruppe. Die Bedeutung der Gruppentheorie in den Naturwissenschaften, insbesondere der Physik, wuchs dabei immer mehr. Noch in den zwanziger Jahren als "Gruppenpest" von den Physikern belächelt ist sie heute ein unentbehrliches Forschungsinstrument in der Festkörper- und Elementarteilchenphysik.

In diesem Kapitel soll die Beschreibung von Symmetrien mit Hilfe von Abbildungsgruppen an einem winzigen Beispiel erfolgen: an Figuren in der Ebene, speziell an Streifenornamenten. Ich werde das Vorgehen zunächst motivieren, dann eine vollständige Übersicht über die längentreuen Abbildungen der Ebene geben und schließlich zeigen, daß es sieben verschiedene Symmetrietypen von Streifenornamenten gibt.

5.1. Die Beschreibung des "Symmetriegehaltes" einer Figur durch Abbildungen

Wie kommt es, daß ein Quadrat "symmetrischer" ist als ein nichtquadratisches Rechteck? Die Ursache wird deutlich, wenn wir beide Formen aus einem Karton ausschneiden und uns überlegen, auf wie viele verschiedene Weisen sich die beiden Kartonstücke jeweils wieder in das entsprechende Loch zurücklegen lassen. Das Quadrat können wir außer in der ursprünglichen Lage auch um 90°, 180° und 270° verdreht einfügen, und wir können jeweils Vorder- und Rückseite vertauschen. Dies ergibt insgesamt $4 \cdot 2 = 8$ Möglichkeiten. Bei unserem (nichtquadratischen) Rechteck haben wir entsprechend nur $2 \cdot 2 = 4$ Möglichkeiten. Eine noch überzeugendere Illustration können Sie mit Folien erzielen. Legen Sie auf das Quadrat und das Rechteck in Bild 1 je eine Folie und kopieren Sie die Figuren auf die Folie. Untersuchen Sie nun, auf wie viele verschiedene Weisen Sie die Folie jeweils auf das Blatt legen können, so daß die Figur auf dem Blatt mit der kopierten Figur zur Deckung kommt.

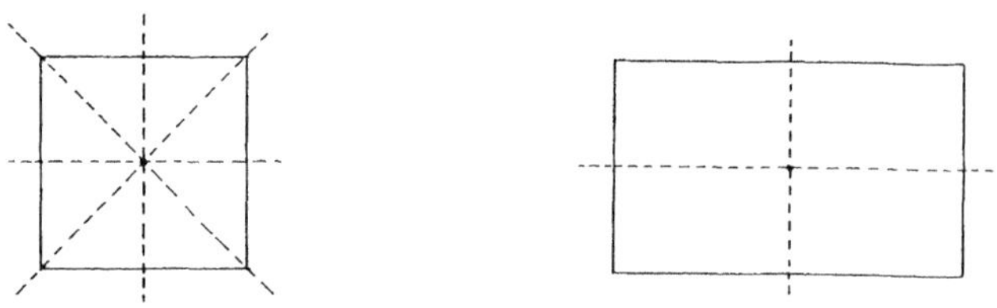

Bild 1

Sie sehen, daß man bei dem Quadrat 8 Möglichkeiten hat, die den vier Drehungen um 0°, 90°, 180°, 270° um den Mittelpunkt und den vier Spiegelungen an den gestrichelt eingezeichneten Achsen entsprechen. Bei dem Rechteck hat man nur zwei Drehungen um 0° und 180° und nur zwei Spiegelungen. Die höhere Symmetrie des Quadrates drückt sich also in einer

größeren Reichhaltigkeit von Deckabbildungen aus.
Untersuchen wir als drittes Beispiel noch die aus zwei parallelen Geraden bestehende Figur (Streifen) (Bild 2). Welche Symmetrien besitzt sie?

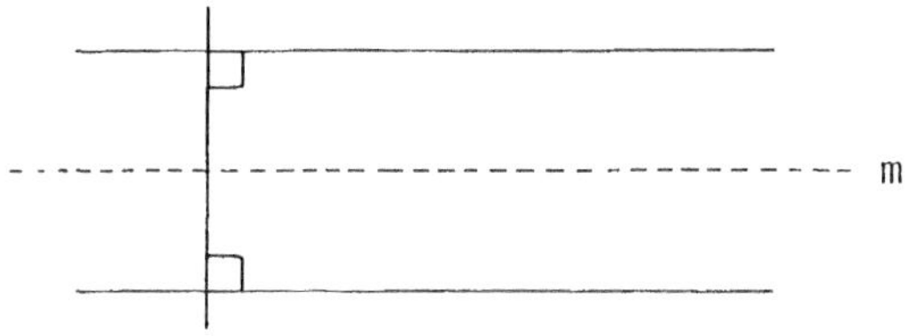

Bild 2

Wieder kopieren wir die Figur auf eine Folie und überlegen uns, auf welch verschiedene Weisen wir die kopierte Figur mit dem Original zur Deckung bringen können. Zunächst können wir beliebige Verschiebungen in Richtung des Streifens vornehmen. Zweitens können wir an einem beliebigen gemeinsamen Lot des Geradenpaares spiegeln (Querspiegelung). Drittens ist eine Spiegelung an der Mittellinie möglich (Längsspiegelung). Viertens führt auch jede 180°-Drehung (Punktspiegelung) um einen Punkt der Mittellinie zur Deckung von Zeichnung und Folie. Wir finden also bei den Deckabbildungen des Streifens die in 2.3. behandelten Typen von Kongruenzabbildungen wieder. Andere Verschiebungen, Spiegelungen und Drehungen als die oben angegebenen sind als Deckabbildungen des Streifens nicht möglich. Die Mittellinie muß ja, gewissermaßen als "Wirbelsäule" des Streifens, in jedem Fall Fixgerade sein. Damit scheiden als Deckabbildungen aus:
Verschiebungen in Richtungen, die nicht parallel zu dem Streifen sind;
Spiegelungen an Achsen, die parallel zur Mittellinie des Streifens, aber von dieser verschieden sind;
Spiegelungen an Achsen, die weder parallel noch senkrecht zur Mittellinie sind;
Drehungen, die keine Punktspiegelungen sind;
Punktspiegelungen, deren Zentrum nicht auf der Mittellinie liegt.

5.2. Kongruenzabbildungen der Ebene

Unter einer Kongruenzabbildung der Ebene verstehen wir eine bijektive Abbildung der Menge der Punkte der Ebene auf sich, welche jede Figur auf eine kongruente Bildfigur abbildet.

Beispiele für Kongruenzabbildungen kennen wir schon: Verschiebungen, Drehungen und Achsenspiegelungen. In 2.3. haben wir diese Typen von Abbildungen mit Hilfe von Folien begründet. Die Folien mußten dabei nach ganz bestimmten Vorschriften bewegt werden.
Eine Kongruenzabbildung kann man aber auch durch "irgendein" Hantieren mit einer Folie festlegen: Man legt die Folie auf die Zeichenebene, kopiert die Ebene auf die Folie, nimmt die Folie weg, legt sie "irgendwie" wieder auf die Ebene, mit der gleichen Seite oder umgekehrt, und kopiert von der Folie wieder auf die Ebene zurück. Jeder Punkt erhält dabei einen eindeutig bestimmten Bildpunkt zugeordnet. Da jede Figur wegen der Formstabilität der Folie deckungsgleich zu ihrer Bildfigur ist, handelt es sich bei der mit Hilfe der Folie konstruierten Abbildung also tatsächlich um eine Kongruenzabbildung.

Wenn eine bestimmte Figur vorgegeben ist, interessieren besonders diejenigen Kongruenzabbildungen der Ebene, welche die gegebene Figur als Ganzes genau in sich überführen. Sie heißen Deckabbildungen der Figur.
Zur Bestimmung aller Deckabbildungen einer Figur ist es hilfreich, wenn man eine vollständige Übersicht über die Kongruenzabbildungen der Ebene besitzt. Eine solche Übersicht werden wir uns in Abschnitt 5.3. verschaffen. Zuvor wollen wir aber den Begriff "Kongruenzabbildung" selbst noch genauer unter die Lupe nehmen. Im Anschluß an die Konstruktion von Kongruenzabbildungen durch Folien stellen wir folgende Fragen:

- Läßt sich jede Kongruenzabbildung durch eine Folie darstellen?
- Befinden sich unter den durch eine Folie dargestellten Kongruenzabbildungen außer den Verschiebungen, Drehungen und Spiegelungen noch weitere Typen?

Ich möchte in diesem Abschnitt zeigen, daß die erste Frage zu bejahen ist. Die Antwort auf die zweite Frage wird sich aus dem Klassifikationssatz in 5.3. ergeben.

Kongruenzabbildungen führen insbesondere Strecken in gleichlange Strecken über. Sie sind also längentreu. Überlegen wir einmal, welche Folgerungen wir allein aus der Längentreue einer Abbildung φ ziehen können: Das Bild A' eines Punktes A kann irgendein Punkt sein. Das Bild B' eines Punktes $B \neq A$ kann nach Wahl von A' nicht mehr beliebig gewählt werden.

Wegen $\overline{AB} = \overline{A'B'}$ muß B' auf dem Kreis um A' mit Radius $\overline{AB}$ liegen (Bild 3).

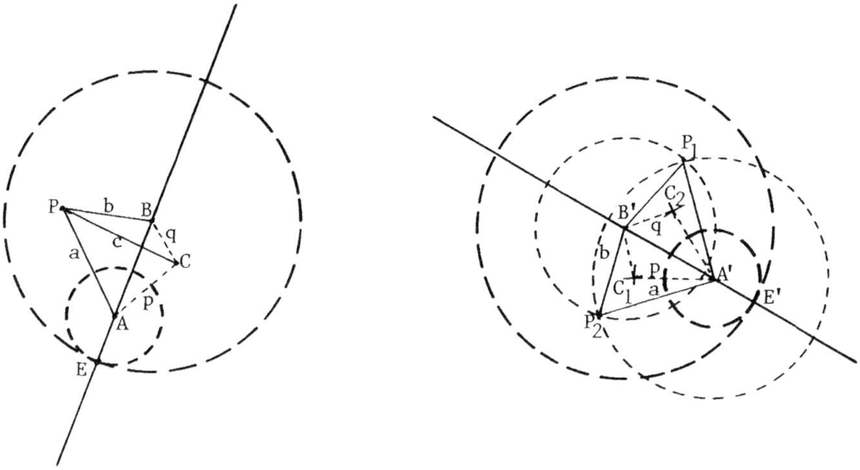

Bild 3

Jeder Punkt E auf der Geraden AB ist durch seine Entfernungen von A und B eindeutig bestimmt, und er ist der einzige Berührpunkt der Kreise um A durch E und um B durch E. Wegen der Längentreue von φ ist dann E' der einzige Berührpunkt der Kreise um A' mit Radius $\overline{AE}$ und um B' mit Radius $\overline{BE}$. Der Punkt E' liegt folglich auf der Geraden A'B' und ist der einzige Punkt auf A'B', der von A' bzw. B' dieselben Entfernungen hat wie E von A bzw. B. Wir sehen somit: Durch die Bilder zweier Punkte A, B sind die Bilder aller Punkte der Verbindungsgeraden AB eindeutig bestimmt.

Wählen wir nun einen Punkt C außerhalb der Geraden AB. Sein Bild C' liegt wegen der Längentreue von φ sowohl auf dem Kreis um A' mit Radius $\overline{AC} =: p$ als auch auf dem Kreis um B' mit Radius $\overline{BC} =: q$. Diese Kreise schneiden sich aber in zwei Punkten C_1 und C_2, die spiegelsymmetrisch zu A'B' liegen. Es gilt daher entweder $C' = C_1$ oder $C' = C_2$. Also: Durch die Bilder zweier Punkte A, B ist das Bild jedes Punktes C außerhalb von AB bis auf Spiegelsymmetrie eindeutig bestimmt. In jedem der beiden Fälle $C' = C_1$ oder $C' = C_2$ ist das Bild jedes weiteren Punktes P durch die Bilder der drei Referenzpunkte A, B, C eindeutig festgelegt, denn: Wegen $\overline{A'P'} = \overline{AP} =: a$ und $\overline{B'P'} = \overline{BP} =: b$ liegt P' sowohl auf dem Kreis um A' mit Radius a als auch auf dem Kreis um B' mit Radius b, ist also einer der beiden spiegelsymmetrisch zu A'B' liegenden Schnittpunkte P_1, P_2 dieser beiden Kreise. Da nach dem Trichotomiesatz $\overline{C'P_1} \neq \overline{C'P_2}$ gilt, die Längentreue aber $\overline{C'P'} = \overline{CP} =: c$ fordert, kann nur einer der beiden Punkte P_1, P_2 als Bild von P in Frage kommen. Je nachdem ob $C' = C_1$ oder $C' = C_2$ ist, gilt $P' = P_1$ oder $P' = P_2$.

Wir haben damit gezeigt: Eine längentreue Abbildung ist durch die Bilder dreier nicht auf einer Geraden liegender Punkte (kurz: durch ein Dreieck) eindeutig bestimmt.

Als Nebenergebnis halten wir noch fest:

Ein Punkt der Ebene ist durch seine Entfernungen von drei nicht auf einer Geraden liegenden Referenzpunkten A, B, C eindeutig bestimmt. Zwei Referenzpunkte A, B legen ihn bis auf Spiegelsymmetrie bez. AB fest.

Nun folgt schnell, daß sich jede längentreue Abbildung der Ebene durch eine Folie realisieren läßt und folglich eine Kongruenzabbildung ist: Sei nämlich φ längentreu. Wir betrachten die Ecken A, B, C eines Dreiecks und ihre Bilder A', B', C' unter φ. Die Punkte A, B, C werden auf eine Folie übertragen (Abdrücke A*, B*, C*). Wir legen nun die Folie so auf die Ebene, daß A* auf A' und B* auf B' zu liegen kommt. Wegen $\overline{A^*B^*} = \overline{AB} = \overline{A'B'}$ ist dies möglich. Da C* von A* bzw. B* die gleichen Entfernungen hat wie C' von A' bzw. B', fällt dabei C* entweder auf C' oder auf den Spiegelpunkt von C' bez. A'B'. Im zweiten Fall führt man mit der Folie noch eine Spiegelung an A'B' aus und erreicht damit in jedem Fall, daß A*, B*, C* auf A', B', C' zu liegen kommen. Die Übertragung der Folie von der Anfangslage (A*,B*,C* auf A,B,C) in die Endlage (A*,B*,C* auf A',B',C') definiert eine (längentreue) Kongruenzabbildung φ_0, die in den Bildern der Punkte A, B, C mit φ übereinstimmt. Nach dem obigen Ergebnis muß dann $\varphi = \varphi_0$ sein, d.h. φ läßt sich in der Tat mit Hilfe einer Folie realisieren.

Je nachdem ob die Folie bei der Übertragung nicht umgekehrt oder umgekehrt wird, kehrt φ den Umlaufsinn von Dreiecken nicht um oder kehrt ihn um. Kongruenzabbildungen des ersten Typs heißen gleichsinnige, die des zweiten Typs ungleichsinnige Kongruenzabbildungen. Aus dem obigen Beweis geht weiter hervor, daß die Lage einer Folie auf der Ebene durch drei Punkte fixiert werden kann. Wenn man weiß, welche Seite der Folie oben liegt, genügen zur Fixierung der Lage sogar zwei Punkte.

Unsere Überlegungen beinhalten somit folgende Ergebnisse:

(1) Eine Abbildung der Ebene auf sich ist genau dann eine Kongruenzabbildung, wenn sie längentreu ist.

(2) Jede Kongruenzabbildung behält entweder den Umlaufsinn aller Dreiecke bei oder sie kehrt den Umlaufsinn aller Dreiecke um (gleichsinnige bzw. ungleichsinnige Kongruenzabbildung).

(3) Eindeutigkeitssatz
Eine Kongruenzabbildung ist durch die Bilder dreier nicht auf einer Geraden liegender Punkte eindeutig bestimmt. Es genügen bereits die Bilder zweier Punkte, wenn man weiß, ob der Umlaufsinn erhalten bleibt oder nicht.

Anmerkung

Wegen der Beziehung (1) wird eine Kongruenzabbildung oft auch direkt als längentreue Abbildung definiert. Ich bin hier bewußt der ursprünglichen Bedeutung des Begriffs "kongruent" (deckungsgleich) gefolgt und wollte zeigen, daß Folien ein legitimes Mittel für "präformale" Beweise[1] mit Kongruenzabbildungen sind.

5.3. Der Klassifikationssatz

Der folgende Satz gibt uns die gewünschte vollständige Übersicht über die Kongruenzabbildungen der Ebene.

Klassifikationssatz

Eine von der Identität verschiedene gleichsinnige Kongruenzabbildung der Ebene ist entweder eine Drehung (nämlich genau dann, wenn sie einen Fix-

1) vgl. A. Kirsch, Beispiele für prämathematische Beweise. In: W. Dörfler/ R. Fischer (Hrsg.), Beweisen im Mathematikunterricht. Wien-Stuttgart 1979

punkt besitzt) oder eine Verschiebung (nämlich genau dann, wenn sie keinen Fixpunkt besitzt).
Eine ungleichsinnige Kongruenzabbildung der Ebene ist entweder eine Achsenspiegelung oder eine Schubspiegelung (je nachdem, ob sie einen Fixpunkt besitzt oder nicht).

Bemerkung

Eine Schubspiegelung (Gleitspiegelung) ist definiert als Verkettung einer Achsenspiegelung an einer Achse g und einer Verschiebung $\neq \iota$ parallel zu g. Die Reihenfolge darf auch vertauscht werden: Man erhält die gleiche Abbildung, wenn man zuerst die gegebene Verschiebung ausführt und anschließend an g spiegelt. Dies ist unmittelbar einsichtig, wenn man die betreffenden Abbildungen mit Hilfe einer Folie realisiert.
Eine Schubspiegelung besitzt offenbar keinen Fixpunkt, und sie kehrt den Umlaufsinn um, so daß es sich in der Tat um einen neuen Typ von Kongruenzabbildung handelt. Man sieht auch unmittelbar, daß die Schubspiegelachse die einzige Fixgerade ist und daß sie jede Strecke Punkt-Bildpunkt halbiert.

Die Aussage des Satzes läßt sich in dem folgenden Vier-Felder-Diagramm festhalten, das die vier möglichen Klassen (Typen) einprägsam wiedergibt. Man sieht daran, daß man die Identität deshalb ausschließen muß, weil man sie als (triviale) Drehung und als (triviale) Verschiebung auffassen kann.

Gleichsinnig?

		ja	nein
Ist Fixpunkt vorhanden?	ja	Drehungen	Achsenspiegelungen
	nein	Verschiebungen	Schubspiegelungen

Beweis: Die eine Richtung des Satzes ist klar, da Drehungen, Achsenspiegelungen, Verschiebungen und Schubspiegelungen die angegebenen Eigenschaften haben.
Für den Beweis in der umgekehrten Richtung werden wir uns von den bekannten Beziehungen Punkt-Bildpunkt bei den verschiedenen Typen leiten lassen. Bei einer Drehung $\neq \iota$ gehen die Mittelsenkrechten der Strecken Punkt-Bildpunkt alle durch den Drehpunkt, bei einer Achsenspiegelung ist

die Achse die Mittelsenkrechte der Verbindungsstrecke jedes nicht auf der Achse gelegenen Punktes mit seinem Bildpunkt, bei einer Verschiebung $\neq \iota$ bestimmt jedes Paar Punkt-Bildpunkt die Verschiebungsrichtung, bei einer Schubspiegelung schließlich liegen die Mittelpunkte der Strecken Punkt-Bildpunkt alle auf der Schubspiegelachse. Es ist also erfolgversprechend, gezielt mit geeigneten Mittelpunkten und Mittelsenkrechten zu arbeiten.
Sei φ eine beliebige Kongruenzabbildung $\neq \iota$. Wir wählen einen Punkt A mit $A' \neq A$. Das Bild B' des Mittelpunktes B der Strecke AA' muß wegen $\overline{AB} = \overline{A'B'} =: r$ auf dem Kreis um A' durch B liegen (Bild 4). M.a.W.: Dieser Kreis ist der geometrische Ort der möglichen Bilder von B.

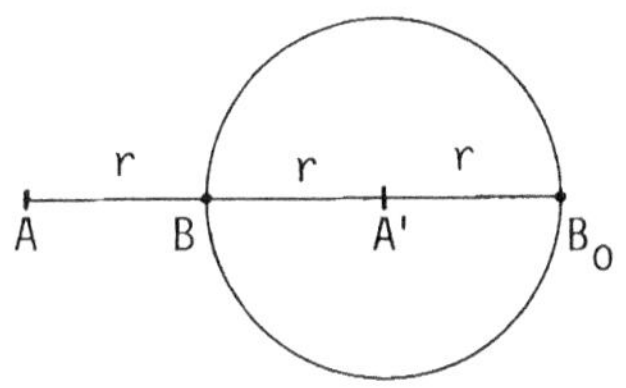

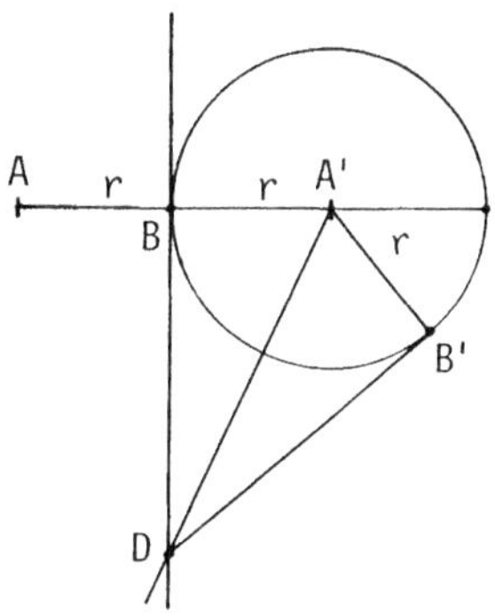

Bild 4 Bild 5

Wir unterscheiden zwei Haupt- und je drei Unterfälle.

1. Hauptfall: φ behält den Umlaufsinn bei.

(1) Falls $B' = B$, gilt $\sigma_B(B) = B'$ und $\sigma_B(A) = A'$.
Die Punktspiegelung σ_B ist wie φ eine gleichsinnige Kongruenzabbildung. Aus dem Eindeutigkeitssatz folgt daher $\varphi = \sigma_B$.

(2) Falls $B' = B_0$ (= zweiter Schnittpunkt des Kreises mit AB), führt die Verschiebung τ, die A in A' überführt, auch B in B_0 über. Als gleichsinnige Kongruenzabbildung stimmt φ nach dem Eindeutigkeitssatz mit τ überein.

(3) Sei nun B' ein von B und B_0 verschiedener Punkt des Kreises um A' mit Radius r (Bild 5). Die Strecken AA' und BB' sind dann nicht parallel,

und ihre Mittelsenkrechten schneiden sich in einem Punkt D. Dieser Punkt hat von A dieselbe Entfernung wie von A' und von B dieselbe Entfernung wie von B'. Weiter hat das Dreieck ABD denselben Umlaufsinn wie A'B'D. Somit ist D = D' (Fixpunkt von φ). Die Drehung δ um D, welche A in A' abbildet, ist eine gleichsinnige Kongruenzabbildung, welche in den Bildern von A und D mit φ übereinstimmt. Wie oben folgt $\varphi = \delta$.

Damit ist gezeigt, daß eine gleichsinnige Kongruenzabbildung $\neq \iota$ entweder eine Drehung oder eine Verschiebung ist. Offenbar liegt eine Drehung genau dann vor, wenn es einen Fixpunkt gibt (Unterfälle (1), (3)).

2. Hauptfall: φ kehrt den Umlaufsinn um (Bild 6)

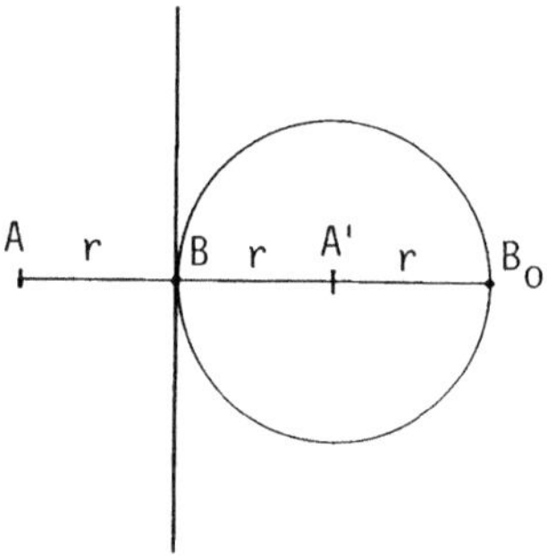

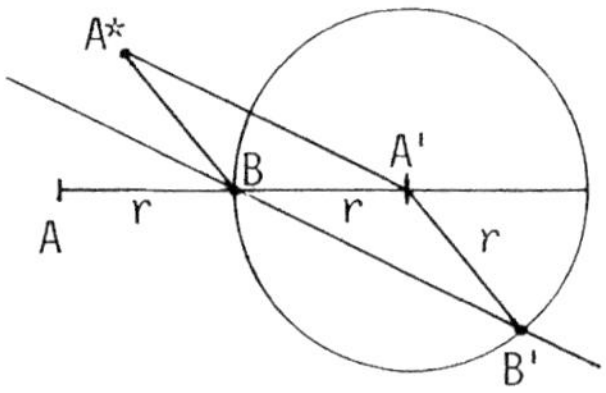

Bild 6a Bild 6b

(1) Falls B' = B (Bild 6a), stimmt φ nach dem Eindeutigkeitssatz mit der Spiegelung an der durch B verlaufenden Mittelsenkrechten von AA' überein (warum?), die eine ungleichsinnige Kongruenzabbildung ist.

(2) Falls $B' = B_0$ (Bild 6a), ist φ gleich der Schubspiegelung an der Achse AA', welche A in A' überführt (warum?).

(3) Sei schließlich B' ein von B und B_0 verschiedener Punkt auf dem Kreis um A' mit Radius r. Wir wollen zeigen, daß φ auch in diesem Fall eine Schubspiegelung ist. Als Achse kommt nur die Verbindungsgerade der Mittelpunkte der Strecken AA' und BB' in Frage, d.h. die Gerade BB'. Wir spiegeln A an der Achse BB' nach A*. Dabei bleiben Längen- und Winkelmaß invariant. Die Strecke A*B ist daher ebenso lang wie die

Strecke AB, und letztere ist nach Voraussetzung ebenso lang wie A'B'. Analog ist der von A*B mit BB' eingeschlossene Winkel ebenso groß wie der von AB mit BB' eingeschlossene Winkel, und dieser ist nach dem Scheitelwinkelsatz und dem Basiswinkelsatz (angewandt auf das gleichschenklige Dreieck BB'A') ebenso groß wie der von A'B' mit BB' eingeschlossene Winkel. Aus dem Stufenwinkelsatz folgt, daß A*B zu A'B' parallel ist. Insgesamt sind damit A*B und A'B' als gleichlange und parallele Gegenseiten im Viereck BB'A'A* nachgewiesen. Nach 2.6.2. ist ein solches Viereck ein Parallelogramm, und daher sind auch die Gegenseiten A*A' und BB' parallel und gleich lang. Die Verkettung γ der Spiegelung an der Achse BB' mit der Verschiebung um $\overrightarrow{BB'}$ ist daher eine Schubspiegelung, welche A in A' und B in B' überführt.
Als ungleichsinnige Kongruenzabbildung ist γ nach dem Eindeutigkeitssatz gleich φ.

Wir haben somit: Eine ungleichsinnige Kongruenzabbildung ist entweder eine Achsenspiegelung oder eine Schubspiegelung. Offenbar liegt eine Achsenspiegelung genau dann vor, wenn es einen Fixpunkt gibt.

Zur Verankerung des Satzes in Ihrer Vorstellung sollten Sie sich nicht scheuen, den Beweis mit Hilfe einer Folie nachzuvollziehen. Machen Sie sich bewußt, daß die Anfangs- und Endlage der Folie jeweils durch zwei Punkte fixiert ist, da von φ der Umlaufsinn jeweils bekannt ist.

5.4. Die Gruppe der Kongruenzabbildungen der Ebene

Die Untersuchung der Symmetrie einer ebenen Figur gestaltet sich mathematisch erheblich effektiver, wenn man nicht einfach nur mit der "nackten" Menge K der Kongruenzabbildungen arbeitet, sondern die Struktur ausnützt, die sie natürlicherweise trägt.

5.4.1. Die Gruppenstruktur von $(K, \circ)$

K enthält die identische Abbildung ι und mit jeder Kongruenzabbildung φ auch deren Umkehrabbildung φ^{-1}, die aus φ durch Vertauschung der Rollen von Bildern und Urbildern entsteht (d.h. $\varphi^{-1}(P)$ ist der Punkt $\overline{P}$, der bei φ auf P abgebildet wird.). Beachten Sie, daß $(\varphi^{-1})^{-1} = \varphi$ ist. Wenn φ längen-

treu ist, dann offenbar (?) auch φ^{-1}. Weiter ist K abgeschlossen gegen die mit $\circ$ bezeichnete Verkettung von Abbildungen, da aus der Längentreue von φ und von ψ auch die Längentreue von $\psi \circ \varphi$ folgt. Die Verkettung ist somit eine Verknüpfung auf K.
Die Menge K, die Verknüpfung $\circ$, die Umkehrung von Abbildungen und ι genügen den folgenden Strukturgesetzen:

(0) Abgeschlossenheit
Aus $\varphi, \psi \in K$ folgt $\psi \circ \varphi \in K$.

(1) Existenz eines neutralen Elements
$\iota \in K$ und $\varphi \circ \iota = \iota \circ \varphi = \varphi$.

(2) Existenz von Inversen
Aus $\varphi \in K$ folgt $\varphi^{-1} \in K$ und $\varphi \circ \varphi^{-1} = \varphi^{-1} \circ \varphi = \iota$.

(3) Assoziativität
$\chi \circ (\psi \circ \varphi) = (\chi \circ \psi) \circ \varphi$.

Daher ist die Struktur $(K, \circ)$ eine Gruppe. Sie heißt die Kongruenzgruppe der Ebene.
Zur Einsparung von Schreibarbeit läßt man das Verknüpfungszeichen $\circ$ oft weg, so wie man beim Rechnen mit Buchstaben den Malpunkt oft wegläßt, und nennt die Verkettung auch Produkt (von Abbildungen). Anders als das gewöhnliche Produkt von Zahlen ist das Produkt von Kongruenzabbildungen im allgemeinen aber nicht kommutativ. Nur unter ganz bestimmten Bedingungen darf man die Faktoren vertauschen. Dies werden wir später noch genauer sehen. Wenn man diese Einschränkung beachtet, kann man in der Kongruenzgruppe mit Produkten gemäß den Gesetzen (0) bis (3) rechnen. Für das praktische Rechnen ist es bequem, sich die Gesetze in Form der folgenden Rechenregeln zu merken.

(0') Abbildungen dürfen beliebig verknüpft werden.

(1') Der "Faktor" ι darf in einem Produkt beliebig "weggelassen" und "hinzugefügt" werden.

(2') Ein Paar nebeneinanderstehender inverser Faktoren darf "weggelassen" werden.

(3') Es dürfen beliebig Klammern gesetzt und weggelassen werden.

Die größte Wirkung erzielt man mit (2') und mit (0') in Verbindung mit (2'), wie wir später an zahlreichen Beispielen sehen werden. Insbesondere werden wir beide Seiten von Gleichungen zwischen Produkten oft geeignet "multiplizieren".

5.4.2. Untergruppen der Kongruenzgruppe

Die Aufgabe, die wir in 5.1. an einfachen Beispielen gelöst haben und in 5.5. an komplizierteren Beispielen lösen werden, läßt sich in der Sprache von 5.4.1. so formulieren:
Siebe aus K die Teilmenge K_F derjenigen Kongruenzabbildungen aus, die eine gegebene Figur ("Punktmenge") F als Ganzes invariant lassen.

K_F trägt ebenfalls Gruppenstruktur. K_F enthält nämlich die Identität, denn diese Abbildung läßt F trivialerweise invariant. Aus $\varphi \in K_F$ folgt auch $\varphi^{-1} \in K_F$, da aus der Invarianz von F unter φ auch die Invarianz von F unter φ^{-1} folgt. Schließlich: Wenn φ und ψ beide F invariant lassen, so auch das Produkt $\psi\varphi$. Da die Assoziativität ohnehin innerhalb K schon gesichert ist, genügt K_F bzw. $\circ$ den gleichen Strukturgesetzen wie K, ist also selbst eine Gruppe. K_F ist eine Untergruppe von K und heißt die Symmetriegruppe von F. Die Elemente von K_F heißen Deckabbildungen oder Symmetrieabbildungen von F.

5.4.3. Konstruktive Bestimmung des Produkts zweier Kongruenzabbildungen

Die Gruppenstruktur von K beinhaltet, daß die Umkehrung einer Kongruenzabbildung wieder eine Kongruenzabbildung ist. Wir können diese Aussage aber noch verschärfen: Bei der Umkehrung bleibt man sogar innerhalb des gleichen Typs, d.h. die Umkehrung einer Verschiebung ist eine Verschiebung, die Umkehrung einer Drehung ist eine Drehung, und die Umkehrung einer Schubspiegelung ist auch wieder eine Schubspiegelung. Bei einer Achsenspiegelung wissen wir es noch genauer: Die Spiegelung σ_g ist gleich ihrer Umkehrabbildung σ_g^{-1}. Dies bedeutet, daß stets $\sigma_g\sigma_g = \iota$ gilt, die allerwichtigste Regel beim Rechnen mit Spiegelungen.

Wir wissen weiter, daß das Produkt zweier Kongruenzabbildungen wieder eine Kongruenzabbildung ist. Auch hier möchten wir aber gerne genauere Informationen darüber besitzen, von welchem Typ das Produkt ist, wenn wir zwei Abbildungen bekannten Typs verketten. Zur Beantwortung dieser Frage ist der Klassifikationssatz 5.3. ein sehr nützliches Mittel. Da das Produkt zweier gleichsinniger oder zweier ungleichsinniger Kongruenzabbildungen jedenfalls eine gleichsinnige Kongruenzabbildung und das Produkt einer gleichsinnigen mit einer ungleichsinnigen Kongruenzabbildung stets eine ungleichsinnige Kongruenzabbildung ist, schränkt der Klassifikationssatz die möglichen Resultate von Produktbildungen ein. Wenn es darüber hinaus gelingt, Informationen über Fixpunkte des Produkts zu gewinnen, können wir aus dem Klassifikationssatz sogar den Typ des Produkts genau bestimmen. Wie sich zeigen wird, hängt der Typ des Produkts im allgemeinen nicht allein vom Typ der Faktoren ab. Vielmehr spielen auch die Bestimmungsstücke der Faktoren eine Rolle. Ziel der folgenden Überlegungen ist es, geometrische Kriterien für den Typ des Produkts herauszufinden. Die Reihenfolge der zu betrachtenden Fälle ist so gewählt, daß einfache Ergebnisse für die schwierigen Fälle ausgenützt werden können. Dem Leser kann ich dabei einige etwas mühsame Einzelheiten leider nicht ersparen.

(1) *Das Produkt zweier Verschiebungen τ_1, τ_2 ist eine Verschiebung.*

Das Produkt $\tau_2\tau_1$ erhält den Umlaufsinn, ist also eine Drehung oder eine Verschiebung oder die Identität.

Angenommen $\tau_2\tau_1$ habe einen Fixpunkt P. Aus $\tau_2\tau_1(P) = P$ folgt $\tau_1(P) = \tau_2^{-1}(P)$. Die Verschiebungen τ_1 und τ_2^{-1} stimmen also im Bild eines Punktes überein und daher sind sie gleich (Bild 7a). Dann ist aber $\tau_2\tau_1 = \tau_1^{-1}\tau_1 = \iota$, die triviale Verschiebung. Eine Drehung $\neq \iota$ kann somit nicht als Produkt zweier Translationen auftreten.

Aus den Eigenschaften des Parallelogramms folgt $\tau_1\tau_2 = \tau_2\tau_1$ (Bild 7b).

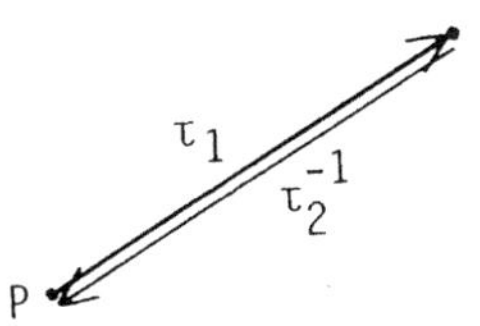

Bild 7a

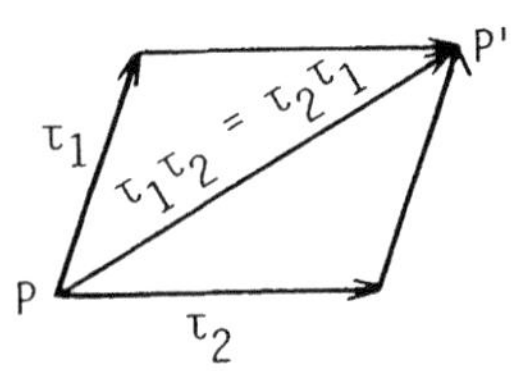

Bild 7b

Insgesamt können wir sagen:
Die Menge aller Verschiebungen bildet eine kommutative Untergruppe der Kongruenzgruppe. Man nennt sie die Translationsgruppe der Ebene.

(2) *Das Produkt einer Drehung* $\delta \neq \iota$ *und einer Verschiebung* τ *ist eine Drehung.*

Die gleichsinnigen Verkettungen $\delta\tau$ und $\tau\delta$ können niemals Verschiebungen sein, denn aus den Gleichungen $\delta\tau = \tau_1$ und $\tau\delta = \tau_2$ könnten wir mit Hilfe der Rechenregeln (0') und (2') folgern

$$\begin{aligned} \delta\tau\tau^{-1} &= \tau_1\tau^{-1} & \qquad \tau^{-1}\tau\delta &= \tau^{-1}\tau_2 \\ \delta &= \tau_1\tau^{-1} & \delta &= \tau^{-1}\tau_2 \ . \end{aligned}$$

(Beachten Sie die "Heuristik" dieser Umformungen!).
Nach (1) wäre δ in beiden Fällen gleich einer Verschiebung. Dieser Widerspruch zeigt, daß $\delta\tau$ und $\tau\delta$ Drehungen sein müssen.
In (5) werden wir sehen, wie man im konkreten Fall die Drehzentren und Drehwinkel findet.

Übersichtlich ist der Spezialfall des Produkts einer Punktspiegelung σ_P mit einer Verschiebung τ: Wir betrachten denjenigen Verschiebungspfeil, dessen Mittelpunkt P ist (Bild 8). Dann ist A sofort als Fixpunkt der Drehung $\sigma_P\tau$ und B als Fixpunkt der Drehung $\tau\sigma_P$ ersichtlich. Mit Hilfe des Testpunktes P erkennt man, daß $\sigma_P\tau = \sigma_A$ und $\tau\sigma_P = \sigma_B$ ist. Also: *Das Produkt einer Punktspiegelung mit einer Verschiebung ist eine Punktspiegelung.*

Bild 8

(3) *Das Produkt zweier Drehungen mit dem gleichen Drehpunkt* D *ist ebenfalls eine Drehung um* D.

Aus dem Klassifikationssatz folgt sofort, daß das Produkt entweder die Identität (interpretierbar als Drehung um D mit Drehwinkel 0°) oder eine Drehung mit dem gleichen Drehpunkt ist. Man sieht es aber natürlich auch direkt, wenn man die Drehungen mit Folien realisiert.

(4) *Das Produkt zweier verschiedener Achsenspiegelungen σ_g, σ_h ist eine Drehung oder eine Translation.*

1. Fall: g und h schneiden sich in einem Punkt D. Dann ist D Fixpunkt von $\sigma_h\sigma_g$ und von $\sigma_g\sigma_h$, und damit sind $\sigma_h\sigma_g$ und $\sigma_g\sigma_h$ als gleichsinnige Kongruenzabbildungen Drehungen um den Schnittpunkt D (Bild 9).

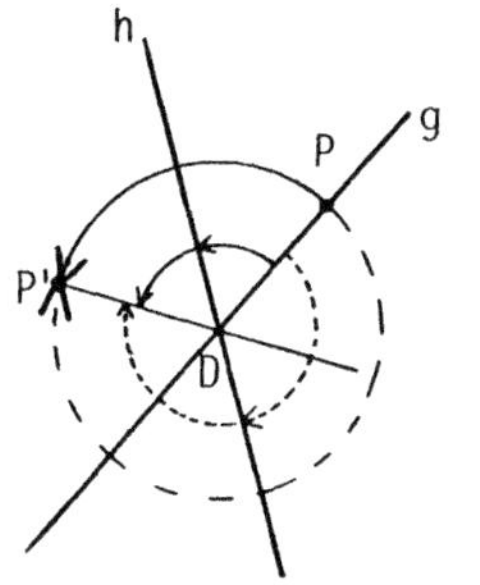

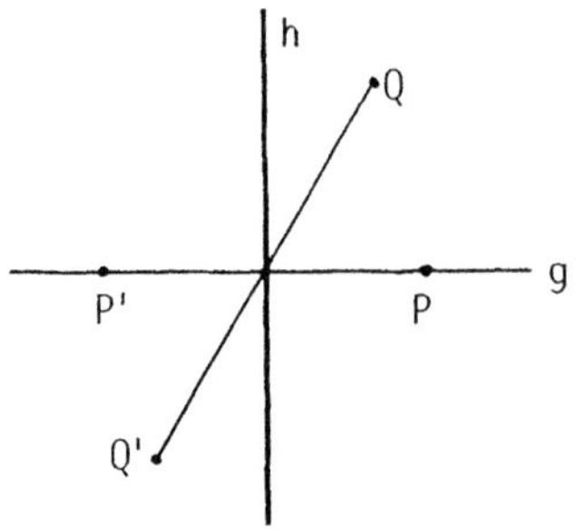

$\sigma_h\sigma_g(P) = \sigma_h(P) = P'$
$\sigma_g\sigma_h(P') = \sigma_g(P) = P$

Bild 9

Bild 9a

Wegen $(\sigma_g\sigma_h)(\sigma_h\sigma_g) = \sigma_g\sigma_g = \iota$ ist $\sigma_g\sigma_h$ die Umkehrabbildung von $\sigma_h\sigma_g$. Man sieht dies auch an Bild 9 mit Hilfe des Testpunktes P auf g, der überdies erkennen läßt, wie man den Drehwinkel $\sphericalangle$ PDP' von $\sigma_h\sigma_g$ erhält: Man wählt einen der von g und h eingeschlossenen Winkel, orientiert ihn von g nach h und verdoppelt ihn. Dabei ist es gleichgültig, von welchem der eingeschlossenen Winkel man ausgeht. $\sigma_h\sigma_g$ ergibt sich einmal als Rechts-, das andere Mal als Linksdrehung um $2\sphericalangle(g,h)$. Zur Vermeidung von Fehlern sollte man die resultierende Drehung stets mit Hilfe eines Testpunktes bestimmen.

Wichtig ist der folgende Spezialfall (Bild 9a):
Genau dann, wenn $g \perp h$, *sind* $\sigma_h\sigma_g$ *und* $\sigma_g\sigma_h$ *gleich und stellen die Punktspiegelung* σ_D *am Schnittpunkt* D *dar.*

2. Fall: $g \parallel h$, $g \neq h$
$\sigma_h\sigma_g$ und $\sigma_g\sigma_h$ sind wieder gleichsinnige Kongruenzabbildungen und wieder ist $\sigma_g\sigma_h$ die Umkehrabbildung von $\sigma_h\sigma_g$.
Wir wählen auf g zwei Testpunkte P, Q und erhalten (Bild 10):

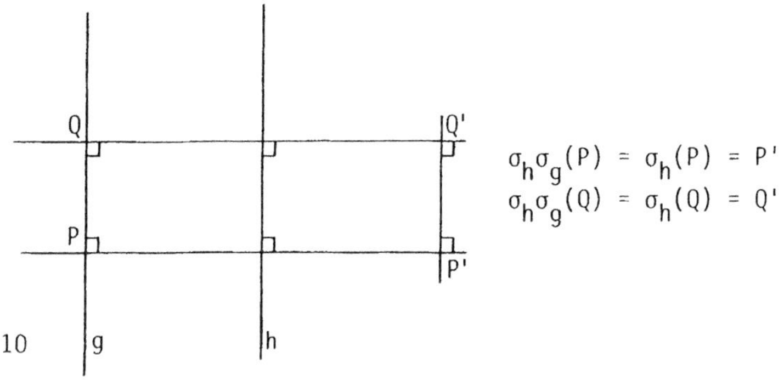

Bild 10

Das Viereck PP'Q'Q ist ein Rechteck. Die Translation τ, die P nach P' transportiert, bildet Q auf Q' ab und stimmt nach dem Eindeutigkeitssatz mit $\sigma_h\sigma_g$ überein. Die Länge des Verschiebungsvektors ist $2\overline{gh}$. $\sigma_g\sigma_h$ ist die zu $\sigma_h\sigma_g$ inverse Verschiebung und damit von $\sigma_g\sigma_h$ verschieden.

Für das Rechnen mit Spiegelungen halten wir folgende notwendige und hinreichende Bedingung für die Vertauschbarkeit von Geradenspiegelungen fest:

$$\sigma_g\sigma_h = \sigma_h\sigma_g \quad \textit{genau dann, wenn} \quad g = h \quad \textit{oder} \quad g \perp h .$$

(5) *Darstellung von Drehungen und Verschiebungen als Produkte von Achsenspiegelungen*

Wir wollen nun in einer gewissen Umkehrung der Überlegungen von (4) zeigen:
Jede Drehung und jede Verschiebung ist als Produkt von Achsenspiegelungen darstellbar, wobei einer der beiden Faktoren jeweils innerhalb gewisser Grenzen frei gewählt werden darf.
Dies ist folgendermaßen einzusehen: In Bild 9 legen die Geraden g und h den Drehwinkel der Drehung $\sigma_h\sigma_g$ fest. Sind umgekehrt auch g und h durch den Drehwinkel eindeutig festgelegt? Nein. Wenn man nämlich das Paar g, h um D beliebig dreht, schließt das Bildpaar dieselben Winkel ein wie g, h und bestimmt dann dieselbe Drehung.

Bei gegebener Drehung $\delta \neq \iota$ kann man also, wenn man δ als Produkt zweier Spiegelungen darstellen will, die Gerade g durch den Drehpunkt beliebig wählen. Nach Bild 9 erhält man die zugehörige Gerade h, indem man an g den halben Drehwinkel anträgt. Zu g kann man entsprechend h* finden, so daß $\sigma_g \sigma_{h^*} = \delta$. h und h* liegen spiegelsymmetrisch zu g (Bild 11).

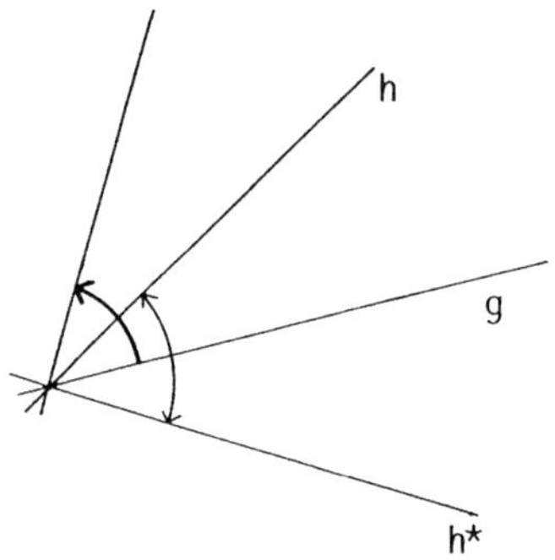

Bild 11 $\sigma_h \sigma_g = \delta = \sigma_g \sigma_{h*}$

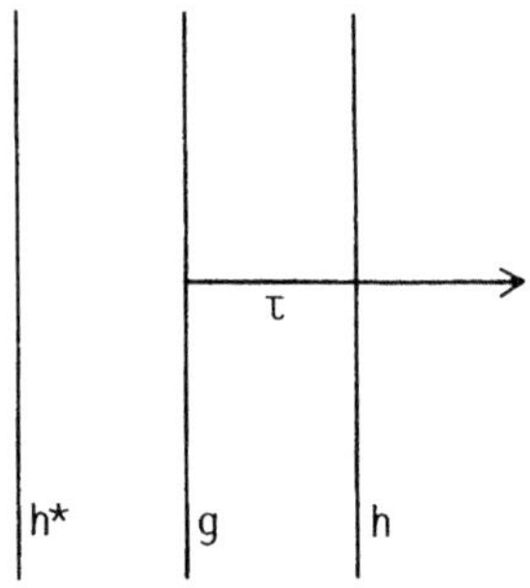

Bild 12 $\sigma_h \sigma_g = \tau = \sigma_g \sigma_{h*}$

Eine analoge Analyse von Bild 10 zeigt, daß man eine Verschiebung τ darstellen kann als Produkt zweier Spiegelungen an Achsen senkrecht zur Verschiebungsrichtung. Die eine Achse g kann als erste oder zweite Achse beliebig gewählt werden. Die andere, h bzw. h*, ist dann eindeutig festgelegt (Bild 12). Wieder liegen h und h* spiegelsymmetrisch zu g.

Die hier gefundenen Darstellungen sind in doppelter Hinsicht sehr wichtig. Theoretisch gesehen zeigen sie, daß die Achsenspiegelungen die Gruppe K "erzeugen":
Jede Kongruenzabbildung, die nicht selbst eine Achsenspiegelung ist, ist das Produkt von Achsenspiegelungen. Verschiebungen und Drehungen sind das Produkt von zwei, Schubspiegelungen das Produkt von drei Achsenspiegelungen.
Praktisch gesehen erleichtern diese Darstellungen die Bestimmung von Produkten, wie wir sogleich an Beispielen sehen werden.

(6) *Das Produkt zweier Drehungen δ_1, δ_2 um verschiedene Drehpunkte D_1 und D_2 ist eine Drehung oder eine Verschiebung.*

Gemäß (5) stellen wir δ_1 und δ_2 als Produkte von Achsenspiegelungen dar, wobei wir die Spiegelung an der Verbindungsgeraden $g = D_1D_2$ doppelt verwenden.

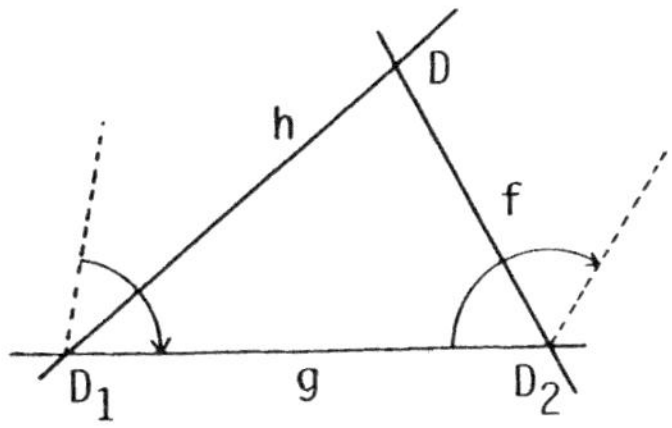

Bild 13a Drehung um D

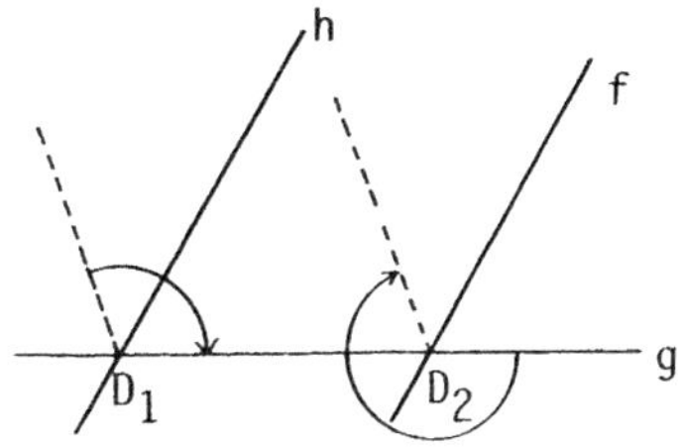

Verschiebung Bild 13b

Aus $\delta_1 = \sigma_g\sigma_h$ und $\delta_2 = \sigma_f\sigma_g$ folgt $\delta_2\delta_1 = \sigma_f\sigma_g\sigma_g\sigma_h = \sigma_f\sigma_h$.

Je nachdem, ob f parallel zu h ist oder nicht, ist $\delta_2\delta_1$ eine Verschiebung oder eine Drehung. Der erste Fall tritt, wie man sich in Bild 13 klarmacht, genau dann ein, wenn die beiden gleichorientierten Drehwinkel zusammen 360° ergeben (Bild 13b).

Als wichtigen Sonderfall erhalten wir:
Das Produkt $\sigma_{D_2}\sigma_{D_1}$ zweier Punktspiegelungen ist eine Verschiebung.
Den Verschiebungspfeil erhält man, wenn man den Pfeil $\overrightarrow{D_1D_2}$ verdoppelt. Es gilt in diesem Fall $h \perp g$, $g \perp f$.

(7) *Das Produkt einer Verschiebung τ und einer Achsenspiegelung σ_g ist eine Achsenspiegelung oder eine Schubspiegelung.*

Ist der Verschiebungspfeil senkrecht zu g, so stellen wir τ gemäß (5) dar als $\tau = \sigma_h\sigma_g$ und als $\tau = \sigma_g\sigma_h{}^*$. Wir erhalten

$$\tau\sigma_g = \sigma_h\sigma_g\sigma_g = \sigma_h, \quad \sigma_g\tau = \sigma_g\sigma_g\sigma_h{}^* = \sigma_h{}^* .$$

Das Ergebnis ist also in beiden Fällen eine Achsenspiegelung. Die Abstände $\overline{hg}$ und $\overline{h^*g}$ betragen die Hälfte des Verschiebungspfeils von τ.

Ist der Verschiebungspfeil nicht senkrecht zu g, so zerlegen wir ihn gemäß (1) in eine senkrechte und eine parallele Komponente (Bild 14).

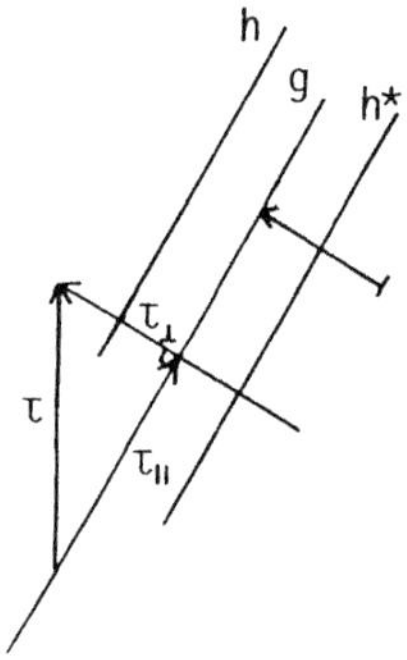

Bild 14

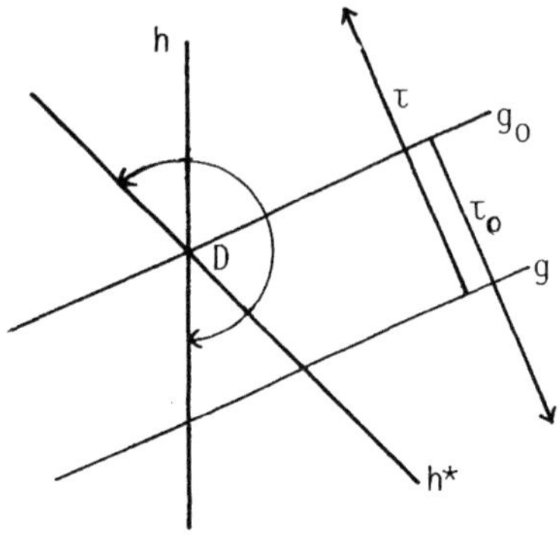

Bild 15

Dann ergibt sich $\tau\sigma_g = \tau_{\parallel}\tau_{\perp}\sigma_g \overset{(5)}{=} \tau_{\parallel}\sigma_h\sigma_g\sigma_g = \tau_{\parallel}\sigma_h$ und

$\sigma_g\tau = \sigma_g\tau_{\perp}\tau_{\parallel} \overset{(5)}{=} \sigma_g\sigma_g\sigma_{h^*}\tau_{\parallel} = \sigma_{h^*}\tau_{\parallel}$,

also in beiden Fällen eine Schubspiegelung.

(8) *Das Produkt einer Drehung* $\delta \neq \iota$ *mit einer Achsenspiegelung* σ_g *ist eine Achsen- oder eine Schubspiegelung.*

Falls D auf g liegt, sind $\delta\sigma_g$ und $\sigma_g\delta$ ungleichsinnige Kongruenzabbildungen mit Fixpunkt D, also Spiegelungen an einer Achse durch D.

Liegt D nicht auf g, so zerlegen wir δ in Produkte $\delta = \sigma_h\sigma_{g_0}$, und $\delta = \sigma_{g_0}\sigma_{h^*}$, wobei g_0 die Parallele zu g durch D ist. Wir erhalten gemäß Bild 15

$$\delta\sigma_g = \sigma_h\sigma_{g_0}\sigma_g \overset{(4)}{=} \sigma_h\tau \quad \text{und} \quad \sigma_g\delta = \sigma_g\sigma_{g_0}\sigma_{h^*} = \tau_0\sigma_{h^*} .$$

Die Verschiebungspfeile von τ bzw. τ_0 stehen nicht auf h bzw. h* senkrecht, da sie auf g_0 senkrecht stehen und sonst g_0, h, h* parallel wären. Nach (7) sind $\delta\sigma_g$ und $\sigma_g\delta$ Schubspiegelungen.
Ist die Drehung speziell eine Punktspiegelung σ_P an einem Punkt P außerhalb von g, so sind $\sigma_P\sigma_g$ und $\sigma_g\sigma_P$ Schubspiegelungen, deren Achse das Lot von P auf g ist und deren Verschiebungspfeile doppelt so lang sind wie der Abstand $\overline{Pg}$. Es gilt $(\sigma_P\sigma_g)(\sigma_g\sigma_P) = \iota$.

(9) *Produkte mit Schubspiegelungen*

Da Schubspiegelungen Produkte von Verschiebungen und Achsenspiegelungen sind, kann man Produkte mit Schubspiegelungen durch mehrfache Anwendung der obigen Überlegungen konstruktiv ermitteln. Wir führen dies nicht im einzelnen aus. In Abschnitt 5.5. werden wir im Zusammenhang mit Streifenornamenten einigen Spezialfällen begegnen.

(10) *Dreispiegelungssatz*

Wir beschließen diesen Abschnitt mit einem schönen Satz, der für den axiomatischen Aufbau der sog. "Spiegelungsgeometrie" von fundamentaler Bedeutung ist:

Das Produkt $\sigma_k\sigma_h\sigma_g$ *dreier Achsenspiegelungen ist genau dann eine Achsenspiegelung, wenn sich* g, h *und* k *entweder in einem Punkt schneiden oder parallel zueinander sind.*

Beweis: Schneiden sich g, h und k in einem Punkt oder sind sie parallel, so folgt aus (4), (7) und (8), daß das Produkt eine Achsenspiegelung ist. Gilt umgekehrt $\sigma_k\sigma_h\sigma_g = \sigma_f$, so folgt durch Verkettung mit σ_g

$$\sigma_k\sigma_h\sigma_g\sigma_g = \sigma_f\sigma_g ,$$

was sich zu

$$(*) \qquad \sigma_k\sigma_h = \sigma_f\sigma_g$$

vereinfachen läßt.

Sind nun k und h parallel, so ist die linke Seite von (*) eine Verschiebung und damit die rechte Seite die gleiche Verschiebung. Dies bedeutet, daß f und g jedenfalls parallel zu h und k sind. Schneiden sich hingegen k und h im Punkt D, so ist $\sigma_k\sigma_h$ eine Drehung um D, und $\sigma_f\sigma_g$ ist nach (*) dieselbe Drehung. Dann müssen aber f und g ebenfalls durch D gehen.

Damit ist gezeigt, daß g, h, k entweder parallel sind oder sich in einem Punkt schneiden.

5.5. Streifenornamente

Wir knüpfen an die Überlegungen in 5.1. an. Dort haben wir die Symmetrie eines Streifens untersucht und bereits alle Symmetrieabbildungen (Deckabbildungen) herausgefunden, die unter den drei Typen Verschiebung, Drehung, Achsenspiegelung vorkommen: nämlich Verschiebungen um beliebige Pfeile parallel zum Streifen, Punktspiegelungen an beliebigen Punkten der Mittellinie m, Spiegelungen an beliebigen Achsen senkrecht zum Streifen (Querspiegelungen) und die Längsspiegelung σ_m. Nun können wir diese Aufzählung vervollständigen durch die Deckabbildungen des Streifens, die zu den Schubspiegelungen gehören. Dafür kommen genau diejenigen Schubspiegelungen in Frage, welche die Mittellinie m als Schubspiegelungsachse haben, denn genau diese lassen m fix. Diese Schubspiegelungen sind Produkte der schon gefundenen Verschiebungen mit der Längsspiegelung σ_m. Damit ist die volle Symmetriegruppe eines Streifens bestimmt.

Wir wollen nun Streifenornamente auf ihre Symmetrie untersuchen. Unter Streifenornamenten verstehen wir die Figuren, die entstehen, wenn ein Motiv innerhalb eines Streifens nach beiden Seiten mit jeweils festem Abstand periodisch wiederholt wird. In der mathematischen Behandlung stellt man sich die Wiederholung unbegrenzt vor. Beispiele für solche Ornamente (man nennt sie auch Bandornamente) findet man in der Kunst vieler Kulturkreise. Bild 16 zeigt sieben verschiedenartige Bandornamente aus Afrika. Wenn es nur auf die Struktur der Ornamente, nicht auf deren künstlerische Gestaltung ankommen soll, kann man Motive verwenden, die sich leicht zeichnen lassen. Bild 17 zeigt wiederum sieben verschiedenartige Streifenornamente, bei denen Buchstaben als elementare Motive wiederholt werden.
Daß wir in den Bildern 16 und 17 jeweils ausgerechnet 7 verschiedenartige Ornamente aufgereiht haben, ist kein Zufall. Wir werden nämlich im folgenden zeigen, daß es genau 7 Symmetrietypen von Streifenornamenten gibt.

Die Symmetriegruppe eines Streifenmusters muß natürlich eine Untergruppe der Symmetriegruppe des ungestalteten ("leeren") Streifens sein. Daher kommen als Symmetrieabbildungen eines Streifenornamentes von vornherein neben Verschiebungen parallel zum Streifen höchstens noch Querspiegelungen, eine Längsspiegelung, Punktspiegelungen an Punkten der Mittellinie und Schubspiegelungen mit der Mittellinie als Achse vor. Wenn man die

Ornamente der Bilder 16 und 17 durchmustert, sieht man schnell, daß sich diese Ornamente darin unterscheiden, welche der möglichen Symmetrien jeweils auftreten.

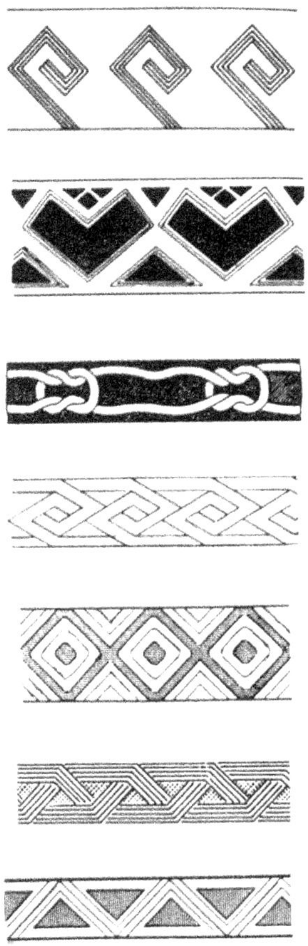

Bild 16

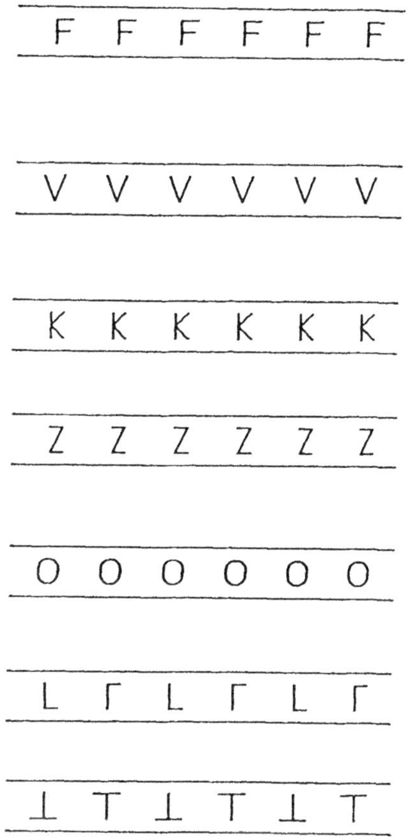

Bild 17

Wir setzen im folgenden voraus, daß das im Ornament wiederholte Motiv <u>elementar</u> ist, d.h. daß das Ornament nicht schon durch periodische Wiederholung eines Teilmotivs erzeugt werden kann. Zum Beispiel wäre im Streifenmuster ...||||||||||||... das Motiv ||| nicht elementar, wohl aber |.

In jedem Streifenornament zeichnen wir ein Motiv als "Mitte" aus und ordnen ihm die Zahl 0 zu. Vom Motiv 0 aus numerieren wir die Motive nach rechts mit 1,2,3,4,..., und nach links mit -1,-2,-3,... usw. durch.
Die minimalen Verschiebungen $\neq \iota$, die ein Ornament mit sich selbst zur

Deckung bringen, sind die Verschiebung τ, die das Motiv 0 in Motiv 1 (und jedes Motiv in seinen rechten Nachbarn) überführt, und die inverse Verschiebung τ^{-1}, die Motiv 0 mit Motiv -1 zur Deckung bringt. τ verschiebt das Ornament um die Länge e nach rechts, τ^{-1} um e nach links (Bild 18). Jede andere Deckverschiebung ist offenbar eine Verschiebung um ein Vielfaches von e nach rechts oder links. Mit anderen Worten, die Verschiebungen in der Symmetriegruppe eines Ornamentes sind genau die ganzzahligen Potenzen τ^i ($i \in \mathbb{Z}$) von τ. Die Abbildung τ^i verschiebt das Motiv um $i \cdot e$ nach rechts bzw. links, je nachdem, ob i positiv oder negativ ist.

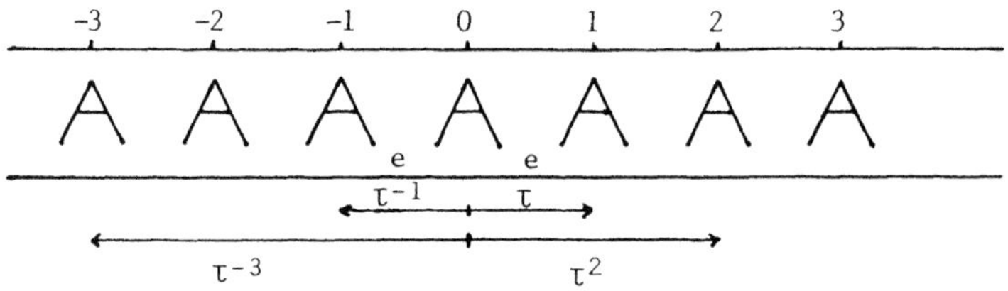

Bild 18

Bei einer Verschiebung um ein nichtganzzahliges Vielfaches von e würde das Motiv 0 niemals mit einem anderen Motiv zur Deckung kommen.

Wir wollen die Translationsstruktur eines Ornaments noch von einem abstrakteren Standpunkt aus betrachten. Durch die Zuordnung $i \to \tau^i$ wird eine bijektive Abbildung der Menge $\mathbb{Z}$ der ganzen Zahlen auf die Menge T der Deckverschiebungen eines Ornaments definiert. Der Summe $i+j$ zweier ganzer Zahlen entsricht dabei wegen $\tau^{i+j} = \tau^j \tau^i$ das Produkt der Verschiebungen τ^i und τ^j. Die Gruppe $(T,\circ)$ ist daher isomorph zur additiven Gruppe $(\mathbb{Z},+)$ der ganzen Zahlen. Abstrakt gesehen haben somit alle Streifenornamente die gleiche Translationsgruppe.

Ausgehend von der (im wesentlichen gleichen) Translationsstruktur der Streifenornamente wollen wir nun die verschiedenen möglichen Symmetrietypen schrittweise ausdifferenzieren, indem wir einem Entscheidungsbaum folgen, an dessen Kanten der Reihe nach gefragt wird, ob es eine Querspiegelung, eine Längsspiegelung, eine Punktspiegelung, sowie eine Schubspiegelung gibt oder ob nicht. Zur besseren Orientierung des Lesers sei das Ergebnis vorweggenommen (Bild 19). Die Spiegelachsen und Punktzentren sind jeweils gestrichelt bzw. dick eingezeichnet.

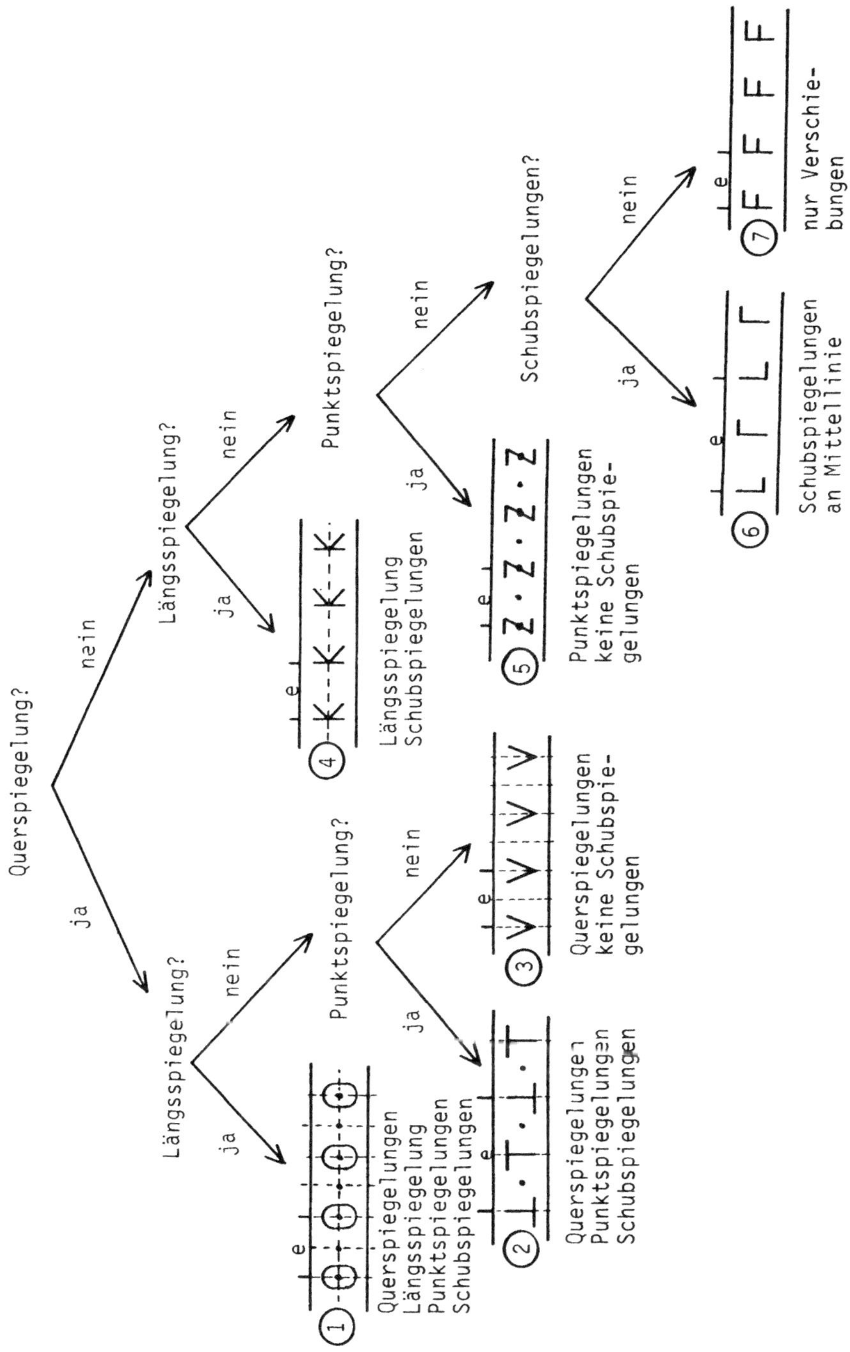

Bild 19 Die 7 Symmetrietypen von Streifenornamenten

Für die Begründung des Baumdiagramms in Bild 19 benötigen wir eine genaue Übersicht über die Produkte der möglichen Deckabbildungen. Soweit keiner der Faktoren eine Schubspiegelung ist, können wir auf Abschnitt 5.4. zurückgreifen. Was Produkte mit Schubspiegelungen anbelangt, ist im Zusammenhang mit Streifenornamenten folgendes zu sagen:

Das Produkt einer Schubspiegelung $\gamma = \tau'\sigma_m$ *mit einer Verschiebung* τ^* *ist die Längsspiegelung* σ_m, *wenn der Verschiebungsanteil* τ' *zu* τ^* *invers ist, sonst die Schubspiegelung* $\tau^*\tau'\sigma_m$.

Das Produkt von γ *mit einer Punktspiegelung* σ_P *(P auf Mittellinie m) ist eine Querspiegelung.*

Das Produkt von γ *mit einer Querspiegelung* σ_q *ist eine Punktspiegelung.*

Das Produkt von γ *mit einer Schubspiegelung* $\gamma^* = \tau^*\sigma_m$ *ist die Verschiebung* $\tau^*\tau'$.

Der Beweis dieser Behauptungen ergibt sich aus 5.4.. Es folgt unmittelbar:

(1) In der Symmetriegruppe eines Ornaments treten Quer-, Punkt- und Schubspiegelungen entweder gemeinsam oder höchstens einzeln auf.
(2) Bei Längsspiegelsymmetrie bedingen Quer- und Punktsymmetrie einander.

Wir nützen im folgenden durchweg aus, daß die Menge der Deckabbildungen eines Streifenornaments eine Gruppe ist, und zwar in folgender Weise:
Wenn wir zwei Deckabbildungen haben, dann dürfen wir das Produkt bilden, und wir wissen, daß es zur Symmetriegruppe gehört. Wenn wir andererseits feststellen, daß das Produkt einer Kongruenzabbildung φ mit einer Deckabbildung nicht in der Symmetriegruppe liegen kann, dann ist zu schließen, daß auch φ keine Deckabbildung ist.

Die wesentlichen Überlegungen, die für eine Begründung von Bild 19 benötigt werden, seien in Form zweier Hilfssätze vorausgeschickt, von denen der erste die Lage von Querspiegelachsen und von Punktzentren einschränkt und der zweite die Beziehungen zwischen Schubspiegelungen und Translationen beschreibt.

Hilfssatz 1.

Falls ein Streifenornament Querspiegelsymmetrie (bzw. Punktsymmetrie) aufweist, bilden die Querspiegelachsen (bzw. Punktzentren) eine abstandsgleiche Parallelenreihe (bzw. Punktreihe), wobei benachbarte Achsen (bzw. Punkte) den Abstand $\frac{1}{2}$ e *haben. Ist das Ornament sowohl punkt- als auch querspiegelsymmetrisch, dann liegen die Punktzentren entweder auf den Querspiegelachsen, was Längssymmetrie einschließt, oder genau in der Mitte zwischen benachbarten Achsen, was Längsspiegelsymmetrie ausschließt.*

Hilfssatz 2.

Die Deckschubspiegelungen eines schubspiegelsymmetrischen Streifenornaments sind die Produkte

(1) $\tau^i\sigma_m$ *(*$i \neq 0$*, ganzzahlig), falls Längsspiegelsymmetrie vorliegt.*

(2) $\tau^i\gamma_0$ *(i ganzzahlig), falls keine Längsspiegelsymmetrie vorliegt. Dabei ist* $\gamma_0 = \tau_0\sigma_m$ *eine Schubspiegelung, und* τ_0 *ist die Verschiebung um* $\frac{1}{2}$ e *nach rechts. Der Verschiebungspfeil von* $\tau^i\gamma_0$ *ist demgemäß das* $\frac{2i+1}{2}$ *- fache des Pfeils von* τ.

Beweis von Hilfssatz 1:

Sei q eine beliebige Querspiegelachse. Zur Symmetriegruppe gehören dann auch die Produkte $\tau\sigma_q$ und $\sigma_q\tau$, die nach 5.4.(7) Querspiegelungen an Achsen q' und q" sind.
Diese Achsen liegen rechts bzw. links von q im Abstand $\frac{1}{2}$ e. Wäre h eine Querspiegelachse des Ornaments, die von q weniger als $\frac{1}{2}$ e entfernt wäre, so wäre auch das Produkt $\sigma_q\sigma_h$ eine Deckabbildung. Nach 5.4.(4) wäre $\sigma_q\sigma_h$ aber eine Translation $\neq \iota$ um weniger als $2 \cdot \frac{1}{2}$ e = e.
Dieser Widerspruch zur Minimalität von e beweist, daß zwischen q und q' sowie zwischen q und q" keine Querspiegelachse liegen kann.
Da q beliebig gewählt war, ist damit gezeigt, daß die Querspiegelachsen nach links und rechts im Abstand $\frac{1}{2}$ e aufeinanderfolgen.

Im Falle der Punktsymmetrie verläuft der Beweis völlig analog, wobei man auf 5.4.(2) und 5.4.(6) zurückgreifen kann.

Gegeben sei schließlich ein Streifenornament mit Querspiegel- und Punktsymmetrie. Angenommen es gäbe ein Punktzentrum P, das weder auf einer Querspiegelachse noch genau in der Mitte zwischen benachbarten Achsen q und q' läge. Dann wäre P von q oder q' weniger als $\frac{1}{4}$ e entfernt, o.B.d.A. von q. Das Produkt $\sigma_P\sigma_q$ würde zur Gruppe der Deckabbildungen gehören und wäre nach 5.4.(8) eine Schubspiegelung γ mit dem Lot von P auf q, d.h. mit m, als Achse und einem zugehörigen Verschiebungspfeil der Länge $2\overline{Pq} < 2 \cdot \frac{1}{4} e = \frac{1}{2} e$. Weiter wäre γ^2 eine Translation $\neq \iota$ um weniger als $2 \cdot \frac{1}{2} e = e$, im Widerspruch zur Minimalität von e. Die Punktzentren müssen somit entweder auf den Querspiegelachsen liegen , was Längsspiegelsymmetrie impliziert, oder genau in der Mitte zwischen benachbarten Achsen, was Längsspiegelsymmetrie ausschließt.

Beweis von Hilfssatz 2:

(1) Gegeben sei ein Ornament mit Längsspiegelsymmetrie. Dann sind auch die Schubspiegelungen $\tau'\sigma_m$ (i ganzzahlig) Deckabbildungen. Wenn $\tau' \neq \tau^i$ für alle i, dann gehört die Schubspiegelung $\tau'\sigma_m$ nicht zur Symmetriegruppe, da sonst $\tau'\sigma_m\sigma_m = \tau'$ ebenfalls zur Symmetriegruppe gehören müßte, also entgegen der Annahme $\tau = \tau^i$ für ein i wäre.

(2) Sei $\gamma = \tau'\sigma_m$ eine beliebige Deckschubspiegelung in einem Streifenornament ohne Längsspiegelsymmetrie.

Das Produkt $\gamma^2 = \tau'\sigma_m\tau'\sigma_m = \tau'^2$ ist eine Decktranslation, also haben wir $\tau'^2 = \tau^s$ für ein ganzzahliges s. Wäre s gerade, s = 2i, so hätten wir $\tau' = \tau^i$ und $\tau^{-i}\gamma = \tau^{-i}\tau^i\sigma_m = \sigma_m$ wäre eine Deckabbildung, was der Voraussetzung widerspräche. Somit ist s ungerade, s = 2i+1, und wir erhalten $\tau' = \tau^i\tau_0$, wobei τ_0 die Verschiebung um $\frac{1}{2}$ e nach rechts ist. Mit γ ist auch $\gamma_0 = \tau^{-i}\tau^i\tau_0\sigma_m = \tau_0\sigma_m$ eine Deckschubspiegelung und γ kann in der Form $\gamma = \tau^i\gamma_0$ dargestellt werden.

Jede Deckschubspiegelung des Streifenornaments ist somit notwendig die Verkettung von γ_0 mit einer Decktranslation. Die Produkte $\tau^i\gamma_0$ sind aber für beliebiges i Deckschubspiegelungen des Ornaments. Die Schubspiegelung γ_0 ist dadurch ausgezeichnet, daß sie einen minimalen Verschiebungsanteil enthält, der nach rechts gerichtet ist.

Begründung von Bild 19

Linker Hauptast: Wir betrachten ein Streifenornament mit Querspiegelsymmetrie. Nach dem Hilfssatz 1 besitzt dieses Ornament unendlich viele Querspiegelachsen, die im Abstand $\frac{1}{2}$ e aufeinanderfolgen.

(1) Wir nehmen nun an, das Ornament sei symmetrisch zur Längsspiegelachse m. Für eine beliebige Querspiegelachse q ist die Deckabbildung $\sigma_q\sigma_m$

nach 5.4.(4) eine Punktspiegelung am Schnittpunkt von q und m. Alle Schnittpunkte von m mit den Querspiegelachsen sind also Punktzentren des Ornaments. Da diese Punkte im Abstand $\frac{1}{2}$ e aufeinanderfolgen, kann es nach Hilfssatz 1 in der Symmetriegruppe keine weiteren Punktspiegelungen geben.
Die Produkte $\tau^i\sigma_m$ sind für alle $i \neq 0$ Schubspiegelungen und stellen nach Hilfssatz 2 sämtliche Deckschubspiegelungen dar.
Damit haben wir den Symmetrietyp (1) bestimmt. Er enthält alle überhaupt möglichen Symmetrien (Bild 20).

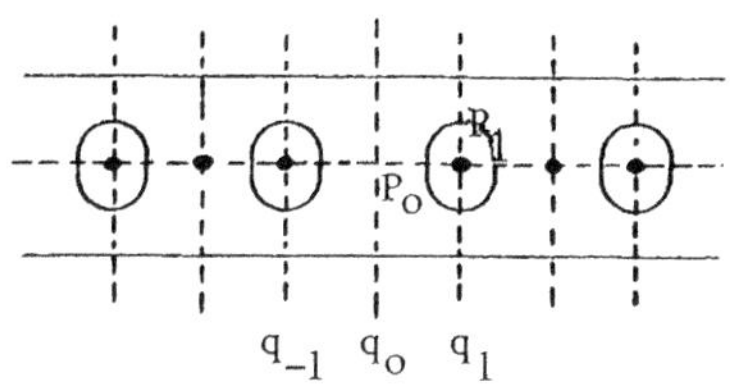

Bild 20 Symmetrietyp (1)

(2) Wir nehmen nun an, daß in der Symmetriegruppe zusätzlich zu den Querspiegelungen zwar nicht die Längsspiegelung an m, jedoch Punktspiegelungen enthalten seien. Die Punktzentren bilden nach dem Hilfssatz 1 eine abstandsgleiche Punktreihe (Abstand $\frac{1}{2}$ e). Würde ein Punktzentrum P auf einer Querspiegelachse q liegen, so hätte man auch die Deckabbildung $\sigma_P\sigma_q$. Nach 5.4.(4) wäre $\sigma_P = \sigma_m\sigma_q$ und wir hätten die Deckabbildung $\sigma_P\sigma_q = \sigma_m\sigma_q\sigma_q = \sigma_m$, was in dem betrachteten Fall ausgeschlossen ist. Aus Hilfssatz 1 folgt nun, daß die Punktzentren des Ornaments auf der Mittellinie m genau in der Mitte zwischen je zwei benachbarten Querspiegelachsen liegen.
Ist P ein Punktzentrum und q die rechts von P liegende Nachbarachse, so ist das Produkt $\sigma_q\sigma_P$ nach unseren Vorüberlegungen eine Deckschubspiegelung. Aus Hilfssatz 2 folgt nun, daß die Produkte $\tau^i\gamma_o$ sämtliche Deckschubspiegelungen sind. Es gilt $\gamma_o = \sigma_q\sigma_P$.
Damit ist der Symmetrietyp (2) vollständig bestimmt (Bild 21).

(3) Gegeben sei nun ein Ornament mit Querspiegelsymmetrie, aber ohne Längs- und Punktsymmetrie. Nach unseren Vorüberlegungen ist dann das Ornament auch nicht schubspiegelsymmetrisch. Die Symmetriegruppe besteht nur aus Querspiegelungen und Verschiebungen (Bild 22).

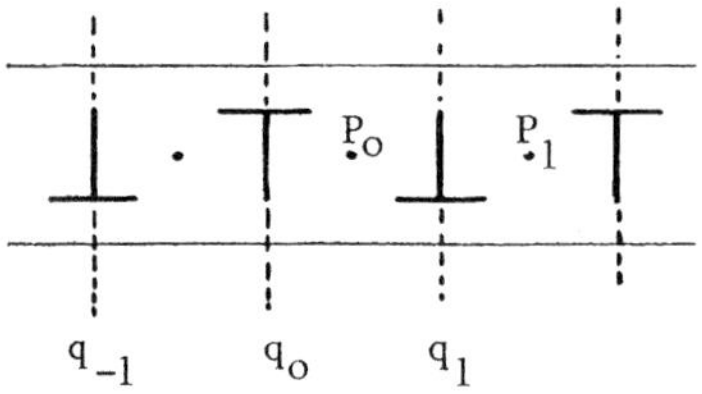

Bild 21 Symmetrietyp (2)

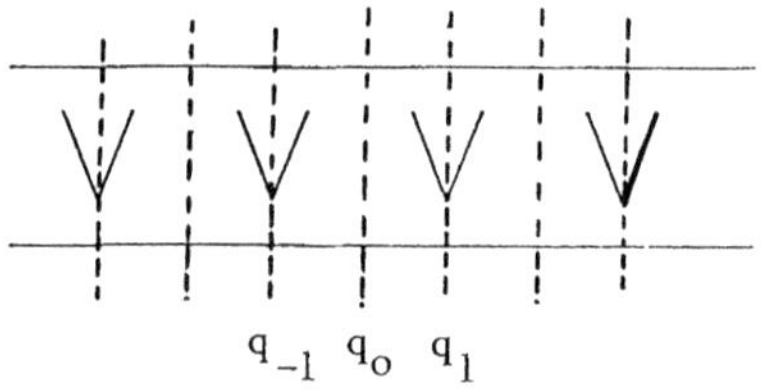

Symmetrietyp (3) Bild 22

Wir wenden uns nun dem rechten Hauptast in Bild 19 zu, also Streifenornamenten ohne Querspiegelsymmetrie.

(4) Wir betrachten ein solches Ornament, das Längsspiegelsymmetrie aufweise. Punktsymmetrie ist in diesem Fall nach 5.4.(8) ausgeschlossen. Nach Hilfssatz 2 bestimmen sich die Deckschubspiegelungen zu $\tau^i\sigma_m$ $(i \neq 0)$. Den Symmetrietyp (4) stellt Bild 23 dar.

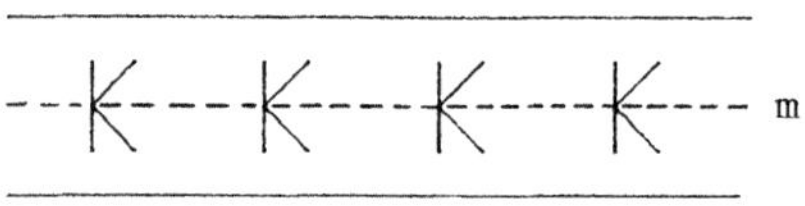

Bild 23 Symmetrietyp (4)

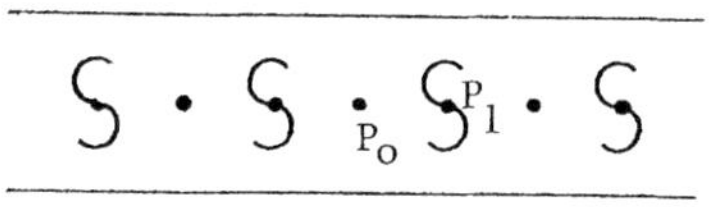

Symmetrietyp (5) Bild 24

(5) Gegeben sei nun ein Ornament ohne Quer- und Längs-, aber mit Punktspiegelsymmetrie. Aus Hilfssatz 1 folgt, daß die Punktzentren wieder eine abstandsgleiche Punktreihe bilden (Abstand $\frac{1}{2}$ e). Eine Schubspiegelsymmetrie ist nach den Vorüberlegungen ausgeschlossen, da es sonst auch Querspiegelachsen geben müßte. Der Symmetrietyp enthält außer Verschiebungen nur Punktspiegelungen (Bild 24).

(6) Falls keine Quer-, Längs- und Punktspiegelsymmetrie, wohl aber Schubspiegelsymmetrie vorliegt, sind nach Hilfssatz 2 die Verkettungen $\tau\gamma_o$ der Decktranslationen mit der minimalen Schubspiegelung $\gamma_o = \tau_o\sigma_m$ sämtliche Deckschubspiegelungen (Bild 25).

(7) Der letzte Symmetrietyp (7) (Bild 26) enthält als einzige Deckabbildungen Verschiebungen.

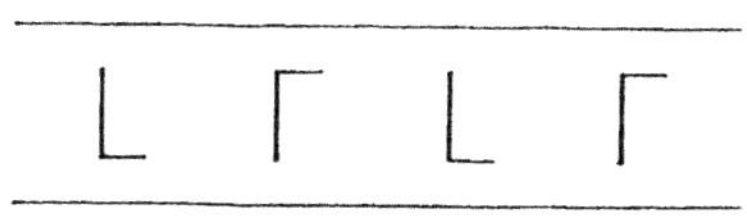

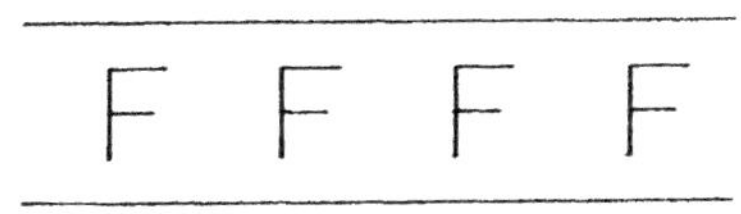

Bild 25 Symmetrietyp (6)

Symmetrietyp (7) Bild 26

Literatur

Brandmüller, J., Zum Symmetriebegriff und seiner Bedeutung für Naturwissenschaft und Kunst. MNU 35 (1982), H. 1, 1-13

Crowe, D.W., The Geometry of African Art. In: Davis, Ch., Grünbaum, B., Sherk, F.A., The Geometric Vein. New York-Heidelberg-Berlin: Springer 1981, 177-189

Quaisser, E., Bewegungen in der Ebene und im Raum. Berlin: Deutscher Verlag der Wissenschaften, 1983

Weyl, H., Symmetrie. Basel u. Stuttgart: Birkhäuser 1985

Wolf, K.L./ Wolff, R., Symmetrie. Versuch einer Anweisung zu gestalthaftem Sehen und sinnvollem Gestalten. 2 Bde.. Münster u. Köln: Böhlau, 1956

Aufgaben

1. Zeigen Sie: Eine Strecke läßt sich durch genau vier Kongruenzabbildungen in eine gegebene gleichlange Strecke überführen. Unterscheiden Sie dabei die Fälle, daß die beiden Strecken parallel bzw. nicht parallel sind.

2. Bestimmen Sie alle Kongruenzabbildungen φ der Ebene, für die $\varphi^2 = \iota$, d.h. $\varphi = \varphi^{-1}$, gilt. (Tip: Klassifikationssatz).

3. Bestimmen Sie die Symmetriegruppen
   (a) eines Punktes, (b) einer Geraden, (c) eines Punktepaares, (d) eines Paares sich schneidender Geraden, (e) eines regelmäßigen Fünfecks.

4. Bestimmen Sie den Symmetrietyp der Streifenmuster in Bild 27.

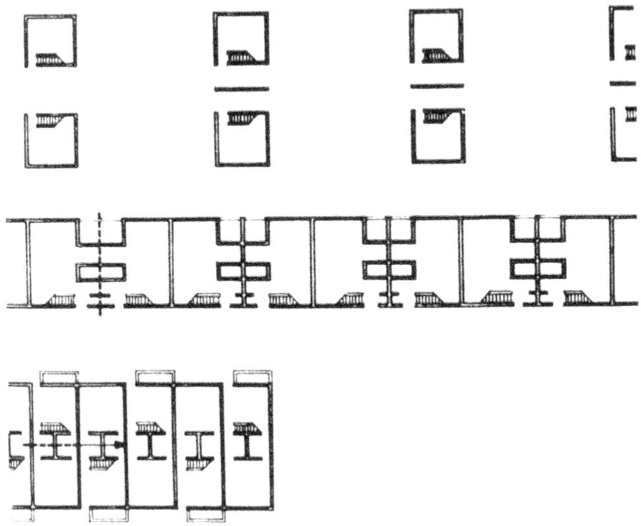

Bild 27a Reihenhausentwürfe von Le Corbusier

Bild 27b Wand im Westfalenpark Dortmund

5. Der Dreispiegelungssatz in 5.4. liefert ein Kriterium dafür, daß sich drei Geraden in einem Punkt schneiden.
   Wenden Sie dies an zu einem abbildungsgeometrischen Beweis des Schnittpunktsatzes für Mittelsenkrechten (Bild 28).

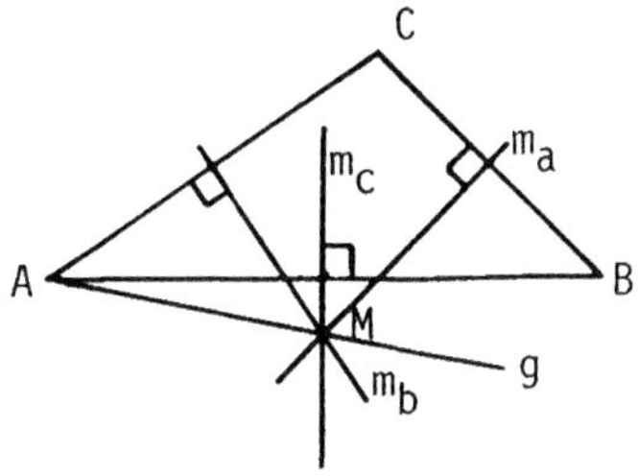

Bild 28 M:= Schnittpunkt von m_a und m_b, g:= AM. Was für eine Abbildung ist $\sigma_g \sigma_{m_b} \sigma_{m_a}$?

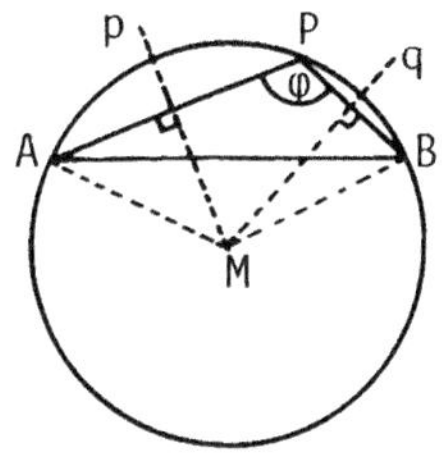

Bild 29

6. Wenden Sie 5.4.(4) zu einem abbildungsgeometrischen Beweis des Umfangswinkelsatzes an (Bild 29). Was ist $\sigma_q \sigma_p$ für eine Abbildung?

7. (Fortsetzung von 5.4.) Zeigen Sie:

   Das Produkt zweier Schubspiegelungen ist eine Drehung oder eine Verschiebung.

   Geben Sie geometrische Bedingungen an, unter denen die beiden Fälle jeweils eintreten.

8. Was bedeuten die folgenden Spiegelungsgleichungen geometrisch?

   (a) $\sigma_g \sigma_P = \sigma_P \sigma_h$; (b) $\sigma_P \sigma_g = \sigma_g \sigma_Q$;

   (c) $\sigma_D \sigma_C \sigma_B \sigma_A = \iota$.

9. Entwickeln Sie analog zu Bild 19 Baumdiagramme zur Herleitung der sieben Symmetrietypen, indem Sie in anderer Reihenfolge nach Symmetrien abfragen.

10. Entwerfen Sie selbst Bandornamente, welche die sieben Symmetrietypen repräsentieren.

6 Ellipsenkonstruktionen

Die Alten stellten die Mechanik auf zweifache Weise dar, als rationale, welche durch Beweisführung mit Genauigkeit vorwärtsschreitet, und als praktische. Zur letzteren gehören alle Handfertigkeiten, von denen auch der Name Mechanik abgeleitet ist. Da aber die Künstler nicht sehr genau zu Werke zu gehen pflegen, so unterscheidet man dermaßen zwischen der Mechanik und der Geometrie, daß man alles Genaue zur letzteren, alles weniger Genaue zur ersten zählt. Die begangenen Fehler darf man jedoch nicht der Kunst, sondern den Künstlern zuschreiben. Wer nämlich weniger genau zu Werke geht, ist ein unvollkommener Mechaniker; derjenige hingegen, welcher auf's genaueste arbeiten könnte, würde der vollkommenste aller Mechaniker sein.

I. NEWTON, Vorwort zu Principia mathematica philosophiae naturalis, 1687

Ellipsen sind uns in diesem Buch bisher an zwei Stellen begegnet: Zuerst in Kapitel 3 im Zusammenhang mit Spiegeln, das zweite Mal in Kapitel 4 als Bahnen von Planeten (Kepler-Ellipsen). Im vorliegenden Kapitel wollen wir uns ausführlich mit verschiedenartigen Ellipsenkonstruktionen beschäftigen.
In Abschnitt 3.2., Aufgabe 5 wurde die *Hüllkurvenkonstruktion* einer Ellipse beschrieben (Bild 1).

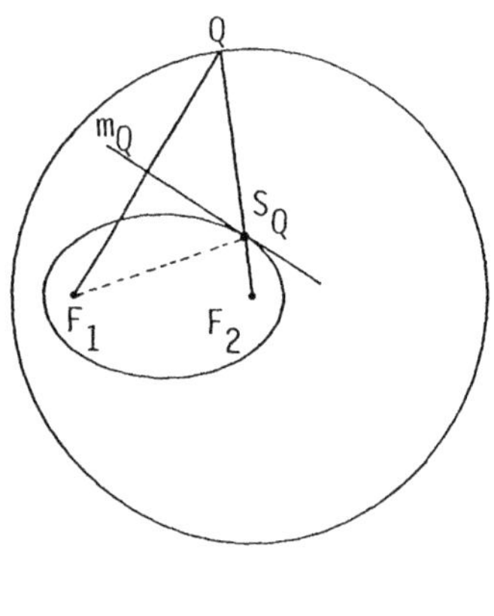

Bild 1a

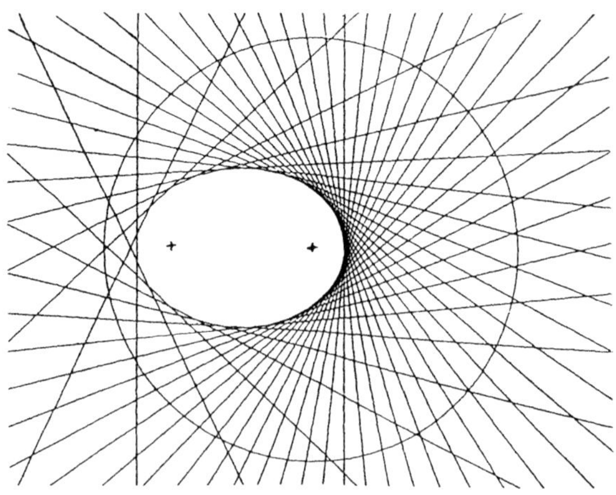

Bild 1b

Aus dieser Konstruktion folgt leicht

$$\overline{F_1S_Q} + \overline{S_QF_2} = \overline{QF_2} \text{ (= Radius des Leitkreises),}$$

d.h. die Summe der Abstände jedes Punktes S_Q von F_1 und F_2 hat einen festen Wert. Somit beschreiben die Punkte S_Q tatsächlich eine Ellipse, denn Ellipsen sind gerade als geometrischer Ort (Menge) aller Punkte definiert, die von zwei festen Punkten F_1, F_2 (den Brennpunkten der Ellipse) eine feste Abstandssumme haben.

Die einfachste Konstruktion von Ellipsen ergibt sich direkt aus der Definition. Sie wird von Gärtnern angewandt, wenn sie ein elliptisches Beet anlegen wollen und heißt daher Gärtnerkonstruktion (Bild 2): Man schlägt zwei Pflöcke F_1 und F_2 im Abstand 2e ein und befestigt an ihnen knapp über dem Erdboden ein Stück Schnur von einer Länge $2a>2e$. Dann spannt man die Schnur mit einem kurzen Stock P, setzt diesen auf den Boden auf und zieht mit ihm bei ständig gespannter Schnur eine Furche.

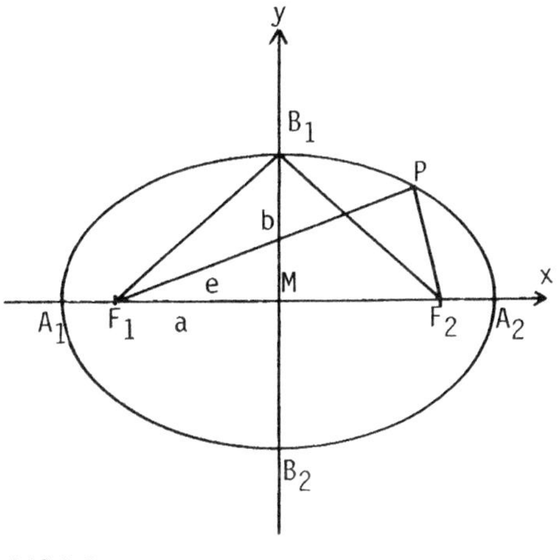

Bild 2

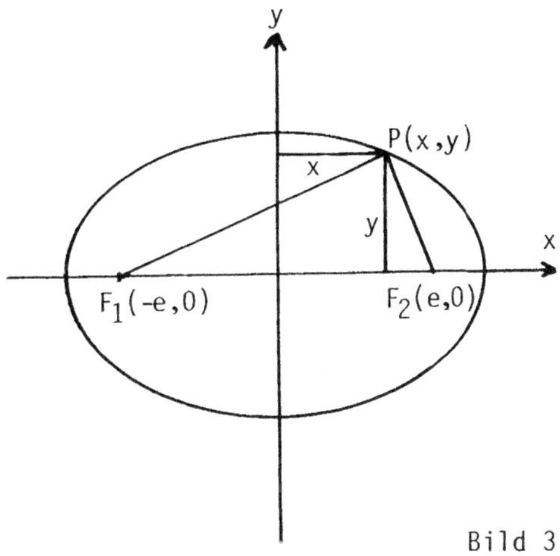

Bild 3

Sie sollten diese Konstruktion mit Hilfe eines Bindfadens, zweier Reißnägel und eines Bleistifts auf dem Zeichenblatt nachahmen. Je nachdem wie Sie e und a wählen, ergeben sich langgestreckte oder gedrungene Ellipsen. Die Konstruktion ist symmetrisch bez. des Punktepaares F_1, F_2. Daher besitzt eine Ellipse zwei Symmetrieachsen (Abschn. 5, Aufg. 2), die einander im *Mittelpunkt* M schneiden und die Ellipse in den Punkten A_1, A_2, B_1, B_2, den *Scheiteln* der Ellipse, treffen.

Die Abstände $\overline{MA_1} = \overline{MA_2} =: a$ und $\overline{MB_1} = \overline{MB_2} =: b$ heißen die *große* und

die *kleine Halbachse* der Ellipse.
Der Ellipsenpunkt A_1 hat definitionsgemäß die Abstandssumme $\overline{F_1A_1}+\overline{F_2A_1}=2a$. Wegen $\overline{F_2A_2} = \overline{F_1A_1}$ folgt $2a = \overline{F_2A_2}+\overline{F_2A_1} = \overline{A_1A_2}$. Die Länge a der großen Halbachse ist also gerade gleich der halben Länge der Schnur.

Für den Ellipsenpunkt B_1 gilt $2a = \overline{F_1B_1}+\overline{F_2B_1} = 2\,\overline{F_1B_1}$, also $\overline{F_1B_1} = a$. Auf das rechtwinklige Dreieck MF_1B_1 wenden wir den Satz des Pythagoras an und erhalten für die kleine Halbachse b die Beziehung $b = \sqrt{a^2-e^2}$.
Man sieht daraus: Je kleiner die *Exzentrizität* e der Ellipse ist, desto mehr nähert sich b der großen Halbachse a. Falls $e=0$ gewählt wird, fallen F_1 und F_2 zusammen, und die Ellipse entartet zu einem Kreis um $F_1 = F_2$ mit Radius a. Falls $a=e$ ist, entartet die Ellipse in die Strecke F_1F_2. Es ist dann $b=0$.

Wenn man F_1 und F_2 fest wählt und 2a alle Werte größer als 2e annehmen läßt, erhält man die Schar aller *konfokalen* Ellipsen mit den Brennpunkten und F_1 und F_2. Jeder Punkt der Ebene liegt auf genau einer dieser Ellipsen.

Die Ellipse läßt sich auch analytisch beschreiben. Wir brauchen dazu nur die definierende Eigenschaft mit Hilfe von Koordinaten algebraisch zu erfassen (Bild 3).

Dabei hilft der Satz von Pythagoras:

$$\overline{PF_1} = \sqrt{(x+e)^2+y^2}\ , \quad \overline{PF_2} = \sqrt{(x-e)^2+y^2}\ .$$

Man setzt ein und formt um:

$$\begin{aligned}
\sqrt{(x+e)^2+y^2}+\sqrt{(x-e)^2+y^2} &= 2a\\
\sqrt{(x+e)^2+y^2} &= 2a-\sqrt{(x-e)^2+y^2}\\
(x+e)^2+y^2 &= 4a^2-4a\sqrt{(x-e)^2+y^2}+(x-e)^2+y^2\\
x^2+2xe+e^2+y^2 &= 4a^2-4a\sqrt{(x-e)^2+y^2}+x^2-2xe+e^2+y^2\\
4a\sqrt{(x-e)^2+y^2} &= 4a^2-4xe\\
a^2(x-e)^2+a^2y^2 &= a^4-2xea^2+x^2e^2\\
a^2x^2-2xea^2+a^2e^2+a^2y^2 &= a^4-2xea^2+x^2e^2\\
(a^2-e^2)x^2+a^2y^2 &= a^2(a^2-e^2)\\
b^2x^2+a^2y^2 &= a^2b^2
\end{aligned}$$

$$\frac{x^2}{a^2} + \frac{y^2}{b^2} = 1 .$$

Dies ist die sog. *Hauptachsengleichung* der Ellipse.

Im folgenden sollen zwei weitere Ellipsenkonstruktionen vorgestellt und analysiert werden, und zwar ausgehend von Geräten, mit denen man sie realisieren kann. Bei dem einen Gerät, dem Ellipsenzirkel, werden zwei durch einen Stab verbundene Gleitsteine in je einer geradlinigen Schiene geführt, bei dem anderen, dem Spirographen, rollt ein Kreis in einem festen Kreis von doppeltem Radius ab. Wir werden sehen, daß die beiden Geräte trotz ihrer unterschiedlichen Mechanik in einem bestimmten Sinn äquivalent sind.

Das Gebiet, in dem Fragen dieser Art systematisch untersucht werden, ist die Kinematische Geometrie (Kinematik: gr. Bewegungslehre). Sie bildet die Grundlage für die geometrische Analyse und Synthese mechanischer Systeme (Zahnräder, Nockentriebe, Motoren, Werkzeugmaschinen etc.) und ist daher eine wichtige Hilfsdisziplin für den konstruktiven Maschinenbau.

6.1. Die Papierstreifenkonstruktion der Ellipse

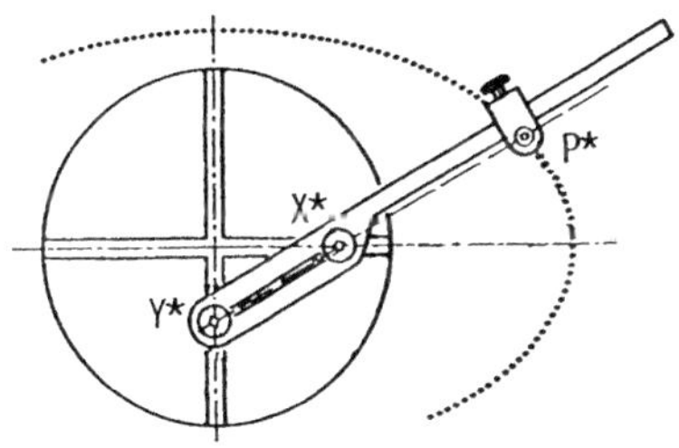

Bild 4a

Bild 4a zeigt einen Ellipsenzirkel. An einem Stab sind zwei Gleitsteine X* und Y* sowie ein Schreibstift P* befestigt. Während X* und Y* in zwei senkrecht zueinander angeordneten Schienen gleiten, beschreibt P* eine Ellipse.

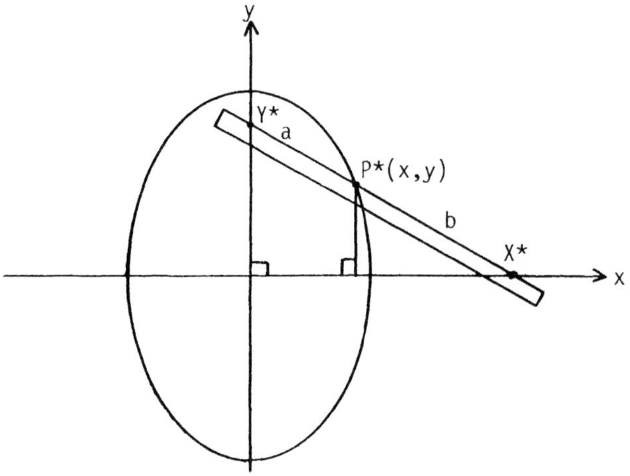

Bild 4b

Wir können das Gerät zeichnerisch leicht imitieren (Bild 4b), indem wir einen Papierstreifen, an dessem Rand wir Punkte X*, Y*, P* markiert haben, entsprechend über ein rechtwinkliges Koordinatensystem der Zeichenebene bewegen. X* gleitet auf der x-Achse, Y* auf der y-Achse. Die elliptische Bahn von P* können wir punktweise konstruieren. Wo wir auf dem Streifen den Punkt P* markieren, ist nur für die Form der Ellipse wichtig. Wir wählen den Fall, wo P* zwischen X* und Y* liegt. Man kann diesen Fall anschaulich auch in der Weise deuten, daß eine Leiter X*Y* an einer Wand herabrutscht.

Wir wollen uns rechnerisch überzeugen, daß die Bahn von P* eine Ellipse ist. Dazu bezeichnen wir die Koordinaten von X*, Y* und P* im (x,y)-System mit $(x_0,0)$, $(0,y_0)$ und (x,y). Wir setzen $\overline{Y^*P^*} = a$, $\overline{X^*P^*} = b$.

Wegen $\overline{X^*Y^*} = a+b =: c$ gilt

(1) $$x_0^2+y_0^2 = c^2 .$$

Wenn P* im ersten Quadranten liegt, liefert uns der Strahlensatz die Beziehungen

$$\frac{x_0}{c} = \frac{x}{a} \quad , \quad \frac{y_0}{c} = \frac{y}{b} .$$

Wir lösen sie nach x_0 und y_0 auf, setzen in (1) ein und erhalten

$$\left(\frac{cx}{a}\right)^2 + \left(\frac{cy}{b}\right)^2 = c^2,$$

$$\frac{x^2}{a^2} + \frac{y^2}{b^2} = 1 .$$

Diese Gleichung ist auch noch erfüllt, wenn P* auf einer Koordinatenachse liegt oder die spiegelsymmetrischen Lagen in den übrigen Quadranten einnimmt (Koordinaten (-x,y), (-x,-y), (x,-y)).
Über die Hauptachsengleichung ist damit gezeigt, daß die Bahn von P* eine Ellipse mit den Halbachsen a und b ist. Die Ellipse ist ein Kreis, wenn a=b ist, wenn also P* als Mittelpunkt der Strecke X*Y* gewählt wird. Dies ist geometrisch direkt einzusehen (Bild 5). P* ist nämlich Mittelpunkt des Rechtecks OX*DY*, das die feste Diagonallänge c hat. Da die Diagonalen im Rechteck einander halbieren und gleichlang sind, gilt $\overline{OP^*} = \frac{c}{2}$. Der Punkt P* muß sich also auf einem Kreis um O bewegen. Wenn P*=X* oder P*=Y* gewählt wird, entartet die Ellipse zu einer Strecke.
Analog kann man nachweisen, daß P* auch eine Ellipse durchläuft, wenn P* außerhalb der Strecke X*Y* auf der Geraden X*Y* gewählt wird.

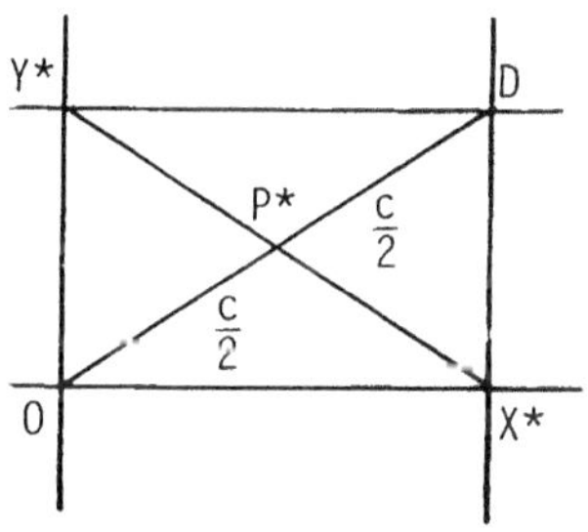

Bild 5

6.2. Die Spirographenkonstruktion der Ellipse

Der Spirograph ist ein Spielzeugkasten mit jeweils verschieden großen Zahnrädern, außen und innen verzahnten Kreisringen und Zahnstangen. Die Zahnstangen und Kreisringe kann man auf einer Unterlage befestigen, über die man zuvor ein Zeichenblatt gelegt hat, und man kann dann die Zahnräder daran abrollen lassen. Die Zahnräder sind zu diesem Zweck mit Löchern versehen. Durch eines dieser Löcher steckt man die Spitze eines Farbstiftes und bewegt dann das Rad unter Beibehaltung des Kontaktes zu den festen Zähnen. Das Rad wird auf diese Weise gezwungen, sich zu drehen, es rollt, ohne zu gleiten, auf der Zahnreihe ab. Der Farbstift hinterläßt außerdem auf der Unterlage eine Spur. Wenn man Zahnräder und Zahnkreisringe verschiedener Größe benutzt und den Stift in verschiedene Löcher des Zahnrades steckt, läßt sich eine bunte Vielfalt von *Rollkurven* erzeugen (Bild 6).

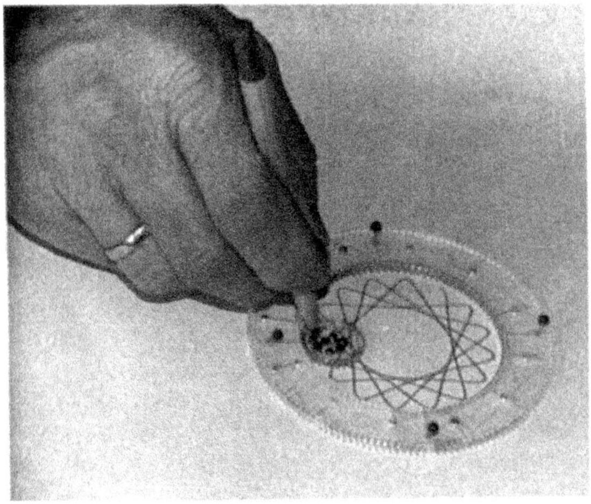

Bild 6

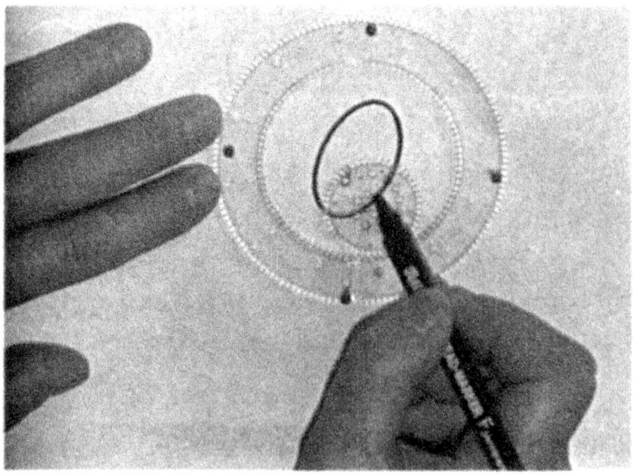

Bild 7

Bemerkenswerterweise entstehen Ellipsen, wenn man ein Zahnrad innen in einem Zahnkreisring abrollen läßt, der einen doppelt so großen Radius (also auch doppelt so viele Zähne) hat wie das Zahnrad. Beispiel: Zahnrad mit 48 Zähnen, Zahnkreis mit 96 Zähnen.
Geometrisch gesehen handelt es sich um eine Bewegung, bei der ein Kreis vom Radius r in einem Kreis vom doppelten Radius 2r abrollt, ohne zu gleiten (Bild 7). Der kleine Kreis berührt den großen in jeder Lage in einem Punkt.

6.3. *Kinematische Äquivalenz der Papierstreifen- und der Spirographenkonstruktion*

Wir wollen nun überlegen, daß die beiden in 6.1. und 6.2. beschriebenen Konstruktionen in einem bestimmten Sinne äquivalent sind. Daraus wird dann insbesondere folgen, daß bei der Konstruktion in 6.2. tatsächlich eine Ellipse entsteht.

Wenn wir uns den Papierstreifen und den abrollenden Kreis fest mit einer Folie verbunden denken, erkennen wir die erste Gemeinsamkeit der beiden Konstruktionen: In beiden Fällen wird eigentlich eine bewegliche Ebene (die *Gangebene*) auf einer festen Ebene (der *Rastebene*) bewegt. Im ersten Fall wird die Führung der Gangebene durch den "Zwanglauf" der Endpunkte einer Strecke auf einem Paar orthogonaler Geraden (einer "*stehenden Kreuzschleife*"), im zweiten Fall durch das Abrollen eines Kreises in einem Kreis von doppeltem Radius bewirkt.

Zur Unterscheidung zwischen Gang- und Rastebene kennzeichnen wir im folgenden feste Punkte der Gangebene, die bei der Bewegung auf der Rastebene verschiedene Positionen einnehmen, durch ein Sternchen.

6.3.1. *Von der Rollbewegung zur stehenden Kreuzschleife*

Wir legen den kleinen Kreis mit dem Durchmesser X*Y* und dem Mittelpunkt M* in den festen Kreis vom doppelten Radius und rollen ihn ein Stückchen ab. Am Anfang liege M* auf M, und Y* liege auf dem gemeinsamen Berührpunkt Y mit dem großen Kreis. Die neue Lage des kleinen Kreises läßt sich durch die neue Lage M' des Mittelpunktes M* angeben. Der neue Berührpunkt sei Q'. Damit wir die Bewegung des Punktes Y* beobachten können, zeichnen wir ein rechtwinkliges Koordinatensystem so ein, daß der Ursprung in den Mittelpunkt des großen festen Kreises und M auf die negative *y*-Achse fällt (Bild 8).

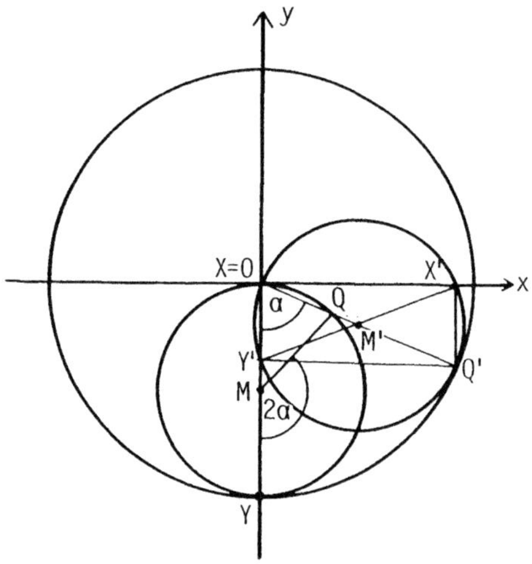

Bild 8

Welcher Punkt Q* des kleinen Kreises in der Ausgangslage Q kommt nach dem Abrollen auf Q' zu liegen? Während der Bewegung rollt der Bogen $\widehat{Y^*Q^*}$ des kleinen Kreises auf dem Bogen $\widehat{YQ'}$ des großen Kreises ab. Daher müssen beide Bögen gleichlang sein.
Nun ist der Radius des großen Kreises doppelt so groß wie der des kleinen. Infolgedessen muß der zum Bogen $\widehat{YQ}$ gehörende Winkel ∡ YMQ doppelt so groß sein wie der zum Bogen $\widehat{YQ'}$ gehörende Winkel ∡ YOQ' =:α . Nach dem Umfangswinkelsatz ist der Umfangswinkel ∡ YOQ über der Sehne YQ gleich dem halben Mittelpunktswinkel ∡ YMQ = 2α, also ebenfalls α. Dies heißt aber: Q liegt auf der Geraden OQ' und ist damit Schnittpunkt der Geraden OQ' mit der Anfangslage des kleinen Kreises (Mittelpunkt M).
Wohin wandert Y* (Anfangsposition Y)? Y* geht über in den Punkt Y' des Kreises um M', der dadurch bestimmt ist, daß ∡ Y'M'Q' = ∡ YMQ = 2α. Dieser Winkel ist bez. des Kreises um M' Mittelpunktswinkel zu dem Umfangswinkel Y'OQ' über der Sehne Y'Q', welcher nach dem Umfangswinkelsatz α betragen muß. Die Beziehung ∡ Y'OQ' = α bedeutet aber, daß Y' ein Schnittpunkt von OY mit dem Kreis um M' ist.
Rückblickend fällt auf, daß die Beweise dafür, daß Y' auf OY und Q auf OQ'

liegt, begrifflich völlig gleich sind. Dies ist auch nicht verwunderlich: Die beiden Lagen des kleinen Kreises (Mittelpunkte M und M') sind spiegelsymmetrisch zueinander. Wenn daher Q auf der Strecke OQ' liegt, dann muß auch Y' auf OY liegen.
Wohin wandert der Y* diametral gegenüberliegende Punkt X*, der in der Anfangslage mit dem Ursprung O zusammenfällt? Er geht in den Diametralpunkt X' von Y' bez. M' über. Da OQ' und X'Y' Durchmesser im kleinen Kreis um M' sind, halbieren die Diagonalen des Vierecks Y'Q'X'O einander und sind gleich lang. Das Viereck ist also ein Rechteck, und folglich liegt X' auf der x-Achse.

Fassen wir zusammen: Da unsere Überlegungen für jeden Abrollwinkel $0 \leq \alpha \leq 90^\circ$ gelten, wandern die Endpunkte X* und Y* des Durchmessers X*Y* des rollenden Kreises auf der x- bzw. y-Achse, bis der rollende Kreis den Schnittpunkt der x-Achse mit dem festen Kreis berührt. Von dort an wiederholt sich die Bewegung mit vertauschten Rollen von X* und Y*, und diese beiden Punkte bewegen sich weiter auf der x- und y-Achse. Bei einem vollen Umlauf bis zum Wiedererreichen des Berührpunktes Y hat Y* auf der y-Achse einen vollen Durchmesser des großen Kreises hin und her durchlaufen, ebenso X* einen vollen Durchmesser des großen Kreises auf der x-Achse.
Da der Durchmesser X*Y* im rollenden Kreis beliebig gewählt war, gilt diese Aussage für die Endpunkte eines jeden Durchmessers des rollenden Kreises. Jeder Durchmesser "erzeugt" auf diese Weise eine stehende Kreuzschleife. Man kann dies mit dem Spirographen sehr schön demonstrieren, wenn man zwei gegenüberliegende Zähne des kleinen Rades (halbe Zahnzahl!) mit Farbtupfen versieht. Während des Rollvorgangs wandern die Tupfen auf zwei senkrecht stehenden Durchmessern des äußeren fixierten Zahnringes hin und her - ein überraschendes Phänomen.

Wenn wir einen festen Durchmesser X*Y* des kleinen Kreises als Papierstreifen auffassen, sehen wir, daß es für die Bewegung des mit dem rollenden Kreis fest verbundenen Papierstreifens gleichgültig ist, ob die Führung durch Abrollen des kleinen Kreises auf dem doppelt so großen Kreis oder durch das Gleiten von X* und Y* auf der x- bzw. y-Achse erfolgt. Wir können natürlich auch umgekehrt von der Papierstreifenkonstruktion ausgehen und schließen, daß der Thaleskreis über der Strecke X*Y* auf dem doppelt so großen Kreis um den Koordinatenursprung innen abrollt. Wir haben damit folgendes Ergebnis erzielt:

Vom Standpunkt der Kinematischen Geometrie aus gesehen handelt es sich bei der Bewegung der mit dem Papierstreifen verbundenen Gangebene und der Bewegung der mit dem Rollkreis verbundenen Gangebene relativ zur Zeichenebene (Rastebene) um ein und dieselbe Bewegung. Sie heißt Ellipsenbewegung, da die Bahn eines jeden Punktes der Gangebene auf der Rastebene eine Ellipse ist.

Die kinematische Äquivalenz der beiden Erzeugungsweisen kann technisch zur Geradführung eines Punktes ausgenutzt werden. Bild 9 zeigt das Schema einer Schnellpresse nach KÖNIG und BAUER.

Das Gelenk X* sitzt auf dem Rand des Zahnrads und bewegt sich beim Abrollen des Zahnrads im feststehenden Zahnkranz auf dem horizontalen Durchmesser des Zahnkranzes. Dadurch wird der Stempel S* hin- und herbewegt.

Bild 9

6.3.2. Von der stehenden Kreuzschleife zur Rollbewegung

Im vorangehenden Abschnitt haben wir die Äquivalenz der Papierstreifen- und Spirographenkonstruktion gezeigt, indem wir von der Papierstreifenkonstruktion (stehende Kreuzschleife) ausgegangen sind. Wir wollen nun auch den umgekehrten Weg versuchen, weil er für eine Analyse des Bewegungsvorganges "im Kleinen", sozusagen für eine Zeitlupenstudie, sehr lehrreich ist. Den Leser, der bemängelt, daß wir dabei zu starken Gebrauch von der

Anschauung machen, vertröste ich auf das 10. Kapitel, wo wir diesen Weg mit analytischen Mitteln ein zweites Mal gehen werden.

Wir starten die Bewegung der stehenden Kreuzschleife von der Position aus, wo X* im Nullpunkt und Y* auf der positiven y-Achse liegt und betrachten eine Serie von Momentaufnahmen (Bild 10).

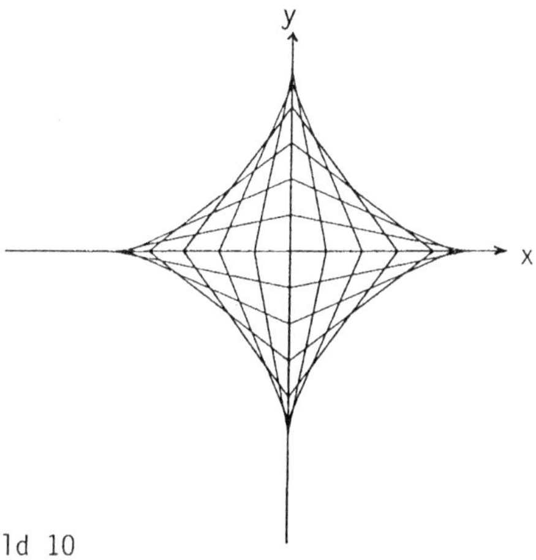

Bild 10

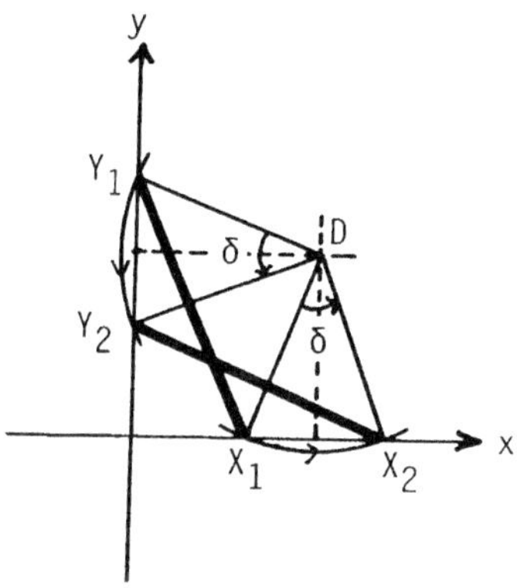

Bild 11

Stellen Sie sich vor, Sie hätten einen Trickfilm zu drehen und müßten dazu die kontinuierliche Bewegung der Strecke X*Y* durch eine Serie von Momentaufnahmen ersetzen. Diese Serie könnten Sie theoretisch so kleinschrittig wählen, wie Sie nur wollten (praktisch natürlich nur bis zu einer bestimmten Grenze).

Nehmen wir zwei Momentaufnahmen X_1Y_1 und X_2Y_2 der Strecke X*Y* genauer unter die Lupe (Bild 11). Die Strecke X_1Y_1 läßt sich nach dem Eindeutigkeitssatz von 5.2. durch genau eine gleichsinnige Kongruenzabbildung in die gleichlange Strecke X_2Y_2 überführen. Da X_1Y_1 und X_2Y_2 nicht parallel sind, ist diese Abbildung nach dem Klassifikationssatz 5.3. eine Drehung. Wir finden das Drehzentrum als Schnittpunkt der Mittelsenkrechten zu X_1X_2 und zu Y_1Y_2. Wenn wir die Gangebene durch eine Folie realisieren, können wir also die auf der Folie eingezeichnete Strecke X*Y* durch eine Drehbewegung um D von der Position X_1Y_1 in die Position X_2Y_2 überführen. (Führen Sie es aus!)

Während der Drehbewegung verlassen X* und Y* natürlich die x- bzw. y-Achse. Der Punkt Y* bewegt sich ja von Y_1 aus auf einem Kreisbogen um D

nach Y_2, der Punkt X* von X_1 aus ebenfalls auf einem Kreisbogen um D nach X_2. Wir können aber sagen, daß diese Drehbewegung die Bewegung der stehenden Kreuzschleife (Ellipsenbewegung) wenigstens approximiert.
Prägen Sie sich die Konstruktion in Bild 11 und deren dynamische Interpretation gut ein, da sie im folgenden ständig benutzt werden wird.

Als nächstes überbrücken wir eine Serie von vier Momentaufnahmen durch Drehbewegungen (Bild 12). Die entsprechenden Drehzentren konstruieren wir gemäß Bild 11. Wir vollziehen die Approximation mit Hilfe einer Folie (oder eines durchsichtigen Papiers) nach. Wir bringen die Strecke X*Y* auf der Folie in die Anfangsposition X_1Y_1, markieren den ersten Drehpunkt auf der Folie, fixieren ihn mit einer Nadel auch auf dem Zeichenblatt und drehen die Folie in die nächste Position X_2Y_2. Dort markieren und fixieren wir den nächsten Drehpunkt wieder und verfahren analog. Diese Prozedur wird wiederholt, bis wir wieder zur Ausgangsposition zurückkehren. Es fällt auf, daß auf der Folie nur zwei Punkte markiert werden, die jeweils zweimal als Drehpunkte auftreten. Vergewissern Sie sich!

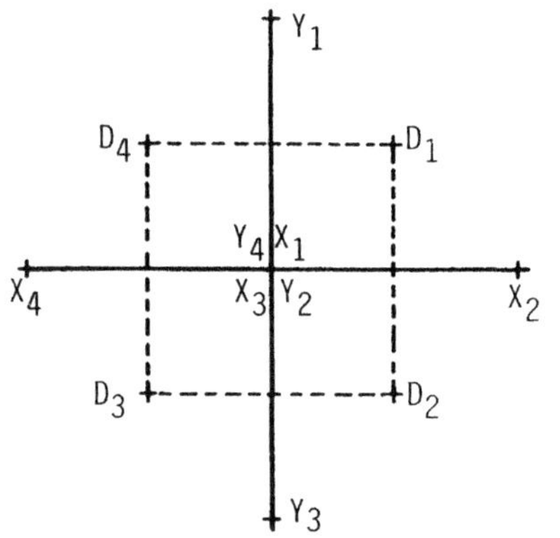

Bild 12

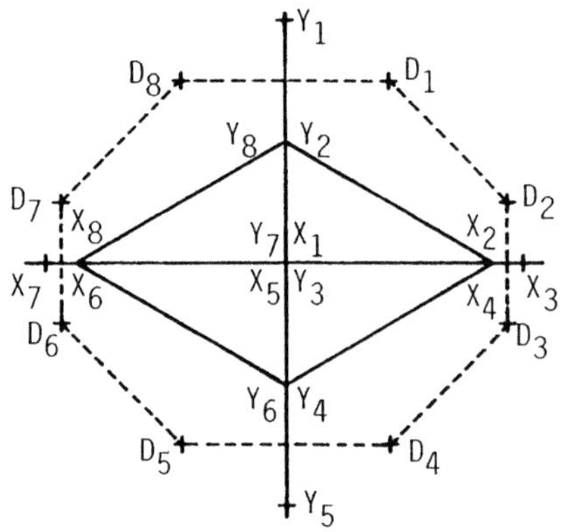

Bild 13

Wir überbrücken jetzt eine Serie von 8 Momentaufnahmen in analoger Weise (Bild 13). Legen Sie die Folie mit fest eingezeichneter Strecke X*Y* so auf die Zeichnung, daß X* auf X_1, Y* auf Y_1 fällt, fixieren Sie die Folie in D_1 und drehen Sie, bis X* auf X_2, Y* auf Y_2 fällt. Fixieren Sie die Folie in D_2 und führen Sie X*Y* in X_3Y_3 über, usw., bis X*Y* schließlich wieder auf X_1Y_1 fällt. Markieren Sie dabei alle Drehpunkte wieder auf der Folie. Wenn Sie genau gearbeitet haben, finden sich auf Ihrer Folie 4

Punkte, die wieder jeweils zweimal als Drehpunkte auftreten. Verbinden Sie diese Punkte in der Reihenfolge ihrer Verwendung. Sie erhalten dann ein Viereck. Wiederholen Sie jetzt die Folge der Drehbewegungen und überzeugen Sie sich, daß dabei das Viereck der Drehpunkte auf der Folie auf dem Achteck der Drehpunkte $D_1,\dots,D_8$ des Zeichenblattes "abrollt". Man nennt das Viereck auf der Folie das Gangpolygon, das Viereck auf dem Zeichenblatt (Rastebene) Rastpolygon.

Gehen wir noch einen Schritt weiter und fügen wir 8 neue Zwischenschritte ein (Bild 14).

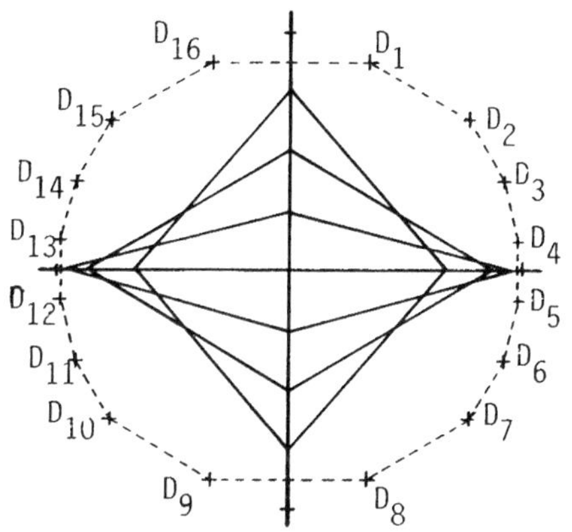

Bild 14

Auf der Folie ergibt sich ein Achteck als Gangpolygon, das auf einem Rastpolygon mit 16 Ecken "abrollt".

Über die Lage des Gangpolygons in bezug auf die Strecke X^*Y^* können wir eine genaue Aussage machen. Die Gangebene ist mit X^*Y^* fest verbunden. Für einen Beobachter, der sich in der Gangebene mitbewegt, ist Bild 11 folgendermaßen zu deuten: Die Strecke X^*Y^* wird von jedem der sich der Reihe nach ablösenden Drehpunkte (= Eckpunkte des Gangpolygons) aus unter 90° gesehen. Nach dem Satz von Thales (bezogen auf die Gangebene) liegen daher die Ecken des Gangpolygons auf dem Thaleskreis über X^*Y^*, der den Radius $\frac{c}{2}$ hat.

Über die Lage der Eckpunkte des Rastpolygons (Drehpunkte) auf dem Zeichenblatt können wir aus Bild 11 folgendes entnehmen: Je näher die nächste Momentaufnahme X_2Y_2 an X_1Y_1 herangerückt wird, desto näher rückt die

Mittelsenkrechte zu Y_1Y_2 an das Lot in Y_1 auf die y-Achse heran, und die Mittelsenkrechte zu X_1X_2 nähert sich entsprechend immer mehr dem Lot in X_1 auf die x-Achse. Der Drehpunkt als Schnittpunkt der beiden Mittelsenkrechten stimmt dann praktisch mit dem Schnittpunkt der beiden Lote überein, von dem wir wissen, daß er auf dem Kreis um den Ursprung mit Radius c liegt (vgl. Bild 5).

Anschaulich ist es daher naheliegend, daß das Gangpolygon bei der Verfeinerung der Serie der Momentaufnahmen den Thaleskreis über X*Y* mit Radius $\frac{1}{2}$ c und das Rastpolygon den Kreis um den Ursprung mit Radius c immer besser approximiert, und daß das Abrollen des Gangpolygons auf dem Rastpolygon im Grenzfall ein Abrollen eines Kreises vom Radius $\frac{1}{2}$ c in einem Kreis vom Radius c ist. Man nennt daher den kleinen Kreis auch die Gangpolkurve und den großen Kreis die Rastpolkurve der Bewegung ("Pol" ist ein veraltetes Wort für "Drehzentrum").

Unsere Analyse hat somit gezeigt, daß die Ellipsenbewegung "lokal" durch eine Drehbewegung zu approximieren ist.

Der gemäß Bild 5 konstruierte Punkt D ist ein "momentanes Drehzentrum", in der Sprache der Kinematischen Geometrie ein "Momentanpol". Der Punkt D ist der jeweilige Berührpunkt des Gangkreises und des Rastkreises. Während der Bewegung ändert sich die Lage des momentanen Drehzentrums kontinuierlich. Kehren Sie bitte noch einmal zu Bild 8 zurück, und stellen Sie sich vor, wie die Rollbewegung durch "lokale Drehbewegungen" um den jeweiligen Berührpunkt des kleinen und großen Kreises erfolgt. Keinesfalls dreht sich der kleine Kreis um seinen Mittelpunkt, sonst müßte dieser ja fest bleiben!

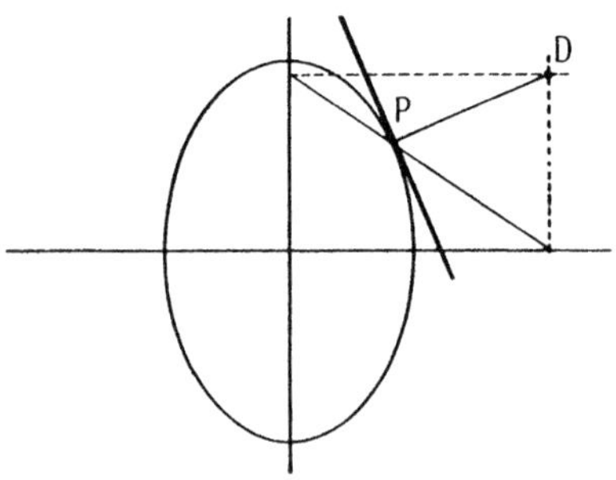

Bild 15

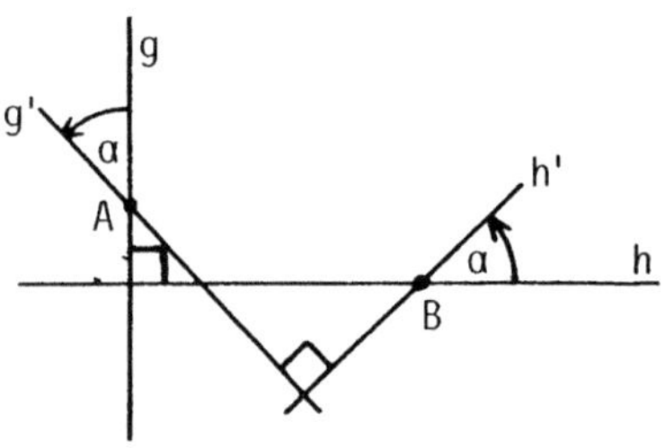

Bild 16

Die momentanen Drehzentren sind eine große Hilfe zur Konstruktion von Tangenten an Bahnkurven (Bild 15). P vollführt "lokal" eine Drehung um D, bewegt sich also lokal auf einem Kreis um D, welcher die Ellipse im Punkt P approximiert. Die zu PD senkrechte Kreistangente ist gleichzeitig Tangente an die Ellipse.

6.4. Die umgekehrte Ellipsenbewegung

Die Rollen von Gangebene und Rastebene kann man vertauschen, d.h. man hält nun die Gangebene fest und bewegt die Rastebene. Die entsprechende Bewegung kann man entweder dadurch erzeugen, daß man die x*-Achse eines rechtwinkligen Koordinatenkreuzes durch einen festen Punkt X und die y*-Achse durch einen festen Punkt Y gleiten läßt, oder dadurch, daß man einen Kreis mit Radius c mit der Innenseite auf einem Kreis vom Radius $\frac{1}{2}$ c abrollen läßt. In Bild 16 ist die erste Möglichkeit dargestellt:

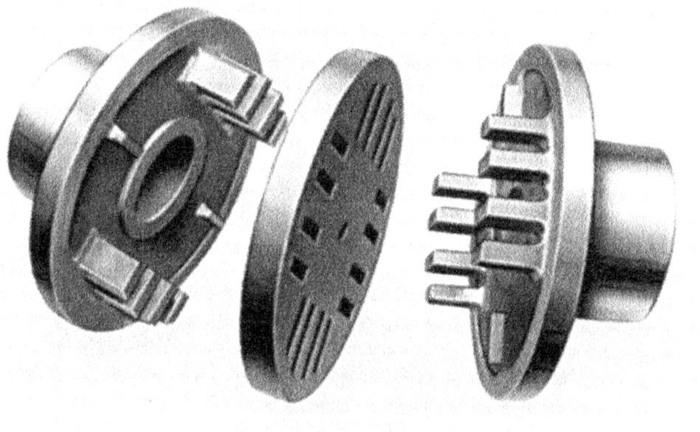

Bild 17

Denken Sie sich in A und B zwei auf der Zeichenebene senkrecht stehende Wellen angebracht, die von je einer Stange g* und h* durchbohrt sind.
Die Stangen sind rechtwinklig fest miteinander verbunden. Wenn das "Gestänge" g, h in die Position g', h' übergeführt wird, dreht sich offensichtlich jede der beiden Wellen um den gleichen Winkel weiter. Dieses Prinzip wird bei der <u>Oldham-Kupplung</u> angewandt, bei der eine Rotation der Welle A die Geraden g* und h* mitführt und so auf die parallel versetzte Welle B eine völlig synchrone Rotation überträgt. In der Praxis kann man nicht mit Stangen arbeiten. Man benutzt stattdessen Ausgleichsscheiben.

Bild 17 zeigt die RINGSPANN-Wellen-Ausgleichkupplung, bestehend aus drei Teilen: zwei gleichen Nabenteilen aus Stahl, welche auf die Wellen aufgesetzt werden, und einer Ausgleichsscheibe aus hochverschleißfestem Kunststoff. Die Mitnehmernocken der beiden Naben greifen um 90° zueinander versetzt in entsprechende Schlitze der Scheibe ein.

Eine Anleitung zum Bau eines Modells der Oldham-Kupplung finden Sie in CUNDY/ROLLETT (1974, 241). In diesem Buch werden auch Mechanismen zur Konstruktion verschiedener Rollkurven angegeben.

6.5. Eine Bemerkung zur Terminologie

In diesem Abschnitt ist vielfacher Gebrauch von Ausdrücken wie "Bewegung", "Bewegungsvorgang", "Drehbewegung", "Drehung", "Kongruenzabbildung" gemacht worden, wobei ich nur hoffen kann, daß der Zusammenhang jeweils klargemacht hat, was gemeint ist.
Auf einen Punkt möchte ich aber noch besonders hinweisen. Die Umgangssprache benutzt das Wort "Drehung" zur Bezeichnung eines sich in der Zeit abspielenden Vorgangs, während wir in der Geometrie "Drehung" als Abbildung verstehen und dabei die Zeit völlig außer acht lassen (vgl. Abschnitt 2.). Bei einer Abbildung ist ja die Zuordnung Punkt $\rightarrow$ Bildpunkt das einzig Wesentliche.
In der Kinematischen Geometrie werden Bewegungsvorgänge untersucht. Diese lassen sich mathematisch nicht als Abbildung beschreiben. Deswegen habe ich auch zwischen "Drehung" und "Drehbewegung" sprachlich unterschieden. Wohl aber besteht der folgende Zusammenhang: Wenn wir eine beliebige Lage der Gangebene mit einer festen Ausgangslage vergleichen, wird dadurch jeweils eine Kongruenzabbildung der Rastebene definiert (Gangebene als Folie!). Ein kontinuierlicher Bewegungsvorgang kann daher aufgefaßt werden als eine stetige Folge von Kongruenzabbildungen.

Zum Schluß möchte ich noch erwähnen, daß der Teil des Klassifikationssatzes von 5.3., der von gleichsinnigen Kongruenzabbildungen handelt, in der Kinematischen Geometrie als *"Fundamentalsatz der ebenen Kinematik"* bezeichnet wird (WUNDERLICH 1970, S. 14). Hätten Sie diese praktische Bedeutung des Satzes bei seiner Behandlung in Abschnitt 5 vermutet?

Literatur

Cundy, H.M./ Rollett, A.P., Mathematical Models. Oxford 1974

Hilbert, D./ Cohn-Vossen, S., Anschauliche Geometrie. Darmstadt 1973 (Nachdruck der Ausgabe von 1932), (darin 5. Kap.)

Klepper, W., Die Geometrie der Klapsmühle und des Garagentors. Karlsruher Pädagogische Beiträge, H. 2, 1980, 37-47

Whitt, L., The Standup Conic Presents: The Ellipse and Applications. The Journal of Undergraduate Mathematics and its Applications 4 (1983), 157-183

Wunderlich, W., Ebene Kinematik. Mannheim: B.I. 1970 (darin Kap. II)

Aufgaben

1. Konstruieren Sie in Fortsetzung von 6.3.2. eine Serie von 32 Momentaufnahmen und die zugehörigen Gang- und Rastpolygone.

2. Zeichnen Sie mit Hilfe der Gärtnerkonstruktion eine Ellipse und stellen Sie diese als Bahnkurve bei einer stehenden Kreuzschleife dar. Wie ist die Kreuzschleife zu legen?
   Bestimmen Sie zu einem beliebigen Ellipsenpunkt P das momentane Drehzentrum und konstruieren Sie damit die Tangente an die Ellipse in P.

3. Die Astroide
   Die verschiedenen Positionen, die eine an einer stehenden Kreuzschleife gleitende Strecke in der Rastebene einnimmt, hüllen eine Kurve mit vier Spitzen ein, die Astroide heißt (Bild 18, vgl. auch Bild 10). Wegen der Symmetrie der Bewegung bez. der x- und y-Achse besitzt die Astroide die x- und y-Achse als Symmetrieachsen. Daher genügt es, sich bei der Analyse der Astroide auf einen Quadranten zu beschränken.

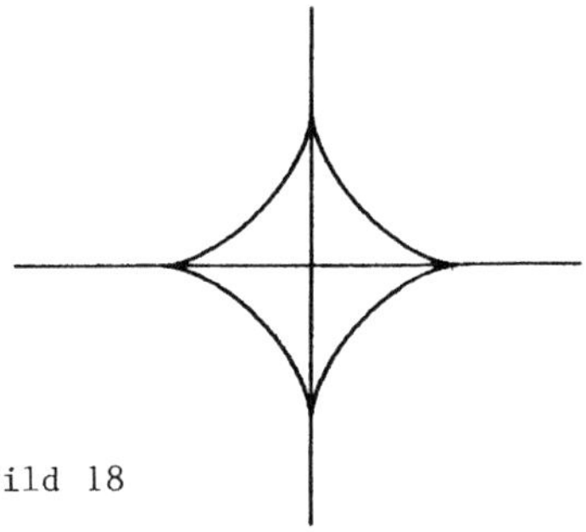

Bild 18

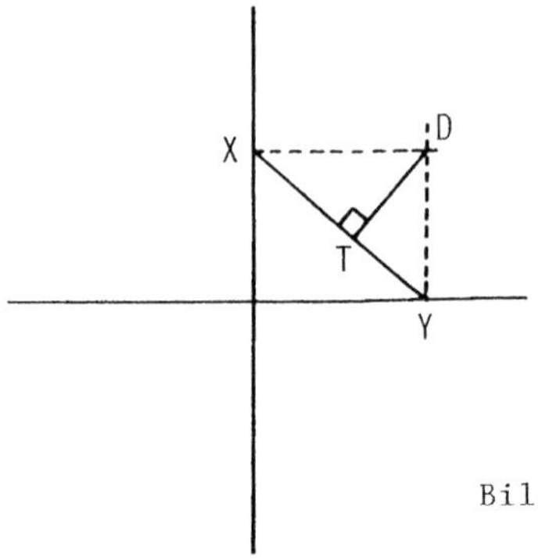

Bild 19

Wir können ähnlich vorgehen wie bei der Konstruktion der Parabel und der Ellipse als Hüllkurven: Wir bestimmen auf jeder der Strecken XY einen Punkt T und zeigen, daß die Gerade XY mit der Kurve, die von allen so ausgezeichneten Punkten gebildet wird, nur den Punkt T gemeinsam hat. Wie früher sehen wir dann XY als Tangente an die Kurve an. Den Punkt T bestimmen wir hier als Fußpunkt des Lotes vom momentanen Drehzentrum D auf XY (Bild 19).

Betrachten wir zwei Positionen XY und X'Y' der bewegten Strecke (Bild 20) mit den momentanen Drehzentren D und D'. Dann ist anschaulich klar, daß der Fußpunkt T' auf X'Y' in der Halbebene (XY,D) und der Fußpunkt T auf XY in der Halbebene (X'Y',D') liegt. (Wer es genauer begründen möchte, ziehe das Zentrum D_o der Drehung, die XY in X'Y' überführt, mit in die Betrachtung ein.)

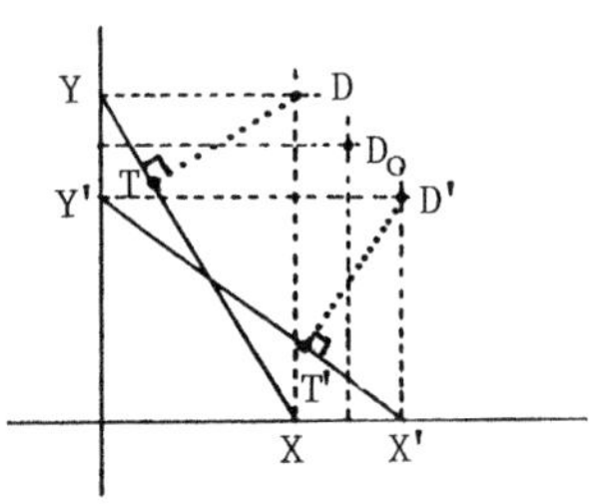

Bild 20

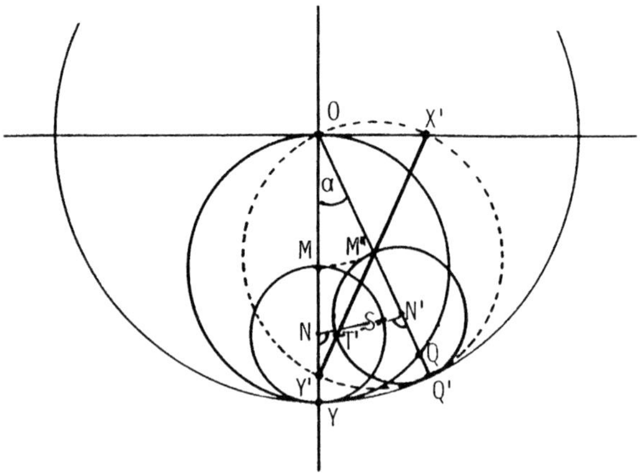

Bild 21

Es folgt, daß (im 1. Quadranten) alle Fußpunkte T' mit Ausnahme von T in der Halbebene (XY,D) liegen. Der Punkt T ist somit der einzige Fußpunkt auf XY, und XY ist Stützgerade und Tangente an den im 1. Quadranten verlaufenden Astroidenbogen.

1) Konstruieren Sie die Astroide als geometrischen Ort der Fußpunkte gemäß Bild 20 punktweise.

2) Die Astroide als Rollkurve
Wir kehren zurück zur Rollbewegung von 6.3.1. (Bild 8) und lassen zusätzlich noch einen Mini-Kreis mitrollen, der halb so groß ist wie der kleine Kreis, d.h. dessen Radius ein Viertel des großen Radius beträgt. Der Mini-Kreis soll so mitrollen, daß er den großen Kreis stets im gleichen Punkt berührt wie der kleine Kreis. In der Ausgangslage berührt der Mini-Kreis den großen Kreis also ebenfalls im Punkt Y (Bild 21).

a) Ermitteln Sie denjenigen Punkt des Mini-Kreises, der von der Ausgangslage S auf Q' gerollt wird. Wie groß muß ∢ YNS im Vergleich zu ∢ YOQ = α und ∢ YMQ = 2α sein?

b) Zeigen Sie, daß der Punkt des Mini-Kreises mit der Ausgangslage Y auf den Fußpunkt T' des von Q' auf X'Y' gefällten Lotes gerollt wird. Beachten Sie, daß Q' das momentane Drehzentrum bez. der Lage X'Y' der beim Abrollen des kleinen Kreises mitgeführten Strecke X*Y* ist. T' ist also ein Astroidenpunkt. (Tip: Umfangswinkelsatz, Satz von Thales).
Damit ist dann gezeigt, daß der Punkt des Mini-Kreises, der in der Ausgangslage bei Y liegt, beim Abrollen des Mini-Kreises die Astroide beschreibt. Die Astroide entsteht folglich beim Abrollen eines Kreises vom Radius $\frac{1}{4}$ c in einem Kreis vom Radius c als Bahn eines Randpunktes. Sie können eine Astroide mit Hilfe des Spirographen realisieren, wenn Sie das Zahnrad mit 24 Zähnen im Zahnkreisring mit 96 Zähnen innen abrollen lassen und dabei die Bahn eines mit einem Farbtupfen versehenen Zahnes verfolgen.

4. Zykloide

Ein Punkt auf dem Reifen eines Fahrrads (näherungsweise ein Ventil) bewegt sich auf einer Zykloide. Geometrisch gesehen ist diese Kurve die Bahn eines Randpunktes eines Kreises, die dieser Punkt auf einer festen Bahn (Rastebene) durchläuft, wenn der Kreis ohne zu gleiten auf einer festen Geraden der Rastebene abrollt (Bild 22).

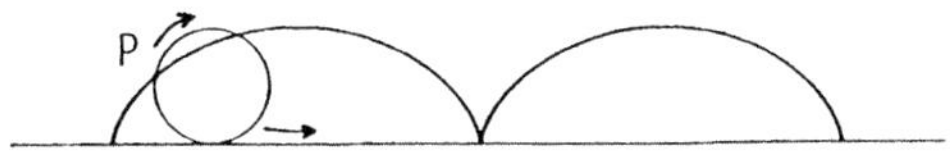

Bild 22

1) Konstruieren Sie für zwei nahe benachbarte Positionen des rollenden Kreises das Drehzentrum der Drehung, welche die eine Position in die andere überführt (Sie müssen dabei näherungsweise bestimmen, welches Stück des Kreisbogens auf der Geraden abrollt).

2) Überlegen Sie durch einen Grenzübergang, daß der Berührpunkt von Kreis und Gerade (und <u>nicht</u> der Mittelpunkt des Kreises) jeweils das momentane Drehzentrum ist.

3) Konstruieren Sie zu einem beliebigen Zykloidenpunkt P die jeweilige Lage des rollenden Kreises. (Wo muß der Mittelpunkt laufen?)

4) Konstruieren Sie mit Hilfe von 3) die Tangente an die Zykloide im Punkt P (vgl. mit der Konstruktion der Ellipsentangente in Aufg. 2).

5. Die Brennkurve des Kreises als Rollkurve

Ein Kreis vom Radius $\frac{1}{2}$ c rollt <u>außen</u> auf einem festen Kreis vom Radius c ab. Wir betrachten die Bahn eines Randpunktes P* des kleinen Kreises mit Mittelpunkt M*. Wir starten in derjenigen Position, bei der P* den festen Kreis im Punkt P berührt und der Mittelpunkt M* bei M liegt und rollen ein Stückchen weiter, bis M* nach M' gewandert ist und sich die Kreise in Q' berühren (Bild 23).

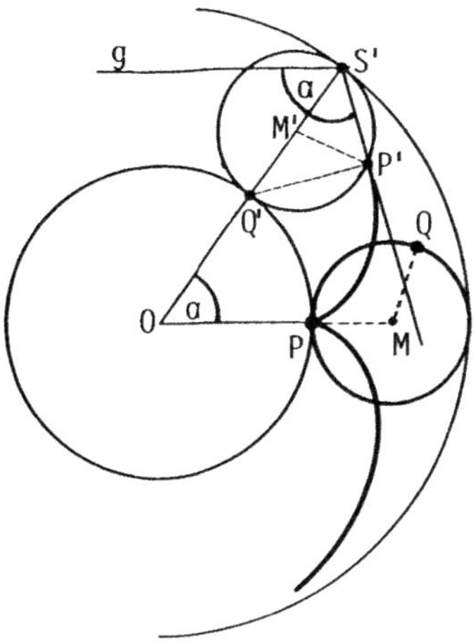

Bild 23

1) Bestimmen Sie die Ausgangslage Q desjenigen Punktes Q*, der auf Q' rollt. Drücken Sie ∢ PMQ durch ∢ POQ' =: α aus.

2) Bestimmen Sie die neue Position P' des Punktes P*. Wie groß ist ∢ P'M'Q'?

3) Berechnen Sie ∢ P'S'Q'.

4) Sei g parallel zu OP gewählt. Zeigen Sie, daß S'O Winkelhalbierende des Winkels zwischen P'S' und g ist.

5) Zeigen Sie, daß der Lichtstrahl g in S' am Kreis um O mit Radius 2c nach P' reflektiert wird.

6) Benutzen Sie die Tatsache, daß Q' das momentane Drehzentrum der Rollbewegung ist, und zeigen Sie damit, daß P'S' Tangente an die Bahnkurve im Punkt P' ist.

Insgesamt ist damit gezeigt, daß die Brennlinie des Kreises Bahnkurve des Punktes P* ist.

7 Die Platonischen Körper

> Wer also auch nur ein wenig in der Geometrie bewandert ist, wird uns darin nicht widersprechen, daß diese Wissenschaft etwas ganz anderes ist, als man dem Reden derjenigen entnehmen könnte, die sich berufsmäßig mit ihr befassen. Sie sprechen doch nur auf recht lächerliche und notdürftige Art davon. Denn als ob sie Praktiker wären und als ob es um einer Handlung willen geschähe, drücken sie sich aus und sagen, daß sie quadrieren und prolongieren und addieren und was sie noch für Ausdrücke gebrauchen, während doch dieses ganze Lehrfach nur um der Erkenntnis willen betrieben wird. Die Geometrie ist doch die Erkenntnis des ewig Seienden.
>
> PLATON (428-348 v.Chr.), Der Staat

In Abschnitt 1.2. haben wir untersucht, auf wie viele verschiedene Weisen kongruente reguläre Vielecke zu lückenlosen Parkettierungen der Ebene zusammengesetzt werden können. Wir haben genau drei Typen gefunden: Parkettierungen
(1) mit regulären Dreiecken,
(2) mit Quadraten (regulären Vierecken) und
(3) mit regulären Sechsecken.

Die Heuristik der Problemerzeugung führt in natürlicher Weise zu der räumlichen Variante, nämlich zu der Frage, auf wie viele verschiedene Weisen sich kongruente reguläre Vielecke zu Körpern zusammensetzen lassen.
Daß es fünf Typen regulärer Körper (Polyeder, Vielflache) gibt, nämlich Tetraeder, Hexaeder (Würfel), Oktaeder, Dodekaeder und Ikosaeder (Bild 1), dürfte schon zu Pythagoras' Zeit bekannt gewesen sein. Zu Platos Zeit wurde diese Erkenntnis systematisiert und naturphilosophisch interpretiert. Welch überragende Bedeutung die Griechen den regulären Körpern zumaßen, kann man daran ablesen, daß Euklids "Elemente" im Beweis der Existenz und Eindeutigkeit der fünf Typen gipfeln und daß Plato sie in grundlegender Weise bei seinen kosmologischen Spekulationen benutzt hat.

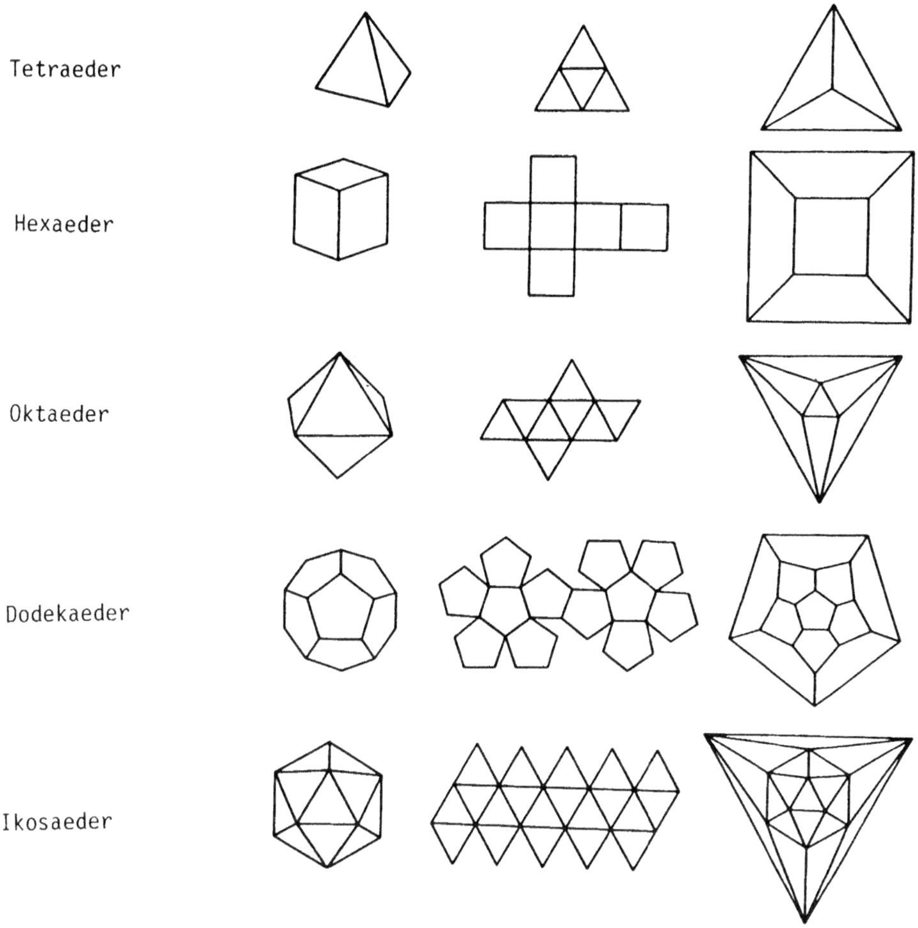

Bild 1 Schrägbilder, Netze und Schlegeldiagramme der Platonischen Körper

Im Dialog "Timaios" entwirft Plato ein Modell des Kosmos und ordnet darin den stofflichen Elementen Feuer, Luft, Wasser und Erde der Reihe nach die Formen Tetraeder, Oktaeder, Ikosaeder und Würfel zu. (Den "Schönheitsfehler", daß es noch einen fünften Typ gibt, übertüncht er dadurch, daß er das Dodekaeder als "Weltall" deutet, das alles andere umfaßt.) Er ist dann in der Lage, gewisse Umwandlungen von Feuer in Luft und von Luft in Wasser durch Umlagerungen von Dreiecken zu deuten. Wie SACHS (1917) nachgewiesen hat, ist damit zum ersten Mal die Idee geäußert worden, Stoffe bestünden aus Molekülen und ihre Atome würden sich bei Stoffumwandlungen zu neuen Molekülen umlagern - eine Idee, die für die heutige Chemie fundamental ist.

Historisch bemerkenswert ist noch ein anderer Versuch, die Platonischen Körper im Rahmen eines Weltmodells zu verwenden. J. KEPLER versuchte in seinem Buch "Mysterium cosmographicum" [1], die Radien der Bahnen der sechs damals bekannten Planeten Merkur, Venus, Erde, Mars, Jupiter und Saturn um die Sonne folgendermaßen aufeinander zu beziehen: In eine Kugel, deren Radius gleich dem der Saturnbahn war, beschrieb er einen Würfel ein (d.h. die Ecken des Würfels berührten die Kugel), in diesen Würfel beschrieb er eine Kugel ein (d.h. die Kugel berührte die Seitenflächen des Würfels), weiter in die Kugel ein Tetraeder, darin eine Kugel, in diese ein Dodekaeder, darin eine Kugel und weiter Ikosaeder, Kugel, Oktaeder, Kugel.

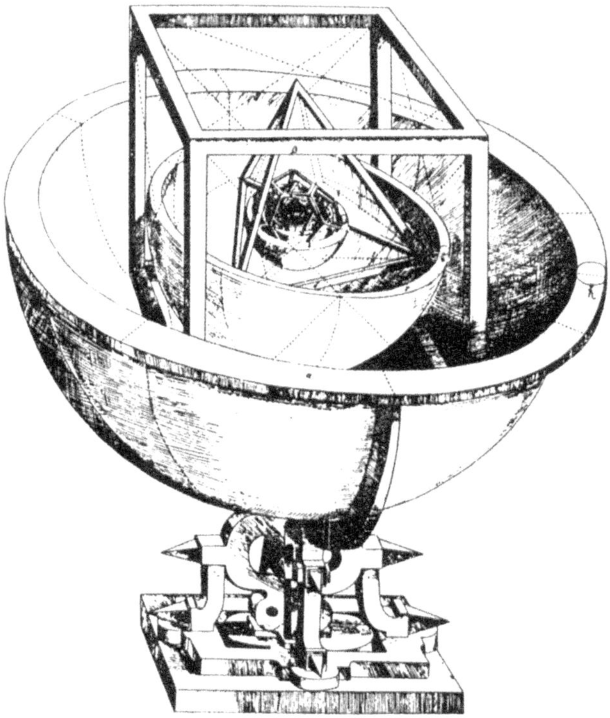

Bild 2 Kepler's Planetenmodell in "Mysterium cosmographicum"

1) J. Kepler, Gesammelte Werke, Bd. I, München: Beck'sche Verlagsbuchhandlung 1938

Zwischen sechs konzentrischen Kugeln waren also fünf Exemplare je eines Typs Platonischer Körper geschachtelt. Die Radien der sechs Kugeln sollten die Bahnradien von Saturn, Jupiter, Mars, Erde, Venus und Merkur sein. KEPLER schrieb im Vorwort seines Buches:

"In diesem Buch habe ich mir, lieber Leser, zum Ziel gesetzt zu beweisen, daß der höchste Schöpfer bei der Erschaffung der Welt und der Ordnung des Himmels diejenigen fünf regulären Körper zum Vorbild genommen hat, die uns von Pythagoras und Plato her bekannt sind, und daß er nach ihrer Anzahl und ihren Maßen die Anzahl der Planeten, ihre Proportionen und ihre Bahnverhältnisse festgelegt hat."

Die Übereinstimmung dieses Modells mit den empirischen Daten war jedoch so schlecht, daß er es nicht aufrechterhalten konnte und seine Forschungen bis zur Entdeckung der elliptischen Bahnform und der anderen nach ihm benannten Gesetze fortsetzte.

In einer vergleichenden Bewertung der modernen Ansätze zur Naturforschung mit der Auffassung von JOHANNES KEPLER stellt HERMANN WEYL (1955, 81) fest:

"Wir teilen noch immer seine Gedanken. Dieser Glaube hat der Probe der sich ständig erweiternden Erfahrung standgehalten. Aber wir suchen die Harmonie nicht mehr in statischen Formen wie den regulären Körpern, sondern in dynamischen Gesetzen."

Innerhalb dieser erweiterten Auffassung spielen die regulären Körper auch heute noch eine wichtige Rolle. Ihre Symmetrie tritt in vielfältiger Weise in der belebten und unbelebten Natur auf (Bild 3, 4).

Bei der folgenden mathematischen Betrachtung der Platonischen Körper werden wir zuerst auf den Beweis der Existenz und Eindeutigkeit der fünf Typen eingehen, dann die Beziehung zwischen den Anzahlen ihrer Ecken, Kanten und Seitenflächen vom Eulerschen Polyedersatz her erklären und schließlich ihre Symmetrien bestimmen.

Bild 3 Coccosphäre der Alge Braarudosphaera bigolowi Vergrößerung etwa 5000-fach

Bild 4 Flußspatkristall

7.1. Konstruktion der Platonischen Körper

Die Platonischen Körper gehören als geometrische Objekte zu den *Polyedern* (Vielflachen). Unter einem Polyeder versteht man ein räumliches System von Vielecken, die so miteinander verbunden sind, daß jede Seite eines Vielecks identisch ist mit genau einer Seite eines anderen Vielecks. Die Vielecke heißen die *Seitenflächen* (kurz: Flächen), ihre Seiten die *Kanten* und ihre Eckpunkte die *Ecken* des Polyeders. Jede Kante verbindet also zwei Ecken des Polyeders und gehört zu genau zwei Seitenflächen.
Wenn man das Modell eines Polyeders aus Karton herstellen will, ist es nicht nötig, die Seitenflächen einzeln auszuschneiden und entsprechende Kanten miteinander zu verkleben. Zweckmäßiger ist es, von einem *Netz* auszugehen, bei dem möglichst viele Seitenflächen bereits verbunden sind. Nur entsprechende Paare von Randkanten müssen noch verklebt werden, was am einfachsten dadurch geschieht, daß man eine Kante eines jeden Paares mit einem Falz versieht (für Netze der Platonischen Körper vgl. Bild 1).

Der Begriff "Polyeder" hat sich seit dem 17. Jahrhundert sehr stark weiterentwickelt, wobei anschauliche Vorstellungen zunehmend von abstrakteren Beschreibungen abgelöst wurden (vgl. LAKATOS 1979). Wir beschränken uns auf eine sehr wichtige Teilklasse von Polyedern, nämlich *konvexe Polyeder*. Sie sind konstruktiv einfach zu beschreiben.

Unter einem konvexen Polygon versteht man ein Vieleck ohne einspringende Ecken. Es ist dadurch ausgezeichnet, daß die Verbindungsstrecke zweier innerer Punkte stets ganz im Innern liegt. Man kann ein solches Polygon dadurch erzeugen, daß man in der Ebene endlich viele Geraden zieht, jeweils eine der beiden dabei entstehenden Halbebenen als "außen" deklariert und schließlich alle "äußeren" Punkte entfernt (Bild 5a). Die Geraden müssen dabei so gelegt werden, daß das Reststück ringsum begrenzt wird. Bild 5b zeigt ein nichtkonvexes Polygon.

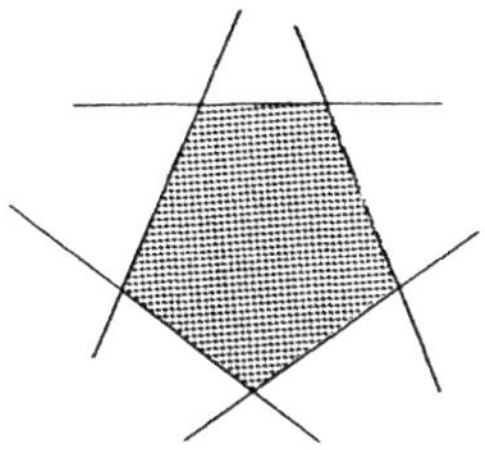

Bild 5a

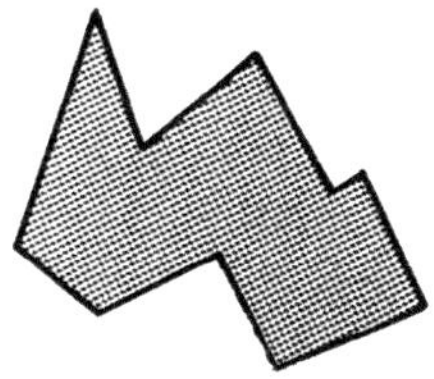

Bild 5b

Analog erhält man im Raum ein *konvexes Polyeder*, wenn man dieselbe Konstruktion mit Ebenen und Halbräumen anstelle von Geraden und Halbebenen durchführt. Ein Schreiner, der ein Polyeder mit einer Bandsäge aus Holz anfertigt, folgt genau dieser Konstruktion: Er sägt von einem Rohling durch ebene Schnitte fortlaufend Stücke ab, bis er die gewünschte Form erzielt hat. Auch ein konvexes Polyeder ist dadurch ausgezeichnet, daß die Verbindungsstrecke zweier innerer Punkte stets ganz im Polyeder liegt.

Aus dem Herstellungsverfahren ist ersichtlich, daß die Seitenflächen konvexe Vielecke sind, daß sich an jeder Kante zwei Seitenflächen treffen und daß an jeder Ecke mindestens drei Kanten zusammenstoßen. Wenn wir um eine Ecke herumwandern, treffen wir abwechselnd auf eine Kante und eine Seitenfläche. Daher ist die Anzahl der sich in einer Ecke treffenden Kanten ebenso groß wie die Anzahl der sich dort treffenden Seitenflächen. Das System der sich an einer Ecke E treffenden Seitenflächen, das als *Eckenstern* mit Spitze E bezeichnet wird, besteht also stets aus mindestens drei Seitenflächen.

Ziel unserer Überlegungen ist die Konstruktion von *konvexen regulären Polyedern*, d.h. von konvexen Polyedern, deren Ecken, Kanten und Seitenflächen geometrisch ununterscheidbar sind (*Platonische Körper*). Die Forderung nach Ununterscheidbarkeit besagt:

(1) Alle Kanten sind gleich lang.
(2) Alle Seitenflächen haben gleich viele Ecken und gleich große Winkel.
(3) An jeder Ecke stoßen gleich viele Seitenflächen zusammen.
(4) Die Winkel zwischen benachbarten Seitenflächen ("Zwischenwinkel") sind gleich groß.

(Beachten Sie, daß zwei benachbarte Seitenflächen einen Keil mit der Kante als Schnittkante bilden. Was unter dem Winkel zwischen den Seitenflächen eines Keils zu verstehen ist, wurde in 2.4.4. definiert.)
Die Eigenschaften (1) und (2) besagen zusammen, daß alle Seitenflächen kongruente reguläre Vielecke sind. Aus (3) und (4) folgt, daß alle Eckensterne untereinander kongruent sind, denn jeder Eckenstern entsteht aus einer beliebigen Seitenfläche durch sukzessive Anfügung einer jeweils benachbarten Seitenfläche unter dem typischen Zwischenwinkel.

Betrachten wir nun einen Eckenstern mit Spitze E etwas genauer. Aus der in (1)-(4) ausgedrückten geometrischen Ununterscheidbarkeit der Ecken, Kanten und Seitenflächen folgt, daß die Endpunkte $\neq E$ der von der Spitze E ausgehenden Kanten ein reguläres Vieleck bilden. Welche Vielecke kommen hierfür in Frage?
Anschaulich ist klar, daß die um die Ecke E herumliegenden Innenwinkel der Seitenflächen des Eckensterns zusammen kleiner als 360° sein müssen, denn wenn man den Eckenstern längs einer Kante aufschneidet, kann man die Seitenflächen in eine Ebene biegen und sieht, daß der Gesamtwinkel um die Spitze den Vollwinkel um 360° nicht ausfüllt. Für einen Eckenstern werden mindestens drei Flächen benötigt. Nach 1.2. scheiden alle regulären Vielecke mit mehr als fünf Ecken als Seitenflächen regulärer Polyeder aus. Weiter scheiden Eckensterne mit mehr als fünf regulären Dreiecken, mit mehr als drei Quadraten und mehr als drei regulären Fünfecken aus. Möglich sind also nur fünf Fälle, die wir der Reihe nach betrachten wollen. Wir legen dabei eine feste Kantenlänge a zugrunde.

(1) Der Eckenstern besteht aus drei regulären Dreiecken. Die Endpunkte der drei von der Spitze ausgehenden Kanten bilden ein reguläres Dreieck ABC der Seitenlänge a. Alle von A, B, C gleichweit entfernten Punkte

liegen auf der Geraden, die auf dem Dreieck senkrecht steht und durch den Mittelpunkt des Dreiecks geht ("Mittelachse"). Es gibt genau einen Punkt S "über" dem Dreieck, der von A, B und C den Abstand a hat (Bild 6). ABS, BCS und CAS sind gleichseitige Dreiecke.

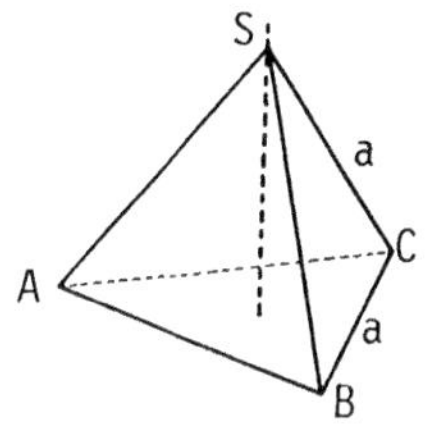

Bild 6

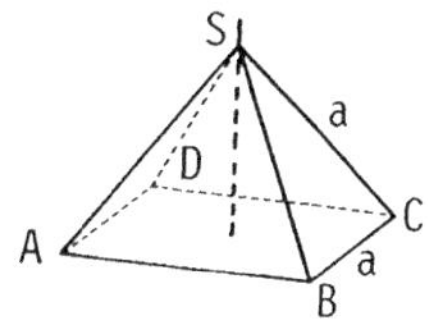

Bild 7 ABCD ist ein Quadrat

Analog konstruiert man die folgenden Eckensterne.

(2) Eckenstern aus vier regulären Dreiecken (Bild 7)

(3) Eckenstern aus fünf regulären Dreiecken (Bild 8)

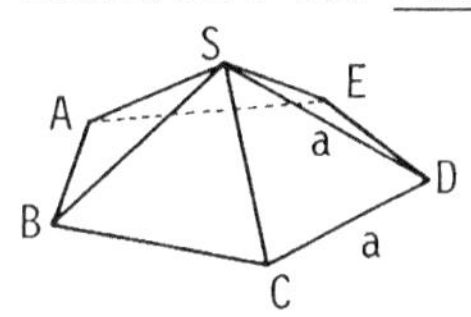

Bild 8

ABCDE ist ein reguläres Fünfeck

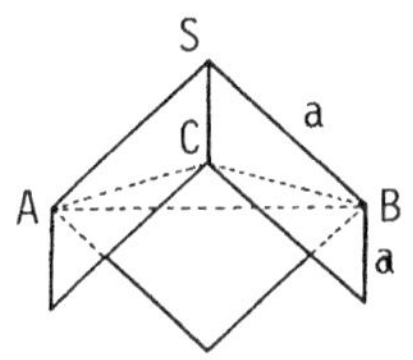

Bild 9

ABC ist ein reguläres Dreieck mit Seitenlänge $a\sqrt{2}$ (Diagonale im Quadrat)

(4) Eckenstern aus drei Quadraten (Bild 9)

(5) Eckenstern aus drei regulären Fünfecken (Bild 10)

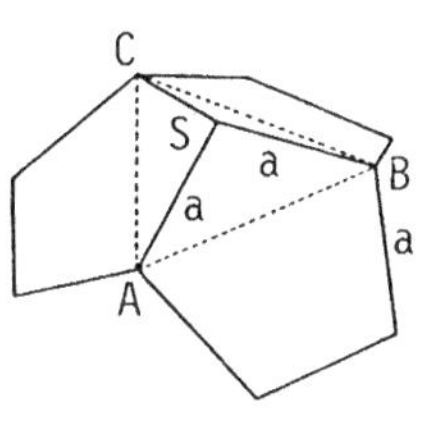

ABC ist ein reguläres Dreieck mit Seitenlänge $\phi \cdot a$ (Diagonale im regulären Fünfeck, vgl. 3.6.).

Bild 10

In allen fünf Fällen ist die Spitze S auf der "Mittelachse" durch den gleichen Abstand a von den Eckpunkten des betreffenden regulären Vielecks eindeutig bestimmt. Der Eckenstern hat jeweils die erforderliche Symmetrie, und benachbarte Seitenflächen schließen jeweils genau denselben Winkel ein. Wie wir in Kapitel 10 zeigen können, betragen diese eindeutig bestimmten Winkel: bei Typ (1) 70°32', bei (2) 109°28', bei (3) 138°11', bei (4) 90° und bei (5) 116°34'. Für den vorliegenden Abschnitt benötigen wir diese quantitativen Informationen aber nicht.

Insgesamt können wir sagen, daß es fünf verschiedene Eckensterne mit der festen Kantenlänge a *gibt.*

Wir wollen nun zeigen, daß sich jeder der fünf Eckensterne eindeutig zu einem regulären Polyeder fortsetzen läßt. Wir zeigen sogar, daß die Position des betreffenden Polyeders im Raum durch die Position einer beliebigen Seitenfläche eindeutig festgelegt ist.

Zur Unterscheidung werden im folgenden Seitenflächen, die von innen zu sehen sind, hell, solche, die von außen zu sehen sind, dunkel gezeichnet.

(1*) *Polyeder mit Eckensternen vom Typ* (1)

Wir legen ein reguläres Dreieck 123 als Seitenfläche I fest und bestimmen, welche Seite innen liegen soll (Bild 11). Im typischen Zwischenwinkel wird II angefügt. An die Kante 1-4 fügen wir typgerecht Fläche III an und schließen damit den Eckenstern 1 ab. Nun fügen wir Fläche IV an die Fläche III typgerecht an. Da III zum Eckenstern von 2 und 4 gehört, schließt IV beide Eckensterne ab. Automatisch wird dabei auch der Eckenstern 3 abgeschlossen.

Das entstehende reguläre Polyeder hat 4 Seitenflächen (daher heißt es *Tetraeder*), 4 Ecken und 6 Kanten.

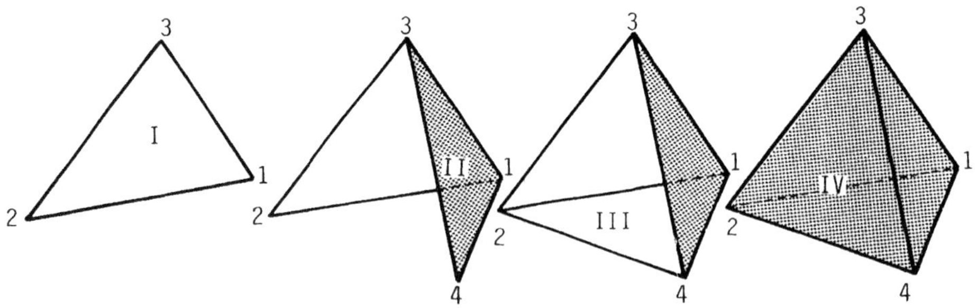

Bild 11

(2*) *Polyeder mit Eckensternen vom Typ* (2)

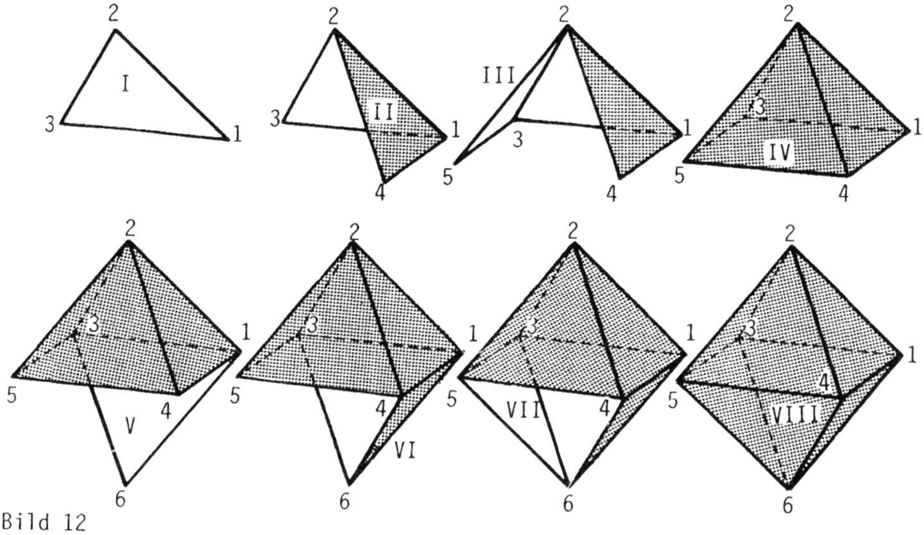

Bild 12

Bild 12 zeigt, wie ein <u>*Oktaeder*</u> (8 Flächen, 12 Kanten, 6 Ecken) entsteht. Jede neue Fläche wird an eine bereits vorhandene im typischen Winkel angefügt. Mit Fläche IV schließt sich der Eckenstern 2. Die Fläche V wird typgerecht an I angefügt, VI typgerecht an II. Die Flächen I und II gehören zum Eckenstern von 1, der damit durch V und VI abgeschlossen wird. Zwischen V und VI ergibt sich automatisch der typische Winkel, so daß VI auch den Eckenstern 6 fortsetzt. Die Fläche VII wird typgerecht an III angefügt, schließt somit den Eckenstern 3 ab und bildet dann auch mit V den richtigen Winkel. Fläche VIII wird typgerecht an IV angefügt, schließt dadurch die Eckensterne 4 und 5 ab, zu denen IV gehört, und besitzt folglich den richtigen Zwischenwinkel mit benachbarten Flächen dieser Eckensterne, insbesondere mit VI. Die Fläche VI gehört aber zum Stern 6, und daher schließt VIII auch den Stern 6 ab.

(3*) *Polyeder mit Eckensternen vom Typ* (3)

Bild 13 zeigt den schrittweisen Aufbau eines <u>*Ikosaeders*</u> (20 Flächen, 12 Ecken, 30 Kanten). Wieder sichern typgerechte Zwischenwinkel, daß sich die Eckensterne schließen, und umgekehrt folgt aus dem Schließen eines Eckensterns, daß typgerechte Zwischenwinkel auftreten.

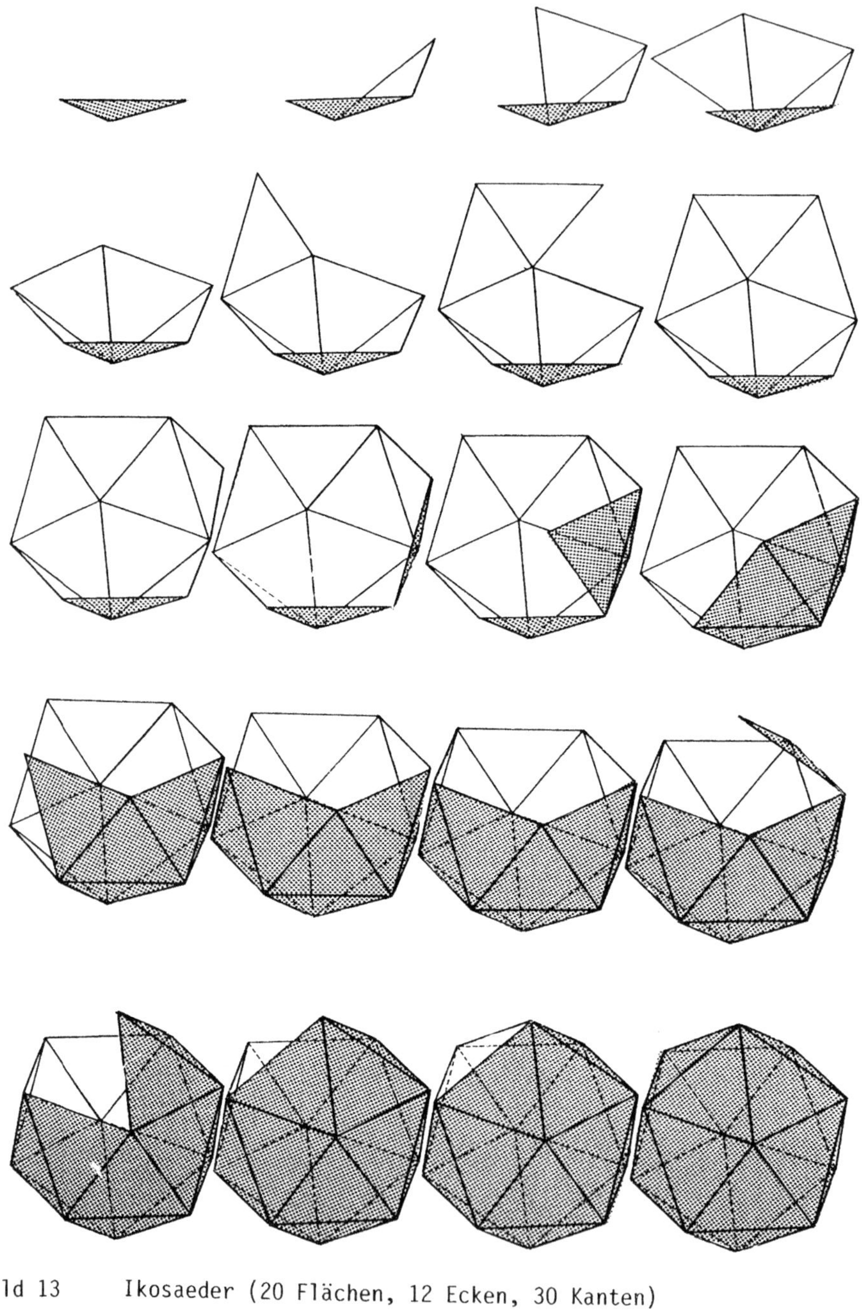

Bild 13 Ikosaeder (20 Flächen, 12 Ecken, 30 Kanten)

(4*) *Polyeder mit Eckensternen vom Typ* (4)

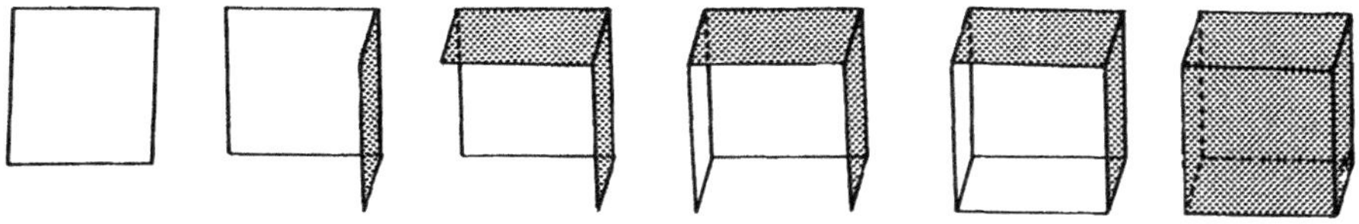

Bild 14

Bild 14 zeigt einen "Film" über den *Würfel* (Hexaeder mit 6 Flächen, 8 Ecken, 12 Kanten).

(5*) *Polyeder mit Eckensternen vom Typ* (5)

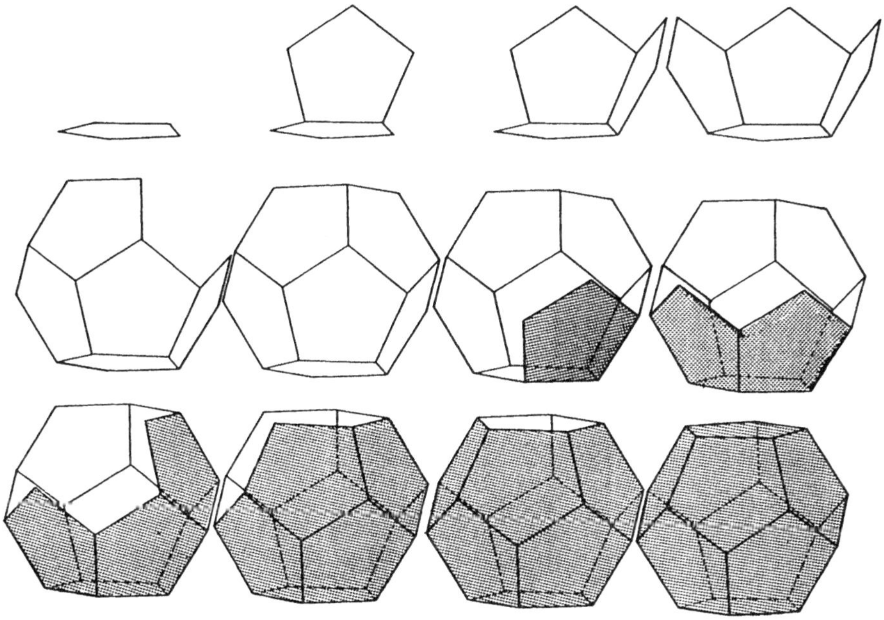

Bild 15

Es entsteht ein *Dodekaeder* (12 Flächen, 20 Ecken, 30 Kanten) (Bild 15)

Damit haben wir bewiesen, daß es bei fester Kantenlänge a bis auf Kongruenz genau fünf verschiedene Platonische Körper gibt. Wenn wir a variieren, entstehen vergrößerte bzw. verkleinerte Exemplare, die jeweils ähnlich zueinander sind. Es gibt also bis auf Ähnlichkeit genau fünf Platonische Körper.

7.2. Der Eulersche Polyedersatz

Wir wollen noch einen anderen Weg aufzeigen, auf dem man nachweisen kann, daß es höchstens fünf Typen Platonischer Körper gibt. Das wichtigste Werkzeug dabei ist der Eulersche Polyedersatz. Dieser Satz ist von zentraler Bedeutung in der kombinatorischen Topologie. IMRE LAKATOS hat die Entwicklungsgeschichte des Satzes beginnend mit einer ersten Formulierung bei Euler erforscht und den historischen Erkenntnisprozeß in seinem meisterhaften Buch "Beweise und Widerlegungen" in den Lernprozeß einer imaginären Klasse übersetzt (LAKATOS 1979). Für mich ist dieses Buch das überzeugendste Dokument der Entwicklungsdynamik der Mathematik. Ich möchte Ihnen wärmstens empfehlen, dieses Buch zu lesen. Da man während der Lektüre am Lernprozeß der Klasse teilnimmt, werden keine besonderen Vorkenntnisse gefordert.

Für konvexe Polyeder lautet der Satz folgendermaßen:

Die Anzahlen E *der Ecken,* K *der Kanten und* F *der Seitenflächen genügen der Beziehung* $E + F - K = 2$.

Es gibt zahlreiche Beweise für den Satz. Der einfachste Beweis stützt sich auf das *Schlegeldiagramm* eines konvexen Polyeders. Man gewinnt es folgendermaßen: Eine Seitenfläche des Polyeders wird als Bildebene benutzt, ein äußerer Punkt, nahe der Mitte dieser Seitenfläche, wird als Augenpunkt O gewählt. Das Schlegeldiagramm ist das perspektive Bild des betrachteten Polyeders (vgl. 1.7.) auf der als Bildebene gewählten Seitenfläche.
Bild 1 zeigt die Schlegeldiagramme der fünf Platonischen Körper.

Das Schlegeldiagramm zeigt das Gefüge der Ecken, Kanten und Seitenflächen unmittelbar. Jede Ecke des Polyeders erscheint im Diagramm als Punkt, jede Kante als Strecke und jede Seitenfläche als ein von Kanten umschlossenes Vieleck, mit Ausnahme derjenigen Seitenfläche, auf die wir projiziert haben. Diese Seitenfläche umrandet das Diagramm. Wenn wir ihr das Gebiet außerhalb zuordnen, haben wir auch eine eineindeutige Zuordnung zwischen

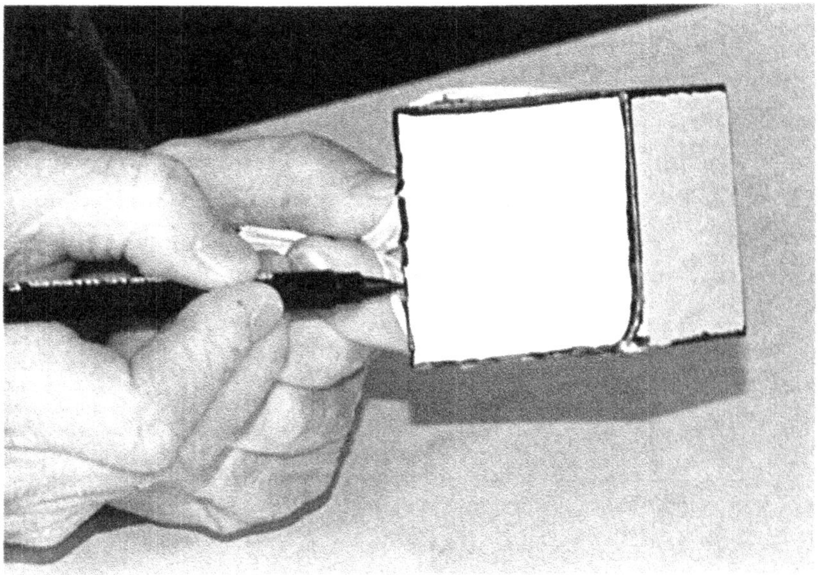

Bild 16a

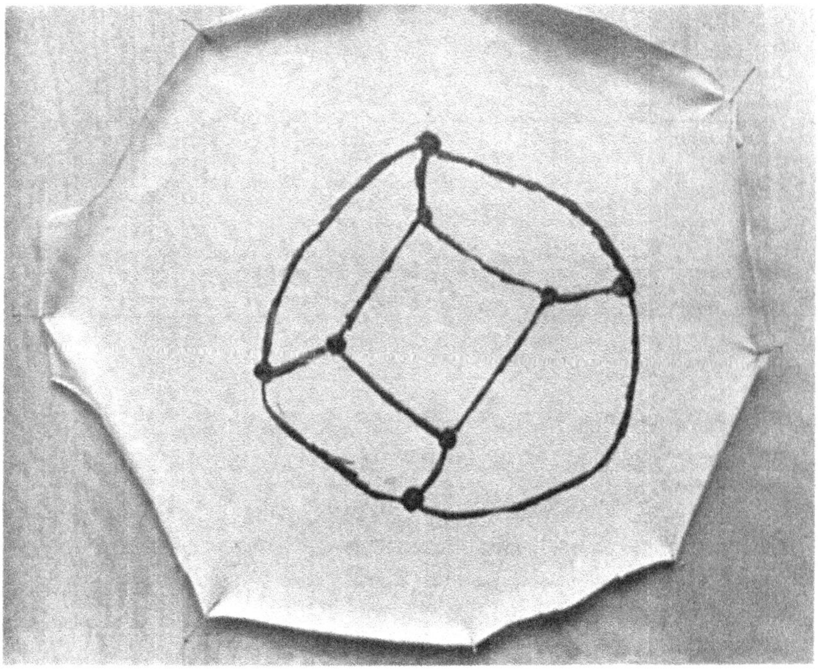

Bild 16b Schlegeldiagramm des Würfels, erzeugt mit einer Gummihaut

den Seitenflächen des Polyeders und den durch das Schlegeldiagramm definierten Flächenstücken der Ebene. Ein anderer, vielleicht noch anschaulicherer Weg zur Erzeugung des Schlegeldiagramms ist der folgende: Wir hüllen das Polyeder in eine Gummihaut ein, die wir spannen und etwa über der Mitte einer Seitenfläche wie einen Sack verknoten. Die Kanten und Ecken des Polyeders drücken sich durch und können mit einem Filzstift markiert werden. Wenn wir den Knoten lösen und die Haut wieder in die Ebene ausbreiten, haben wir das Gefüge der Ecken, Kanten und Flächen ebenfalls vor uns. Sogar die Seitenfläche mit dem Knoten ist erkennbar (Bild 16). Dabei spielt es keine Rolle, daß die Kanten krummlinig abgebildet werden.

Operativer Beweis des Polyedersatzes:
Wir bauen das Schlegeldiagramm eines konvexen Polyeders ausgehend von einer Ecke Kante um Kante auf und registrieren bei jedem Schritt die bis dahin erzielten Anzahlen der Ecken, Kanten und Flächen. Am Anfang gilt E=1, K=0, F=1. Bei jedem weiteren Schritt verbindet eine neue Kante entweder eine alte Ecke mit einer neuen oder sie verbindet zwei alte Ecken. Im ersten Fall wachsen E und K um je 1, F bleibt unverändert, im zweiten Fall wachsen F und K um je 1, E bleibt unverändert (Bild 17).

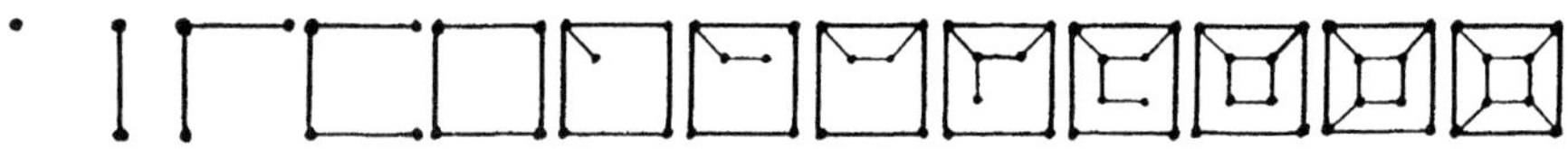

E	1	2	3	4	4	5	6	6	7	8	8	8	8
F	1	1	1	1	2	2	2	3	3	3	4	5	6
K	0	1	2	3	4	5	6	7	8	9	10	11	12

Bild 17 Aufbau des Schlegeldiagramms für den Würfel

Der Term E+F-K , der am Anfang den Wert 2 hat, bleibt somit während der weiteren Konstruktion unverändert. Wegen der Korrespondenz des ganzen Schlegeldiagramms mit dem Polyeder ist damit der Eulersche Polyedersatz bewiesen. #

In E+F-K = 2 haben wir eine erste Zahlbeziehung zwischen den Anzahlen E, F, K eines regulären Polyeders. Andere Beziehungen können wir daraus

ableiten, daß die Seitenflächen reguläre n-Ecke sein müssen, von denen m an einer Ecke zusammenstoßen ($n \geqq 3$, $m \geqq 3$).
Die F n-Ecke des Polyeders haben zusammen $F \cdot n$ Seiten. Je zwei Seiten bilden aber eine Kante. Daher gilt

$$\text{(I)} \qquad \frac{n \cdot F}{2} = K \; .$$

Pro Ecke gibt es m Kanten, also, wenn wir eckenweise zählen, $m \cdot E$ Kanten. Jede Kante verbindet aber zwei Ecken, wird dabei folglich doppelt gezählt. Daher gilt

$$\text{(II)} \qquad \frac{m \cdot E}{2} = K \; .$$

Wir können E und F aus (I) und (II) eliminieren und in den Eulerschen Satz einsetzen. Wir erhalten dann

$$\frac{2K}{m} + \frac{2K}{n} - K = 2 \; .$$

Division beider Seiten dieser Gleichung durch 2K führt auf

$$\frac{1}{m} + \frac{1}{n} - \frac{1}{2} = \frac{1}{K} \, ,$$

und daraus gewinnen wir schließlich

$$\frac{1}{n} + \frac{1}{m} = \frac{1}{K} + \frac{1}{2} \; .$$

Diese Stammbruchgleichung (vgl. Aufg. 3, Abschnitt 1.2.) können wir auf die gleiche Weise lösen wie die Gleichung $\frac{1}{n} + \frac{1}{k} = \frac{1}{2}$ in Abschnitt 1.2. Zuerst sieht man, daß n und m nicht gleichzeitig größer als 4 sein können, sonst wäre $\frac{1}{n} + \frac{1}{m} < \frac{1}{4} + \frac{1}{4} = \frac{1}{2}$ im Widerspruch zu $\frac{1}{n} + \frac{1}{m} = \frac{1}{K} + \frac{1}{2} > \frac{1}{2}$.
Aus demselben Grund muß für $n=3$ die Ungleichung $m \leqq 5$, für $n = 4, 5$ die Ungleichung $m \leqq 3$ gelten, und für $n > 5$ existieren keine Lösungen mehr.

Somit verbleiben fünf Fälle zu untersuchen. Sie liefern jeweils genau eine ganzzahlige Lösung für K. Aus (I) und (II) kann man die zugehörigen Werte K und F berechnen. Es ergibt sich die folgende Tabelle.

n	m	E	F	K	
3	3	4	4	6	Tetraeder
3	4	6	8	12	Oktaeder
3	5	12	20	30	Ikosaeder
4	3	8	6	12	Hexaeder
5	3	20	12	30	Dodekaeder

Beachten Sie, daß aus diesen Überlegungen nur folgt, daß es höchstens fünf Typen Platonischer Körper geben kann. Ob sie tatsächlich konstruierbar sind, geht daraus nicht hervor.

In der Tabelle fällt auf, daß Oktaeder und Würfel einerseits, Ikosaeder und Dodekaeder andererseits jeweils die gleiche Anzahl Kanten haben, und daß die Anzahlen der Ecken und Flächen vertauscht sind. Diese Tatsache werden wir im nächsten Abschnitt im Zusammenhang mit der Symmetrie der Platonischen Körper begründen.

7.3. Die Symmetrie der Platonischen Körper

Wir legen z.B. ein Oktaeder auf die Zeichenebene und umfahren das aufliegende Dreieck mit dem Bleistift. Ähnlich wie wir in Abschnitt 5 gefragt haben, auf wie viele verschiedene Weisen sich eine aus Karton ausgeschnittene Figur in die Lücke zurücklegen läßt, fragen wir jetzt, auf wie viele verschiedene Weisen man das Oktaeder auf das markierte Grunddreieck plazieren kann. Da jede der 8 Seitenflächen nach unten gebracht und auf 3 Weisen aufgesetzt werden kann, gibt es insgesamt $8 \cdot 3=24$ Positionen des Oktaeders auf dem Grunddreieck. In 7.1. haben wir gesehen, daß die Lage eines jeden regulären Polyeders im Raum durch die Lage einer einzigen Seitenfläche bestimmt ist. Daher muß das Oktaeder bei allen 24 Positionen denselben Platz im Raum einnehmen.

Analog überlegt man, daß ein Tetraeder auf $4 \cdot 3=12$, ein Würfel auf $6 \cdot 4=24$, ein Dodekaeder auf $12 \cdot 5=60$ und ein Ikosaeder auf $20 \cdot 3=60$ Weisen auf das entsprechende Grundvieleck gelegt werden kann und dabei jedesmal denselben Platz im Raum einnimmt ("mit sich selbst zur Deckung kommt"). Ebenso wie bei ebenen Figuren in Abschnitt 5 wollen wir diesen Sachverhalt nun mit Hilfe von Symmetriegruppen beschreiben. Wir gehen analog vor. Aus

5.2. wissen wir, daß jeder Punkt der Ebene durch seine Abstände von den Ecken eines Dreiecks eindeutig bestimmt ist. Als Folge davon ist eine längentreue Abbildung der Ebene auf sich, d.h. eine Kongruenzabbildung, durch die Bilder der Ecken eines Dreiecks eindeutig bestimmt. Es genügen sogar die Bilder zweier Punkte, wenn bekannt ist, ob die Abbildung den Umlaufsinn erhält oder umkehrt (Eindeutigkeitssatz).

Analog kann man für den dreidimensionalen Raum zeigen:
Jeder Punkt ist durch seine Abstände von vier Punkten bestimmt, die nicht auf einer Ebene liegen; eine längentreue Abbildung des Raumes ist durch die Bilder von vier nicht in einer Ebene liegenden Punkten eindeutig bestimmt; es genügen sogar die Bilder der Ecken eines Dreiecks, wenn bekannt ist, ob die Abbildung den Schraubensinn erhält oder umkehrt.
Für den *Schraubensinn* im Raum gibt es gemäß Bild 18 zwei Möglichkeiten: Rechtsschrauben und Linksschrauben. Erhaltung des Schraubensinns heißt dann, daß Rechtsschrauben in Rechtsschrauben übergehen und Linksschrauben in Linksschrauben (wie z.B. bei einer Verschiebung). Umkehrung des Schraubensinns heißt, daß Rechtsschrauben in Linksschrauben übergehen und umgekehrt (wie z.B. bei einer Spiegelung an einer Ebene).

Bild 18 Rechtsschraube (Rechtsgewinde) — Linksschraube (Linksgewinde)

Analog zu Abschnitt 6, wo wir uns mit einer beweglichen Strecke eine Ebene (die "Gangebene") fest verbunden dachten, denken wir uns hier mit einem Polyeder ein körperfestes Bezugssystem (den "Gangraum") verbunden. Jeder Wechsel der Position des Polyeders und des mitgeführten körperfesten Bezugssystems definiert nun eine Kongruenzabbildung des raumfesten Bezugssystems ("Rastraum"), ebenso wie eine Umlagerung einer Folie eine Kongruenzabbildung der Ebene definierte. Wenn ein Punkt P* von der Position P in die Position P' übergeht, ist P' gerade das Bild von P. Eine Rechtsschraube bleibt stets eine Rechtsschraube. Daher handelt es sich um eine den Schraubensinn erhaltende Kongruenzabbildung.

Jeder der eingangs beschriebenen Positionswechsel eines regulären Polyeders definiert somit eine Kongruenzabbildung des Raumes, die das Polyeder mit sich zur Deckung bringt (Deck- oder Symmetrieabbildung). Wie im ebenen Fall ergibt sich, daß die Menge dieser Abbildungen bez. der Verkettung eine Gruppe bildet.

Zur näheren Charakterisierung der Symmetrieabbildungen zeigen wir:

(1) *Jede Symmetrieabbildung eines regulären Polyeders besitzt einen Fixpunkt.*

(2) *Jede von der Identität verschiedene den Schraubensinn erhaltende Kongruenzabbildung des Raumes mit Fixpunkt ist eine räumliche Drehung um eine Gerade (die Drehachse).*

Als Folgerung ergibt sich, daß die verschiedenen Positionen regulärer Polyeder auf einer festen Grundfläche sämtlich durch Drehungen ineinander überführbar sind. Eine Aufzählung der Drehungen für die einzelnen Platonischen Körper folgt im Anschluß an die folgenden Beweise (die bei einer ersten Lektüre überschlagen werden können).

Beweis von (1): Eine endliche Punktmenge der Ebene läßt sich so in Kreise einschließen, daß jeder Punkt der Menge entweder im Kreisinneren oder auf dem Rand liegt. Ein solcher "Umfassungskreis" läßt sich verkleinern, wenn (a) keiner oder (b) nur einer der endlich vielen Punkte auf dem Rand liegt. Eine Verkleinerung ist ebenfalls möglich, wenn (c) zwei Punkte auf dem Rand liegen, deren Verbindungsstrecke kein Durchmesser ist. Im ersten Fall zeichnet man einen Kreis mit dem gleichen Mittelpunkt durch den am weitesten entfernten Punkt (Bild 19a). Im zweiten Fall (Bild 19b) betrachtet man alle Kreise mit Mittelpunkt auf PM, auf denen jeweils ein weiterer Punkt der Menge liegt. Der größte dieser Kreise ist ein kleinerer Umfassungskreis. Im dritten Fall (Bild 19c) verkleinert man den Kreis durch P_1 und P_2 um M dadurch, daß man M auf der Mittelsenkrechten zu P_1P_2 in Richtung des Mittelpunktes von P_1P_2 wandern läßt, bis außer P_1 und P_2 ein weiterer Punkt auf die Kreislinie fällt. Da anfänglich $M \neq 0$ ist, führt dies zu einem kleineren Umfassungskreis.

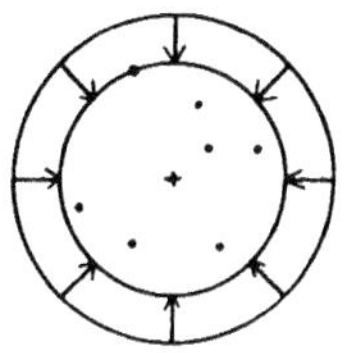

Bild 19a

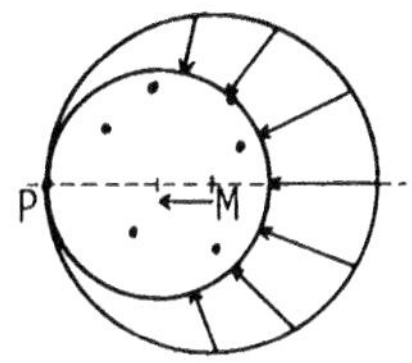

Bild 19b

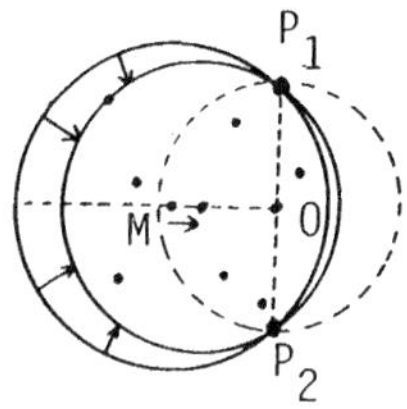

Bild 19c

Jeder Umfassungskreis läßt sich also in höchstens drei Schritten zu einem Umfassungskreis verkleinern, der entweder Thaleskreis über der Verbindungsstrecke zweier Punkte der Menge oder Umkreis eines Dreiecks aus drei Punkten der Menge ist. Unter den Radien dieser endlich vielen speziellen Umfassungskreise gibt es einen kleinsten Wert r. Der Radius r kann nur von genau einem dieser speziellen Umfassungskreise angenommen werden. Denn gäbe es zwei verschiedene solche Kreise mit minimalem Radius r, so würde die endliche Punktmenge auch im Durchschnitt der Kreise liegen und könnte dann in einem noch kleineren Kreis eingeschlossen werden (Bild 20). Dieser Widerspruch zeigt, daß es genau einen Umfassungskreis mit minimalem Radius gibt.

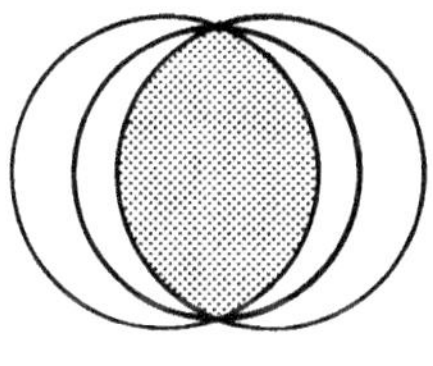

Bild 20

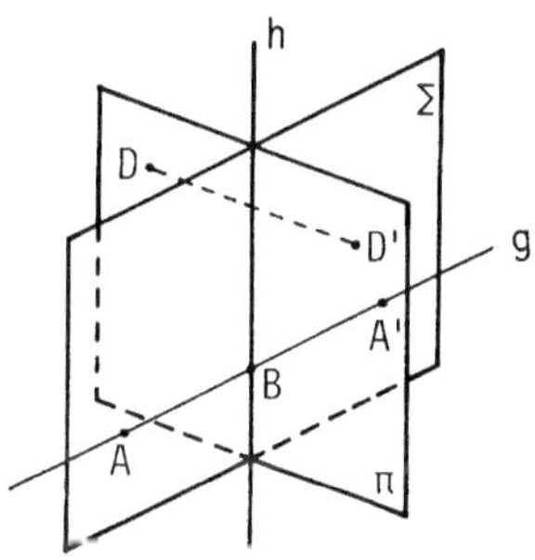

Bild 21a

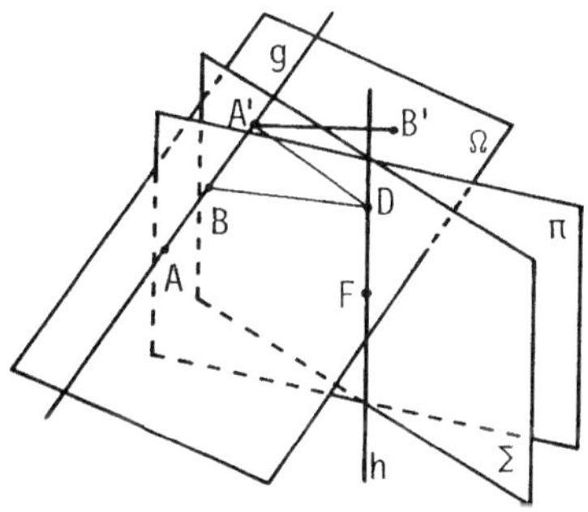

Bild 21b

Durch eine analoge Überlegung ergibt sich, daß es zu einer endlichen Punktmenge im Raum eine eindeutig bestimmte minimale Umfassungskugel gibt.

Speziell gibt es zu jedem regulären Polyeder eine eindeutig bestimmte minimale Umfassungskugel der endlich vielen Ecken. Auf dem Rand der Kugel liegen nach Definition der Umfassungskugel Ecken des Polyeders, wegen der geometrischen Ununterscheidbarkeit der Ecken sogar alle. Die Kugel ist somit Umkugel des Polyeders. Eine Symmetrieabbildung eines regulären Polyeders führt die Menge der Ecken als Ganzes in sich über und mithin auch die Umkugel. Der Mittelpunkt der Umkugel ist folglich Fixpunkt.

Beweis von (2): Wir gehen analog zum Beweis des Klassifikationssatzes für Kongruenzabbildungen der Ebene (5.3., 1. Hauptfall) vor.
Sei also $\varphi \neq \iota$ eine den Schraubensinn erhaltende Kongruenzabbildung des Raumes mit einem Fixpunkt . Wegen $\varphi \neq \iota$ gibt es mindestens einen Punkt A, dessen Bild A' von A verschieden ist. Sei B der Mittelpunkt von AA'. Das Bild B' liegt wegen $\overline{AB} = \overline{A'B'}$ auf der Kugel um A' mit Radius $r = \overline{AB}$, welche die Gerade g = AA' in den Punkten B und B_0 schneidet. Wie in 5.3. betrachten wir drei Fälle:

1. Fall: B'=B (Bild 21a): Dann ist g Fixgerade, und die zu g senkrechte Symmetrieebene π der Strecke AA' ist Fixebene. Auf π gibt es einen Punkt D mit D'≠D. Der Bildpunkt D' muß auf π liegen. Die Symmetrieebene Σ der Strecke DD' schneidet π in h. Die Drehung an h um 180° führt A in A', D in D' und B in sich über. Aus dem Eindeutigkeitssatz folgt $\varphi=\delta$.
2. Fall: $B'=B_0$. Der vorausgesetzte Fixpunkt muß auf den Symmetrieebenen von AA' und BB' liegen. Diese schneiden sich jedoch nicht. Daher tritt dieser Fall nicht ein.
3. Fall: $B' \neq B, B_0$ (Bild 21b): Die Symmetrieebenen π von AA' und Σ von BB' schneiden sich in einer Geraden h, die auf der von g und B' aufgespannten Ebene Ω senkrecht steht und den vorausgesetzten Fixpunkt F enthält (warum?). Es gibt innerhalb von Ω eine ebene Drehung um den Schnittpunkt D von h und Ω, welche A in A' und B in B' überführt. Wenn wir sie in den Raum fortsetzen, erhalten wir eine Drehung δ um die Drehachse h, die in den Bildern der Punkte A,B und F mit φ übereinstimmt. Somit gilt $\varphi=\delta$. #

Wir wollen nun die Deckdrehungen der Platonischen Körper genau angeben. Eine Drehung läßt sich am einfachsten dadurch beschreiben, daß man die Drehachse und die "Zähligkeit" der Achse angibt. Eine Achse heißt 2-zählig, wenn das Polyeder bei genau den Drehungen um 0° (Identität) und um 180° um die Achse in sich übergeht, sie heißt 3-zählig, wenn genau die Drehungen um 0°, 120°, 240° Deckabbildungen sind usw. Z.B. ist eine Achse durch gegenüberliegende Ecken eines Ikosaeders 5-zählig, weil das Ikosaeder genau bei den Drehungen um 0°, 72°, 144°, 216°, 288° um diese Achse als Ganzes festbleibt.

Bei der Gesamtbilanz darf die Identität aber nur genau einmal gezählt werden.

Deckdrehungen der Platonischen Körper

Tetraeder

Es gibt

4 je 3-zählige Achsen durch die Ecken und die Mittelpunkte der gegenüberliegenden Seitenflächen und

3 je 2-zählige Achsen durch die Mittelpunkte je zweier gegenüberliegender Kanten.

Insgesamt $4 \cdot 2 + 3 \cdot 1 + 1 = 12$ Drehungen.

↑ Identität

Würfel

4 je 3-zählige Achsen durch je zwei gegenüberliegende Ecken,

6 je 2-zählige Achsen durch Mittelpunkte je zweier gegenüberliegender Kanten,

3 je 4-zählige Achsen durch die Mittelpunkte je zweier gegenüberliegender Seitenflächen.

Insgesamt $4 \cdot 2 + 6 \cdot 1 + 3 \cdot 3 + 1 = 24$ Drehungen.

Oktaeder

3 je 4-zählige Achsen durch je zwei gegenüberliegende Ecken,

6 je 2-zählige Achsen durch die Mittelpunkte je zweier gegenüberliegender Kanten,

4 je 3-zählige Achsen durch die Mittelpunkte je zweier gegenüberliegender Seitenflächen.

Insgesamt $3 \cdot 3 + 6 \cdot 1 + 4 \cdot 2 + 1 = 24$ Drehungen.

Dodekaeder

10 je 3-zählige Achsen durch je zwei gegenüberliegende Ecken,

15 je 2-zählige Achsen durch die Mittelpunkte je zweier gegenüberliegender Kanten,

6 je 5-zählige Achsen durch die Mittelpunkte je zweier gegenüberliegender Seitenflächen.

Insgesamt $10 \cdot 2 + 15 \cdot 1 + 6 \cdot 4 + 1 = 60$ Drehungen.

Ikosaeder

6 je 5-zählige Achsen durch je zwei gegenüberliegende Ecken,

15 je 2-zählige Achsen durch die Mittelpunkte je zweier gegenüberliegender Kanten,

10 je 3-zählige Achsen durch die Mittelpunkte je zweier gegenüberliegender Seitenflächen.

Insgesamt $6\cdot 4 + 15\cdot 1 + 10\cdot 2 + 1 = 60$ Drehungen.

In dieser Aufzählung kommt die schon in 7.2. erwähnte Wechselbeziehung zwischen Würfel und Oktaeder sowie zwischen Dodekaeder und Ikosaeder noch stärker zum Ausdruck. Ihre Begründung ergibt sich daraus, daß die Mittelpunkte der Seitenflächen eines Würfels die Ecken eines Oktaeders bilden und ebenso die Mittelpunkte der Seitenflächen eines Oktaeders die Ecken eines Würfels, analog für Dodekaeder und Ikosaeder (Bild 22). Würfel und Oktaeder bzw. Dodekaeder und Ikosaeder nennt man daher auch zueinander *dual*. Bei einem Tetraeder bilden die Mittelpunkte der Seitenflächen die Ecken eines Tetraeders. Daher heißt das Tetraeder *selbstdual*. Jede Symmetrieabbildung des Würfels ist offensichtlich auch eine Symmetrieabbildung des einbeschriebenen Oktaeders und umgekehrt. Duale Polyeder müssen notwendig die gleiche Symmetrie aufweisen.

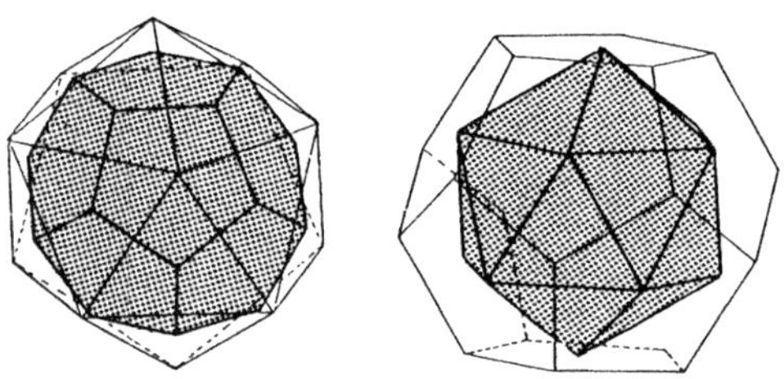

Bild 22

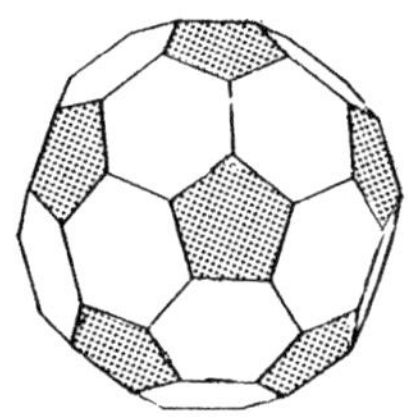

Bild 23

Bei den obigen Überlegungen haben wir die den Schraubensinn umkehrenden Symmetrieabbildungen der regulären Polyeder, z.B. Ebenenspiegelungen, nicht berücksichtigt. Sie lassen sich aber leicht erschließen. Sei z.B. σ_π eine Spiegelung an einer Symmetrieebene π eines Polyeders. Jedes Produkt $\sigma_\pi\delta$ von σ_π mit einer Deckdrehung δ ist eine den Schraubensinn umkehrende Deckabbildung des Polyeders. Ist φ eine beliebige den Schraubensinn umkehrende Deckabbildung des Polyeders, so ist das Produkt $\sigma_\pi\varphi$ eine den Schraubensinn erhaltende Deckabbildung des Polyeders, also eine Drehung δ.

Aus $\sigma_\pi\varphi = \delta$ berechnet man $\sigma_\pi^{-1}\sigma_\pi\varphi = \sigma_\pi^{-1}\delta$, was wegen $\sigma_\pi^{-1} = \sigma_\pi$ zu $\varphi = \sigma_\pi\delta$ führt.

Die Produkte $\sigma_\pi\delta$ sind somit sämtliche Deckabbildungen des Polyeders, die den Schraubensinn umkehren. Sie als Spiegelungen und Drehspiegelungen zu klassifizieren, würde hier zu weit führen. Es sei nur noch angemerkt, daß es genau so viele verschiedene den Schraubensinn umkehrende Deckabbildungen gibt wie Deckdrehungen, denn aus $\sigma_\pi\delta = \sigma_\pi\delta'$ folgt sofort $\delta = \delta'$.

7.4. Abwandlungen regulärer Polyeder

Unter den fünf Typen der Platonischen Körper erscheinen das Ikosaeder und das Dodekaeder am "rundesten". Die Summe der um eine Ecke herumliegenden Flächenwinkel beträgt beim Ikosaeder $5\cdot60° = 300°$, beim Dodekaeder $3\cdot108° = 324°$, der Winkel zwischen benachbarten Flächen beträgt beim Ikosaeder $\approx 138°11'$, beim Dodekaeder $\approx 116°34'$.

Eine Verbesserung der Abrundung erzielt man durch gleichmäßiges Abschneiden der Ecken (Bild 23), wobei man erreichen kann, daß alle neuen Seitenflächen reguläre Fünf- oder Sechsecke werden. Das auf diese Weise entstehende *abgestumpfte Ikosaeder* mit 60 Ecken, 32 Seitenflächen (20 Sechsecken, 12 Fünfecken) und 90 Kanten ist die Grundform des Fußballs. Es gehört zur Klasse der *Archimedischen Polyeder* (semireguläre Polyeder), d.h. der Polyeder, deren Eckensterne paarweise kongruent und deren Seitenflächen reguläre Vielecke verschiedener Typen sind) (vgl. GERRETSEN/VREDENDUIN 1967, 295-297). Durch Abstumpfung des Dodekaeders erhält man einen Archimedischen Körper mit 20 gleichseitigen Dreiecken und 12 regulären Zehnecken als Seitenflächen.

Ein anderer Weg zur "Abrundung" des Ikosaeders ist von dem deutschen Architekten BAUERSFELD und dem amerikanischen Architekten Buckminster FULLER beschritten worden. Dabei werden die dreieckigen Seitenflächen in kleinere Dreiecke unterteilt, und die neuen Eckpunkte werden vom Mittelpunkt der Umkugel aus auf die Umkugel projiziert.

Alle Punkte auf der Umkugel zusammen bilden die Ecken eines (natürlich nicht mehr regulären!) Polyeders, das sich einer Kugel umso besser anschmiegt, je feiner die Unterteilung gewählt wird. Bild 24 zeigt eine auf diese Weise konstruierte geodätische Kuppel.

Bild 24 Gewächshaus im Botanischen Garten der Universität Düsseldorf

7.5. Abschließende Bemerkungen

A. CAUCHY (ASCHKINUSE 1969, 422) hat bewiesen, daß konvexe Polyeder mit gleichen Schlegeldiagrammen kongruent sind, wenn entsprechende Flächen kongruent sind. Daraus folgt, daß die regulären Polyeder starr sind. Wenn man die Seitenflächen dem Zusammenhang entsprechend aneinanderfügt, stellt sich die regelmäßige Form also von selbst ein. In CUNDY/ROLLETT (1974, chap. 3) wird angegeben, wie man Modelle der regulären Polyeder aus Karton zweckmäßig anfertigt.
Sehr hübsche Bilder von Polyedern findet man in ADAM/WYSS (1984).

Literatur

Adam, P./ Wyss, A., Platonische und Archimedische Körper, ihre Sternformen und polaren Gebilde. Bern - Stuttgart 1984

Aschkinuse, W.G., Vielecke und Vielfache. In: Alexandroff, P.S. et al. (Hrsg.), Enzyklopädie der Elementarmathematik IV. Berlin 1969, 393-456

Coxeter, H.S.M., Unvergängliche Geometrie. Basel-Stuttgart 1963 (Kap. 10)

Cundy, H.M./ Rollett, A.P., Mathematical Models. Oxford 1974 (chap. 3)

Gerretsen, J./ Vredenduin, P., Polygone und Polyeder. In: Behnke, H.(Hrsg.), Grundzüge der Mathematik, Bd.IIA. Göttingen 1967, 253-305

Hilbert, D./ Cohn-Vossen, St., Anschauliche Geometrie. Darmstadt, 1973 (§ 14)

Lakatos, I., Beweise und Widerlegungen. Braunschweig/Wiesbaden 1979

Mitschka, A., Ein Beitrag zur Abbildungsgeometrie im dreidimensionalen Raum. In: Winter, H./ Wittmann, E. (Hrsg.), Beiträge zur Mathematikdidaktik. Festschrift für Wilhelm Oehl. Hannover 1976

Rademacher, E./ Toeplitz, O., Von Zahlen und Figuren. Berlin-Heidelberg-New York 1968 (§12,§14)

Aufgaben

1. Dodekaeder-Lampe

Aus Lampenschirmpapier schneidet man reguläre Fünfecke von ca. 12 cm Seitenlänge aus. In jedem Fünfeck faltet man die Verbindungsstrecken der Mittelpunkte benachbarter Seiten.

Es entstehen kleinere Fünfecke mit Falzen (Bild 25). Aus den kleineren Fünfecken baut man nun ein Dodekaeder ohne Grund- und Deckfläche, wobei jeder Falz an die benachbarte Seitenfläche angeklebt wird. Die Falze der freien Kanten an Grund- und Deckfläche werden nach innen geklebt. Bei Beleuchtung durch eine Kerze heben sich die doppelt geklebten Partien dunkel ab, und in jeder Seitenfläche erscheint ein helles Pentagramm (Bild 26).

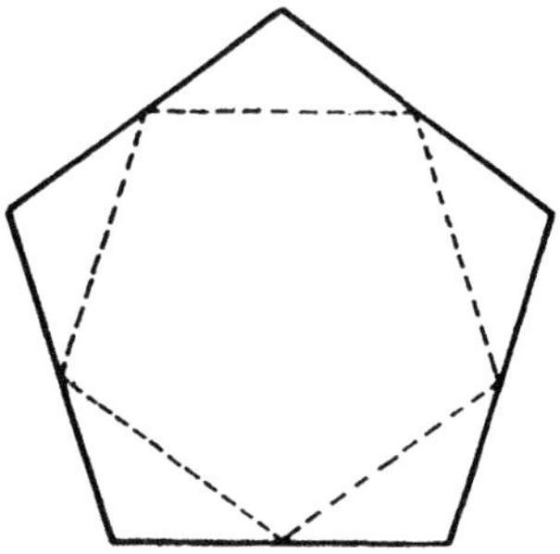

Bild 25

Bild 26

Begründen Sie, weshalb in den Seitenflächen exakte Pentagramme entstehen (vgl. 3.6.).

2. Wenn man einen Würfel aus einem Netz (Bild 27) faltet, benötigt man 7 Falze. Zeigen Sie allgemein: Bei der Faltung eines konvexen Polyeders aus einem Netz werden E-1 Falze benötigt (E = Anzahl der Ecken). Anleitung: Bauen Sie das Netz beginnend von F getrennten Flächen schrittweise auf und zählen Sie jeweils die "äußeren" Kanten. Wie viele äußere Kanten haben Sie zuletzt? Wie viele Falze brauchen Sie also? (vgl. die Lösung von G. Walther in Mathematiklehrer 1/1982, S. 41)

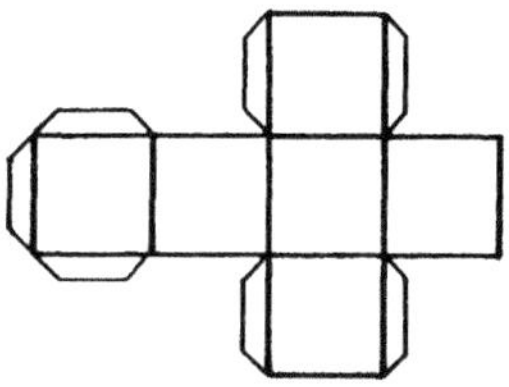

Bild 27

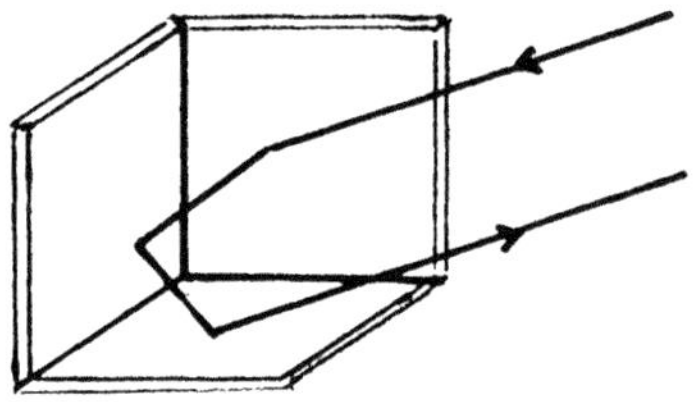

Bild 28

3. Ein Käfer geht auf Kantenmodellen regulärer Polyeder spazieren. Warum gelingt ihm nur im Fall des Oktaeders ein Eulerscher Rundweg (vgl. 1.6.)?

4. Schreiben Sie eine genaue Begründung zu dem Dodekaeder-"Film" in 7.2. (5*).

5. Wie viele Seitenflächen eines regulären Polyeders kann man bei einäugiger Betrachtung gleichzeitig höchstens sehen? (H. FREUDENTHAL)

6. Übertragen Sie die Überlegungen von 5.2. in den Raum.

7. Übertragen Sie die detaillierten Überlegungen von RADEMACHER/TOEPLITZ (1968, § 14) zum Umfassungskreis einer endlichen Punktmenge in den Raum.

8. Zeigen Sie: Eine den Schraubensinn erhaltende Kongruenzabbildung des Raumes ohne Fixpunkt ist entweder eine (räumliche) Verschiebung oder eine Schraubung (d.h. eine Drehung mit einer Verschiebung $\neq\iota$ parallel zur Drehachse).

Anleitung: Untersuchen Sie in Analogie zu 5.3. den zweiten Fall ($B'=B_o$). Ebenso den dritten Fall ($B'\neq B,B_o$) unter der zusätzlichen Bedingung, daß kein Fixpunkt existiert. Nutzen Sie aus, daß eine den Schraubensinn erhaltende Kongruenzabbildung mit Fixpunkt eine Drehung ist, und zeigen Sie, daß man die gegebene Abbildung als Verkettung einer Verschiebung und einer Drehung an einer Achse darstellen kann, wobei die Drehachse nicht senkrecht zur Verschiebungsrichtung ist.

9. Ein Eckenspiegel besteht aus drei ebenen Spiegelflächen, die paarweise aufeinander senkrecht stehen (Bild 28; vgl. den Eckenstern eines Würfels, Bild 9). Ein Lichtstrahl, der so einfällt, daß er der Reihe nach an den drei Spiegelflächen reflektiert wird, verläßt den Eckenspiegel parallel zu sich. Beweisen Sie dies, indem Sie das Spiegelbild des einfallenden Strahles bei der Verkettung der drei Spiegelungen an den Spiegelebenen bestimmen. (Vgl. auch Abschn. 1.1)

10. Bundeswettbewerb 1983 (1. Runde)
Die Oberfläche eines Fußballs setzt sich aus schwarzen Fünfecken und weißen Sechsecken zusammen. An die Seiten eines jeden Fünfecks grenzen lauter Sechsecke, während an die Seiten jedes Sechsecks abwechselnd Fünfecke und Sechsecke grenzen. Man bestimme aus diesen Angaben über den Fußball die Anzahl seiner Fünfecke und seiner Sechsecke.

8 Länge, Inhalt, Volumen

Und Salomo machte ein Meer, gegossen, von einem Rand zum anderen zehn Ellen weit, rundumher, und fünf Ellen hoch, und eine Schnur dreißig Ellen lang war das Maß ringsum.

1. KÖNIGE 7,23

Das Ausmessen des Geländes schien mir am geeignetsten, um die ersten Grundsätze der Geometrie entstehen zu lassen; und das ist in der Tat der Ursprung dieser Wissenschaft, da ja "Geometrie" Landvermessung bedeutet. Einige Autoren behaupten, daß die Ägypter, die fortlaufend die Grenzen ihrer Erbteile durch die Überschwemmungen des Nils zerstört sahen, die ersten Grundlagen der Geometrie legten, indem sie Mittel suchten, sich genau der Situation, der Ausdehnung und der Gestalt ihrer Besitztümer zu vergewissern. Aber selbst wenn man sich hierüber nicht auf diese Autoren bezieht, kann man wenigstens nicht bezweifeln, daß die Menschen schon in den Anfangszeiten Methoden gesucht hätten, ihre Länder zu vermessen und aufzuteilen. Da sie diese Methoden in der Folge vervollkommnen wollten, führten die einzelnen Untersuchungen sie Schritt für Schritt zu allgemeineren Untersuchungen; und als sie sich schließlich vorgenommen hatten, den genaueren Zusammenhang aller Arten von Größen kennenzulernen, organisierten sie eine Wissenschaft über einen viel ausgedehnteren Gegenstandsbereich als jenen, den sie zunächst in Angriff genommen hatten. Den ursprünglichen Namen behielten sie bei.

A.-C. CLAIRAUT, Eléments de géométrie 1741, Vorwort

Das Messen und Berechnen von Längen, Flächeninhalten und Volumina gehört zu den ältesten Themen der Geometrie. Nicht von ungefähr hießen die altägyptischen Geometer "Seilspanner" und trug das altindische Sakralgeometriebuch über den Bau von Altären den Titel "Sulva-Sutra" (d.h. "Seilregeln"). Das Vermessen von Strecken und Flächenstücken auf der Erde hat der Geometrie (Geo-metrie = Erd-messung) ja auch den Namen gegeben.

Die Bestimmung von Längen-, Flächen- und Volummaßzahlen ist in zahlreichen Anwendungsfeldern der Gometrie auch heute noch sehr wichtig. Hierfür steht ein reichhaltiges Arsenal von Formeln zur Verfügung. Die Routine, mit der diese Formeln in der Praxis angewandt und im Unterricht behandelt werden, könnte zu dem Glauben verleiten, daß das Gebiet von seinem Problemgehalt und seiner Struktur her reizlos sei. Bei genauerer Prüfung entdeckt man aber ganz im Gegenteil eine Reihe interessanter Aspekte. Drei von ihnen sollen im folgenden besonders herausgestellt werden:

- das *heuristische Vorgehen* bei der Längen-, Flächeninhalts- und Volumberechnung (d.h. die Anwendung schon bekannter Berechnungsformeln für relativ einfache Formen auf die Berechnung immer komplizierterer Formen)

- die *nicht proportionale Veränderung von Oberfläche und Volumen* eines Körpers bei Vergrößerung bzw. Verkleinerung seiner Lineardimensionen

- die Bestimmung von Objekten mit *extremalem* Längen-, Inhalts- oder Volummaß innerhalb bestimmter Klassen von Objekten (z.B. die Bestimmung der Figur maximalen Inhalts innerhalb der Klasse der Rechtecke mit festem Umfang).

8.1. Operative Eigenschaften der Maße

In der Grundschule wird der Inhalt eines Rechtecks, z.B. mit den Seitenlängen 3 cm und 5 cm, folgendermaßen bestimmt (Bild 1): Das Rechteck wird durch Parallelen zu den Seiten in Quadrate der Seitenlänge 1 cm *zerlegt*. Diese sind untereinander *kongruent* und haben daher den gleichen Inhalt. Man verwendet diese Quadrate als *Einheitsquadrate* und bezeichnet ihren Inhalt als 1 cm^2. Das Rechteck zerfällt in 3 Streifen. Jeder Streifen umfaßt 5 Einheitsquadrate und hat folglich den Inhalt 5 cm^2. Das gesamte Rechteck besitzt somit den Inhalt $3 \cdot 5\ cm^2 = 15\ cm^2$.

Offensichtlich ist das Beispiel in Bild 1 repräsentativ für Rechtecke mit ganzzahligen Seitenmaßzahlen a und b. Die Maßzahl für den Inhalt ist stets das Produkt $a \cdot b$.

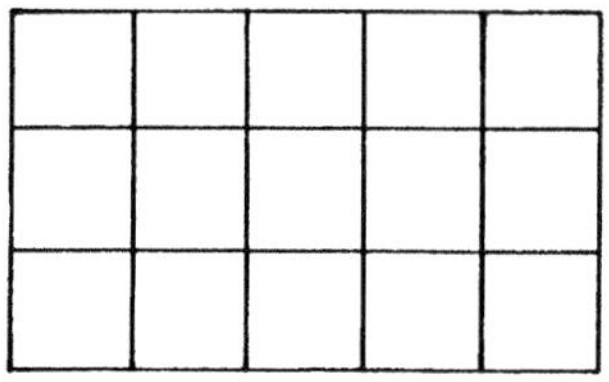

Bild 1

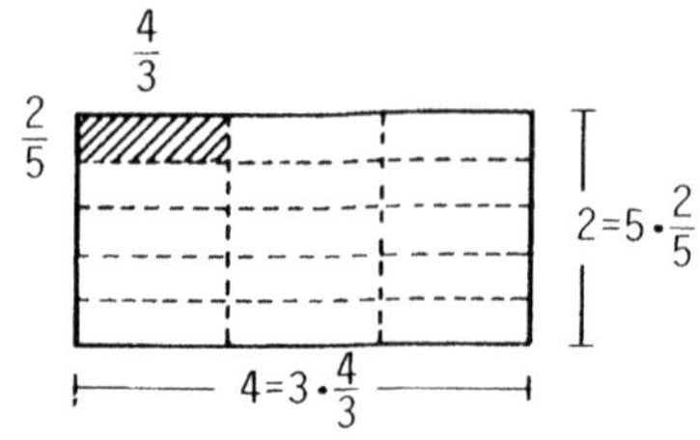

Bild 2

Im Rückblick zeigt sich, daß bei der obigen Überlegung folgende Eigenschaften des Flächeninhalts benutzt werden:

(1) *Normierung: Ein Quadrat mit der Seitenmaßzahl* 1 *wird als Einheit gewählt und erhält die Inhaltsmaßzahl* 1.(Gleichzeitig sind damit die Längen- und Flächenmessung miteinander koordiniert).

(2) *Invarianz bei Kongruenzabbildungen: Kongruente Figuren haben den gleichen Inhalt.*

(3) *Additivität: Wird eine Figur in Teilfiguren zerlegt (d.h. die Teilfiguren überdecken die Figur lückenlos und überschneidungsfrei), so ist der Inhalt der Gesamtfigur gleich der Summe der Inhalte der Teilfiguren.*

Diese drei Eigenschaften reichen auch aus, wenn man zeigen will, daß die Inhaltsformel für das Rechteck auch für *rationale* Seitenmaßzahlen gültig ist. In Bild 2 paßt das Rechteck mit den Seitenmaßzahlen $\frac{2}{5}$ und $\frac{4}{3}$ offenbar $5 \cdot 3 = 15$ mal in das Rechteck mit den ganzzahligen Seiten 2 und 4. Das kleine Rechteck hat somit den Inhalt $\frac{2 \cdot 4}{5 \cdot 3} = \frac{2}{5} \cdot \frac{4}{3}$.

Wenn man jedoch zeigen möchte, daß die Rechtecksformel auch für *reelle* Seitenmaßzahlen gilt, benötigt man zusätzlich zu den Eigenschaften (1), (2), (3) noch die Eigenschaft

(4) *Monotonie: Wenn eine Figur* F_1 *in einer Figur* F_2 *enthalten ist, gilt für die Inhalte* $A(F_1)$, $A(F_2)$ *die Beziehung* $A(F_1) \leq A(F_2)$.[1]

[1] Nach DIN-Norm wird der Buchstabe A für den Flächeninhalt benutzt (engl. area = Fläche)

Um den Inhalt A(R) eines Rechtecks R, z.B. mit den Seiten $\sqrt{2}=1,4142...$ und $\pi=3,1415...$ zu berechnen, "schachtelt" man in dieses Rechteck der Reihe nach Rechtecke mit den kürzeren Seiten $a_1=1$, $b_1=3$; $a_2=1,4$, $b_2=3,1$; $a_3=1,41$, $b_3=3,14$; $a_4=1,414$, $b_4=3,141$ usw. ein, und andererseits schachtelt man umgekehrt das Rechteck ein in Rechtecke mit den längeren Seiten $A_1=2$, $B_1=4$; $A_2=1,5$, $B_2=3,2$; $A_3=1,42$, $B_3=3,15$; $A_4=1,415$, $B_4=3,142$ usw. Aus der Monotonie und der Gültigkeit der Rechtecksformel für rationale Seitenmaßzahlen folgt für den gesuchten Inhalt A(R) des Rechtecks

$$a_1 \cdot b_1 \leqq A(R) \leqq A_1 \cdot B_1 ,$$
$$a_2 \cdot b_2 \leqq A(R) \leqq A_2 \cdot B_2 ,$$
$$a_3 \cdot b_3 \leqq A(R) \leqq A_3 \cdot B_3 ,$$
$$a_4 \cdot b_4 \leqq A(R) \leqq A_4 \cdot B_4 , \text{ usw.}$$

Die reellen Zahlen sind nun gerade so konstruiert, daß

$$\lim_{n\to\infty} a_n = \lim_{n\to\infty} A_n = \sqrt{2} , \lim_{n\to\infty} b_n = \lim_{n\to\infty} B_n = \pi$$

und $\lim_{n\to\infty} (a_n \cdot b_n) = \sqrt{2}\cdot\pi = \lim_{n\to\infty} (A_n \cdot B_n)$ gilt.

Aus obiger Kette von Ungleichungen folgt für A(R) schließlich

$$\lim_{n\to\infty} (a_n \cdot b_n) \leqq A(R) \leqq \lim_{n\to\infty} (A_n \cdot B_n), \text{ also } A(R) = \sqrt{2}\cdot\pi.$$

Der aufmerksame Leser wird sich gewundert haben, weshalb bei der Monotonieeigenschaft nicht das Zeichen "<", sondern "≦" steht. Der Grund liegt darin, daß F_2 aus F_1 z.B. auch hervorgehen kann, indem man nur eine Strecke anfügt. Eine Strecke kann man als "entartetes" Rechteck mit den Seiten a=Länge der Strecke, b=0 ansehen, also ist ihre Inhaltsmaßzahl $a \cdot 0=0$. Obwohl F_2 die Figur F_1 enthält, ist in diesem Fall der Inhalt von F_2 nicht größer als der von F_1. Bei "echten" Erweiterungen einer Figur nimmt der Inhalt natürlich zu.

Die Eigenschaften (1) bis (4) gelten analog auch für das Längen- und Volummaß. Der Zusatz "operativ" in der Überschrift ist dadurch motiviert, daß (2) bis (4) beschreiben, wie sich diese Maße *verhalten*, wenn die betreffenden *Objekte* (Kurven, Figuren, Körper) gewissen *Operationen* (Kongruenzabbildungen, Zerlegungen, Erweiterungen) unterworfen werden.

Wir werden im folgenden sehen, daß die Eigenschaften (1) bis (4) die Berechnung von Längen, Flächeninhalten und Volumina vollständig beherrschen.

8.2. Längenvergleich und Längenberechnung

Hauptziel dieses Abschnitts ist die Berechnung des Kreisumfangs. Wir benötigen dazu einige Vorbereitungen, die aber auch für sich interessant sind.

8.2.1. Die Streckenzug-Ungleichung

Von fundamentaler Bedeutung für Längenvergleiche ist die Dreiecksungleichung, der wir schon an verschiedenen Stellen des Buches begegnet sind. Wir wollen sie hier ein wenig anders formulieren.

Seien A_1, A_2, A_3 *drei Punkte der Ebene. Dann ist* $\overline{A_1A_3} \leqq \overline{A_1A_2} + \overline{A_2A_3}$. *Das Gleichheitszeichen gilt genau dann, wenn* A_2 *die Strecke* A_1A_3 *in die Teilstrecken* A_1A_2 *und* A_2A_3 *zerlegt (d.h. wenn* A_2 *auf der Strecke* A_1A_3 *liegt).*

Wir können die Dreiecksungleichung auf Streckenzüge mit beliebig vielen Zwischenpunkten verallgemeinern:

Steckenzug-Ungleichung.
Seien $A_1, A_2, \ldots, A_n$ *Punkte der Ebene* $(n \geqq 3)$. *Dann ist*
$\overline{A_1A_n} \leqq \overline{A_1A_2} + \overline{A_2A_3} + \ldots + \overline{A_{n-1}A_n}$.

Das Gleichheitszeichen gilt genau, wenn der Streckenzug $A_1A_2 \ldots A_n$ *die Strecke* A_1A_n *in die Teilstrecken* A_1A_2, A_2A_3, ..., $A_{n-1}A_n$ *zerlegt.*

Beweis: (Vollständige Induktion). Für $n=3$ ist die Streckenzug-Ungleichung gerade die Dreiecksungleichung. Sei nun $n \geqq 3$ eine natürliche Zahl, für welche die Streckenzug-Ungleichung gelte. Wir müssen zeigen, daß sie dann auch für $n+1$ Punkte $A_1, \ldots, A_{n+1}$ gilt. Wir können mit Hilfe der Dreiecksungleichung und der Induktionsannahme folgendermaßen schließen:

$$\overline{A_1A_{n+1}} \leqq \overline{A_1A_n} + \overline{A_nA_{n+1}} \leqq \overline{A_1A_2} + \overline{A_2A_3} + \ldots + \overline{A_{n-1}A_n} + \overline{A_nA_{n+1}} \ .$$

Das erste Gleichheitszeichen in dieser Abschätzung gilt genau dann, wenn A_n auf der Strecke A_1A_{n+1} liegt, das zweite genau dann, wenn der Streckenzug $A_1A_2 \ldots A_n$ die Strecke A_1A_n in die Teilstrecken $A_1A_2, \ldots, A_{n-1}A_n$ zerlegt. Beide Gleichheitszeichen gelten also genau dann, wenn der Streckenzug $A_1A_2 \ldots A_{n+1}$ die Strecke A_1A_{n+1} in die Teilstrecken $A_1A_2, \ldots, A_nA_{n+1}$ zerlegt. Damit ist der Induktionsbeweis beendet. #

Aus der Streckenzug-Ungleichung folgt unmittelbar, daß die Strecke AB unter allen Streckenzügen von A nach B minimale Länge hat, was auch anschaulich völlig klar ist. Aus den zahlreichen Anwendungen dieses Minimalprinzips greife ich die folgende klassische Aufgabe heraus:

Im Innern eines Dreiecks ist ein Punkt zu bestimmen, für den die Summe seiner Abstände von den Ecken minimal ist.

Lösung (J.E. HOFMANN[1]): Damit wir die Abstandssummen für verschiedene Punkte des Dreiecks besser vergleichen können, strukturieren wir die Figur um. Sei γ maximaler Innenwinkel des Dreiecks. Wir führen um C die 60°-Drehung entgegen dem Umlaufsinn des Dreiecks aus (Bild 3). C bleibt fix, A geht in A' und ein beliebiger Punkt P des Dreiecks geht in P' über. Aus der Längentreue der Drehung folgt $\overline{A'P'} = \overline{AP}$ und $\overline{C'P'} = \overline{CP'} = \overline{CP}$. Das gleichschenklige Dreieck CPP' hat an der Spitze C einen Winkel von 60° und ist daher sogar gleichseitig.

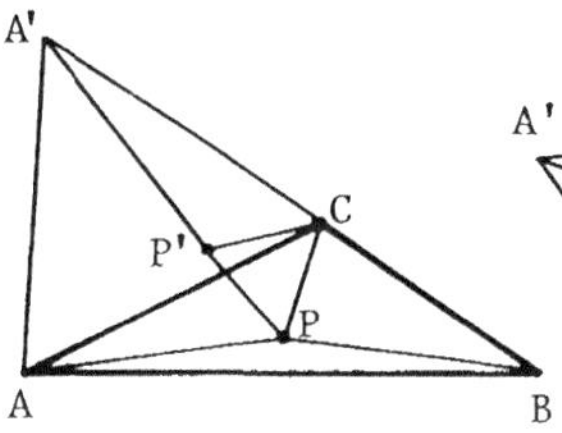

Bild 3a

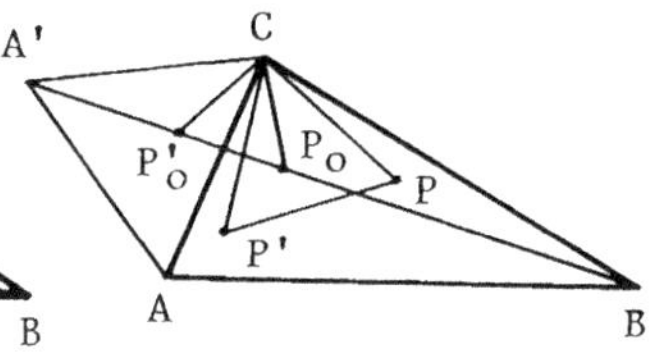

Bild 3b

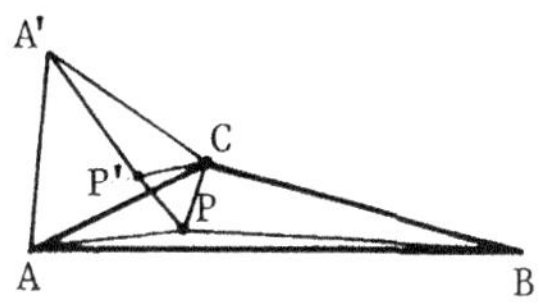

Bild 3c

Für die Summe der Abstände des Punktes P von den Ecken A, B, C erhalten wir

$$\overline{AP} + \overline{BP} + \overline{CP} = \overline{A'P'} + \overline{BP} + \overline{PP'} = \overline{BP} + \overline{PP'} + \overline{P'A'},$$

d.h. die Abstandssumme ist für jeden Punkt P gleich der Länge eines Streckenzugs, der von dem festen Punkt B über P und P' zu dem festen Punkt A' führt.

[1] J.E. Hofmann: Elementare Lösung einer Minimumsaufgabe, Zeitschrift für mathem. und naturw. Unterricht 60(1929), S. 22-23

Wir unterscheiden nun drei Fälle:

1. $\gamma=120°$ (Bild 3a): In diesem Fall hat der Eckpunkt C minimale Abstandssumme, da für alle Punkte $P \neq C$ der zu P gehörige Streckenzug nach der Streckenzug-Ungleichung länger als
$$\overline{AC} + \overline{BC} + \overline{CC} = \overline{A'C} + \overline{CB} = \overline{BA'}$$
ist.

2. $\gamma<120°$ (Bild 3b): Unter allen Streckenzügen von B nach A' haben diejenigen minimale Länge, die BA' in Teilstrecken zerlegen. Läßt sich aber die minimale Länge mit Hilfe eines geeigneten P_0 realisieren? P_0 müßte so auf BA' liegen, daß auch P_0' auf BA' liegt. Dies erfordert $\sphericalangle AP_0C = \sphericalangle A'P_0'C = 120°$. Für P_0 kommt somit nur der Schnittpunkt von BA' mit dem in der Halbebene (AC,B) gelegenen Faßkreisbogen über AC zum Winkel 120° in Frage. Für diesen Punkt P_0, der wegen $\beta<120°$ im Dreieck liegt, fällt P_0' ebenfalls auf BA'. Der Punkt P_0 ist also die eindeutig bestimmte Lösung. Der Figur entnimmt man $\sphericalangle BP_0C = 120°$. Für $\sphericalangle AP_0B$ bleibt ebenfalls 120° übrig. Der Punkt P_0 ist folglich Schnittpunkt der drei Faßkreisbögen zu 120° über den Seiten des Dreiecks.

3. $\gamma>120°$ (Bild 3c): Intuitiv ist klar, daß auch in diesem Fall die Ecke C die minimale Lösung darstellt. Der Beweis ergibt sich aus dem Satz des nächsten Abschnitts, demzufolge das Dreieck BCA' einen kürzeren Umfang hat als das Viereck BPP'A'.

Bemerkung: Der im Fall 2 eindeutig bestimmte Punkt P_0 heißt TORRICELLI-Punkt (nach dem italienischen Mathematiker E. TORRICELLI (1608-1647), einem Schüler GALILEIS).

8.2.2. Umfang konvexer Vielecke

Ist ein Vieleck V_1 in einem Vieleck V_2 enthalten, so folgt für die Inhalte aus der Monotonieeigenschaft $A(V_1) \leq A(V_2)$. Muß die Monotonie auch für die Umfänge gelten? Nein, denn man kann z.B. in ein Dreieck leicht ein kammartiges Vieleck mit größerem Umfang einzeichnen (Bild 4a). Wenn man die Zahl der Zähne hinreichend groß wählt, kann man sogar beliebig große Umfänge erzielen.

Bild 4a

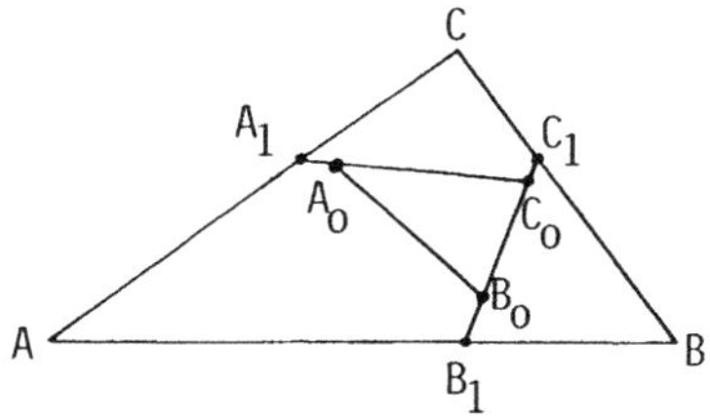

Bild 4b

Hingegen gelingt es nicht, in ein Dreieck ein Dreieck mit größerem Umfang einzuzeichnen. Betrachten Sie Bild 4b:

$A_0B_0C_0$ ist in ABC enthalten. Wir verlängern B_0C_0 zu B_1C_1 und schneiden von ABC das Dreieck B_1BC_1 ab. Wegen $\overline{B_1C_1} < \overline{B_1B}+\overline{BC_1}$ hat AB_1C_1C einen kleineren Umfang als ABC. Wir verlängern A_0C_0 und schneiden von AB_1C_1C das Viereck $A_1C_0C_1C$ ab. Nach der Streckenzug-Ungleichung wird der Umfang wieder kürzer. Durch eine weitere umfangsverkürzende Abtrennung entfernen wir $A_1AB_1B_0A_0$ und behalten nur noch $A_0B_0C_0$ übrig. Insgesamt haben wir damit $A_0B_0C_0$ aus ABC durch umfangsverkürzende Abtrennungen gewonnen. $A_0B_0C_0$ hat also in der Tat einen kürzeren Umfang als ABC.

Offensichtlich gilt allgemein:

Trennt man von einem Vieleck durch einen geradlinigen Schnitt ein Stück ab, so verkürzt sich der Umfang.

Wenn wir uns an die Konstruktion konvexer Vielecke aus 7.1. erinnern, sehen wir, daß ein Vieleck durch umfangsverkürzende Abtrennungen auf ein eingeschlossenes Vieleck zusammengestutzt werden kann, wenn letzteres konvex ist. Wir haben also folgenden Satz:

Ist das konvexe Vieleck V_1 *im (nicht notwendig konvexen) Vieleck* V_2 *enthalten, so gilt für die Umfänge* $U(V_1) \leq U(V_2)$.
Das Gleichheitszeichen gilt genau, wenn $V_1=V_2$.

Verifizieren Sie das Beweisschema an einem Beispiel, indem Sie in Bild 5 das Vieleck V_2 durch umfangsverkürzende Abtrennungen in V_1 überführen.

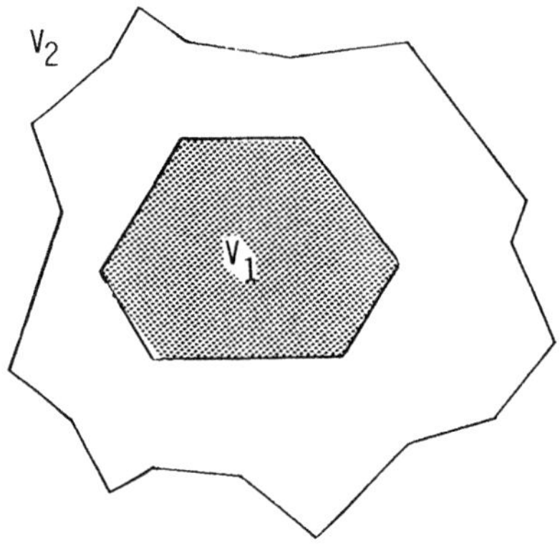

Bild 5

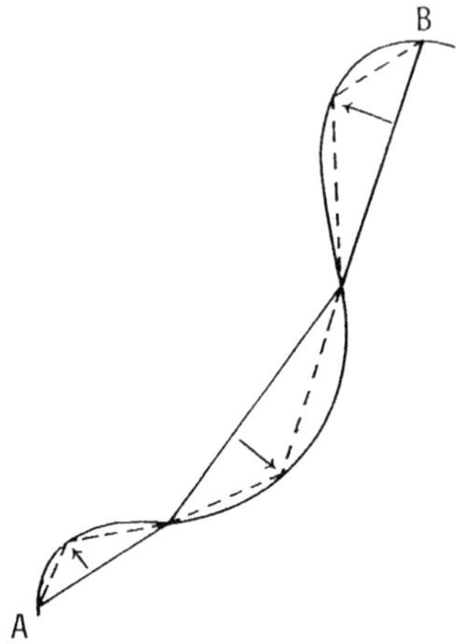

Bild 6

8.2.3. Die Bogenlänge

Um die Länge eines gekrümmten Kurvenbogens zu bestimmen, der vom Punkt A nach B führt, liegt folgendes Vorgehen nahe (Bild 6).

Man approximiert den Bogen durch Streckenzüge von A bis B, deren Teilpunkte der Reihe nach auf dem Bogen gewählt werden (Sehnenzüge). Fügt man in einen solchen Sehnenzug einen weiteren Teilpunkt ein, der nicht auf einer Teilstrecke liegt, so nimmt die Länge des Sehnenzuges nach der Streckenzug-Ungleichung zu. Eine anschauliche Vorstellung gewinnt man, wenn man den Bogen AB auf eine Tischplatte zeichnet, in B ein kleines Loch bohrt, einen Faden in A befestigt, durch das Loch B führt und unterhalb des Tisches mit einem Gewicht spannt. Mit Hilfe von Nägeln, die man auf den Bogen setzt, kann man den Faden beliebig knicken und immer besser an den Bogen anpassen. Bei jedem neuen Nagel wird das über dem Tisch befindliche Stück des Fadens weiter geknickt, es muß also Faden von unten nachgeholt werden, aber: Je besser die Approximation schon war, desto weniger Faden muß nachgeholt werden. Es ist anschaulich klar, daß sich die Fadenlänge einem bestimmten Wert nähert, der als Länge des Bogens AB anzusehen ist.
Man gelangt somit zu der folgenden Definition:

Unter der Länge eines Bogens versteht man die kleinste obere Schranke (das Supremum) der Längen aller Sehnenzüge.

Wenn man den Rahmen der inhaltlich-anschaulichen Geometrie überschreitet, stößt man auf Kurven, bei welchen die Menge der Längen der Sehnenzüge keine obere Schranke besitzt. Diese "pathologischen" Objekte sind für uns nicht interessant.

8.2.4. Operatives Verhalten der Bogenlänge

Aus der Definition der Länge über die Approximation durch Sehnenzüge ist klar, daß die Länge eines Bogens invariant bei Kongruenzabbildungen ist und sich bei einer Zerlegung in Teilbögen additiv verhält.

Bei einer zentrischen Streckung mit Faktor $k \neq 0$ ist die Länge jeder Bildstrecke das $|k|$-fache der Länge des Originals. Wegen der Additivität der Länge gilt dies auch für Streckenzüge. Die approximierenden Sehnenzüge eines Bogens werden bei der zentrischen Streckung auf die approximierenden Sehnenzüge des Bildbogens abgebildet. Die Definition der Länge eines Bogens mittels Sehnenzügen bewirkt, daß die Länge des Bildbogens das $|k|$-fache des Originals ist. Also:

Bei einer zentrischen Streckung mit Faktor k *werden alle Längen mit dem Faktor* $|k|$ *transformiert.*

8.2.5. Der Kreisumfang

Der Kreis ist wegen seiner hohen Symmetrie diejenige gekrümmte Kurve, die der Umfangsbestimmung am leichtesten zugänglich ist. Erste Ansätze, den Umfang durch den Durchmesser auszudrücken, gehen bis in die frühe babylonische und ägyptische Zeit zurück. Sie beruhen auf der Approximation des Kreises durch Vielecke. Das einbeschriebene reguläre Sechseck liefert z.B. gerade die im einleitenden Bibelzitat enthaltene Näherung $\pi \approx 3$.

Natürlich gibt es auch viele Methoden, den Umfang eines Kreises einfach zu messen und ihn zum Durchmesser ins Verhältnis zu setzen. Z.B. kann man, wie in 8.2.3. beschrieben, einen Faden spannen, oder man kann ein Rad auf einer Geraden genau einmal abrollen lassen. Sicherlich haben auch die ersten Geometer solche Messungen durchgeführt und mit ihren Überlegungen verglichen.

Wir wollen in diesem Abschnitt den Kreisumfang der Definition 8.2.3. entsprechend herleiten. Dies erfordert einigen Aufwand.

Zurückführung des Kreisumfangs auf den Umfang des Einheitskreises

Wenn man auf einem Kreis einen Punkt auszeichnet, kann man den Kreis als geschlossenen Bogen mit dem ausgezeichneten Punkt als Anfangs- und Endpunkt betrachten. Da die Länge eines Bogens gegenüber Kongruenzabbildungen invariant ist, spielt es keine Rolle, wo auf dem Kreis der ausgezeichnete Punkt liegt. Durch eine Drehung des Kreises um den Mittelpunkt kann er an jede Stelle transportiert werden.

Der Kreis vom Radius r ist das Bild des Einheitskreises bei einer zentrischen Streckung mit Faktor r. Daher ist sein Umfang nach 8.2.4. das r-fache des Umfangs des Einheitskreises. Die Kreisumfangsberechnung reduziert sich daher auf den Einheitskreis.

Idee des Vorgehens für die Berechnung des Einheitskreises

Für die Umfangsberechnung des Einheitskreises gibt es verschiedene Verfahren. Im folgenden wird ein Verfahren entwickelt, das auf SNELLIUS, GREGORY und HUYGENS zurückgeht und algorithmisch sehr vorteilhaft ist. Es stützt sich auf die sukzessive Approximation des Einheitskreises durch ein- und umbeschriebene reguläre 6-, 12-, 24-Ecke usw.. Die einbeschriebenen unter diesen Vielecken bilden zwar nur eine Teilmenge aller Sehnenzüge der Kreislinie. Wie sich zeigen wird, genügt uns aber diese Teilmenge, weil wir gleichzeitig auch die entsprechenden <u>um</u>beschriebenen Vielecke heranziehen können. Insgesamt wird angestrebt, den Kreisumfang "von unten" und "von oben" beliebig genau zu approximieren.
Wir verwenden folgende Bezeichnungen:

s_n = Seitenlänge des einbeschriebenen regulären n-Ecks,
S_n = Seitenlänge des umbeschriebenen regulären n-Ecks,
$u_n = n \cdot s_n$ = Umfang des einbeschriebenen regulären n-Ecks,
$U_n = n \cdot S_n$ = Umfang des umbeschriebenen regulären n-Ecks.

Ziel ist die Aufstellung rekursiver Beziehungen zwischen u_n, U_n und u_{2n}, U_{2n}, die wir in einen Algorithmus zur Berechnung von π übersetzen können.

Das ein- und das umbeschriebene reguläre Sechseck

Betrachten wir zunächst den Fall $n=6$. Wir wissen schon, daß $s_6=1$ und $u_6=6$ ist. Das umbeschriebene reguläre Sechseck geht aus dem einbeschriebenen durch eine zentrische Streckung am Mittelpunkt M hervor (Bild 7): Der Streckfaktor ist $\frac{1}{h_6}$, wobei h_6 Höhe im gleichseitigen Dreieck AMB ist. Aus dem Satz des Pythagoras, angewandt auf das Dreieck AMP, folgt

$$1^2 = (\tfrac{1}{2})^2 + h_6^2 ,$$

woraus sich $h_6 = \frac{\sqrt{3}}{2}$ ergibt. Damit berechnen sich S_6 und U_6 zu

$$S_6 = s_6 \cdot \frac{2}{\sqrt{3}} = \frac{2}{\sqrt{3}} = \frac{2}{3}\sqrt{3} \;, \; U_6 = 6 \cdot \frac{2}{3}\sqrt{3} = 4\sqrt{3} \approx 6{,}928205\ldots \;.$$

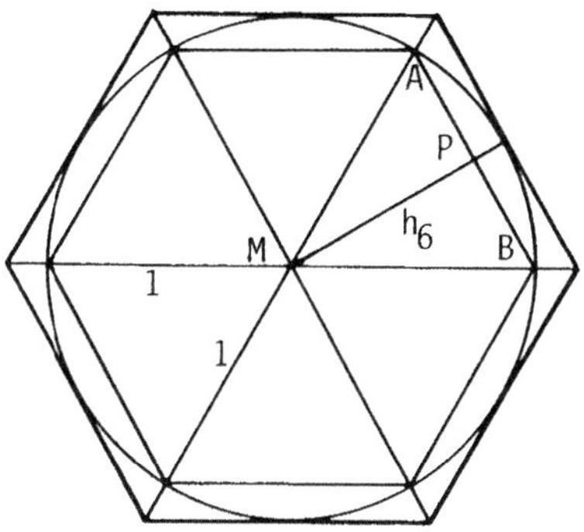

Bild 7

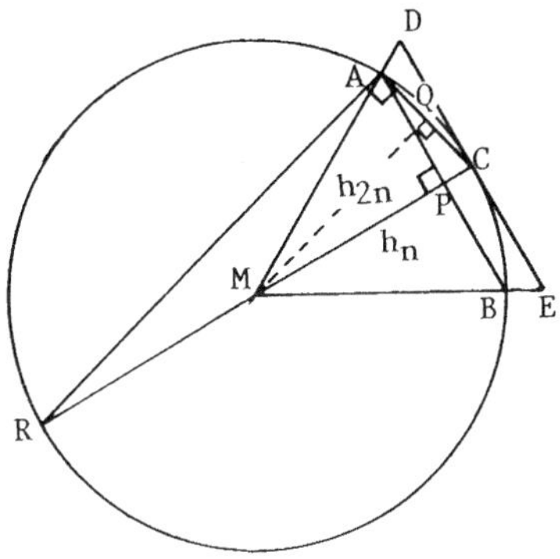

Bild 8

Die grundlegende Beweisfigur

Bild 8 möge die Beziehungen zwischen ein- und umbeschriebenen n-Ecken und 2n-Ecken verdeutlichen. Es sei dabei $\overline{AB}=s_n$ und P der Fußpunkt der Höhe im gleichschenkligen Dreieck AMB. Das umbeschriebene reguläre n-Eck geht aus dem einbeschriebenen durch eine zentrische Streckung an M hervor, die P in den Berührpunkt C der Seite DE des umbeschriebenen n-Ecks überführt. Wir haben also $\overline{DE}=S_n$ und $MC \perp DE$. Wegen der Symmetrie an der Achse MP ist $\sphericalangle AMP = \frac{1}{2} \sphericalangle AMB$, also $\overline{AC}=s_{2n}$. Q ist Mittelpunkt von AC und Fußpunkt der Höhe, die von M auf AC gefällt wird, d.h. $\overline{MQ}=h_{2n}$.

Rekursionsformel für die Höhen

Wir nutzen nun die in der Beweisfigur vorkommenden rechtwinkligen Dreiecke aus.
Der Satz des Pythagoras, angewandt auf die Dreiecke AMP und AMQ, liefert

$$(1) \qquad \left(\frac{s_n}{2}\right)^2 + h_n^2 = 1^2 \;, \quad \left(\frac{s_{2n}}{2}\right)^2 + h_{2n}^2 = 1^2 .$$

Wir wählen weiter den zu C bez. M diametral liegenden Punkt R. Im Dreieck ACR - nach dem Satz von Thales ist es rechtwinklig - ist die Strecke QM Mittellinie. Also gilt $\overline{AR} = 2\overline{QM} = 2h_{2n}$. Auf das rechtwinklige Dreieck APR wenden wir ebenfalls den Satz von Pythagoras an und erhalten daraus zusammen mit (1)

$$(2h_{2n})^2 = \left(\frac{s_n}{2}\right)^2 + (1+h_n)^2 = 1 - h_n^2 + 1 + 2h_n + h_n^2 = 2 + 2h_n .$$

Damit haben wir eine rekursive Formel für die Höhen

$$(2) \qquad \begin{aligned} h_{2n}^2 &= \tfrac{1}{2}(1+h_n) \\ h_{2n} &= \sqrt{\tfrac{1}{2}(1+h_n)} \;. \end{aligned}$$

Da wir $h_6 = \frac{\sqrt{3}}{2}$ bereits kennen, können wir mit Hilfe von (2) die Folge h_6, h_{12}, h_{24},... rekursiv berechnen.

Anschaulich ist klar, daß $\lim s_n = 0$. Daher muß nach (1) $\lim h_n = 1$ gelten. Dies kann man auch analytisch herleiten, wenn man mit (2) die Differenz $1-h_{2n}$ abschätzt:

$$1 - h_{2n} = \frac{(1-h_{2n})\cdot(1+h_{2n})}{1+h_{2n}} = \frac{1 - h_{2n}^2}{1 + h_{2n}} <$$

$$1 - h_{2n}^2 \underset{(2)}{=} 1 - \tfrac{1}{2}(1+h_n) = \tfrac{1}{2}(1-h_n) .$$

Geometrisch heißt dies, daß die Differenz zwischen der Höhe h_{2n} und der Zahl 1 weniger als die Hälfte der Differenz zwischen h_n und 1 beträgt. Für $n=6$ ist $1-h_6 = 1-\frac{\sqrt{3}}{2} < 0{,}15$. Die Höhe h_{12} kann dann von 1 nur weniger als 0,075, h_{24} von 1 nur weniger als 0,0375 abweichen usw. Nach 10 Schritten ist die Abweichung der Höhe von 1 weniger als $\frac{1}{1000} \cdot 0{,}15 = 0{,}00015$ usw.

Im Prinzip könnte man aus (1) mit Hilfe der Folge $h_6, h_{12}, h_{24}, \ldots$ die Folgen $s_6, s_{12}, s_{24}, \ldots$ und $u_6, u_{12}, u_{24}, \ldots$ berechnen. Es gibt hierfür aber einen numerisch schöneren Weg.

Rekursionsformel für die Seiten der einbeschriebenen Vielecke

Aus (1) und (2) gewinnen wir

$$\frac{s_{2n}^2}{4} = 1 - h_{2n}^2 = 1 - \frac{1}{2}(1+h_n) = \frac{1}{2}(1-h_n)$$

und

$$\frac{s_n^2}{4} = 1 - h_n^2 = (1+h_n)(1-h_n) = 2h_{2n}^2 \cdot (1-h_n) \ .$$

Einsetzung der ersten Beziehung in die zweite liefert

$$\frac{s_n^2}{4} = 2h_{2n}^2 \frac{s_{2n}^2}{2} = h_{2n}^2 \cdot s_{2n}^2$$

und, wenn wir die Wurzel ziehen,

$$(3) \qquad s_{2n} = \frac{s_n}{2h_{2n}} \ .$$

Diese Formel kann man auch geometrisch leicht herleiten und sich dann leichter merken. Die rechtwinkligen Dreiecke MCQ und ACP haben nämlich den Innenwinkel bei C gemeinsam, sind also ähnlich, so daß die Proportion

$$h_{2n} : 1 = \frac{s_n}{2} : s_{2n}$$

besteht, aus der durch Umformung sofort (3) folgt.

Berechnung der Seiten der umbeschriebenen Vielecke

Die Seite S_n läßt sich bestimmen, wenn wir die zentrische Streckung heranziehen, die das einbeschriebene in das umbeschriebene n-Eck überführt. Für den Streckfaktor erhalten wir wie im Spezialfall n=6

$$\frac{\overline{MC}}{\overline{MP}} = \frac{1}{h_n} \ .$$

Da DE das Bild von AB ist, ergibt sich

$$S_n = \overline{DE} = \frac{1}{h_n} \cdot \overline{AB} = \frac{s_n}{h_n} .$$

Diese Beziehung gilt für alle $n \geqq 3$, so daß wir sofort die beiden Formeln

(4) $$S_n = \frac{s_n}{h_n}$$

(5) $$S_{2n} = \frac{s_{2n}}{h_{2n}}$$

haben.

Rekursionsformeln für die Umfänge

Durch geschickte Umformungen gelingt es nun, aus den Formeln (1) bis (5) algorithmisch einfache Rekursionsformeln für die Umfänge der ein- und umbeschriebenen Vielecke herzuleiten. Wir eliminieren aus (3) und (5) jeweils h_{2n} und gelangen durch Vergleich zu

$$(h_{2n} =)\ \frac{s_n}{2s_{2n}} = \frac{s_{2n}}{S_{2n}}\ (= h_{2n}) ,$$

was umgeformt werden kann in

$$2s_{2n}^2 = S_{2n} \cdot s_n$$

Multiplikation beider Seiten mit $2n^2$ liefert

$$2ns_{2n} \cdot 2ns_{2n} = 2nS_{2n} \cdot ns_n .$$

Anders geschrieben ist dies eine erste rekursive Beziehung zwischen Umfängen:

(6) $$u_{2n}^2 = U_{2n} \cdot u_n ,$$

$$u_{2n} = \sqrt{U_{2n} \cdot u_n} .$$

h_{2n} aus (3) und (5) und h_n aus (4) setzen wir nun noch in (2) ein und erhalten

$$\frac{s_n}{2\cdot s_{2n}} \cdot \frac{s_{2n}}{S_{2n}} = h_{2n} \cdot h_{2n} = \frac{1}{2}(1 + h_n) = \frac{1}{2}\,(1 + \frac{s_n}{S_n})$$

$$\frac{s_n}{S_{2n}} = 1 + \frac{s_n}{S_n} ,$$

$$\frac{1}{S_{2n}} = \frac{1}{s_n} + \frac{1}{S_n} ,$$

$$\frac{1}{2n \cdot S_{2n}} = \frac{1}{2ns_n} + \frac{1}{2nS_n} .$$

Umgeschrieben ist dies die zweite Rekursionsformel für die Umfänge:

$$(7) \qquad \frac{1}{U_{2n}} = \frac{1}{2}(\frac{1}{u_n} + \frac{1}{U_n}) ,$$

die man noch nach U_{2n} auflösen kann

$$(8) \qquad U_{2n} = \frac{2u_nU_n}{u_n + U_n} .$$

Die Formeln (6) und (8) erlauben, ausgehend von $u_6=6$ und $U_6=4\sqrt{3}$, die Folgen u_6, u_{12}, u_{24}, ... und U_6, U_{12}, U_{24} rekursiv zu berechnen: Mit (8) kann man jeweils aus u_n, U_n den Umfang U_{2n} berechnen, mit (6) aus u_n und U_{2n} den Umfang u_{2n}.

Der Umfang des Einheitskreises

Wir wollen nun überlegen, was die erhaltenen Formeln für die Berechnung des Einheitskreisumfangs bedeuten.
Aus 8.2.2. entnehmen wir für unsere konvexen Vielecke

$$(9) \qquad u_n < U_m \quad \text{für alle } n, m \geqq 3 .$$

Aus (6) folgt mit (9) sofort, daß $u_{2n}^2 > u_n^2$ für alle $n \geqq 3$. Die Folge u_6, u_{12}, ... ist mithin streng monoton wachsend.

(9) ergibt mit (8) die Abschätzung

$$U_{2n} < \frac{2u_n \cdot U_n}{u_n + u_n} = \frac{2u_n \cdot U_n}{2u_n} = U_n ,$$

d.h. die Folge U_6, U_{12}, ... ist streng monoton fallend.

Wir wollen als nächstes zeigen, daß die Glieder der beiden Folgen sich mit wachsendem n beliebig nahe kommen. Dazu schätzen wir für $n \geqq 3$ mit Hilfe der dritten binomischen Formel und der Beziehungen (6), (8), (9) folgendermaßen ab:

$$U_{2n} - u_{2n} = \frac{(U_{2n} - u_{2n}) \cdot (U_{2n} + u_{2n})}{U_{2n} + u_{2n}} = \frac{U_{2n}^2 - u_{2n}^2}{U_{2n} + u_{2n}} <$$

$$\underset{(9)}{<} \frac{U_{2n}^2 - u_{2n}^2}{u_{2n} + u_{2n}} \leqq \frac{U_{2n}^2 - u_{2n}^2}{2u_6} = \frac{1}{12} (U_{2n}^2 - u_{2n}^2) =$$

$$\underset{(6)}{=} \frac{1}{12} (U_{2n}^2 - U_{2n} \cdot u_n) = \frac{1}{12} U_{2n} (U_{2n} - u_n) \leqq \frac{1}{12} U_6 (U_{2n} - u_n) =$$

$$= \frac{4\sqrt{3}}{12} (U_{2n} - u_n) = \frac{\sqrt{3}}{3} (U_{2n} - u_n) \underset{(8)}{=} \frac{\sqrt{3}}{3} (\frac{2u_n U_n}{u_n + U_n} - u_n) =$$

$$= \frac{\sqrt{3}}{3} \frac{(2u_n U_n - u_n^2 - u_n U_n)}{u_n + U_n} = \frac{\sqrt{3}}{3} \frac{(u_n U_n - u_n^2)}{u_n + U_n} =$$

$$= \frac{\sqrt{3}}{3} \frac{u_n}{u_n + U_n} (U_n - u_n) \underset{(9)}{<} \frac{\sqrt{3}}{3} \frac{u_n}{2u_n} (U_n - u_n) = \frac{\sqrt{3}}{6} (U_n - u_n) <$$

$$< \frac{1}{2} (U_n - u_n).$$

Diese Abschätzung zeigt, daß sich beim Übergang von n zu 2n die Differenz $U_n - u_n$ mindestens halbiert. Daraus folgt, daß die monotonen und beschränkten Folgen u_6, u_{12}, u_{24}, ... und U_6, U_{12}, U_{24}, ... gegen ein und denselben Grenzwert konvergieren.

Versuchen wir nun, unsere Erkenntnisse in Übereinstimmung mit der Definition der Bogenlänge in 8.2.3. zu bringen. Nach der Definition müßten wir alle den Kreis approximierenden Sehnenzüge betrachten, die von einem festen Punkt Q ausgehen und dort auch enden, und wir müßten das Supremum der Menge L ihrer Längenmaßzahlen bilden. Wir brauchen aber gar nicht alle Sehnenzüge zu betrachten. Zunächst ist klar, daß wir jedes einbeschriebene Vieleck so drehen können, daß es eine Ecke in Q hat. Dann ist das Vieleck ein Sehnenzug im Sinne der Definition. Die Menge $\{u_6, u_{12}, u_{24}, \ldots\}$ ist also eine Teilmenge von L. Da alle Sehnenzüge des Kreises konvexe Vielecke bilden, folgt aus 8.2.2., daß alle U_n $(n = 3, 6, \ldots)$ obere Schranken von L sind. Die kleinste obere Schranke von L kann somit nicht größer sein als der Grenzwert der monoton fallenden Folge der $U_6, U_{12}, U_{24}, \ldots$. Sie kann aber auch nicht kleiner sein als dieser Grenzwert, da sonst die Folge $u_6, u_{12}, u_{24}, \ldots$ nicht den gleichen Grenzwert haben könnte. Damit ist gezeigt, daß der gemeinsame Grenzwert der beiden Folgen den Umfang des Einheitskreises angibt. Man bezeichnet diesen Grenzwert mit 2π.

Wir haben schon überlegt, daß der Umfang des Kreises vom Radius r das r-fache des Umfangs des Einheitskreises, also $2\pi r = \pi \cdot d$ beträgt (d=Durchmesser). Die Zahl π drückt also beim Kreis das (konstante) Verhältnis zwischen Umfang und Durchmesser aus.

Algorithmus zur Berechnung von π

Der aus (6) und (8) hervorgehende Algorithmus zur Berechnung von π auf 5 Stellen ist in Bild 9 dargestellt.

BEGINN

U:=6 ; V:=$4\sqrt{3}$;

SOLANGE V - U > 10^{-6} FÜHRE FOLGENDES AUS

  BEGINN

  V:=$\frac{2U \cdot V}{U + V}$; U:=$\sqrt{U \cdot V}$

  ENDE;

DRUCKE $\frac{U}{2}$; DRUCKE $\frac{V}{2}$;

ENDE.

Bild 9

Rechnen Sie π auf diese Weise aus. Wenn Sie die jeweiligen Zwischenergebnisse notieren, können Sie diesen Algorithmus schon mit einem einfachen Taschenrechner ausführen, der eine Wurzeltaste hat. Ein Taschenrechner mit Speichern ist natürlich bequemer, ein programmierbarer Rechner noch mehr.

8.2.6. Das Bogenmaß von Winkeln

Im Einheitskreis betrachten wir einen festen Radius MA (Bild 10). Ein beweglicher Radius MB, der anfänglich mit MA zusammenfällt, rotiere gegen den Uhrzeigersinn. Die jeweilige Lage von MB kann man einerseits durch den Winkel ∢ BMA (gemessen in Grad) und andererseits durch die Längenmaßzahl des von B durchlaufenen Kreisbogens (Bogenmaß) beschreiben. Damit ist es möglich, Winkel durch das Bogenmaß auszudrücken.

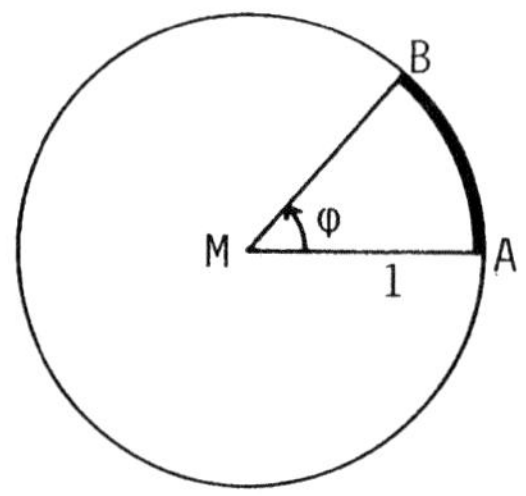

Bild 10

Ist α eine Winkelangabe in Grad, so ist $\frac{\alpha}{180}\cdot\pi$ das Bogenmaß des zugehörigen Winkels. Einige wichtige Bogenmaße gibt die folgende Tabelle an:

Grad	360	180	120	90	60	45	30	1
Bogenmaß	2π	π	$\frac{2\pi}{3}$	$\frac{\pi}{2}$	$\frac{\pi}{3}$	$\frac{\pi}{4}$	$\frac{\pi}{6}$	$\frac{\pi}{180}$

8.3. Flächeninhalt

In PLATONs Dialog "Menon" stellt SOKRATES einem Sklavenjungen die Aufgabe, zu einem Quadrat von "zweimal zwei Fuß" ein doppelt so großes herzustellen. Nachdem der Junge die Inhaltsmaßzahl des doppelt so großen Quadrats richtig zu 8 berechnet hat, antwortet er auf SOKRATES' Frage, wie lang denn die Seite dieses Quadrats sei: "Offenbar, mein Sokrates, doppelt so lang." SOKRATES läßt ihn dann den Inhalt des Quadrats mit doppelter Seitenlänge berechnen. Der Junge findet 16 und stellt betroffen fest ("Beim Zeus!"), daß er sich getäuscht hat. SOKRATES führt ihn dann über einige Zwischenstufen zu der richtigen Lösung.

Ich habe diese Aufgabe mehrfach Grundschülern gestellt und oft ganz ähnliche Auffassungen angetroffen, wie sie PLATON überliefert hat.

Die Vorstellungen zum Flächeninhalt von etwas älteren Schülern kann man mit folgendem PIAGET-Experiment prüfen. Vier kongruente gleichschenklig-rechtwinklige Dreiecke bzw. vier kongruente Quadrate aus Holz bilden je ein gleichgroßes Quadrat (Bild 11). Diese Formen werden dem Schüler ungeordnet vorgelegt. Man greift ein Dreieck und ein Quadrat heraus und fragt: " Welche Form ist größer, welche braucht mehr Platz? Oder sind sie gleich groß?" Noch 12-jährige lassen sich von den relativ großen Seiten des Dreiecks verleiten, dieses als größer zu bezeichnen, einige von ihnen geraten nicht in kognitiven Konflikt, wenn anschließend die gleichartigen Figuren zu gleichen Quadraten zusammengeschoben werden.

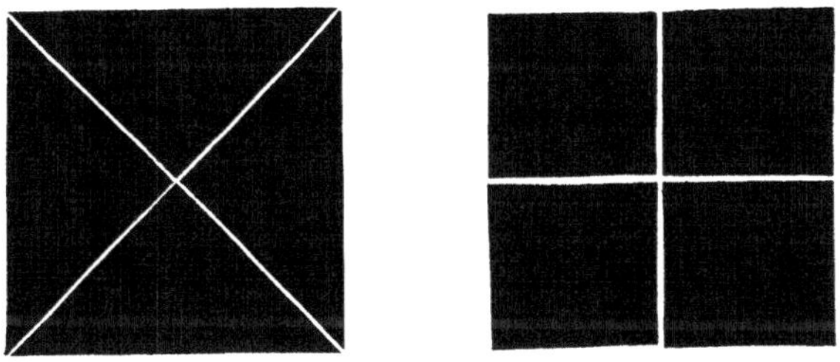

Bild 11

Auch Mathematiker haben im Verlauf der Geschichte mit dem Flächeninhalt ihre Überraschungen erlebt. Ich erwähne das Problem, eine Figur möglichst kleinen Inhalts anzugeben, innerhalb der sich eine Strecke AB der Länge 1 umwenden, d.h. so bewegen läßt, daß B schließlich auf A und A auf B fällt. Die Strecke darf dabei die Figur nicht verlassen. Wenn man nach Figuren dieser Art Ausschau hält, liegt der <u>Kreis</u> vom Durchmesser 1 am nächsten. Eine erste Verbesserung bringt das <u>Reuleauxsche Dreieck</u> mit der Breite 1. In Kap. 6 (Aufgabe 3) sind wir bei der stetigen Bewegung einer Strecke auf die Astroide gestoßen. Offenbar reicht eine halbe Astroide, ein "<u>Astroi-</u>

dendreieck", zur Umwendung aus. Die (nicht elementare) Rechnung zeigt, daß der Inhalt dieser Figur noch kleiner ist als der des Reuleauxschen Dreiecks. Die Basis des Astroidendreiecks ist 2 Einheiten lang und erscheint daher nicht optimal. In der Tat: Ein gleichseitiges Dreieck mit der Höhe 1 läßt die Umwendung ebenfalls zu und besitzt einen noch kleineren Inhalt. Lange Zeit glaubte man, daß die sog. Steinersche Hypozykloide (benannt nach dem Geometer JAKOB STEINER (1796-1863), Bild 12, letzte Figur) die minimale Fläche mit der Umwendungseigenschaft liefere. Diese Kurve entsteht als Bahn eines Randpunktes eines Kreises vom Radius $\frac{1}{2}$, der in einem Kreis vom Radius $\frac{3}{4}$ ohne zu gleiten abrollt (vgl. zu dieser Thematik Kap. 6).

Bild 12

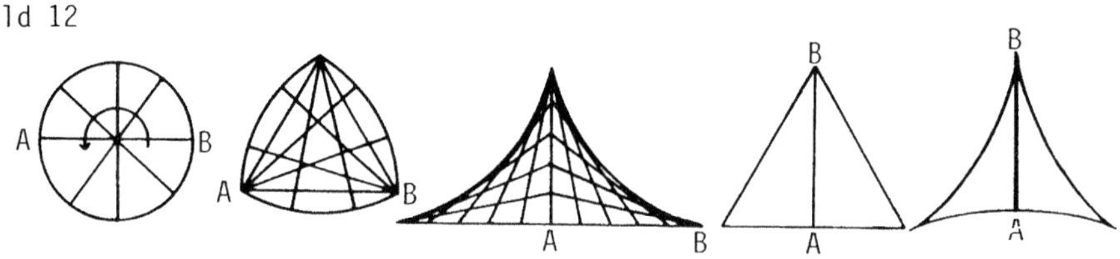

$A = \frac{\pi}{4} \approx 0{,}79$ $\quad A = \frac{\pi}{2} - \frac{\sqrt{3}}{2} \approx 0{,}70$ $\quad A = \frac{3\pi}{16} \approx 0{,}59$ $\quad A = \frac{1}{\sqrt{3}} \approx 0{,}58$ $\quad A = \frac{\pi}{8} \approx 0{,}39$

Zur Verblüffung der Fachwelt bewies BESICOVITSCH 1928, daß es Flächen beliebig kleinen Inhalts mit der Umwendeeigenschaft gibt. Diese Flächen sind allerdings sehr stark zerfasert (vgl. dazu PERRON 1928).

Im folgenden soll aus dem reichhaltigen Problemschatz um den Flächeninhaltsbegriff eine kleine Auswahl behandelt werden. Wir wollen zunächst kurz die gängigen Inhaltsformeln für Vielecke herleiten, zweitens den Inhalt des Kreises und einer Zykloidenfläche berechnen, dann das isoperimetrische Problem streifen und zum Schluß zeigen, daß für Vielecke die Beziehungen "inhaltsgleich" und "zerlegungsgleich" äquivalent sind.

8.3.1. Inhaltsformeln

Bild 13 zeigt einige Figuren, die man mit den sieben Formen des Legespiels "Tangram" (einem Quadrat, einem Parallelogramm und fünf gleichschenklig-rechtwinkligen Dreiecken in drei verschiedenen Größen) herstellen kann. Legespiele wie das Tangram verkörpern die Invarianz des Inhalts gegenüber

Kongruenzabbildungen und die Additivität des Inhalts bei Zerlegungen sehr schön: *Alle legbaren Figuren haben den gleichen Inhalt.*

Bild 13 Tangram Spiel

Bei der Inhaltsberechnung von Vielecken lassen wir uns von Legespielen leiten. Wir zerlegen nämlich Figuren in geeignete Teile und setzen die Teile zu (natürlich inhaltsgleichen) Figuren zusammen, deren Inhalt wir schon berechnen können.
Die Bildfolge 14 zeigt, wie man auf diese Weise Parallelogramme in Rechtecke (Fallunterscheidung!), Dreiecke in Parallelogramme und Trapeze in Dreiecke umformen kann.

Bildfolge 14:

Parallelogramme

1. Fall: Der Fußpunkt E des Lots von B auf CD liegt auf der Seite CD. Bei der Verschiebung um $\overrightarrow{BA}$ geht BCE in ADE' über. Das Parallelogramm ABCD ist inhaltsgleich zum Rechteck ABEE'.

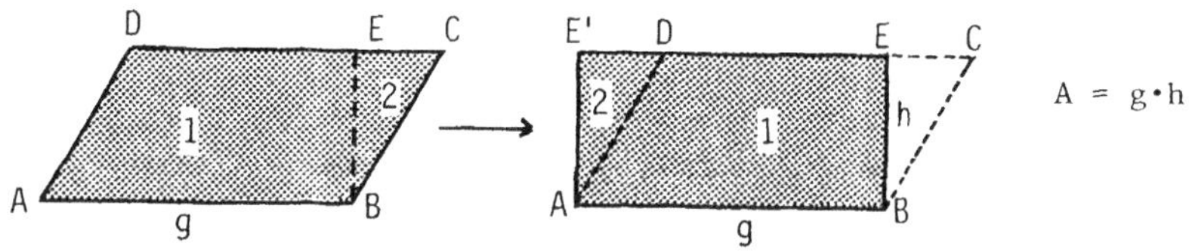

Bild 14a

2. Fall: E liegt außerhalb der Seite CD. Man zerlegt das Parallelogramm durch Parallelen zur Grundlinie AB in Teilparallelogramme, auf die man Fall 1 anwenden kann.

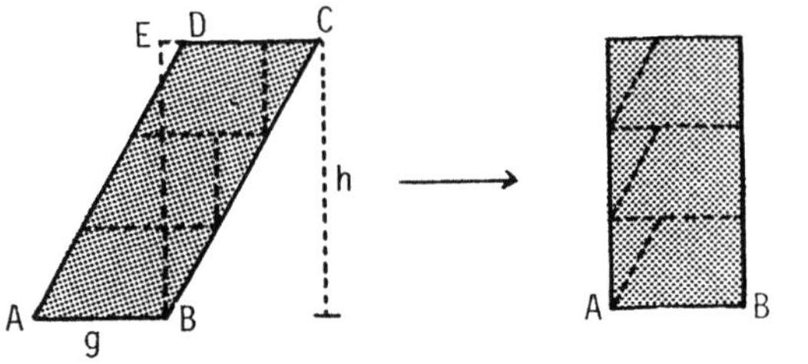

$A = g \cdot h$

Bild 14b

Dreiecke

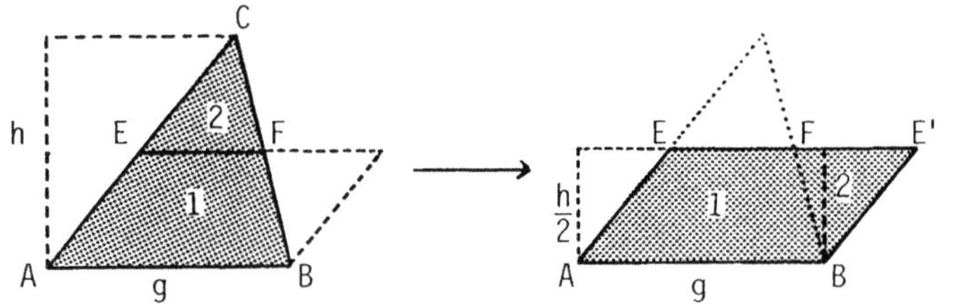

$A = g \cdot \frac{h}{2}$

$= \frac{1}{2}\, g \cdot h$

Bild 14c

Die Mittellinie zerlegt ABC in das Viereck ABFE und das Dreieck EFC. Letzteres wird durch die Punktspiegelung an F in das Dreieck E'FB überführt, das ABFE zum Parallelogramm ergänzt (warum?).

Trapeze

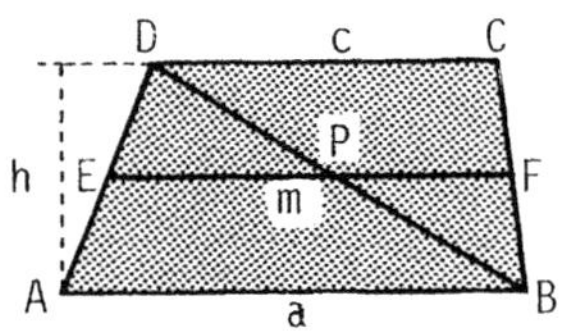

$A = \frac{1}{2}\,(a+c) \cdot h$

$= m \cdot h$

Bild 14d

Ein Trapez ist ein Viereck mit einem Paar paralleler Gegenseiten. Sei $AB \parallel DC$. Die Diagonale BD zerlegt das Trapez ABCD in zwei Teildreiecke mit der gleichen Höhe h. Wir erhalten also

$$A = \frac{1}{2} a \cdot h + \frac{1}{2} c \cdot h = \frac{1}{2}(a+c) \cdot h.$$

Diesen Ausdruck kann man geometrisch noch anders interpretieren: Die Mittellinie des Parallelenpaares AB und CD trifft die Strecken AD, BD und BC in den Mittelpunkten E, P und F (warum?). Nach dem Satz über die

Mittellinie im Dreieck gilt somit $\overline{EP} = \frac{1}{2}a$ und $\overline{PF} = \frac{1}{2}c$. Wir haben also $\overline{EF} = \overline{EP}+\overline{PF} = \frac{1}{2}(a+c)$. Die Strecke EF heißt Mittellinie des Trapezes. Damit können wir schreiben, wenn wir $m=\overline{EF}$ setzen: $A = m \cdot h$.

Die Berechnung des Inhalts beliebiger Vielecke läßt sich durch geeignete Zerlegung in Dreiecke erledigen. Für konvexe Vielecke ist dies leicht einzusehen, denn die von einer festen Ecke ausgehenden Diagonalen verlaufen ganz im Innern und bilden mit den Seiten des Vielecks Dreiecke. Daß sich auch nicht konvexe Vielecke überschneidungsfrei und lückenlos in Dreiecke zerlegen lassen, ist anschaulich nicht ohne weiteres zu übersehen, da ja der Rand beliebig gezackt sein kann und Diagonalen keinesfalls ganz im Innern zu verlaufen brauchen. Wenn wir aber zeigen könnten, daß es in jedem n-Eck mit $n \geqq 4$ mindestens eine ganz im Innern verlaufende Diagonale gibt, könnten wir die Zerlegbarkeit in Dreiecke durch Diagonalen induktiv folgendermaßen beweisen: Ein Viereck, gleichgültig ob konvex oder nicht, läßt sich durch eine geeignete Diagonale immer in zwei Dreiecke zerlegen. Sei nun $n \geqq 4$ eine Zahl derart, daß sich jedes n-Eck durch Diagonalen in Dreiecke zerlegen läßt (Induktionsannahme). Wir betrachten ein beliebiges (n+1)-Eck. Wenn wir unterstellen, daß es eine ganz im Innern verlaufende Diagonale gibt, wird das (n+1)-Eck durch diese Diagonale in zwei Vielecke mit je einer Eckenzahl $\leqq n$ zerlegt. Nach Induktionsannahme ist jedes dieser Teilvielecke durch Diagonalen in Dreiecke zerlegbar, insgesamt also auch das (n+1)-Eck.

Zu beweisen ist nun noch der folgende Hilfssatz:

Jedes Vieleck mit mindestens vier Ecken besitzt eine ganz im Innern verlaufende Diagonale.

Beweis: Gegeben sei ein Vieleck mit mindestens vier Ecken. Wir wählen eine Gerade außerhalb des Vielecks und schieben sie parallel zu sich selbst so weit an das Vieleck heran ("sweeping line"), bis sie einen ersten Punkt und somit auch eine Ecke A mit dem Vieleck gemein hat (Bild 15). Der bei A liegende Innenwinkel muß dann kleiner als 180° sein. Die Verbindungsstrecke der Nachbarecken B, C von A ist nun entweder selbst eine ganz im Innern verlaufende Diagonale oder es gibt von A, B und C verschiedene Ecken, die im Innern des Dreiecks ABC oder auf der Strecke BC liegen. Wir schieben dann unsere "sweeping line" parallel zu sich weiter, bis sie auf eine erste solche Ecke D stößt. Dann ist die Strecke AD eine ganz im Innern verlaufende Diagonale des Vielecks.

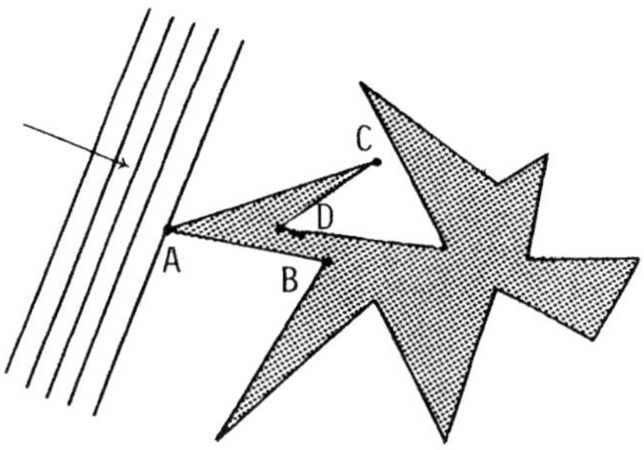

Bild 15

8.3.2. Der Flächeninhalt krummlinig begrenzter Figuren

Vom heuristischen Standpunkt liegt es nahe, ein krummlinig begrenztes Flächenstück durch Vielecke zu approximieren, analog zur Approximation eines Bogens durch Sehnenzüge. Wir wollen zuerst das Prinzip formulieren und es dann auf zwei Beispiele anwenden.

8.3.2.1. Definition des (Jordan-)Inhalts

Bild 16 zeigt eine krummlinig begrenzte Figur F. Welchen Inhalt sollen wir ihr zuschreiben?

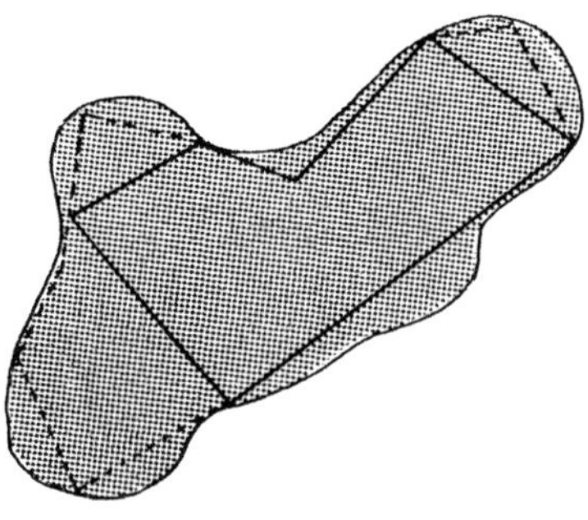

Bild 16

Nach der Monotonieeigenschaft des Inhalts ist ihr Inhalt A(F) gewiß nicht kleiner als der Inhalt eines in F enthaltenen Vielecks V. Zur Verbesserung der Approximation können wir V vergrößern. Wieder ist anzunehmen, daß die Vergrößerung um so kleiner ausfallen wird, je besser die Approximation vorher schon war. Wie beim Längenbegriff könnten wir jetzt den Inhalt A(F) als Supremum der Inhalte der in F enthaltenen Vielecke definieren. Wir können aber hier noch etwas weitergehen. Bei der Berechnung des Kreisumfangs haben wir gesehen, wie hilfreich <u>um</u>beschriebene Vielecke waren. Da aber die Monotonie des Umfangs nicht allgemein gesichert ist (8.2.2. bezieht sich nur auf <u>konvexe</u> Vielecke), konnten wir dies nicht in die Definition der Länge aufnehmen. Bei dem Flächeninhalt ist dies anders. Hier können wir wegen der Monotonieeigenschaft (4) generell auch auf Vielecke zurückgreifen, in denen F enthalten ist, und wir erhalten dadurch Abschätzungen von A(F) auch von oben.

Damit gelangen wir zu der folgenden Definition:

Wir bilden die kleinste obere Schranke (das Supremum) $\underline{A}(F)$ *der Inhalte aller in* F *enthaltenen Vielecke und die größte untere Schranke (das Infimum)* $\overline{A}(F)$ *der Inhalte aller* F *enthaltenden Vielecke. Nach der Monotonie des Inhalts ist jedenfalls* $\underline{A}(F) \leq \overline{A}(F)$. *Falls* $\underline{A}(F) = \overline{A}(F)$ *gilt, heißt* F *<u>quadrierbar</u> und der gemeinsame Wert heißt der <u>Inhalt</u> (genauer: der Jordan-Inhalt)* A(F) *von* F.

Der Name "*<u>quadrierbar</u>*" erklärt sich daraus, daß die Inhaltsberechnung ja darauf hinausläuft, eine Fläche ins Verhältnis zu einem Quadrat zu setzen, das als Fläche<u>neinheit</u> dient. Die Flächeninhaltsberechnung heißt daher traditionell auch "*<u>Quadratur</u>*".

Die in der inhaltlich-anschaulichen Geometrie auftretenden flächigen Figuren lassen sich durch Vielecke "von unten" und "von oben" beliebig genau approximieren, sind also quadrierbar, so daß uns der "pathologische" Fall $\underline{A}(F) \neq \overline{A}(F)$ nicht interessiert.

Die Benutzung in F enthaltener und F enthaltender Vielecke hat eine sehr wichtige praktische Bedeutung: *Für die Berechnung von* A(F) *genügt eine Folge* $\langle V_n \rangle$ *in* F *enthaltener und eine Folge* $\langle W_n \rangle$ *die Figur* F *enthaltender Vielecke mit* $\lim_{n\to\infty} A(V_n) = \lim_{n\to\infty} A(W_n)$.

Beweis: Nach der Definition von $\underline{A}(F)$ und von $\overline{A}(F)$ gilt nämlich

$$A(V_n) \leqq \underline{A}(F) \text{ für alle } n$$
$$A(W_n) \geqq \overline{A}(F) \text{ für alle } n$$

und damit

$$\lim_{n\to\infty} A(V_n) \leqq \underline{A}(F) \leqq \overline{A}(F) \leqq \lim_{n\to\infty} A(W_n) .$$

Die Gleichheit der Grenzwerte der beiden Folgen sichert, daß F quadrierbar und daß der gemeinsame Grenzwert gleich A(F) ist.

8.3.2.2. Verhalten des Inhalts bei zentrischen Streckungen

Bei einer zentrischen Streckung mit Faktor $k \neq 0$ werden nach 8.2.4. Längen mit dem Faktor $|k|$ transformiert. In die Berechnung des Inhalts von Dreiecken gehen zwei Längen ein (Grundlinie, Höhe). Daher wird der Inhalt von Dreiecken mit dem Faktor $|k|\cdot|k| = k^2$ transformiert. Jedes Vieleck ist nach 8.3.1. in Dreiecke zerlegbar und sein Inhalt setzt sich additiv aus den Inhalten der Teildreiecke zusammen. Folglich transformiert sich auch der Inhalt beliebiger Vielecke mit k^2.

Wird eine quadrierbare Figur F der zentrischen Streckung unterworfen, so werden die in F enthaltenen und die F enthaltenden Vielecke bijektiv auf die entsprechenden Vielecke der Bildfigur F' abgebildet. Deren Inhalt sind das k^2-fache der Inhalte der Urbilder. Dann muß aber auch $\underline{A}(F') = k^2\underline{A}(F)$ und $\overline{A}(F) = k^2\overline{A}(F)$ sein, woraus $\underline{A}(F') = \overline{A}(F') = k^2A(F)$ folgt.
Damit haben wir die Aussage:

Unter einer zentrischen Streckung mit Faktor k *transformieren sich die Inhalte beliebiger quadrierbarer Figuren mit dem Faktor* k^2.

Insbesondere bedeutet dies: Bei einer Vergrößerung im Maßstab 2:1 vervierfachen sich Inhalte, bei einer Vergrößerung im Maßstab 10:1 verhundertfachen sie sich. Bei einer Verkleinerung im Maßstab 1:2 ist der Inhalt jeder Bildfigur nur ein Viertel des Originals.

8.3.2.3. Berechnung des Kreisinhalts

Aus 8.3.2.2. folgt, daß der Inhalt des Kreises vom Radius r das r^2-fache des Inhalts des Einheitskreises ist.

Aus 8.2.5. (Bild 8) entnehmen wir für den Inhalt a_n des dem Einheitskreis einbeschriebenen regelmäßigen n-Ecks

$$(1) \qquad a_n = n \cdot \frac{1}{2} s_n \cdot h_n = \frac{1}{2} u_n \cdot h_n$$

und für den Inhalt A_n des umbeschriebenen n-Ecks

$$(2) \qquad A_n = n \cdot \frac{1}{2} S_n \cdot 1 = \frac{1}{2} U_n \,.$$

Lassen wir n die Folge 6, 12, 24, ... durchlaufen, so konvergiert die Folge $a_6, a_{12}, a_{24}, \ldots$ gegen $\frac{1}{2} \cdot 2\pi \cdot 1 = \pi$ und die Folge $A_6, A_{12}, A_{24}, \ldots$ gegen $\frac{1}{2} \cdot 2\pi = \pi$. Der Inhalt des Einheitskreises ist somit π.
Der Inhalt des Kreises vom Radius r ist $\pi \cdot r^2$.

Die "Quadratur des Kreises" haben wir damit rechnerisch gelöst. Davon unterscheiden muß man das Problem der zeichnerischen Quadratur des Kreises, von dem man seit 1882 weiß, daß es mit Zirkel und Lineal nicht lösbar ist. In Kap. 10 werden wir darauf zurückkommen.

8.3.2.4. Invarianz des Inhalts bei Scherungen

Der Formel für den Dreiecksinhalt kann man entnehmen, daß Dreiecke mit der gleichen Grundlinie g und der gleichen Höhe h inhaltsgleich sind. Zeichnet man daher ein Dreieck ABC und legt durch C die Parallele g zu AB, dann bleibt der Inhalt des Dreiecks invariant, wenn man C auf g wandern läßt (Bild 17).

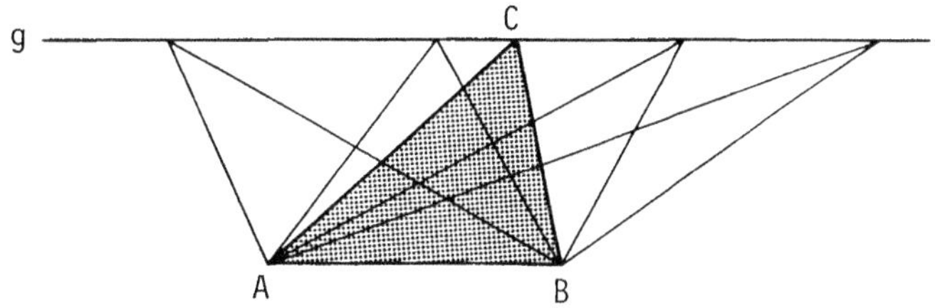

Bild 17

Dieser Sachverhalt läßt sich mit Hilfe eines neuen Typs von Abbildung, nämlich *Scherungen*, in einen größeren Zusammenhang einbetten, worauf wir nun genauer eingehen wollen.
Gegeben sei eine Gerade s und ein orientierter Winkel α. Die *Scherung an der Achse* s *um* α ist die folgendermaßen definierte Abbildung der Ebene auf sich (Bild 18a):

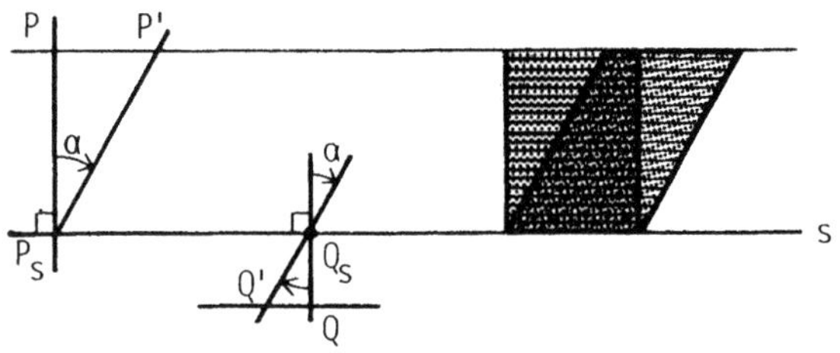

Bild 18 a

Bild 18 b

Jeder Punkt der Scherungsachse s *ist Fixpunkt. Liegt* P *nicht auf* s, *so drehe man das Lot von* P *auf* s *um den Fußpunkt* P_s *um den Scherwinkel* α *und bestimme den Schnittpunkt mit der Parallelen durch* P *zu* s. *Dieser Schnittpunkt ist das Bild* P'.

Beachten Sie, daß P' nicht das Bild von P bei der Drehung um P_s ist, sondern komplizierter entsteht. Insbesondere ist jede Parallele zur Scherachse Fixgerade. Auf jeder dieser Fixgeraden wirkt die Scherung wie eine Verschiebung. Der Verschiebungspfeil ist um so größer, je weiter die Fixgerade von der Achse entfernt ist.
Eine gute anschauliche Vorstellung von einer Scherung erhält man, wenn man ein auf der Scherachse stehendes Rechteck als einen Stapel von dünnen Blättern deutet. Die Scherung bewirkt ein "Verrutschen" des Stapels, bei dem jedes Blatt sich gegenüber dem darunterliegenden verschiebt (Bild 18b).

Falls $\alpha=0$ ergibt sich die Identität, die wir somit als triviale Scherung ansehen können. Aus der Definition der Scherung folgt unmittelbar, daß kein Punkt Bild zweier verschiedener Punkte sein kann und daß es zu jedem Punkt der Ebene ein Urbild gibt. Scherungen sind bijektiv.

Bild 18a macht deutlich, daß eine nichttriviale Scherung nicht längentreu ist, denn für einen außerhalb s gelegenen Punkt P ist $\overline{PP_s} < \overline{P_sP'} = \overline{P_s'P'}$.

Sie ist auch nicht winkeltreu, da $\sphericalangle\, PP_sQ_s \neq \sphericalangle\, P'P_sQ_s = \sphericalangle\, P'P_s'Q_s'$. Es gilt aber: *Scherungen sind geraden- und streckentreu.*

Beweis: Gegeben sei eine Scherung an s um α. Die Parallelen zu s gehen in Geraden über, nämlich in sich selbst (Fixgeraden). Sei g eine Gerade, die s in S schneide. Wir stellen g als Verbindungsgerade AS dar (Bild 19).

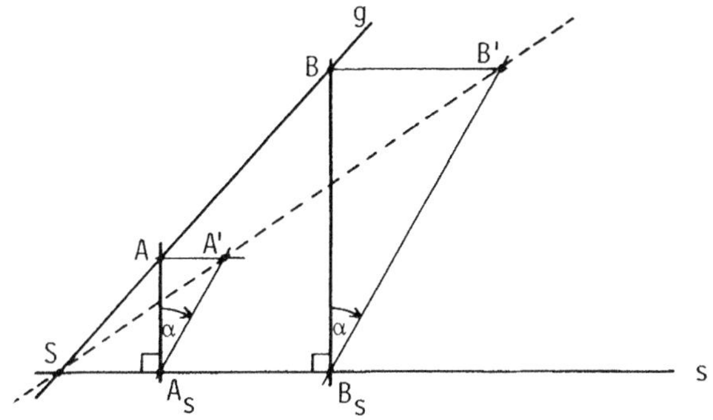

Bild 19

Für die Geradentreue genügt es zu zeigen, daß das Bild B' eines beliebigen Punktes B von g (B≠A,S) auf der Geraden A'S liegt.
Wir betrachten die zentrische Streckung an S, die A in B überführt. Da eine zentrische Streckung jede Gerade in eine parallele Bildgerade überführt, wird das den Bildpunkt A' bestimmende Dreieck AA_sA' in das den Bildpunkt B' bestimmende Dreieck BB_sB' überführt. Der Punkt B' ist somit Bild von A' bei der betrachteten zentrischen Streckung an S und muß folglich auf der Geraden A'S liegen. Die Streckentreue folgt sofort aus der Geradentreue und der Tatsache, daß die Parallelen zu s Fixgeraden sind. #

Oben wurde schon darauf hingewiesen, daß das Bild einer zur Scherungsachse parallelen Strecke ebenso lang ist wie das Urbild. Als Folgerung daraus ergibt sich, daß Parallelen zur Scherungsachse aus einer Figur und ihrem Bild jeweils gleichlange Strecken ausschneiden (Bild 20). Wenn wir uns eine Figur wie einen Stapel Papier aus dünnen Schichten aufgebaut denken, entsteht die Bildfigur durch Verschiebung der Schichten gegeneinander. Es drängt sich die Vermutung auf, daß der Platz, den die verschobenen Schichten brauchen, der gleiche ist wie der, den die unverschobenen brauchen, d.h. daß der Inhalt bei einer Scherung invariant ist. Diese Vermutung trifft in der Tat zu: *Der Flächeninhalt ist bei Scherungen invariant.*

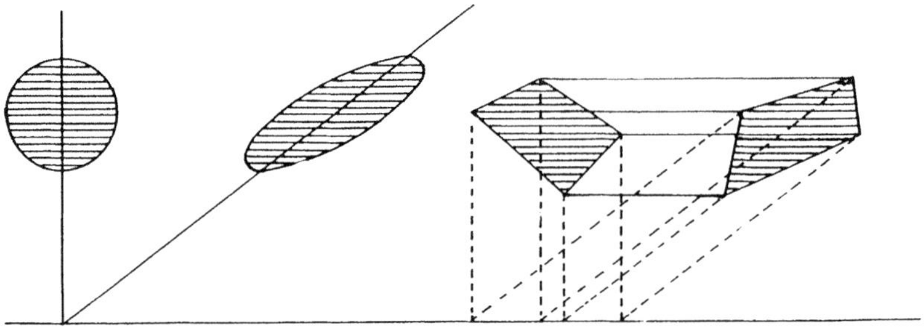

Bild 20

Beweis: Für Dreiecke, deren Grundlinie auf der Scherungsachse liegt, folgt die Behauptung aus den Überlegungen zu Bild 17. Für Dreiecke, von denen eine Seite parallel zur Scherungsachse ist, betrachte man Bild 21a. Beliebige Dreiecke lassen sich auf den Fall 21a zurückführen (Bild 21b). Die Invarianz des Inhalts beliebiger Vielecke folgt aus deren Zerlegbarkeit in Dreiecke, der Geradentreue und der Invarianz des Dreiecksinhalts.

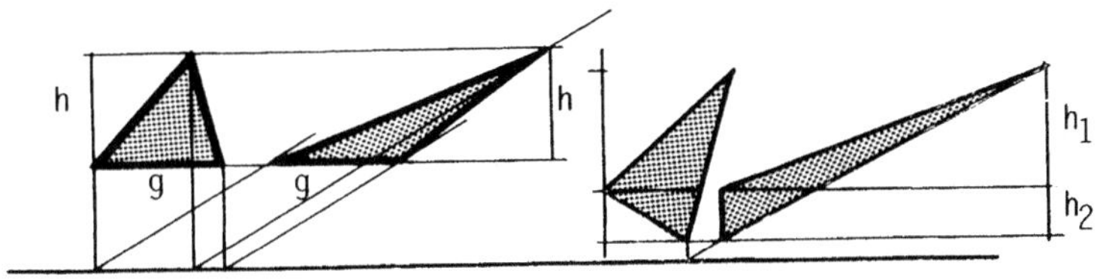

Bild 21 a Bild 21 b

Da der Inhalt der eine Figur F approximierenden Vielecke bei einer Scherung invariant ist, ist auch der Inhalt von F selbst invariant.

8.3.2.5. Das CAVALIERIsche Prinzip

Die "Schichtenzerlegung" von Figuren brachte die Geometer im Mittelalter auf die Idee, daß der Inhalt nicht nur bei Scherungen, sondern sogar bei beliebigen Verschiebungen der einzelnen Schichten gegeneinander invariant sei (Bild 22). Der italienische Mathematiker CAVALIERI (1591-1647), ein Schüler GALILEIS, formulierte dazu das folgende nach ihm benannte Prinzip: *Kann man zwei Figuren so zwischen parallele Geraden legen, daß jede dritte zu den beiden parallele Gerade aus den Figuren gleichlange Strecken ausschneidet, dann haben die Figuren den gleichen Inhalt.*

CAVALIERI begründete sein Prinzip mit atomistischen Vorstellungen. Er dachte sich Strecken als Aneinanderreihung von Punkten, Figuren als Aneinanderreihung paralleler Strecken und Körper als Aneinanderreihung paralleler ebener Flächenstücke. Die "Anzahl" der atomaren Punkte würde sich bei Verschiebungen der Punkte untereinander "natürlich" nicht ändern.

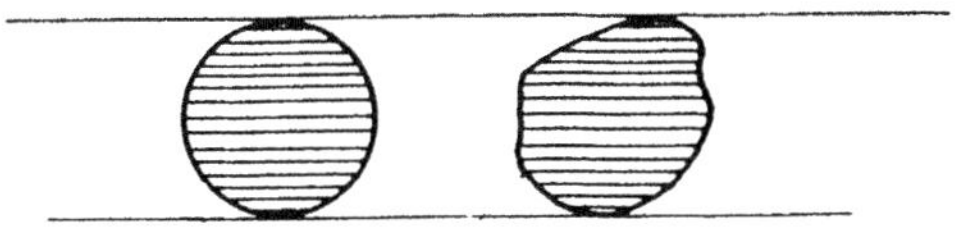

Bild 22

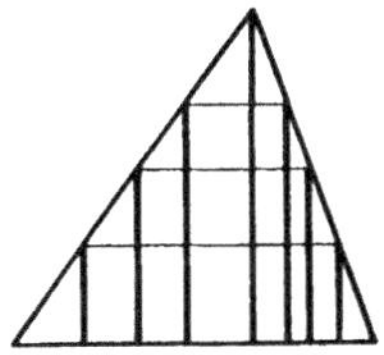

Bild 23

Obwohl sich das CAVALIERIsche Prinzip in der Folgezeit bei der Flächen- und Volumenbestimmung außerordentlich gut bewährte, blieb die Begründung umstritten. TORRICELLI, ein anderer Schüler GALILEIS, brachte folgenden Einwand (Bild 23): Er zerlegte ein nicht gleichschenkliges Dreieck durch die Höhe in zwei Teildreiecke und wies darauf hin, daß sich jeder Strecke parallel zur Höhe im linken Teildreieck eine gleich lange Strecke parallel zur Höhe im anderen Teildreieck zuordnen läßt. Beide Teildreiecke müßten als Aneinanderreihung der gleichen Strecken den gleichen Inhalt haben, was offensichtlich nicht der Fall ist.

Das TORRICELLIsche Gegenbeispiel entkräftete allerdings nur die CAVALIERIsche Begründung, nicht das Prinzip, denn die einander zugeordneten gleichlangen Strecken in den beiden Teildreiecken gehen nicht durch parallele Verschiebung zwischen zwei festen Grenzgeraden auseinander hervor.
Erst mit Hilfe der in späteren Jahrhunderten entwickelten Integralrechnung konnte die Streitfrage durch den Beweis der Gültigkeit des CAVALIERIschen Prinzips für sehr umfassende Klassen von Figuren (und Körpern) geklärt werden. Innerhalb der Elementargeometrie kann dieser Beweis nicht geführt werden, daher ist für uns das CAVALIERIsche Prinzip eine inhaltlich-anschaulich begründete Regel, die sich an sehr vielen relevanten Beispielen hervorragend bewährt hat.

8.3.2.6. Quadratur der Zykloidenfläche

Als Beispiel für die Anwendung des CAVALIERIschen Prinzips betrachten wir eine historisch sehr bedeutsame Quadratur. In Aufgabe 5 zu Kap. 6 wurde die Zykloide als Rollkurve eingeführt. Sie entsteht als Bahn eines Randpunktes, wenn ein Kreis auf einer Geraden ohne zu gleiten abrollt (Bild 24).

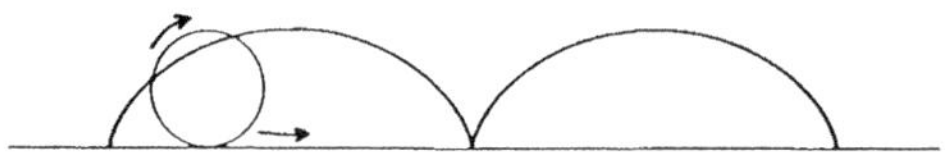

Bild 24

Die Zykloide hat eine Reihe sehr bemerkenswerter Eigenschaften, die sie für die Mechanik interessant machen. Z.B. braucht eine Kugel, die auf einer Rinne von einem erhöhten Punkt A zum Punkt B (reibungsfrei!) rollt, die geringste Zeit, wenn die Rinne die Form eines umgedrehten Zykloidenstücks mit der Spitze in A hat (Bild 25).

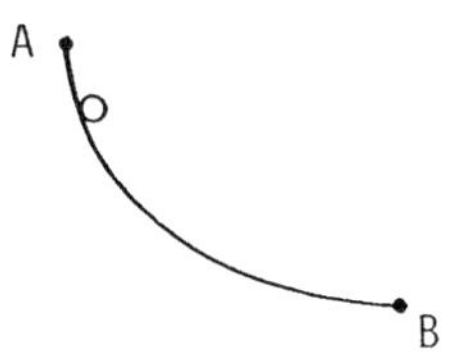

Bild 25

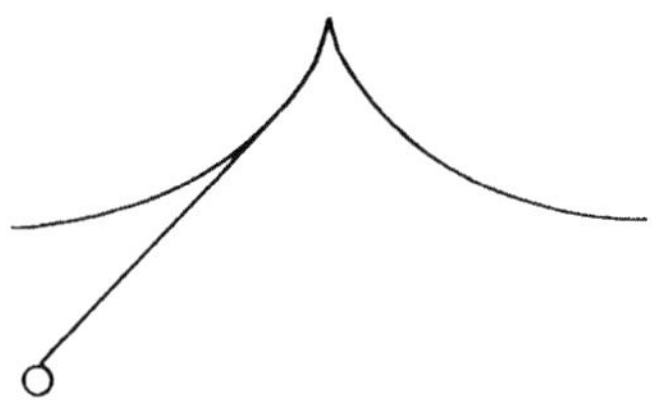

Bild 26

Weiter kann man durch Einbringen eines Fadenpendels zwischen zykloidenförmige Backen (Bild 26) dafür sorgen, daß die Schwingungsdauer des Pendels unabhängig von der Schwingungsweite ist. Ein solches Pendel schwingt immer im gleichen Takt unabhängig davon, ob es stark oder schwach angestoßen wird.

GALILEO GALILEI (1564-1642) hat die mechanische Bedeutung der Zykloide als erster erahnt und sich bemüht, ihre mathematischen Eigenschaften zu ergründen. In einem Brief, den er 1640 an CAVALIERI richtete, ist zu lesen:

"Mehr als 50 Jahre lang habe ich versucht, diese Kurve zu verstehen. Ich habe immer ihre anmutige Form bewundert, die an die Bögen einer Brücke erinnert. Mehrere Anläufe habe ich unternommen, um die Fläche unter einem Bogen zu bestimmen. Ich versuchte, einige Eigenschaften zu begründen, und ich hatte von Anfang an das Gefühl, daß diese Fläche genau dreimal so groß wäre wie die des erzeugenden Kreises; aber es gelang mir nicht, dies zu beweisen; ich konnte nur zeigen, daß der Unterschied, wenn es einen gibt, nicht sehr groß sein kann".

Die Quadratur der Zykloidenfläche gelang wenige Zeit später dem französischen Mathematiker ROBERVAL (1602-1675), der von ähnlich atomistischen Vorstellungen ausging wie CAVALIERI. Seine Lösung ist in NIKOFOROVSKI/FREIMAN (1978, S. 180 ff.) dargestellt.

Im folgenden wird ein etwas anderer Lösungsweg entwickelt, der enger an die Erzeugung der Zykloide als Rollkurve anschließt.
In Bild 27 entsteht der halbe Zykloidenbogen P_0P_1P als Bahn eines Punktes P* beim Abrollen des Kreises mit Mittelpunkt M* auf der Geraden g. Der P* diametral gegenüberliegende Punkt A* wandert dabei von der Anfangsposition A_0 nach A, so daß P_0APA_0 ein Rechteck mit den Seiten πr und 2r und dem Inhalt $2\pi r^2$ ist.

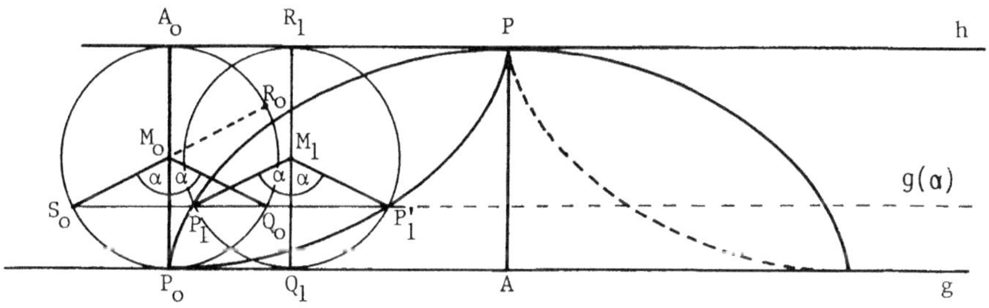

Bild 27

Von derselben Ausgangslage des Kreises gelangt man zur selben Endlage, wenn man den Kreis nicht an g, sondern an h abrollt. Dabei durchläuft P* den halben Zykloidenbogen $P_0P_1'P$, der zum Bogen P_0P_1P bez. des Mittelpunktes des Rechtecks P_0APA_0 punktsymmetrisch liegt, weil die erste Rollbewegung zur rückwärtsdurchlaufenen zweiten Bewegung bez. dieses Punktes punktsymmetrisch verläuft.
Die Bögen P_0P_1P und $P_0P_1'P$ bilden ein Zykloidenzweieck Z, das wir mit Hilfe

des CAVALIERIschen Prinzips als inhaltsgleich zum Kreis nachweisen wollen. Wir vergleichen die beiden Rollbewegungen, die den Kreis aus der Ausgangsposition (Mittelpunkt M_0) jeweils in die Position 1 (Mittelpunkt M_1) überführen. Beide Male müssen wir dazu gleich lange Bögen (Winkel α) abrollen. Bei dem ersten Abrollvorgang an g gelangt der Punkt Q*, der anfänglich bei Q_0 liegt, nach Q_1 ($\sphericalangle P_0M_0Q_0 = \alpha$). Der Punkt P* geht von der Anfangsposition P_0 in P_1 über, und wir haben $\sphericalangle P_1M_1Q_1 = (\sphericalangle P^*M^*Q^* = \sphericalangle P_0M_0Q_0 =)\ \alpha$.
Bei dem zweiten Abrollvorgang an h um den gleichen Bogen (Winkel α) gelangt der Punkt R* von der Ausgangsposition R_0 nach R_1, wobei wieder $\sphericalangle A_0M_0R_0 = \alpha$. Der R* diametral gegenüberliegende Punkt S* geht von der Position S_0 in denjenigen Punkt über, der R_1 bez. M_1 diametral gegenüberliegt, d.h. in Q_1. Der Winkel $\sphericalangle S_0M_0P_0$ ist Scheitelwinkel zu $\sphericalangle R_0M_0A_0$, also $\sphericalangle S_0M_0P_0 = \alpha$. Der Punkt P* geht von P_0 aus in die Position P_1' über, und es gilt $\alpha = \sphericalangle P^*M^*S^* = \sphericalangle P_0M_0S_0 = \sphericalangle P_1'M_1Q_1$. Die gleichschenkligen Dreiecke $S_0M_0Q_0$ und $P_1M_1P_1'$ haben gleich lange Schenkel, und es gilt $\sphericalangle S_0M_0Q_0 = 2\alpha = \sphericalangle P_1M_1P_1'$. Nach dem SWS-Kongruenzsatz sind die Dreiecke kongruent, und es gilt $\overline{S_0Q_0} = \overline{P_1P_1'}$. Da die Dreiecke weiter spiegelsymmetrisch zu A_0P_0 bzw. R_1Q_1 liegen und gleich lange Höhen haben, folgt, daß S_0, P_1, Q_0 und P_1' sogar auf einer Geraden g(α) parallel zu g liegen.
Wenn wir α von 0° bis 180° stetig wachsen lassen, bewegt sich g(α) von der Ausgangslage g stetig in die Endlage h. Damit ist gezeigt, daß jede Gerade parallel zu g und h aus dem Kreis und dem Zykloidenzweieck Z gleich lange Strecken ausschneidet. Nach dem CAVALIERI-Prinzip schließen wir, daß die beiden Figuren inhaltsgleich sind. Das Rechteck P_0APA_0 mit dem Inhalt $2\pi r^2$ setzt sich aus drei Stücken zusammen: Aus dem Zykloidenzweieck und zwei punktsymmetrischen, also inhaltsgleichen Reststücken. Jedes dieser Reststücke hat daher den Inhalt $\frac{1}{2}(2\pi r^2-\pi r^2) = \frac{1}{2}\pi r^2$.
Die Fläche unter einem halben Bogen beträgt danach $\pi r^2+\frac{1}{2}\pi r^2 = \frac{3}{2}\pi r^2$ und folglich die Fläche unter einem ganzen Bogen $3\pi r^2$, in der Tat das Dreifache des Kreisinhalts. #

Anstatt sich in diesem Beweis direkt auf das CAVALIERIsche Prinzip zu berufen, könnte man auch folgendermaßen argumentieren: Man teilt P_0A_0 in n gleiche Teile und zeichnet durch die Teilpunkte Parallelen zu g. Es entsteht eine abstandsgleiche Reihe von Parallelen, welche aus dem Kreis und dem Zykloidenzweieck jeweils gleich lange Strecken ausschneiden. Je zwei benachbarte Strecken im Kreis und im Zweieck bilden die parallelen Gegenseiten zweier Trapeze, die nach der Trapezformel inhaltsgleich sind (das unterste bzw. oberste Trapez ist zu einem Dreieck entartet). Daher ist auch das sich aus den n Trapezen im Kreis zusammensetzende Vieleck inhaltsgleich zu dem entsprechenden Vieleck im Zweieck. Bei wachsendem n approximieren diese Vielecke den Kreis bzw. das Zweieck immer besser. Aus der Inhaltsgleichheit der approximierenden Vielecke erfolgt im Grenzübergang die Inhaltsgleichheit von Kreis und Zweieck. #

Diese Überlegung zeigt auch die Richtung an, in der eine Begründung des CAVALIERIschen Prinzips zu finden ist.

8.3.3. Das isoperimetrische Problem

Folgendes Experiment ist ohne großen Aufwand durchzuführen: Aus Draht biegen wir einen Rahmen, wobei wir die Enden des Drahtes zu einem Griff verdrillen. Wenn wir den Rahmen in eine Seifenlösung halten, so spannt sich eine Seifenhaut zwischen ihm auf. Auf die Haut legen wir vorsichtig einen zu einer Schlinge verknoteten Seidenfaden. Sobald wir mit einer Nadel die Seifenhaut in der Schlinge zerstören, bildet sich blitzartig ein kreisförmiges Loch aus.

Bild 28

Die physikalische Ursache dieses Phänomens ist die Oberflächenspannung von Flüssigkeiten. Sie bewirkt, daß die Seifenhaut eine möglichst kleine Oberfläche bildet. Nach Zerstörung der Haut innerhalb der Schlinge zieht sich die äußere Haut so weit wie möglich zusammen und formt somit ein möglichst großes Loch. Wie das Experiment zeigt, hat dieses Loch Kreisform.

Die Aufgabe, mathematisch zu begründen, daß der Kreis unter allen Figuren festen Umfangs tatsächlich maximalen Inhalt hat, heißt isoperimetrisches Problem (gr. iso = gleich, perimeter = Umfang).

Die Darstellung einer elementargeometrischen Lösung dieses Problems, das übrigens eine interessante Geschichte aufweist (vgl. dazu GERICKE 1982), überschreitet den Rahmen dieses Buches. Ich verweise dazu auf die sehr schöne Arbeit von EDLER (1882). Ohne große Mühe läßt sich hingegen das isoperimetrische Problem für Vierecke behandeln:

Unter allen Vierecken festen Umfangs ist das mit maximalem Inhalt zu finden.

Diesem Problem wenden wir uns nun zu.

8.3.3.1. Dreiecksverwandlungen

Wichtiges Hilfsmittel zur Lösung des isoperimetrischen Problems ist der folgende Satz:

Ein Dreieck mit zwei verschieden langen Seiten läßt sich durch eine Scherung an der dritten Seite in ein inhaltsgleiches gleichschenkliges Dreieck mit kürzerem Umfang und durch Verkettung dieser Scherung mit einer zentrischen Streckung in ein umfangsgleiches gleichschenkliges Dreieck mit größerem Inhalt überführen.

Beweis: Sei etwa $\overline{AC} \neq \overline{BC}$ (Bild 29).

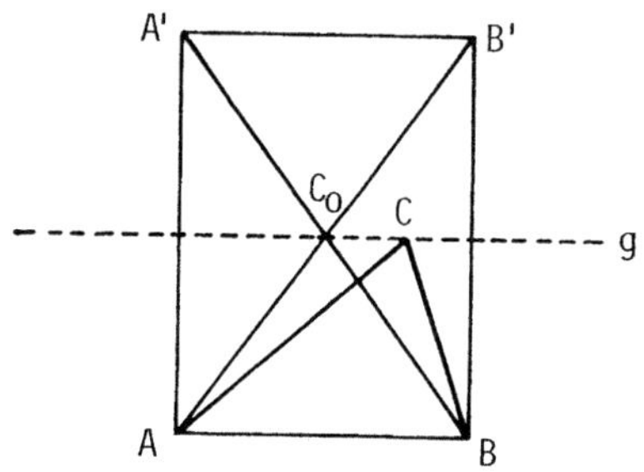

Bild 29

Wir ziehen durch C die Parallele g zu AB und bestimmen auf g nach der Heronschen Ungleichung den Punkt C_0, für den $\overline{AC_0}+\overline{C_0B}$ im Vergleich zu allen anderen Punkten auf g minimal ist. Der eindeutig bestimmte Punkt C_0 ist der Schnittpunkt der Verbindungsstrecke von B mit dem Spiegelpunkt A' von A bez. g und gleichzeitig der Schnittpunkt der Verbindungsstrecke von A mit dem Spiegelpunkt B' bez. g. Da das Viereck ABB'A' wegen g || AB ein

Rechteck ist und sich im Rechteck die Diagonalen halbieren und gleich lang sind, gilt $\overline{AC_0}=\overline{BC_0}$. Damit ist $C_0 \neq C$.
Wir können ABC durch eine Scherung in ABC_0 überführen, wobei der Inhalt gleich bleibt und der Umfang sich verkleinert ($u=\overline{AB}+\overline{BC}+\overline{AC}>\overline{AB}+\overline{BC_0}+\overline{C_0A}=u_0$).
Wenn wir auf ABC_0 eine zentrische Streckung an A mit dem Faktor $k = \frac{u}{u_0}>1$ anwenden, erhalten wir ein Dreieck mit dem Umfang $u_0 \cdot \frac{u}{u_0} = u$ und einem um den Faktor $k^2 > 1$ größeren Inhalt.

8.3.3.2. Das isoperimetrische Problem für Vierecke

Wir betrachten die Klasse aller Vierecke mit festem Umfang u, wobei kongruente Figuren nicht unterschieden werden sollen. Ziel ist der Nachweis, daß das Quadrat mit der Seite $a=\frac{u}{4}$ im Vergleich zu anderen Vierecken dieser Klasse maximalen Inhalt hat.

Die Behauptung folgt aus dem kommentierten Flußdiagramm in Bild 30, das es erlaubt, ein nicht quadratisches Viereck unter Erhaltung des Umfangs und Vergrößerung des Inhalts in das Quadrat mit dem Umfang u und der Seite $\frac{u}{4}$ zu verwandeln. (Bild 30, S. 324).

Für den letzten Teil des Flußdiagramms gibt es folgende Alternative: Eine nichtquadratische Raute mit Umfang u kann durch eine Scherung in ein inhaltsgleiches nichtquadratisches Rechteck mit kürzerem Umfang überführt werden, das sich durch eine zentrische Streckung zu einem Rechteck mit Umfang u vergrößern läßt (Bild 31). Dieses Rechteck wird dann gemäß der Konstruktion in Bild 32, die schon in den altindischen Sulva-Sutra beschrieben wird, in ein umfangsgleiches Quadrat mit größerem Inhalt verwandelt. Am besten stellen Sie sich den Rand des Rechtecks aus Draht vor. Dann wird sehr deutlich, daß sich bei den Umlagerungen bestimmter Randstücke der Umfang nicht ändert und der Inhalt bei den ersten Schritten invariant bleibt und beim letzten Schritt zunimmt.

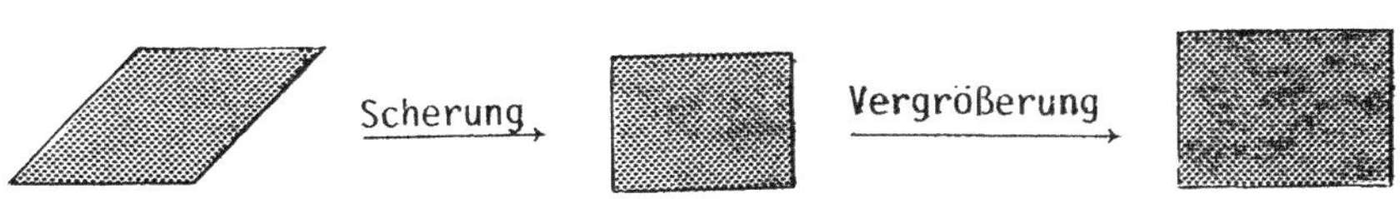

Bild 31

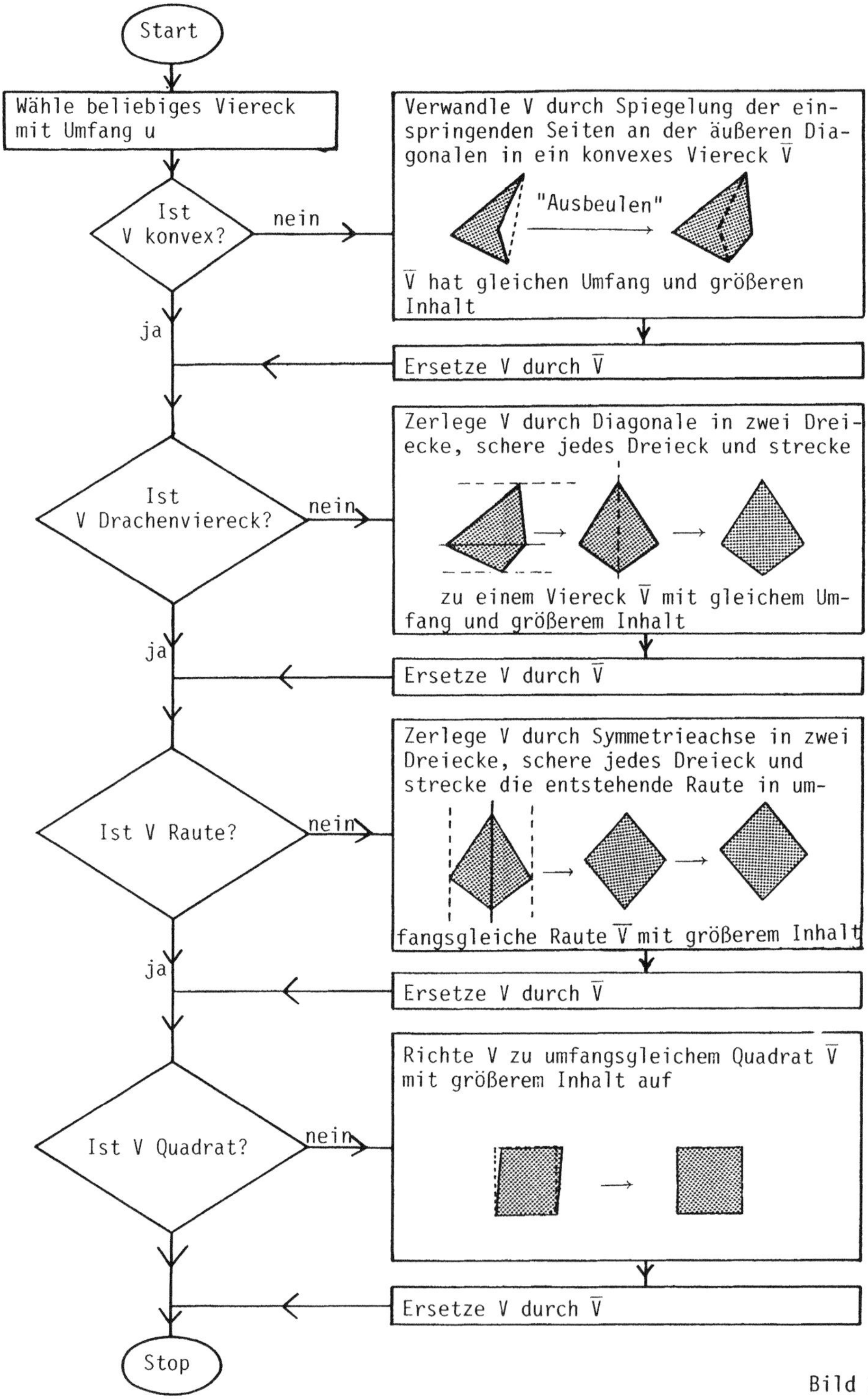
Start
Wähle beliebiges Viereck mit Umfang u
Ist V konvex?
nein
Verwandle V durch Spiegelung der einspringenden Seiten an der äußeren Diagonalen in ein konvexes Viereck V̄
"Ausbeulen"
V̄ hat gleichen Umfang und größeren Inhalt
ja
Ersetze V durch V̄
Ist V Drachenviereck?
nein
Zerlege V durch Diagonale in zwei Dreiecke, schere jedes Dreieck und strecke zu einem Viereck V̄ mit gleichem Umfang und größerem Inhalt
ja
Ersetze V durch V̄
Ist V Raute?
nein
Zerlege V durch Symmetrieachse in zwei Dreiecke, schere jedes Dreieck und strecke die entstehende Raute in umfangsgleiche Raute V̄ mit größerem Inhalt
ja
Ersetze V durch V̄
Ist V Quadrat?
nein
Richte V zu umfangsgleichem Quadrat V̄ mit größerem Inhalt auf
Ersetze V durch V̄
Stop

Bild 30

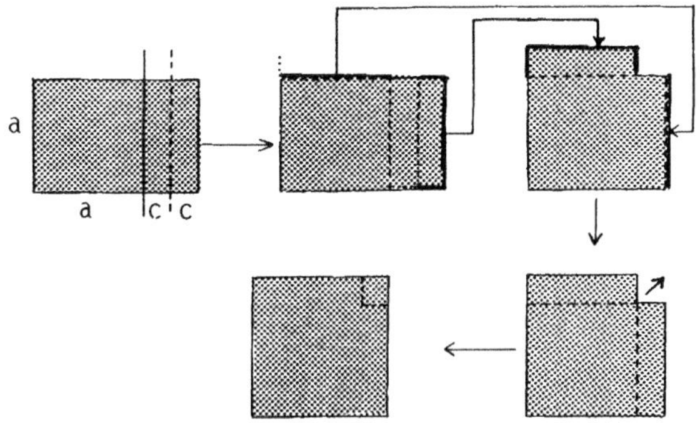

Bild 32

8.3.3.3. Die duale Fassung des isoperimetrischen Problems

Anstatt in einer Klasse umfangsgleicher Figuren nach der Figur mit maximalem Inhalt zu fragen, kann man auch von einer Klasse inhaltsgleicher Figuren ausgehen und untersuchen, ob es in ihr eine Figur minimalen Umfangs gibt.

Wir wollen uns am Beispiel der Vierecke überlegen, daß die beiden Fragestellungen äquivalent sind. Betrachten wir also die Klasse der Vierecke mit festem Inhalt. Wenn das Quadrat Q in dieser Klasse nicht minimalen Umfang hätte, müßte es ein anderes Viereck V mit gleichem Inhalt und kleinerem Umfang geben. Wir könnten V durch eine zentrische Streckung so vergrößern, daß das Bild V' den gleichen Umfang wie Q hätte. V' hätte aber einen größeren Inhalt als Q. Dies ist ein Widerspruch, denn Q hat in der Klasse der umfangsgleichen Vierecke, wie bewiesen, maximalen Inhalt.

8.3.4. Zerlegungsgleichheit

Zum Abschluß des Abschnitts über den Flächeninhalt und als Überleitung zu dem Abschnitt über das Volumen sollen nun die Überlegungen in 8.3.1. theoretisch vertieft werden.

Bei der Berechnung des Inhalts von Vielecken wurde ausgenutzt, daß man

Dreiecke durch Zerlegung und Umordnung der Teile in inhaltsgleiche Parallelogramme und letztere auf die gleiche Weise in inhaltsgleiche Rechtecke verwandeln kann. Dies führt zu folgender Definition:

Zwei Vielecke V *und* W *heißen* *zerlegungsgleich*, *wenn es eine Zerlegung von* V *in Vielecke* $V_1, \dots, V_n$ *und eine Zerlegung von* W *in gleich viele Vielecke* $W_1, \dots, W_n$ *gibt, so daß* V_i *für alle* $i = 1, \dots, n$ *zu* W_i *kongruent ist.*

Der Terminus "Zerlegung" beinhaltet, daß die Teilvielecke das betreffende Vieleck lückenlos und überschneidungsfrei bedecken.

Mit Hilfe des Begriffs "zerlegungsgleich" kann man den Kerngedanken von 8.3.1. auch folgendermaßen formulieren:
Zerlegungsgleiche Vielecke sind inhaltsgleich.

Der tiefere Grund, daß wir die Inhaltsberechnung bei Vielecken auf die Zerlegungsgleichheit zurückführen konnten, ergibt sich aus dem Satz:

Vielecke sind genau dann zerlegungsgleich, wenn sie inhaltsgleich sind.

Den Beweis dieses Satzes führen wir in mehreren Schritten.
Daß zerlegungsgleiche Vielecke auch inhaltsgleich sind, wissen wir schon. Sei nun umgekehrt A eine beliebige Inhaltsmaßzahl. Wir müssen zeigen, daß alle Vielecke mit Inhalt A zerlegungsgleich sind. Aus 8.3.1. wissen wir:

(1) Jedes Parallelogramm ist zerlegungsgleich einem Rechteck mit gleicher Grundlinie (und gleicher Höhe).

(2) Jedes Dreieck ist zerlegungsgleich einem Parallelogramm mit gleicher Grundlinie (und halber Höhe).

Ist dann jedes Dreieck zerlegungsgleich zu einem Rechteck mit gleicher Grundlinie? Aus (1) und (2) folgt, daß es jedenfalls ein Parallelogramm mit gleicher Grundlinie gibt, das sowohl zu dem Dreieck als auch zu dem Rechteck zerlegungsgleich ist. Wenn wir nun in das Parallelogramm sowohl die vom Dreieck als auch die vom Rechteck herrührende Zerlegung einzeichnen, erhalten wir insgesamt eine feinere Zerlegung in Teilvielecke, aus denen wir durch geeignete Zusammensetzung einerseits die der Dreieckszerlegung entsprechenden Teile und andererseits die der Rechteckszerlegung entsprechenden Teile gewinnen können. Da wir die feineren Teile in das Dreieck bzw. das Rechteck rückübertragen können, ist ersichtlich, daß auch Dreieck und Rechteck zerlegungsgleich sind (Bild 33).

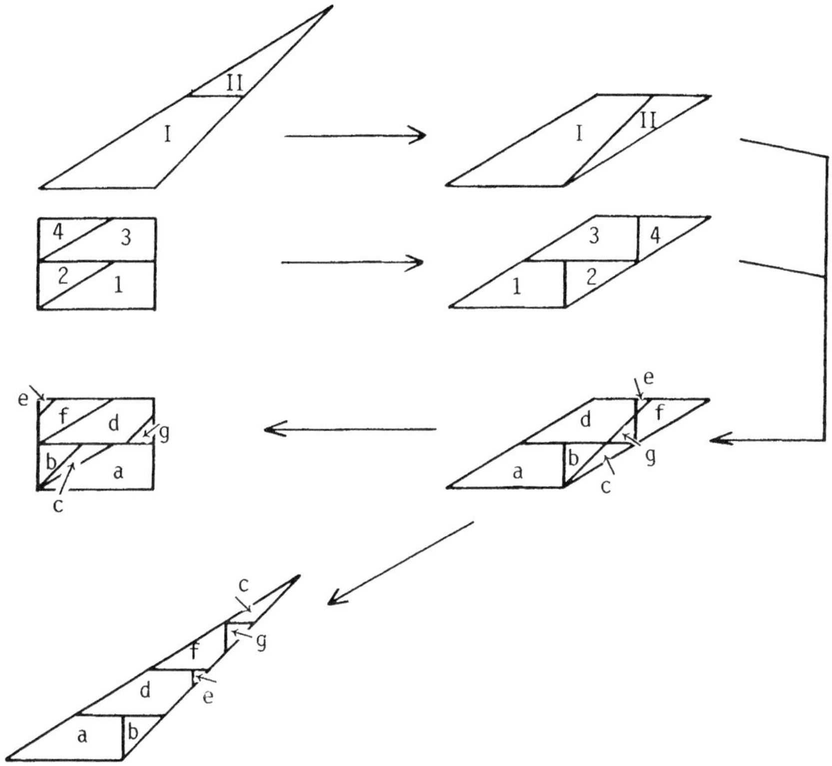

Bild 33

Die in diesem Beispiel entdeckte Idee gilt offensichtlich allgemein. Wir haben also

(3) Ist ein Vieleck V *zerlegungsgleich zu* W *und* W *zerlegungsgleich zu* U *so sind auch* V *und* U *zerlegungsgleich (Transitivität der Relation "Zerlegungsgleichheit").*

(3) läßt sich anschaulich folgendermaßen illustrieren:
Wenn wir V und W mit einem Legesatz 1 auslegen können und ebenso W und U mit einem Legesatz 2, dann können wir 1 und 2 in zwei Schichten auf W

legen (1 unten). Wir nehmen an, die Formen des Legesatzes 2 seien aus durchsichtigem Material angefertigt. Dann können wir die Trennfugen der unteren Schicht auf der oberen Schicht markieren. Wenn wir die Formen des Legesatzes 2 längs der markierten Linien zerschneiden, erhalten wir einen neuen Legesatz 3, der eine feinere Aufteilung beider Legesätze 1,2 darstellt. Mit dem Legesatz 3 können wir alle Figuren auslegen, die mit 1 oder mit 2 auslegbar sind. Insbesondere können auch die Figuren V und U mit 3 ausgelegt werden und sind daher zerlegungsgleich.

Unmittelbare Folge aus (1) bis (3) ist

(4) Alle inhaltsgleichen Parallelogramme (insbesondere Rechtecke) und Dreiecke mit gleicher Grundlinie sind untereinander zerlegungsgleich.

Weiter gilt

(5) Jedes Rechteck mit Inhalt A *ist zerlegungsgleich zu dem Quadrat mit der Seite* $\sqrt{A}$.

Begründung: Ist die Seite a des Rechtecks größer als b, so ist $b<\sqrt{A}$. Wir verwandeln das Rechteck durch eine Scherung in ein Parallelogramm mit den Seiten a und $\sqrt{A}$ (Bild 34), was wegen $b<\sqrt{A}$ möglich ist. Wir können in diesem Parallelogramm aber auch die Seite der Länge $\sqrt{A}$ als Grundlinie verwenden und entnehmen (4), daß das Parallelogramm zerlegungsgleich zu dem Rechteck mit der Grundlinie $\sqrt{A}$ und dem Inhalt A ist. Dieses Rechteck ist dann aber ein Quadrat. Zusammen mit (3) folgt die Behauptung (5).

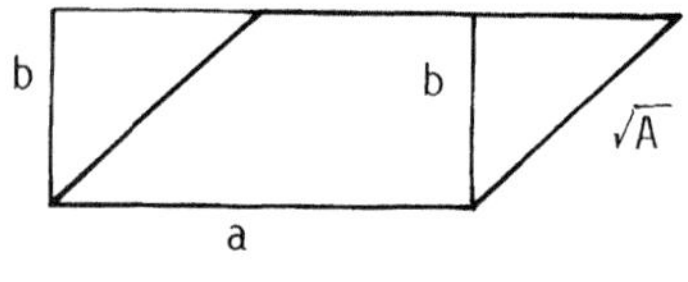

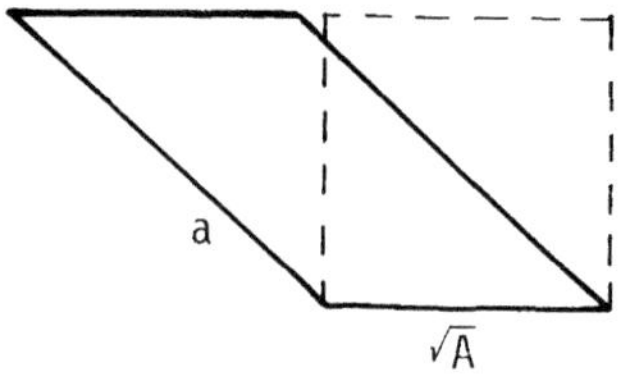

Bild 34

Als Folgerung aus (1) bis (5) erhalten wir nun (warum?):

(6) Alle Dreiecke mit Inhalt A *sind zerlegungsgleich zu einem Rechteck mit Inhalt* A *und einer beliebig vorgegebenen Grundlinie.*

Weiter gilt

(7) Jedes Vieleck V *mit Inhalt* A *ist zerlegungsgleich zu dem Quadrat mit der Seite* $\sqrt{A}$.

Begründung: Nach dem Hilfssatz in 8.3.1. zerlegen wir V in Teildreiecke. Jedes Teildreieck ist nach (6) zerlegungsgleich einem Rechteck mit der Grundlinie $\sqrt{A}$. Da diese Rechtecke zusammen den Inhalt A haben (warum?), ist die Summe ihrer Schmalseiten gerade $\sqrt{A}$. Wir können diese Rechtecke daher zu dem Quadrat Q mit der Seite $\sqrt{A}$ zusammensetzen. Jedes Teilrechteck von Q ist einem Teildreieck von V zerlegungsgleich. Daher sind auch V und Q zerlegungsgleich.

Mit der Transitivität (3) folgt aus (7), daß beliebige inhaltsgleiche Vielecke zerlegungsgleich sind.

8.4. Volumen

Heuristisch gesehen liegt es nahe, bei der Volumberechnung analog zur Inhaltsberechnung vorzugehen, nicht nur, weil das Volumen zum Inhalt analoge operative Eigenschaften besitzt (Normierung, Additivität, Invarianz bei Kongruenzabbildungen und Monotonie), sondern auch, weil viele Körper (als dreidimensionale Gebilde) mit Flächen (als zweidimensionalen Gebilden) eng zusammenhängen.
Versuchen wir also, die Überlegungen in 8.1. und 8.3. zum Inhalt auf das Volumen zu übertragen.

8.4.1. Die Volumformel $G \cdot h$ *für Prismen und Zylinder*

Beim Inhalt wurde als Flächeninhalt ein Quadrat mit der Seite 1 gewählt, analog dient beim Volumen ein Würfel mit Kantenlänge 1 als Volumeneinheit.

Die für die Inhaltsberechnung einfachste Figur war das Rechteck. Das räumliche Analogon ist der Quader. Ein Quader mit den Kanten a, b, c entsteht aus einem Rechteck mit den Seiten a und b, indem man das Rechteck senkrecht zur Grundflächenebene um c verschiebt (Bild 1).

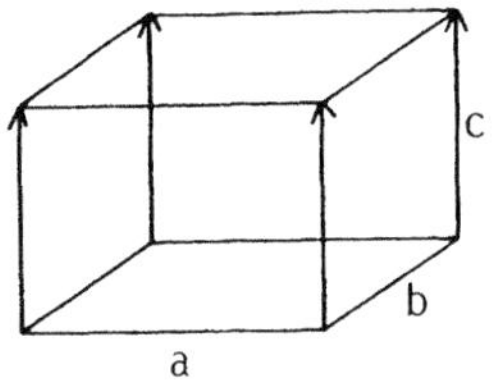

Bild 1

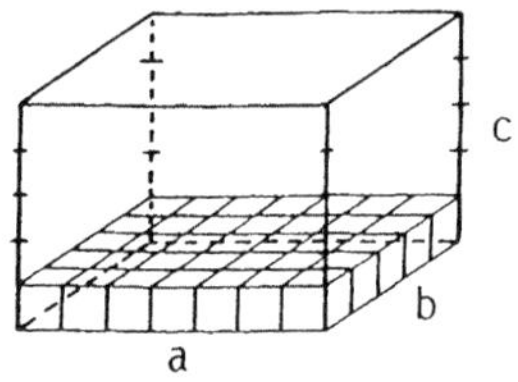

Bild 2

Die Quaderberechnung gelingt für ganzzahlige a, b analog zum Rechteck durch eine Zerlegung in Schichten, von denen jede a•b Einheitswürfel faßt (Bild 2). Daher gibt das Produkt a•b•c das Volumen des Quaders an. Das Produkt G := a•b gibt den Inhalt der sog. *Grundfläche* (kurz: die Grundfläche) des Quaders an. Man setzt c =: h (*Höhe* des Quaders). Die Volumformel für den Quader lautet dann G•h. Wegen (a•b)•c = (a•c)•b = (b•c)•a kann man Grundfläche und Höhe im Quader auf verschiedene Weisen deuten.

Die Verallgemeinerung der Formel auf rationale und reelle Kantenlängen a, b, c gelingt wie beim Rechtecksinhalt.

In derselben Weise, wie wir ein Rechteck zu einem Quader "aufziehen", können wir jede beliebige ebene Figur F zu einem Körper "aufziehen": Wir verschieben F senkrecht zu der Ebene, in der F liegt, um h. Die entstehenden Körper heißen *gerade Zylinder* (Bild 3).

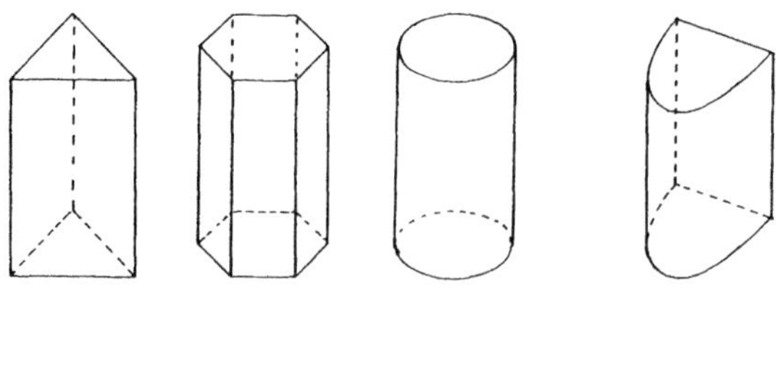

Bild 3

Die Standardposition eines geraden Zylinders für den menschlichen Betrachter ist die folgende: F liegt als "Grundfläche" horizontal, die F gegenüberliegende, zu F kongruente Begrenzungsfläche liegt als "Deckfläche" über der Grundfläche. Die Höhe h mißt den Abstand von Grund- und Deckfläche.
Diese Bezeichnungen werden auch auf beliebig im Raum liegende Zylinder übertragen, wobei man die Körper oft gedanklich in die Standardposition bringt.

Falls F ein Vieleck (n-Eck) ist, nennt man den Zylinder ein *gerades Prisma* (gerades n-seitiges Prisma), falls F ein Kreis ist, einen *geraden Kreiszylinder*.

Die Volumberechnung der geraden Prismen ist unproblematisch. Wir wissen aus 8.3.4., daß jedes Vieleck zu einem Rechteck zerlegungsgleich ist. Daher können wir die Grundfläche eines jeden Prismas in Teilvielecke zerlegen, die neu zusammengesetzt ein inhaltsgleiches Rechteck ergeben. Wenn wir das "Aufziehen" des Prismas mit der zerlegten Grundfläche wiederholen, entsteht aus jedem Teilvieleck ein gerades Teilprisma, und die Teilprismen zusammen bilden eine Zerlegung des Prismas. Die Grundflächen der Teilprismen lassen sich zu einem Rechteck zusammensetzen und die Teilprismen folglich zu einem Quader. Mithin ist das Prisma zerlegungsgleich und damit inhaltsgleich zu einem Quader mit gleicher Grundfläche und gleicher Höhe. Das Volumen eines geraden Prismas mit der Grundfläche G und der Höhe h berechnet sich also wie beim Quader zu $G \cdot h$.

Die Approximation krummlinig begrenzter Figuren durch eingeschlossene und umschließende Vielecke überträgt sich auf die Approximation eines geraden Zylinders Z durch eingeschlossene und umschließende gerade Prismen. Wenn wir die Grundfläche G durch die Inhalte $A_n^{(i)}$, $A_n^{(a)}$ eingeschlossener und umschließender Vielecke mit $\lim A_n^{(i)} = \lim A_n^{(a)} = G$ approximieren, können wir jedes eingeschlossene bzw. umschließende Vieleck zu einem im Zylinder enthaltenen geraden Prisma mit Volumen $A_n^{(i)} \cdot h$ bzw. einem den Zylinder enthaltenden geraden Prisma mit Volumen $A_n^{(a)} \cdot h$ "aufziehen". Für das Volumen V(Z) gilt nach der Monotonieeigenschaft

$$A_n^{(i)} \cdot h \leq V(Z) \leq A_n^{(a)} \cdot h$$

und folglich

$$\lim (A_n^{(i)} \cdot h) \leq V(Z) \leq \lim (A_n^{(a)} \cdot h)$$

$$(\lim A_n^{(i)}) \cdot h \leq V(Z) \leq (\lim A_n^{(a)}) \cdot h$$

$$G \cdot h \leq V(Z) \leq G \cdot h \ .$$

Die Volumformel $G \cdot h$ gilt somit für gerade Zylinder allgemein.

Im Spezialfall des geraden Kreiszylinders (Walze, "Zylinder" schlechthin) erhalten wir als Volumen $\pi r^2 h$, wobei r der Radius des Grundkreises und h die Höhe ist.

Wenn eine Figur F in einer zur Figurebene nicht senkrechten Richtung ein Stück "aufgezogen" wird, erhalten wir einen *schrägen Zylinder*, und wenn F speziell ein Vieleck ist, ein *schräges Prisma*. Der Abstand von Grund- und Deckfläche heißt wieder Höhe. Beachten Sie, daß die Höhe die Länge eines Lotabschnitts zwischen den beiden Flächen ist (vgl. die Höhe eines Parallelogramms in der Ebene). Die Höhe darf nicht mit der Länge einer seitlichen Kante (Mantellinie) verwechselt werden.
Die Volumberechnung schräger Prismen läßt sich auf die Volumberechnung schräger dreiseitiger Prismen zurückführen, da die Zerlegung der Grundfläche in Teildreiecke sofort zu einer Zerlegung des Prismas in dreiseitige Teilprismen führt.
Bei der Inhaltsberechnung ist es uns gelungen, den Inhalt eines Dreiecks auf den eines Parallelogramms und letzteren auf den Inhalt eines Rechtecks zurückführen (vgl. 8.3.1. Bildfolge 14). Analog werden wir auch im Raum vorgehen.
Ein Parallelogramm ist zerlegungsgleich zu einem gleich hohen Rechteck mit der gleichen Grundlinie. Daher (?) ist ein Prisma mit einem Parallelogramm als Grundfläche (ein solches Prisma heißt Parallelepiped oder Spat) zerlegungsgleich und folglich volumgleich einem Prisma mit gleichgroßer rechteckiger Grundfläche und gleicher Höhe.
Vergleichen wir nun ein Prisma P mit rechteckiger Grundfläche mit dem gleichhohen Quader Q über derselben Grundfläche. Durch Abschneiden eines dreiseitigen Prismas von P und Verschiebung zur gegenüberliegenden Seitenfläche kann man aus P ein volumgleiches Prisma P_0 mit derselben Grundfläche und derselben Höhe erzeugen (Bild 4), bei dem ein Paar von gegen-

überliegenden Seitenflächen senkrecht auf der Grundfläche steht. Das Prisma P_0 kann durch eine Operation desselben Typs in Q überführt werden (Bild 5) und ist daher volumgleich zu Q. Wenn P "sehr schräg" ist, müssen wir P durch Ebenen parallel zur Grundfläche in mehrere Schichten zerlegen und jede Schicht einzeln verwandeln, genauso wie wir ein "sehr schräges" Parallelogramm in einzelne Schichten zerlegen mußten, um es in ein Rechteck verwandeln zu können.

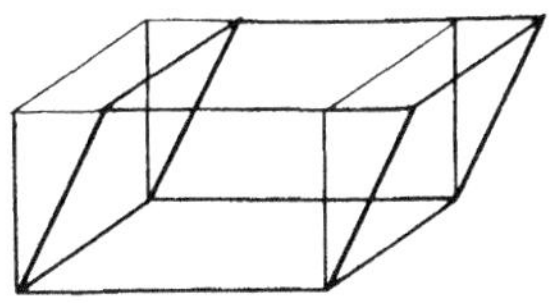

Bild 4

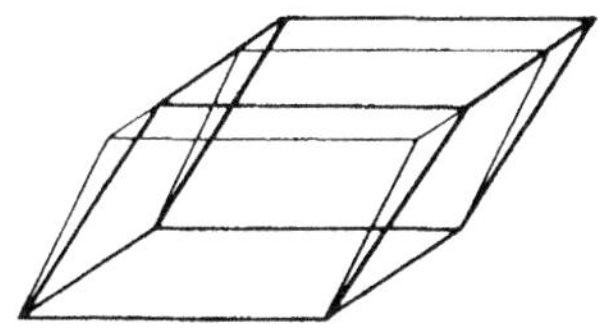

Bild 5

Damit ist gezeigt, daß ein Parallelepiped volumgleich zu einem Quader mit gleicher Grundfläche und gleicher Höhe ist.

Ein dreiseitiges Prisma können wir durch Verwandlung der Grundfläche in ein inhaltsgleiches Parallelogramm zu einem volumgleichen Parallelepiped mit gleicher Grundfläche und gleicher Höhe umformen.
Damit haben wir die Gültigkeit der Formel $G \cdot h$ für das Volumen von Parallelepipeden und dreiseitigen Prismen bewiesen.

Ein beliebiges Prisma mit Grundfläche G und Höhe h können wir in dreiseitige Prismen mit den Grundflächen $G_1, \ldots, G_n$ und der gemeinsamen Höhe h zerlegen. Wegen $G_1 + \ldots + G_n = G$ gilt auch $G_1 \cdot h + \ldots + G_n \cdot h = (G_1 + \ldots + G_n) \cdot h = G \cdot h$, d.h. die Volumformel $G \cdot h$ gilt für alle Arten von Prismen.

In derselben Weise, wie wir die Formel von geraden Prismen auf beliebige gerade Zylinder ausgedehnt haben, können wir sie auch von schrägen Prismen auf beliebige schräge Zylinder übertragen.

Ergebnis:
Das Volumen eines (allgemeinen) Zylinders mit Grundfläche G *und Höhe* h *beträgt* $G \cdot h$.

8.4.2. *Die Nichtäquivalenz von Zerlegungsgleichheit und Volumgleichheit im Raum*

Den Inhalt beliebiger Vielecke können wir durch Zerlegung des Vielecks in Dreiecke bestimmen. Was ist das Analogon dazu im Raum? Wenn ein konvexes Polyeder im Raum gegeben ist, können wir einen Punkt im Innern wählen und ihn mit allen Ecken des Polyeders verbinden. Auf diese Weise wird das Polyeder überschneidungsfrei und lückenlos in Pyramiden zerlegt. Eine *Pyramide* ist ein Körper, der aus einem Vieleck F dadurch entsteht, daß man die Ecken von F mit einem Punkt S außerhalb der Ebene, in der F liegt, verbindet. S heißt die *Spitze*, F die *Grundfläche* und der Abstand der Spitze von der Grundflächenebene die *Höhe* der Pyramide. Wenn F ein n-Eck ist, heißt die Pyramide n-seitig.

Jede Pyramide läßt sich in dreiseitige Pyramiden zerlegen. Wir brauchen nur ihre Grundfläche in Dreiecke zu zerlegen und die Eckpunkte der Teildreiecke mit der Spitze zu verbinden. Die Volumberechnung der Pyramiden und der konvexen Polyeder reduziert sich somit auf den Spezialfall der dreiseitigen Pyramiden.
Betrachten wir die geometrische Struktur dieser speziellen Pyramiden zunächst etwas genauer. Wenn wir einen Punkt P_1 mit einem zweiten Punkt P_2 verbinden, so erhalten wir eine Strecke, die von P_1 und P_2 begrenzt wird. Wählen wir außerhalb der Verbindungsgeraden P_1P_2 einen Punkt P_3, so bilden $P_1P_2P_3$ ein Dreieck, das von den Strecken P_1P_2, P_2P_3 und P_1P_3 begrenzt wird. Wählen wir weiter einen vierten Punkt P_4 außerhalb der von P_1, P_2, P_3 aufgespannten Ebene, so erhalten wir analog eine dreiseitige Pyramide, die von den vier Dreiecken $P_1P_2P_3$, $P_1P_2P_4$, $P_1P_3P_4$, $P_2P_3P_4$ begrenzt wird. Wir können somit dreiseitige Pyramiden als räumliche Analoga von Dreiecken auffassen.

Während sich der Inhalt eines Dreiecks mit Hilfe eines zerlegungsgleichen Parallelogramms bestimmen ließ, ist die Volumberechnung von dreiseitigen Pyramiden nicht auf diesem Weg möglich: *Die Begriffe "volumgleich" und "zerlegungsgleich" fallen im Raum auseinander*. Mit Hilfe der Transitivität der Zerlegungsgleichheit von Polyedern, die sich analog zum ebenen Fall beweisen läßt, folgt aus 8.4.1. analog zu 8.3.4., daß zwar Prismen genau dann zerlegungsgleich sind, wenn sie volumgleich sind. Für Polyeder im allgemeinen ist dies aber falsch. MAX DEHN gelang es im Jahr 1900, eine notwendige Bedingung für die Zerlegungsgleichheit von Polyedern aufzustellen und nachzuweisen, daß sie für einen Würfel und ein volumgleiches reguläres Tetraeder nicht erfüllt ist. Er löste damit das dritte der berühmten "23 Hilbertschen Probleme", die DAVID HILBERT, einer der größten Mathematiker unseres Jahrhunderts, kurz zuvor bei dem Mathematikerkongreß in Paris als Zielvorstellungen für die weitere Forschung formuliert hatte. Der Beweis von DEHN ist verhältnismäßig aufwendig und überschreitet den Rahmen dieses Buches bei weitem. Eine vereinfachte Version findet man in SEEBACH (1983).

Aus dem Satz von DEHN folgt, daß im Raum bereits bei der Volumberechnung von Pyramiden infinitesimale Methoden unumgänglich werden. Weiter folgt, daß bei der Definition des (Jordan-)Inhalts nicht auf beliebige Polyeder zurückgegriffen werden kann, sondern daß man sich bei der Approximation eines Körpers von innen und von außen auf die volummäßig unproblematischen Prismen sowie auf Körper beschränken muß, die sich in Prismen zerlegen lassen. Ich will jedoch darauf verzichten, dies explizit auszuführen.

8.4.3. Die Volumformel $\frac{1}{3}\cdot G\cdot h$ *für Pyramiden und Kegel*

Um uns mit dem Volumen von Pyramiden ein wenig vertrauter zu machen, betrachten wir eine Pyramide mit quadratischer Grundfläche (Seite a) und der Höhe h. Sie ist ganz in einem Quader über derselben Grundfläche mit der Höhe h enthalten. Daher ist das Volumen der Pyramide gewiß kleiner als $G\cdot h = a^2\cdot h$. Welchen Bruchteil des Quaders aber nimmt die Pyramide ein? Betrachten wir einen speziellen Fall. Ein Würfel der Kantenlänge a kann vom Mittelpunkt aus in sechs kongruente Pyramiden der Grundfläche a^2 und der Höhe $h = \frac{a}{2}$ zerlegt werden (Bild 6).

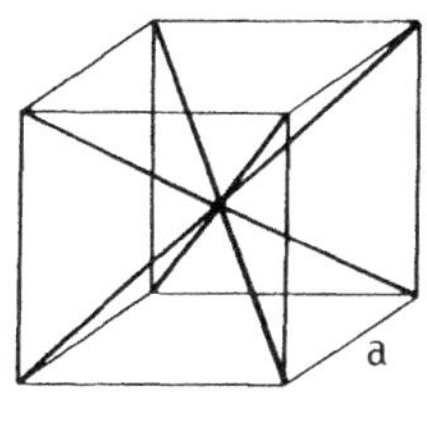

Bild 6

Das Volumen jeder Pyramide ist

$$\frac{a^3}{6} = a^2 \cdot \frac{a}{6} = \frac{1}{3}a^2 \cdot \frac{a}{2} = \frac{1}{3}a^2 \cdot h \; .$$

Daraus ist zu ersehen, daß diese speziellen Pyramiden verglichen mit den entsprechenden Quadern der gleichen Grundfläche und Höhe ein Drittel Volumen haben. Dies weckt die Vermutung, daß der Faktor $\frac{1}{3}$ bei der Pyramidenberechnung das räumliche Analogon zum Faktor $\frac{1}{2}$ bei der Dreiecksberechnung in der Ebene sein könnte.

Um das Volumen einer dreiseitigen Pyramide mit der Grundfläche G und der Höhe h allgemein zu bestimmen, teilen wir eine Seitenkante a der Pyramide in n gleiche Teile und ziehen durch die Teilpunkte Ebenen parallel zur Grundfläche. Wir erhalten eine abstandsgleiche Ebenenreihe (Abstand $\frac{h}{n}$), die aus den drei seitlichen Flächen der Pyramide abstandsgleiche Parallelenreihen, aus den beiden anderen seitlichen Kanten abstandsgleiche Punktreihen und aus der Pyramide selbst Dreiecke $D_1, \ldots, D_n$ (D_n = Grundfläche) ausschneidet (Bild 7a). Aus dem Strahlensatz ergibt sich, daß die Seiten von D_k das $\frac{k}{n}$-fache der entsprechenden Seiten von D_n sind. Daher ist D_k zu D_n ähnlich (Faktor $\frac{k}{n}$) und $A(D_k) = (\frac{k}{n})^2 A(D_n) = \frac{k^2}{n^2} G$. (Vgl. 8.3.2.2.)

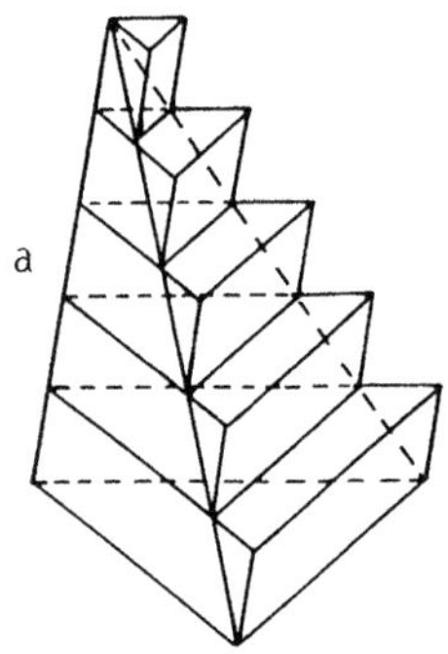

Bild 7a

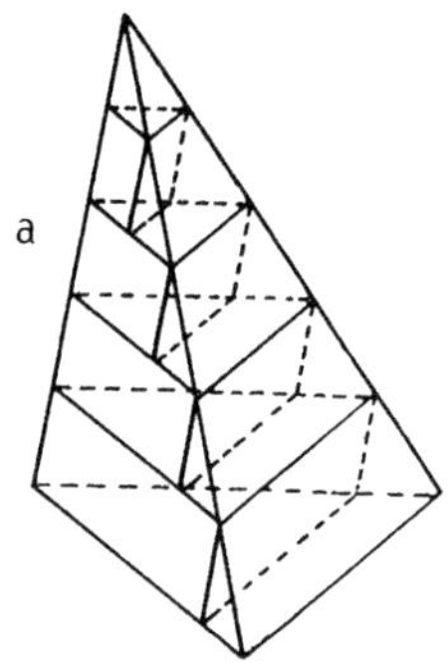

Bild 7b

Wir ziehen nun über jedem D_k in Richtung a ein dreiseitiges Prisma der Höhe $\frac{h}{n}$ auf, welches den Inhalt $\frac{k^2}{n^2} \cdot G \cdot \frac{h}{n}$ hat. Diese n Prismen bilden eine "Prismentreppe", welche die Pyramide einschließt. Daher gilt für das Volumen V der Pyramide die Abschätzung

$$V \leqq \frac{1}{n^2} \cdot G \cdot \frac{h}{n} + \frac{2^2}{n^2} \cdot G \cdot \frac{h}{n} + \ldots + \frac{n^2}{n^2} \cdot G \cdot \frac{h}{n} ,$$

$$V \leqq \frac{G \cdot h}{n^3} (1^2 + 2^2 + \ldots + n^2) .$$

Aus der Arithmetik übernehmen wir die Formel
$1^2 + 2^2 + \ldots + n^2 = \frac{1}{3}n\cdot(n + \frac{1}{2})\cdot(n + 1)$, und wir erhalten

$$V \leqq \frac{1}{3} G \cdot h \cdot \frac{n(n + \frac{1}{2})\cdot(n + 1)}{n^3} ,$$

$$V \leqq \frac{1}{3} G \cdot h \cdot (1 + \frac{1}{2n})\cdot(1 + \frac{1}{n}) .$$

Das Produkt $(1+\frac{1}{2n})\cdot(1+\frac{1}{n})$ unterscheidet sich für hinreichend großes n beliebig wenig von 1. Folglich ist $V \leqq \frac{1}{3}G\cdot h$.

Entfernen wir von der Prismentreppe die unterste Stufe und senken die Treppe um $\frac{h}{n}$ ab, so erhalten wir eine in der Pyramide enthaltene Treppe mit einem um $\frac{n^2}{n^2}G\cdot\frac{h}{n} = G\cdot\frac{h}{n}$ kleineren Volumen (Bild 7b).

Das Volumen der eingeschlossenen Treppe strebt daher ebenfalls gegen den Wert $\frac{1}{3}G\cdot h$. Als gemeinsamer Grenzwert der Volumina einer Folge umschließender und einer Folge einschließender Prismentreppen ist damit $\frac{1}{3}G\cdot h$ das Volumen des Tetraeders mit der Grundfläche G und der Höhe h.

Aus der Additivität des Volumens folgt, daß die Formel $\frac{1}{3}G\cdot h$ für Pyramiden allgemein gilt.

Wir wollen die Formel weiter verallgemeinern. Unter einem (allgemeinen) *Kegel* mit Grundfläche F wird ein Körper verstanden, der entsteht, wenn man die Randpunkte von F mit einem außerhalb der Grundflächenebene gelegenen Punkt (der *Spitze* des Kegels) verbindet (Bild 8). Pyramiden sind also spezielle Kegel.

Falls F ein Kreis ist, heißt der Kegel *Kreiskegel* (oder "Kegel" schlechthin), falls außerdem die Spitze senkrecht über dem Mittelpunkt des Grundkreises liegt, *gerader Kreiskegel*.

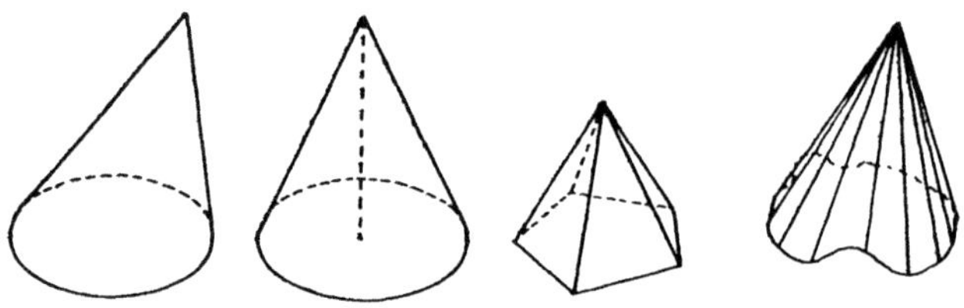

Bild 8

Der Übergang vom Pyramiden- zum Kegelvolumen ist analog dem Übergang vom Prismen- zum Zylindervolumen durchzuführen und sichert die Gültigkeit der Formel $\frac{1}{3}G \cdot h$ für alle Kegel. Die Größe h gibt dabei den (senkrecht gemessenen) Abstand der Spitze des Kegels von der Grundflächenebene an.

8.4.4. Das Cavalierische Prinzip im Raum

Die weitere Behandlung des Volumens könnte wieder analog zu 8.3. erfolgen: Man könnte analog zu 8.3.2.4. räumliche Scherungen definieren und die Invarianz des Volumens bei Scherungen beweisen (allerdings mit erheblich mehr Aufwand). Die Scherungen führen wieder auf die Schichtenzerlegung von Körpern und motivieren das Cavalierische Prinzip im Raum:

Kann man zwei Körper so zwischen parallele Ebenen legen, daß jede dritte, zu den beiden parallele Ebene aus den Körpern inhaltsgleiche Flächen ausschneidet, dann haben die Körper das gleiche Volumen.

Zur systematischen Begründung dieses Prinzips im Raum benötigt man wiederum die Integralrechnung. Im Rahmen der Elementargeometrie ist die Schichtenzerlegung und ihre Bedeutung für die Volumapproximation vom Beispiel der dreiseitigen Pyramiden her klar. Daher ist das Prinzip in diesem Rahmen eine inhaltlich-anschaulich begründete Regel. Unscharf bleibt lediglich der Bereich der Körper, für den es anwendbar ist. Analysiert man den Beweis aus 8.4.3., so kann man die sibyllinische Antwort geben: Das Cavalierische Prinzip gilt für alle Körper, die sich durch Prismentreppen von innen und von außen beliebig genau approximieren lassen.

8.4.5. Das Volumen der Kugel

Die Ableitung des Volumens und der Oberfläche der Kugel aus Volumen und Oberfläche von Zylinder und Kegel ist eine der großen Leistungen von ARCHIMEDES (287-212 v.Chr.). Der römische Redner CICERO (106-43 v.Chr.) berichtet in seiner Schrift "Tusculanae disputationes" (V, 64), daß er in Sizilien das Grabmal von ARCHIMEDES gefunden habe:

> "Von Syrakus werde ich ein bescheidenes Männchen aus seiner Welt von Staubtafel und Zeichengriffel herbeizitieren, das viele Jahre vorher gelebt hat: Archimedes. Als ich Quästor war, habe ich sein Grab entdeckt, das die Syrakusaner nicht kannten und dessen Existenz sie sogar völlig bestritten. Es war von allen Seiten von Sträuchern und Büschen umgeben und verdeckt. Ich kannte nämlich einige Verse, die besagten, daß sich an der Spitze des Grabsteines eine Kugel zusammen mit einem Zylinder befände, und ich nahm an, daß diese Verse ebenfalls in den Grabstein eingemeißelt seien. Als ich aber alles mit den Augen musterte - bei den Agrigentinischen Toren gibt es eine große Zahl von Gräbern - bemerkte ich eine kleine Säule, die ein wenig aus dem Gebüsch herausragte und auf der sich die Figur mit Kugel und Zylinder befand. Sofort sagte ich den anwesenden Syrakusanern, unter denen auch führende Persönlichkeiten waren, ich dächte, dies sei genau das, was ich suchte. Viele Helfer wurden mit Sicheln hineingeschickt, legten den Ort frei und säuberten ihn. Als der Zugang frei war, begaben wir uns zum gegenüberliegenden Sockel. Es zeigte sich ein Epigramm, bei dem die zweiten Teile der Verse fast bis zur Hälfte abgebrochen waren. So hätte denn eine der vornehmsten Städte Griechenlands, einstmals sogar eine der gebildetsten, das Grabmal ihres scharfsinnigsten Bürgers vergessen, wenn sie durch einen Mann aus Arpinum nicht wieder darauf aufmerksam gemacht worden wäre."

Aus der Tatsache, daß auf ARCHIMEDES' Grab Kugel und Zylinder eingemeißelt waren, mag man einschätzen, welche Bedeutung ARCHIMEDES und seine Zeitgenossen der Volumen- und Oberflächenbestimmung bei der Kugel beigemessen haben.

ARCHIMEDES gibt in seiner erst Anfang unseres Jahrhunderts wiederaufgefundenen Schrift "Die Methode" (ARCHIMEDES, Werke, S. 382) einen genauen Bericht, wie er die Formel für das Kugelvolumen gefunden hat (vgl. hierzu auch VAN DER WAERDEN 1968, I). Seine wesentliche Idee ist die Übertragung des Problems in die Mechanik und die Anwendung des von ihm entdeckten Hebelgesetzes. ARCHIMEDES denkt sich einen Hebel, an dessen einem Hebelarm der Länge 2r eine massive Kugel mit Radius r und ein gerader massiver Kreiskegel mit Grundkreisradius 2r und Höhe 2r hängen und an dessen anderem Hebelarm ein massiver Zylinder mit Grundkreisradius 2r und Höhe 2r längs einer Mantellinie aufgehängt ist (Bild 9). Alle drei Körper sind aus gleichem Material und homogen.

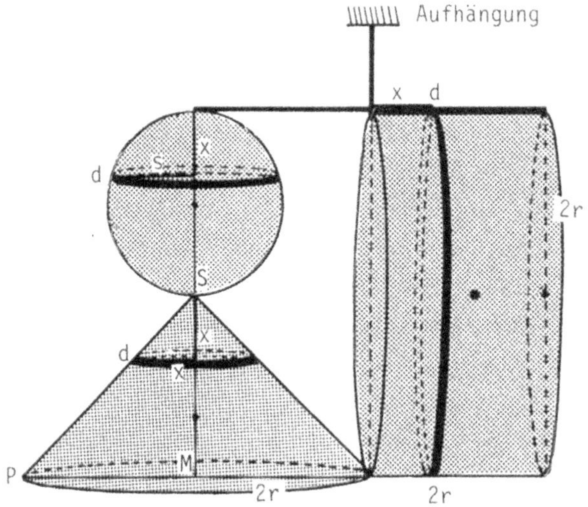

Bild 9

ARCHIMEDES zerlegt nun Kugel, Kegel und Zylinder in dünne Schichten der Dicke d. Er vergleicht das Drehmoment der vom Aufhängepunkt um x entfernten Schicht der Kugel und der von der Kegelspitze ebenfalls um x entfernten Schicht des Kegels mit dem Drehmoment der vom Drehpunkt des Hebels um x entfernten Schicht des Zylinders.

Nach der Formel "Kraft mal Kraftarm" ergeben sich folgende Drehmomente, wobei ρ das spezifische Gewicht des Materials bezeichnet:

Kugelschicht (praktisch ein dünner Kreiszylinder der Höhe d)

$$\underbrace{\underbrace{\rho \cdot \underbrace{\pi \cdot s^2 \cdot d}_{\text{Volumen der Schicht}}}_{\text{Gewicht der Schicht}} \cdot \underbrace{2r}_{\text{Hebelarm}}}_{\text{Drehmoment der Schicht}} = \rho \cdot \pi(2r - x) \cdot x \cdot d \cdot 2r$$

Beachten Sie, daß $s^2 + (r-x)^2 = r^2$ nach PYTHAGORAS, also $s^2 = (2r-x) \cdot x$.

Kegelschicht (praktisch ein dünner Kreiszylinder der Höhe d)

$$\rho \cdot \pi \cdot x^2 \cdot d \cdot 2r$$

Beachten Sie, daß bei dieser speziellen Form des Kegels der Winkel zwischen der Kegelachse und jeder Mantellinie 45° beträgt (PMS ist ein gleichschenklig-rechtwinkliges Dreieck).

Zylinderschicht

$$\rho \cdot \pi(2r)^2 \cdot d \cdot x$$

Der Vergleich zeigt, daß die Drehmomente der Kegel- und Kugelschicht dem Drehmoment der Zylinderschicht das Gleichgewicht halten:

$$\rho \cdot \pi(2r - x) \cdot x \cdot d \cdot 2r + \rho\pi x^2 \cdot d \cdot 2r = \rho\pi(2r)^2 \cdot d \cdot x$$

Das schichtenweise Gleichgewicht hat das Gleichgewicht der Körper insgesamt zur Folge.

ARCHIMEDES nutzt nun aus, daß man jeden Körper am Hebel durch die im Schwerpunkt konzentrierte Masse ersetzen kann (vgl. dazu auch 10.4.3.).

Damit erhält er

$$\underbrace{\underbrace{\rho \cdot V_{Ku}}_{\text{Gewicht}} \cdot \underbrace{2r}_{\text{Hebelarm}}}_{\text{Drehmoment der Kugel}} + \underbrace{\rho \cdot V_{Ke} \cdot 2r}_{\text{Drehmoment des Kegels}} = \underbrace{\rho \cdot V_{Zyl} \cdot r}_{\text{Drehmoment des Zylinders}}$$

Umformung und Einsetzen der bekannten Volumformeln für Kegel und Zylinder ergibt

$$2V_{Ku} + 2V_{Ke} = V_{Zyl}$$

$$2V_{Ku} + 2 \cdot \frac{1}{3}(2r)^2\pi \cdot 2r = \pi \cdot (2r)^2 \cdot 2r$$

$$V_{Ku} = 4\pi r^3 - \frac{8}{3}\pi r^3 = \frac{4}{3}\pi r^3 .$$

ARCHIMEDES sah diese mechanischen Überlegungen nicht als Beweis, wohl aber als heuristische Hilfe an: "Wenn man einmal eine gewisse Kenntnis des Gesuchten erworben hat", schreibt er in seiner "Methode", "so ist es viel leichter, den Beweis zu führen, als wenn man noch nichts davon weiß."

Einen Beweis mit Mitteln der Euklidischen Geometrie lieferte ARCHIMEDES in seiner Schrift "Kugel und Zylinder" nach (ARCHIMEDES, Werke, S. 75-150, vgl. auch VAN DER WAERDEN 1968, II).

Ich gebe hier eine andere Herleitung des Kugelvolumens wieder, welche in der Idee auf GALILEI zurückgeht und welche Kugel, Kegel und Zylinder mit Hilfe des Cavalierischen Prinzips in eine sehr schöne Beziehung setzt.
In Bild 10 lassen wir das Rechteck ABCD (Seiten 2r und r), den Halbkreis um M (Radius r) und das Dreieck CMD um die gemeinsame Symmetrieachse rotieren. Als Rotationskörper entstehen erstens ein Zylinder mit Grundkreisradius r und Höhe r, zweitens eine Halbkugel vom Radius r mit Mittelpunkt M, sowie drittens ein Kegel mit der Spitze in M, dem Grundkreisradius r und der Höhe r. Das Zylindervolumen ist πr^3, das Kegelvolumen $\frac{1}{3}\pi r^3$. Wenn wir aus dem Zylinder den Kegel entfernen, entsteht ein konisch aufgebohr-

ter Zylinder als Restkörper, der das Volumen $\pi\cdot r^3 - \frac{1}{3}\pi r3 = \frac{2}{3}\pi r^3$ hat. Wir wollen zeigen, daß er das gleiche Volumen wie die Halbkugel vom Radius r besitzt. Zum Beweis ziehen wir eine beliebige Ebene parallel zur gemeinsamen Grundfläche von Zylinder, Kegel und Halbkugel im Abstand x heran. Sie schneidet aus der Kugel eine Kreisfläche mit Inhalt $\pi\cdot s^2 = \pi(r^2-x^2)$ (PYTHAGORAS!) und aus dem Restkörper einen Kreisring mit Inhalt $\pi\cdot r^2 - \pi\cdot x^2$ aus. Hierbei wird ausgenutzt, daß das Dreieck CMD gleichschenklig-rechtwinklig ist. Nun ist $\pi(r^2-x^2) = \pi r^2-\pi x^2$. Nach dem Prinzip von CAVALIERI hat daher die Halbkugel das gleiche Volumen wie der aufgebohrte Zylinder. Die Kugel vom Radius r besitzt folglich das Volumen $\frac{4}{3}\pi r^3$.

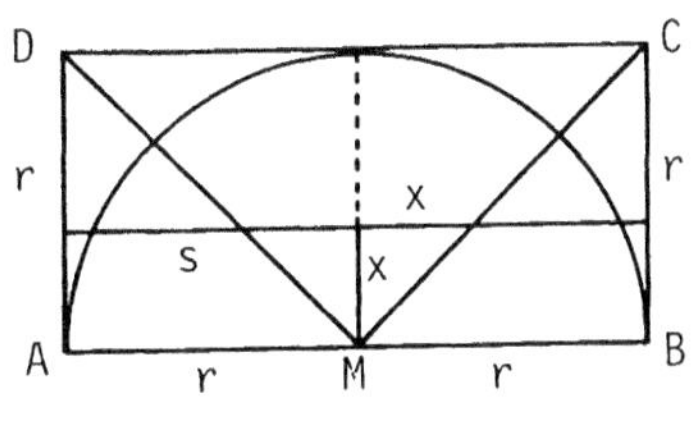

Bild 10

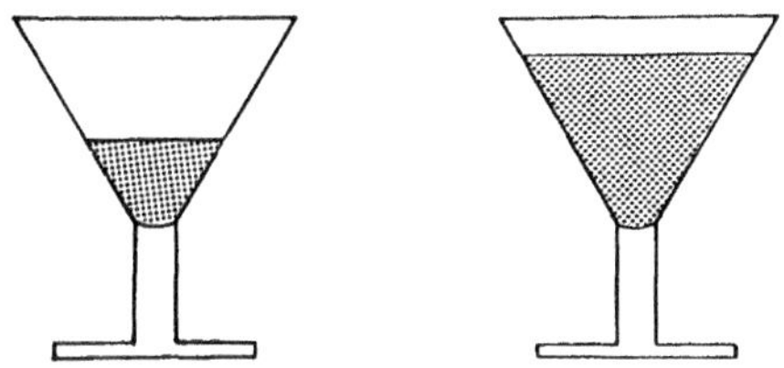

Bild 11

8.4.6. Das Verhalten des Volumens bei zentrischen Streckungen im Raum

Analog zu zentrischen Streckungen in der Ebene kann man zentrische Streckungen im Raum definieren und nachweisen, daß sie das Längenverhältnis invariant lassen. Das maßstabgetreue Vergrößern und Verkleinern ist indes eine anschaulich klare Operation, mit der man auch unabhängig von dem Begriff "zentrische Streckung" arbeiten kann.

In die Volumformeln geht außer konstanten Zahlwerten (z.B. $\frac{1}{3}$ oder π) jeweils das Produkt von drei Längen ein. Wird daher eine Vergrößerung bzw. Verkleinerung mit dem Faktor k (k>0) vorgenommen, so transformiert sich das Volumen mit dem Faktor k^3. Bei der Verdoppelung der Längen verachtfacht sich das Volumen, bei einer Verzehnfachung vertausendfacht es sich.

In einer bekannten Scherzaufgabe wird gefragt, wieviel man für ein halbhoch gefülltes kegelförmiges Gläschen Schnaps zu zahlen bereit sei, wenn das bis zur Marke gefüllte 2 DM koste. Die üblichen Antworten ($\frac{1}{2}$, $\frac{1}{3}$, $\frac{1}{4}$, $\frac{1}{5}$ des Preises) sind alle falsch, denn der Halbierung der Höhe entspricht eine Achtelung des Volumens (Bild 11).

Bei einem zylinderförmigen Schnapsglas würde der halben Höhe natürlich auch das halbe Volumen entsprechen.

8.5. Die Oberfläche des geraden Kreiszylinders, des geraden Kreiskegels und der Kugel

Unter der Oberfläche eines Polyeders versteht man die Summe der Inhalte seiner Seitenflächen. Analog zu 8.2.2. kann man zeigen, daß sich die Oberfläche konvexer Polyeder monoton verhält, d.h. ein Polyeder, das in einem zweiten echt enthalten ist, besitzt eine kleinere Oberfläche. Aus diesem Grund lassen sich die Oberflächen des geraden Kreiszylinders und des geraden Kreiskegels über die gleiche Approximation durch Prismen bzw. Pyramiden bestimmen, die wir schon bei der Volumbestimmung verwendet hatten, und die auf der Approximation des Kreises durch ein- und umbeschriebene reguläre Vielecke beruht.

Ich überlasse Ihnen die genaue Ausführung als Aufgabe und gebe nur die Ergebnisse an:

Oberfläche des Zylinders mit Grundkreisradius r *und Höhe* h*:*

$2\pi r^2$	$+$	$2\pi r \cdot h$
Grund- und Deckfläche		Zylindermantel

Oberfläche des Kegels mit Grundradius r*, Höhe* h *und Mantellinie* s*:*

πr^2	$+$	$\pi \cdot r \cdot s$
Grundkreis		Mantel

Nach dem Satz von Pythagoras gilt $s^2 = r^2 + h^2$ (Bild 12).

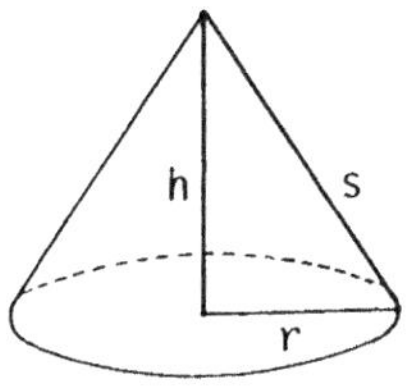

Bild 12

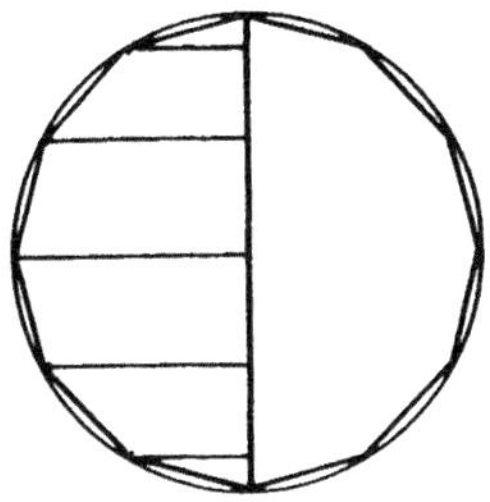

Bild 13

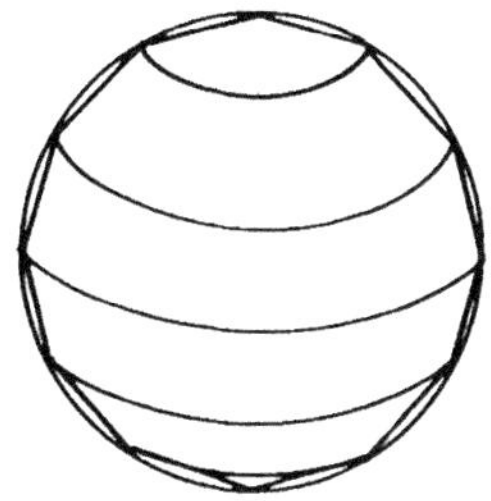

Bild 14

Auch die Bestimmung der Oberfläche der Kugel läßt sich auf die Bestimmung des Kreisumfangs mit Hilfe regulärer Vielecke zurückführen. Die m.E. einfachste Methode ist die folgende. Wir lassen einen Kreis nebst einbeschriebenem n-Eck (n = 12,24,...) um eine gemeinsame Symmetrieachse rotieren (Bild 13). Es entstehen eine Kugel und ein in der Kugel einbeschriebener Rotationskörper, der aus einzelnen Kegelstümpfen besteht (Bild 14).

Analysieren wir einen dieser Kegelstümpfe genauer (Bild 15).
EM ist die Höhe im gleichschenkligen Dreieck AMD, und EF steht senkrecht auf SM. Wir haben $\overline{AD} = s_n$ und setzen $\overline{AB} = v$, $\overline{CD} = u$, $\overline{EF} = w$, $\overline{BC} = d$, $\overline{DS} = t$.

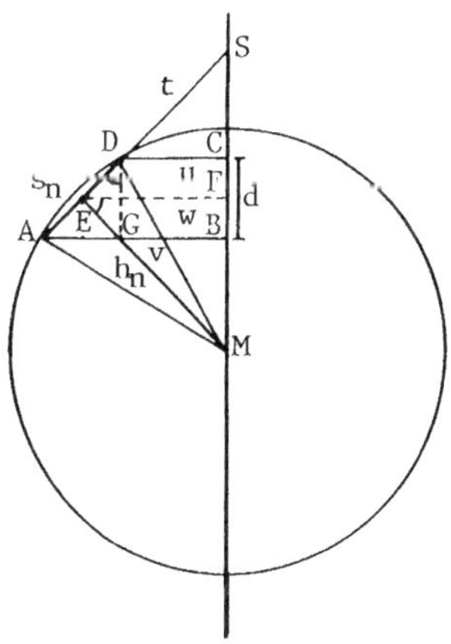

Bild 15

Die Mantelfläche A des Kegelstumpfes ergibt sich als Differenz der Oberflächen zweier Kegelmäntel zu

$$(1)\quad A = \pi \cdot v(t + s_n) - \pi \cdot u \cdot t = \pi(v - u) \cdot t + \pi \cdot v \cdot s_n \cdot$$

Aus dem Strahlensatz (beachten Sie $GD \parallel BS$ und $\overline{AG} = v - u$) folgt

$$s_n : (v - u) = t : u$$

und damit

$$(v - u) \cdot t = s_n \cdot u .$$

Dies in (1) eingesetzt führt zu

$$(2)\quad A = \pi \cdot s_n \cdot u + \pi \cdot v \cdot s_n = \pi \cdot s_n \cdot (u + v).$$

Das Viereck ABCD ist ein Trapez und $w = \frac{u+v}{2}$ ist seine Mittellinie. (2) geht über in

$$(3)\quad A = \pi \cdot 2s_n \cdot w .$$

Es gilt $\sphericalangle ADG = \sphericalangle ESM$ (Stufenwinkel) und
$\sphericalangle ESM = 180°-90°-\sphericalangle EMS = 180°-90°-\sphericalangle EMF = \sphericalangle MEF$. Insgesamt haben wir somit
$\sphericalangle ADG = \sphericalangle MEF$.

Damit sind die rechtwinkligen Dreiecke EMF und DAG ähnlich und es folgt

$$s_n : d = h_n : w \quad , \quad s_n \cdot w = d \cdot h_n .$$

In (3) eingesetzt erhalten wir schließlich für A

$$A = 2\pi \cdot h_n \cdot d .$$

Dies ist ein bemerkenswertes Resultat, denn h_n hängt nicht davon ab, welchen Kegelstumpf wir ausgewählt haben. Die Länge d mißt, welchen Teil des Kugeldurchmessers der Kegelstumpf "abdeckt". Wenn wir über alle Kegelstümpfe summieren, füllen die Längen d den gesamten Durchmesser 2r aus und wir erhalten für die Oberfläche des der Kugel einbeschriebenen Rotationskörpers den Wert

$$O_n^{(i)} = 2\pi \cdot h_n \cdot 2r = 4\pi r \cdot h_n .$$

Da h_n mit wachsendem n gegen r strebt, strebt $O_n^{(i)}$ gegen $4\pi r^2$.

Die zentrische Streckung an M mit Faktor $\frac{r}{h_n}$ führt den einbeschriebenen Rotationskörper in einen der Kugel umbeschriebenen Körper mit der Oberfläche $O_n^{(a)} = O_n^{(i)} \cdot (\frac{r}{h_n})^2 = 4\pi r^2 \cdot \frac{r}{h_n}$ über. Offensichtlich strebt auch $O_n^{(a)}$ mit wachsendem n gegen $4\pi r^2$.

Die Oberfläche der Kugel mit Radius r ist somit $4\pi r^2$.

Wie Seifenblasen am schönsten illustrieren, löst die Kugel das isoperimetrische Problem im Raum:
Unter allen Körpern mit festem Volumen besitzt die Kugel minimale Oberfläche.

8.6. Groß und Klein in der Natur

Zum Abschluß und in gewisser Weise als Zusammenschau der verschiedenen Abschnitte dieses Kapitels soll nun noch skizziert werden, welche Auswirkungen das unterschiedliche Verhalten von Flächeninhalten und Volumina bei Vergrößerungen und Verkleinerungen in der Natur hat.

Die Größe der Lebewesen auf unserem Planeten zeigt eine erstaunliche Variationsbreite: Der Blauwal, mit bis zu 22 m Länge und 100 t das schwerste Lebewesen, das je auf der Erde existiert hat, ist etwa 20 Millionen mal so groß und etwa 10^{18} mal so schwer wie ein Bakterium von etwa $\frac{1}{1000}$ mm Durchmesser.
Innerhalb jeder Art ist ebenfalls eine gewisse Schwankungsbreite zu beobachten, aber sie ist relativ klein: Ausgewachsene Elefanten sind unterschiedlich groß, ausgewachsene Mäuse ebenfalls, aber trotzdem ist es sinnvoll zu sagen "so groß wie ein Elefant" oder "so klein wie eine Maus". Die menschliche Phantasie hat sich über diese Beschränkungen leicht hinweggesetzt. In den Märchen und in der Science-Fiction-Literatur tauchen Riesen, Zwerge, Däumlinge, Drachen, menschengroße oder winzige Insekten usw. auf. Für LEWIS CARROLL war es kein Problem, Alice zu verkleinern und im Teich ihrer Tränen schwimmen zu lassen, um sie in der nächsten Episode riesengroß zu machen. JONATHAN SWIFT konnte seinen Gulliver ohne Mühe nach Liliput, das Land der Zwerge, und nach Brobdignag, das Land der Riesen, versetzen.

In Wirklichkeit sind die riesen- und zwergenhaften Gestalten der Märchen aber nicht möglich, da es zwingende naturgesetzliche Gründe dafür gibt, daß jeder Spezies eine bestimmte, eben die "richtige" Größe zukommt. Dies wollen wir nun begründen.

In 8.3.2.2. und in 8.4.6. haben wir gesehen, daß sich bei einer Vergrößerung bzw. Verkleinerung eines Körpers um den Faktor k der Flächeninhalt mit k^2 und das Volumen mit k^3 transformiert. GALILEI hat als erster vollkommen klar erkannt, daß aus diesem Grund die interne Stabilität eines Lebewesens und seine Anpassung an die Umwelt bei zu starker Vergrößerung bzw. Verkleinerung zerstört wird. Grundlegende Lebensfunktionen setzen nämlich für jedes Lebewesen ein ausgewogenes Verhältnis von Volumen und Oberfläche voraus.
Betrachten wir zunächst ein mechanisches Beispiel. Stellen wir uns vor, ein Faden von 1 mm^2 Querschnitt sei gerade noch in der Lage, 1 kg zu tragen. Wenn wir alle Dimensionen mit dem Faktor 10 vergrößern, erhöht sich der Querschnitt des Fadens auf $100 \cdot 1\ mm^2 = 1\ cm^2$ und das dem Volumen proportionale Gewicht wächst auf $1000 \cdot 1$ kg = 1 t . Offensichtlich kann dieser Faden das Gewicht 1 t nicht mehr tragen. Physikalisch gesehen ist der auf den Faden wirkende Zug der Quotient $\frac{\text{Gewicht}}{\text{Querschnitt}}$. Da sich das Gewicht ver<u>tausend</u>facht, der Querschnitt nur ver<u>hundert</u>facht hat, nimmt der Zug um den Faktor 10 zu. Wenn umgekehrt alle Längen auf $\frac{1}{10}$ verkleinert würden, dann würde sich der Zug auf $\frac{1}{10}$ seines ursprünglichen Wertes vermindern. Ein Faden von $\frac{1}{100}\ mm^2$ (dickes Haar) könnte ein Gewicht von $\frac{1}{1000}$ kg = 1 g mit Leichtigkeit halten.

Das in diesem Beispiel erkennbare Prinzip ist in vielen Variationen im Bereich des Lebendigen wirksam. <u>Proportional zum Volumen</u> sind bei fester Dichte die Masse und das Gewicht eines Lebewesens. <u>Proportional zur Oberfläche</u> sind die Wärmeabgabe an die Umgebung und die Reibung bei der Bewegung in Luft oder Wasser. Bei Änderung aller Längen um den Faktor k verändert sich das Verhältnis Volumen : Oberfläche mit $k^3 : k^2 = k$, d.h. bei einer Verkleinerung nimmt das Volumen <u>im Verhältnis</u> zur Oberfläche ab, bei einer Vergrößerung nimmt es zu. Ein Organismus, der ein ausgewogenes Verhältnis von Volumen und Oberfläche besitzt, kann daher nicht einfach ähnlich vergrößert oder verkleinert werden, weil dadurch dieses Verhältnis empfindlich gestört würde. Größenveränderungen sind nur bei entsprechenden Struktur- und Organveränderungen möglich. Betrachten wir einige Beispiele.

Wärmehaushalt

Kleine Lebewesen geben wegen ihrer relativ großen Oberfläche viel Wärme ab und müssen sich darauf einstellen.

(1) Mäuse müssen relativ viel und häufig fressen. Säugetiere können eine gewisse Größe nicht unterschreiten, da sonst der Wärmeverlust durch die Haut durch die Wärmeproduktion in den Zellen nicht mehr ausgeglichen werden könnte.

(2) In Polargebieten können nur größere Säugetiere leben, die sich durch Pelze und Fettschicht besonders vor Auskühlung schützen. Die Tiere in Polargebieten unterscheiden sich von Artgenossen in gemäßigten Breiten dadurch, daß sie generell größer sind (Bergmannsche Regel) und daß ihre Körperanhängsel (insbesondere die Ohren) kleiner sind (Allensche Regel).

(3) Frühgeborene Babies benötigen einen Brutkasten und sind bei Krankentransporten mit einer Aluminiumfolie vor Auskühlung zu schützen.

Lebewesen, bei denen der Gasaustausch mit der Umgebung ganz über die Außenhaut stattfindet, können eine gewisse Größe nicht überschreiten, da sonst die Oberfläche zu klein würde, um den Körper zu versorgen.

(1) Kugelige Einzeller, bei denen der Austausch von Sauerstoff und Stoffwechselprodukten direkt durch die Zellwand erfolgt, können nicht größer als 1 mm werden.

(2) Insekten atmen durch Öffnungen im Chitinpanzer (Tracheen). Diese Atmungsform ist nur bis zu einer gewissen Größe wirksam.

(3) Größere Tiere und Pflanzen brauchen Lungen, Kiemen oder Blätter, d.h. besondere oberflächenvergrößernde Organe für den Sauerstoff-Kohlendioxid-Austausch. Die gesamte mit der Außenluft in Kontakt stehende Oberfläche der menschlichen Lunge beträgt ca. 150 m^2, die Blattfläche einer freistehenden 120 Jahre alten Buche ca. 1200 m^2.

Reibung bei Bewegung

Säugetiere haben im wesentlichen die gleiche Dichte, d.h. das gleiche Verhältnis Masse : Volumen . Beim freien Fall ist daher die Schwerkraft proportional zum Volumen. Die Luftreibung ist hingegen proportional zur

Oberfläche. Eine Maus wird daher relativ gut gebremst, sie kann einen Fall aus großer Höhe ohne Schaden überstehen. Ein Mensch würde dabei getötet, ein Pferd zerquetscht.

Auch die Reibung in Wasser ist proportional zur Oberfläche. Das Gewicht ist dabei ausgeschaltet. Große Fische finden daher im Wasser relativ weniger Widerstand als kleine.

Stehvermögen

Der Druck, der auf Beine von Tieren oder den Stamm von Bäumen ausgeübt wird, ist proportional zu dem Verhältnis Masse : Querschnitt (vgl. das Beispiel der an einem Faden hängenden Kugel). Massige Tiere, z.B. das Nashorn, müssen daher notwendig kurze dicke Beine haben und wirken relativ grobschlächtig. Der Blauwal mit 100 t könnte auf dem Land kaum leben. Der größte Saurier war ungefähr 50 t schwer und ca. 30 m lang, und die daraus resultierende Schwerfälligkeit war für das Überleben sicherlich nicht förderlich. Umgekehrt haben kleine Tiere mit ihrem Gewicht um so weniger Probleme je kleiner sie sind. Z.B. spazieren Fliegen mühelos an der Decke eines Zimmers entlang.

Auch große Bäume brauchen einen relativ dicken Stamm. Die größten Exemplare des Mammutbaumes erreichen eine Höhe von ungefähr 100 m und einen Durchmesser von 8 m. Eine Fichte von 20 m Höhe besitzt ungefähr einen Durchmesser von 40 cm. Bei einer ähnlichen Vergrößerung der Fichte um den Faktor 5 entstünde ein Baum von 100 m Höhe und nur 2,00 m Durchmesser. Ein solcher Baum würde unter seiner eigenen Last zusammenbrechen.

Schwimmfähigkeit

Säugetiere, ob groß oder klein, schwimmen relativ gleich gut. Der Grund liegt darin, daß sowohl das Gewicht wie der Auftrieb im Wasser proportional zum Volumen sind, d.h. die Schwimmfähigkeit ist unabhängig von der Größe.

Diese Liste der Beispiele, die man noch viel weiter fortsetzen könnte, mag als Bestätigung für einen Satz aus GOETHEs "Dichtung und Wahrheit" dienen: "Es ist dafür gesorgt, daß die Bäume nicht in den Himmel wachsen."

Literatur

Archimedes, Werke. Übersetzt und mit Anmerkungen versehen von Arthur Czwalina. Darmstadt: Wiss. Buchges. 1967

Edler, F., Vervollständigung der Steinerschen elementargeometrischen Beweise für den Satz, daß der Kreis größeren Flächeninhalt besitzt als jede andere Figur gleich großen Umfangs. Nachr. Kgl. Ges. Wissensch. Göttingen 1882, 73-80

Galilei, G., Unterredungen und mathematische Demonstrationen. ("Discorsi"). Erster bis sechster Tag. Darmstadt: Wissenschaftl. Buchges. 1964

Gericke, H., Zur Geschichte des isoperimetrischen Problems. Math. Sem. ber. XXIX (1982), H. 2, 160-187

Gerretsen, J./ Vredenduin, P., Polygone und Polyeder. In: Behnke, H. u.a., Grundzüge der Mathematik. Göttingen 1967, Bd. II A, 253-302

Haldane, J.G.S., Über die richtige Größe der Lebewesen. Mathematiklehrer 2-1981, 8-10 (Übers. des engl. Originals aus dem Jahr 1930)

Nikoforovski, W.A./ Freiman, L.F., Wegbereiter der neuen Mathematik. Moskau/Leipzig 1978

Perron, O., Über einen Satz von Besicovitsch. Math. Zeitschrift 28 (1928), 383-386

Seebach, K., Didaktische Überlegungen zum Satz von Dehn. Didaktik der Mathematik 11 (1983), H. 1, 1-13

D'Arcy Thompson, W., Über Wachstum und Form. Frankfurt: Suhrkamp 1982

Van der Waerden, B.L., Einfall und Überlegung. Drei kleine Beiträge zur Psychologie des mathematischen Denkens. Basel und Stuttgart: Birkhäuser 1968

Aufgaben

1. Ein Kreis vom Radius r rollt auf dem Rand eines konvexen Vielecks mit Umfang u außen einmal herum, wobei er in jeder Ecke jeweils auf die nächste Seite einschwenkt (Bild 16). Die Schar der verschiedenen Positionen des Kreises wird außen von einer Kurve eingehüllt, die Parallelkurve des Vielecks heißt. Beweisen Sie, daß die Parallelkurve den Umfang $u + 4r\pi$ hat.

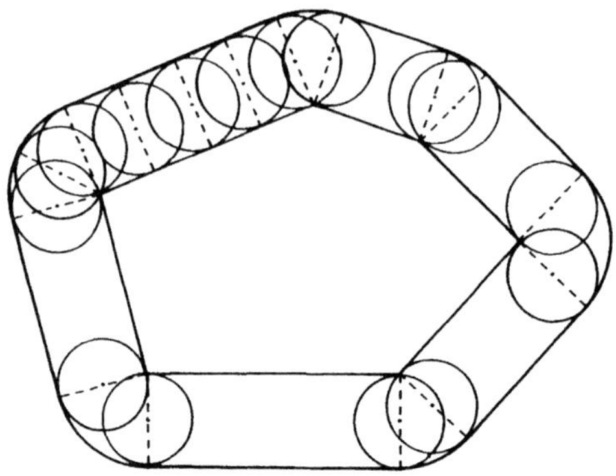

Bild 16

2. Beweisen Sie für die Seiten a, b, c und die Seitenhalbierenden s_a, s_b, s_c eines Dreiecks die Ungleichungen

$$\frac{3}{4}(a+b+c) < s_a + s_b + s_c < a + b + c .$$

3. Gegeben sind zwei Kreise, die sich nicht schneiden. Finden Sie auf jedem Kreis je einen Punkt, so daß die Verbindungsstrecke minimale Länge hat.

4. In Bild 17 ist ABCD ein Quadrat; E und F sind die Mittelpunkte von AB und BC. Die Strecken AF und CE schneiden sich in G. Drücken Sie die Inhalte A_1, A_2, A_3 und A_4 der Teilvierecke und Teildreiecke als Bruchteile des Quadratinhalts aus. Sind die Vierecke BFGE und DAGC ähnlich? Verallgemeinern Sie!

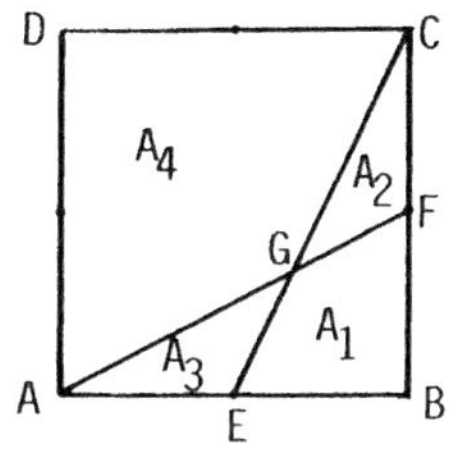

Bild 17

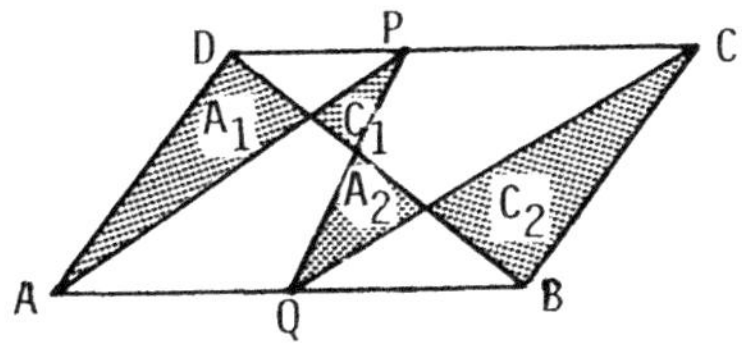

Bild 18

5. Auf zwei Gegenseiten eines Parallelogramms ABCD wird je ein Punkt P, Q gewählt. Die Diagonale BD und der Streckenzug APQC definieren Dreiecke mit den Inhalten A_1, A_2 und C_1, C_2 (Bild 18).

a) Zeigen Sie, daß $A_1 + A_2 = C_1 + C_2$.

b) Wählen Sie analog zu a) auf jeder der beiden Gegenseiten zwei Punkte und verbinden Sie analog. Behauptung? Beweis?

c) Verallgemeinern Sie weiter.

6. Leiten Sie aus den Ergebnissen von 8.2.5. die Formeln von ARCHIMEDES für die Umfänge u_n, U_n der dem Einheitskreis ein- und umbeschriebenen regulären Vielecke ab:

$$u_{2n} = 2n\sqrt{2}\sqrt{1-\sqrt{1-\left(\frac{u_n}{2n}\right)^2}} ,$$

$$U_n = \frac{u_n}{\sqrt{1-\left(\frac{u_n}{2n}\right)^2}}$$

7. Begründen Sie die Formeln für die Oberfläche des geraden Kreiszylinders und des geraden Kreiskegels mit Hilfe ein- und umbeschriebener Prismen bzw. Pyramiden.

8. Leiten Sie für den Kegelstumpf (Bild 19) die Formeln

$$O = \pi R^2 + \pi r^2 + \pi(R + r)s$$

$$V = \frac{\pi}{3} (R^2 + Rr + r^2) \cdot h$$

ab.

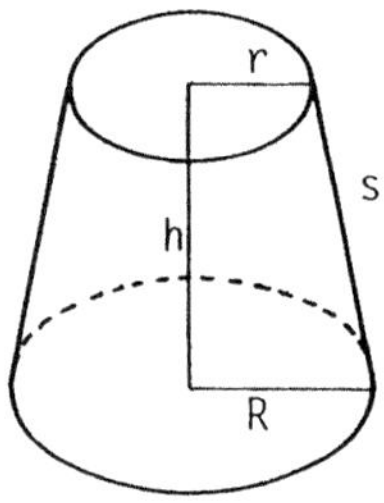

Bild 19

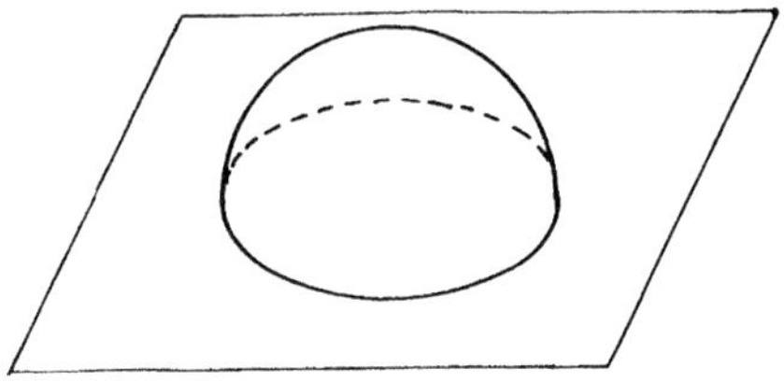

Bild 20

9. Kugeln besitzen unter allen Körpern festen Inhalts minimale Oberfläche. Begründen Sie damit folgendes Phänomen: Bringt man eine Seifenblase mit einer Glasplatte in Berührung, so wölbt sie sich in Form einer Halbkugel über die Glasplatte (Bild 20). D.h. unter allen Körpern mit festem Volumen, von denen eine Seitenfläche in einer Ebene liegt, hat die Halbkugel minimale Oberfläche.
Tip: Spiegelung an der Glasplatte!

10. Erklären Sie, weshalb sich große Äpfel im Keller länger saftig halten als kleine.

9 Ebene Trigonometrie

Niemand, der unsere Dreieckslehre außer acht läßt, wird die Sternkunde hinreichend verstehen ... Die Dreieckslehre eröffnet allen Astronomen und einigen spezialisierten Geometern die Tür.. Da ja bekanntlich die übrigen Figuren schrittweise in Dreiecke auflösbar sind, bedürfen die Probleme der Astronomen dieser unserer Bücher.

JOHANNES REGIOMONTANUS (1436-1476),
De triangulis omnimodis libri quinque, Vorwort

Wie besonders in der Einleitung zu Kapitel 8 deutlich gemacht wurde, hat sich die Geometrie bei der Auseinandersetzung mit Vermessungsproblemen entwickelt. Sie ist zwar sehr schnell weit darüber hinausgewachsen, jedoch verlor dieser Problembereich in der Folgezeit keineswegs an Bedeutung, sondern führte im Lauf der Geschichte zur Herausbildung einer eigenen Teildisziplin der Geometrie: der Trigonometrie (gr. Dreiecksmessung).
Um die Lage eines Punktes relativ zu anderen Punkten festzulegen - darum geht es bei Vermessungen immer - ist man nicht auf die Messung von Abständen beschränkt. Insbesondere in Abschn. 3.4. haben wir im Zusammenhang mit dem Umfangswinkelsatz gesehen, daß auch Winkelmessungen für diesen Zweck nützlich sind. Die Trigonometrie zielt systematisch darauf ab, die Längen- und Winkelmessung bei der Vermessung von Erde und Himmel koordiniert einzusetzen.
Die Begriffe, Verfahren, Formeln und Sätze der Trigonometrie sind über Jahrhunderte hinweg schrittweise entwickelt worden und zwar zunächst immer nur so weit, wie es für praktische Zwecke erforderlich war. Höhepunkt der trigonometrischen Praxis des Altertums war der "Almagest" von CLAUDIUS PTOLEMÄUS (vgl. Kap. 4). Eine zusammenhängende mathematische Theorie wurde die Trigonometrie aber erst im Mittelalter, als JOHANNES REGIOMONTANUS, einer der größten Mathematiker und Astronomen des Mittelalters, die bis dahin gewonnenen trigonometrischen Erkenntnisse in seinem Lehrbuchwerk "De triangulis omnimodis libri quinque" ("Fünf Bücher über Dreiecke beliebiger Form") (erschienen 1533) systematisch darstellte. Seine beiden ersten Bücher befassen sich mit ebenen Dreiecken (ebene Trigonometrie), die drei letzten mit Dreiecken auf der Kugel, wie sie in der Geometrie auf der Erd- und Himmelskugel auftreten (sphärische Trigonometrie).

Die begriffliche Grundstruktur der Trigonometrie hat sich seit REGIOMONTANUS nicht mehr geändert. Jedoch finden wir bei ihm die heute übliche Formelsprache noch nicht. Sie wurde erst von LEONHARD EULER (1707-1783) eingeführt.

Die heutige Vermessungspraxis wird im Vergleich zu früher durch elektronische Meßgeräte, durch Luftbildaufnahmen (Photogrammetrie) und durch den Einsatz von Computern bei der Auswertung der Messungen gewaltig erleichtert.

Ich beschränke mich im folgenden auf die Herausarbeitung der Grundideen der ebenen Trigonometrie, die m.E. am deutlichsten werden, wenn man die wechselseitigen quantitativen Beziehungen zwischen dem Längen- und dem Winkelmaß unter die Lupe nimmt.

9.1. Die Trigonometrie als Algebraisierung der Kongruenzsätze

Die Längen a, b, c der Seiten und die Maße α, β, γ der Winkel eines Dreiecks ABC (Bild 1) sind nicht unabhängig voneinander. Einmal beträgt die Winkelsumme 180°, so daß man aus je zwei Winkeln den dritten berechnen kann. Vor allem aber stellen die Kongruenzsätze fest, welche Stücke eines Dreiecks die Maße der restlichen Stücke eindeutig bestimmen (vgl. 2.5.5.).

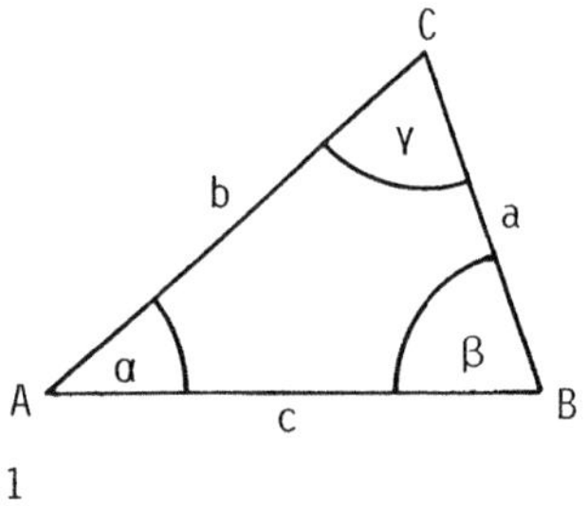

Bild 1

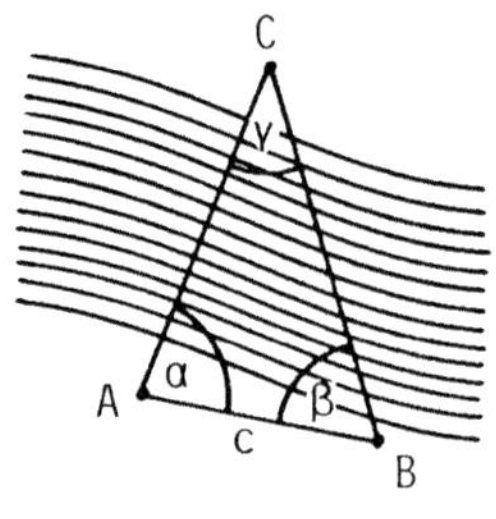

Bild 2

Damit wird eine indirekte Längen- und Winkelbestimmung ermöglicht. Will man beispielsweise die Breite eines Flusses bestimmen (Bild 2), so genügt es, auf dem einen Ufer die Länge $\overline{AB} = c$ einer Standlinie zu messen und von A und B aus z.B. einen Baum C am anderen Ufer anzupeilen (Winkel α,β). Die Maße c, α, β legen das Dreieck ABC und damit auch die Strecke AC bis auf Kongruenz fest (WSW). Man könnte also ein zu ABC kongruentes Dreieck auf einer freien Fläche rekonstruieren und $\overline{AC}$ an diesem Dreieck direkt abmessen. Einfacher wäre es, in verkleinertem Maßstab eine Zeichnung

anzufertigen und daraus $\overline{AC}$ zu bestimmen. Das erste Verfahren ist sehr aufwendig und sehr ungenau und bei sehr großen Dreiecken nicht mehr durchzuführen. Das zweite ist immer noch unbefriedigend. Wünschenswert wäre es, die eindeutig bestimmte Länge $\overline{AC}$ berechnen zu können.
Das Ziel der Trigonometrie kann man nun so formulieren:
Es sollen Formeln entwickelt werden, die es erlauben, aus Seitenlängen bzw. Winkelmaßen, die ein Dreieck bis auf Kongruenz festlegen, die Maße der restlichen Stücke zu berechnen.

Wir werden in Abschn. 9.8. sehen, wie die den vier Kongruenzsätzen entsprechenden trigonometrischen Grundaufgaben mit Hilfe des Sinussatzes (9.6.) und des Kosinussatzes (9.7.) gelöst werden können. Die Trigonometrie kann man daher als Algebraisierung der Kongruenzsätze ansehen.

9.2. Die Winkelfunktionen als " Wickelfunktionen"

Einen ersten Schritt zu einer solchen Algebraisierung leistet der Satz von Pythagoras. Er ermöglicht es, in einem rechtwinkligen Dreieck aus den Längen zweier Seiten die Länge der dritten Seite zu berechnen. Wir besitzen aber noch keine Methode, um aus den Seiten eines rechtwinkligen Dreiecks die Maße der spitzen Winkel berechnen zu können. Ebensowenig sind wir in der Lage, aus einem spitzen Winkel und einer Seite die anderen Seiten eines rechtwinkligen Dreiecks zu berechnen.
Zum operativen Studium der Beziehungen zwischen dem spitzen Winkel α und den Seiten a,b,c betrachten wir Bild 3. Alle rechtwinkligen Dreiecke, die den gleichen spitzen Winkel α haben, sind nach 2.8.5. ähnlich (Bild 3a). Die Verhältnisse $\frac{a}{c}$ $(=\frac{\text{Gegenkathete zu }\alpha}{\text{Hypotenuse}})$ und $\frac{b}{c}$ $(=\frac{\text{Ankathete zu }\alpha}{\text{Hypotenuse}})$ sind für alle rechtwinkligen Dreiecke mit gleichem spitzem Winkel α gleich. Um studieren zu können, wie diese Verhältnisse sich ändern, wenn α verändert wird, genügt es, rechtwinklige Dreiecke mit $c=1$ zu betrachten, in denen speziell $\frac{a}{c}=a$ und $\frac{b}{c}=b$ gilt (Bild 3b).

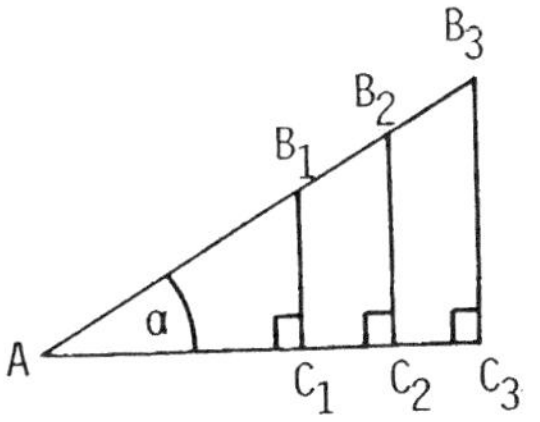

Bild 3a

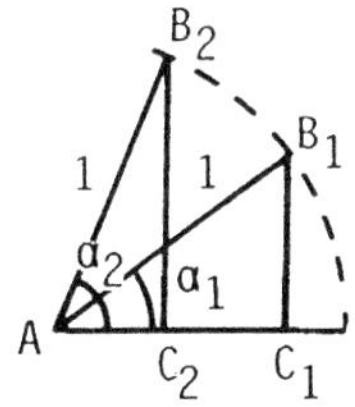

Bild 3b

Von hier aus ist es nur ein kleiner Schritt zu Bild 4 und der folgenden eleganten Definition der Winkelfunktionen als "Wickelfunktionen des Einheitskreises":

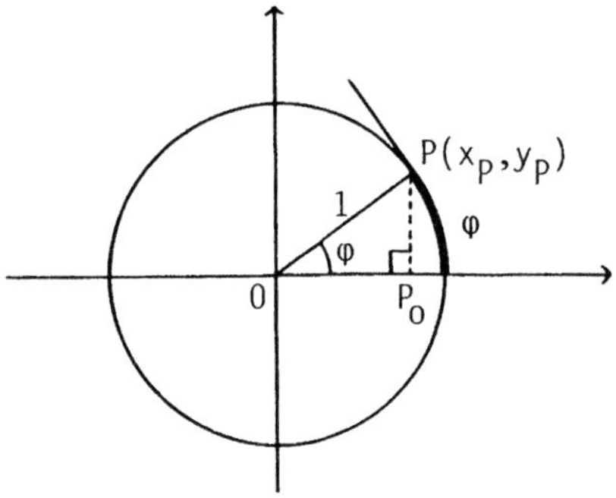

Bild 4

Im Punkt (1,0) eines kartesischen Koordinatensystems befestigen wir ein (als undehnbar angenommenes) Maßband, spannen es und wickeln es im positiven Sinn auf den Einheitskreis auf. Wenn wir die Länge φ abgewickelt haben, sind wir zu dem Punkt P der Kreislinie gelangt (an dem das gespannte Band tangential vom Kreis absteht), und gleichzeitig haben wir am Koordinatenursprung 0 den zu dem Bogenmaß φ gehörigen Winkel bestimmt.
Von (1,0) aus können wir das Maßband (als Verkörperung der Zahlengeraden) auch im negativen Sinn abwickeln (negatives Bogenmaß).

Wir setzen nun

$$\left.\begin{array}{l} \sin\varphi := \text{Ordinate } y_P \\ \cos\varphi := \text{Abszisse } x_P \end{array}\right\} \text{ des Punktes P}$$

und nennen die entsprechenden Funktionen *Sinus*- und *Kosinusfunktion*.

Da für $0 < \varphi < \frac{\pi}{2}$ der Winkel φ spitzer Winkel des rechtwinkligen Dreiecks OP_0P mit der Hypotenuse 1 ist, geben Sinus und Kosinus gerade die uns interessierenden Seitenverhältnisse an.
Die Verhältnisse $\frac{a}{b} = \frac{\text{Gegenkathete}}{\text{Ankathete}}$ und $\frac{b}{a} = \frac{\text{Ankathete}}{\text{Gegenkathete}}$, die für ähnliche Dreiecke wieder gleich sind, erfassen wir mit der Tangens- und Kotangensfunktion:

$$\tan\varphi := \frac{\sin\varphi}{\cos\varphi}\quad, \text{ für } \cos\varphi\neq 0,$$

$$\cot\varphi := \frac{\cos\varphi}{\sin\varphi}\quad, \text{ für } \sin\varphi\neq 0.$$

Die obigen Definitionen der Winkelfunktionen reichen über den Kontext der rechtwinkligen Dreiecke hinaus, da sie sich auf beliebige positive und nichtpositive Bogenmaße erstrecken. Diese verallgemeinerte Sichtweise der Winkelfunktionen vollzog sich historisch erst dann, als die trigonometrische Theorie hinreichend entwickelt war und die Beschränkung des Winkelmaßes auf einen engen Bereich für die mathematische Struktur der Theorie als störend empfunden wurde. Heute sind wir uns der Freiheiten, die man bei der Modell- und Theoriebildung prinzipiell immer hat, bewußt (vgl. Abschnitt 2.1.).

Einige Werte der Winkelfunktionen übersieht man sofort, andere lassen sich aus unseren Kenntnissen über gleichschenklig rechtwinklige und über gleichseitige Dreiecke ableiten:

Winkel im Bogenmaß	0	$\frac{\pi}{6}$	$\frac{\pi}{4}$	$\frac{\pi}{3}$	$\frac{\pi}{2}$	π	$\frac{3\pi}{2}$	2π
sin	0	$\frac{1}{2}$	$\frac{1}{2}\sqrt{2}$	$\frac{1}{2}\sqrt{3}$	1	0	-1	0
cos	1	$\frac{1}{2}\sqrt{3}$	$\frac{1}{2}\sqrt{2}$	$\frac{1}{2}$	0	-1	0	1
Winkel im Gradmaß	$0°$	$30°$	$45°$	$60°$	$90°$	$180°$	$270°$	$360°$

Wir erkennen an Bild 4, daß die Sinusfunktion im Bereich $0 \leqq \varphi \leqq \frac{\pi}{2}$ von 0 bis 1 monoton zunimmt, im Bereich $\frac{\pi}{2} \leqq \varphi \leqq \frac{3}{2}\pi$ von 1 bis -1 monoton abnimmt und im Bereich $\frac{3}{2}\pi \leqq \varphi \leqq 2\pi$ von -1 bis 0 monoton zunimmt. Dieser Werteverlauf wiederholt sich mit der Periode 2π. Analog nimmt die Kosinusfunktion im Bereich $0 \leqq \varphi \leqq \pi$ von 1 bis -1 monoton ab und im Bereich $\pi \leqq \varphi \leqq 2\pi$ von -1 bis 1 wieder monoton zu. Auch ihr Verlauf wiederholt sich mit der Periode 2π.

Die Vorzeichen der beiden Funktionen in den verschiedenen Quadranten sind in Bild 5a einprägsam festgehalten.

a)

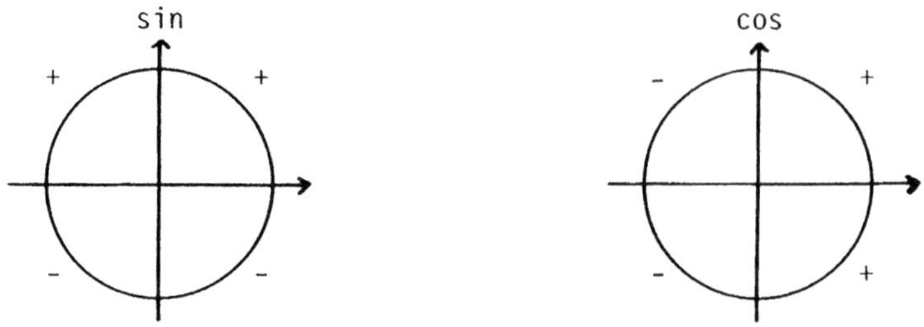

b)

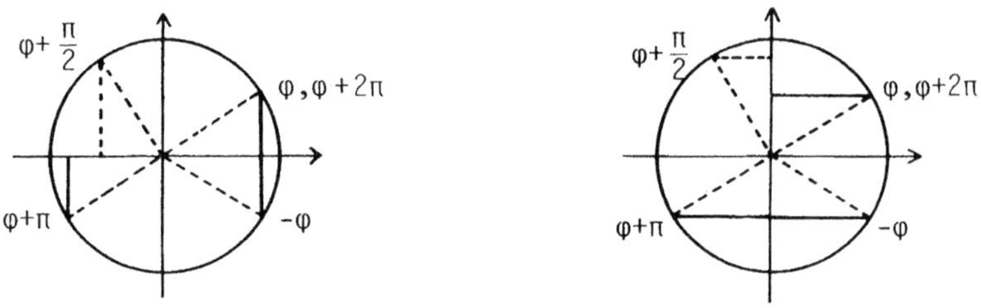

$\sin(\varphi+2\pi) = \sin\varphi$ $\cos(\varphi+2\pi) = \cos\varphi$

$\sin(\varphi+\pi) = -\sin\varphi$ $\cos(\varphi+\pi) = -\cos\varphi$

$\sin(\varphi+\frac{\pi}{2}) = \cos\varphi$ $\cos(\varphi+\frac{\pi}{2}) = -\sin\varphi$

$\sin(-\varphi) = -\sin\varphi$ $\cos(-\varphi) = \cos\varphi$

c)

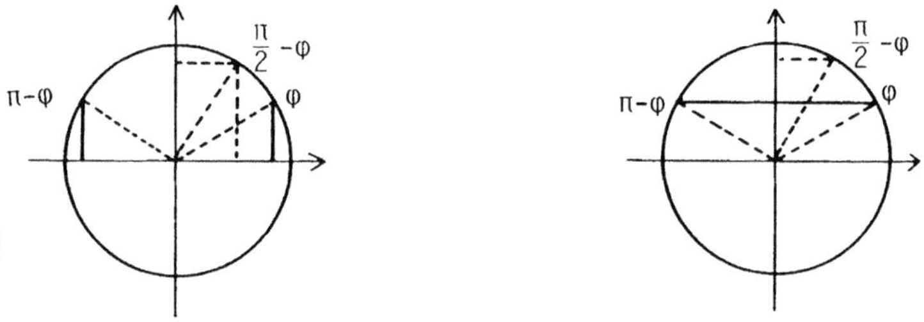

$\sin(\pi-\varphi) = \sin\varphi$ $\cos(\pi-\varphi) = -\cos\varphi$

$\sin(\frac{\pi}{2}-\varphi) = \cos\varphi$ $\cos(\frac{\pi}{2}-\varphi) = \sin\varphi$

Bild 5

Aus der Definition von Sinus und Kosinus als Wickelfunktionen kann man leicht ihre Symmetrieeigenschaften ableiten (Bild 5b,c). Beachten Sie, daß die zu den Bogenmaßen $\varphi+\pi$, $\varphi+\frac{\pi}{2}$, $-\varphi$, $\pi-\varphi$ bzw. $\frac{\pi}{2}-\varphi$ gehörenden Punkte des Einheitskreises aus dem zu φ gehörenden Punkt P der Reihe nach durch eine <u>Punktspiegelung</u> am Ursprung, durch eine <u>Drehung</u> um den Ursprung um $\frac{\pi}{2}$, durch eine Spiegelung an der x-Achse, durch eine Spiegelung an der y-Achse bzw. durch eine Spiegelung an der Winkelhalbierenden des ersten Quadranten hervorgehen. Die entsprechenden Symmetrieeigenschaften werden sehr deutlich, wenn man P mit seinen Koordinaten $(\cos\varphi, \sin\varphi)$ auf eine Folie überträgt und die obigen Kongruenzabbildungen mit der Folie realisiert.

Man nennt zwei Winkel *komplementär*, wenn ihre Summe $\frac{\pi}{2}$ ist. Die Beziehung $\cos(\frac{\pi}{2} - \varphi) = \sin\varphi$ erklärt dann den Namen *Ko-sinus*: Der Kosinus eines Winkels ist gleich dem Sinus des komplementären Winkels.

Aus den Symmetrieeigenschaften folgt, daß es genügt, z.B. die Sinusfunktion im Bereich $0 \leq \varphi \leq \frac{\pi}{2}$ zu kennen. Die Werte für andere Argumente und die Werte für die Kosinusfunktion lassen sich daraus berechnen.

Beispiel: $\sin\frac{7}{4}\pi = \sin(2\pi - \frac{\pi}{4}) = \sin(-\frac{\pi}{4}) = -\sin\frac{\pi}{4}$.

$$\cos\frac{7}{4}\pi = \cos\frac{\pi}{4} = \cos(\frac{\pi}{2} - \frac{\pi}{4}) = \sin\frac{\pi}{4}.$$

Wichtig ist noch ein anderer Zusammenhang zwischen der Sinus- und der Kosinusfunktion: Entweder ist das Dreieck OP_0P rechtwinklig mit den Katheten $|\cos\varphi|$, $|\sin\varphi|$ oder es ist $\cos\varphi = \pm 1$, $\sin\varphi = 0$ bzw. $\cos\varphi = 0$, $\sin\varphi = \pm 1$. Daher gilt stets

$$(\cos\varphi)^2 + (\sin\varphi)^2 = 1,$$

was man vereinfacht in der Form

$$\cos^2\varphi + \sin^2\varphi = 1$$

schreibt. Auch diese Formel erlaubt es, im ersten Quadranten $(0 \leq \varphi \leq \frac{\pi}{2})$ die Werte des Kosinus aus denen des Sinus zu berechnen.

9.3. Numerische Berechnung der Sinus- und Kosinusfunktion

Die Winkelfunktionen sind mit guter Genauigkeit bereits in mittleren Taschenrechnern implementiert. Außerdem stehen für sie ausführliche Wertetabellen ("Funktionentafeln") zur Verfügung. Wie die Rechner programmiert bzw. diese Tabellen berechnet sind, ist für uns nicht wichtig. Wir interessieren uns jedoch für die prinzipielle Berechenbarkeit von Sinus und Kosinus.

Die m.E. einleuchtendste Methode zur sukzessiven Bestimmung von Werten der

Sinus- und Kosinusfunktion ist die Bogenhalbierung. Sie schließt direkt an die Definition (Bild 4) an.
Angenommen wir haben für zwei Bogen φ und ψ mit $0<\varphi<\psi<\frac{\pi}{2}$ die Werte $\cos\varphi$, $\sin\varphi$, $\cos\psi$, $\sin\psi$ bereits bestimmt, d.h. wir kennen die Koordinaten der zugehörigen Punkte P und Q (Bild 6). Dann ist es nicht schwer, die Koordinaten x_R, y_R des Mittelpunktes R des Bogens $\widehat{PQ}$ zu berechnen.

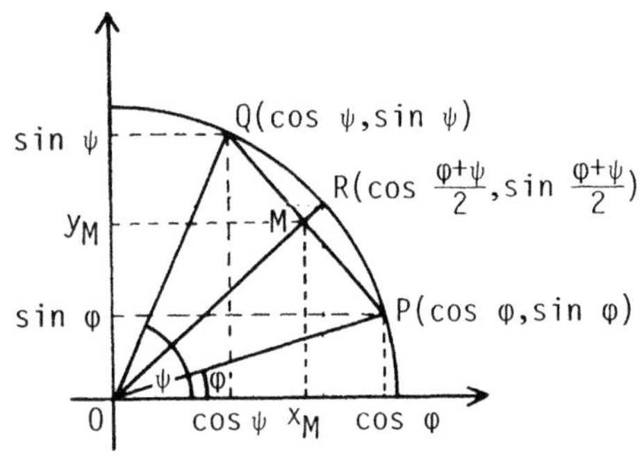

Bild 6

Zu R gehört das Bogenmaß $\varphi + \frac{\psi-\varphi}{2} = \frac{\varphi+\psi}{2}$. Sei M der Mittelpunkt der Strecke PQ. Wir ziehen durch die abstandsgleiche Punktreihe P, M, Q einmal Parallelen zur y-Achse, zum anderen Parallelen zur x-Achse und erhalten auf der x- und der y-Achse jeweils abstandsgleiche Punktreihen. Für x_M und y_M erhalten wir daraus

$$(1)\quad x_M = \cos\varphi + \frac{1}{2}(\cos\psi - \cos\varphi) = \frac{1}{2}(\cos\varphi + \cos\psi)$$

$$(2)\quad y_M = \sin\varphi + \frac{1}{2}(\sin\psi - \sin\varphi) = \frac{1}{2}(\sin\varphi + \sin\psi).$$

Die Punkte M und R liegen auf der Symmetrieachse (Winkelhalbierenden) des $\sphericalangle$ POQ. Wir erhalten R aus M, indem wir die zentrische Streckung an 0 mit dem Faktor $\frac{1}{\overline{0M}}$ anwenden. Aus dem Punkt- und Geradenverhalten bei zentrischen Streckungen folgt

$$(3)\quad x_R = x_M \cdot \frac{1}{\overline{0M}},$$

$$(4)\quad y_R = y_M \cdot \frac{1}{\overline{0M}}.$$

Für $\overline{OM}$ liefert der Satz des Pythagoras

$$\overline{OM}^2 = x_M^2 + y_M^2 = \frac{1}{4}(\cos\varphi + \cos\psi)^2 + \frac{1}{4}(\sin\varphi + \sin\psi)^2 =$$

$$= \frac{1}{4}(\underline{\cos^2\varphi} + 2\cos\varphi\cos\psi + \underline{\cos^2\psi} + \underline{\sin^2\varphi} + 2\sin\varphi\sin\psi + \underline{\sin^2\psi}) =$$

$$\underset{(9.2)}{=} \frac{1}{4}(1 + 1 + 2\cos\varphi\cos\psi + 2\sin\varphi\sin\psi) =$$

$$= \frac{1}{4}(2 + 2\cos\varphi\cos\psi + 2\sin\varphi\sin\psi) .$$

Damit haben wir

$$(5) \quad \overline{OM} = \frac{1}{2}\sqrt{2 + 2\cos\varphi\cos\psi + 2\sin\varphi\sin\psi} .$$

Für die gesuchten Koordinaten erhalten wir, wenn wir (1), (2) und (5) in (3) und (4) einsetzen,

$$(6) \quad \cos\frac{\varphi+\psi}{2} = x_R = \frac{\cos\varphi + \cos\psi}{\sqrt{2 + 2\cos\varphi\cos\psi + 2\sin\varphi\sin\psi}}$$

$$(7) \quad \sin\frac{\varphi+\psi}{2} = y_R = \frac{\sin\varphi + \sin\psi}{\sqrt{2 + 2\cos\varphi\cos\psi + 2\sin\varphi\sin\psi}}$$

Ausgehend von den Winkeln 0°, 30°, 60°, 90° entsprechend den Punkten $(1,0)$, $(\frac{1}{2}\sqrt{3},\frac{1}{2})$, $(\frac{1}{2},\frac{1}{2}\sqrt{3})$, $(0,1)$ kann man mit Hilfe von (6) und (7) die Werte der Sinus- und Kosinusfunktion für die durch fortgesetzte Halbierung entstehenden Zwischenwinkel rekursiv berechnen und auf diese Weise den Bereich $0 \leq \varphi \leq \frac{\pi}{2}$ hinreichend fein ausfüllen.

9.4. Polarkoordinaten

In Bild 4 können wir die Koordinatendarstellung $(\cos\varphi, \sin\varphi)$ des Punktes P auf dem Einheitskreis auch deuten als *Parameterdarstellung* des Einheitskreises: Wenn φ von 0 bis 2π läuft, dann durchläuft der Punkt $(\cos\varphi,\sin\varphi)$ den Einheitskreis von $(1,0)$ aus im positiven Sinn und kehrt für $\varphi = 2\pi$ wieder zum Ausgangspunkt zurück. Um eine bijektive Zuordnung zwischen Winkeln und Punkten zu haben, beschränkt man sich auf das Intervall $0 \leqq \varphi < 2\pi$. Eine zentrische Streckung mit Faktor $r>0$ führt den Einheitskreis in den Kreis um 0 mit Radius r über (Bild 7). Das Bild von $P(\cos\varphi, \sin\varphi)$ ist der Punkt $P'(r\cos\varphi, r\sin\varphi)$.

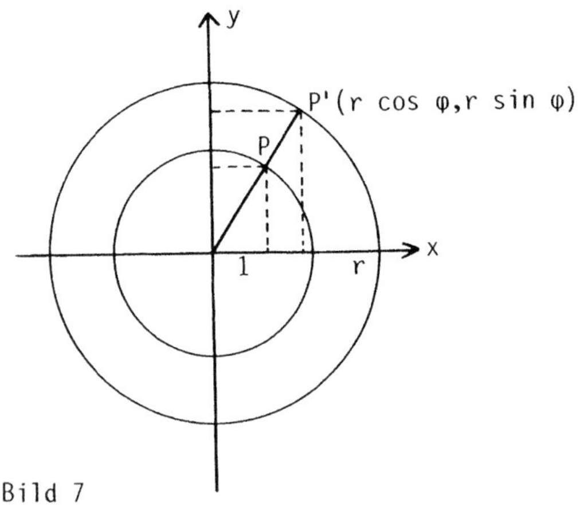

Bild 7

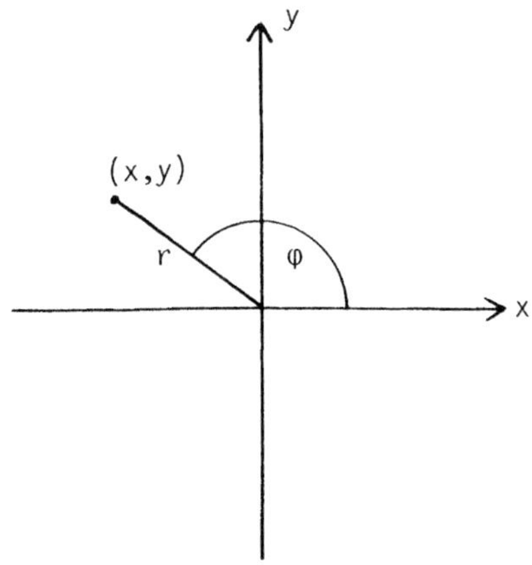

Bild 8

Für festes $r>0$ ist $(r \cos \varphi, r \sin \varphi)$ mit $0 \leqq \varphi < 2\pi$ eine Parameterdarstellung des Kreises um 0 mit Radius r.

Wir können diesen Sachverhalt noch anders interpretieren (Bild 8): Ein beliebiger vom Ursprung verschiedener Punkt läßt sich in zweierlei Weise festlegen:

durch *kartesische Koordinaten* (x,y)

und durch *Polarkoordinaten* (r,φ) $(r>0,\ 0 \leqq \varphi < 2\pi)$.

Die Umrechnungsformeln sind

$$x = r \cos \varphi \ , \quad y = r \sin \varphi \ .$$

Weiter gilt natürlich

$$x^2 + y^2 = r^2\cos^2\varphi + r^2\sin^2\varphi = r^2 (\cos^2\varphi + \sin^2\varphi) \underset{(9.2)}{=} r^2 \ .$$

9.5. Trigonometrie des rechtwinkligen Dreiecks und Anwendungen auf die Himmelsgeometrie

Sei ABC ein rechtwinkliges Dreieck (Bild 9). Es gilt

$$\cos \alpha = \frac{b}{c} \left(= \frac{\text{Ankathete}}{\text{Hypotenuse}}\right) \ , \quad \sin \alpha = \frac{a}{c} \left(= \frac{\text{Gegenkathete}}{\text{Hypotenuse}}\right) \ ,$$

$$\cos \beta = \frac{a}{c} \left(= \frac{\text{Ankathete}}{\text{Hypotenuse}}\right) \ , \quad \sin \beta = \frac{b}{c} \left(= \frac{\text{Gegenkathete}}{\text{Hypotenuse}}\right) \ .$$

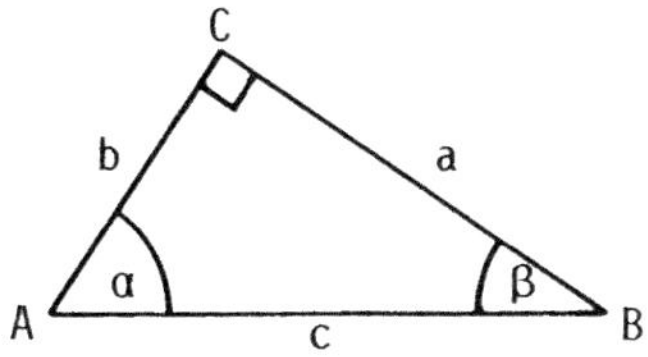

Bild 9

An $\cos\beta = \sin\alpha$, $\cos\alpha = \sin\beta$ und $\alpha+\beta = 90°$ erkennen wir nochmals, daß der Kosinus eines Winkels gleich dem Sinus des komplementären Winkels ist.

Weiter können wir schreiben:

$$\tan\alpha = \frac{\sin\alpha}{\cos\alpha} = \frac{a}{c}\cdot\frac{c}{b} = \frac{a}{b}\,,\ \cot\alpha = \frac{b}{a}\,,\ \tan\beta = \frac{b}{a}\,,\ \cot\beta = \frac{a}{b}\,.$$

Da wir die Winkelfunktionen numerisch beherrschen, ist es uns also möglich, aus zwei Seiten bzw. einer Seite und einem spitzen Winkel sämtliche Seiten und Winkel eines rechtwinkligen Dreiecks mit hinreichender Genauigkeit zu berechnen. Da alle Winkelfunktionen im Bereich $0 < \varphi < \frac{\pi}{2}$ monoton verlaufen, ist es dabei kein Problem, aus dem Sinus, Kosinus, Tangens oder Kotangens eines Winkels auf den Winkel selbst eindeutig zurückzuschließen.

Die Funktion <u>sin</u> ist sogar im Intervall $[-\frac{\pi}{2};\frac{\pi}{2}]$, die Funktion <u>tan</u> im offenen Intervall $(-\frac{\pi}{2};\frac{\pi}{2})$, <u>cos</u> im Intervall $[0;\pi]$ und <u>cot</u> im Intervall $(0;\pi)$ umkehrbar. Die entsprechenden Umkehrfunktionen heißen *Arkusfunktionen* (lat. arcus = Bogen) und werden mit arc sin, arc cos, arc tan, arc cot bezeichnet [1].

Beispiele: $\text{arc sin}\,\frac{1}{2} = \frac{\pi}{6}$, $\text{arc cos}\,\frac{1}{2}\sqrt{2} = \frac{\pi}{4}$,

$\text{arc tan}\,1 = \frac{\pi}{4}$, $\text{arc cot}\,\sqrt{3} = \frac{\pi}{6}$.

[1] Auf Taschenrechnern findet man auch die Bezeichnung $\sin^{-1}$ für arc sin usw.

In der trigonometrischen Praxis spielen diese Funktionen nur indirekt eine Rolle, weil man z.B. die Lösung der Gleichung $\sin\varphi = \frac{1}{2}$ sofort in der Form $\varphi = \frac{\pi}{6}$ oder $\varphi = 30°$ hinschreiben kann, ohne daß es der komplizierten Schreibweise $\varphi = \text{arc}\sin\frac{1}{2} = \frac{\pi}{6}$ bedarf.

Anwendungen auf die Himmelsgeometrie

(1) *Entfernung Erde / Mond* (Bild 10)

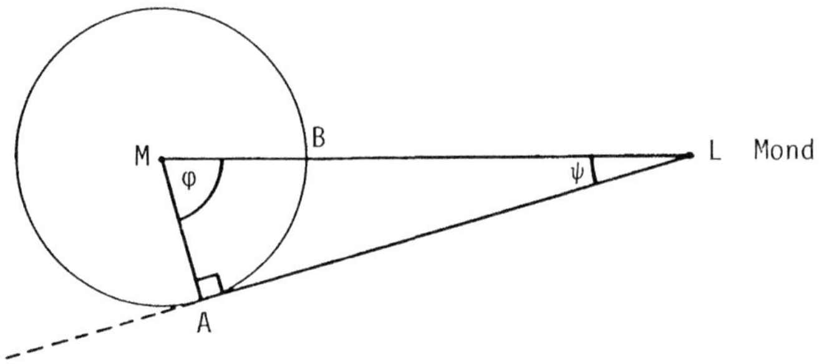

Bild 10

Im Prinzip kann man die Entfernung des Mondes von der Erde folgendermaßen bestimmen: Man ermittelt auf dem Äquator zwei Orte A, B mit der Eigenschaft, daß zu einem bestimmten Zeitpunkt der Mond bei A gerade aufgeht, wenn er bei B im Zenit steht. Der Winkel φ des Dreiecks AML (Bild 10) ist gleich der Differenz der geographischen Längen von A und B. Man findet $\varphi \approx 89°$. Mit $\cos 89° \approx 0{,}0175$ und $\overline{AM} = 6370$ km errechnet man $\overline{ML}$ zu

$$\overline{ML} = \frac{6370 \text{ km}}{0{,}0175} \approx 368\,000 \text{ km}.$$

Eine größere Genauigkeit erzielt man mit verfeinerten trigonometrischen Methoden (vgl. 9.8.).
Im heutigen Zeitalter der Mondlandungen sind trigonometrische Verfahren überholt. Die ersten Astronauten haben auf dem Mond einen Eckenspiegelreflektor aufgestellt (Bild 11) (vgl. Abschn. 7, Aufg. 3). Von der Erde aus werden auf diesen Reflektor Laserstrahlimpulse gerichtet. Der Reflektor wirft sie parallel zu sich zurück. Aus der Laufzeit der

Impulse und der Lichtgeschwindigkeit kann man die Entfernung Erde / Mond zentimetergenau bestimmen. Der Mittelwert liegt bei 384 000 km.

Bild 11

(2) *Der Radius der Mondkugel*

Die Mondscheibe erscheint von der Erde aus unter einem Winkel von ≈30' (Bild 12a).

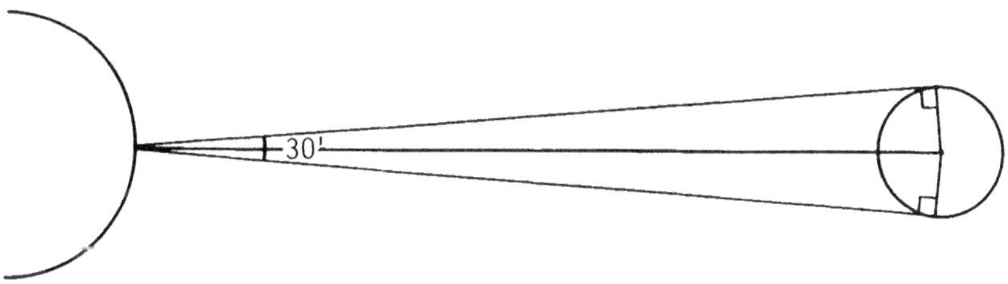

Bild 12a

Daher gilt

$$\text{Mondradius} \approx (\sin 15') \cdot (\text{Entfernung Erde / Mond}) \approx$$
$$\approx 0{,}0044 \cdot 384\,000 \text{ km} \approx 1700 \text{ km}.$$

Der genaue Wert beträgt 1738 km.

Den Winkel, unter dem uns die Mondscheibe erscheint, bestimmt man so: In einem Fernrohr der Brennweite f erscheint in der Brennebene ein Bild der Mondscheibe (Bild 12b), das auf einer Mattscheibe oder einem Film aufgefangen bzw. aufgenommen werden kann. Aus dem Durchmesser B des Mondbildes und der Brennweite f läßt sich α mit Hilfe der trigonometrischen Beziehung $\tan\frac{\alpha}{2} = \frac{B}{2} : f$ bestimmen. Je größer f, desto größer B und desto genauer der Wert für α. Da für sehr kleine Winkel $\tan\frac{\alpha}{2} \approx \sin\frac{\alpha}{2}$ ist (warum?), hat man mit sehr guter Näherung

$$\text{Mondradius} = \sin\frac{\alpha}{2}\cdot(\text{Entfernung Erde/Mond})$$
$$\approx \tan\frac{\alpha}{2}\cdot(\text{Entfernung Erde/Mond}) = \frac{B}{2f}\cdot(\text{Entfernung Erde/Mond})$$

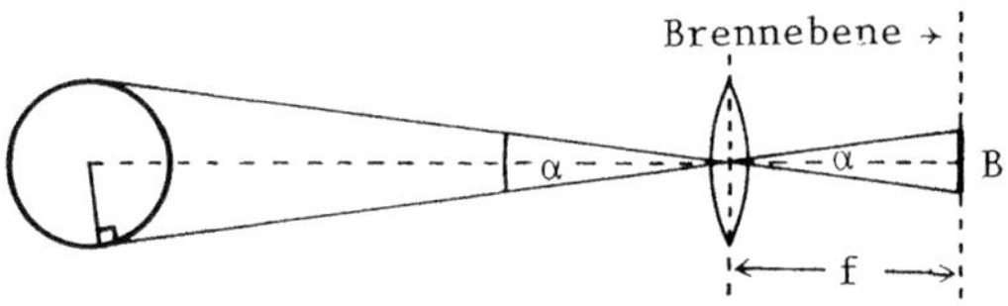

Bild 12b

(3) *Entfernung Erde / Sonne*

Die Entfernung Erde / Sonne ist in der Astronomie grundlegend und heißt astronomische Einheit. ARISTARCH (≈310-230 v.Chr.) nutzte zu ihrer Bestimmung die Halbmondkonstellation aus (Bild 13), bei der die Strecken Erde / Mond und Mond / Sonne senkrecht stehen. Bei Sonnenaufgang sind Sonne und Mond gleichzeitig sichtbar und der Winkel α, unter dem die Strecke Mond / Sonne von der Erde aus erscheint, kann gemessen werden. Mit den damals verfügbaren Meßgeräten konnte ARISTARCH feststellen, daß α größer als 87° sein muß, und er erhielt die Abschätzung

$$\overline{ES} = \frac{\overline{EM}}{\cos\alpha} = \frac{384\ 000\ \text{km}}{0{,}0523} \approx 7\ \text{Mill. km}.$$

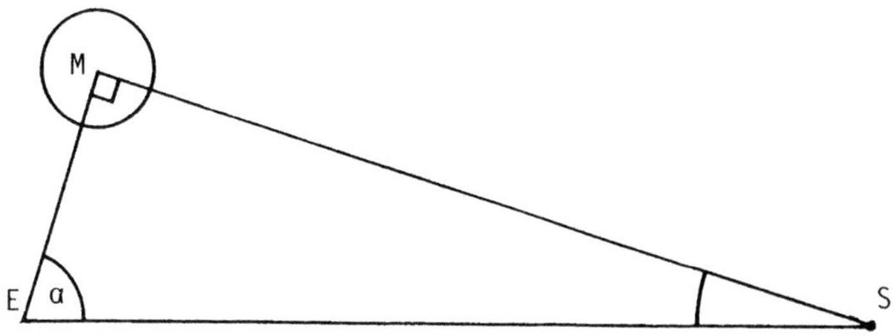

Bild 13

Heute bestimmt man die astronomische Einheit auf andere Weise (vgl. hierzu das in Kap. 4 zitierte Buch von SCHLOSSER/SCHMIDT-KALER). Die neuesten Messungen ergeben für die mittlere Entfernung Erde/Sonne 149 598 000 km.

Trotz des viel zu kleinen Wertes für die Sonnendistanz war die Messung von ARISTARCH von großer wissenschaftsgeschichtlicher Bedeutung: Mond- und Sonnenscheibe werden von der Erde aus unter etwa dem gleichen Winkel gesehen. Daher konnte ARISTARCH schließen, daß der Sonnenradius mindestens um den Faktor Sonnendistanz : Monddistanz ≈ 17 größer sein muß als der Mondradius, also auch mindestens 4-mal so groß wie der Erdradius. ARISTARCH wurde dadurch veranlaßt, ein heliozentrisches Weltbild zu entwickeln. Es setzte sich damals allerdings nicht durch und geriet wieder in Vergessenheit.

9.6. Der Sinussatz

Mit Hilfe der Höhen können wir nun beliebige Dreiecke trigonometrisch auf rechtwinklige Dreiecke zurückführen. Die dabei nötigen Fallunterscheidungen sind zwar einerseits lästig, andererseits lernt man dabei aber die Besonderheiten der Winkelfunktionen kennen.

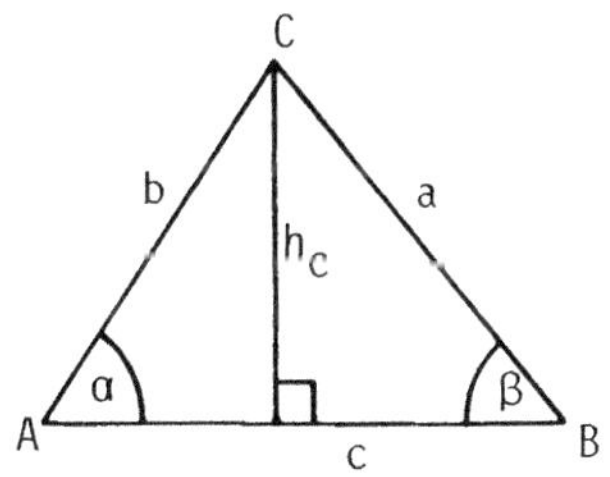

Bild 14

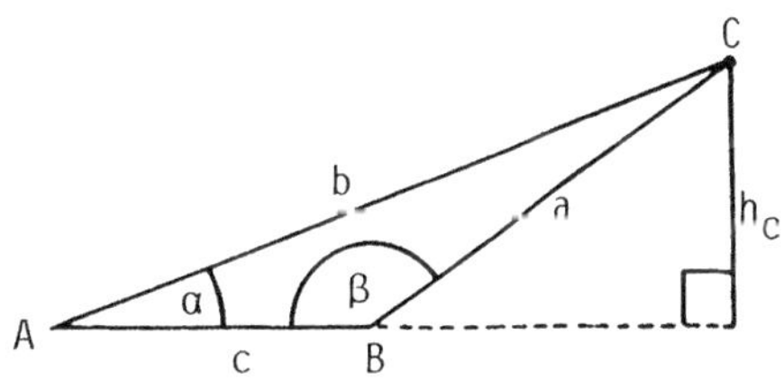

Bild 15

Sei zunächst ABC ein Dreieck mit spitzen Winkeln α, β (Bild 14). Die Höhe h_c zerlegt es in zwei rechtwinklige Dreiecke, auf die wir die Formeln des vorangehenden Abschnitts anwenden können. Dann erhalten wir

$$\sin\alpha = \frac{h_c}{b} \quad , \qquad \sin\beta = \frac{h_c}{a} \ ,$$

woraus $b \sin \alpha = a \sin \beta$ und $$\frac{a}{\sin \alpha} = \frac{b}{\sin \beta}$$

folgt.

Ist α spitz und β stumpf (Bild 15), so ergibt sich

$$\sin \alpha = \frac{h_c}{b}, \quad \sin(\pi-\beta) = \frac{h_c}{a}.$$

Nun ist nach 9.2. jedoch $\sin(\pi-\beta) = \sin \beta$, so daß wir wie im ersten Fall zu

$$\frac{a}{\sin \alpha} = \frac{b}{\sin \beta}$$

gelangen. Dieses Resultat gilt auch noch im Fall $\beta = \frac{\pi}{2}$, da dann $\sin \beta = 1$ und $\sin \alpha = \frac{a}{b}$ ist.

Zwei beliebige Winkel eines Dreiecks sind entweder beide spitz oder genau einer von ihnen ist spitz. Daher können wir obige Überlegungen auch für α, γ und β, γ übernehmen:

$$\frac{a}{\sin \alpha} = \frac{c}{\sin \gamma}, \quad \frac{b}{\sin \beta} = \frac{c}{\sin \gamma}.$$

Wir fassen dies zusammen im

Sinussatz. Für die Seiten a, b, c *und die Winkel* α, β, γ *eines Dreiecks gilt stets*

$$\frac{a}{\sin \alpha} = \frac{b}{\sin \beta} = \frac{c}{\sin \gamma}. \qquad \#$$

Der Sinussatz läßt sich noch auf einem anderen Weg ableiten, der sehr lehrreich ist. Wir betrachten dazu einen Kreis vom Radius r und eine beliebige Sehne der Länge s. Nach dem Umfangswinkelsatz sind die Umfangswinkel γ bzw. γ^* auf den beiden Faßkreisbögen untereinander jeweils gleich, und es gilt nach dem Satz vom Sehnenviereck $\gamma^* = 180° - \gamma$. Wenn wir s verändern, verändern sich auch γ und γ^* und umgekehrt. Im Sinne der Trigonometrie sind wir interessiert, diese funktionale Abhängigkeit quantitativ auszudrücken.

Falls $\gamma=\gamma^*$ ist s ein Durchmesser, und es gilt $s=2r$.

Falls $\gamma\neq\gamma^*$ ist einer der beiden Winkel spitz, o.B.d.A. der Winkel γ (Bild 16).

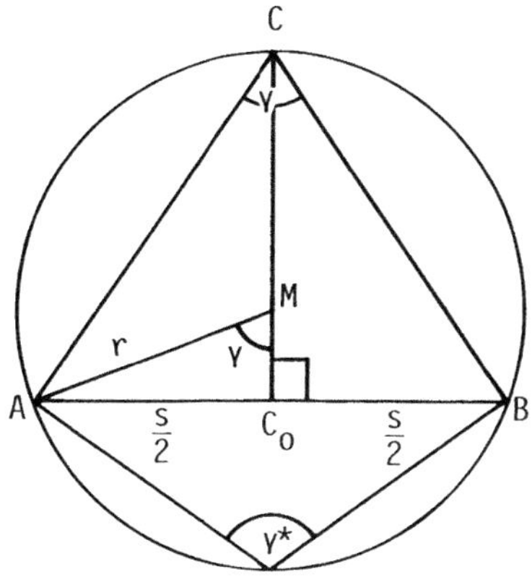

Bild 16

Wir finden γ in Bild 16 zweimal: einmal als Umfangswinkel bei C, zweitens als halben Mittelpunktswinkel bei M. Dem rechtwinkligen Dreieck AC_0M entnehmen wir

$$\sin\gamma = \frac{\frac{s}{2}}{r} = \frac{s}{2r},$$

$$s = 2r\sin\gamma .$$

Da $\sin\gamma^* = \sin(180°-\gamma) = \sin\gamma$ gilt, können wir auch $s = 2r\sin\gamma^*$ schreiben.
Somit haben wir bewiesen:

Ist s *eine beliebige Sehne eines Kreises mit Radius* r *und ist* γ *Umfangswinkel über dieser Sehne, so gilt* $s = 2r\sin\gamma$. #

Wenn wir dieses Ergebnis auf die Seiten eines Dreiecks, aufgefaßt als Sehnen des Umkreises, anwenden, erhalten wir

$$a = 2r\sin\alpha \quad , \quad b = 2r\sin\beta \quad , \quad c = 2r\sin\gamma .$$

Elimination von r aus je zweien dieser Gleichungen liefert wieder den Sinussatz.

9.7. Der Kosinussatz

Wenn die Sonne senkrecht über einem Ort der Erde steht, wird jeder Gegenstand senkrecht auf die Horizontebene (Bild 17) projiziert und wirft dort einen Schatten. Ein Stab, der vertikal steht, wirft einen punktförmigen Schatten, ein Stab, der horizontal gehalten wird, einen Schatten, der genau so lang ist, wie er selbst. Welche Länge s aber besitzt der Schatten eines Stabes der Länge d, der mit der Horizontebene einen Winkel $\alpha \neq 0°, 90°$ einschließt?

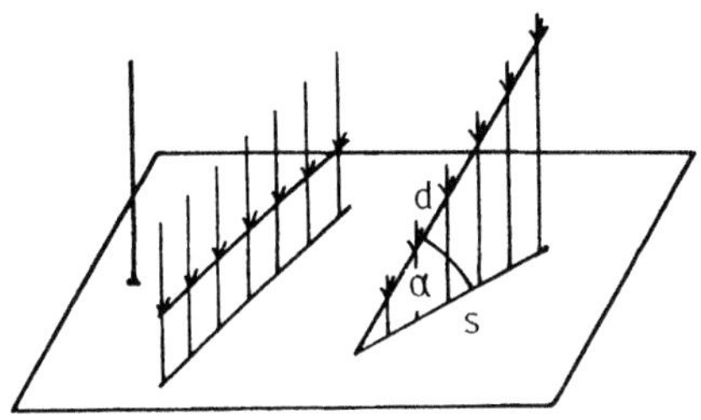

Bild 17

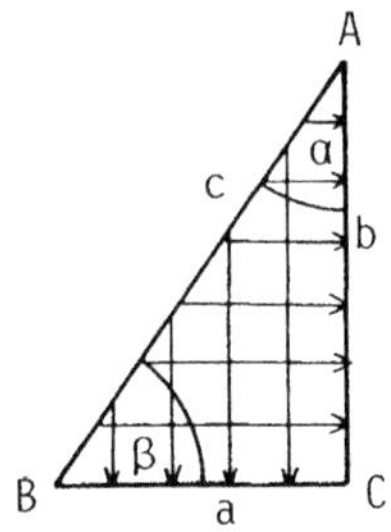

Bild 18

Da die Sonnenstrahlen senkrecht einfallen, entsteht ein rechtwinkliges Dreieck, dem wir die Beziehung $\cos\alpha = \frac{s}{d}$, $s = d \cdot \cos\alpha$ entnehmen. Diese Formel liefert auch für $\alpha = 0°$ und $\alpha = 90°$ die richtigen Werte $s = d$ und $s = 0$. Daß der Kosinus hier bei der senkrechten Parallelprojektion auftritt, ist überhaupt nicht überraschend, denn die Abszisse eines Punktes P in einem rechtwinkligen Koordinatensystem ist ja durch die Projektion von P parallel zur y-Achse auf die x-Achse definiert (vgl. Bild 4).

Im übertragenen Sinn fassen wir jede Kathete eines rechtwinkligen Dreiecks als *Projektion* der Hypotenuse in Richtung der anderen Kathete auf (Bild 18).

Wir entwickeln nun einen zweiten wichtigen Satz, den Kosinussatz.

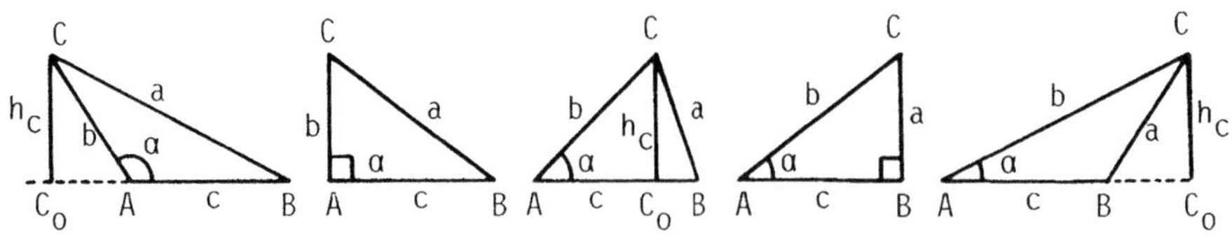

Bild 19

Wie in 9.6. führen wir durch die Höhe h_c eines Dreiecks ABC rechtwinklige Dreiecke ein. Je nach Lage des Fußpunktes C_0 unterscheiden wir fünf Fälle (Bild 19).

In den Fällen (2) und (4) gilt der Pythagoras, und wir erhalten

$$a^2 = b^2 + c^2 \quad \text{bzw.} \quad a^2 = b^2 - c^2 .$$

Im Fall (1) können wir den Satz des Pythagoras zweimal anwenden und erhalten wegen $\overline{C_0A} = b \cos(\pi-\alpha) = -b \cos \alpha$.

$$b^2 \cos^2\alpha + h_c^2 = b^2 \quad , \quad (c - b \cos \alpha)^2 + h_c^2 = a^2 .$$

Elimination von h_c^2 führt auf

$$a^2 - (c - b \cos \alpha)^2 = b^2 - b^2 \cos^2\alpha ,$$
$$a^2 = b^2 + c^2 - 2bc \cos \alpha .$$

Im Fall (3) ist $\overline{C_0A} = b \cos \alpha$ und $\overline{C_0B} = c - b \cos \alpha$.
Die Anwendung des Satzes von Pythagoras auf die beiden rechtwinkligen Dreiecke führt formal zu dem gleichen Ergebnis

$$a^2 = b^2 + c^2 - 2bc \cos \alpha .$$

Im Fall (5) schließlich ist $\overline{AC_0} = b \cos \alpha$ und $\overline{BC_0} = b \cos \alpha - c$. Wieder erhalten wir

$$a^2 = b^2 + c^2 - 2bc \cos \alpha .$$

Dieselbe Beziehung besteht aber auch in den Fällen (2) und (4). Im Fall (2) ist $\alpha = \frac{\pi}{2}$, also $\cos \alpha = 0$, im Fall (4) gilt $\cos \alpha = \frac{c}{b}$ und somit

$$a^2 = b^2-c^2 = b^2 + c^2 - 2bc\cdot\frac{c}{b} = b^2 + c^2 - 2\,bc \cos \alpha.$$

Wir haben daher den

Kosinussatz. Sind a, b, c *die Seiten und* α, β, γ *die Winkel eines Dreiecks, so gilt*

$$a^2 = b^2 + c^2 - 2bc\cos\cdot\alpha\ ,$$
$$b^2 = a^2 + c^2 - 2ac\cos\cdot\beta\ ,$$
$$c^2 = a^2 + b^2 - 2ab\cos\cdot\gamma\ . \qquad \#$$

Diskussion

Der Kosinussatz enthält den Satz des Pythagoras als Spezialfall. Ist etwa $\alpha = 90°$, so ist $\cos 90° = 0$ und der Term $2bc\cdot\cos\alpha$ verschwindet (Fall (2)). Der Kosinussatz enthält aber auch die Umkehrung des Pythagoras. Denn gilt etwa $a^2 = b^2+c^2$, so muß $2bc\cdot\cos\alpha = 0$ sein. Da $bc \neq 0$, folgt $\cos\alpha = 0$ und $\alpha = 90°$, d.h. bei A liegt ein rechter Winkel vor.
Verfolgen wir in Bild 19 die Dreiecke von links nach rechts, so sehen wir: Ist $\alpha < \frac{\pi}{2}$, so ist $\cos\alpha > 0$ und a ist gegenüber der Hypotenuse des rechtwinkligen Dreiecks mit den Katheten b, c zu groß ($a^2 > b^2+c^2$).
Ist $\alpha = \frac{\pi}{2}$, so gilt gerade $a^2 = b^2+c^2$.
Ist schließlich $\alpha > \frac{\pi}{2}$, so wird $\cos\alpha < 0$ und $a^2 = b^2+c^2 - 2bc\cdot\cos\alpha < b^2+c^2$.
Wir sehen somit, daß sich im Term $-2bc\cdot\cos\alpha$ die Abweichung des Winkels α von $\frac{\pi}{2}$ ausdrückt.

Die Heronsche Formel

Als Anwendung des Kosinussatzes behandeln wir eine berühmte Formel, die den Flächeninhalt eines Dreiecks direkt durch die Seiten a,b,c ausdrückt. Sie wird traditionell nach HERON benannt, obwohl sie schon ARCHIMEDES bekannt war.
Für die Höhe h_c eines Dreiecks gilt $h_c = b\cdot\sin\alpha$. Daher ist der Flächeninhalt $A = \frac{1}{2}bc\sin\alpha$. In $\sin\alpha = \sqrt{1-\cos^2\alpha}$ können wir $\cos\alpha$ nach dem Kosinussatz ersetzen und erhalten

$$A = \frac{1}{2}\,bc\sqrt{1 - \left(\frac{b^2+c^2-a^2}{2bc}\right)^2}\ .$$

Damit ist A schon durch die Seiten ausgedrückt. Alles weitere ist nur noch eine Frage der zweckmäßigen Umformung.

$$A = \frac{1}{2}\, bc \sqrt{\frac{4b^2c^2 - (b^2+c^2-a^2)^2}{4b^2c^2}}$$

$$= \frac{1}{4}\sqrt{4b^2c^2 - b^4 - c^4 - a^4 - 2b^2c^2 + 2a^2b^2 + 2a^2c^2}$$

$$= \frac{1}{4}\sqrt{- a^4 - b^4 - c^4 + 2a^2b^2 + 2a^2c^2 + 2b^2c^2}$$

$$\overset{(*)}{=} \frac{1}{4}\sqrt{(a+b+c)\,(b+c-a)\,(a+c-b)\,(a+b-c)}$$

$$= \sqrt{\frac{a+b+c}{2} \cdot \frac{b+c-a}{2} \cdot \frac{a+c-b}{2} \cdot \frac{a+b-c}{2}}\ .$$

Wir setzen zur Abkürzung $s = \frac{a+b+c}{2}$ (= halber Umfang) und erhalten schließlich die Heronsche Formel

$$A = \sqrt{s\,(s-a)\,(s-b)\,(s-c)}\ .$$

Der Schritt (*) will natürlich erst entdeckt sein. Man verifiziert ihn, indem man die vier Klammern ausmultipliziert und ordnet.

9.8. Die trigonometrischen Grundaufgaben

Wir überlegen nun, wie wir die fehlenden Stücke eines Dreiecks berechnen können, wenn gewisse Stücke gegeben sind, die das Dreieck bis auf Kongruenz festlegen.

(1) *Situation des SSS-Kongruenzsatzes*

Gegeben: a, b, c . Gesucht: α, β, γ
Anwendung des Kosinussatzes liefert

$$\cos\alpha = \frac{b^2 + c^2 - a^2}{2bc}\ , \quad \cos\beta = \frac{a^2 + c^2 - b^2}{2ac}\ .$$

Die Kosinusfunktion ist im Bereich $0 \leqq \varphi \leqq \pi$ monoton abnehmend. Daher kann in diesem Bereich vom Wert der Funktion eindeutig auf den Winkel zurückgeschlossen werden.
Aus α und β berechnet man schließlich $\gamma = 180^\circ - \alpha - \beta$.

(2) *Situation des SWS-Kongruenzsatzes*

Gegeben etwa: b, c, α . Gesucht: a, β, γ .
Anwendung des Kosinussatzes führt zu

$$a^2 = b^2 + c^2 - 2bc \cos \alpha ,$$

woraus $a = \sqrt{a^2}$ erhalten wird.
Falls $b=c$ ist $\gamma = \beta = \frac{1}{2}(180^\circ - \alpha)$. Falls $b \neq c$ sei o.B.d.A. $c<b$. Da im Dreieck der kleineren Seite der kleinere Winkel gegenüberliegt, muß γ spitz sein. Für γ erhalten wir mit Hilfe des Sinussatzes

$$\sin \gamma = \frac{c \sin \alpha}{a} .$$

Die Sinusfunktion ist im Bereich $0 \leqq \varphi \leqq \frac{\pi}{2}$ monoton zunehmend. Der spitze Winkel γ läßt sich in diesem Fall aus dem Sinuswert eindeutig ermitteln.

(3) *Situation des WSW-Kongruenzsatzes*

Gegeben etwa: α, β, c (oder α,γ,c). Gesucht: γ, a, b (oder β,a,b). Zuerst wird der fehlende Winkel nach der Winkelsummenbeziehung berechnet. Dann ergeben sich a und b aus dem Sinussatz

$$a = \frac{c \sin \alpha}{\sin \gamma} , \quad b = \frac{c \sin \beta}{\sin \gamma} .$$

(4) *Situation des SSW-Kongruenzsatzes*

Gegeben etwa: b, c, γ mit $c \geqq b$. Gesucht: α, β, a.

Wegen $b \leqq c$ können wir auf $\beta \leqq \gamma$ schließen, was $\beta < 90^\circ$ zur Folge hat.
Anwendung des Sinussatzes führt auf

$$(*) \qquad \sin \beta = \frac{b \sin \gamma}{c} ,$$

woraus sich β als spitzer Winkel eindeutig erschließen läßt. Weiter ist dann $\alpha = 180° - (\beta+\gamma)$ und nach dem Sinussatz

$$a = \frac{c \sin \alpha}{\sin \gamma} .$$

Bemerkung. Falls b, c, γ mit $c<b$ vorgegeben sind, erhält man aus der Gleichung (*) auch trigonometrisch die zwei Lösungen für β, die wir aus Abschn. 2.5.5. Bild 22 kennen. Nur im Fall $c = b \sin \gamma$ und $\sin \beta = 1$ fallen sie zusammen.

Um zu illustrieren, wie mit diesen Aufgabentypen praktisch gearbeitet wird, betrachten wir folgende typische Vermessungsaufgabe:
Durch einen Bergrücken soll von P nach Q ein horizontaler Tunnel getrieben werden (Bild 20). Um die Länge des Tunnels zu bestimmen, steckt man auf dem Bergrücken eine horizontale Standlinie AB mit $\overline{AB} = a$ ab und mißt die Horizontalwinkel $\alpha_1, \alpha_2, \beta_1, \beta_2$. (Beachten Sie, daß z.B. α_1 nicht der Winkel BAP ist, sondern der Winkel BAP*, wobei P* vertikal über P in der durch AB verlaufenden horizontalen Ebene liegt. Ebenso ist $\alpha_2 = \sphericalangle BAQ^*$).

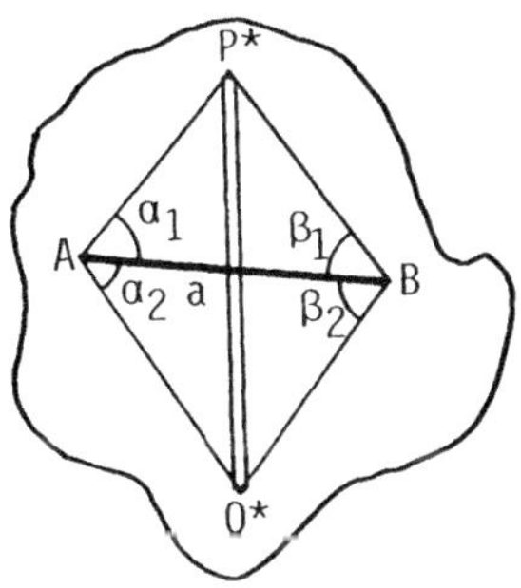

Bild 20

Lösung: Im Dreieck ABP* kennen wir a, α_1, β_1 und bestimmen nach dem Sinussatz

$$\overline{AP^*} = \frac{a \sin \beta_1}{\sin(\pi-\alpha_1-\beta_1)} .$$

Analog ist

$$\overline{AQ^*} = \frac{a \sin \beta_2}{\sin(\pi-\alpha_2-\beta_2)} .$$

Schließlich ergibt sich $\overline{PQ} = \overline{P^*Q^*}$ nach dem Kosinussatz zu

$$\overline{P^*Q^*} = \sqrt{\overline{AP^*}^2 + \overline{AQ^*}^2 - 2\overline{AP^*}\,\overline{AQ^*}\cos(\alpha_1+\alpha_2)}\ .$$

Berechnen Sie $\overline{PQ}$ z.B. für a=485,7m, $\alpha_1 = 59°27'$, $\alpha_2 = 41°32'$, $\beta_1 = 67°19'$, $\beta_2 = 70°41'$. #

In SCHLOSSER/SCHMIDT-KALER (1982) (vgl. Abschn. 4.8.) finden Sie ein mit einfachen Mitteln durchführbares Experiment zur Bestimmung der Entfernung Erde / Mond, bei dessen Auswertung gemäß Grundaufgabe (3) der Sinussatz anzuwenden ist.

9.9. Trigonometrische Formeln

Für gehobenere Anwendungen der Trigonometrie werden trigonometrische Formeln benötigt, die funktionale Eigenschaften der Winkelfunktionen zum Ausdruck bringen.

Betrachten wir zum Vergleich ein bekanntes Beispiel aus der Algebra. Die Potenzfunktionen $x \to x^n$ bilden die Menge der reellen Zahlen in sich ab. Reelle Zahlen kann man addieren, subtrahieren, multiplizieren und dividieren. Es erhebt sich die Frage, inwieweit sich diese Rechenoperationen mit dem Potenzterm "vertragen". Es gelten z.B. folgende Gesetze:

$$(xy)^n = x^n y^n\ ,$$
$$(x+y)^n = \binom{n}{0}x^n + \binom{n}{1}x^{n-1}y + \binom{n}{2}x^{n-2}y^2 + \ldots + \binom{n}{n}y^n\ ,$$
$$(x^n)^m = x^{nm}\ .$$

Das erste Gesetz sagt aus, daß es gleichgültig ist, ob man zwei Zahlen x,y zuerst multipliziert und dann das Produkt potenziert oder ob man, in umgekehrter Reihenfolge, x und y zuerst potenziert und dann die Potenzen multipliziert. Das zweite Gesetz (binomische Formel) drückt die Potenz einer Summe als Summe von Potenzprodukten aus. Das dritte Gesetz stellt fest, daß sich die Verkettung zweier Potenzfunktionen in die Multiplikation der Exponenten übersetzt.

Ebenso wie diese Gesetze (und andere) für algebraische Umformungen von Potenzen fundamental sind, werden es analoge Gesetze über Winkelfunktionen für die Trigonometrie sein.

9.9.1. Die Additionstheoreme für Summen und Differenzen von Winkeln

Um Formeln für $\sin(\alpha+\beta)$, $\cos(\alpha+\beta)$ zu finden, betrachten wir Bild 21.

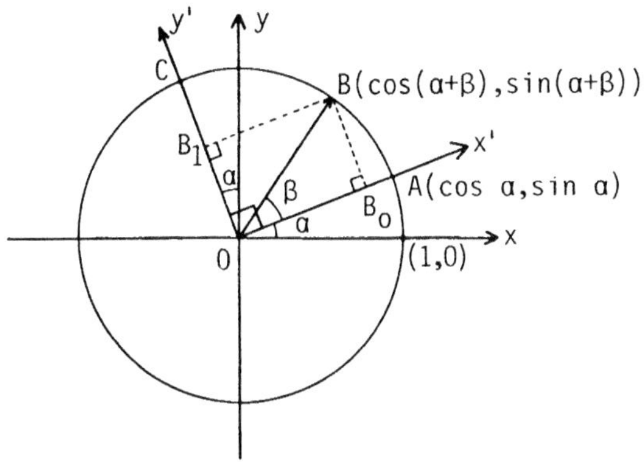

Bild 21

Die Drehung um den Ursprung um den Winkel β führt den Punkt $A(\cos\alpha, \sin\alpha)$ in den Punkt B über. Wir wollen die Koordinaten $\cos(\alpha+\beta)$, $\sin(\alpha+\beta)$ von B durch α und β ausdrücken. Wenn wir das Koordinatensystem (x,y) um α drehen, geht der Punkt $(1,0)$ in den Punkt A, die x-Achse in die x'-Achse, der Punkt $(0,1)$ in C und die y-Achse in die y'-Achse über. Die Koordinaten von C im (x,y)-System können wir aus 9.2. zu $x_C = -\sin\alpha$, $y_C = \cos\alpha$ entnehmen. Im (x',y')-System hat B die Koordinaten $(\cos\beta, \sin\beta)$, der Fußpunkt B_0 auf 0A hat die Koordinaten $(\cos\beta,0)$. Daher läßt sich A durch eine zentrische Streckung an 0 mit dem Faktor $\cos\beta$ in B_0 überführen. Daraus ergeben sich die Koordinaten von B_0 im (x,y)-System zu $(\cos\beta\cos\alpha, \cos\beta\sin\alpha)$. Analog ergeben sich die (x,y)-Koordinaten des Fußpunktes B_1 aus denen von C zu $(-\sin\beta\sin\alpha, \sin\beta\cos\alpha)$.

Wenn wir die Verschiebung τ um den Pfeil $\overrightarrow{0B_1}$ anwenden, geht B_0 offenbar in B über. Wie ändern sich dabei die Koordinaten? Da $x_{B_1} = -\sin\beta\sin\alpha$, $y_{B_1} = \sin\beta\cos\alpha$ ist, können wir τ ersetzen durch die Verkettung der Verschiebung um $-\sin\beta\sin\alpha$ parallel zur x-Achse mit der Verschiebung um $\sin\beta\cos\alpha$ parallel zur y-Achse. Die Abszissen <u>aller</u> Punkte ändern sich dabei um $-\sin\beta\cos\alpha$, die Ordinaten <u>aller</u> Punkte um $\sin\beta\cos\alpha$. Somit muß B im (x,y)-System die Koordinaten $(\cos\beta\cos\alpha-\sin\beta\sin\alpha, \cos\beta\sin\alpha+\sin\beta\cos\alpha)$ haben.

Der Vergleich zeigt

$$\cos(\alpha + \beta) = \cos\alpha \cos\beta - \sin\alpha \sin\beta ,$$
$$\sin(\alpha + \beta) = \sin\alpha \cos\beta + \cos\alpha \sin\beta .$$

Da diese Gleichungen für beliebige (positive oder nichtpositive) α, β gelten, können wir folgern

$$\begin{aligned}\cos(\alpha - \beta) &= \cos(\alpha + (-\beta)) = \cos\alpha \cos(-\beta) - \sin\alpha \sin(-\beta) \\ &= \cos\alpha \cos\beta + \sin\alpha \sin\beta , \\ \sin(\alpha - \beta) &= \sin(\alpha + (-\beta)) = \sin\alpha \cos(-\beta) + \cos\alpha \sin(-\beta) \\ &= \sin\alpha \cos\beta - \cos\alpha \sin\beta .\end{aligned}$$

In kurzer Form können wir dies formulieren als

$$\sin(\alpha \pm \beta) = \sin\alpha \cos\beta \pm \cos\alpha \sin\beta$$

$$\cos(\alpha \pm \beta) = \cos\alpha \cos\beta \mp \sin\alpha \sin\beta .$$

Für $\alpha = \beta$ erhalten wir daraus speziell die sehr oft benötigten Formeln für die "doppelten Winkel":

$$\begin{aligned}\sin 2\alpha &= 2 \sin\alpha \cos\alpha \\ \cos 2\alpha &= \cos^2\alpha - \sin^2\alpha = 2\cos^2\alpha - 1 \\ &= 1 - 2\sin^2\alpha .\end{aligned}$$

9.9.2. Anwendung der Additionstheoreme zur numerischen Berechnung der Winkelfunktionen

Wie man die obigen Additionstheoreme numerisch nutzen kann, sei an Beispielen erläutert.

Aus 9.2. kennen wir

$$\cos 0° = 1 , \sin 0° = 0 , \cos 30° = \frac{1}{2}\sqrt{3} , \sin 30° = \frac{1}{2} ,$$

$$\cos 60° = \frac{1}{2} , \sin 60° = \frac{1}{2}\sqrt{3} , \cos 90° = 0 , \sin 90° = 1 .$$

Nach den Formeln für die doppelten Winkel berechnen wir

$$\frac{1}{2}\sqrt{3} = \cos 30^\circ = 2\cos^2 15^\circ - 1 \,,$$

$$\cos 15^\circ = \sqrt{\frac{1}{2}\left(1 + \frac{1}{2}\sqrt{3}\right)}$$

und

$$\frac{1}{2} = \sin 30^\circ = 2 \sin 15^\circ \cos 15^\circ \,,$$

$$\sin 15^\circ = \frac{1}{4\sqrt{\frac{1}{2}\left(1 + \frac{1}{2}\sqrt{3}\right)}}$$

Weiter ergibt sich

$$\cos 45^\circ = \cos(30^\circ + 15^\circ) = \cos 30^\circ \cos 15^\circ - \sin 30^\circ \sin 15^\circ \,,$$
$$\sin 45^\circ = \sin(30^\circ + 15^\circ) = \sin 30^\circ \cos 15^\circ + \cos 30^\circ \sin 15^\circ \,.$$

Analog erhält man die Werte für 75°.
Im nächsten Schritt berechnet man aus cos 15°, sin 15° die Werte $\cos 7\frac{1}{2}^\circ$, $\sin 7\frac{1}{2}^\circ$ und kann dies für die Berechnung der Winkelfunktionen für $22\frac{1}{2}^\circ$, $37\frac{1}{2}^\circ$, $52\frac{1}{2}^\circ$, $67\frac{1}{2}^\circ$ und $82\frac{1}{2}^\circ$ ausnützen usw.

9.9.3. Die Additionstheoreme für Summen von Funktionswerten

Formeln für $\sin\alpha \pm \sin\beta$, $\cos\alpha \pm \cos\beta$ erhalten wir aus 9.9.1. durch einen algebraischen Trick. Wir nützen nämlich aus, daß $\alpha = \frac{\alpha+\beta}{2} + \frac{\alpha-\beta}{2}$ und $\beta = \frac{\alpha+\beta}{2} - \frac{\alpha-\beta}{2}$. Dann folgt

$$\sin\alpha + \sin\beta = \sin\left(\frac{\alpha+\beta}{2} + \frac{\alpha-\beta}{2}\right) + \sin\left(\frac{\alpha+\beta}{2} - \frac{\alpha-\beta}{2}\right) =$$

$$= \sin\frac{\alpha+\beta}{2}\cos\frac{\alpha-\beta}{2} + \cos\frac{\alpha+\beta}{2}\sin\frac{\alpha-\beta}{2} + \sin\frac{\alpha+\beta}{2}\cos\frac{\alpha-\beta}{2} - \cos\frac{\alpha+\beta}{2}\sin\frac{\alpha-\beta}{2}$$

$$= 2\sin\frac{\alpha+\beta}{2}\cos\frac{\alpha-\beta}{2} \,.$$ Ergebnis:

$$\sin\alpha + \sin\beta = 2\sin\frac{\alpha+\beta}{2}\cos\frac{\alpha-\beta}{2}$$

$$\sin\alpha - \sin\beta = 2\cos\frac{\alpha+\beta}{2}\sin\frac{\alpha-\beta}{2} \,,$$

$$\cos\alpha + \cos\beta = 2\cos\frac{\alpha+\beta}{2}\cos\frac{\alpha-\beta}{2} \,,$$

$$\cos\alpha - \cos\beta = -2\sin\frac{\alpha+\beta}{2}\sin\frac{\alpha-\beta}{2} \,.$$

9.10. Vorwärts- und Rückwärtseinschneiden

Zum Abschluß dieses Kapitels wollen wir zwei klassische Vermessungsprobleme behandeln.

Eines dieser Probleme, das Problem von SNELLIUS-POTHENOT, haben wir in Abschn. 3.4. schon zeichnerisch untersucht. Es handelt sich darum, die Lage eines Punktes P im Gelände dadurch zu bestimmen, daß man von P aus die bekannten Punkte A, B, C anpeilt und $\sphericalangle\, APB = \delta$, $\sphericalangle\, BPC = \varepsilon$ mißt. Die Längen $\overline{AB}$ und $\overline{BC}$ sowie $\sphericalangle\, ABC = \beta$ sind bereits gemessen und können einer Karte entnommen werden (Bild 22). Zu berechnen sind die Entfernungen $\overline{PA}$, $\overline{PB}$ und $\overline{PC}$, die nach 5.2. die Lage von P eindeutig bestimmen.

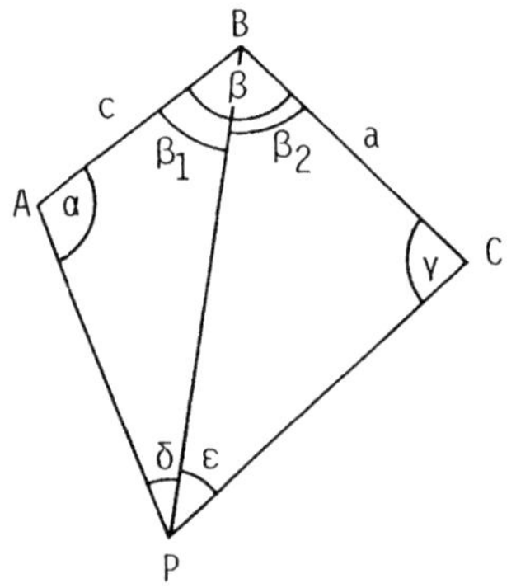

Bild 22

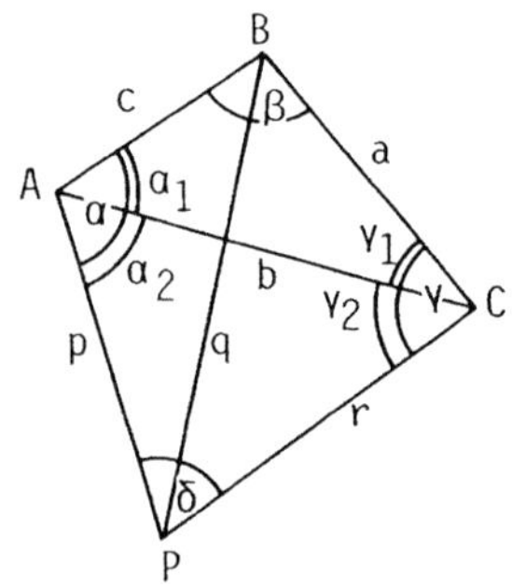

Bild 23

In der in 3.4.1. beschriebenen Situation (vgl. 3.4. Aufg. 1) bedeuteten A, B, C markante Landzeichen und P ein bestimmtes Gebäude.

Die Aufgabe, die auch "*Rückwärtseinschneiden nach drei Punkten*" heißt, lösen wir wie folgt:

Wir setzen $\alpha := \sphericalangle\, PAB$, $\gamma := \sphericalangle\, PCB$ und haben

(1) $\alpha + \gamma = 360^\circ - (\beta + \delta + \varepsilon)$.

Auf die Dreiecke PAB und PCB wenden wir jeweils den Sinussatz an und erhalten

(2) $$\frac{c \sin \alpha}{\sin \delta} = \overline{PB} = \frac{a \sin \gamma}{\sin \varepsilon} ,$$

woraus

$$\frac{\sin \alpha}{\sin \gamma} = \frac{a \sin \delta}{c \sin \varepsilon} =: k \quad \text{folgt.}$$

Da a, c, δ und ε bekannt sind, ist k berechenbar. Wir formen die Gleichung

$$\frac{\sin \alpha}{\sin \gamma} = k$$

um und erhalten

$$\begin{aligned} \sin \alpha &= k \sin \gamma \, , \\ \sin \alpha - \sin \gamma &= (k-1) \sin \gamma \, , \\ \sin \alpha + \sin \gamma &= (k+1) \sin \gamma \, , \end{aligned}$$

$$\frac{\sin \alpha - \sin \gamma}{\sin \alpha + \sin \gamma} = \frac{k-1}{k+1} . \qquad \text{(Warum ist } k+1 \neq 0 \text{ ?)}$$

Einsetzen der Formeln aus 9.9.3. liefert

$$\frac{2 \cos \frac{\alpha+\gamma}{2} \sin \frac{\alpha-\gamma}{2}}{2 \sin \frac{\alpha+\gamma}{2} \cos \frac{\alpha-\gamma}{2}} = \frac{k-1}{k+1} .$$

Falls $\frac{\alpha+\gamma}{2} \neq \frac{\pi}{2}$ kann man weiter umformen in

$$(3) \quad \tan \frac{\alpha-\gamma}{2} = \frac{k-1}{k+1} \tan \frac{\alpha+\gamma}{2} .$$

$\alpha+\gamma$ und k sind bekannt. Daher kann man $\tan \frac{\alpha-\gamma}{2}$ aus (3) berechnen. Da die Tangensfunktion im Intervall $(-\frac{\pi}{2};\frac{\pi}{2})$ monoton wächst, ist $\frac{\alpha-\gamma}{2}$ und damit auch $\alpha-\gamma$ eindeutig bestimmt. Aus der Summe $\alpha+\gamma$ und der Differenz $\alpha-\gamma$ lassen sich α und γ berechnen. Wir finden weiter

$$\beta_1 = 180° - (\alpha+\delta) \, , \; \beta_2 = 180° - (\gamma+\varepsilon) \, .$$

$\overline{PB}$ kann nun aus (2) berechnet werden, $\overline{PA}$ und $\overline{PC}$ ergeben sich mit Hilfe des Sinussatzes aus c, δ, β_1 bzw. aus a, ε, β_2.

Im Fall $\frac{\alpha+\beta}{2} = \frac{\pi}{2}$, d.h. $\alpha+\beta=\pi$, ist die Umformung in (3) nicht möglich, da der Tangens für $\frac{\pi}{2}$ nicht definiert ist. In diesem Fall ist ABCP ein Sehnenviereck, d.h. P liegt auf dem Umkreis von ABC. Von allen Punkten auf dem Kreisbogen APC aus erscheint AB unter dem Winkel δ und BC unter dem Winkel ε. Der Punkt P ist in diesem Fall durch δ und ε nicht bestimmt. Die Feldmesser nennen den Umkreis mit Recht den "gefährlichen Kreis". #

Bei dem zweiten klassischen Problem, dem *Vorwärtseinschneiden*, wird der unbekannte Punkt P von A und C aus angepeilt, und es werden α, γ gemessen. a, b und β sind wieder bekannt. Zu bestimmen sind wie oben die Entfernungen $\overline{PA}$, $\overline{PB}$ und $\overline{PC}$ (Bild 23).

Lösung. Aus dem Kosinussatz, angewandt auf das Dreieck ABC folgt

$$\overline{AC} = b = \sqrt{a^2 + c^2 - 2ac \cos \beta} ,$$

aus dem Sinussatz folgt

$$\sin \gamma_1 = \frac{c \sin \beta}{b} \quad \text{und} \quad \sin \alpha_1 = \frac{a \sin \beta}{b}$$

womit man γ_1, α_1 und weiter $\gamma_2 = \gamma - \gamma_1$, $\alpha_2 = \alpha - \alpha_1$ erhält. Wenn man $\delta = 360° - (\alpha+\beta+\gamma)$ beachtet, liefert der Sinussatz

$$r := \overline{PC} = \frac{b \sin \alpha_2}{\sin \delta} , \quad p := \overline{PA} = \frac{b \sin \gamma_2}{\sin \delta}$$

und der Kosinussatz, angewandt auf PBC

$$q := \overline{PB} = \sqrt{a^2 + r^2 - 2ar \cos \gamma} .$$

Zur Kontrolle kann man q auch aus dem Dreieck PAB bestimmen

$$q = \sqrt{c^2 + p^2 - 2cp \cos \alpha} .$$

Literatur

Führer, L., Die Kreisberechnung als Brennspiegel der Schulmathematik, Teil I. Praxis der Mathematik 24 (1982), H. 10, 289-298.

Kroll, W., Trigonometrie entwickelt aus der Kreisberechnung nach Archimedes. Ein Unterrichtskonzept. Praxis der Mathematik 24 (1982), H. 1, 1-17.

Lietzmann, W., Elementare Kugelgeometrie. Göttingen: Vandenhoeck und Ruprecht 1949.

Rixecker, H., Ein Plädoyer für die sphärische Trigonometrie. Praxis der Mathematik 20 (1978), 370-372.

Schweizer, W., Ebene Trigonometrie. Stuttgart: Klett o.J.

Aufgaben

1. Bild 24 zeigt eine Kreisscheibe, die in einem Punkt P ihres Randes befestigt ist. Sie bewegt sich in einem festen Kreis von doppeltem Radius mit Mittelpunkt P, der als Winkelmesser ausgebildet ist. Mit einem Zeiger kann ein Winkel eingestellt und an den Schnittpunkten des Scheibenrandes mit zwei orthogonalen Durchmessern des festen Kreises können der Kosinus und Sinus des Winkels abgelesen werden.
Begründen Sie die Funktionsweise des Gerätes.

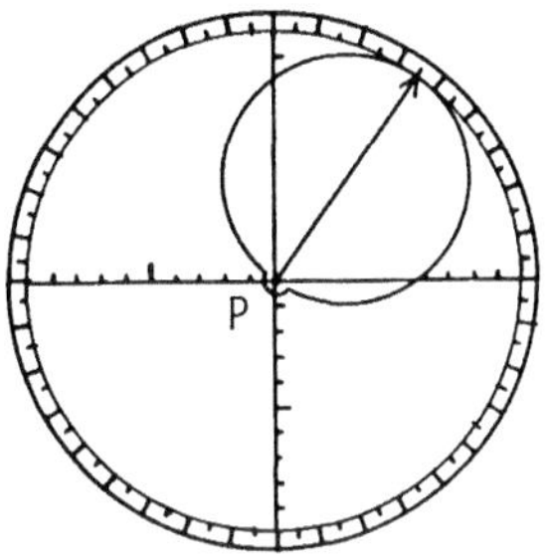

Bild 24

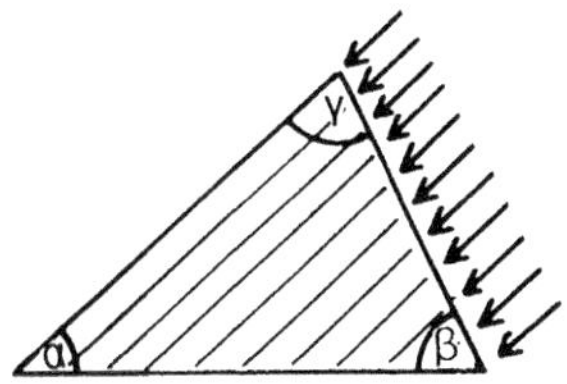

Bild 25

2. Auf eine horizontale Ebene fallen Sonnenstrahlen unter einem Winkel α ein. Berechnen Sie die Länge s des Schattens eines Stabes der Länge d, der um β gegen die Ebene geneigt ist (Bild 25).

3. Bestimmen Sie den Sonnenradius, indem Sie benützen, daß die Sonnenscheibe von der Erde aus unter 32' gesehen wird (genauer Wert 695 000 km) (vgl. die Berechnung des Mondradius in 9.5.(2).
Bemerkung: Daß die Sonnenscheibe größer erscheint, wenn die Sonne unter- oder aufgeht, ist eine merkwürdige Sinnestäuschung.

4. Die seitlichen Giebel eines rheinischen Rautendaches (Abschnitt 2, Aufg. 3) seien gleichseitige Dreiecke der Seitenlänge 8 m. Wie stark sind die Rauten gegen den Turmboden geneigt?

5. Bestimmen Sie in Fortsetzung von 3.4., Aufg. 1, die Entfernung des Dortmunder Mathematikgebäudes vom Fernsehturm rechnerisch.

6. Leiten Sie die folgenden trigonometrische Formeln ab:

$$\tan(\alpha+\beta) = \frac{\tan\alpha + \tan\beta}{1 - \tan\alpha\tan\beta}, \quad \tan 2\alpha = \frac{2\tan\alpha}{1-\tan^2\alpha}, \quad \tan\frac{\alpha}{2} = \frac{\sin\alpha}{1+\cos\alpha}.$$

7. Leiten Sie die folgenden trigonometrischen Sätze für das Dreieck ab:

$$\frac{a+b}{a-b} = \frac{\tan\frac{\alpha+\beta}{2}}{\tan\frac{\alpha-\beta}{2}} \quad \text{(Tangenssatz)},$$

$$\frac{a+b}{c} = \frac{\cos\frac{\alpha-\beta}{2}}{\cos\frac{\alpha+\beta}{2}}, \quad \frac{a-b}{c} = \frac{\sin\frac{\alpha-\beta}{2}}{\sin\frac{\alpha+\beta}{2}} \quad \text{(Mollweidesche Formeln).}$$

Tip: Sinussatz und trigonometrische Formeln benutzen!

8. Sei ρ der Radius des Inkreises, r der Radius des Umkreises, A die Fläche, s der halbe Umfang eines Dreiecks.
Zeigen Sie: $A = \rho\cdot s = 2r^2 \sin\alpha \sin\beta \sin\gamma = \frac{abc}{4r}$
und $\rho = (s-a)\tan\frac{\alpha}{2} = (s-b)\tan\frac{\beta}{2} = (s-c)\tan\frac{\gamma}{2}$.

9. Seien a, b die Längen der Seiten und e, f die Längen der Diagonalen eines Parallelogramms.
Zeigen Sie: $e^2 + f^2 = 2(a^2 + b^2)$.
Tip: Kosinussatz und Winkelbeziehungen im Parallelogramm.

10. Satz von PTOLEMÄUS: Seien a,b,c,d die Seiten, e,f die Diagonalen eines Sehnenvierecks.
Zeigen Sie: $e\cdot f = ac + bd$.
Tip: Kosinussatz und Winkelbeziehungen im Sehnenviereck.

10 Elementare analytische Geometrie

Alle Probleme der Geometrie können leicht auf einen solchen Ausdruck gebracht werden, daß es nachher nur der Kenntnis der Länge gewisser Strecken bedarf, um diese Probleme zu lösen.

R. DESCARTES, Geometrie, 1637

Algebra und Geometrie machten, solange sie getrennt blieben, geringe Fortschritte, und ihre Anwendungen waren beschränkt; jedoch seit die Trennung dieser beiden Disziplinen aufgehört hat, sind sie durch die gegenseitige Unterstützung mit Riesenschritten ihrer Vollendung entgegengeeilt. Die Anwendung der Algebra auf die Geometrie verdankt man Descartes, und sie hat die größten Entdeckungen in allen Teilen der Mathematik hervorgerufen.

J. LAGRANGE, Mathematische Elementarvorlesungen, 1794

Heutzutage kämpfen der Engel der Topologie und der Teufel der abstrakten Algebra um die Seele eines jeden mathematischen Gebiets.

H.WEYL (1885-1955)

Die Algebra hat Gültigkeit, weil sie sich in der Geometrie bewährt.

H. FREUDENTHAL, IMU-Kongreß Warschau 1983

In den zurückliegenden Kapiteln des Buches ist die Elementargeometrie hauptsächlich vom sog. "synthetischen" Standpunkt aus entwickelt worden, d.h. wir haben <u>direkt</u> mit geometrischen Objekten und ihren Beziehungen gearbeitet. Im 8. Kapitel sind dann Zahlen und Rechnungen immer mehr hervorgetreten und im 9. Kapitel wurde die Trigonometrie explizit als "Algebraisierung der Kongruenzsätze" eingeführt.

Zum Abschluß des Buches soll nun noch der historische Schritt zur analytischen Geometrie nachvollzogen werden, durch den eine Algebraisierung der gesamten Geometrie angebahnt wurde. Historisch hat sich die Bezeichnung "Analytische Geometrie" durchgesetzt, obwohl "Algebraische Geometrie" ein passenderer Ausdruck wäre. Darunter versteht man heute ein anderes Teilgebiet der Mathematik.

Als Begründer der analytischen Geometrie gilt RENE DESCARTES (1596-1650), auch wenn Spuren seiner Idee bereits bei APOLLONIUS (262-190 v.Chr.) und erste Ansätze bei P. FERMAT (1601-1665) nachweisbar sind. In seinem Buch "Geometrie" (1637) zeigt DESCARTES, wie man Probleme der ebenen Geometrie in die Algebra übersetzen, sie algebraisch lösen und die Lösung wieder geometrisch deuten kann. Kritiker haben ihm mit einem gewissen Recht vorgeworfen, daß er seine Grundgedanken in diesem Buch absichtlich im Dunkeln gehalten habe. Man muß in der Tat sehr genau hinsehen, um zu erkennen, wie DESCARTES Koordinaten einführt und mit ihnen arbeitet.

Um einen Eindruck von Descartes' "Geometrie" zu vermitteln, gebe ich im folgenden einen relativ klaren Abschnitt aus dem zweiten Teil des Buches mit der Überschrift "Über die Natur der krummen Linien" wieder. Gegenüber der zugrundeliegenden deutschen Übersetzung habe ich den Text zum besseren Verständnis an einigen Stellen umformuliert:

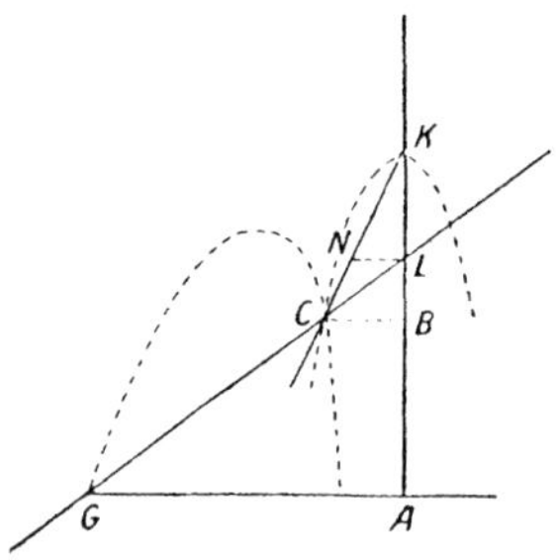

Figur 7

"Es sei z.B. der Typ der Kurve (Fig. 7) zu bestimmen, die der Schnittpunkt C des Lineals GL mit dem Schenkel KN des Winkels NKL beschreibt, wenn dieser Winkel sich so bewegt, daß der Schenkel KL auf der festen Geraden

BA gleitet und dabei bewirkt, daß das Lineal GL, das mit dem Winkel so verbunden ist, daß es immer durch den Punkt L hindurchgeht, eine kreisförmige Bewegung um den Punkt G vollzieht. Ich wähle zu diesem Zweck eine Gerade, etwa AB, um auf ihre Punkte die Punkte der krummen Linie, auf der C wandert, beziehen zu können; ferner wähle ich einen Punkt A auf AB, von dem aus als Anfangspunkt die Rechnung zu beginnen ist. - Ich sage, daß ich diese beiden wähle, weil es frei steht, sie ganz nach Belieben anzunehmen; denn wenn man auch durch eine geeignete Wahl bewirken kann, daß die Gleichung kürzer und einfacher werde, so ist doch leicht zu beweisen, daß sich immer derselbe Typ für die Kurve ergibt, wie man auch die Wahl getroffen haben möge.

Es sei nun C ein beliebiger Punkt der Kurve, der einer bestimmten Lage des beweglichen Winkels entspricht. Wir ziehen dann von C aus die Linie CB parallel zu GA und nennen die beiden unbestimmten und unbekannten Größen CB und BA, die eine y, die andere x. Um die Beziehung zwischen diesen beiden zu finden, betrachte ich auch die bekannten Größen, die die Entstehung der krummen Linie bestimmen, nämlich $\overline{GA}$, die ich mit a, $\overline{KL}$, die ich mit b, und $\overline{NL}$, parallel zu GA, die ich mit c bezeichnen will. Dann verhält sich $\overline{NL}$ zu $\overline{LK}$ wie $\overline{CB}$ zu $\overline{BK}$, d.h.

$$c:b = y:\overline{BK} \ ,$$

woraus

$$\overline{BK} = \frac{b}{c}\, y$$

und

$$\overline{BL} = \frac{b}{c}\, y - b \ ,$$

$$\overline{AL} = x + \frac{b}{c}\, y - b$$

folgen. Ferner verhält sich $\overline{CB}$ zu $\overline{LB}$ wie $\overline{AG}$ zu $\overline{LA}$, d.h.

$$y:\left(\frac{b}{c}\, y - b\right) = a:\left(x + \frac{b}{c}\, y - b\right) \ ,$$

woraus sich durch Multiplikation des zweiten Gliedes mit dem dritten und des ersten mit dem vierten

$$\frac{ab}{c}\, y - ab = xy + \frac{b}{c}\, y^2 - by \ ,$$

oder

$$y^2 = cy - \frac{cx}{b} y + ay - ac$$

ergibt, und dies ist die gesuchte Gleichung, aus der man ersieht, daß die Linie GC von der ersten Gattung ist; in der Tat ist es nichts anderes als eine Hyperbel."

Wie man hier sieht, benützt DESCARTES den Punkt A als Koordinatenursprung und die Geraden AB und AG als x- bzw. y-Achse.

DESCARTES ging noch nicht über die analytische Geometrie der Ebene hinaus. Analytische Betrachtungen im Raum nahmen erst A.-C. CLAIRAUT (1713-1765) und L. EULER (1707-1783) beim Studium von gekrümmten Flächen vor. Im 19. Jhdt. machten sich die Mathematiker von den Dimensionen 2 und 3 frei und übertrugen die Begriffsbildungen der analytischen Geometrie in beliebig-dimensionale ("n-dimensionale") Räume.
In den letzten Jahrzehnten ist es, insbesondere unter dem Einfluß der BOURBAKI-Gruppe, Mode geworden, die analytische Geometrie nicht von der Geometrie, sondern von der Algebra aus aufzubauen. Man entwickelt zu diesem Zweck zuerst die Lineare Algebra als Theorie der Vektorräume und ihrer Abbildungen und wendet sie anschließend auf die Geometrie an.
Vom genetischen Prinzip aus kann dieser Weg nicht in Frage kommen, weil dabei die Begriffsbildungen der Linearen Algebra unmotiviert bleiben müssen. Der natürliche Weg ist es, den historischen Wurzeln gemäß die analytische Geometrie als Algebraisierung der Elementargeometrie einzuführen, was wir im folgenden auch tun wollen. Wir haben dann eine gute Anschauungsgrundlage zur Verfügung und vor allem können wir durchgehend einem großen Leitproblem folgen:

Übersetze geometrische Begriffe in die Sprache der Algebra und nütze dies für die Lösung geometrischer Probleme aus!

Im Verlauf der Untersuchung entsteht dann als Protokoll des Fortschritts eine Art Wörterbuch "Geometrie - Algebra".
Wie sich zeigen wird, benötigen wir von der Begriffssprache der Linearen Algebra nur Rudimente, weil wir uns immer in Koordinatensystemen bewegen werden. Geschulte Leser werden das mit einem gewissen Recht als altmodisch und teilweise als schwerfällig empfinden. Ich möchte allerdings darauf verweisen, daß dabei nichtsdestoweniger eine insgesamt schlichte und lei-

stungsfähige Methode zur Lösung konkreter Probleme entsteht, die zudem eine ausgezeichnete Verständnisgrundlage für die Lineare Algebra bietet. Analytische Geometrie als Grundlage der Linearen Algebra und nicht umgekehrt: Darauf kommt es mir gerade an.

Bei dem weiteren Eindringen in die Lineare Algebra, die nicht Ziel des Buches ist, wird man natürlich die Sprache und Begrifflichkeit von Vektorräumen benutzen.

Ich habe mir bei der Abfassung dieses Kapitels überlegt, ob ich nicht sofort die analytische Geometrie des Raumes angehen und daraus durch Reduktion die analytische Geometrie der Ebene ableiten sollte. Schließlich erschien es mir doch besser, mich zuerst auf die analytische Geometrie der Ebene zu konzentrieren, weil sie eine gute Vorbereitung für den Raum darstellt und man die meisten Überlegungen aus der Ebene leicht in den Raum übertragen kann, wie Abschnitt 10.9. zeigen wird.

Inhaltlich betrachte ich dieses abschließende Kapitel als eine Gelegenheit, die Erkenntnisse der früheren Kapitel hie und da abzurunden.

10.1. Koordinatensysteme

Bild 1 zeigt, wie sich ein Punkt P der Ebene bezüglich eines Koordinatensystems umkehrbar eindeutig durch seine Koordinaten x_P (Abszisse) und y_P (Ordinate) charakterisieren läßt, die man zu einem Zahlenpaar (x_P, y_P) zusammenfaßt. Zu jedem Punkt gehört genau ein Zahlenpaar, umgekehrt zu jedem Zahlenpaar genau ein Punkt.

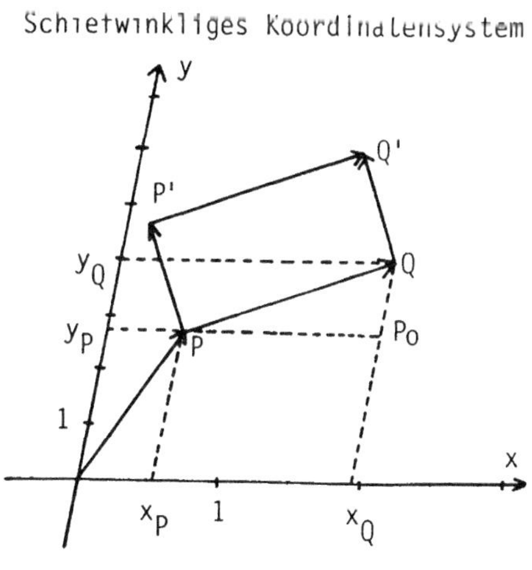

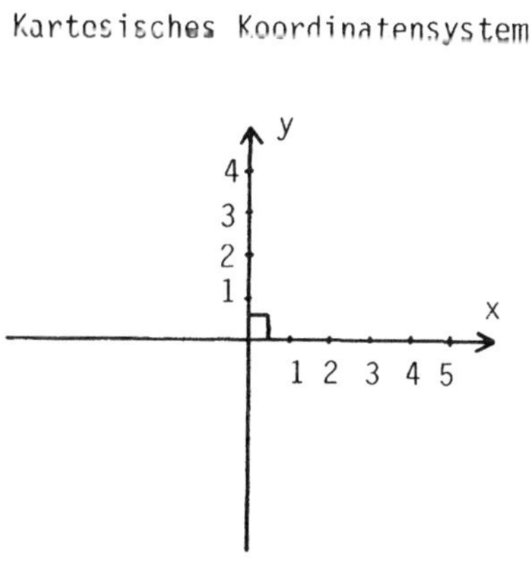

Bild 1

Die x-Achse und die y-Achse (Koordinatenachsen) sind dabei als Zahlenstrahlen ausgebildet. Ihr Schnittpunkt wird als Nullpunkt (Koordinatenursprung) definiert.
Beachten Sie, daß die Achsen keineswegs senkrecht aufeinander zu stehen brauchen. Auch die Einheiten auf den Achsen brauchen nicht gleich lang zu sein. Von der freien Wählbarkeit des Systems macht man oft in der Weise Gebrauch, daß man das System an das gestellte geometrische Problem geeignet anpaßt und sich damit Rechnungen erleichtert. Für welche Probleme Koordinatensysteme sinnvoll sind, deren Achsen aufeinander senkrecht stehen und die gleiche Längeneinheit tragen, wird sich in 10.5. und 10.6. zeigen.
Wie hängen die Koordinaten verschiedener Punkte miteinander zusammen?
Gehen wir in Bild 1 von $P(x_P,y_P)$ zu $Q(x_Q,y_Q)$ über, wobei wir von P zunächst parallel zur x-Achse bis P_0 und dann von P_0 parallel zur y-Achse bis Q laufen, so sehen wir

$$x_Q = x_P + (x_Q - x_P) ,$$
$$y_Q = y_P + (y_Q - y_P) .$$

Die Abszissendifferenz x_Q-x_P entspricht dabei dem Pfeil $\overrightarrow{PP_0}$, die Ordinatendifferenz dem Pfeil $\overrightarrow{P_0Q}$. Von entscheidender Bedeutung ist nun die folgende Tatsache: Die Abszissen- und die Ordinatendifferenz ändern sich nicht, wenn wir P, Q irgendeiner Verschiebung (Bilder P', Q') unterwerfen:

$$x_Q - x_P = x_{Q'} - x_{P'} , \; y_Q - y_P = y_{Q'} - y_{P'} .$$

Zeichnen Sie den Pfeil $\overrightarrow{PQ}$ auf eine Folie, verschieben sie ihn parallel zu sich und überzeugen Sie sich, daß die Abszissen- und die Ordinatendifferenz invariant sind.
Man kann daher aus den Koordinaten von P, Q und P' die Koordinaten von Q' berechnen:

$$x_{Q'} = x_{P'} + (x_Q - x_P) , \; y_{Q'} = y_{P'} + (y_Q - y_P) .$$

Beispiel (Bild 2)

$$x_Q - x_P = 2-1 = 1 \quad , \quad y_Q - y_P = 5-2 = 3 \ ,$$

$$x_{Q'_1} = 0+1 = 1 \quad , \quad y_{Q'_1} = 3+3 = 6 \ ,$$

$$x_{Q'_2} = 1+1 = 2 \quad , \quad y_{Q'_2} = -1+3 = +2 \ ,$$

$$x_{Q'_3} = 3+1 = 4 \quad , \quad y_{Q'_3} = \frac{1}{2}+3 = \frac{7}{2} \ ,$$

$$x_{Q'_4} = -1+1 = 0 \ , \quad y_{Q'_4} = -1+3 = 2 \ .$$

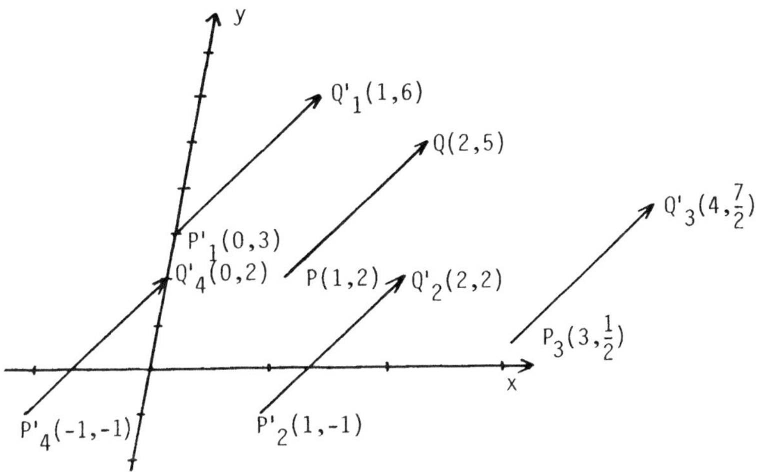

Bild 2

Wir sehen daraus, daß das Zahlenpaar (1,3) durchgehend benutzt werden kann, um die Koordinaten eines jeden Punktes zu bestimmen, der von einem beliebig vorgegebenen Punkt aus durch Abtragung eines Pfeiles erhalten wird, der parallel zu $\overrightarrow{PQ}$, ebenso lang und gleich gerichtet ist. Das Paar (1,3) bedeutet geometrisch: Laufe von einem gegebenen Punkt parallel zur x-Achse 1 weiter und dann parallel zur y-Achse 3 weiter (oder in umgekehrter Reihenfolge, was auf dasselbe hinausläuft).

Das Beispiel zeigt uns, daß wir Zahlenpaare nicht nur zur Beschreibung von Punkten, sondern auch zur Beschreibung von Pfeilen und von Verschiebungen benutzen können.

Um diese Situation weiter aufzuklären, betrachten wir ein Zahlenpaar genauer, z.B. (-1,4). Im Koordinatensystem (Bild 3) beschreibt es zunächst einmal den Punkt P. Aber es kann auch den Pfeil $\overrightarrow{OP}$ beschreiben: Wenn man sich vom Ursprung aus um -1 auf der x-Achse bewegt, d.h. um 1 nach links, und dann parallel zur y-Achse um 4 weiter, gelangt man gerade zum Punkt (-1,4).

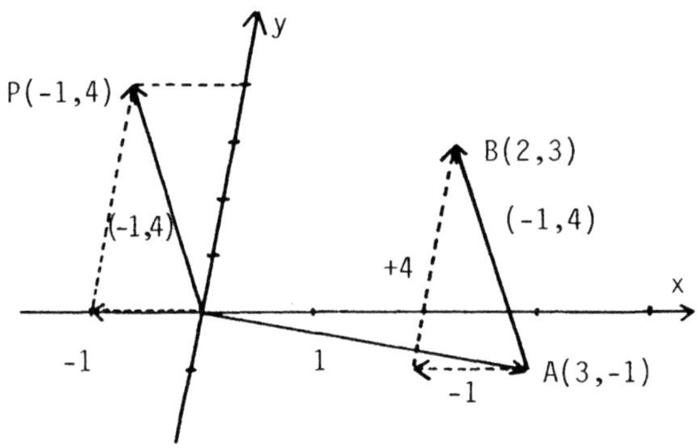

Bild 3

Nach derselben Vorschrift gelangt man von A(3,-1) zu B(2,3), denn 3-1 = 2 und -1+4 = 3 .
Das Zahlenpaar (-1,4) kann in dieser Weise jedem Pfeil zugeordnet werden, der zu $\overrightarrow{OP}$ parallel, gleich gerichtet und gleich lang ist.

10.2. Vektoren

Die in 10.1. aufgetretenen Zahlenpaare erhalten einen besonderen Namen: (a_1,a_2) heißt Vektor mit den Komponenten a_1 und a_2.
In 10.9. werden wir Vektoren (a_1,a_2,a_3) mit drei Komponenten benutzen, allgemeiner kann man auch Vektoren mit n Komponenten betrachten. Um eine für alle Dimensionen einheitliche Schreibweise zu haben, numeriert man die Komponenten eines Vektors, während man die Koordinaten in der analytischen Geometrie der Ebene traditionell mit x, y, in der analytischen Geometrie des Raumes mit x, y, z bezeichnet.

Die Menge aller Vektoren mit zwei Komponenten ist gegeben durch

$$\mathbb{R}^2 = \{(x_1,x_2) \mid x_1 \in \mathbb{R},\ x_2 \in \mathbb{R}\},$$

da als Komponenten und Koordinaten beliebige Zahlen aus der Menge $\mathbb{R}$ der reellen Zahlen auftreten können.

Mit einer bloßen Beschreibung von Punkten und Pfeilen durch Vektoren ist es nicht getan. Der Vorteil der Algebra kann erst ausgespielt werden, wenn man sich des algebraischen Kalküls bedienen kann. Daher werden wir angeregt, auf $\mathbb{R}^2$ Rechenoperationen zu definieren.

10.2.1. Addition von Vektoren

Vektoren können wir unter Bezug auf ein Koordinatensystem auf zwei Weisen geometrisch interpretieren:

- als "Ortsvektoren" von Punkten zur Beschreibung der Lage von Punkten im Koordinatensystem (Bild 4a)
- als "freie Vektoren" zur Beschreibung von Pfeilen (Bild 4b).

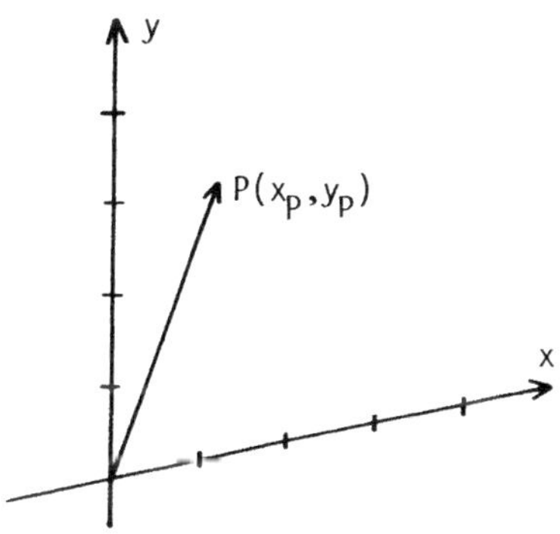

Bild 4a

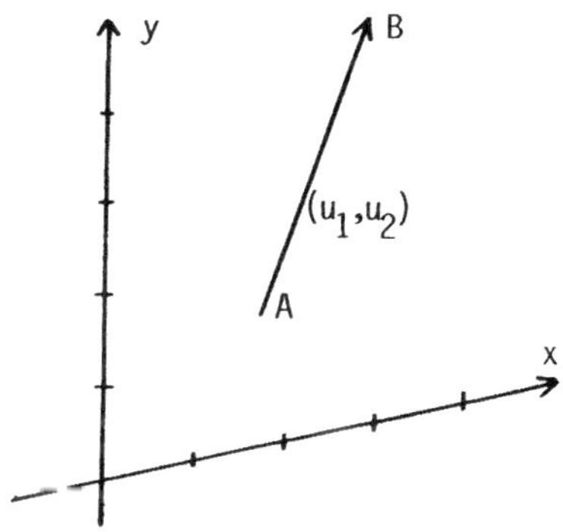

Bild 4b

Wenn man an einen Punkt $P(x_p,y_p)$ einen durch (u_1,u_2) beschriebenen Pfeil anträgt (Bild 5a), erhält man den Ortsvektor des Endpunktes Q durch:

$$x_Q = x_P + u_1 \quad , \quad y_Q = y_P + u_2 .$$

Wenn man Pfeile $\overrightarrow{AB}$ und $\overrightarrow{BC}$ gemäß 5b zusammensetzt, erhält man für den Pfeil $\overrightarrow{AC}$ den Vektor (u_1+v_1,u_2+v_2).

Dies veranlaßt uns, als Addition von Vektoren festzulegen:

$$(a_1,a_2) + (b_1,b_2) := (a_1+b_1,a_2+b_2) .$$

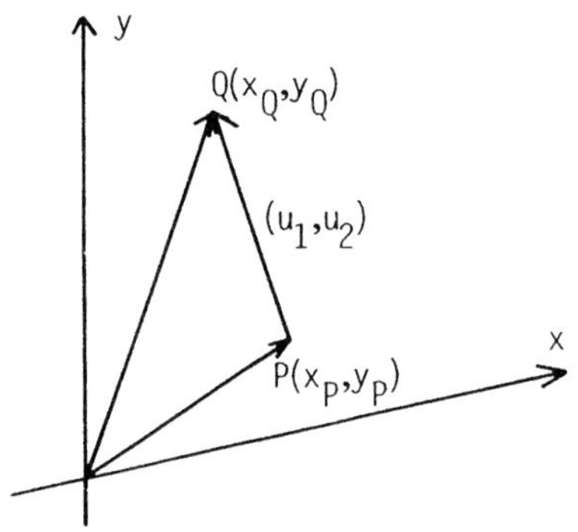

Bild 5a

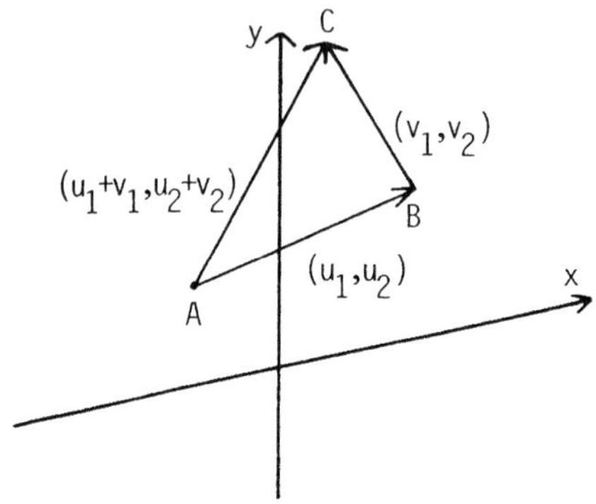

Bild 5b

Beachten Sie, daß das Pluszeichen links die neu definierte Addition von Vektoren bedeutet, während rechts die bekannte Addition von reellen Zahlen auftritt.
In Worten lautet die Definition: Vektoren werden addiert, indem man entsprechende Komponenten addiert (komponentenweise Addition).

Die neue Verknüpfung hat dieselben schönen Eigenschaften wie die Addition von reellen Zahlen: $(\mathbb{R}^2,+)$ ist wie $(\mathbb{R},+)$ eine kommutative Gruppe mit dem Nullvektor (0,0) als neutralem Element und der Inversenbildung $(a_1,a_2) \mapsto (-a_1,-a_2)$.
(Beachten Sie, daß $(a_1,a_2)+(-a_1,-a_2) = (a_1+(-a_1),a_2+(-a_2)) = (0,0)$ gilt.)

Da parallelen, gleich langen und gleich gerichteten Pfeilen der gleiche Vektor zugeordnet ist, kann man die Addition von Vektoren im Anschluß an Bild 5b noch in einer dritten Weise deuten (Bild 5c):

Man ergänzt die Pfeile $\overrightarrow{AB}$ und $\overrightarrow{AC}$ durch den Punkt D zu einem Parallelogramm. Dem Pfeil $\overrightarrow{AD}$ ist dann die Summe der Vektoren (u_1,u_2) und (v_1,v_2) zugeordnet.
Wenn man die Pfeile $\overrightarrow{AB}$ und $\overrightarrow{AC}$ physikalisch als Kräfte deutet, die im Punkt A angreifen, ist $\overrightarrow{AD}$ die sogenannte "Resultante" der Einzelkräfte, und man spricht in Bild 5c vom Kräfteparallelogramm.

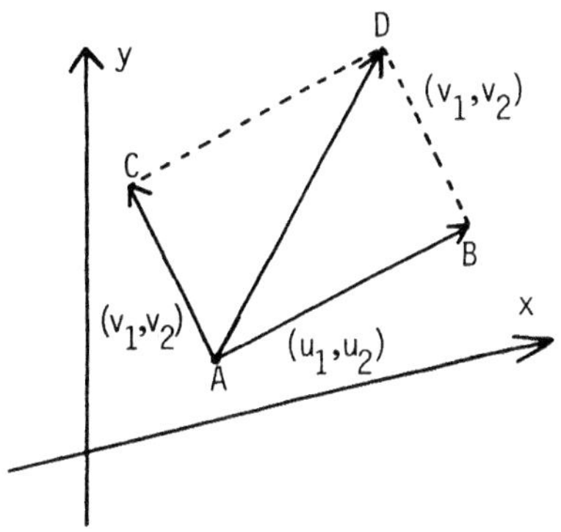

Bild 5c

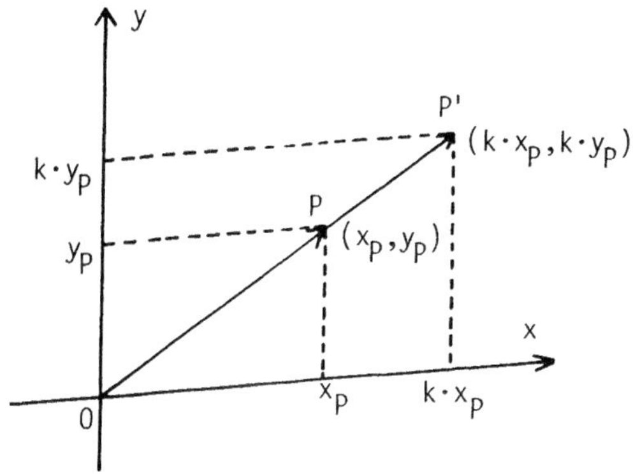

Bild 6

Zur Vereinfachung unserer Sprache und auch zur Betonung grundlegender Beziehungen zwischen Algebra und Geometrie führen wir folgende Sprachregelung ein: Anstelle der ausführlichen Wendung "der durch den Pfeil $\overrightarrow{AB}$ repräsentierte Vektor" sagen wir kurz "der Vektor $\overrightarrow{AB}$", d.h. wir verwenden für Pfeile und für Vektoren dasselbe Symbol. Weiter sprechen wir sowohl vom "Punkt" (x,y) als auch vom "Vektor" (x,y), als auch vom "Ortsvektor" (x,y).

Vom logischen Standpunkt aus sind diese Regelungen natürlich nicht einwandfrei. Wie schon früher vertrauen wir darauf, daß der inhaltliche Zusammenhang jeweils hinreichend klar macht, was gemeint ist. Hier wie auch sonst in der Mathematik wird eine inhaltlich klare, nicht unbedingt eine kontextfreie präzise Sprache benötigt.[1)]

Mit unserer neuen Sprechweise können wir auch von einer Verschiebung um den Vektor (u_1,u_2) reden. Wird dabei der Punkt P(x,y) nach P'(x',y') verschoben, so gilt

$$x' = x+u_1 \quad , \quad y' = y+u_2 \ .$$

Die Addition von Vektoren ist also sehr gut an Verschiebungen angepaßt.

1) Am Rande sei bemerkt, daß die Vermischung von Pfeilen und Vektoren linguistisch betrachtet eine Metonymie ist. Auf die große Bedeutung dieses linguistischen Typs auch für die mathematische Sprache hat W. Zawadowski hingewiesen.

10.2.2. Skalarmultiplikation

Kann man auch die Multiplikation reeller Zahlen für Vektoren nutzbar machen?
Wenn wir uns auf die x-Achse beschränken, bedeutet die Multiplikation der Abszissen mit einer Zahl $k \neq 0$ eine zentrische Streckung am Ursprung mit Faktor k (Maßstabsänderung auf der x-Achse). Ebenso für die y-Achse. Daher ist eine zentrische Streckung der ganzen Ebene am Nullpunkt mit Faktor k koordinatenmäßig leicht zu übersehen (Bild 6). Wird P auf P' abgebildet, so gilt

$$x_{P'} = k \cdot x_P \quad , \quad y_{P'} = k \cdot y_P \ .$$

Diese Beziehung folgt sofort daraus, daß bei einer zentrischen Streckung jede Bildgerade zu ihrem Urbild parallel ist. Da überdies jede Gerade durch 0 Fixgerade ist, wird der Vektor $\overrightarrow{OP}$ in den Vektor $\overrightarrow{OP}'$ überführt. Der Pfeil $\overrightarrow{OP}'$ ist daher geometrisch gesehen das k-fache von $\overrightarrow{OP}$.
Dadurch wird folgende Multiplikation von reellen Zahlen mit Vektoren motiviert:

$$k \cdot (a_1, a_2) := (k \cdot a_1, k \cdot a_2) \ .$$

Wieder steht links die neu definierte Multiplikation und rechts die Multiplikation von reellen Zahlen. Man nennt die reellen Zahlen zur Unterscheidung von den Vektoren Skalare und gibt der neuen Verknüpfung den Namen "Skalarmultiplikation".
In Worten lautet die Definition: Ein Vektor wird mit einem Skalar multipliziert, indem man jede Komponente mit dem Skalar multipliziert (komponentenweise Skalarmultiplikation).

Man überzeugt sich sofort von der Gültigkeit der folgenden Rechenregeln:

$$(k \cdot l) \cdot (a_1, a_2) = k \cdot (l \cdot (a_1, a_2)) \ ,$$
$$k \cdot ((a_1, a_2) + (b_1, b_2)) = k \cdot (a_1, a_2) + k \cdot (b_1, b_2) \ ,$$
$$(k + l) \cdot (a_1, a_2) = k \cdot (a_1, a_2) + l \cdot (a_1, a_2) \ .$$

Diese Regeln sind Modifikationen von Rechenregeln bei den reellen Zahlen: Die erste Regel ist eine Art "gemischtes Assoziativgesetz" für die Skalarmultiplikation und die normale Multiplikation, die Regeln 2 und 3 sind Analoga zum Distributivgesetz.

Zum Abschluß dieses Abschnitts sei noch einmal betont, daß die Skalarmultiplikation der Ortsvektoren mit einer Zahl $k \neq 0$ geometrisch als zentri-

sche Streckung mit dem Faktor k zu interpretieren ist. Wir haben damit in der Addition und der Skalarmultiplikation von Vektoren zwei wichtige Typen geometrischer Abbildungen algebraisiert, nämlich Verschiebungen und zentrische Streckungen.
Algebraisch gesehen ist $\mathbb{R}^2$ bez. der Addition und der Skalarmultiplikation ein Vektorraum über $\mathbb{R}$, was weiter auszuführen nicht in der Absicht des Buches liegt.

10.3. Geradengleichungen

Um eine Gerade "analytisch" (d.h. algebraisch) beschreiben zu können, brauchen wir ein Kriterium, mit dem wir an den Koordinaten eines Punktes entscheiden können, ob er auf der Geraden liegt oder nicht. Es gibt hierzu verschiedene Möglichkeiten, von denen wir nun einige entwickeln wollen.

10.3.1. Parameterform und Normalform

Wir unterscheiden verschiedene Fälle:

1. Fall: Koordinatenachsen.
Ein Punkt liegt genau dann auf der x-Achse, wenn seine Ordinate 0 ist. Die x-Achse wird daher durch die Gleichung $y=0$ in dem Sinn beschrieben, daß genau die Punkte, deren Koordinaten diese Gleichung erfüllen, auf der x-Achse liegen: (-1,0), (10,0), (3,0) liegen z.B. auf der x-Achse, (-1,1), $(\frac{1}{2},\frac{1}{2})$, (0,3) nicht.
Entsprechend ist $x=0$ die Gleichung der y-Achse.

2. Fall: Ursprungsgerade.
Betrachten wir als nächstes eine Gerade g durch 0 und einen Punkt $P_0 \neq 0$ mit den Koordinaten (x_0,y_0) (Bild 7).

Aus der geometrischen Interpretation der Skalarmultiplikation folgt sofort, daß auf g genau die Punkte P(x,y) mit

(1) $$(x,y) = k\cdot(x_0,y_0)$$

liegen, wobei k die reellen Zahlen durchläuft.
Jedem Parameterwert k entspricht genau ein Punkt von g. Am einfachsten

stellt man sich die Zuordnung $k \leftrightarrow P$ so vor: g wird als Zahlenstrahl interpretiert, wobei die Null im Punkt 0 und die Eins in P_0 liegt. Dadurch werden alle Ortsvektoren $\overrightarrow{0P}$ auf der Geraden g am "Einheitsvektor" $\overrightarrow{0P}_0$ gemessen: $(x,y) = \overrightarrow{0P}$ ist das k-fache von $(x_0,y_0) = \overrightarrow{0P}_0$.

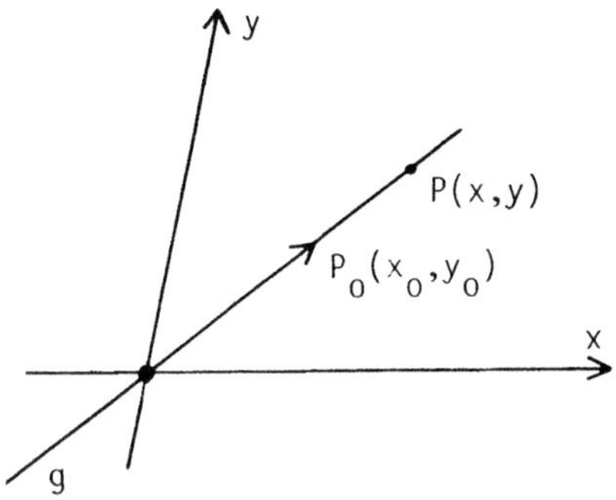

Bild 7

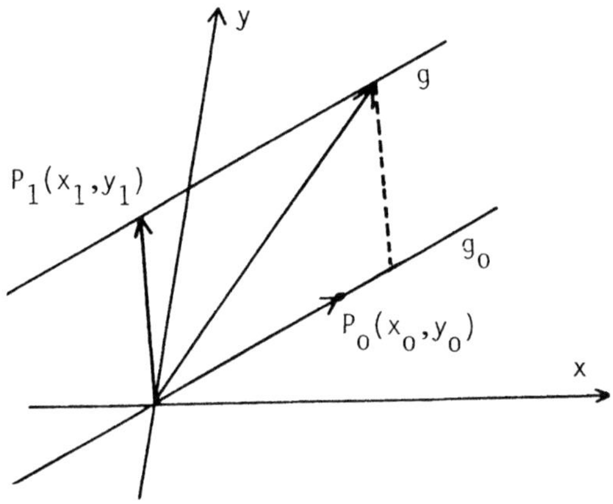

Bild 8

In Komponentenschreibweise lautet (1)

(2) $$x = k \cdot x_0 \quad , \quad y = k \cdot y_0 \quad , \quad k \in \mathbb{R}.$$

(1) und (2) heißen Parameterform der Geraden g, weil sie Punkte der Geraden in Abhängigkeit von dem Parameter k darstellen.
Um zu einer parameterunabhängigen Gleichung für g zu kommen, eliminieren wir k. Wegen $P_0 \neq 0$ ist $x_0 \neq 0$ oder $y_0 \neq 0$. Nehmen wir o.B.d.A. $x_0 \neq 0$ an. Dann folgt $k = \frac{x}{x_0}$ und eingesetzt $y = \frac{x}{x_0} \cdot y_0$,

was in

(3) $$y_0 x - x_0 y = 0$$

umgeformt werden kann. Von (3) kann man zurückrechnen zu (2), so daß wir sagen können, daß (3) genau die Punkte von g beschreibt. In (3) sind x, y die Koordinaten eines variablen Punktes und x_0, y_0 die Koordinaten eines festen Punktes. Als Normalform der Gleichung einer durch 0 verlaufenden Geraden erhalten wir also

(4) $$ax + by = 0 \quad , \text{ wobei } (a,b) \neq (0,0).$$

Jede Gleichung vom Typ (4) stellt auch tatsächlich eine durch 0 verlaufende Gerade dar, da sich (4) sofort in die Form (3) bringen läßt. Man braucht ja nur $x_0=-b$, $y_0=a$ zu setzen und sieht, daß (0,0) und der Punkt (-b,a) die Gleichung (4) erfüllen.
In (4) sind auch die Koordinatenachsen eingeschlossen (1. Fall). Die Gleichung $x=0$ erhält man, indem man $a=1$, $b=0$ setzt, $y=0$ entsprechend durch $a=0$, $b=1$.

Rechenbeispiel: Gerade g: $x - 2y = 0$.
Liegt P(5,3) auf g? Test: $5 - 2 \cdot 3 < 0$. P liegt also nicht auf g.

Die Gleichungen $3x + 2y = 0$ und $6x + 4y = 0$ stellen sicherlich dieselbe Gerade dar, da wir die zweite Gleichung durch Multiplikation der ersten mit 2 erhalten. Ein Punkt (x_P, y_P) erfüllt also entweder beide Gleichungen oder keine von beiden.
Wann stellen Gleichungen

(I) $$a_1x + b_1y = 0 \quad , \quad (a_1,b_1) \neq (0,0)$$
(II) $$a_2x + b_2y = 0 \quad , \quad (a_2,b_2) \neq (0,0)$$

dieselbe Gerade dar?
Der Punkt $(-b_1,a_1)$ liegt auf der ersten Geraden. Da beide Geraden durch den Nullpunkt verlaufen, sind sie genau dann gleich, wenn $(-b_1,a_1)$ auch (II) erfüllt, d.h. wenn

$$-b_1a_2 + b_2a_1 = 0$$

oder äquivalent

(5) $$a_1b_2 = a_2b_1 .$$

Diese Bedingung wollen wir in einer bestimmten Weise umdeuten.
Wenn $a_1=0$, dann folgt wegen $b_1\neq 0$, daß $a_2=0$. (I) und (II) haben dann die triviale Form

$$b_1y = 0 \quad , \quad b_2y = 0 \qquad \text{(x-Achse)}$$

und durch Multiplikation von $b_1y=0$ mit $\frac{b_2}{b_1}$ erhält man $b_2y=0$.

Analog liegt der Fall bei $b_1=0$ (y-Achse). Gilt $a_1 \neq 0$ und $b_1 \neq 0$, dann formt man (I) mit Hilfe von (5) in (II) um:

$$\text{(I)} \qquad a_1x + b_1y = 0 \ , \qquad \Big| \cdot \frac{a_2}{a_1}$$

$$\frac{a_2}{a_1} \cdot a_1x + b_1 \cdot \frac{a_2}{a_1}y = 0 \ ,$$

$$\text{(II)} \qquad a_2x + b_2y = 0 \ .$$

Ergebnis: <u>(I) und (II) stellen genau dann dieselbe Gerade dar, wenn man (I) durch Multiplikation in (II) überführen kann</u> (oder umgekehrt).

<u>3. Fall</u>: g sei eine beliebige Gerade (Bild 8).

Wir ziehen die Parallele g_0 zu g durch 0 und wählen einen Punkt $P_0 \neq 0$ auf g_0. Für die Punkte auf g_0 haben wir die Parameterform

$$(x,y) = k \cdot (x_0,y_0) \quad , \quad k \in \mathbb{R} .$$

Wir erhalten g aus g_0 durch eine Verschiebung um einen Vektor $\overrightarrow{OP}_1$, wobei P_1 auf g liegt. Entsprechend ist dann

$$\text{(6)} \qquad (x,y) = (x_1,y_1) + k \cdot (x_0,y_0) \qquad , \ k \in \mathbb{R}$$

eine Parameterform von g, in ausführlicher Form,

$$\text{(7)} \qquad x = x_1 + k \cdot x_0 \quad , \quad y = y_1 + k \cdot y_0 \quad , \quad k \in \mathbb{R}.$$

Wir eliminieren k

$$(x-x_1) \cdot y_0 \ (= k \cdot x_0y_0) = (y-y_1) \cdot x_0$$

und erhalten nach Umformung

$$\text{(8)} \qquad \underbrace{y_0}_{a}x + \underbrace{(-x_0)}_{b}y + \underbrace{y_1x_0 - x_1y_0}_{c} = 0 \ .$$

Die Normalform der Gleichung einer beliebigen Geraden lautet daher

$$\text{(9)} \qquad ax + by + c = 0 \quad , \quad \text{wobei} \ (a,b) \neq (0,0) \ .$$

Jede solche Gleichung stellt auch tatsächlich eine Gerade dar, da sich aus a, b, c passende Punkte $P_0(x_0,y_0)$ und $P_1(x_1,y_1)$ berechnen lassen. Man braucht nur $x_0=-b$, $y_0=a$ zu setzen und x_1, y_1 aus $c = -y_1b-x_1a$ zu bestimmen, was wegen $(a,b)\neq(0,0)$ bei freier Wahl von x_1 oder y_1 möglich ist.

In (9) treten x, y nicht in höheren Potenzen auf. Wegen der geometrischen Bedeutung heißt (9) eine lineare Gleichung oder noch deutlicher eine in x und y lineare Gleichung.

Der sowohl in die Parameterform (1) von g_0 als auch in die Parameterform (6) von g eingehende Vektor (x_0,y_0) heißt Richtungsvektor von g und von g_0. Wir können mit diesem Begriff die Parameterform einer Geraden leicht beschreiben: Die Ortsvektoren der Punkte der Geraden ergeben sich, indem man zu dem Ortsvektor eines festen Punktes beliebige Vielfache des Richtungsvektors addiert.

Man kann den Richtungsvektor an der Normalform (9) leicht ablesen: (-b,a). Der Richtungsvektor einer Geraden ist nicht eindeutig bestimmt. Jedes vom Nullvektor verschiedene Vielfache eines Richtungsvektors ist wieder ein Richtungsvektor.

Wären wir mit einem Punkt $P_0'(x_0',y_0')$ auf g_0 gestartet, wobei $P_0'\neq 0$, dann wären wir anstelle von (8) zu der Gleichung

$$(10) \qquad y_0'x + (-x_0')y + y_1x_0' - x_1y_0' = 0$$

gelangt. Nun gilt aber

$$x_0' = k_0x_0 \quad , \quad y_0' = k_0y_0 \quad , \quad \text{für ein passendes } k_0 \neq 0,$$

da ja P_0' auf g liegt. Wir setzen in (10) ein und erhalten für g die Gleichung

$$(11) \qquad k_0y_0\,x + k_0(-x_0)\,y + k_0(y_1x_0-x_1y_0) = 0\ .$$

(11) geht aus (8) durch Multiplikation mit k_0 hervor, (8) umgekehrt aus (11) durch Multiplikation mit $\frac{1}{k_0}$. Wir haben somit folgendes Resultat:

Zwei lineare Gleichungen in Normalform stellen genau dann die gleiche Gerade dar, wenn die eine Gleichung durch Multiplikation mit einer Zahl $\neq 0$ in die andere überführt werden kann.

10.3.2. Zweipunkteform einer Geraden

Für das praktische Arbeiten gibt es andere Gleichungsformen, die man ausgehend von bestimmten Daten sofort hinschreiben kann. Als Beispiel betrachten wir die Zweipunkteform.

Seien $A(x_1,y_1)$, $B(x_2,y_2)$ zwei verschiedene Punkte. Die Verbindungsgerade AB wird dann dargestellt durch die lineare Gleichung (Zweipunkteform)

$$(x-x_1)\cdot(y_2-y_1) = (y-y_1)\cdot(x_2-x_1) ,$$

da A und B diese Gleichung trivial erfüllen:

$$A: \quad (x_1-x_1)\cdot(y_2-y_1) = 0 = (y_1-y_1)\cdot(x_2-x_1)$$
$$B: \quad (x_2-x_1)\cdot(y_2-y_1) = (y_2-y_1)\cdot(x_2-x_1) .$$

Durch Ausmultiplizieren und Umstellen erhält man aus der Zweipunkteform die Normalform.

10.3.3. Parallelität

Im Sinne unseres Algebraisierungsprogramms fragen wir als nächstes, wie wir an den Normalformen

$$g_1: \quad a_1x + b_1y + c_1 = 0 ,$$
$$g_2: \quad a_2x + b_2y + c_2 = 0$$

erkennen können, ob g_1 und g_2 parallel sind. Die Antwort ist einfach:

g_1 *ist parallel zu* g_2 *genau dann, wenn der Richtungsvektor* $(-b_1,a_1)$ *ein Vielfaches des Richtungsvektors* $(-b_2,a_2)$ *ist, d.h. wenn*

(12) $$b_2 = tb_1 \quad , \quad a_2 = ta_1 \qquad \text{für ein } t \neq 0$$

oder äquivalent, damit

$$a_1b_2 = a_2b_1$$

gilt. Dieser Bedingung sind wir in (5) schon begegnet. Im Fall 2 besagte sie sogar die Gleichheit zweier durch den Nullpunkt verlaufender Geraden. Im allgemeinen charakterisiert sie nur die Parallelität.

Wenn wir in (9) a und b festhalten und c variieren, beschreibt (9) die Schar von Parallelen mit dem gemeinsamen Richtungsvektor (-b,a). Von dieser Tatsache macht man beim praktischen Rechnen mit Vorteil Gebrauch.

Rechenbeispiele

1. Bestimme die Gleichung der Geraden g durch die Punkte A(-1,3) und B(2,5) und die Gleichung der Parallelen h zu g durch C(1,0).

Lösung: Ansatz für g: $ax + by + c = 0$

A auf g: $a\cdot(-1) + b\cdot 3 + c = 0$

B auf g: $a\cdot 2 + b\cdot 5 + c = 0$

Die Auflösung dieser zwei Gleichungen mit 3 Unbekannten a, b, c erfolgt etwa so, daß man die erste Gleichung von der zweiten subtrahiert:

$$3a + 2b = 0 .$$

Nun setzt man am einfachsten $a=2$, $b=-3$ und errechnet z.B. aus der ersten Gleichung $c = a-3b = 2+9 = 11$.

Also g: $2x - 3y + 11 = 0$.

Zur Probe setzt man die Koordinaten von A und B ein und überzeugt sich, daß die Gleichung erfüllt ist.

Da $h \parallel g$ kann man für h wegen (12) sofort ansetzen $2x - 3y + c = 0$.

C auf h: $2\cdot 1 - 3\cdot 0 + c = 0$, also $c=-2$.

Also h: $2x - 3y - 2 = 0$.

2. Bestimme den Schnittpunkt der Geraden

g: $2x - 3y + 5 = 0$

h: $2x + 3y - 1 = 0$

Da $2\cdot 3 \neq 2\cdot(-3)$ sind g und h nicht parallel, besitzen also einen Schnittpunkt S. Dessen Koordinaten müssen beide Gleichungen erfüllen. Wir lösen also das Gleichungssystem

$$2x - 3y + 5 = 0 ,$$
$$2x + 3y - 1 = 0$$

nach x, y auf. Durch Addition ergibt sich

$$4x = 4 \quad , \quad x = 1 .$$

Durch Einsetzen folgt

$$3y = 1-2 \; , \; y = -\frac{1}{3} .$$

S hat also die Koordinaten $(1,-\frac{1}{3})$.

10.3.4. Lagebeziehungen von Punkten und Geraden

Eine Gerade zerlegt eine Ebene in zwei Halbebenen. Wie kann man algebraisch entscheiden, ob zwei nicht auf g liegende Punkte in der gleichen Halbebene liegen oder nicht?

Sei g durch eine Gleichung

$$ax + by + c = 0$$

gegeben. Wir betrachten nur die linke Seite der Gleichung. Wenn wir für x und y die Koordinaten eines außerhalb von g liegenden Punktes einsetzen, ergibt sich nicht Null, sondern entweder ein positiver oder ein negativer Wert. Wir können auf jeden Fall einen Punkt P_0 finden, für den $ax + by + c$ positiv und einen Punkt Q_0, für den $ax + by + c$ negativ wird. Nimmt der Ausdruck $ax + by + c$ für zwei Punkte A, B verschiedene Vorzeichen an, so können die Punkte nicht in der gleichen Halbebene liegen. Verfolgt man nämlich den Ausdruck längs der Strecke AB, so ändert sich sein Wert stetig von einem negativen zu einem positiven Wert, muß also für einen Punkt C der Strecke AB Null werden. Der Punkt C muß dann aber auf g liegen. Dies ist nur möglich, wenn die Strecke AB die Gerade g schneidet. Die Punkte A, B müssen also in verschiedenen Halbebenen liegen. Durch Kontraposition folgt: Für Punkte in der gleichen Halbebene nimmt $ax + by + c$ das gleiche Vorzeichen an.
Insgesamt folgt: P_0 und Q_0 liegen in verschiedenen Halbebenen. In der Halbebene (P_0, g) liegen alle Punkte, für welche $ax + by + c$ positiv, in der Halbebene (Q_0, g) alle Punkte, für welche $ax + by + c$ negativ wird.

Als Ergebnis dieses Abschnitts halten wir fest:
Geraden werden algebraisch durch lineare Gleichungen beschrieben. An den Gleichungen läßt sich ablesen, wann zwei Geraden gleich oder parallel sind, und es läßt sich entscheiden, ob ein Punkt auf einer Geraden liegt oder nicht bzw. ob er im Vergleich mit einem anderen Punkt in der gleichen Halbebene liegt oder nicht. Schließlich können wir die Gleichung der Verbindungsgeraden zweier Punkte aufstellen und die Koordinaten des Schnittpunktes zweier Geraden ermitteln.

10.4. Teilverhältnis und Anwendungen

Bisher haben wir mit beliebigen Koordinatensystemen arbeiten können. Dies wird auch noch im vorliegenden Abschnitt der Fall sein, wo wir uns mit dem Teilverhältnis beschäftigen. Verbinden, Schneiden, Parallelität und Teilverhältnis charakterisieren denjenigen Teil der Elementargeometrie, den man affine Geometrie nennt.

10.4.1. Zwischenrelation und Teilverhältnis

Gegeben seien die verschiedenen Punkte $A(x_A,y_A)$, $B(x_B,y_B)$. Man berechnet daraus den Vektor $\overrightarrow{AB} = (x_B-x_A, y_B-y_A)$, der Richtungsvektor von AB ist. Ein Punkt P(x,y) liegt folglich genau dann auf AB, wenn $\overrightarrow{AP}$ ein Vielfaches von $\overrightarrow{AB}$ ist (Bild 9):

(13) $$\overrightarrow{AP} = k\cdot\overrightarrow{AB} \quad \text{für passendes } k$$

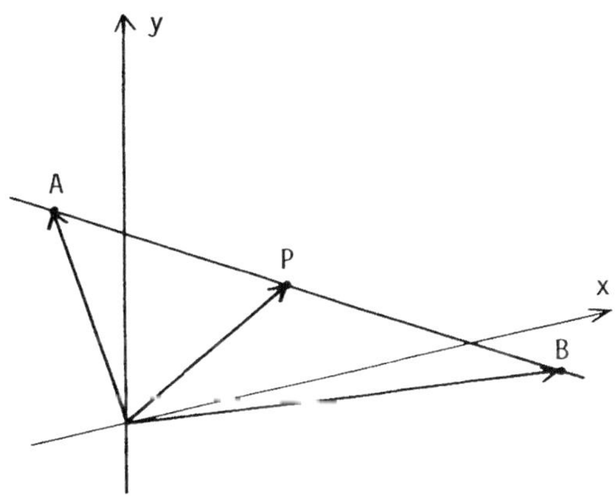

Bild 9

Am Skalar k kann man sofort ablesen, wo auf der Geraden AB der Punkt P liegt:

Für $k<0$ liegt P so, daß A die Punkte P und B trennt,

für $k=0$ gilt $P=A$,

für $0<k<1$ liegt P zwischen A und B,

für $k=1$ ist $P=B$,

für $k>1$ liegt P so, daß B die Punkte A und P trennt.

Um das Verhältnis berechnen zu können, in dem P die Strecke AB teilt, müssen wir den Vektor $\overrightarrow{AP}$ als Vielfaches von $\overrightarrow{PB}$ darstellen:

$$(14) \qquad \overrightarrow{AP} = t \cdot \overrightarrow{PB} .$$

Wenn P zwischen A und B liegt, sind $\overrightarrow{AP}$ und $\overrightarrow{PB}$ gleichgerichtet, t ist positiv und t:1 beschreibt das übliche Verhältnis $\overline{AP}:\overline{PB}$. Wenn jedoch P außerhalb der Strecke AB auf der Geraden AB liegt, handelt es sich um eine "<u>äußere</u>" Teilung, kenntlich an einem <u>negativen</u> t. Die Gleichung (14) beinhaltet also eine einheitliche Beschreibung der inneren und äußeren Teilung.

Um den Zusammenhang von (13) und (14) herzustellen, formen wir unter Benutzung der Regeln aus 10.2 um:

$$\begin{aligned} \overrightarrow{AP} &= k \cdot \overrightarrow{AB} , \\ \overrightarrow{AP} &= k \cdot (\overrightarrow{AP} + \overrightarrow{PB}) , \\ \overrightarrow{AP} &= k \cdot \overrightarrow{AP} + k \cdot \overrightarrow{PB} , \\ (1-k) \cdot \overrightarrow{AP} &= k \cdot \overrightarrow{PB} . \end{aligned}$$

Falls $k \neq 1$ (d.h. $P \neq B$) erhalten wir daraus

$$\overrightarrow{AP} = \frac{k}{1-k} \cdot \overrightarrow{PB}$$

und für das Teilverhältnis t (= t:1)

$$(15) \qquad t = \frac{k}{1-k} .$$

An (15) können wir ablesen, wie sich t verändert, wenn P auf AB wandert:

$-1<t<0$, falls A zwischen P und B,
$t=0$, falls P=A,
$0<t<+\infty$, falls P zwischen A und B,
$-\infty<t<-1$, falls B zwischen A und P.

Die Gleichungen (14) und (15) erlauben es, die Koordinaten eines Punktes P auf AB mit vorgegebenem Teilverhältnis t:1 zu berechnen:

Aus (15) folgt

$$(16) \qquad k = \frac{t}{1+t} .$$

Beachten Sie, daß stets $t \neq -1$ ist (warum?).

Weiter gilt

$$\vec{OP} = \vec{OA} + \vec{AP} = (x_A, y_A) + k\cdot(x_B-x_A, y_B-y_A) ,$$

(17) $$\vec{OP} = (x_A, y_A) + \frac{t}{1+t}\cdot(x_B-x_A, y_B-y_A) .$$

Speziell für $t=1$ (entsprechend $k=\frac{1}{2}$) erhalten wir die Koordinaten des Mittelpunktes M der Strecke AB:

(17a) $$x_M = x_A + \frac{1}{2}(x_B-x_A) = \frac{1}{2}(x_A+x_B) ,$$
$$y_M = y_A + \frac{1}{2}(y_B-y_A) = \frac{1}{2}(y_A+y_B) ,$$

d.h. <u>die Koordinaten des Mittelpunktes einer Strecke sind die arithmetischen Mittel der Koordinaten der Eckpunkte.</u>

10.4.2. Der Satz von G. CEVA (1648-1737)

Wir beweisen nun unter Anwendung aller uns bisher zur Verfügung stehenden algebraischen Beschreibungen geometrischer Begriffe einen sehr schönen Satz der affinen Geometrie.

Satz von CEVA. Auf den Seiten BC, CA *und* AB *eines Dreiecks oder deren Verlängerungen seien Punkte* $D\neq C$, $E\neq A$, $F\neq B$ *gewählt, welche die entsprechenden Seiten in den Verhältnissen* u, v, w *teilen. Dann gilt:*
Die Geraden AD, BE, CF *schneiden sich in einem Punkt oder sind parallel genau dann, wenn* $uvw=1$

Beweis:

Wir führen ein Koordinatensystem gemäß Bild 10 ein. Aus den Voraussetzungen entnehmen wir gemäß (14)

$$\vec{BD} = u\cdot\vec{DC} , \quad \vec{CE} = v\cdot\vec{EA} , \quad \vec{AF} = w\cdot\vec{FB} ,$$

und leiten daraus unter Benutzung von (16)

(18) $$\vec{BD} = \frac{u}{1+u}\cdot\vec{BC} , \quad \vec{CE} = \frac{v}{1+v}\cdot\vec{CA} , \quad \vec{AF} = \frac{w}{1+w}\cdot\vec{AB}$$

ab. Nach (17) erhalten wir für die Ortsvektoren der Punkte D, E, F

$$\vec{AD} = \vec{AB} + \vec{BD} = (1,0) + \frac{u}{1+u}\cdot(-1,1) = (\frac{1}{1+u},\frac{u}{1+u}) ,$$

$$\vec{AE} = \vec{AC} + \vec{CE} = (0,1) + \frac{v}{1+v}\cdot(0,-1) = (0,\frac{1}{1+v}) ,$$

$$\vec{AF} = \frac{w}{1+w}\cdot\vec{AB} = \frac{w}{1+w}\cdot(1,0) = (\frac{w}{1+w},0) .$$

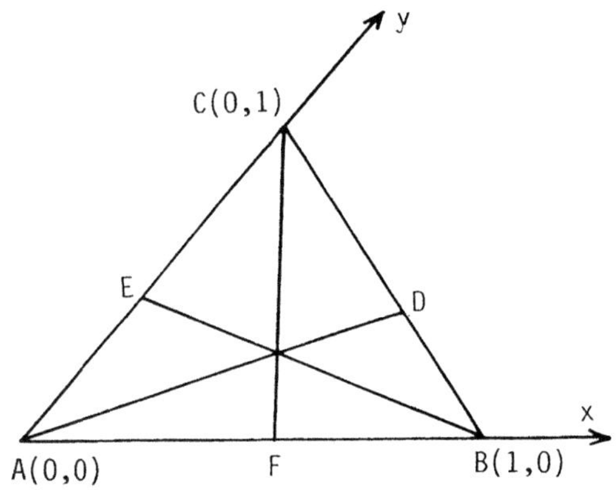

Bild 10

Die Koordinaten der drei Teilungspunkte sind also

$$D(\frac{1}{1+u},\frac{u}{1+u}) , E(0,\frac{1}{1+v}) , F(\frac{w}{1+w},0) .$$

Wir berechnen nun die Gleichungen der Geraden AD, BE und CF.
AD (Ursprungsgerade): Ansatz: $ax + by = 0$

$$\text{D auf AD: } a\cdot\frac{1}{1+u} + b\cdot\frac{u}{1+u} = 0 .$$

Wir erfüllen diese Gleichung, indem wir $a=u$, $b=1$ setzen.
Also Gleichung von AD: $ux - y = 0$.
Richtungsvektor: $(1,u)$.

Gerade BE: Ansatz: $ax + by + c = 0$

$$\text{E auf BE: } a\cdot 0 + b\cdot\frac{1}{1+v} + c = 0$$

Wir setzen $b=1+v$, $c=-1$.

B auf BE: $a\cdot 1 + b\cdot 0 + c = 0$. Also $a = -c = 1$.

Gleichung von BE: $x + (1+v)y - 1 = 0$.

Richtungsvektor: $(-(1+v),1)$.

Analog berechnet man für CF die Gleichung

$$(1+w)x + wy - w = 0 .$$

Richtungsvektor: $(-w,1+w)$.

Wir bestimmen nun den Schnittpunkt S von AD und BE, d.h. wir lösen das Gleichungssystem

$$ux - y = 0 ,$$
$$x + (1+v)y - 1 = 0 .$$

Wir lösen die erste Gleichung nach y auf und setzen in die zweite ein:

$$x + (1+v)ux = 1 ,$$
$$x(1+u+uv) = 1 .$$

Falls $1+u+uv \neq 0$ können wir nach x auflösen und erhalten

$$x_S = \frac{1}{1+u+uv} ,$$

was zu $$y_S = \frac{u}{1+u+uv}$$

führt. Der Punkt S liegt genau dann auf CF, wenn

$$\frac{1+w}{1+u+uv} + \frac{uw}{1+u+uv} - w = 0 .$$

Umformungen führen auf

$$1 + w + uw = w(1+u+uv)$$
$$1 + w + uw = w + uw + uvw$$
$$1 = uvw .$$

Falls

(19) $$1 + u + uv = 0 ,$$

besitzen die Geraden AD und BE keinen eindeutig bestimmten Schnittpunkt. Sie müssen also parallel sein. Dies läßt sich an den Richtungsvektoren bestätigen: $1\cdot 1 = -u(1+v)$ ist zu (19) äquivalent. Wann ist auch CF zu AD und BE parallel? Mit Hilfe der Richtungsvektoren können wir die genauen

Bedingungen angeben:

$$-uw = 1+w ,$$

$$-(1+v)(1+w) = -w .$$

Umgeformt ergibt sich

$$(20) \qquad uw = -(1+w) ,$$

$$(21) \qquad 1 + v + vw = 0 .$$

Wäre $v=0$, so würde aus (19) die Beziehung $u=-1$ folgen. Ein solches Teilverhältnis ist aber nicht möglich. Folglich ist $v\neq 0$, und wir können (20) äquivalent umformen in

$$uvw = -(v+vw) ,$$

woraus unter Benutzung von (21)

$$uvw = 1$$

folgt.

Ist umgekehrt $uvw=1$, dann ersetzen wir in (19) die Zahl 1 durch uvw, dividieren durch u und erhalten (21) (warum ist $u\neq 0$?), d.h. in diesem Fall sind AD, BE und CF auch tatsächlich parallel.

Insgesamt haben wir damit den Satz von CEVA bewiesen.

Einige der in 3.3. behandelten merkwürdigen Punkte ergeben sich aus Spezialfällen des Satzes von CEVA:

Seitenhalbierende: $u = v = w = 1$, also $uvw=1$.

Winkelhalbierende: $u = \frac{c}{b}$, $v = \frac{a}{c}$, $w = \frac{b}{a}$ (vgl. 2.10),

$$\text{also} \quad uvw = \frac{c\cdot a\cdot b}{b\cdot c\cdot a} = 1 .$$

Höhen: $u = \frac{\tan\gamma}{\tan\beta}$, $v = \frac{\tan\alpha}{\tan\gamma}$, $w = \frac{\tan\beta}{\tan\alpha}$, also wieder $uvw = 1$.

Andere merkwürdige Punkte (z.B. die Punkte von GERGONNE und NAGEL) lassen sich in derselben Weise aus dem Satz von CEVA herleiten. Für eine synthetische Behandlung dieses Themenkreises vgl. BAPTIST (1982).

Die obigen Überlegungen lassen sich mühelos zum Satz von MENELAUS ($\approx$ 100 n.Chr.) weiterführen: D, E, F *liegen genau dann auf einer Geraden, wenn* $uvw = -1$.

In Aufgabe 10 werden wir auf diesen Satz zurückkommen.

10.4.3. Schwerpunktsgeometrie

Nachdem wir den Satz von CEVA im vorhergehenden Abschnitt innermathematisch betrachtet haben, soll er nun in einem etwas weiteren Zusammenhang physikalisch interpretiert werden.
Bei der Herleitung des Kugelvolumens nach ARCHIMEDES haben wir das Hebelgesetz in folgender Version benutzt: Eine Hantel mit den Massen m_1, m_2 befindet sich im Gleichgewicht, wenn sie in einem Punkt S unterstützt wird, der sie im umgekehrten Verhältnis der Massen teilt (Bild 11a), d.h. wenn $a_1:a_2 = m_2:m_1$ ist. Der Punkt S heißt Schwerpunkt der Massen m_1 und m_2.

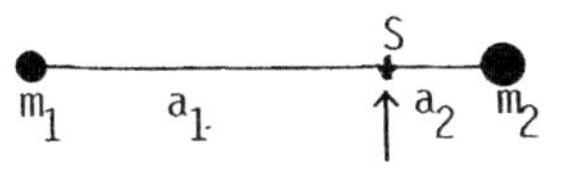

Bild 11a

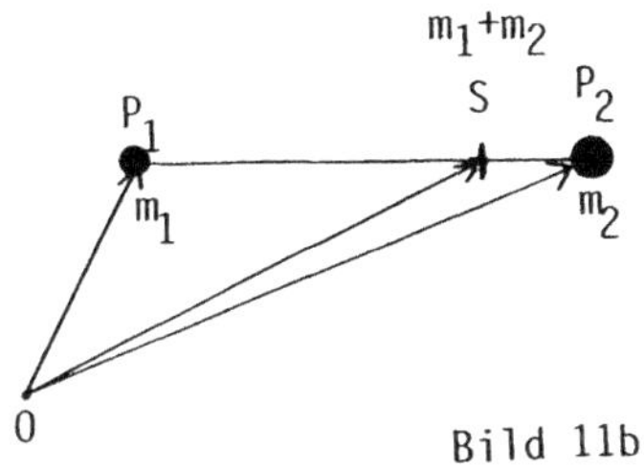

Bild 11b

Auf die Unterstützungsvorrichtung in S drückt die Summe m_1+m_2 der Einzelmassen.
Wir können das Teilverhältnis mit den Mitteln von 10.4.1. auch vektoriell ausdrücken (Bild 11b),

$$\overrightarrow{P_1S} = (m_2:m_1) \cdot \overrightarrow{SP_2} ,$$

und daraus gemäß (17) den Ortsvektor $\overrightarrow{OS}$ berechnen:

$$\overrightarrow{OS} = \overrightarrow{OP_1} + \frac{m_2:m_1}{1 + m_2:m_1} \cdot \overrightarrow{P_1P_2} = \overrightarrow{OP_1} + \frac{m_2}{m_1+m_2} \cdot \overrightarrow{P_1P_2} =$$

$$= \overrightarrow{OP_1} + \frac{m_2}{m_1+m_2} \cdot (\overrightarrow{OP_2} - \overrightarrow{OP_1}) =$$

$$= \frac{m_1}{m_1+m_2} \cdot \overrightarrow{OP_1} + \frac{m_2}{m_1+m_2} \cdot \overrightarrow{OP_2} ,$$

also

(22) $$\overrightarrow{OS} = \frac{m_1 \cdot \overrightarrow{OP_1} + m_2 \cdot \overrightarrow{OP_2}}{m_1 + m_2} .$$

Dies zeigt, daß der Ortsvektor $\overrightarrow{OS}$ ein "gewogenes" Mittel der Ortsvektoren $\overrightarrow{OP}_1$ und $\overrightarrow{OP}_2$ mit den "Gewichten" m_1 und m_2 ist. S heißt deswegen auch Massenmittelpunkt der in P_1 und P_2 gelagerten Massen m_1, m_2.
(22) läßt sich in die formal elegante Form

$$(23) \qquad (m_1+m_2) \cdot \overrightarrow{OS} = m_1 \cdot \overrightarrow{OP}_1 + m_2 \cdot \overrightarrow{OP}_2$$

bringen, an dessen linker Seite man ablesen kann, daß im Punkt S (Schwerpunkt) die Gesamtmasse (m_1+m_2) wirksam ist.

Physikalische Experimente zeigen, daß folgende Definition sinnvoll ist:

Gegeben sei ein System $m_1,\dots,m_k$ *von Massen, die in den Punkten* $P_1,\dots,P_k$ *einer (dünnen, als masselos betrachteten) ebenen Platte gelagert seien. Der Schwerpunkt (Massenmittelpunkt)* S *des Massensystems wird bestimmt durch die Gleichung*

$$(24) \qquad M \cdot \overrightarrow{OS} = m_1 \cdot \overrightarrow{OP}_1 + \dots + m_k \cdot \overrightarrow{OP}_k ,$$

wobei $M = m_1 + \dots + m_k$ *die Gesamtmasse ist.*

Physikalisch bedeutet dies, daß die Platte im Gleichgewicht ist, wenn sie im Punkt S unterstützt wird, und daß auf die Stütze die Gesamtmasse M drückt.

Wir zerlegen nun das Massensystem in zwei Teilsysteme $m_1, \dots, m_i$ und $m_{i+1}, \dots, m_k$. Die Teilschwerpunkte S_1 und S_2 sind der Definitionsgleichung (24) entsprechend durch

$$(25) \qquad M_1 \cdot \overrightarrow{OS}_1 = m_1\overrightarrow{OP}_1 + \dots + m_i\overrightarrow{OP}_i$$

und

$$(26) \qquad M_2 \cdot \overrightarrow{OS}_2 = m_{i+1}\overrightarrow{OP}_{i+1} + \dots + m_k\overrightarrow{OP}_k$$

gegeben, wobei $M_1 = m_1 + \dots + m_i$, $M_2 = m_{i+1} + \dots + m_k$ die Gesamtmassen der Teilsysteme sind.

Wir nehmen nun an (24) eine unscheinbare Umformung vor und setzen (25) und (26) ein:

$$M \cdot \overrightarrow{OS} = M_1 \cdot \frac{m_1 \cdot \overrightarrow{OP}_1 + \ldots + m_i \cdot \overrightarrow{OP}_i}{M_1} + M_2 \cdot \frac{m_{i+1} \cdot \overrightarrow{OP}_{i+1} + \ldots + m_k \cdot \overrightarrow{OP}_k}{M_2}$$

$$= M_1 \cdot \overrightarrow{OS}_1 + M_2 \cdot \overrightarrow{OS}_2 \ .$$

Ein Vergleich mit (23) liefert den folgenden

Schwerpunktssatz: Der Schwerpunkt des Gesamtsystems ergibt sich, indem man das System in zwei Teilsysteme zerlegt, deren Schwerpunkte S_1 und S_2 bestimmt, dort die Gesamtmassen M_1 und M_2 der Teilsysteme konzentriert und deren Schwerpunkt bestimmt.

Der Schwerpunktssatz erlaubt eine schrittweise Bestimmung des Schwerpunkts eines Massensystems, wobei man den Satz natürlich auch bei der Bestimmung der Schwerpunkte jedes Teilsystems verwenden kann. Da sich der Schwerpunkt einer Hantel (Massenpaar) über das Teilverhältnis leicht bestimmen läßt, ist es am einfachsten, paarweise vorzugehen. Unabhängig vom Weg muß sich immer der gleiche Schwerpunkt ergeben, der ja durch (24) eindeutig bestimmt ist.

Anwendungen des Schwerpunktssatzes

(1) Schwerlinien im Dreieck

In den Ecken eines Dreiecks sei jeweils die Masse 1 kg gelagert. Wir bestimmen den Schwerpunkt S auf drei verschiedenen Wegen (Bilder 12a,b,c).

Bild 12

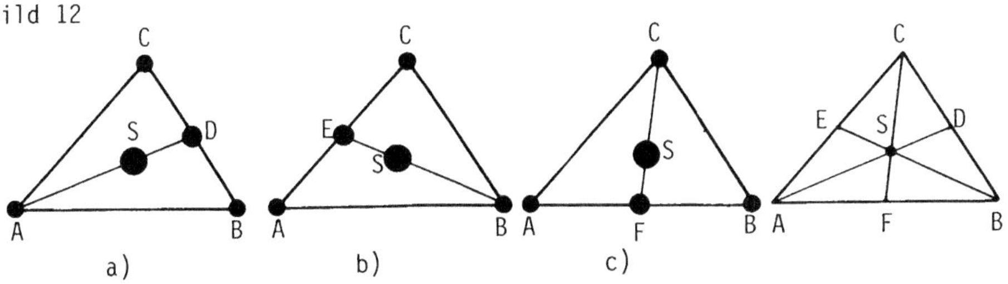

Der Teilschwerpunkt zweier Massen ist wegen $m_1=m_2=m_3=1$ der Mittelpunkt der betreffenden Seite und dort ist die Summe 1+1=2 der Massen zu konzentrieren. Anschließend ist dieser Teilschwerpunkt noch mit der dritten Masse 1

im gegenüberliegenden Eckpunkt auszutarieren. Nach Bild 11a teilt der Gesamtschwerpunkt S jede Schwerlinie (= Verbindungsstrecke einer Ecke mit dem Mittelpunkt der gegenüberliegenden Seite) im Verhältnis 2:1, und alle Schwerlinien verlaufen notwendig durch den eindeutig bestimmten Schwerpunkt S.

Man kann diese Überlegungen experimentell verifizieren, indem man in ein leichtes Holzbrettchen schwere Eisenkugeln gleicher Masse so einsenkt, daß die Mittelpunkte der Kugeln in die Brettchenebene zu liegen kommen. Da man sich die Masse jeder Kugel im Mittelpunkt vereinigt denken kann, bilden die Mittelpunkte ein Dreieck gemäß Bild 12. Man kann den Unterstützungspunkt experimentell ermitteln und findet, daß er der Schnittpunkt der Schwerlinien ist.

(2) Satz von CEVA

Dieselbe Überlegung läßt sich mit jeder beliebigen Massenverteilung m_1, m_2, m_3 an den Ecken eines Dreiecks durchführen. Die Verbindungsstrecken jeder Ecke mit dem Teilschwerpunkt der beiden Massen der gegenüberliegenden Seite müssen sich immer im Gesamtschwerpunkt des Massensystems schneiden (Bild 13), der natürlich von den Massen m_1, m_2, m_3 abhängt.

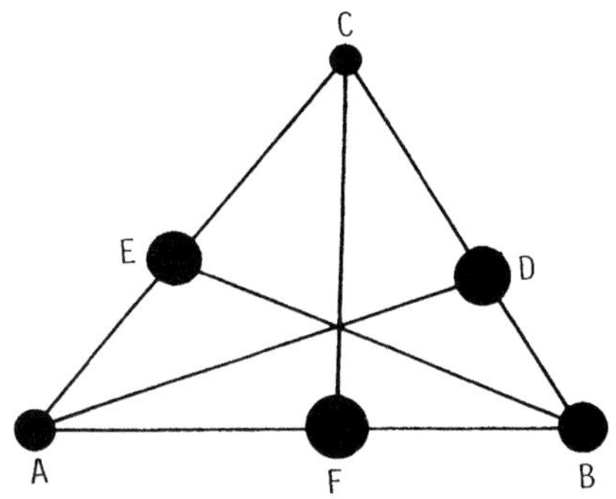

Bild 13

Nun gilt aber: D teilt BC im Verhältnis $m_3:m_2$, E teilt CA im Verhältnis $m_1:m_3$ und F teilt AB im Verhältnis $m_2:m_1$. Die Massenverhältnisse ergeben das Produkt 1, wie es der Satz von CEVA auch verlangt.

Damit ist der Satz von CEVA für positive Teilverhältnisse physikalisch interpretiert.

(3) Satz von VARIGNON (1654-1722)

Die Seitenmitten eines beliebigen Vierecks bilden ein Parallelogramm.

Beweis: Wir belegen die Ecken A, B, C, D jeweils mit der Masse 1 und wenden den Schwerpunktssatz auf zwei verschiedenen Wegen a), b) an (Bild 14). Der Schwerpunkt S ist offensichtlich der Mittelpunkt der Verbindungsstrekken gegenüberliegender Seitenmitten. Das Seitenmittenviereck ist somit punktsymmetrisch und daher ein Parallelogramm.

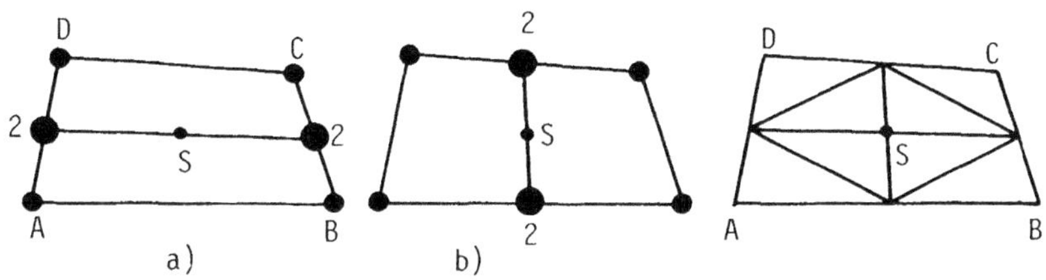

Bild 14

Geschickte Massenbelegungen und geschickte Anwendung des Schwerpunktssatzes sind in der affinen Geometrie ganz allgemein eine sehr nützliche Heuristik für viele Aufgaben über Teilverhältnisse.

Abschließende Bemerkungen

Dem aufmerksamen Leser wird nicht entgangen sein, daß wir in 10.4.1. und 10.4.3. zwar einen Koordinatenursprung, aber kein Koordinatensystem verwendet haben. Der Grund liegt darin, daß die betrachteten geometrischen Beziehungen nicht vom Koordinatensystem abhängen und daher "koordinatenfrei" behandelt werden können, indem man sich nur auf die Rechenregeln für Vektoren stützt.

Auf koordinatenfreiem Weg kann man auch zeigen, daß der in (24) definierte Punkt S nur von den Massen $m_1, \ldots, m_k$ und den Punkten $P_1, \ldots, P_k$, jedoch nicht vom Ursprung O abhängt. Sei nämlich $O' \neq O$. Dann gilt

$$\overrightarrow{O'S} = \overrightarrow{O'O} + \overrightarrow{OS} \quad \text{und} \quad \overrightarrow{O'P_i} = \overrightarrow{O'O} + \overrightarrow{OP_i}\ , \text{ also}$$

$$\begin{aligned} M \cdot \overrightarrow{O'S} &= M\cdot\overrightarrow{O'O} + M\cdot\overrightarrow{OS} = M\cdot\overrightarrow{O'O} + m_1\overrightarrow{OP_1} + \ldots + m_k\overrightarrow{OP_k} \\ &= M\cdot\overrightarrow{O'O} + m_1(\overrightarrow{O'P_1} - \overrightarrow{O'O}) + \ldots + m_k(\overrightarrow{O'P_k} - \overrightarrow{O'O}) \end{aligned}$$

$$= M\cdot\overrightarrow{O'O} - (m_1 + \ldots + m_k)\overrightarrow{O'O} + m_1\overrightarrow{O'P_1} + \ldots + m_k\overrightarrow{O'P_k}$$
$$= m_1\overrightarrow{O'P_1} + \ldots + m_k\overrightarrow{O'P_k} .$$

S erfüllt also auch bez. O' die Definitionsgleichung (24).

Was die Beziehung Geometrie - Realität anbelangt, sei darauf hingewiesen, daß wir die Definition (24) zwar mit Hilfe der Physik motiviert haben, daß aber die weiteren Folgerungen rein mathematisch gezogen wurden. Insbesondere ist der Schwerpunktssatz ein mathematisch begründeter Satz. Wenn wir auf die physikalische Interpretation verzichten, können wir für die Zahlen m_i auch negative Werte zulassen. Die Definition (24) ist dann aber nur für solche "Massensysteme" sinnvoll, deren "Gesamtmasse" M nicht verschwindet.

10.5. Längenmaß

Wir gelangen bei der Algebraisierung der Geometrie nun an eine Stelle, wo es nicht mehr sinnvoll ist, mit beliebigen Koordinatensystemen zu arbeiten, nämlich zum Längen- und Winkelmaß und dem Begriff "senkrecht". Wir betreten damit den Bereich der metrischen Geometrie.

10.5.1. Herleitung der Abstandsformel

In einem zunächst beliebigen Koordinatensystem ist ein Punkt P gegeben. Wie kann man den Abstand des Punktes vom Ursprung aus den Koordinaten x_P, y_P berechnen?

Die Parallele durch P zur y-Achse schneidet die x-Achse im Punkt P_x mit den Koordinaten $(x_P,0)$, die Parallele durch P zur x-Achse schneidet die y-Achse in $(0,y_P)$ (Bild 15a). Wenn wir die Entfernungen der Einheitspunkte E_x und E_y auf den Achsen vom Ursprung kennen, können wir $\overline{OP_x}$ und $\overline{OP_y}$ mit Hilfe von x_P und y_P ausdrücken:

$$\overline{OP_x} = |x_P| \cdot \overline{OE_x} \quad , \quad \overline{OP_y} = |y_P| \cdot \overline{OE_y} .$$

Die Absolutbeträge sind nötig, weil x_P und y_P je nach Lage von P auch negativ sein können.
Auf das Dreieck OP_xP können wir zur Berechnung von $\overline{OP}$ den Kosinussatz

(vgl. 9.7.) anwenden, da sich der $\sphericalangle\, OP_xP$ aus dem von den Koordinatenachsen eingeschlossenen Winkel φ berechnen läßt. Es gilt

$\sphericalangle\, OP_xP = 180° - \varphi$, falls P im ersten oder dritten Quadranten liegt,

$\sphericalangle\, OP_xP = \varphi$, falls P im zweiten oder vierten Quadranten liegt.

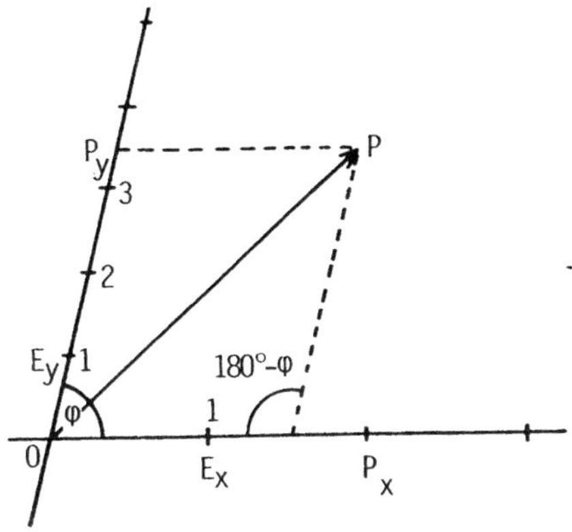

Bild 15a

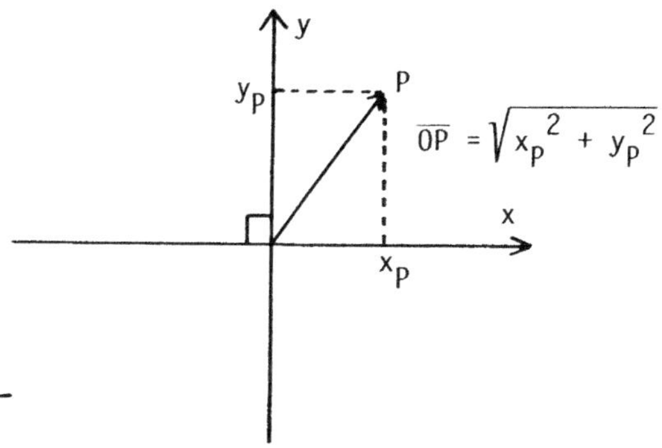

Bild 15b

Die Anwendung des Kosinussatzes ergibt

$$(1) \qquad \overline{OP}^2 = \overline{OP}_x^2 + \overline{OP}_y^2 \pm 2\, \overline{OP}_x \cdot \overline{OP}_y \cos\varphi \quad ,$$

wobei das Pluszeichen dem Winkel $180°-\varphi$ entspricht, denn es ist

$$\cos(180°-\varphi) = -\cos\varphi \; .$$

Wenn in (1) Koordinaten eingesetzt werden, folgt

$$(2) \qquad \overline{OP}^2 = x_P^2\overline{OE}_x^2 + y_P^2\overline{OE}_y^2 \pm 2|x_P||y_P|\overline{OE}_x \cdot \overline{OE}_y \cos\varphi \; .$$

Diese höchst unschöne Formel vereinfacht sich, wenn wir ein geeignetes Koordinatensystem zugrunde legen: Wählen wir $\varphi = 90°$ (d.h. senkrecht aufeinander stehende Achsen), dann verschwindet der letzte Term. Die Wahl $\overline{OE}_x = \overline{OE}_y = 1$ führt auf eine Form, in der nur noch die Koordinaten vorkommen. In einem solchen <u>Orthonormalsystem</u> haben wir also die dem Satz des Pythagoras (als Spezialfall des Kosinussatzes) entsprechende einfache Abstandsformel (Bild 15b):

$$(3) \qquad \overline{OP} = \sqrt{x_P^2 + y_P^2} \; .$$

Im Einklang mit der angestrebten Verschmelzung von Algebra und Geometrie sehen wir $\overline{OP}$ auch als Länge (Norm) des Ortsvektors $\overrightarrow{OP}$ an, werden also dazu geführt, die Norm $\|(a_1,a_2)\|$ eines Vektors mit den Komponenten a_1,a_2 durch

$$(4) \qquad \|(a_1,a_2)\| = \sqrt{a_1^2 + a_2^2}$$

zu definieren.

Um die Entfernung zweier Punkte A, B im kartesischen Koordinatensystem zu berechnen, brauchen wir nur den Vektor (x_B-x_A, y_B-y_A) zu bilden und haben dann

$$(5) \qquad \overline{AB} \; (= \|\overrightarrow{AB}\|) = \sqrt{(x_B-x_A)^2 + (y_B-y_A)^2} \; .$$

10.5.2. Kreis, Ellipse, Hyperbel, Parabel

Als Anwendung der Längenmaßformel (3) und (5) leiten wir nun die Gleichungen von Kurven her, die uns in der synthetischen Geometrie begegnet sind.

Die Gleichung eines Kreises mit Mittelpunkt M und Radius r ergibt sich unmittelbar: Ein Punkt liegt genau dann auf dem Kreis, wenn seine Koordinaten die sich aus (5) ergebende Gleichung

$$(x-x_M)^2 + (y-y_M)^2 = r^2$$

erfüllen.

Die Hauptachsengleichung einer Ellipse mit den Brennpunkten $F_1(-e,0)$, $F_2(e,0)$ und der großen Hauptachse a haben wir schon in Abschnitt 6.1. hergeleitet:

$$\frac{x^2}{a^2} + \frac{y^2}{b^2} = 1 \; ,$$

wobei sich die kleine Halbachse b aus $b^2 = a^2 - e^2$ ergab.
Die Hyperbel mit den Brennpunkten F_1 und F_2 und der reellen Halbachse a ist definiert als geometrischer Ort aller Punkte, deren Entfernungsdifferenz von F_1 und F_2 den festen Wert 2a hat. Die Länge $e = \frac{1}{2}\overline{F_1F_2}$ heißt (wie bei der Ellipse) die Exzentrizität der Hyperbel. Es muß $e \geqq a$ sein, sonst gibt es keine Punkte mit der verlangten Eigenschaft. Falls $e = a$, erfüllen genau die Punkte der Geraden F_1F_2 ohne die zwischen F_1 und F_2 gelegenen Punkte die Bedingung. Es genügt also, den Fall $e > a$ zu betrachten.
Legt man das Koordinatensystem so, daß $F_1(-e,0)$, $F_2(e,0)$ wird, kann man analog zu der Rechnung bei der Ellipse aus

$$\sqrt{(x+e)^2 + y^2} - \sqrt{(x-e)^2 + y^2} = \pm 2a$$

die Hauptachsengleichung

$$\frac{x^2}{a^2} - \frac{y^2}{b^2} = 1$$

der Hyperbel ableiten. Dabei ist b die Länge der "imaginären" Halbachse, die mit a und e durch die Pythagorasbeziehung $b^2 = e^2 - a^2$ verbunden ist (Bild 16).

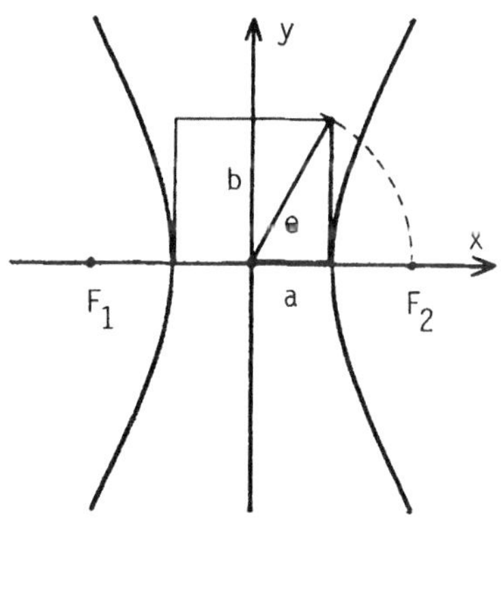

Bild 16

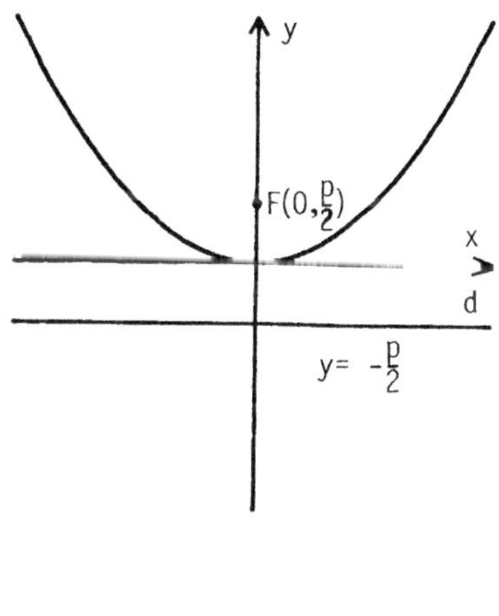

Bild 17

Eine Parabel wurde in 3.2. definiert als geometrischer Ort der Punkte, die von einem festen Punkt F und einer festen Geraden d die gleiche Entfernung haben. Wir legen wieder ein geeignetes Koordinatensystem (Bild 17) und übersetzen die geometrische Bedingung in

$$\sqrt{x^2 + (y - \frac{p}{2})^2} = \sqrt{(y + \frac{p}{2})^2} \quad ,$$

aus der wir durch Umformung die Scheitelgleichung

$$x^2 = 2py$$

erhalten. Der "Parameter" p der Parabel ist gleich dem Abstand des Brennpunktes F von der Leitlinie d.
Legt man den Brennpunkt nach $(\frac{p}{2},0)$ und die Leitlinie nach $x=-\frac{p}{2}$, dann ergibt sich die Scheitelgleichung

$$y^2 = 2px \; .$$

Wenn die betrachteten Kurven anders in einem Koordinatensystem liegen, genügen sie komplizierteren Gleichungen, an denen man nicht ohne weiteres erkennen kann, um welchen Typ es sich handelt (vgl. das am Beginn von Kapitel 10 behandelte Beispiel aus DESCARTES' "Geometrie"). Zur Bestimmung des Typs einer quadratischen Kurve führt man ein passendes Koordinatensystem ein und transformiert die Gleichung entsprechend ("Hauptachsentransformation").

10.5.3. Der Apollonische Kreis

Als weitere Anwendung der Formel (5) bestimmen wir die Gleichung des geometrischen Orts aller Punkte, für welche das Verhältnis ihrer Entfernungen von zwei festen Punkten P_1, P_2 einen festen Wert $k>0$ hat.
Falls $k=1$, ist der geometrische Ort die Mittelsenkrechte von P_1P_2.
Falls $k<1$, vertauschen wir P_1 und P_2 und haben dann statt k das Verhältnis $\frac{1}{k}>1$ zu betrachten. O.B.d.A. können wir also $k\geq 1$ voraussetzen.
Wir legen das Koordinatensystem so, daß $P_1(-e,0)$ und $P_2(+e,0)$ wird. Die Bedingung lautet in der Sprache der Algebra

$$\sqrt{(x+e)^2 + y^2} = k\sqrt{(x-e)^2 + y^2} \; .$$

Durch Quadrieren gelangen wir zu

$$(6) \qquad (x+e)^2 + y^2 = k^2((x-e)^2 + y^2) .$$

Falls $k=1$, ergibt sich

$$+2ex = -2ex$$
$$4ex = 0 ,$$
$$x = 0 ,$$

also die Gleichung der y-Achse. Dies muß auch so sein, da die y-Achse die Mittelsenkrechte von P_1P_2 ist. Für $k>1$ erhalten wir aus (6)

$$x^2 - 2ex \frac{k^2+1}{k^2-1} + y^2 = -e^2 .$$

Quadratische Ergänzung führt zur Gleichung

$$(x - e \frac{k^2+1}{k^2-1})^2 + y^2 = \frac{4e^2k^2}{(k^2-1)^2} ,$$

die wir als Gleichung eines Kreises mit dem Mittelpunkt $M(e\frac{k^2+1}{k^2-1},0)$ und dem Radius $\frac{2ek}{k^2-1}$ erkennen. Dieser Kreis heißt nach seinem Entdecker APOLLONIUS von Perge (262-190 v.Chr.) Apollonischer Kreis.

Um diesen Kreis geometrisch verstehen zu können, beachten wir, daß der Mittelpunkt M auf der Verbindungsgeraden P_1P_2 liegt und wegen $e\frac{k^2+1}{k^2-1}>e$ sogar so, daß P_2 zwischen P_1 und M liegt. Der Kreis ist überdies Thaleskreis über der Verbindungsstrecke seiner Schnittpunkte S_1 und S_2 mit der x-Achse. Für die Abszissen x_1 von S_1 und x_2 von S_2 berechnen wir, wenn wir in der Kreisgleichung $x = 0$ setzen,

$$x_1 = \frac{e(k-1)}{k+1} , \quad x_2 = \frac{e(k+1)}{k-1} .$$

Offenbar ist $0<x_1<e<x_2$. Man rechnet nach, daß gemäß (14)

$$\overrightarrow{P_1S_1} = k\cdot\overrightarrow{S_1P_2} , \quad \overrightarrow{P_1S_2} = -k\cdot\overrightarrow{S_2P_2} ,$$

d.h. nach 10.4.1., daß die Strecke P_1P_2 von S_1 im Verhältnis $(+k):1$

("innen") und von S_2 im Verhältnis (-k):1 ("außen") geteilt wird. Damit sind die Punkte S_1 und S_2 und der Apollonische Kreis als Thaleskreis über S_1S_2 geometrisch erklärt.
Wählen Sie zum Verständnis dieser Überlegungen etwa $k=\frac{3}{2}$, e=2 und stellen Sie den Apollonischen Kreis sowie die Punkte S_1,S_2 zeichnerisch dar. Prüfen Sie für einige Punkte auf dem Kreis, daß sich die Entfernungen tatsächlich wie $\frac{3}{2}:1=3:2$ verhalten.

10.5.4. Lösbarkeit von Konstruktionsaufgaben mit Zirkel und Lineal

Auf die Griechen gehen folgende klassische Konstruktionsaufgaben zurück, zu deren Lösung nur ein Zirkel und ein Lineal ohne Maßeinteilung zugelassen sind:

(1) *Zu einem gegebenen Kreis ist ein flächengleiches Quadrat zu konstruieren (Quadratur des Kreises).*

(2) *Ein beliebiger Winkel ist in drei gleich große Teile zu teilen (Winkeldreiteilung).*

(3) *In einen Kreis ist ein reguläres Vieleck mit gegebener Seitenzahl* n *einzubeschreiben.*

Bei Aufgabe (3) kannten die Griechen über die einfachen Fälle n=3,4,6,8 hinaus Lösungen für n=5, n=10 und n=15 (vgl. Abschn. 3.6.). Über 2 000 Jahre ungelöst blieben bereits die nächstliegenden Fälle n=7 und n=9 und auch die Aufgaben (1) und (2). Eine Klärung der gesamten Problematik gelang erst im 19. Jhdt. mit den Mitteln der Algebra, wie ich im folgenden andeuten möchte.
Betrachten wir etwa Aufgabe (1). Wir legen ein kartesisches Koordinatensystem so, daß der Mittelpunkt in den Ursprung fällt und der Punkt (1,0) auf dem Kreis liegt. Der Kreis hat den Inhalt π und für die Seite a des gesuchten Quadrates gilt dann $a = \sqrt{\pi}$. Der springende Punkt ist nun folgender: Jede Konstruktion mit Zirkel und Lineal läßt sich analytisch nachvollziehen, wobei jede mit dem Lineal gezeichnete Verbindungsgerade durch eine lineare Gleichung und jeder mit dem Zirkel gezeichnete Kreis durch eine quadratische Gleichung erfaßt wird. Das Schneiden von Geraden,

von Kreisen oder von Geraden und Kreisen bedeutet analytisch die Lösung von Systemen linearer oder quadratischer Gleichungen, und dazu ist außer den Grundrechenarten +,-,·,: nur das Quadratwurzelziehen erforderlich.
Wenn ein Konstruktionsproblem mit Zirkel und Lineal lösbar ist, muß sich das Bestimmungsstück v des gesuchten Objekts durch einen algebraischen Ausdruck darstellen lassen, in dem nichts anderes vorkommen darf, als das Bestimmungsstück u des gegebenen Objekts, die Rechenzeichen +,-,·,: und das Quadratwurzelzeichen.
Beispiel für einen solchen Ausdruck:

$$\frac{(\sqrt{u+u}-u)^2}{\sqrt{(u+u)^2-\sqrt{u+u+u}}} \quad \text{oder einfacher ausgedrückt} \quad \frac{(\sqrt{2u}-u)^2}{\sqrt{4u^2-\sqrt{3u}}}$$

Im Falle der Quadratur des Kreises ist u=1 und $v=a=\sqrt{\pi}$. LINDEMANN hat 1882 bewiesen, daß die Zahl π zu den transzendenten Zahlen gehört, für welche eine solche Darstellung nicht möglich ist. Folglich ist die Quadratur des Kreises mit Zirkel und Lineal <u>unlösbar</u>.
Analog würde man im Falle der Drittelung des Winkels φ den Scheitel des Winkels in den Nullpunkt, einen Schenkel durch (1,0) und den anderen durch den Punkt $(\cos\varphi, \sqrt{1-\cos^2\varphi})$ legen. Zu konstruieren wäre dann der Punkt $(\cos\frac{\varphi}{3}, \sqrt{1-\cos^2\frac{\varphi}{3}})$. Zwischen $\cos\varphi$ und $\cos\frac{\varphi}{3}$ besteht die trigonometrische Beziehung

$$\begin{aligned}\cos\varphi &= \cos(2\tfrac{\varphi}{3}+\tfrac{\varphi}{3}) = \cos(2\tfrac{\varphi}{3})\cos\tfrac{\varphi}{3} - \sin(2\tfrac{\varphi}{3})\sin\tfrac{\varphi}{3}\\ &= (\cos^2\tfrac{\varphi}{3} - \sin^2\tfrac{\varphi}{3})\cos\tfrac{\varphi}{3} - 2\sin\tfrac{\varphi}{3}\cos\tfrac{\varphi}{3}\sin\tfrac{\varphi}{3}\\ &= \cos^3\tfrac{\varphi}{3} - 3\sin^2\tfrac{\varphi}{3}\cos\tfrac{\varphi}{3} = \cos^3\tfrac{\varphi}{3} - 3(1-\cos^2\tfrac{\varphi}{3})\cos\tfrac{\varphi}{3}\\ &= 4\cos^3\tfrac{\varphi}{3} - 3\cos\tfrac{\varphi}{3}\,.\end{aligned}$$

Man kann aus der Theorie der algebraischen Körpererweiterungen folgern, daß diese Beziehung eine Darstellung von $\cos\frac{\varphi}{3}$ als Ausdruck in $\cos\varphi$,+,-,·,: und $\sqrt{\ }$ ausschließt. Daher ist auch die Dreiteilung eines beliebigen Winkels φ mit Zirkel und Lineal nicht möglich.
Die Lösbarkeit der Aufgabe (3) wurde von dem noch nicht 20-jährigen C.F. GAUSS (1777-1855) in seinen berühmten "Disquisitiones arithmeticae" (1801) vollständig aufgeklärt. GAUSS zeigte, daß das reguläre Vieleck mit der

Seitenzahl n dann und nur dann mit Zirkel und Lineal konstruierbar ist, wenn n die Form 2^m oder $2^m \cdot p_1 \cdot \ldots \cdot p_k$ hat, wobei $p_1, \ldots, p_k$ paarweise verschiedene Primzahlen der Form 2^i+1 sind.
Da die Zahlen 7 und 9 nicht von der verlangten Form sind, ist die Aufgabe (3) für diese Seitenzahlen nicht lösbar, ebenso nicht für 11, 13 und 14. Dagegen gilt $17 = 2^0 \cdot (2^4+1)$. GAUSS gab in den "Disquisitiones" zur Verblüffung der Fachwelt eine Berechnung und die entsprechende Konstruktion des regulären Siebzehnecks auch wirklich an. Für s_{17} folgt daraus

$$\frac{\sqrt{2}}{2}\sqrt{\frac{17}{4}-\frac{\sqrt{17}}{4}-\frac{\sqrt{\frac{17}{2}-\frac{\sqrt{17}}{2}}}{2}-\sqrt{\frac{17}{4}-\frac{1}{4}+\frac{\sqrt{\frac{17}{2}-\frac{\sqrt{17}}{2}}}{2}+1+\sqrt{17}-2\sqrt{\frac{17}{2}+\frac{\sqrt{17}}{2}}}}.$$

Der von GAUSS erzielte Durchbruch und analoge Erfolge bei anderen geometrischen Fragen verstärkte gegen Ende des 18. Jhdts. bei den Mathematikern das Bewußtsein, daß rein geometrische Methoden ihre Grenzen haben und daß Algebra und Analysis nicht nur zur rechnerischen Behandlung geometrischer Aufgaben geeignet, sondern in bestimmter Hinsicht auch begrifflich überlegen sind (vgl. das Zitat von LAGRANGE auf S. 387). Dieses Bewußtsein hat sich in den folgenden Jahrhunderten noch verstärkt und zu einer Zurückdrängung der ursprünglichen geometrischen Denkweisen geführt.
Es gehört zu den Kuriositäten rund um die Mathematik, daß sich unbeschadet der vorliegenden Unmöglichkeitsbeweise immer wieder Laien finden, die trotzdem Lösungen finden wollen und hartnäckig daran festhalten, auch wenn sie von einem Fachmann belehrt worden sind. (vgl. Underwood Dudley, What to do when the trisector comes. Mathem. Intelligencer 5(1983), 20-25).

10.6. Winkelmaß

10.6.1. Winkelberechnung

Wir setzen ein Orthonormalsystem voraus und wollen mit Hilfe von Koordinaten den Winkel φ berechnen, unter dem eine Strecke AB von einem Punkt C aus gesehen wird (Bild 18a).

Aus den Koordinaten der Punkte A, B, C können wir die Vektoren

$$\begin{aligned} \overrightarrow{CB} &= (x_B-x_C, y_B-y_C) =: (u_1,u_2)\ , \\ \overrightarrow{CA} &= (x_A-x_C, y_A-y_C) =: (v_1,v_2)\ , \qquad (1) \\ \overrightarrow{AB} &= (x_B-x_A, y_B-y_A) = (u_1-v_1, u_2-v_2) \end{aligned}$$

und die Längen der Seiten CB, CA und AB berechnen:

$$\overline{CB} = \sqrt{u_1^2+u_2^2}\ ,$$

(2) $$\overline{CA} = \sqrt{v_1^2+v_2^2}\ ,$$

$$\overline{AB} = \sqrt{(u_1-v_1)^2+(u_2-v_2)^2}\ .$$

Der Kosinussatz liefert uns

$$\cos\varphi = \frac{\overline{CB}^2 + \overline{CA}^2 - \overline{AB}^2}{2\cdot\overline{CB}\cdot\overline{CA}} \overset{(2)}{=} \frac{u_1^2 + u_2^2 + v_1^2 + v_2^2 - (u_1-v_1)^2 - (u_2-v_2)^2}{2\sqrt{u_1^2+u_2^2}\cdot\sqrt{v_1^2+v_2^2}}\ ,$$

was sich zu

(3) $$\cos\varphi = \frac{u_1\cdot v_1 + u_2\cdot v_2}{\sqrt{u_1^2+u_2^2}\cdot\sqrt{v_1^2+v_2^2}}$$

vereinfachen läßt.

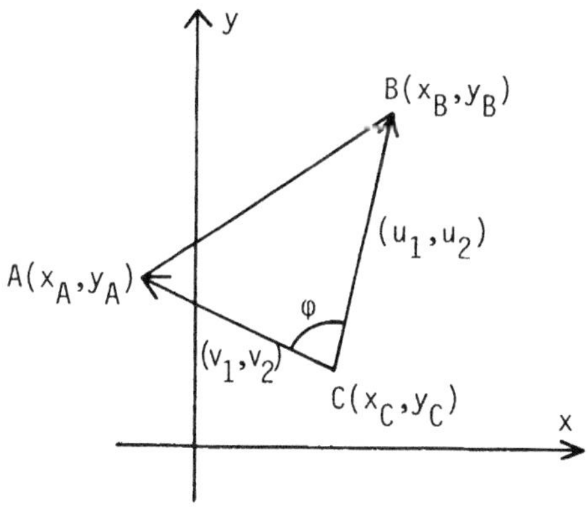

Bild 18a

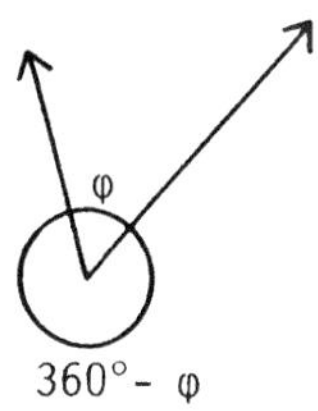

Bild 18b

10.6.2. Das Skalarprodukt von Vektoren

Die Beziehung (3) zeigt, daß $\cos\varphi$ aus den Vektoren $\overrightarrow{CB} = (u_1,u_2)$ und $\overrightarrow{CA} = (v_1,v_2)$ zu berechnen ist, wobei im Nenner die Normen $\|(u_1,u_2)\|$ und $\|(v_1,v_2)\|$ auftreten. Für den Ausdruck im Zähler führen wir einen besonderen Namen ein, nämlich Skalarprodukt, d.h. wir definieren

$$(u_1,u_2)\cdot(v_1,v_2) := u_1\cdot v_1 + u_2\cdot v_2 .$$

Auf der linken Seite bedeutet der Punkt wieder das neu definierte Skalarprodukt; die Verknüpfungen auf der rechten Seite sind die Addition und die Multiplikation reeller Zahlen. Das Ergebnis des Skalarprodukts ist wohlgemerkt nicht ein Vektor sondern ein Skalar, d.h. eine reelle Zahl. Daher erklärt sich der Name Skalarprodukt.
Das Skalarprodukt darf nicht mit der Skalarmultiplikation verwechselt werden, bei der ein Skalar mit einem Vektor multipliziert wird und das Ergebnis ein Vektor ist.
(3) können wir nun in der Form

$$(4) \qquad \cos\varphi = \frac{(u_1,u_2)\cdot(v_1,v_2)}{\|(u_1,u_2)\|\cdot\|(v_1,v_2)\|}$$

schreiben und φ auch als Winkel zwischen den Vektoren (u_1,u_2) und (v_1,v_2) ansehen. Wie Bild 18b zeigt, bestimmen zwei Vektoren eigentlich zwei Winkel, die sich zu 360° ergänzen. Unter dem von den Vektoren "eingeschlossenen" Winkel verstehen wir stets den kleineren von beiden. Er ist durch seinen Kosinuswert (4) eindeutig bestimmt, da die Kosinusfunktion im Bereich $0\leqq\varphi\leqq 180°$ streng monoton verläuft.
Beachten Sie, daß

$$(5) \qquad \|(u_1,u_2)\|^2 = (u_1,u_2)\cdot(u_1,u_2)$$

gilt, d.h. das Quadrat der Norm ist das Skalarprodukt eines Vektors mit sich selbst.
Formel (4) ist natürlich nur sinnvoll, wenn die beiden Vektoren vom Nullvektor verschieden sind, da sonst der Nenner 0 wird. Wir schließen diesen Fall stillschweigend aus.

Rechenbeispiel: Berechne den Winkel φ zwischen den Vektoren (4,3) und (1,0).

Lösung: $$\cos\varphi = \frac{4\cdot 1 + 3\cdot 0}{\sqrt{16+9}\cdot\sqrt{1+0}} = \frac{4}{5}\ .$$

Mit dem Taschenrechner bestimmt man φ zu $\approx 37°$.

10.6.3. Die Relation "senkrecht"

Mit dem Skalarprodukt kann man sehr leicht entscheiden, wann zwei Vektoren (u_1,u_2), (v_1,v_2) (und natürlich auch die durch sie im Orthonormalsystem dargestellten Pfeile) aufeinander senkrecht stehen. Dies ist nämlich genau dann der Fall, wenn

$$0 = \cos 90° = \frac{u_1\cdot v_1 + u_2\cdot v_2}{\sqrt{u_1^2+u_2^2}\cdot\sqrt{v_1^2+v_2^2}}\ ,$$

d.h. wenn $u_1\cdot v_1 + u_2\cdot v_2 = 0$ gilt.

Zwei Geraden

$$g_1 : \quad a_1x + b_1y + c_1 = 0\ ,$$
$$g_2 : \quad a_2x + b_2y + c_2 = 0$$

stehen genau dann aufeinander senkrecht, wenn die Richtungsvektoren $(-b_1,a_1)$, $(-b_2,a_2)$ orthogonal sind, d.h. wenn

$$b_1b_2 + a_1a_2 = 0\ .$$

Rechenbeispiel: $g_1 : \quad 3x - 5y + 3 = 0$,

$g_2 : \quad 5x + 3y - 2 = 0$.

g_1 ist senkrecht zu g_2, da $(-5)\cdot 3 + 3\cdot 5 = 0$.

Mit Hilfe des Skalarprodukts können wir nun die Koeffizienten a, b in der Normalform

$$ax + by + c = 0$$

einer Geradengleichung neu deuten. Es gilt ja

$$(-b)\cdot a + a\cdot b = 0\ ,$$

d.h. aber, daß der Vektor (a,b) auf dem Richtungsvektor (-b,a) senkrecht steht. Der Vektor (a,b) ist Richtungsvektor von Geraden, die auf g senkrecht stehen. Solche Geraden heißen auch Normale zu g. Daher nennt man den Vektor (a,b) auch Normalenvektor der Geraden g.

Rechenbeispiel: Zu bestimmen ist die Entfernung des Punktes P(-1,3) von der Geraden g : $3x - 5y + 1 = 0$.
Lösung: Für das Lot h von P auf g ist der Richtungsvektor (5,3) von g Normalenvektor. Daher hat das Lot eine Gleichung der Form $5x + 3y + c = 0$. Die Konstante c läßt sich durch Einsetzen der Koordinaten von P bestimmen:

$$5\cdot(-1) + 3\cdot 3 + c = 0 \text{ , also } c=-4 \text{ und damit } h\text{: } 5x + 3y - 4 = 0 \text{ .}$$

Die Koordinaten des Fußpunktes F errechnet man aus dem Gleichungssystem

$$5x + 3y - 4 = 0$$
$$3x - 5y + 1 = 0$$

zu $x_F = \frac{1}{2}$, $y_F = \frac{1}{2}$.
Damit wird $\overline{Pg} = \overline{PF} = \sqrt{(\frac{1}{2}+1)^2+(\frac{1}{2}-3)^2} = \frac{1}{2}\sqrt{34}$.

10.6.4. Die Hessesche Normalform von Geradengleichungen

Unter Verwendung des Skalarprodukts können wir der Normalform

$$(6) \qquad g : \quad ax + by + c = 0$$

einer Geradengleichung eine andere Deutung geben:

$$(7) \qquad (a,b)\cdot(x,y) = -c \text{ ,}$$

d.h. das Skalarprodukt des Normalenvektors (a,b) mit einem beliebigen Ortsvektor (x,y) hat einen festen Wert. Was bedeutet dies geometrisch? Wir zeichnen das Lot vom Ursprung auf g mit Fußpunkt F (Bild 19a) und tragen daran den Normalenvektor (a,b) ab.

Anwendung von (4) zeigt

$$-c = (a,b)\cdot(x,y) = \cos\varphi \cdot \|(a,b)\| \cdot \|(x,y)\|$$
$$= \|(a,b)\| \cdot \cos\varphi \cdot \|(x,y)\| \text{ .}$$

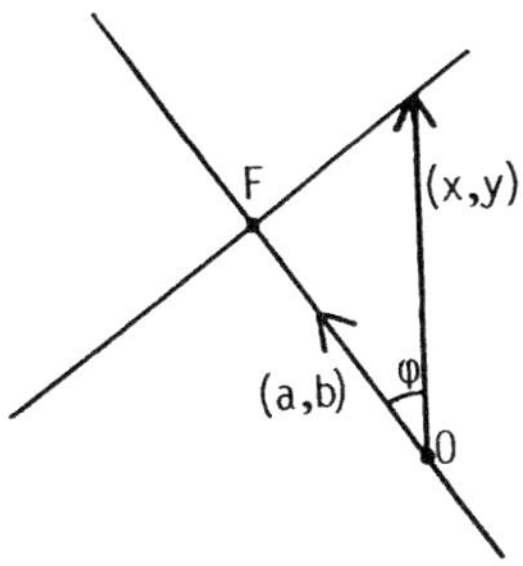

Bild 19a

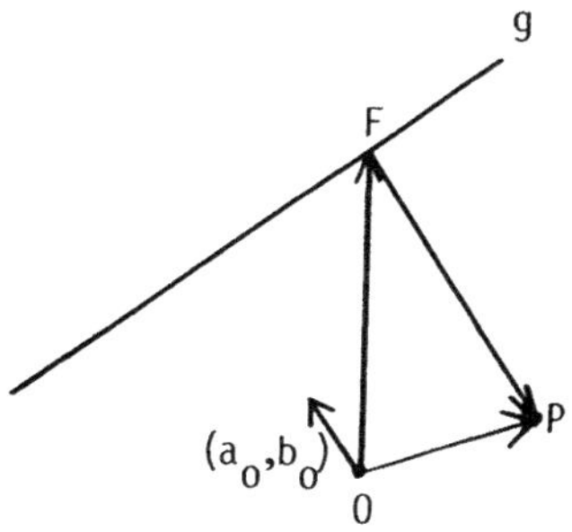

Bild 19b

Der Term $\cos\varphi \cdot \|(x,y)\|$ beschreibt aber gerade die Länge der Projektion des Vektors (x,y) auf das Lot. Wie man unmittelbar sieht, sind diese Projektionen für alle Punkte (x,y) der Geraden g gleich. Wir haben daher

$$(8) \qquad -c = \|(a,b)\| \cdot \overline{OF} .$$

Wenn wir den Vektor (a,b) durch seine Norm dividieren, erhalten wir den Vektor $\frac{1}{\sqrt{a^2+b^2}}(a,b) =: (a_0,b_0)$ mit der Norm 1, denn es ist ja gerade

$$\left(\frac{a}{\sqrt{a^2+b^2}}\right)^2 + \left(\frac{b}{\sqrt{a^2+b^2}}\right)^2 = 1 .$$

Division von (6) durch $\sqrt{a^2+b^2}$ führt auf die Normalform

$$(9) \qquad a_0x + b_0y + c_0 = 0 ,$$

in der $a_0^2+b_0^2 = 1$ ist. Diese Normalform heißt Hessesche Normalform der Geradengleichung.

Anstelle von (8) haben wir jetzt

$$(10) \qquad -c_0 = \|(a_0,b_0)\| \cdot \overline{OF} = \overline{OF} ,$$

d.h. $-c_0$ gibt den Abstand des Nullpunkts von der Geraden g an.
Mit der Hesseschen Normalform ist es darüber hinaus sehr leicht möglich, den Abstand eines beliebigen Punktes $P(x_P,y_P)$ von der Geraden g zu berechnen: Der Fußpunkt F des Lotes von P auf g erfüllt (9)(Bild 19b):

$$(11) \qquad a_0x_F + b_0y_F + c_0 = 0 .$$

Der Vektor $\overrightarrow{FP}$ und der Normalenvektor (a_0,b_0) schließen den Winkel 0° oder 180° ein, je nachdem auf welcher Seite von g der Punkt P liegt. Daher folgt aus (4) wegen $\cos 0° = 1$, $\cos 180° = -1$ und $a_0^2+b_0^2 = 1$

$$\overline{FP} = \sqrt{(x_P-x_F)^2 + (y_P-y_F)^2} = |(x_P-x_F,y_P-y_F)\cdot(a_0,b_0)|$$

woraus man mit (11)

$$\begin{aligned}\overline{FP} &= |(x_P-x_F)\cdot a_0 + (y_P-y_F)\cdot b_0| \\ &= |x_P\cdot a_0 + y_P\cdot b_0 - x_F\cdot a_0 - y_F\cdot b_0 - c_0 + c_0| \\ &= |x_P\cdot a_0 + y_P\cdot b_0 + c_0|\end{aligned}$$

gewinnt. Um den Abstand $\overline{Pg} = \overline{FP}$ zu bestimmen, genügt es also, die Koordinaten von P in die Hessesche Normalform einzusetzen und den Absolutbetrag des erhaltenen Wertes zu nehmen.

An einem Beispiel soll schließlich noch gezeigt werden, daß man mit Hilfe der Hesseschen Normalform mühelos die Gleichungen der Winkelhalbierenden zweier sich schneidender Geraden ausrechnen kann.

Gegeben sind die Geraden

$$\begin{aligned} g_1 &: \quad 4x + 3y - 4 = 0 , \\ g_2 &: \quad 3x - 5y + 1 = 0 . \end{aligned}$$

Zu berechnen sind die Gleichungen der Winkelhalbierenden. Aus Bild 20 ist ersichtlich, daß wir Normalenvektoren der aufeinander senkrecht stehenden Winkelhalbierenden aus <u>gleichlangen</u> Normalenvektoren von g_1 und g_2 durch Addition und Subtraktion (Kräfteparallelogramme) sofort berechnen könnten.

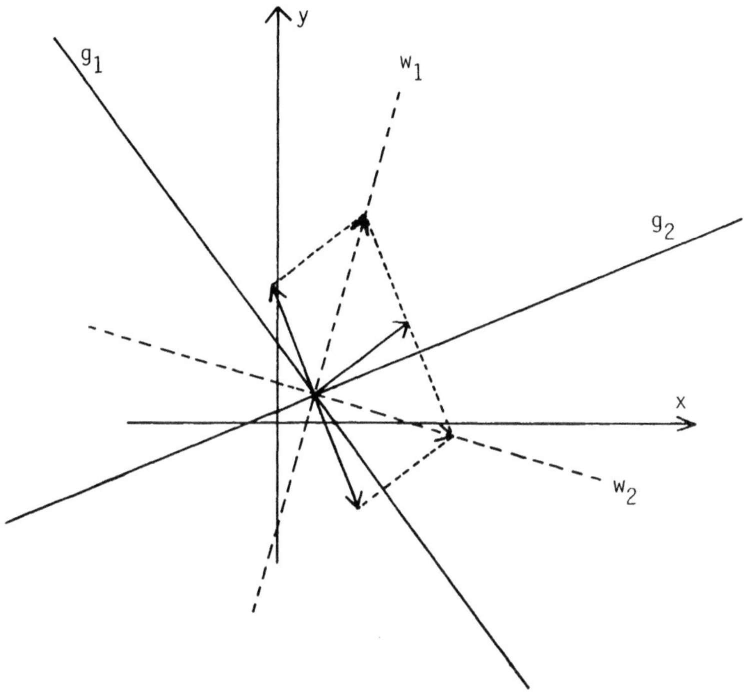

Bild 20

Der Normalenvektor (4,3) von g_1 und der Normalenvektor (3,-5) von g_2 sind aber nicht gleich lang, denn $\sqrt{16+9} = 5$ und $\sqrt{9+25} = \sqrt{34}$.
Hier hilft die Hessesche Normalform weiter. Wir dividieren die Normalform von g_1 durch 5 und die von g_2 durch $\sqrt{34}$ und erhalten

$$(12) \qquad \begin{aligned} g_1 &: \quad \frac{4}{5}x - \frac{3}{5}y - \frac{4}{5} = 0 \ , \\ g_2 &: \quad \frac{3}{\sqrt{34}}x - \frac{5}{\sqrt{34}}y + \frac{1}{\sqrt{34}} = 0 \ . \end{aligned}$$

Die Normalenvektoren $(\frac{4}{5},\frac{3}{5})$ und $(\frac{3}{\sqrt{34}},-\frac{5}{\sqrt{34}})$ haben jetzt beide die Länge 1, und wir haben in der Summe

$$(\frac{4}{5} + \frac{3}{\sqrt{34}},\frac{3}{5} - \frac{5}{\sqrt{34}})$$

und der Differenz

$$\left(\frac{4}{5} - \frac{3}{\sqrt{34}}, \frac{3}{5} + \frac{5}{\sqrt{34}}\right)$$

Normalenvektoren der Winkelhalbierenden.
Die Winkelhalbierenden w_1, w_2 haben daher die Form

$$w_1 : \quad \left(\frac{4}{5} + \frac{3}{\sqrt{34}}\right)x + \left(\frac{3}{5} - \frac{5}{\sqrt{34}}\right)y + c_1 = 0 ,$$

$$w_2 : \quad \left(\frac{4}{5} - \frac{3}{\sqrt{34}}\right)x + \left(\frac{3}{5} + \frac{5}{\sqrt{34}}\right)y + c_2 = 0 .$$

Welches aber sind die passenden Konstanten c_1 und c_2? Da der Schnittpunkt von g_1 und g_2 auch die Gleichungen w_1 und w_2 erfüllt, muß c_1 die Summe der konstanten Glieder in (12),

$$c_1 = -\frac{4}{5} + \frac{1}{\sqrt{34}} ,$$

und c_2 die Differenz der konstanten Glieder in (12),

$$c_2 = -\frac{4}{5} - \frac{1}{\sqrt{34}} ,$$

sein.
Die Bestimmung der Winkelhalbierenden zweier Geraden g_1, g_2 verläuft also folgendermaßen:

1. Man bringt die beiden Geradengleichungen in die Hessesche Normalform (normierter Normalenvektor).

2. Man addiert bzw. subtrahiert die erhaltenen Gleichungen.

10.6.5. Das Dilemma mit Bezeichnungen

Die Überlegungen dieses Abschnitts hätten sich kürzer formulieren lassen, wenn ich die für Vektoren übliche Kurzschreibweise $(u_1,u_2)=\vec{u}$, $(a_1,a_2)=\vec{a}$ usw. angewandt hätte. Formel (4) z.B. würde dann lauten

$$\cos \varphi = \frac{\vec{u} \cdot \vec{v}}{\|\vec{u}\| \cdot \|\vec{v}\|} .$$

Probleme gibt es aber, wenn man versucht, (7) zu übertragen. Wie soll man (a,b) kurz schreiben? $\vec{a}$ kommt nicht ohne weiteres in Frage, weil $\vec{a} = (a_1,a_2)$ ist.

Die Wurzel der Schwierigkeit liegt darin, daß man zur Unterscheidung einerseits verschiedene Buchstaben und andererseits verschiedene Indizes benutzt. In (x,y) unterscheidet man z.B. verschiedene Koordinaten durch verschiedene Buchstaben, in (x_1,x_2) verschiedene Komponenten durch Indizes. Man könnte die Schwierigkeiten vermeiden, wenn man von Anfang an konsequent statt der Koordinaten x, y die Koordinaten x_1, x_2 benutzt. Die Normalform einer Geraden würde dann

$$a_1x_1 + a_2x_2 + c = 0$$

lauten und könnte leicht in

$$\vec{a}\cdot\vec{x} = -c$$

übersetzt werden. Da in der elementaren analytischen Geometrie aber aus guten Gründen die Koordinaten x, y (im Raum x,y,z) durch unterschiedliche Buchstaben auseinandergehalten werden, habe ich mich zu diesem von der linearen Algebra her natürlichen Schritt nicht entschließen können. Mathematik betreibt man in Kontexten, und zu jedem Kontext gehört eine angepaßte Sprache und Symbolik. Ich glaube nicht, daß es universell brauchbare Schreibweisen gibt, auch nicht in einer so weitreichenden Struktur wie der des Vektorraumes. Für das vorliegende Buch erschien es mir schließlich als die beste aller schlechten Lösungen , Vektoren in ihrer Komponentenform auszuschreiben - wohlwissend freilich, daß auch dies schon dann für Lernende ein Umdenken erfordert, wenn sie an einen Text geraten, in dem die Komponenten nicht zeilenweise nebeneinander, sondern spaltenweise übereinander geschrieben werden.

10.7. Der Flächeninhalt von Polygonen

Zur Berechnung des Inhalts eines Dreiecks, dessen Ecken durch ihre Koordinaten gegeben sind, könnte man die Länge der Grundlinie nach der Abstandsformel und die Höhe mit Hilfe der Hesseschen Normalform bestimmen und schließlich die Inhaltsformel des Dreiecks anwenden. Den Inhalt eines Polygons könnte man ermitteln, indem man es in Dreiecke zerlegt. Diese mühsamen und aufwendigen Rechnungen, bei denen häßliche Wurzeln auftreten würden, kann man sich ersparen, weil es eine sehr einfache und elegante Formel für den Inhalt eines Polygons gibt. Wir wollen diese Formel, die von GAUSS stammt, nun herleiten.

In diesem Abschnitt kommt es wesentlich darauf an, ein kartesisches Koordinatensystem vorauszusetzen, d.h. ein Orthonormalsystem, bei dem die x-Achse durch eine 90°-Drehung um den Nullpunkt entgegen dem Uhrzeigersinn in die y-Achse übergeht. In der Praxis arbeitet man mit kartesischen Koordinaten zwar auch dann, wenn eigentlich ein Orthonormalsystem ausreichen würde, weil es ohnehin gleichgültig ist, welche Achse man als x- und welche man als y-Achse wählt. Im folgenden spielt aber die "Orientierung" des Systems eine entscheidende Rolle.

Die Heuristik unseres Vorgehens besteht darin, bei besonders einfachen Dreiecken zu beginnen, die dabei gewonnenen Erkenntnisse auf beliebige Dreiecke auszudehnen und von dort zu Vierecken und allgemein n-Ecken voranzuschreiten.

Wir starten mit einem Dreieck $P_1P_2P_3$, dessen Seite P_1P_2 parallel zur x-Achse liegt.

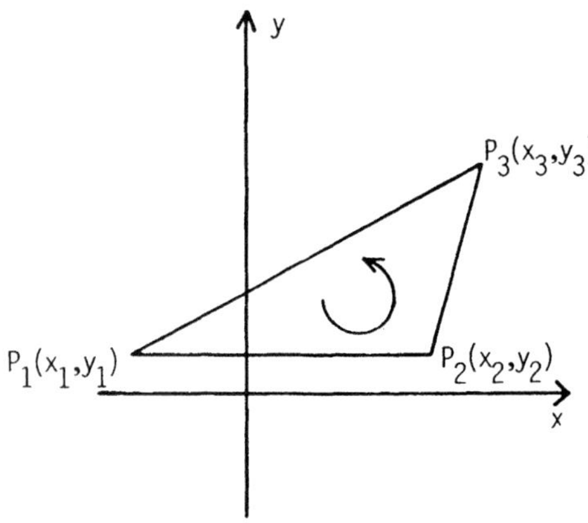

Bild 21

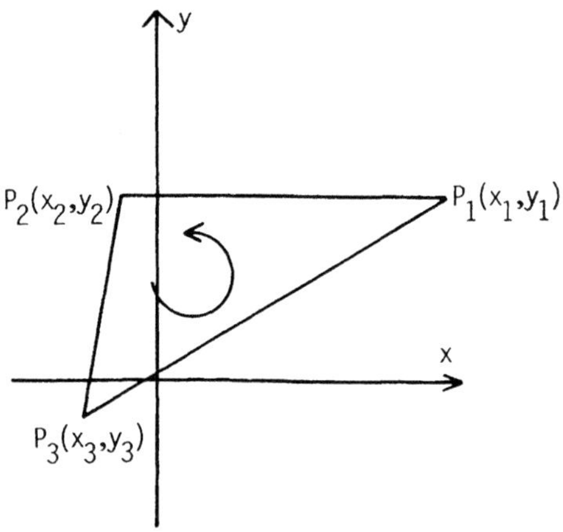

Bild 22

Sind die Ecken entgegen dem Uhrzeigersinn (d.h. im mathematisch positiven Sinn) numeriert, dann gilt

entweder $x_2>x_1$ und $y_3>y_2$ (Bild 21)

oder $x_2<x_1$ und $y_3<y_2$ (Bild 22) .

Die Grundlinie $\overline{P_1P_2}$ ist entsprechend entweder (x_2-x_1) oder (x_1-x_2), die Höhe entweder (y_3-y_2) oder (y_2-y_3). Für den Inhalt A gilt in beiden Fällen

$$A = \frac{1}{2}\,(x_2-x_1)\cdot(y_3-y_2)\ ,$$

was wir ausmultiplizieren zu

$$A = \frac{1}{2}\,(x_1y_2 + x_2y_3 - x_1y_3 - x_2y_2).$$

Wir beachten noch $y_2=y_1$ und erhalten schließlich

$$(1)\qquad A = \frac{1}{2}\,(x_1y_2 + x_2y_3 - x_1y_3 - x_2y_1)$$

Sind dagegen die Ecken im Uhrzeigersinn (d.h. im negativen Sinn) orientiert, dann gilt

entweder $x_2<x_1$ und $y_3>y_2$

oder $x_2>x_1$ und $y_3<y_2$.

(Zeichnen Sie selbst entsprechende Bilder!).

Wir erhalten auf analogem Weg

$$(2)\qquad A = -\,\frac{1}{2}\,(x_1y_2 + x_2y_3 - x_1y_3 - x_2y_1)\ .$$

Beide Fälle können wir zusammenfassen in der $A>0$ sicherstellenden Formel

$$(3)\qquad A = \frac{1}{2}\,|\,x_1y_2 + x_2y_3 - x_1y_3 - x_2y_1\,|\ .$$

Betrachten wir nun ein Dreieck, von dem keine der drei Seiten parallel zur x-Achse ist. Wir können die Ecke im positiven Umlaufsinn stets so mit P_1, P_2, P_3 bezeichnen, daß die Parallele zur x-Achse durch P_1 die Seite P_2P_3 im Punkt P_4 trifft (Bilder 23, 24).

Auf das positiv orientierte Dreieck $P_1P_4P_3$ wenden wir nun die Formel (1), auf das negativ orientierte Dreieck $P_1P_4P_2$ die Formel (2) an, wobei die Indizes sinngemäß zu übertragen sind. Wir erhalten für den Inhalt A des

Dreiecks $P_1P_2P_3$

$$A = \frac{1}{2}(x_1y_4 + x_4y_3 - x_1y_3 - x_4y_1) - \frac{1}{2}(x_1y_4 + x_4y_2 - x_1y_2 - x_4y_1) ,$$

was wir zu

$$(4) \qquad A = \frac{1}{2}(x_1y_2 + x_4y_3 - x_1y_3 - x_4y_2)$$

vereinfachen können.

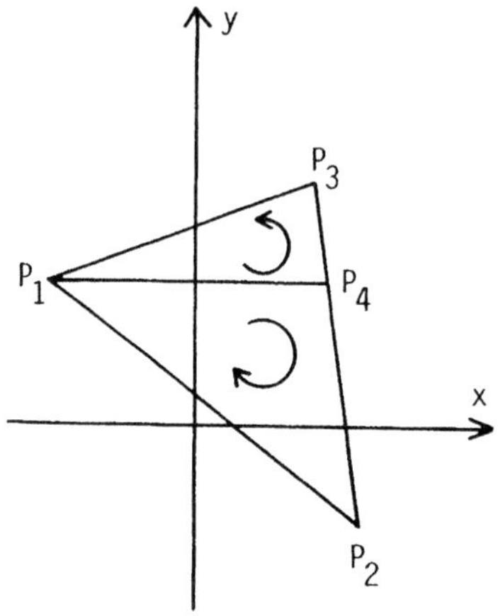

Bild 23

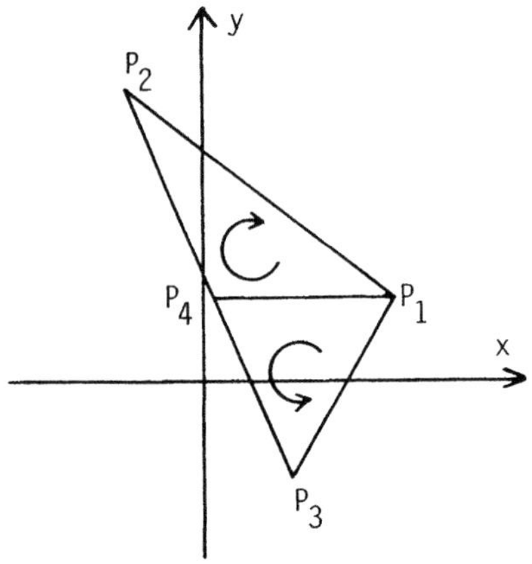

Bild 24

Wir streben eine Formel an, in der nur die Koordinaten der Ecken P_1, P_2, P_3 vorkommen. Also müssen wir x_4 und y_4 in (4) noch eliminieren. Der Punkt P_4 liegt auf der Geraden P_2P_3. Also müssen seine Koordinaten der Zweipunkteform dieser Geraden genügen (10.3.2.):

$$(x_4-x_2)(y_3-y_2) = (y_4-y_2)(x_3-x_2) .$$

Wir multiplizieren die Klammern aus und lösen auf:

$$x_4y_3 - x_4y_2 = y_4x_3 - y_4x_2 - y_2x_3 + x_2y_3 .$$

Wenn wir dies in (4) einsetzen und beachten, daß $y_4=y_1$ ist, ergibt sich schließlich die elegante Formel

$$(5) \qquad A = \frac{1}{2}\,(x_1y_2 + x_2y_3 + x_3y_1 - x_1y_3 - x_2y_1 - x_3y_2)\ ,$$

die auch den Spezialfall (1) einschließt (Beachten Sie $y_1=y_2$).
Bei einer zyklischen Umnumerierung der Punkte $(1\to 2,\ 2\to 3,\ 3\to 1)$ geht die rechte Seite von (5) über in

$$\frac{1}{2}\,(x_2y_3 + x_3y_1 + x_1y_2 - x_2y_1 - x_3y_2 - x_1y_3)\ ,$$

d.h. sie ändert ihren Wert nicht. Die Formel gibt somit bei beliebiger Numerierung der Ecken im positiven Sinn den Dreiecksinhalt an.
Ersetzen wir hingegen 2 durch 3 und umgekehrt und behalten die Nummer 1 bei, so geht die rechte Seite von (5) über in

$$\frac{1}{2}\,(x_1y_3 + x_3y_2 + x_2y_1 - x_1y_2 - x_3y_1 - x_2y_3)\ ,$$

d.h. sie ändert ihr Vorzeichen. Bei einer Numerierung der Ecken im negativen Sinn liefert die rechte Seite von (5) also den Wert -A.
Wir machen uns von der Orientierung unabhängig, wenn wir mit Hilfe von Absolutstrichen

$$(6) \qquad A = \frac{1}{2}\,|\, x_1y_2 + x_2y_3 + x_3y_1 - x_1y_3 - x_2y_1 - x_3y_2 \,|$$

schreiben.
Gehen wir nun zu einem Viereck über, dessen Ecken wir im positiven Sinn so numerieren, daß P_1P_3 eine ganz im Innern verlaufende Diagonale ist (Bild 25).

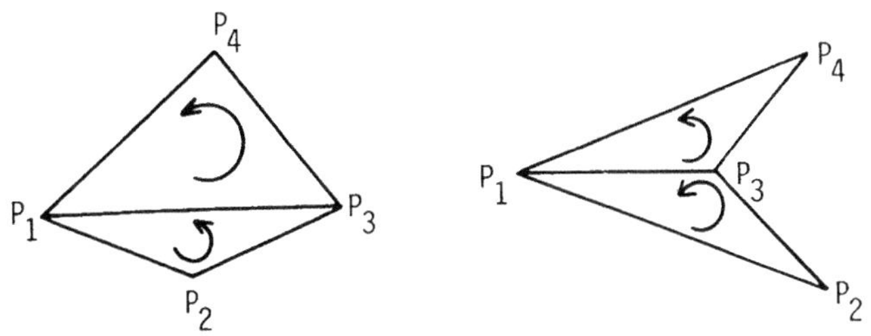

Bild 25

Der Inhalt A des Vierecks ergibt sich als Summe der Inhalte der positiv orientierten Teildreiecke $P_1P_2P_3$ und $P_3P_4P_1$ nach (5) zu

$$A = \frac{1}{2}\,(x_1y_2 + x_2y_3 + \underline{\underline{x_3y_1}} - \underline{x_1y_3} - x_2y_1 - x_3y_2) +$$

$$+ \frac{1}{2}\,(x_3y_4 + x_4y_1 + \underline{x_1y_3} - \underline{\underline{x_3y_1}} - x_4y_3 - x_1y_4)\ .$$

Wegen $x_3y_1-x_1y_3+x_1y_3-x_3y_1 = 0$ folgt als Formel für den Inhalt die zu (5) analoge Formel

$$(7) \qquad A = \frac{1}{2}\,(x_1y_2 + x_2y_3 + x_3y_4 + x_4y_1 - x_1y_4 - x_2y_1 - x_3y_2 - x_4y_3)\ .$$

Die Zusammensetzung der Teildreiecke zum Viereck können wir an der Entstehung der Formel (7) genau verfolgen: Bei der Berechnung von $P_1P_2P_3$ wird der Pfeil $\overrightarrow{P_3P_1}$ durchlaufen und liefert den Beitrag $+x_3y_1-x_1y_3$. Bei der Berechnung von $P_3P_4P_1$ wird der <u>entgegengesetzte</u> Pfeil $\overrightarrow{P_1P_3}$ durchlaufen und liefert gerade den <u>entgegengesetzten</u> Beitrag $+x_1y_3-x_3y_1$.

Sei nun für $n>4$ ein beliebiges n-Eck gegeben. Nach dem Hilfssatz aus Abschnitt 8.2. besitzt es eine innere Diagonale. Wir können die Ecken im positiven Sinn so numerieren, daß P_1P_i diese innere Diagonale ist ($i \geq 3$). Das n-Eck zerfällt in das positiv orientierte i-Eck $P_1P_2 \ldots P_i$ und das positiv orientierte (n-i+2)-Eck $P_iP_{i+1} \ldots P_1$. Wir nehmen an, daß die zu (5) und (7) analoge Formel für alle k mit $3 \leq k < n$, gilt. Dann ist der Inhalt A_1 des ersten Vielecks gegeben durch

$$(8) \qquad A_1 = \frac{1}{2}\,(x_1y_2 + x_2y_3 + \ldots + \underline{\underline{x_iy_1}} - \underline{x_1y_i} - x_2y_1 - \ldots - x_iy_{i-1})$$

und der des zweiten durch

$$(9) \qquad A_2 = \frac{1}{2}\,(x_iy_{i+1} + \ldots + x_ny_1 + \underline{x_1y_i} - \underline{\underline{x_iy_1}} -$$

$$- x_{i+1}y_i - \ldots - x_1y_n - x_ny_{n-1})\ .$$

Wieder wird die Strecke P_1P_i einmal in der einen, das zweite Mal in der umgekehrten Richtung durchlaufen, und durch Addition von (8) und (9) erhält man für den Inhalt A des n-Ecks analog zu (5) und (7) die Gaußsche

Formel

$$(10) \qquad A = \frac{1}{2}\,(x_1y_2 + x_2y_3 + \ldots + x_iy_{i+1} + \ldots + x_ny_1 -$$

$$- x_1y_n - x_2y_1 - \ldots - x_iy_{i-1} - x_{i+1}y_i - \ldots x_ny_{n-1}) \ .$$

Wir haben damit durch vollständige Induktion bewiesen, daß (10) für alle $n \geqq 3$ gilt.

Bei entgegengesetzter Orientierung des Vielecks liefert die rechte Seite von (10) wieder den Wert $-A$.

Die Gaußsche Formel läßt sich noch ein wenig umformen. Wir subtrahieren auf der rechten Seite die Summe $x_1y_1 + \ldots + x_ny_n$ und addieren sie wieder. Dann erhalten wir

$$(11) \qquad A = \frac{1}{2}\,[x_1(y_2-y_1) + \ldots + x_n(y_1-y_n) -$$

$$- y_1(x_2-x_1) - \ldots - y_n(x_n-x_1)] \ .$$

Wenn wir eine positiv orientierte geschlossene Kurve C durch Polygone immer feiner approximieren, können wir in der Formel (11) einen entsprechenden Grenzübergang durchführen (der natürlich genauer zu durchdenken wäre!). Die Summe geht dabei in ein Integral über, und wir erhalten die berühmte GREENsche Formel für den Inhalt A der von C eingeschlossenen Fläche:

$$(12) \qquad A = \frac{1}{2} \int_C (x\,dy - y\,dx) \ .$$

(12) ist ein sogenanntes Kurvenintegral über den Rand C.

Als einfachstes Beispiel berechnen wir mit (12) den Kreisinhalt. Aus der Parameterdarstellung

$$x = r \cos \varphi \ , \ y = r \sin \varphi \ , \ 0 \leqq \varphi \leqq 2\pi$$

für den Kreisrand ergibt sich

$$dx = -r \sin \varphi \, d\varphi \ , \ dy = r \cos \varphi \, d\varphi \ .$$

In (12) eingesetzt folgt für den Kreisinhalt

$$\frac{1}{2}\int_0^{2\pi}(r\cos\varphi \cdot r\cos\varphi - r\sin\varphi \cdot (-r\sin\varphi))d\varphi$$

$$= \frac{1}{2}\int_0^{2\pi}(r^2\cos^2\varphi + r^2\sin^2\varphi)\,d\varphi = \frac{1}{2}r^2\int_0^{2\pi}d\varphi$$

$$= \frac{1}{2}r^2\cdot 2\pi = r^2\pi .$$

Auf dem gleichen Weg läßt sich der Inhalt des Astroidendreiecks und der des Zykloidenzweiecks in 8.3. berechnen.

10.8. Analytische Darstellung von Kongruenzabbildungen

Bei einem Vergleich unseres bisherigen "Lexikons Geometrie - Algebra" mit dem grundlegenden Kapitel 2 fällt auf, daß uns noch eine analytische Fassung der Kongruenzabbildungen fehlt.

10.8.1. Verschiebungen

Diesen Typ haben wir schon bei der Einführung der Addition von Vektoren in 10.2.1. erledigt. Ist (x',y') das Bild (x,y) bei der Verschiebung um den Vektor (a,b), so gilt (Bild 26)

$$x' = x+a\ ,\quad y' = y+b\ .$$

Wir kommen dabei mit einem schiefwinkligen Koordinatensystem aus.

10.8.2. Drehungen

Bei der Darstellung einer Drehung δ im positiven Sinn um den Nullpunkt um den Winkel φ in einem kartesischen Koordinatensystem können wir sofort auf die Überlegungen in 9.9.1. zurückgreifen (Bild 27).

Es ist $x = r\cos\alpha\ ,\ y = r\sin\alpha$ und

$x' = r\cos(\alpha+\varphi)\ ,\ y' = r\sin(\alpha+\varphi)\ .$

Aus den Additionstheoremen leiten wir ab:

$$x' = r\cos\alpha\cos\varphi - r\sin\alpha\sin\varphi\,,$$
$$y' = r\sin\alpha\cos\varphi + r\cos\alpha\sin\varphi\,,$$

somit

$$x' = x\cos\varphi - y\sin\varphi$$
$$y' = x\sin\varphi + y\cos\varphi\,.$$

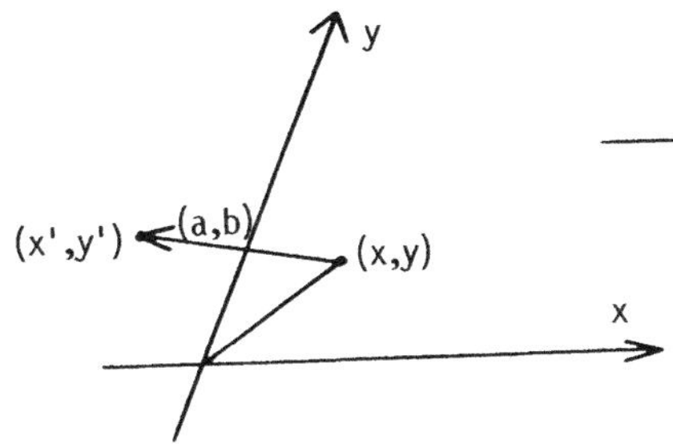

Bild 26

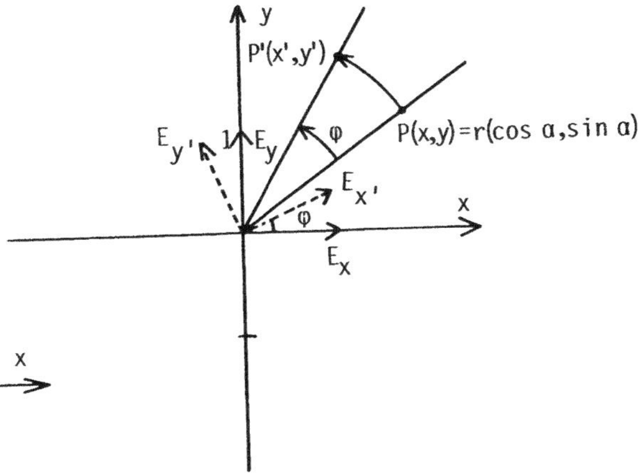

Bild 27

Wir kommen zu diesem Resultat auch noch auf einem anderen Weg, der stärker auf Vektorbeziehungen zurückgreift, wie wir sie schon bei der Herleitung der Additionstheoreme benutzt haben. Der Punkt $E_x(1,0)$ geht bei der Drehung über in den Punkt $E_{x'}(\cos\varphi, \sin\varphi)$, der Punkt $E_y(0,1)$ geht über in $E_{y'}(-\sin\varphi, \cos\varphi)$ (Drehung des Koordinatensystems). Nun gilt

$$\overrightarrow{OP} = x\cdot\overrightarrow{OE}_x + y\cdot\overrightarrow{OE}_y\,,$$
$$\overrightarrow{OP'} = x\cdot\overrightarrow{OE}_{x'} + y\cdot\overrightarrow{OE}_{y'}\,.$$

Wir ersetzen $\overrightarrow{OE}_{x'}$ und $\overrightarrow{OE}_{y'}$ und erhalten

$$(x',y') = \overrightarrow{OP'} = x(\cos\varphi\,,\ \sin\varphi) + y(-\sin\varphi\,,\ \cos\varphi)$$
$$= (x\cos\varphi - y\sin\varphi\,,\ x\sin\varphi + y\cos\varphi)\,.$$

In Matrixschreibweise lautet dies

$$(x',y') = (x,y)\cdot\begin{pmatrix} \cos\varphi & \sin\varphi \\ -\sin\varphi & \cos\varphi \end{pmatrix} .$$

In der ersten Zeile dieser Matrix steht das Bild des Einheitsvektors (1,0), in der zweiten das Bild des Einheitsvektors (0,1). Das "Produkt" zwischen dem Vektor (x,y) und der Matrix ist ein Vektor, der folgendermaßen zu berechnen ist: Die erste Komponente ist das Skalarprodukt von (x,y) mit der ersten Spalte, die zweite Komponente das Skalarprodukt von (x,y) mit der zweiten Spalte der Matrix.
Als Spezialfall ergibt sich die Punktspiegelung am Ursprung ($\varphi=180°$):

$$x' = -x \ , \ y' = -y \ .$$

Eine Drehung um den Punkt $D(x_D,y_D)$ um den Winkel φ stellen wir am einfachsten als Verkettung dar: Wir verschieben um $\overrightarrow{DO}$, drehen in O um φ und wenden die entgegengesetzte Verschiebung um $\overrightarrow{OD}$ an:

$$x' = (x-x_D)\cos\varphi - (y-y_D)\sin\varphi + x_D \ ,$$
$$y' = (x-x_D)\sin\varphi + (y-y_D)\cos\varphi + y_D \ .$$

Für die Punktspiegelung an D ($\varphi=180°$) erhalten wir speziell

$$x' = -x + 2x_D \ , \ y' = -y + 2y_D \ .$$

10.8.3. Achsenspiegelungen

Am einfachsten stellen wir die Achse g durch eine Gleichung

$$g : \quad ax + by + c = 0$$

in Hessescher Normalform dar, d.h. $a^2+b^2 = 1$. Den Spiegelpunkt $P'(x',y')$ eines Punktes P(x,y) gewinnen wir folgendermaßen (Bild 28): Der Fußpunkt F wird erhalten, indem wir an P ein geeignetes Vielfaches t(a,b) des Normalenvektors antragen:

$$\overrightarrow{OF} = \overrightarrow{OP} + t\cdot\overrightarrow{PF} = (x,y) + t\cdot(a,b) \ .$$

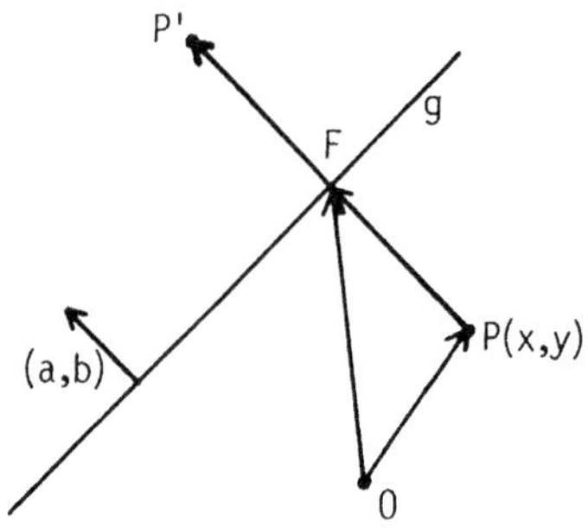

Bild 28

Da F auf g liegt, erfüllen seine Koordinaten die Geradengleichung

$$a(x+ta) + b(y+tb) + c = 0 .$$

Durch Umformung ergibt sich

$$t(a^2+b^2) + ax + by + c = 0 ,$$

also $\quad t = -(ax + by + c)$.

Die Koordinaten des Spiegelpunktes P' erhalten wir nun durch

$$\overrightarrow{OP'} = \overrightarrow{OP} + 2t(a,b)$$
$$(x',y') = (x,y) - 2(ax + by + c)\cdot(a,b)$$

$$x' = (1-2a^2)x - 2aby - 2ac ,$$
$$y' = (1-2b^2)y - 2abx - 2ac .$$

Durch spezielle Wahl von a und b erhält man eine Reihe auch direkt zugänglicher Spezialfälle (a=1, b=0, c=0 ; $a= \frac{1}{\sqrt{2}}$, $b= \frac{1}{\sqrt{2}}$, c=0 usw.).

10.8.4. Analytische Behandlung des Ellipsenzirkels

Zur Abrundung von Abschnitt 6 und in Anwendung der Ergebnisse dieses Abschnitts behandeln wir nun den Übergang von der Papierstreifenkonstruktion zur Spirographenkonstruktion (Abschnitt 6.3.2.) analytisch. Wir wählen in der Gangebene ein kartesisches Koordinatensystem so, daß die Endpunkte X^*, Y^* der bewegten Strecke X^*Y^* der Länge c die Koordinaten $X^*(0,0)$, $Y^*(0,c)$ erhalten (Bild 29).

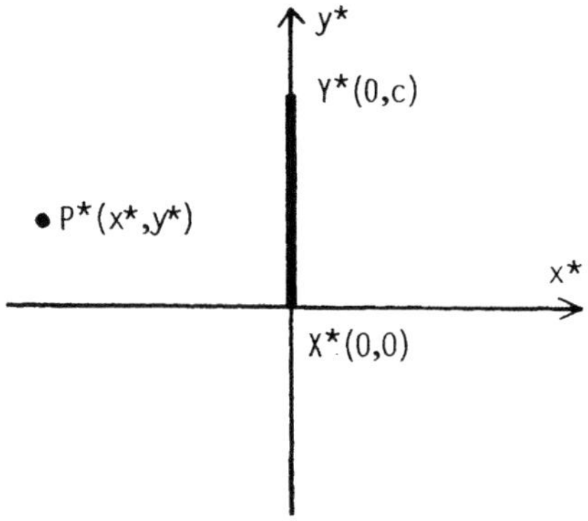

Bild 29

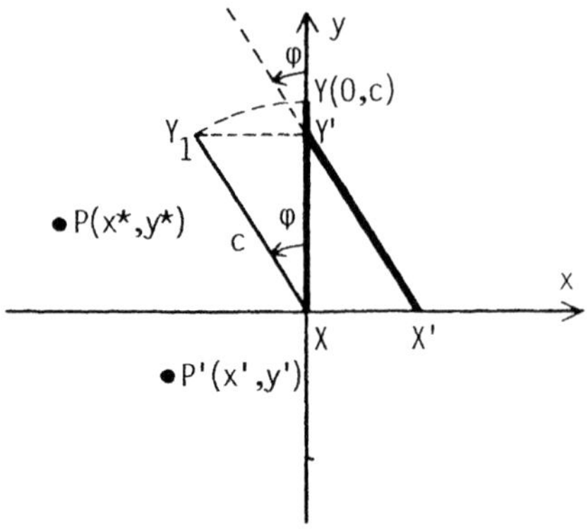

Bild 30

Die Gangebene wird nun so auf der Rastebene bewegt, daß die Endpunkte X^*, Y^* der Strecke X^*Y^* auf der x- bzw. y-Achse gleiten. Am Anfang befinde sich X^* im Punkt $X=(0,0)$, Y^* im Punkt $Y=(0,c)$ der Rastebene, d.h. das (x^*,y^*)-Koordinatensystem der Gangebene und das (x,y)-Koordinatensystem der Rastebene decken sich. Der Bewegungsvorgang ist analytisch erfaßt, wenn wir für jeden Punkt $P^*(x^*,y^*)$ der Gangebene, der zu Beginn auf dem Punkt $P(x^*,y^*)$ der Rastebene liegt, in jeder Phase der Bewegung die Koordinaten (x',y') des Punktes P' der Rastebene angeben können, auf dem P^* gerade liegt.

Betrachten wir die Lage X'Y' der Strecke X^*Y^* (Bild 30). Der Vektor $\overrightarrow{X'Y'}$ ist gegenüber dem Vektor $\overrightarrow{XY}$ im positiven Sinn um den Winkel φ weitergedreht und gleichzeitig verschoben. Dies ist aber analytisch leicht zu erfassen: Wir drehen XY um φ in die Lage XY_1 und verschieben dann parallel zur x-Achse so, daß Y_1 nach Y' und X nach X' gelangt.

Bei der Drehung um den Nullpunkt um φ geht der Punkt $P(x^*,y^*)$ nach 10.8.2. über in den Punkt $P_1(x_1,y_1)$

$$x_1 = x^* \cos\varphi - y^* \sin\varphi \ ,$$
$$y_1 = x^* \sin\varphi + y^* \cos\varphi \ .$$

Der Verschiebungsvektor $\overrightarrow{Y_1Y'}$ hat die Koordinaten (c sin φ, 0), wie sich aus der Definition der Sinusfunktion sofort ergibt.
Die Abbildung $P \mapsto P'$ wird also beschrieben durch die Gleichungen

$$(13) \qquad \begin{aligned} x' &= x^* \cos\varphi - y^* \sin\varphi + c \sin\varphi , \\ y' &= x^* \sin\varphi + y^* \cos\varphi . \end{aligned}$$

Wenn wir (x^*,y^*) vorgeben und φ von 0 bis 2π laufen lassen, beschreibt (x',y') die Bahnkurve, die der Punkt $P^*(x^*,y^*)$ der Gangebene bei der stehenden Kreuzschleife auf der Rastebene durchläuft. Mit (13) kann man den Cursor eines Computer-Bildschirms oder den Stift eines Plotters programmieren und damit die Bahnkurven sichtbar machen. Wie immer (x^*,y^*) vorgegeben wird, beschreibt (x',y') eine Ellipse (oder im Entartungsfall eine vor und zurück durchlaufene Strecke). Daher rührt ja auch der Name Ellipsenbewegung.
Wie stark ein Punkt (x^*,y^*) in einer bestimmten Bewegungsphase seine Lage ändert, wird ersichtlich, wenn wir die momentanen Änderungen von x' und y' in Beziehung setzen zur momentanen Änderung von φ. Das dafür geeignete Maß sind die Ableitungen

$$\frac{dx'}{d\varphi} = -x^* \sin\varphi - y^* \cos\varphi + c \cos\varphi ,$$

$$\frac{dy'}{d\varphi} = x^* \cos\varphi - y^* \sin\varphi .$$

Gibt es für jedes φ einen Punkt (x^*,y^*) mit $\frac{dx'}{d\varphi} = 0 = \frac{dy'}{d\varphi}$? Ein solcher Punkt würde seine Lage momentan nicht ändern und wäre nichts anderes als das in 6.3.2. intuitiv begründete "momentane Drehzentrum". In der Tat läßt sich das Gleichungssystem

$$\text{(I)} \qquad -x^* \sin\varphi - y^* \cos\varphi + c \cos\varphi = 0$$

$$\text{(II)} \qquad x^* \cos\varphi - y^* \sin\varphi = 0$$

für jedes φ eindeutig nach x^*, y^* auflösen. Wir multiplizieren (I) mit cos φ, (II) mit sin φ, addieren und erhalten $y^* = c \cos^2\varphi$.
Multiplikation von (I) mit sin φ, von (II) mit (-cos φ) und Addition ergibt $x^* = c \cos\varphi \sin\varphi$. Nach den trigonometrischen Formeln für die

"doppelten Winkel" (Abschnitt 9.9.1.) kann man umformen zu

$$(14)\qquad x^* = \frac{c}{2}\sin 2\varphi\ ,\ y^* = \frac{c}{2} + \frac{c}{2}\cos 2\varphi\ .$$

Dies ist die Parameterdarstellung des Kreises mit dem Radius $\frac{c}{2}$ und dem Mittelpunkt $(0,\frac{c}{2})$. Man erhält die übliche Kreisgleichung durch Elimination von φ

$$(15)\qquad (x^*)^2 + (y^* - \frac{c}{2})^2 = \frac{c^2}{4}(\sin^2 2\varphi + \cos^2 2\varphi) = \frac{c^2}{4}\ .$$

Es handelt sich somit um den Thaleskreis über der Strecke X^*Y^*.
Ergebnis: Der geometrische Ort der momentanen Drehzentren in der Gangebene ist der Thaleskreis über der Strecke X^*Y^*.
Die Parameterdarstellung (14) zeigt, daß sich die momentanen Drehzentren auf dem Kreis im Uhrzeigersinn ablösen.
Wenn wir (14) in (13) einsetzen, ergeben sich die Koordinaten der momentanen Drehzentren in der Rastebene:

$$\begin{aligned}
x' &= \frac{c}{2}\sin 2\varphi\cdot\cos\varphi - (\frac{c}{2} + \frac{c}{2}\cos 2\varphi)\sin\varphi + c\sin\varphi\\
&= \frac{c}{2}\cdot 2\sin\varphi\cos^2\varphi - \frac{c}{2}\sin\varphi - \frac{c}{2}\cos^2\varphi\sin\varphi + \frac{c}{2}\sin^3\varphi + c\sin\varphi\\
&= \frac{c}{2}\sin\varphi(\cos^2\varphi + \sin^2\varphi) + \frac{c}{2}\sin\varphi = c\sin\varphi\ ,\\
y' &= \frac{c}{2}\sin 2\varphi\cdot\sin\varphi + (\frac{c}{2} + \frac{c}{2}\cos 2\varphi)\cdot\cos\varphi\\
&= \frac{c}{2}\,2\sin^2\varphi\cos\varphi + \frac{c}{2}\cos\varphi + \frac{c}{2}\cos^3\varphi - \frac{c}{2}\sin^2\varphi\cos\varphi\\
&= \frac{c}{2}\cos\varphi(\sin^2\varphi + \cos^2\varphi) + \frac{c}{2}\cos\varphi = c\cos\varphi\ .
\end{aligned}$$

Die Gleichungen

$$(16)\qquad x' = c\sin\varphi\ ,\ y' = c\cos\varphi$$

stellen in Parameterform einen Kreis um den Nullpunkt mit Radius c dar, dessen übliche Gleichung durch Elimination von φ gewonnen wird:

$$(17)\qquad (x')^2 + (y')^2 = c^2\sin^2\varphi + c^2\cos^2\varphi = c^2\ .$$

<u>Ergebnis: Der geometrische Ort der momentanen Drehzentren in der Rastebene ist der Kreis um den Nullpunkt mit Radius c.</u>
Wieder sieht man an der Parameterdarstellung, daß sich die Drehzentren auf dem Kreis im Uhrzeigersinn ablösen.
Ein Vergleich von (14) und (16) zeigt, daß der Kreis in der Gangebene halb so groß ist und bei einer Periode $0 \leqq \varphi \leqq 2\pi$ <u>doppelt</u> durchlaufen wird.

Wenn man die Gleichungen (13) nach x^*, y^* auflöst und in die Kreisgleichung (15) einsetzt, wird diese in das Rastsystem transformiert. Wenn man richtig rechnet und die Additionstheoreme für den Sinus und Kosinus anwendet, ergibt sich die Gleichung

$$(x' - \frac{c}{2} \sin \varphi)^2 + (y' - \frac{c}{2} \cos \varphi)^2 = \frac{c^2}{4} ,$$

d.h. ein Kreis durch den Nullpunkt mit Mittelpunkt $(\frac{c}{2} \sin \varphi, \frac{c}{2} \cos \varphi)$ und Radius $\frac{c}{2}$: die Position des rollenden Kreises als Funktion von φ.
Insgesamt ist aus diesen Überlegungen ersichtlich, daß bei der Bewegung der kleine Kreis im großen ohne zu gleiten abrollt.
Abschließend möchte ich darauf hinweisen, daß man den Namen "Ellipsenbewegung" auf analytischem Wege rechtfertigen kann, indem man nachweist, daß sich jeder Punkt P^* (x^*, y^*) der Gangebene auf einer Ellipse (im Entartungsfall auf einer Strecke) bewegt. Die Gleichungen (13) stellen die Bahnkurve in Parameterform dar. Für den Fall, daß P^* auf der y^*-Achse liegt $(x^*=0)$, erhält man

$$(18) \qquad x' = (c-y^*)\sin \varphi \text{ und } y' = y^* \cos \varphi,$$

die Parameterdarstellung einer Ellipse mit den Koordinatenachsen als Hauptachsen und den Halbachsen $|c-y^*|$ und $|y^*|$. Die Gleichungen (18) kann man durch Elimination von $\sin \varphi$ und $\cos \varphi$ leicht in die Hauptachsengleichung der Ellipse überführen.
Der allgemeine Fall ist schwieriger, weil die Hauptachsen der Ellipse i.a. nicht mit den Koordinatenachsen zusammenfallen, und die Bahnkurve erst dann analytisch als Ellipse identifiziert werden kann, wenn eine Hauptachsentransformation vorgenommen wird.

10.9. Abriß der elementaren analytischen Geometrie des Raumes

Im folgenden soll in Form eines "Bildwörterbuches" stichpunktartig angedeutet werden, wie die Überlegungen der vorangehenden Abschnitte in den Raum zu übertragen sind.

Geometrie	Algebra
Punkt	Darstellung bez. eines Koordinatensystems durch Zahlentripel (x,y,z), d.h. durch Vektoren mit drei Komponenten. Komponentenweise Addition und Skalarmultiplikation mit analogen Rechengesetzen und analoger Interpretation.

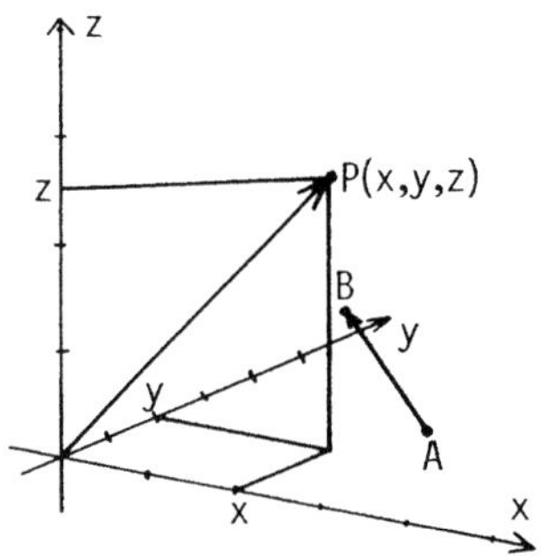

Pfeil $\overrightarrow{AB}$

$\overrightarrow{AB} = (x_B-x_A, y_B-y_A, z_B-z_A)$

Gerade g

Parameterform

$$(x,y,z) = (x_1,y_1,z_1) + k\cdot\underbrace{(u_1,u_2,u_3)}_{\text{Richtungsvektor}}$$

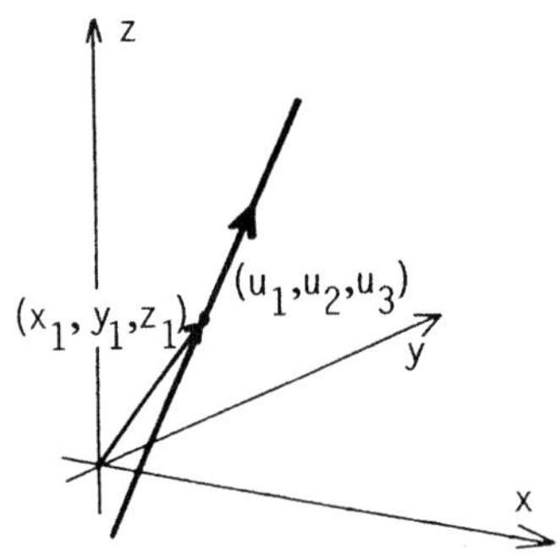

Die Elimination von k ergibt als äquivalente Beschreibung ein System von zwei linearen Gleichungen

$$(1)\qquad \begin{aligned} a_1x + b_1y + c_1z + d_1 &= 0\ ,\\ a_2x + b_2y + c_2z + d_2 &= 0\ . \end{aligned}$$

Ebene π

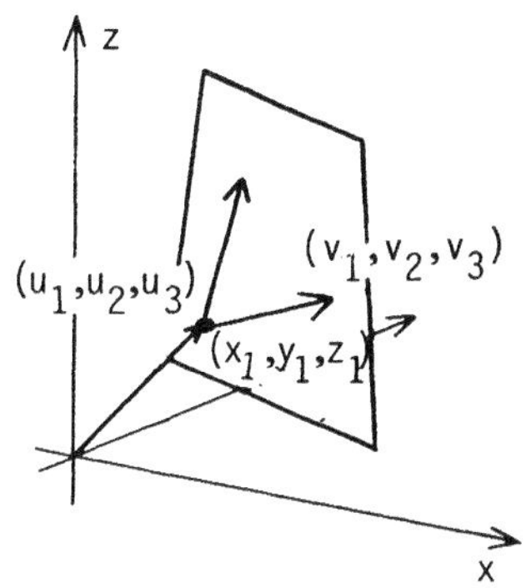

Parameterform

$(x,y,z) = (x_1,y_1,z_1)+r(u_1,u_2,u_3)+s(v_1,v_2,v_3)$

Die Ebene wird vom "Aufpunkt" (x_1,y_1,z_1) aus durch zwei Vektoren aufgespannt.

Die Elimination von r und s ergibt als äquivalente Beschreibung eine lineare Gleichung

$$ax + by + cz + d = 0 .$$

Das obige System (1) linearer Gleichungen zur Beschreibung einer Geraden bedeutet also, daß die Gerade als Schnittgerade zweier Ebenen dargestellt ist.

Gleichheit von Ebenen

$$a_1x + b_1y + c_1z + d_1 = 0 ,$$
$$a_2x + b_2y + c_2z + d_2 = 0$$

stellen die gleiche Ebene genau dann dar, wenn der Vektor (a_2,b_2,c_2,d_2) ein Vielfaches von (a_1,b_1,c_1,d_1) ist.

Parallelität von Ebenen

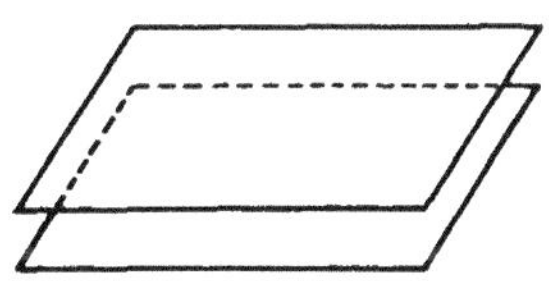

Die Ebenen sind parallel genau dann, wenn (a_2,b_2,c_2) ein Vielfaches von (a_1,b_1,c_1) ist.

Lagebeziehungen von Punkten und Ebenen

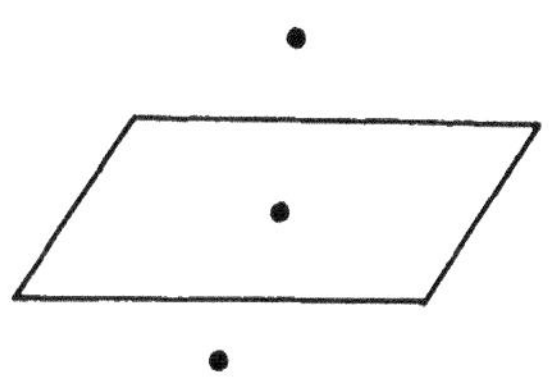

Je nachdem ob

$$ax_P + by_P + cz_P + d = 0 \ , >0 \ , <0$$

ist, liegt P auf der Ebene oder im einen bzw. anderen Halbraum.

Teilverhältnis, Zwischenrelation — Analog zum ebenen Fall, wobei drei statt zwei Komponenten auftreten.

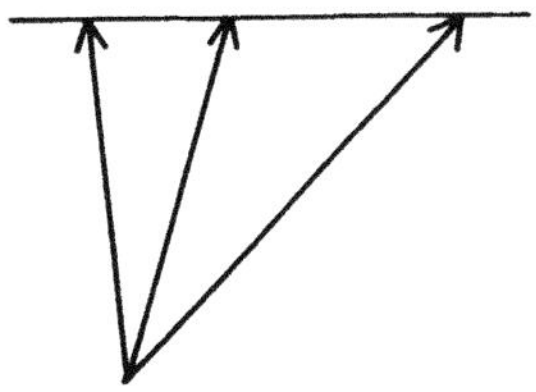

Mittelpunkt M von AB

$$x_M = \frac{1}{2}(x_A + x_B)\ ,\quad y_M = \frac{1}{2}(y_A + y_B)\ ,$$

$$z_M = \frac{1}{2}(z_A + z_B)\ .$$

Schwerpunktsgeometrie — Der Schwerpunktssatz gilt auch im Raum. Der Satz von VARIGNON kann auch räumlich gedeutet werden, wobei die Ecken des Ausgangsvierecks nicht in einer Ebene zu liegen brauchen. Dennoch ist das Seitenmittenviereck immer ein ebenes Parallelogramm.

Längenmaß — Im kartesischen Koordinatensystem gelten die Formeln

$$\overline{OP} = \sqrt{x_P^2 + y_P^2 + z_P^2}\ ,$$

$$\overline{AB} = \sqrt{(x_A-x_B)^2 + (y_A-y_B)^2 + (z_A-z_B)^2}\ .$$

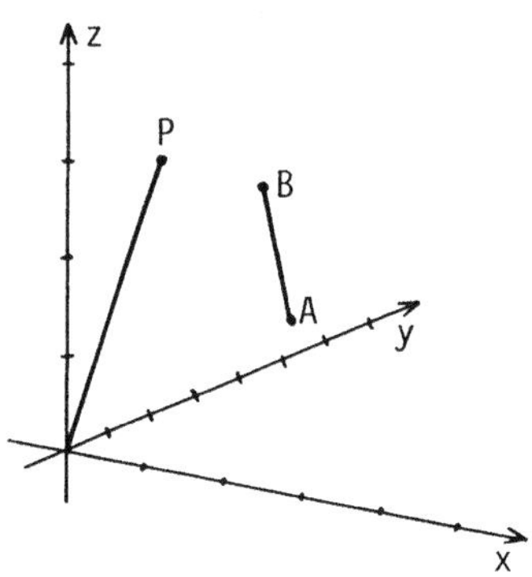

Kugel mit Mittelpunkt M und Radius r

$$(x-x_M)^2 + (y-y_M)^2 + (z-z_M)^2 = r^2\ .$$

Winkelmaß

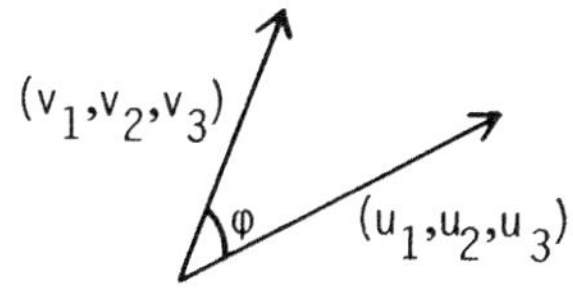

Das Skalarprodukt zweier Vektoren ist zu definieren durch

$(u_1,u_2,u_3)\cdot(v_1,v_2,v_3) = u_1v_1 + u_2v_2 + u_3v_3$.

Es gilt wieder

$$\cos\varphi = \frac{u_1v_1 + u_2v_2 + u_3v_3}{\sqrt{u_1^2+u_2^2+u_3^2}\cdot\sqrt{v_1^2+v_2^2+v_3^2}}$$

(u_1,u_2,u_3) ist senkrecht zu (v_1,v_2,v_3)

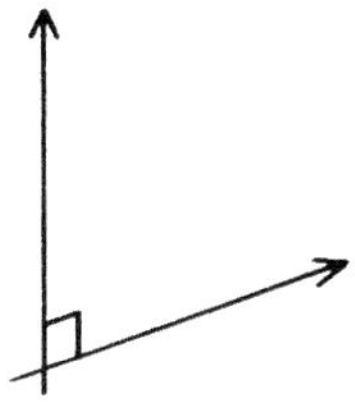

$u_1v_1 + u_2v_2 + u_3v_3 = 0$.

Ebene

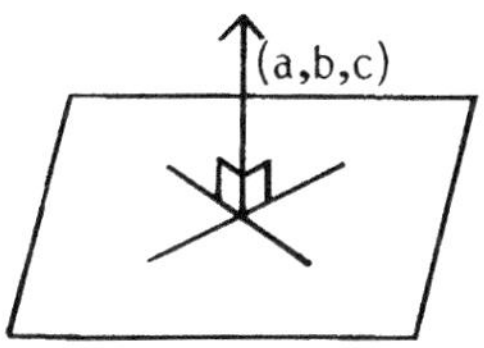

In $ax + by + cz + d = 0$ ist (a,b,c) Normalenvektor auf der Ebene.

Winkelhalbierende Ebenen (Symmetrieebenen) zweier Ebenen

Abstand eines Punktes von einer Ebene

Zu gewinnen wie im ebenen Fall aus der Hesseschen Normalform

$$ax + by + cz + d = 0 ,$$

mit $a^2 + b^2 + c^2 = 1$

(normierter Normalenvektor der Ebene).

Analog zu den Ellipsen, Hyperbeln, Parabeln kann man im Raum die sog. "Flächen zweiter Ordnung" betrachten (Ellipsoide, Hyperboloide, Paraboloide usw.) und sie mit Hilfe räumlicher Abbildungen transformieren und studieren. Dies weiter auszuführen, würde den Rahmen des Buches bei weitem überschreiten.

10.10. Flächenwinkel bei den Platonischen Körpern

Zum Abschluß des Buches runden wir nun noch die Behandlung der Platonischen Körper in Kap. 7 ab. Wir haben dort die Existenz und Eindeutigkeit der fünf Typen Platonischer Körper mit Hilfe der durch die Symmetrie eindeutig bestimmten Winkel zwischen je zwei benachbarten Seitenflächen bewiesen. Wie groß diese Winkel sind, spielte in Kap. 7 keine Rolle. Hier wollen wir sie aber berechnen und dazu die analytische Geometrie des Raumes heranziehen.

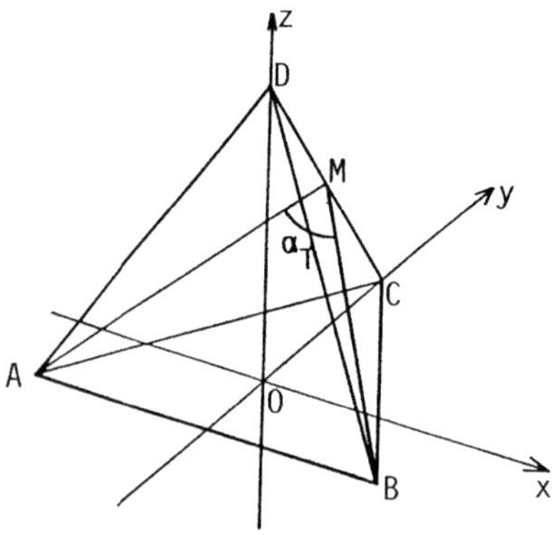

Bild 31

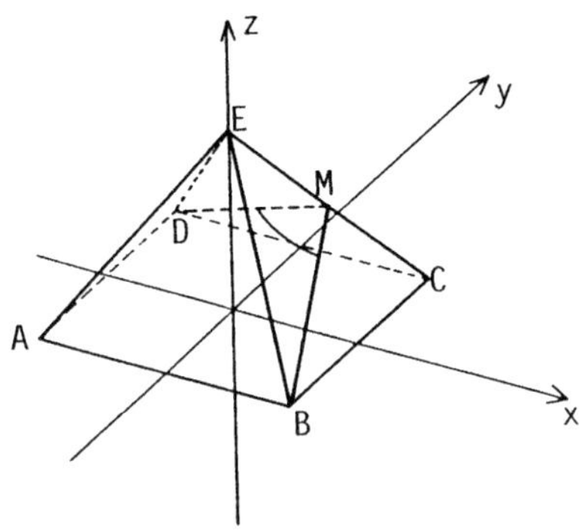

Bild 32

Tetraeder

Wir legen den Eckenstern eines Tetraeders mit der Seitenkante s so in ein kartesisches Koordinatensystem, daß der Mittelpunkt des regulären Dreiecks ABC im Ursprung liegt und die Eckpunkte die Koordinaten $A(-\frac{s}{2},-\frac{s}{6}\sqrt{3},0)$, $B(\frac{1}{2},-\frac{s}{6}\sqrt{6},0)$ und $C(0,\frac{s}{3}\sqrt{3},0)$ erhalten (Bild 31). Da der gesuchte Winkel α_T von s unabhängig ist, dürfen wir s beliebig wählen. Zur Vermeidung von Nennern setzen wir $s=6$ und haben dann

$$A(-3,-\sqrt{3},0)\ ,\ B(3,-\sqrt{3},0)\ ,\ C(0,2\sqrt{3},0)\ .$$

Die z-Koordinate z_D des Punktes D ergibt sich aus dem Satz des Pythagoras, angewandt auf das Dreieck OCD:

$$z_D^2 + (2\sqrt{3})^2 = 6^2 \quad ,$$

$$z_D^2 + 12 = 36 \quad ,$$

also $z_D = 2\sqrt{6}$ und $D(0,0,2\sqrt{6})$.

Den Tetraeder-Winkel α_T zwischen den Seitenflächen DBC und DAC gewinnen wir nun, indem wir durch A eine Ebene senkrecht zu CD legen. Aus Symmetriegründen geht diese Ebene auch durch B und durch den Mittelpunkt M von CD, d.h. $\alpha_T = \sphericalangle AMB$. Die Koordinaten von M ergeben sich als arithmetisches Mittel der Koordinaten von C und D zu $M(0,\sqrt{3},\sqrt{6})$.
Nun folgt mit Hilfe des Skalarprodukts

$$\cos\alpha_T = \frac{\vec{MB}\cdot\vec{MA}}{\overline{MB}\cdot\overline{MA}} = \frac{(3,-2\sqrt{3},-\sqrt{6})\cdot(-3,-2\sqrt{3},-\sqrt{6})}{\sqrt{9+12+6}\cdot\sqrt{9+12+6}}$$
$$= \frac{-9+4\cdot 3+6}{\sqrt{27}\cdot\sqrt{27}} = \frac{9}{27} = \frac{1}{3}$$

Mit einer Kosinustafel oder einem Taschenrechner findet man $\alpha_T \approx 70°28'$.

Oktaeder

Beim Oktaeder setzt man zweckmäßigerweise $s=4$ und legt das Grundquadrat ABCD des Eckensterns so, daß

$$A(-2,-2,0)\ ,\ B(2,-2,0)\ ,\ C(2,2,0)\ ,\ D(-2,2,0)$$

wird (Bild 32). Die z-Koordinate z_E der Ecke E wird wieder nach dem Satz von Pythagoras berechnet: $E(0,0,2\sqrt{2})$.

Für den Mittelpunkt M von CE ergibt sich $M(1,1,\sqrt{2})$. Man erhält für den Oktaederwinkel $\alpha_O = \sphericalangle BMD$

$$\cos\alpha_O = \frac{\vec{MD}\cdot\vec{MB}}{\overline{MD}\cdot\overline{MB}} = -\frac{1}{3}\ .$$

Die Seitenflächen CDE und CDG grenzen an der Kante CD ohne Knick aneinander.

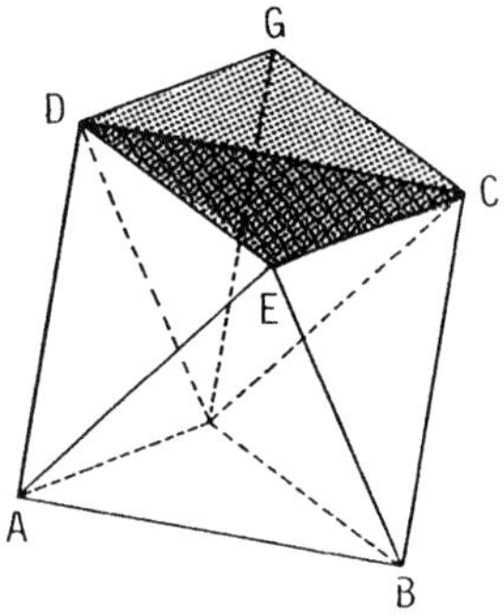

Bild 33 Oktaeder ABCDEF, Tetraeder CDFG.

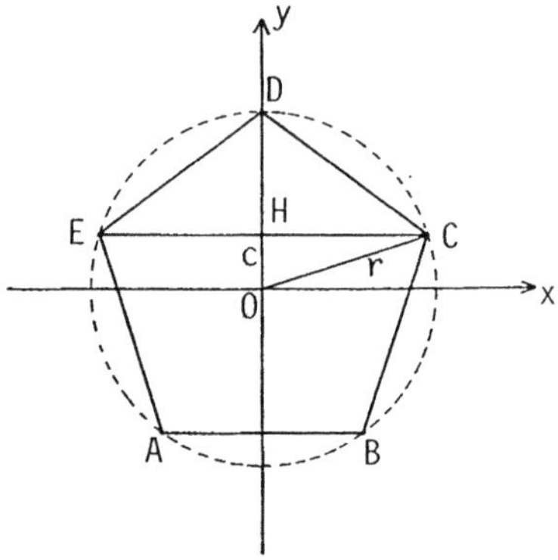

Bild 34

Dieses Resultat ist bemerkenswert: Da wir oben $\cos \alpha_T = +\frac{1}{3}$ berechnet haben, folgt $\alpha_T + \alpha_O = 180°$, also $\alpha_O \approx 180° - 70°28' = 109°32'$. Ein Tetraeder und ein Oktaeder mit gleicher Kantenlänge lassen sich so zusammensetzen (Bild 33), daß zwei aneinandergrenzende Seitenflächen in einer Ebene liegen. Man kann damit beweisen, daß sich der Raum lückenlos mit Tetraedern und Oktaedern ausfüllen läßt. (Überlegen Sie selbst, wie man die Tetraeder und Oktaeder plazieren muß. Tip: Gehen Sie von einer Parkettierung der Ebene in gleichseitige Dreiecke aus.)

Ikosaeder

Um den Ikosaeder-Winkel auf dem gleichen Weg berechnen zu können, muß man alle Register des Abschnitts 3.6. über den goldenen Schnitt ziehen.
Das reguläre Grundfünfeck ABCDEdes Eckensterns wird gemäß Bild 34 in das Koordinatensystem gelegt, wobei der Radius r des Umkreises zunächst noch variabel gehalten wird. Dann ist $D(0,r,0)$, $C(\frac{d}{2},c,0)$ und $E(-\frac{d}{2},c,0)$, wobei $d = \phi \cdot s$ die Diagonale des Fünfecks mit der Kantenlänge s ist. Die Zahl ϕ drückt das Teilverhältnis des goldenen Schnitts aus.

Der Radius r und die Kantenlänge s sind über dem Satz von EUDOXOS verbunden:

$$s^2 = r^2 + \frac{r^2}{\phi^2} ,$$

wobei $\frac{r}{\phi}$ die Seite des dem Kreis einbeschriebenen regulären Zehnecks ist. Aus der Gleichung $\phi^2 = \phi+1$ ermittelt man durch Division mit ϕ^2 und mit ϕ

$$\frac{1}{\phi^2} = 1 - \frac{1}{\phi} = 1 - \phi + 1 = 2 - \phi .$$

Es folgt

$$s^2 = r^2(3-\phi) \ , \ s = r\sqrt{3-\phi} \ , \ d = \phi r\sqrt{3-\phi} \ .$$

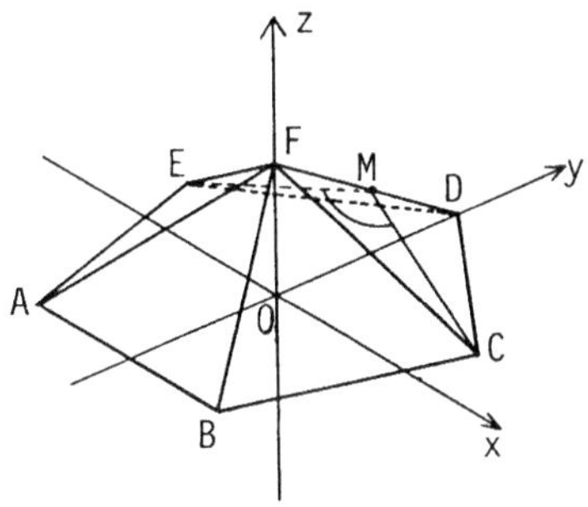

Bild 35

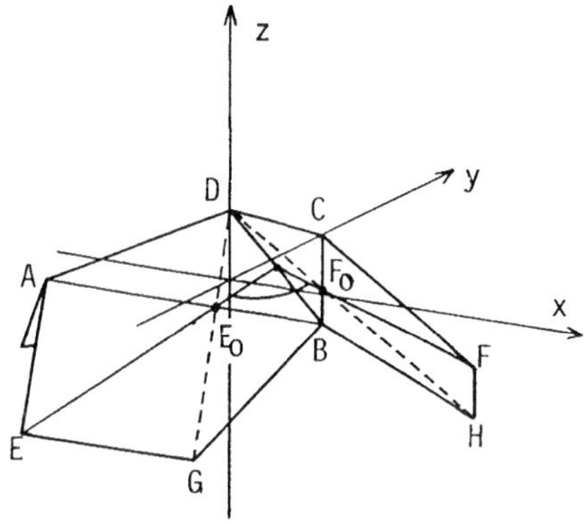

Bild 36

Die y-Koordinate c der Punkte C und E berechnet man mit Hilfe des Satzes von Pythagoras aus dem Dreieck OCH :

$$c^2 + \frac{d^2}{4} = r^2 ,$$

$$c^2 + \frac{\phi^2 r^2}{4}(3-\phi) = r^2 ,$$

$$c^2 = r^2 - \frac{3\phi^2 r^2}{4} + \frac{\phi^3 r^2}{4} .$$

Durch mehrfache Ersetzung von ϕ^2 durch $\phi+1$ erhält man schließlich

$$c^2 = \frac{1}{4}(2-\phi)r^2 \quad , \quad c = \frac{1}{2\phi}\, r .$$

Nun setzt man zur Vermeidung von Nennern $r = 2\phi$ und hat

$$D(0,2\phi,0)\ ,\ C(\phi^2\sqrt{3-\phi},1,0)\ ,\ E(-\phi^2\sqrt{3-\phi},1,0)\ .$$

Für die z-Koordinate der Ecke F (Bild 35) berechnet man aus dem rechtwinkligen Dreieck OFD und dem Satz von EUDOXOS den Wert 2. Damit hat der Mittelpunkt M von FD die Koordinaten $(0,\phi,1)$.
Wieder greift man auf das Skalarprodukt zurück:

$$(*)\qquad \cos\alpha_I = \frac{\vec{MC}\cdot\vec{ME}}{\overline{MC}\cdot\overline{ME}} = \frac{-\phi^4(3-\phi)+(1-\phi)^2+1}{\phi^4(3-\phi)+(1-\phi)^2+1}\ .$$

Wenn man in Zähler und Nenner die höheren Potenzen von ϕ unter Beachtung von $\phi^2 = \phi+1$ fortlaufend reduziert und jeweils geeignet zusammenfaßt, erhält man schließlich

$$\cos\alpha_I = \frac{-5\phi}{6+3\phi}\ .$$

Mit Hilfe des Taschenrechners berechnet man zuerst $\phi = \frac{1}{2}(\sqrt{5}+1) \approx 1{,}618...$ und dann $\cos\alpha_I \approx 0{,}745...$, woraus sich $\alpha_I \approx 138°11'$ ergibt.
Wer die vielen algebraischen Umformungen mit den Potenzen von ϕ umgehen möchte, kann natürlich in (*) sofort den numerischen Wert von ϕ einsetzen.

Dodekaeder

Wenn s wieder die Seitenkante des Dodekaeders ist, hat das reguläre Grunddreieck ABC die Seite $d = \phi s$. Die Koordinaten von A, B, C (Bild 36) ergeben sich daher analog zu der Rechnung beim Tetraeder zu

$$A\left(\frac{-\phi s}{2},\frac{-\phi s}{6}\sqrt{3},0\right)\ ,\ B\left(\frac{\phi s}{2},\frac{-\phi s}{6}\sqrt{3},0\right)\ ,\ C\left(0,\frac{\phi s}{3}\sqrt{3},0\right)\ .$$

Für die Ecke D auf der z-Achse liefert der Satz des Pythagoras angewandt auf das Dreieck DOC,

$$z_D^2 = s^2 - \frac{\phi^2 s^2}{3} = \frac{s^2}{3}(3-\phi^2) = \frac{s^2}{3}(2-\phi) = \frac{s^2}{3}\cdot\frac{1}{\phi^2}.$$

Somit ist $z_D = \frac{s\sqrt{3}}{3\phi}$. Wir setzen $s=12\phi$ und haben dann

$A(-6\phi^2,-2\phi^2\sqrt{3},0)$, $B(6\phi^2,-2\phi^2\sqrt{3},0)$, $C(0,4\phi\sqrt{3},0)$, $D(0,0,4\sqrt{3})$,
$M(3\phi^2,-\phi^2\sqrt{3},2\sqrt{3})$ (M = Mittelpunkt von DB).

Der Winkel α_D ist aus Symmetriegründen wieder gleich $\measuredangle$ EMF. Die Berechnung der Ecken E, F können wir uns durch eine geometrische Überlegung glücklicherweise ersparen: Im Fünfeck EGBDA ist EM Symmetrieachse und schneidet daher die Diagonalen AB und DG in deren Schnittpunkt E_0. Nun teilen sich nach 3.6. die Diagonalen im Pentagramm im goldenen Schnitt. Aus

$$\overline{E_0A} : \overline{E_0B} = \phi = \overline{BA} : \overline{E_0A}$$

folgt $\overline{BA} : \overline{E_0B} = \phi^2$. Wir haben daher

$$\vec{OE_0} = \vec{OB} + \frac{1}{\phi^2}\vec{BA} = (6\phi-6,-2\phi^2\sqrt{3},0)$$

und $$\vec{ME_0} = (3\phi-9,-\phi^2\sqrt{3},-2\sqrt{3}) .$$

Analog folgt für den Schnittpunkt F_0 von DH und CB

$$\vec{OF_0} = \vec{OB} + \frac{1}{\phi^2}\vec{BC} = (6\phi,(4-2\phi)\sqrt{3},0)$$

und $$\vec{MF_0} = (3\phi-3,(5-\phi)\sqrt{3},-2\sqrt{3}) .$$

Wir setzen nun in

$$\cos\alpha_D = \frac{\vec{ME_0} \cdot \vec{MF_0}}{\overline{ME_0} \cdot \overline{MF_0}}$$

ein und erhalten bei fortlaufender Ausnutzung von $\phi^2 = \phi+1$ schließlich

$$\cos\alpha_D = \frac{1-\phi}{3-\phi} \approx 0{,}447\ldots .$$

Damit wird $\alpha_D \approx 116°34'$.

Würfel

Die relativ leichte Bestimmung von $\alpha_W=90°$ überlasse ich zum Schluß Ihnen.

Literatur

Baptist, P., Nagelpunkte und Eulersche Geraden. Didaktik der Mathematik 10 (1982), 114-122

Boltjanski, W.G./ Jaglom, I.M., Vektoren und ihre Anwendung in der Geometrie. In: Alexandroff, P.S. u.a., Enzyklopädie der Elementarmathematik, Bd. IV (Geometrie), Berlin 1969, 297-390

Bürger, H. u.a., Zur Einführung des Vektorbegriffs: Arithmetische Vektoren mit geometrischer Deutung. Journal für Mathematikdidaktik 1 (1980), 171-188

Descartes, R., Geometrie. Dt. hrsg. von Ludwig Schlesinger. - unveränd. reprograph. Nachdr. d. 2., durchges. Aufl., Leipzig 1923 - Darmstadt: Wiss. Buchges. 1981

Seebach, K., Über Schwerpunkte von Dreiecken, Vierecken und Tetraedern. Didaktik der Mathematik 11 (1983), 270-282 und 12 (1984), 36-44

Zeitler, H., Radlinien in Schule, Technik und Wissenschaft. Der Mathematikunterricht 26 (1980), 81-104

Aufgaben

1. Beschreiben Sie die Gleichung der Ebene durch die Punkte (1,0,0), (0,1,0), (0,0,1). Welchen Abstand hat der Punkt (2,2,0) von der Ebene? Bestimmen Sie den Spiegelpunkt P' von P bez. der Ebene.

2. Zeigen Sie, daß jeder Punkt im Innern eines Dreiecks als Schwerpunkt einer passenden Massenverteilung m_1, m_2, m_3 an den Ecken A, B, C gewonnen werden kann.

   Bemerkung: Man kann (m_1, m_2, m_3) als baryzentrische Koordinaten benutzen (Baryzentrum = Schwerpunkt).

3. Die Punkte S auf der Seite AB, T auf der Seite BC und U auf der Seite CA eines Dreiecks liegen so, daß folgendes gilt: $\overline{AS}:\overline{SB} = 1:2$, $\overline{BT}:\overline{TC} = 2:3$, $\overline{CU}:\overline{UA} = 3:1$.

   Man konstruiere das Dreieck ABC, wenn lediglich die Punkte S, T und U gegeben sind. (Bundeswettbewerb Mathematik 1986, 1.Runde)

4. Beschreiben Sie die Lage des Schwerpunkts einer dreiseitigen Pyramide (Masse 1 an jeder der vier Ecken) geometrisch.

5. Zeigen Sie, daß eine Ellipse mit den Halbachsen a, b den Inhalt $ab\pi$ hat. Hinweis: Wenden Sie analog zum Kreis die Greensche Formel aus 10.7. mit der Parameterdarstellung $x = a \cos \varphi$, $y = b \sin \varphi$ $(0 \leq \varphi \leq 2\pi)$ der Ellipse an.

6. Stellen Sie eine räumliche Spiegelung an der Ebene $ax+by+cz+d = 0$ $(a^2+b^2+c^2 = 1$, Hessesche Normalform) analytisch dar.

7. Beschreiben Sie analog zur Ellipsenbewegung die Zykloidenbewegung analytisch. Zeigen Sie, daß der rollende Kreis Gangpolkurve und die Gerade, auf der er rollt, Rastpolkurve ist.

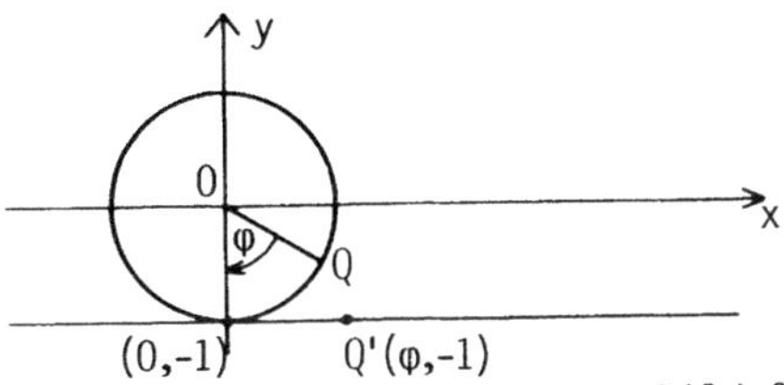

Bild 37

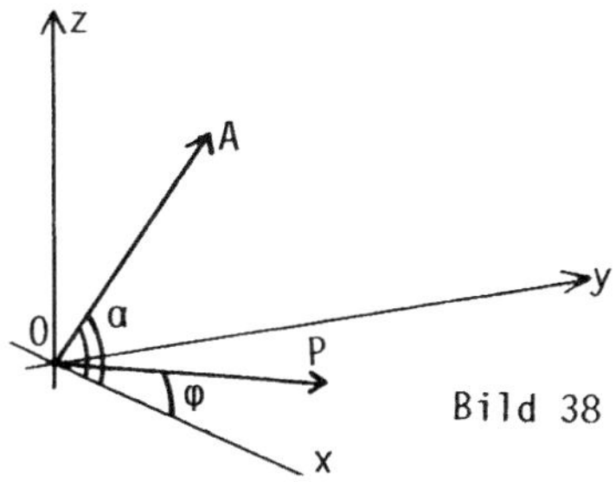

Bild 38

Tip: Legen Sie das Koordinatensystem wie in Bild 37 und wählen Sie φ als Parameter. Die Rollung, die den Punkt Q* von der Ausgangslage Q in die Lage Q' transportiert, läßt sich als Verkettung der Drehung um den Nullpunkt um φ im negativen Sinn mit der Translation um den Vektor $(\varphi,0)$ darstellen. Die weiteren Rechnungen sind sehr viel einfacher als bei der Ellipsenbewegung.

8. Zeigen Sie, daß der Flächenwinkel beim Würfel 90° beträgt.

9. Beweisen Sie die Winkelbeziehung aus 2.4.5. (Bild 12) analytisch, indem Sie den festen Einheitsvektor $\overrightarrow{OA} = (\cos \alpha, 0, \sin \alpha)$ in der (x,z)-Ebene und den variablen Einheitsvektor $\overrightarrow{OP} = (\cos \varphi, \sin \varphi, 0)$ in der (x,y)-Ebene wählen. Wie ändert sich der Winkel $\measuredangle$ AOP in Abhängigkeit von φ? Wann ist er maximal, wann minimal? Wie steht es im Spezialfall $\alpha = 90°$? (Bild 38)

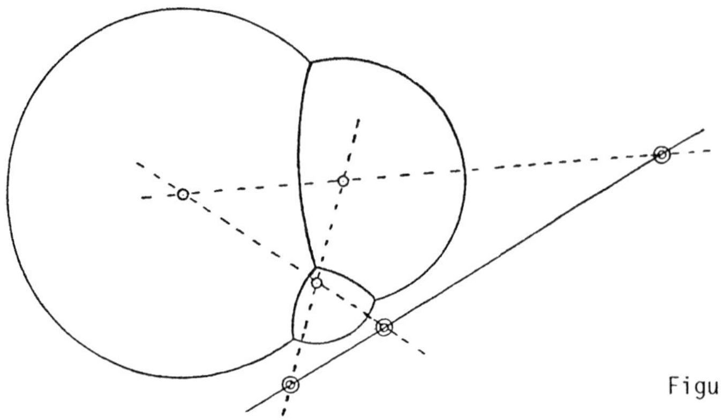

Figur 73

10. Beweisen Sie im Anschluß an die Überlegungen zum Satz von CEVA in 10.4.2. den Satz von MENELAUS: *Die Punkte* D, E, F *liegen genau dann auf einer Geraden, wenn für die Teilverhältnisse* u,v,w *gilt* $uvw = -1$.
Anmerkung: In der Physik bewanderte Leser möchte ich auf den Abschnitt "Composite Bubbles" (p. 120-127) des Buches C.V. Boys, Soap Bubbles, New York: Dover 1959 hinweisen, einer Niederschrift populärwissenschaftlicher Experimentalvorlesungen, die der Verfasser um die Jahrhundertwende in London gehalten hat. Das Buch gilt auf seinem Gebiet als Klassiker. Über Seifenblasendrillinge schreibt Boys (p. 125):
"Wenn drei Seifenblasen wie in Figur 73 zusammengesetzt sind, gibt es natürlich drei kugelförmige Trennhäute, die im Innern der Blasenkombination aneinanderstoßen und ebenso wie die drei Blasen paarweise Winkel von 120° bilden. Die Mittelpunkte der drei Blasen und der drei Trennhäute liegen aus Symmetriegründen notwendig in einer Ebene. Überhaupt nicht evident ist aber der folgende Sachverhalt: Die Mittelpunkte der drei Trennhäute, die in Figur 73 mit kleinen Doppelkreisen markiert sind, liegen auf einer Geraden. Wenn sich irgend jemand von Ihnen in der Geometrie befleißigt hat [If any of you are adepts in geometry ...],sei es in der synthetischen oder analytischen, so wird der Beweis dieses Sachverhaltes ein hübsches Problem für Sie sein ...".
Ich hoffe, liebe Leserin und lieber Leser, Sie fühlen sich durch den letzten Satz dieses Zitats angesprochen und durch das Studium von "Elementargeometrie und Wirklichkeit" gerüstet, die Lösung in Angriff zu nehmen.

Sachwortverzeichnis

Abbildung 61ff, 104, 172ff, 204ff, 314
Abstand 9, 418ff
abstandsgleiche Reihen 98ff
Abstandsungleichung 9
Achsenspiegelung 6, 62, 78ff 210ff, 444f
Additionstheoreme 379f
Ähnlichkeit 108f
Ähnlichkeitssatz 109
affine Geometrie 407
analytische Geometrie 387ff
Ankreis (an ein Dreieck) 136
Apollonischer Kreis 422f
Archimedes, Formeln von 353
Arkusfunktionen 365
Astroide 253f, 305
Aufriß 37ff

Bandornament → Streifenornament
Basiswinkelsatz 70,90f
Bogenmaß 304
Brennkurve des Kreises 125, 256f
Brennpunkt
- der Ellipse 131, 237
- des Hohlspiegels 124
- der Hyperbel 132, 421
- der Parabel 127, 422

Cavalierisches Prinzip 316ff, 338
Ceva, Satz von 409ff, 416

darstellende Geometrie 33ff
Deckabbildung 205ff, 215, 276
Dodekaeder 14, 258ff, 269, 279, 458f
Drachen(viereck) 94f
Drehung 61, 84ff, 209, 276f, 442f
Dreieck 132ff, 322f, 326ff, 355ff
- achsensymmetrisches 91
- gleichschenkliges 70, 90, 91
- gleichseitiges 10, 91, 264f
Dreiecksungleichung 7, 60f, 290
Dreispiegelungssatz 223
Durchlaufbarkeit eines Graphen 28ff

Ebene 53ff
Eindeutigkeitssatz 209
Ellipse 131, 236ff
- Gärtnerkonstruktion 237
- Hauptachsengleichung 239
- Hüllkurvenkonstruktion 131f, 236f
- Papierstreifenkonstruktion 239ff
- Spirographenkonstruktion 241ff
Ellipsenzirkel 239f, 445ff
Erdkugel 181ff, 366ff
Eudoxos, Satz von 160ff
euklidische Geometrie 118ff
Eulersche Gerade 136
Eulersche Linie 27
Eulerscher Polyedersatz 270ff

Faßkreisbogen 139ff
Fermatsches Extremalprinzip 6
Fixgerade 78
Fixpunkt 78, 210ff
Fixpunktgerade 78
Flächeninhalt 287ff, 304ff, 435ff
- des Dreiecks 308
- des Kreises 313

- krummlinig begrenzter Figuren 310ff
- des Parallelogramms 307f
- des Rechtecks 287f
- des Trapezes 308
- der Zykloidenfläche 318ff
Fünfeck, reguläres 11, 14, 158ff 265
Fundamentalsatz der ebenen Kinematik 252

Gaußsche Formel 440f
Gelenkparallelogramm 94, 103
Gerade 53ff
Geradengleichungen 399ff
- Hessesche Normalform 430ff
- Normalform 401f
- Parameterform 400, 402
- Zweipunkteform 404
Geradenspiegelung → Achsenspiegelung
Gleichdick 18
Gleitspiegelung → Schubspiegelung
Goldener Schnitt 153ff
Graph 26f
- zusammenhängender 29
Greensche Formel 441
Grundaufgaben, trigonometrische 375ff
Grundkonstruktionen, geometrische 65ff
Grundriß 37ff

Hartscher Inversor 177
Haus der Vierecke 97
Hebelgesetz 340f, 413
Heronsche Formel 374f
Heronsche Ungleichung 7f
Hessesche Normalform 430ff
heuristische Strategien 22ff, 110ff, 142
Himmelsgeometrie 178ff, 366ff
Himmelskugel 185ff
Höhe 133ff
Hohlspiegel 123
Hüllkurvenkonstruktion
- der Ellipse 131, 236f
- der Hyperbel 132
- der Parabel 127f
Hyperbel 132, 421

Ikosaeder 258ff, 267, 280, 456ff
Inkreis des Dreiecks 134
Inversion am Kreis 172ff
isoperimetrisches Problem 321ff, 347

Jordan-Inhalt 310f

Kantenzug 27ff
Katakaustik → Brennkurve des Kreises
Kathetensatz von Euklid 151
Kegel 337
kinematische Geometrie 239ff
Kongruenz 59
Kongruenzabbildung 63, 205ff
- analytische Darstellung 442ff
- Klassfikationssatz 209ff, 216ff
Kongruenzgruppe 214
Kongruenzsätze 87ff
- Algebraisierung 356, 375f
Koordinatensysteme 391ff
Kosinusfunktion 358ff
Kosinussatz 372ff
Kotangensfunktion 358
Kräfteparallelogramm 396

Kreis 60f, 178f, 295f, 420
Kugel 181f, 339ff, 347
Kugelspiegel 122ff

Länge 290ff
- eines Bogens 294
Längenmaß 98ff, 290ff, 418ff
Längsspiegelung 205, 224ff
Lichtweg 6
Lineare Algebra 390
Lot 65, 67

Maße 98ff, 287ff
Menelaus, Satz von 462
metrische Geometrie 418
Miquelscher Punkt 145
Mittellinie 80, 224
- im Dreieck 101f
- im Trapez 309
Mittelliniensatz 101f
Mittelsenkrechte 66, 68f, 133f
Mollweidesche Formeln 386
Mond 196ff, 366f

n-Ecke, reguläre 12f, 296ff, 424ff
Normalenvektor 430

Oberfläche 344ff, 348ff
- des Kegels 344
- der Kugel 345ff
- des Zylinders 344
Oktaeder 258ff, 267, 279, 455f
operativer Standpunkt 53, 113f
Orientierung
- von Winkeln 58f
- von Dreiecken 208
orthogonal → senkrecht

Pantograph 102ff
Parabel 127ff, 421f
Parabolspiegel 126ff
parallel 71ff, 75f, 404f
Parallelepiped 332
Parallelkurve 352
Parallelogramm 21ff, 91ff, 326ff
Parkettierung der Ebene 10ff
- reguläre 13
Peaucellierscher Inversor 169ff
Pentagramm 158ff
Perspektive, geometrische 33ff
Platonische Körper 258ff, 454ff
Polarkoordinaten 363f
Polyeder 14, 262
- archimedische 281
- platonische 258ff, 454ff
Prisma 331f
Produkt von Abbildungen → Verkettung von Abbildungen
projektive Geometrie 42
Ptolemäus, Satz von 386
Punkt 53ff
Punktspiegelung 81ff, 92, 205, 224ff
Pyramide 334
Pythagoras, Satz von 147ff

Quader 330
Quadrat 97, 287f, 328
Quadratur 311
Quadratur des Kreises 313, 424f
Querspiegelung 205, 224ff

Raute 64, 96
Rechteck 71f, 96, 326ff
Reflexion
- an einer Ebene 3ff
- an einer Ellipse 131

- an einer Hyperbel 132
- am Kugelspiegel 123f
- am Parabolspiegel 126f
Reflexionsgesetz 6
Reflexionsprinzip 5
Reuleauxsches Dreieck 14ff, 305
Richtungsvektor 403
Rückwärtseinschneiden 138f, 382f

Scheitelwinkelsatz 81
Scherung 313ff
Schlegeldiagramm 270f
Schraubensinn 275
Schraubung 285
Schubspiegelung 210ff, 224ff
Schwerlinie 133ff, 415f
Schwerpunktsgeometrie 413ff
Schwerpunktssatz 415
Sechseck, reguläres 11, 160ff, 297
Sehnensatz 146
Sehnenviereck 141f
Seitenhalbierende → Schwerlinie
Seitenmittendreieck 134
Seitenmittenviereck 117, 417, 452
Sekantensatz 146
senkrecht 64f, 74ff, 429
Sinusfunktion 358ff
Sinussatz 369ff
Skalarmultiplikation 398f
Skalarprodukt 428f
Snellius-Pothenot, Problem von 138f, 382f
Sonne 188ff, 368f
Spat 332
Spiegel
- ebene 2ff
- gekrümmte 122ff
Spiegelung → Reflexion, Achsenspiegelung
Spiegelung am Kreis → Inversion am Kreis
Spirograph 241f
Steiner-Lehmus, Satz von 137
Steinerscher Hypozykloide 306
Storchschnabel 102ff
Strahlensätze 107f
Strecke 58ff, 65f, 98ff
Streckenzug-Ungleichung 290
Streifenornament 224ff
Stufenwinkelsatz 82
Sylvester, Problem von 119ff
Symmetrie
- ebener Figuren 79, 203ff
- der platonischen Körper 274ff
Symmetrieabbildung → Deckabbildung
Symmetriegruppe 215
synthetische Geometrie 387

Tangensfunktion 358
Tangente
- an die Astroide 254f
- an die Ellipse 131, 251
- an die Hyperbel 132
- an den Kreis 16f, 85f
- an die Parabel 128
- an die Zykloide 256
Tangenssatz 386
Tangentensatz 153
Taximetrie 19ff
Teilverhältnis 105, 110, 407ff
Tetraeder 137, 258ff, 266, 279, 454f
Thales, Satz von 141
Torricelli-Punkt 292
Translation → Verschiebung
Translationsgruppe 217, 226

Trapez 308
- gleichschenkliges 94f
Trichotomiesatz 68ff
Trigonometrie 355ff

Umfang
- konvexer Vielecke 292f
- des Kreises 295ff
Umfangswinkelsatz 139ff
Umkehrabbildung 213f
Umkreis des Dreiecks 134

Varignon, Satz von 417, 452
Vektor 394ff
- Addition von Vektoren 395ff
Verkettung von Abbildungen 78, 214, 215ff
Verschiebung 62, 86f, 205, 210ff, 224ff, 442
Vielecke, reguläre 12f, 292ff, 424ff
Vielfach → Polyeder
Vierecke, symmetrische 91ff
Vierkreisefigur 64
Volumen 329ff, 348ff
- des Kegels 337f
- der Kugel 339ff
- des Parallelepipeds 333
- des Prismas 331
- des Quaders 330
- des Zylinders 332
Vorwärtseinschneiden 383f

Wallace-Gerade 143f
Wechselwinkelsatz 82
Winkel 58ff, 66, 98ff, 355ff
- am Kreis 138ff
Winkeldreiteilung 424f
Winkelfunktionen 357ff
Winkelhalbierende 67, 110f, 133ff
Winkelmaß 98ff, 426ff
Winkelsumme
- im Dreieck 82f
- im Fünfeck 11
- im n-Eck 12, 13
- im Viereck 82f
Wölbspiegel 123
Würfel 258ff, 269, 279, 329

Zehneck, reguläres 160ff
Zentralperspektive 33ff
zentrische Streckung 104ff, 295, 312, 343, 398
Zerlegung 21ff, 287f, 307ff, 325ff
Zerlegungsgleichheit 150, 325ff, 334f
Zirkel 10, 60, 65ff, 424ff
Zweitafelprojektion 37f
Zykloide 256, 318ff
Zylinder 330ff

GPSR Compliance

The European Union's (EU) General Product Safety Regulation (GPSR) is a set of rules that requires consumer products to be safe and our obligations to ensure this.

If you have any concerns about our products, you can contact us on ProductSafety@springernature.com

In case Publisher is established outside the EU, the EU authorized representative is:

Springer Nature Customer Service Center GmbH
Europaplatz 3
69115 Heidelberg, Germany

Batch number: 08567184

Printed by Printforce, the Netherlands